大数据分类模型和算法研究

刘宝锺 ◎著

图书在版编目（CIP）数据

大数据分类模型和算法研究 / 刘宝锺著 . -- 昆明 : 云南大学出版社 , 2019

ISBN 978-7-5482-3613-9

Ⅰ . ①大… Ⅱ . ①刘… Ⅲ . ①数据处理 Ⅳ . ① TP274

中国版本图书馆 CIP 数据核字（2019）第 008888 号

策划编辑： 王翌沣

责任编辑： 王翌沣

封面设计： 黄伟娟

大数据分类模型和算法研究

刘宝锺　著

出版发行： 云南大学出版社

印　　装： 昆明理煜印务有限公司

开　　本： 787mm × 1092mm　1/16

印　　张： 29

字　　数： 535 千字

版　　次： 2020 年 1 月第 1 版

印　　次： 2020 年 1 月第 1 次印刷

书　　号： 978-7-5482-3613-9

定　　价： 120.00 元

社　　址： 昆明市一二一大街 182 号（云南大学东陆校区英华园内）

邮　　编： 650091

电　　话：（0871）65033244　65031071

E-mail： market@ynup.com

/前　言/

新时代，科技发达，信息流通，人们之间的交流越来越密切，生活也越来越方便，大数据就是这个高科技时代的产物。在以云计算为代表的技术创新“大幕”的衬托下，原本看起来很难收集和使用的数据开始被利用起来了，通过各行各业的不断创新，逐步为人类创造更多的价值。作为继云计算、物联网之后 IT 行业又一颠覆性的技术，大数据备受人们关注。大数据无处不在，包括金融、汽车、零售、餐饮、电信、能源、政务、医疗、体育、娱乐等在内的各行各业，都存在着大数据的印迹。

海量的数据在日积月累中不断地爆发式增长，为了探求如何在大数据中获得更多的价值，对海量数据的处理和分析的需求迫在眉睫。大数据的主要特点有海量（volume）、高速（velocity）、准确（veracity）、多样（variety）等，在大数据技术发展的起步阶段，国内外研究的主要侧重点是处理海量数据和处理多样的数据类型。然而，在当前互联网时代下的大数据大多存在于金融股票、运营商网络流量、网站实时请求、交通数据流等业务中，数据的形式大多是以高速的流式数据形态传递。与存储在传统数据库中的静态数据不同，流式数据作为一种新的数据形态，对数据分析过程的高速性和准确性的要求更加严格。对于流式数据的分析处理需要我们能够快速地记录实时数据流信息，并更加准确地保证信息的时效性。

本书强调了大数据的宝贵价值，论述了常用的数据分析技术与方法，在此基础上设计对应的大数据分类模型（线性分类模型和分类分析模型）；阐述了人工神经网络的相关理论，涉及的具体的大数据算法包括关联规则分析算法、分布式算法、聚类算法等，并对大数据分析算法的并行化进行了相关研究；阐述了各个算法的应用场景及算法复杂度，从应用的角度提供了大量实例，使读者能够快速、高效进阶各类算法，并能够将之熟练应用到将来的工作实践中。

本书部分内容参考和借鉴了国内外学者的一些相关理论研究成果，并引用了互联网中的相关理论，在这里对他们一并表示衷心感谢！作者在撰写过程中，虽极力丰富本书内容，力求著作的完美无瑕，但仍难免存在疏漏和错误之处，还望各位同仁斧正。

作　者

2018 年 6 月

目录
CONTENTS

第1章 绪论

随着科学、技术和工程的迅猛发展，近20年来，许多领域（如光学观测、光学监控、健康医护、传感器、用户数据、互联网和金融公司以及供应链系统）都产生了海量的数据，大数据的概念也随之被再次重视。与传统的数据相比，除了大容量等表象特点，大数据还具有其他独特的特点，例如，大数据通常是无结构的，并且需要得到实时分析，因此大数据的发展需要全新的体系架构，用于处理大规模数据的获取、传输、存储和分析。

1.1 大数据的概念和特征

1.1.1 大数据的概念

“大数据”的概念起源于2008年9月《自然》（*Nature*）杂志刊登的名为“BigData”的专题。2011年《科学》（*Science*）杂志也推出专刊“Dealing With Data”对大数据的计算问题进行了讨论。谷歌、雅虎、亚马逊等著名企业在此基础上，总结了它们利用积累的海量数据为用户提供更加人性化服务的方法，进一步完善了“大数据”的概念。

根据维基百科的定义，大数据是指无法在可承受的时间范围内用常规软件工具进行捕捉、管理和处理的数据集合。

在维克托·迈尔－舍恩伯格及肯尼斯·库克耶编写的《大数据时代》中，大数据指的是不用随机分析法（抽样调查）这样的捷径，而采用所有数据进行分析处理。

“大数据”研究机构Gartner将“大数据”定义为需要新处理模式才能具有更强的决策力、洞察发现力和流程优化能力的海量、高增长率和多样化的信息资产。

1.1.2 大数据的特征

大数据是相对于一般数据而言的，目前对大数据尚缺乏权威的严格定义，通常大家用“4V”来反映大数据的特征。

1.1.2.1 Volume（规模性）

大数据之“大”，体现在数据的存储和计算均需要耗费海量规模的资源上。规模大是大数据最重要的标志之一，事实上，数据只要有足够的规模就可以称为大数据。数据的规模越大，通常对数据挖掘所得到的事物演变规律越可信，数据的分析结果也越具有代表性。如美国宇航局收集和处理的气候观察、模拟数据达到 32PB；而 FICO 的信用卡欺诈检测系统要监测全世界超过 18 亿个活跃信用卡账户。不过，现在也有学者认为，社会对大数据的关注，应更多地引导到对数据资源获得与利用的重视上来，因为对于某些中小数据的挖掘也有价值，目前报道的一些大数据挖掘的应用例子，不少只是 TB 级的规模。

1.1.2.2 Velocity（高速性）

大数据的另一特点在于数据增长速度快，亟须及时处理。如大型强子对撞机实验设备中包含 15 亿个传感器，平均每秒钟收集超过 4 亿的实验数据；同样在 1 秒钟里，有超过 3 万次用户查询提交到谷歌，3 万微博被用户撰写。而人们对数据处理的速度的要求也日益严格，力图跟上社会的节奏。有报道称，美国中情局就要求利用大数据将分析搜集数据的时间由 63 天缩短为 27 分钟。

1.1.2.3 Variety（多样性）

在大数据背景下，数据在来源和形式上的多样性愈加突出。除以结构化形式存在的关系数据，网络上也存在大量的位置、图片、音频、视频等非结构化信息。其中，视频等非结构化数据占很大比例，有数据表明，到 2016 年，全部互联网流量中，视频数据将达到 55%，那么，有理由相信，大数据中 90% 都将是非结构化数据。并且，大数据不仅仅在形式上表现出多元化，其信息来源也表现出多样性，大致可将其分为网络数据、企事业单位数据、政府数据和媒体数据等几种。

1.1.2.4 Value（高价值性）

大数据价值总量大，但价值稀疏，即知识密度低。大数据以其高价值吸引了全世界的关注，据全球著名咨询公司麦肯锡报告：“如果能够有效地利用大数据来提高效率和质量，预计美国医疗行业每年通过数据获得的潜在价值可超过 3000 亿美元，能够使得美国医疗卫生支出降低 8%。”然而，大数据的知识密度非常低，IBM 副总裁表示：“可以利用 Twitter 数据获得用户对某个产品的评价，但是往往上百万条记录中只有很小的一部分真正讨论这款产品。”并且，虽然数据规模与数据挖掘得到的价值之间有相关性，但是两者难以用线性关系表达。这取决于数据的价值密度，同一事件的不同数据集即便有相同的规模（如对同一观察对象收集的长时间稀疏数据和短时间密集数据），其价值也可以相差很多，因为数据集“含金量”不同，大数据中多数数据是重复的，忽略其中一些数据并不影响对其挖掘的结果。

1.2 大数据的发展趋势

1.2.1 大数据的背景

一般来说，大数据泛指巨量的数据集。当今社会，互联网尤其是移动互联网的发展，显著地加快了信息化向社会经济以及大众生活等各方面的渗透，促使了大数据时代的到来。近年来，人们能明显地感受到大数据来势迅猛。有关资料显示，1998年，全球网民平均每月使用流量是1MB，2003年是100MB，而2014年是10GB；全网流量累计达到1EB（即10亿GB）的时间在2001年是一年，在2004年是一个月，而在2013年仅需要一天，即一天产生的信息量可刻满1.88亿张DVD光盘。事实上，我国网民数居世界首位，产生的数据量也位于世界前列，其中包括淘宝网站每天超过数千万次的交易所产生的超50TB的数据，包括百度搜索每天生成的几十PB的数据，也包括城市里大大小小的摄像头每月产生的几十PB的数据，甚至还包括医院里CT影像抑或门诊所记录的信息。总之，大到学校、医院、银行、企业的系统行业信息，小到个人的一次百度搜索、一次地铁刷卡，大数据存在于各行各业，存在于民众生活的边边角角。

此外，大数据因自身可挖掘的高价值而受到重视。在国家宽带化战略的实施、云计算服务的起步、物联网的广泛应用和移动互联网崛起的同时，数据处理能力也迅速发展，数据积累到一定程度，其资料属性将更加明晰，显示出开发的价值。同时，社会的节奏越来越快，要求快速反应和精细管理，亟须借助对数据的分析和科学的决策，这样，我们便需要对上面所说的形形色色的海量数据进行开发。也就是说，大数据的时代来了。

有学者称，大数据将引发生活、工作和思维的革命；《华尔街日报》将大数据称为引领未来繁荣的三大技术变革之一；麦肯锡公司的报告指出，数据是一种生产资料，大数据将是下一轮创新、竞争、生产力提高的前沿；世界经济论坛的报告认为大数据是新财富，价值堪比石油；等等。因此，大数据的开发利用将成为各个国家抢占的新的制高点。

1.2.2 大数据现存的问题

1.2.2.1 速度方面的问题

传统的关系型数据库管理系统（RDBMS）一般都是集中式的存储和处理，没有采用分布式架构，在很多大型企业中的配置往往都基于IOE（IBM服务器，Oracle数据库，EMC存储）。在这种典型配置中，单台服务器的配置通常都很高，可以多达几十个 CPU，内存也能达到上百 GB，数据库的存储放在高速大容量的磁盘阵列上，存储空间可达 TB 级。这种配置对于传统的管理信息系统（MIS）需求来说是可以满足的，然而面对不断增长的数据量和动态数据使用场景，这种集中式的处理方式就日益成为瓶颈，尤其是在速度响应方面捉襟见肘。在面对大数据量的导入导出、统计分析、检索查询方面，由于依赖于集中式的数据存储和索引，性能随着数据量的增长而急速下降，对于需要实时响应的统计及查询场景更是无能为力。比如，在物联网中，传感器的数据可以多达几十亿条，对这些数据需要进行实时入库、查询及分析，传统的关系数据库管理系统 RDBMS 就不再适合应用需求了。

1.2.2.2 种类及架构问题

RDMBS 对于结构化的、固定模式的数据，已经形成了相当成熟的存储、查询、统计处理方式。随着物联网、互联网以及移动通信网络的飞速发展，数据的格式及种类在不断变化和发展。在智能交通领域，所涉及的数据可能包含文本、日志、图片、视频、矢量地图等来自不同数据采集监控源的、不同种类的数据。这些数据的格式通常都不是固定的，如果采用结构化的存储模式将很难应对不断变化的需求。因此，对于这些种类各异的多源异构数据，需要采用不同的数据存储处理模式，结合结构化和非结构化数据存储。在整体的数据管理模式和架构上，也需要采用新型的分布式文件系统及分布式 NO-SQL 数据库架构，才能适应大数据量及变化的结构。

1.2.2.3 体量及灵活性问题

如前所述，大数据由于总体的体量巨大，采用集中式的存储，在速度、响应方面都存在问题。当数据量越来越大，并发读、写量也越来越大时，集中式的文件系统或单数据库操作将成为致命的性能瓶颈，毕竟单台计算机的承受压力是有限的。我们可以采用线性扩展的架构和方式，把数据的压力分散到很多台计算机上，直到可以承受，这样就可以根据数据量和并发量来动态增加和减少文件或数据库服务器，实现线性扩展。

在数据的存储方面，需要采用分布式可扩展的架构，比如，大家所熟知的 Hadoop 文件系统和 HBase 数据库。同时在数据的处理方面，也需要采用分布式的架构，把数据处理任务分配到很多计算节点上，同时还须考虑数据存放节点和计算节点之间的位置相关性。在计算领域中，资源分配、任务分配实际上是一个任务调度问题。其主要任务是根据当前集群中各个节点上面的资源（包括 CPU、内存、存储空间和网络资源等）的占用情况，和各个用户作业的服务质量要求，在资源和作业或者任务之间做出最优的匹配。由于用户对作业服务质量的要求是多样化的，同时资源的状态也在不断变化，因此，为分布式数据处理找到合适的资源是一个动态调度问题。

1.2.2.4 成本问题

集中式的数据存储和处理，在硬件、软件选型时，基本采用的方式都是配置相当高的大型机或小型机服务器，以及访问速度快、保障性高的磁盘阵列，来保障数据处理性能。这些硬件设备都非常昂贵，动辄高达数百万元。同时，软件也经常是国外大厂商如Oracle、IBM、SAP、微软等的产品，对于服务器及数据库的维护需要专业技术人员，投入及运维成本很高。在面对海量数据处理的挑战时，这些厂商也推出了形似庞然大物的“一体机”解决方案，如Oracle的Exadata、SAP的HANA等，通过把多服务器、大规模内存、闪存、高速网络等硬件进行堆叠，来缓解数据压力，然而这造成在硬件成本上更是大幅跳高，一般的企业很难承受。新型的分布式存储架构、分布式数据库如HDFS、HBase、Cassandra、MongoDB等由于大多采用去中心化的、海量并行处理MPP架构，在数据处理上不存在集中处理和汇总的瓶颈，同时具备线性扩展能力，能有效地应对大数据的存储和处理问题。在软件架构上也都实现了一些自管理、自恢复的机制，以面对大规模节点中容易出现的偶发故障，保障系统整体的健壮性。因此，对每个节点的硬件配置，要求并不高，甚至可以使用普通的PC作为服务器，在服务器成本上可以大大节省，在软件方面开源软件占据非常大的价格优势。

当然，在谈及成本问题时，我们不能简单地进行硬件、软件的成本对比。要把原有的系统及应用迁移到新的分布式架构上，从底层平台到上层应用都需要做很大的调整。尤其是在数据库模式以及应用编程接口方面，新型的NO-SQL数据库与原来的RDBMS存在较大的差别，企业需要评估迁移及开发成本、周期及风险。除此之外，还须考虑服务、培训、运维方面的成本。但在总体趋势上，随着这些新型数据架构及产品的逐渐成熟与完善，以及一些商业运营公司基于开源基础为企业提供的专业数据库开发及咨询服务，新型的分布式、可扩展数据库模式必将在大数据浪潮中胜出，从成本到性能方面完胜传统的集中式大机模式。

1.2.2.5 价值挖掘问题

大数据由于体量巨大，同时又在不断增长，因此单位数据的价值密度在不断降低。但同时大数据的整体价值在不断提高，大数据被类比为石油和黄金，因此从中可以发掘出巨大的商业价值。要从海量数据中找到潜藏的模式，需要进行深度的数据挖掘和分析。大数据挖掘与传统的数据挖掘模式也存在较大的区别：传统的数据挖掘一般数据量较小，算法相对复杂，收敛速度慢。然而大数据的数据量巨大，在数据的存储、清洗、ETL（抽取、转换、加载）方面都需要能够应对大数据量的需求和挑战，在很大程度上需要采用分布式并行处理的方式。比如Google、微软的搜索引擎，在对用户的搜索日志进行归档存储时，就需要多达几百台甚至上千台服务器同步工作，才能应付全球上亿用户的搜索行为。同时，在对数据进行挖掘时，也需要改造传统数据挖掘算法以及底层处理架构，同样采用并行处理的方式才能对海量数据进行快速计算分析。Apache 的 Mahout 项目就提供了一系列数据挖掘算法的并行实现。在很多应用场景中，甚至需要挖掘的结果能够实时反馈回来，这对系统提出了很大的挑战，因为数据挖掘算法通常需要较长的时间，尤其是在大数据量的情况下，需要结合大批量的离线处理和实时计算才可能满足需求。

数据挖掘的实际增效也是我们在进行大数据价值挖掘之前需要仔细评估的问题。并不见得所有的数据挖掘计划都能得到理想的结果。首先，需要保障数据本身的真实性和全面性。如果所采集的信息本身噪声较大，或者一些关键性的数据没有被包含进来，那么所挖掘出来的价值规律也就大打折扣。其次，要考虑价值挖掘的成本和收益。如果对挖掘项目投入的人力物力、硬件及软件平台耗资巨大，项目周期也较长，而挖掘出来的信息对于企业生产决策、成本效益等方面的贡献不大，那么片面地相信和依赖数据挖掘的威力，也是不切实际和得不偿失的。

1.2.2.6 存储及安全问题

在大数据的存储及安全保障方面，大数据由于存在格式多变、体量巨大的特点，也带来了很多挑战。针对结构化数据，关系型数据库管理系统 RDBMS 经过几十年的发展，已经形成了一套完善的存储、访问、安全与备份控制体系。由于大数据的巨大体量，也对传统 RDBMS 造成了冲击，如前所述，集中式的数据存储和处理也在转向分布式并行处理。大数据更多的时候是非结构化数据，因此衍生了许多分布式文件存储系统、分布式 NO-SQL 数据库等来应对这类数据。然而这些新兴系统，在用户管理、数据访问权限、备份机制、安全控制等各方面还须进一步完善。至于安全问题，一是要保障数据不丢失，对海量的结构、非结构化数据，需要有合理的备份冗余机制，在任何情况下数据不能丢失。二是要保障数据不被非法访问和窃取，只有对数据有访问权限的用户，才能看到数据，拿到数据。由于大量的非结构化数据可能需要不同的存储和访问机制，因此要形成对多源、多类型数据的统一安全访问控制机制，是亟待解决的问题。大数据由于将更多、更敏感的数据汇集在一起，对潜在攻击者的吸引力更大，若攻击者成功实施一次攻击，将能得到更多的信息，“性价比”更高，这些都使得大数据更易成为被攻击的目标。2012 年 Linkedin650 万用户账户密码泄露；雅虎遭到网络攻击，致使 45 万用户 ID 泄露。2011 年 12 月，CSDN 的安全系统遭到黑客攻击，600 万用户的登录名、密码及邮箱遭到泄露。

1.2.2.7 互联互通与数据共享问题

大数据要发挥威力，需要融合多行业的数据分析决策，这在智慧城市建设中尤其重要。为实现跨行业的数据整合，需要制定统一的数据标准、交换接口以及共享协议，这样不同行业、不同部门、不同格式的数据才能基于一个统一的基础进行访问、交换和共享。对于数据访问，还须规定细致的访问权限，规定什么样的用户在什么样的场景下，可以访问什么类型的数据。在大数据及云计算时代，不同行业、企业的数据可能存放在统一的平台和数据中心之上，需要对一些敏感信息进行保护。比如涉及企业商业机密及交易信息方面的数据，虽然是依托平台来进行处理，但是除了企业自身的授权人员之外，要保证平台管理员以及其他企业都不能访问此类数据。

1.2.3 大数据模式

1.2.3.1 结构化数据

结构化数据遵循一个标准的模型或者模式，并且常常以表格的形式存储。该类型数据通常用来捕捉不同对象实体之间的关系，并且存储在关系型数据库中。诸如ERP和CRM等企业应用和信息系统之中会频繁地产生结构化数据。由于数据库本身以及大量现有的工具对结构化数据的支持，结构化数据很少需要在处理或存储的过程中做特殊的考虑。这类数据的例子包括银行交易信息、发票信息和消费者记录等。

1.2.3.2 非结构化数据

非结构化数据是指不遵循统一的数据模式或者模型的数据。据估计，企业获得的数据有80%左右是非结构化数据，并且其增长速率要高于结构化数据。这种类型的数据可以是文本的，也可以是二进制的，常常通过自包含的、非关系型文件传输。一个文本文档可能包含许多博文和推文。而二进制文件多是包含着图像、音频、视频的媒体文件。从技术上讲，文本文件和二进制文件都有根据文件格式本身定义的结构，但是这个层面的结构不在讨论之中，并且非结构化的概念与包含在文件中的数据相关，而与文件本身无关。

存储和处理非结构化的数据通常需要用到专用逻辑。如要放映一部视频，正确的编码、解码是至关重要的。非结构化数据不能被直接处理或者用SQL语句查询。如果需要存储在关系型数据库中，它们会以二进制大型对象（BLOB）形式存储在表中。当然，NO-SQL数据库作为一个非关系型数据库，能够用来同时存储结构化和非结构化数据。半结构化数据有一定的结构与一致性约束，但本质上不具有关系性。半结构化数据是层次性的或基于图形的。这类数据常常存储在文本文件中。由于文本化的本质以及某些层面上的结构化，半结构化数据比非结构化数据更好处理。半结构化数据的一些常见来源包括电子转换数据（EDI）文件、扩展表、RSS源以及传感器数据。半结构化数据也常需要特殊的预处理和存储技术，尤其是重点部分不是基于文本的时候。半结构化数据预处理的一个例子就是对 XML 文件的验证，以确保它符合其模式定义。

1.2.4 大数据技术模式

1.2.4.1 批处理计算

批处理计算主要解决针对大规模数据的批量处理，也是我们日常数据分析工作中非常常见的一类数据处理需求。Map Reduce 是最具有代表性和影响力的大数据批处理技术，可以并行执行大规模数据处理任务，用于大规模数据集（大于 1TB）的并行运算。Map Reduce 极大地方便了分布式编程工作，它将复杂的、运行于大规模集群上的并行计算过程高度地抽象到了两个函数 Map 和 Reduce 上，编程人员在不会分布式并行编程的情况下，也可以很容易地将自己的程序运行在分布式系统上，完成海量数据集的计算。

Spark 是一个针对超大数据集合的低延迟的集群分布式计算系统，比 Map Reduce 快许多。Spark 启用了内存分布数据集，除了能够提供交互式查询外，还可以优化迭代工作负载。在 Map Reduce 中，数据流经一个稳定的来源进行一系列加工处理后，流出到一个稳定的文件系统（如 HDFS）。而对于 Spark 而言，则使用内存替代 HDFS 或本地磁盘来存储中间结果，因此 Spark 要比 Map Reduce 的速度快许多。

1.2.4.2 流计算

流数据也是大数据分析中的重要数据类型。流数据（或数据流）是指在时间分布和数量上无限的一系列动态数据集合体，数据的价值随着时间的流逝而降低。因此，必须采用实时计算的方式给出秒级响应。流计算可以实时处理来自不同数据源的、连续到达的流数据，经过实时分析处理，给出有价值的分析结果。目前业内已涌现出许多的流计算框架与平台，第一类是商业级的流计算平台，包括 IBM Info Sphere Streams 和 IBM Stream Base 等；第二类是开源流计算框架，包括 Twitter Storm、Yahoo! S4 等；第三类是公司为支持自身业务开发的流计算框架，如 Facebook 使用 Puma 和 HBase 相结合来处理实时数据，百度开发了通用实时流数据计算系统 D-Stream，淘宝开发了通用流数据实时计算系统流数据处理平台。

1.2.4.3 图计算

在大数据时代，许多大数据都是以大规模图或网络的形式呈现，如社交网络、传染病传播途径、交通事故对路网的影响等。此外，许多非图结构的大数据也常常会被转换为图模型后再进行处理分析。Map Reduce 作为单输入、两阶段、粗粒度数据并行的分布式计算框架，在表达多稀疏结构和细粒度数据时，往往显得力不从心，不适合用来解决大规模图计算问题。因此，针对大型图的计算，需要采用图计算模式，目前已经出现了不少相关图计算产品。Pregel 是一种基于 BSP（Bulk Synchronous Parallel）模型实现的并行图处理系统。为了解决大型图的分布式计算问题，Pregel 搭建了一套可扩展的、有容错机制的平台，该平台提供了一套非常灵活的 API，可以描述各种各样的图计算。Pregel 主要用于图遍历、最短路径、PageRank 计算等，其他代表性的图计算产品还包括 Facebook 针对 Pregel 的开源实现 Giraph、Spark 下的 Graph-X、图数据处理系统 Power Graph 等。

1.2.4.4 查询分析计算

针对超大规模数据的存储管理和查询分析，需要提供实时或准实时地响应，才能很好地满足企业经营管理需求。谷歌公司开发的 Dremel 是一种可扩展的、交互式的实时查询系统，用于只读嵌套数据的分析。通过结合多级树状执行过程和列式数据结构，它能做到几秒内完成对万亿张表的聚合查询。系统可以扩展到成千上万的 CPU 上满足谷歌上万用户操作 PB 级的数据，并且可以在 2~3 秒内完成 PB 级别数据的查询。此外，Cloudera 公司参考 Dremel 系统开发了实时查询引擎 Impala。它提供 SQL 语义，能快速查询存储在 Hadoop 的 HDFS 和 HBase 中的 PB 级大数据。

1.2.5 大数据与大云计算的安全问题

大数据时代给了人们前所未有的数据采集、存储和处理的能力。每一个人都可以把文档、图片、视频等放在云端，享受随时随地同步和查看的便捷性；企业可以将生产、运营、营销等各个环节数字化，还可以收集全行业的信息，通过移动终端就可以轻松地获得企业生产经营的各种报表和趋势预测；政府的服务和社会化管理则可以通过互联网到达每家每户和每个企业。强大的云数据中心和先进的移动互联网技术使得谷歌眼镜、智能手环这样的可穿戴设备及各种多媒体社交工具盛行，发布信息和检索信息都只需在眼睛一眨、指头一动间完成，甚至无须做任何动作就完成了。但是同时，由于大数据的社会化属性，人们在网络空间的任何数据都可能被收集，人们的资料可能被黑客窃取，人们的朋友圈在社交网络上一目了然，人们的言论在微博上历历在目，人们的交易和浏览信息随意地被电商挖掘。大数据和云计算就是一把双刃剑，在方便人们生活的同时，安全和隐私问题也日益凸显。

随着数据中心不断整合以及虚拟化、VDI、云端运算应用程序的兴起，越来越多的运算效能与数据都集中到数据中心和服务器上。不论是个人信息存储在云盘、邮箱，还是企业将数据存储在云端或使用云计算服务，这些都需要安全保护，安全和隐私问题可以说是云计算和大数据时代所面临的最为严峻的挑战。在 IDC 的一项关于“您认为云计算模式的挑战和问题是什么”的调查中，安全以 74.6% 的比例位居榜首，全球 51% 的首席信息官认为安全问题是部署云计算时最大的顾虑。趋势科技首席执行官陈怡桦认为："云计算的日益普及已经使越来越多的云计算服务商进入市场。随着在云计算环境中存储数据的公司越来越多，信息安全问题成为大多数 IT 专业人士最头疼的事情。事实上，数据安全已经是考虑采用云基础设施的机构主要关注的问题之一。"

大数据由于数据集中、目标大，在网络上更容易被盯上；在线数据越来越多，黑客们的犯罪动机也比以往任何时候更强烈；大数据意味着若攻击者成功实施一次攻击，其能得到更多的信息和价值。这些特点都使得大数据更易成为被攻击的目标。

关于网络信息安全，最知名的事件莫过于"棱镜门"了。据美国中情局前职员爱德华·斯诺登披露，"棱镜计划"是一项由美国国家安全局（NSA）于 2007 年小布什时期开始实施的绝密电子监听计划。该计划能够直接进入美国国际网络公司的中心服务器挖掘数据、收集情报，包括微软、雅虎、谷歌、苹果等在内的 9 家国际巨头公司参与其中，从音频、视频、图片、文档、邮件和链接信息中分析个人的联系方式和行为。

与此同时，公民的隐私泄露事件也层出不穷，这些泄露大部分是黑客攻击企业数据库造成的。据隐私专业公司 PRC（Privacy Rights Clearinghouse）报告称，按保守估计，2011 年全球发生了超过 500 起重大数字安全事故。如 2011 年 4 月索尼公司由于系统泄露导致 7700 万名用户资料遭窃，导致 1.7 亿美元左右的损失；2011 年 12 月，CSDN 的安全系统遭到黑客攻击，600 万名用户的登录名、密码和邮箱遭到泄露；Linkedln 在 2012 年被曝 650 万名用户账户密码泄露；雅虎遭到网络攻击，致使 45 万名用户 ID 泄露。

另外一些隐私泄露是因为企业产品功能不完善造成的。比如几年前，腾讯 QQ 曾经推出朋友圈功能，很多用户的真实名字出现在朋友圈中，引起了用户的强烈抗议，最后腾讯关闭了这一功能。腾讯 QQ 用户真实姓名在朋友圈中曝光，就是采用了大数据关联分析。由此可见，在大数据的搜集和数据分析过程中，随时可能触及用户的隐私，一旦某一环节存在安全隐患，后果不堪设想。

还有一些则是用户个人不注意造成的隐私泄露。比如，有些用户喜欢在 Twitter 等社交网站上发布自己的位置和动态信息，结果有几家网站，如"PleaseRobMe.corn""We Know Yrour House"等，能够根据用户所发的信息，推测出用户不在家的时间，找到用户准确的家庭地址，甚至找出房子的照片。这些网站的做法旨在提醒大家，我们随时暴露在公众视野下，如果不培养安全意识和隐私意识，将会给自身带来灾难。

大数据可以光明正大地搜集用户数据，并可以对用户数据进行分析，这无疑让用户隐私失去了保障。作为一项新兴的技术。全球很多国家都没有对大数据的采集、分析环节进行相应的监管。在没有标准和相应监管措施的情况下，大数据泄露事件频繁发生，已经暴露出大数据时代用户隐私安全的尖锐问题。当然，我们强调安全和隐私问题，并不是说要因噎废食。正如当今的银行系统，同样存在安全隐患和随时被网络攻击的风险，但是大多数人还是选择把钱存在银行，因为银行的服务为我们提供了便利，同时在绝大多数情况下还是具备安全保障的。我们需要在高效利用云计算和大数据技术的同时，增强安全隐私意识，加强安全防护手段，明确数据归属及访问权限，完善数据与隐私方面的法规政策等，扎实做好全方位的安全隐私防护，让新技术更好地为我们的生活服务。

1.2.5.1 大数据时代的安全挑战

1. 机密性

为了保护数据的隐私，数据在云端应该以密文形式存放，但是如果操作都要在密文上进行，那么用户的任何操作都要把涉及的数据密文发送回服务方解密之后再进行，将会严重降低效率，因此要以尽可能小的计算开销带来可靠的数据机密性。实现机密性的要求有以下几种情况：一是为了保护用户行为信息的隐私，云服务器要保证用户匿名使用云资源和安全记录数据起源；二是在某些应用情况下，服务器需要在用户数据上面进行运算，而运算结果也以密文形式返回给用户，因此需要使服务器能够在密文上面直接进行操作；三是信息检索是云计算中一个很常用的操作，因此支持搜索的加密是云安全的一个重要需求，但当前已有的支持搜索的加密只支持单关键字搜索，所以支持多关键字搜索、搜索结果排序和模糊搜索是云计算的另一需求方向。

2. 数据完整性

在基于云的存储服务，如 Amazon 简单存储服务 S3、Amazon 弹性块存储 EBS，以及 Nirvanix 云存储服务中，必须保证数据存储的完整性。在云存储条件下，因为可能面临软件失效或硬件损坏导致的数据丢失、云中其他用户的恶意损坏、服务商为经济利益擅自删除一些不常用数据等情况，用户无法完全相信云服务器会对自己的数据进行完整性保护，所以用户需要对其数据的完整性进行验证。这就需要系统提供远程数据完整性验证和数据恢复功能。

3. 访问控制

云计算中要阻止非法的用户对其他用户的资源和数据的访问，细粒度地控制合法用户的访问权限，因此云服务器需要对用户的访问行为进行有效的验证。其访问控制需求主要包括以下两个方面：一是网络访问控制，指云基础设施中主机之间互相访问的控制；二是数据访问控制，指云端存储的用户数据的访问控制。数据的访问控制中要保证对用户撤销操作、用户动态加入和用户操作可审计等要求的支持。

4. 身份认证

云计算系统应建立统一、集中的认证和授权系统，以满足云计算多租户环境下复杂的用户权限策略管理和海量访问认证要求，提高云计算系统身份管理和认证的安全性。现有的身份认证技术主要包括三类：一是基于用户持有的秘密口令的认证，二是基于用户持有的硬件（如智能卡、U盾等）的认证；三是基于用户生物特征（如指纹）的认证。但是，这些方法都是通过某一维度的特征来进行认证的，对重要的隐私信息和商业机密来讲，安全性仍不够强。最新提出的层次化的身份认证在多个云之间实现层次化的身份管理，多因子身份认证从多重特征上对客户进行认证，都是身份认证技术的新需求。

5. 可信性

虚拟空间用户与云服务商之间在相互信任的基础上达成协议进行服务，可信性是云计算健康发展的基本保证，也是基本需求。它具体包括服务商和用户的可信性两个方面。服务商可信是指其向其他服务商或者用户提供的服务必须是可信的，而不是恶意的；用户可信是指用户采用正常、合法的方式访问服务商提供的服务，用户的行为不会对服务商本身造成破坏。如何实现云计算的问责功能，通过记录操作信息等手段实现对恶意操作的追踪和问责；如何通过可信计算、安全启动、云端网关等技术手段构建可信的云计算平台，达到云计算的可信性，是可信性方面需要研究的问题。

6. 防火墙配置安全性

在基础设施云中的虚拟机需要进行通信，这些通信分为虚拟机之间的通信和虚拟机与外部的通信。通信的控制可以通过防火墙来实现，因此防火墙的配置安全性非常重要。如果防火墙配置出现问题，那么攻击者很可能利用一个未被正确配置的端口对虚拟机进行攻击。因此，在云计算中，需要设计对虚拟机防火墙配置安全性进行审查的算法。

7. 虚拟机安全性

虚拟机技术在构建云服务架构等方面广泛应用，但与此同时，虚拟机也面临着两方面的安全性，一方面是虚拟机监督程序的安全性，另一方面是虚拟机镜像的安全性。在以虚拟化为支撑技术的基础设施云中，虚拟机监督程序是每台物理机上的最高权限软件，因此其安全的重要性毋庸置疑。另外，在使用第三方发布的虚拟机镜像的情况下，虚拟机镜像中是否包含恶意软件、盗版软件等，也是需要进行检测的。

1.2.5.2 信息安全的发展历程

广义的信息安全涉及各种情报、商业机密、个人隐私等，在各行各业都早已存在。具体到计算机通信领域的信息安全则是最近几十年随着电子信息技术的发展而兴起的。信息安全的发展大致经历了四个时期。

第一个时期是通信安全时期，其主要标志是1949年香农发表的《保密通信的信息理论》。在这个时期通信技术还不发达，电脑只是零散地位于不同的地点，信息系统的安全仅限于保证电脑的物理安全，以及通过密码（主要是序列密码）解决通信安全的保密问题。把电脑安置在相对安全的地点，不允许非授权用户接近，就基本可以保证数据的安全性了。这个时期的安全性是指信息的保密性，对安全理论和技术的研究也仅限于密码学。这一阶段的信息安全可以简称为通信安全。它侧重于保证数据从一地传送到另一地时的安全性。

第二个时期为计算机安全时期，以20世纪70~80年代的可信计算机系统评价准则（TCSEC）为标志。20世纪60年代以后，半导体和集成电路技术的飞速发展推动了计算机软、硬件的发展，计算机网络技术的应用进入了实用化和规模化阶段，数据的传输已经可以通过计算机网络来完成。这时候的信息已经分成静态信息和动态信息。人们对安全的关注已经逐渐扩展为以保密性、完整性和可用性为目标的信息安全阶段，主要保证动态信息在传输过程中不被窃取，即使窃取了也不能读出正确的信息；还要保证数据在传输过程中不被篡改，让读取信息的人能够看到正确无误的信息。1977年美国国家标准局（NBS）公布的国家数据加密标准（DES）和1983年美国国防部公布的可信计算机系统评价准则（TCSEC，俗称橘皮书，1985年再版）标志着解决计算机信息系统保密性问题的研究和应用迈上了历史的新台阶。

第三个时期是在20世纪90年代的网络时代。从20世纪90年代开始，由于互联网技术的飞速发展，无论是企业内部信息还是外部信息都得到了极大的开放，而由此产生的信息安全问题跨越了时间和空间，信息安全的焦点已经从传统的保密性、完整性和可用性三个原则发展为诸如可控性、抗抵赖性、真实性等其他的原则和目标。

第四个时期是进入21世纪的信息安全保障时代，其主要标志是《信息保障技术框架》（IATF）。如果说对信息的保护，主要还是处于从传统安全理念到信息化安全理念的转变过程中，那么面向业务的安全保障，就完全是从信息化的角度来考虑信息的安全了。体系性的安全保障理念，不仅关注系统的漏洞，而且从业务的生命周期着手，对业务流程进行分析，找到流程中的关键控制点，从安全事件出现的前、中、后三个阶段进行安全保障。面向业务的安全保障不是只建立防护屏障，而是建立一个“深度防御体系”，通过更多的技术手段把安全管理与技术防护联系起来，不再是被动地保护自己，而是主动地防御攻击。也就是说，面向业务的安全防护已经从被动走向主动，安全保障理念从风险承受模式走向安全保障模式。信息安全阶段也转化为从整体角度考虑其体系建设的信息安全保障时代。

1.2.5.3 新兴信息技术带来的安全挑战

云时代安全攻击的具体方式有很多种分类，根据美国知名市场研究公司 Gartner 发布的“云计算风险评估”研究报告，企业存储在云服务商处的数据，存在 7 种潜在安全风险：特权用户准入风险、法律遵从、数据位置、数据隔离、数据恢复、审计支持和数据长期生存性。ENISA（欧洲网络与信息安全署）提出了一个采用 IS027000 系列标准的云计算信息安全保障体系架构，主要涉及的安全风险包括：隐私安全、身份和访问管理、环境安全、法规和物理安全等。总体来说，在业界得到广泛认可的安全风险主要包括以下 8 种类型。

1. 滥用和非法使用云计算

云计算的一大特征是自助服务，在方便用户的同时，也给了黑客等不法分子机会，他们可以利用云服务简单方便的注册步骤和相对较弱的身份审查要求，用虚假的或盗取的信息注册，冒充正常用户，然后通过云模式的强大计算能力，向其他目标发起各种各样的攻击。攻击者还可以从云中对很多重要的领域开展直接的破坏活动，比如垃圾邮件的制作传播，用户密钥的分布式破解，网站的分布式拒绝服务攻击，反动、黄色和钓鱼欺诈等不良信息的云缓冲，以及僵尸网络的命令和控制等。

2. 恶意的内部人员

所有的 IT 服务，无论是运行在云中的系统还是内部网，都有受到内部人员破坏的风险。内部人员可以单独行动或勾结他人，利用访问特权进行恶意的或危害他人的行动。内部人员搞破坏的原因是多种多样的，比如为了某件事进行报复，或者发泄他们心中对社会的不满，或者为了物质上的利益等。在云计算时代，这种威胁对于消费者来说大大增加了。首先，由于云服务商一般拥有大量企业用户，雇用的 IT 管理人员数量比单独一个企业的 IT 管理人员多得多；其次，云计算也是 IT 服务外包的一种形式，所以也继承了外包服务商的恶意内部人员风险。因此，云计算中的监管不仅在操作上更为困难，而且风险也是个未知数。

3. 不安全的应用编程接口

云服务商一般都会为用户提供应用程序接口（API），让用户使用、管理和扩展自己的云资源。云服务的流程都要用到这些 API，比如创建虚拟机、管理资源、协调服务、监控应用等。大量的 API 多多少少都会有安全漏洞，有些属于设计缺陷，有些属于代码缺陷。黑客利用软件漏洞，可以攻击任何用户。

4. 身份或服务账户劫持

身份或服务账户劫持是指在用户不知情或没有批准的情况下，他人恶意地取代用户的身份或劫持其账户。账户劫持的方法包括网络钓鱼、欺骗和利用软件漏洞持续攻击等。

在云时代，这类威胁也变得更为严重。云服务不同于传统的企业，它没有广泛的基于角色或团体接入的权限隔离，通常身份密码被重复使用在很多站点和服务上，同样的内部账户被用于管理软件系统、管理服务器和追踪账单。更加糟糕的是，账户经常在不同用户间共享。不管对于用户还是管理员，大多数云服务缺乏基础设施和流程去实现强验证。

一旦攻击者获取了用户的身份密码，他们就可以窃听用户的活动和交易，获取和操控数据，发布错误的信息，并将客户导向非法站点。客户的账户或服务还可能变成攻击者的新基地，他们从这里冒用受害者的名义和影响力再去发动新的攻击。他们还可以强制让账户所有者支付无用的 CPU 时间、存储空间或其他被计量付费的资源。

5. 资源隔离问题

通过共享基础设施和平台，IaaS 和 PaaS 服务商可以以一种可扩展的方式交付他们的服务，这种多租户的体系结构、基础设施或平台的底层技术通常没有设计强隔离。资源虚拟化支持将不同租户的虚拟资源部署在相同的物理资源上，这也方便了恶意用户借助共享资源实施侧通道攻击。攻击者可以攻击其他云客户的应用和操作，或者获取没有进行授权访问的数据。取得管理员角色是一个更为严重的潜在危险，虚拟机一般对根物理机很难设防，通过物理机管理员角色可以配置命令和控制恶意软件来侵入其他用户的虚拟机。

6. 数据丢失和泄露

随着 IT 的云转型，敏感数据正在从企业内部数据中心向公有云环境转移，伴随着优点而来的是缺点，那就是云计算的安全隐私问题。云策略和数据中心虚拟化使防卫保护的现实变得更加复杂，数据被盗或被泄露的威胁在云中大大增加。数据被盗和隐私泄露可以对企业和个人产生毁灭性的影响，除了对云服务商品牌和名声造成损害外，还可能导致关键知识的损失，产生竞争力的下降和财产方面的损失。此外，丢失或泄露的数据可能会遭到破坏和滥用，甚至引起各种法律纠纷。

7. 商业模式变化风险

云计算的一个宗旨是减少用户对硬件和软件的维护工作，使他们可以将精力集中于自己的核心业务。云计算固然有着明显的财政和操作方面的优势，但云服务商必须解除用户对安全的担忧。当用户评估云服务的安全状态时，软件的版本、代码的更新、安全规则、漏洞状态、入侵尝试和安全设计都是重要的影响因素。除了网络入侵日志和其他记录，谁与自己分享基础架构的信息也是用户要知道的。

8. 对企业内部网的攻击

很多企业用户将混合云作为一种减少公有云中风险的方式。混合云是指混合地使用公有云和企业内部网络资源（或私有云）。在这种方案中，客户通常把网页前台移到公有云中，而把后台数据库留在内部网络中。在云和内部网络之间，一个虚拟或专用的网络通道被建立起来，这就开启了对企业内部网络攻击的机会，导致本来被安全边界和防火墙保护的企业内部网络随时可能受到来自云的攻击。但如果这一通道关闭，由混合云支持的业务将被停止，将会给企业带来重大的财产损失。

这里还要特别提到个人设备安全管理。随着移动互联网和大数据的快速发展，移动设备的应用也在不断增长。随着 BYOD（携带自己的设备办公）风潮的普及，许多企业开始考虑允许员工自带智能设备到企业内部使用，其目标是在满足员工自身追求新科技和个性化的同时提高工作效率，降低企业成本。然而，这样做带来的风险也是很大的，员工带着自己的设备连接企业网络，就可能让各种木马病毒或恶意软件到处传播，造成安全隐患。

1.2.5.4 安全问题的解决

云计算和大数据的新商业模式和技术架构在带给人类更多经济、方便、快捷、智能化体验的同时，也给信息安全和个人隐私带来了全新的威胁。要促进云计算和大数据技术的健康发展，就必须直面安全和隐私问题，而这需要大量的实践研究工作。同时，云计算安全并不仅仅是技术问题，它还涉及标准化、监管模式、法律法规等诸多方面。因此，仅从技术角度出发探索解决云计算安全问题是不够的，还需要信息安全学术界、产业界以及政府相关部门的共同努力。

2008 年成立的云安全联盟（Cloud Secufity Alliance，CSA），就是在安全隐私将云逼得走投无路的时候应运而生的世界性的行业组织。CSA 总部位于云计算之都西雅图，微软和亚马逊的总部也在这里。CSA 任命世界顶级安全专家出任其最重要的首席研究官，大力开展实践安全研究，在厂商指导、用户培训、政府协调和高校合作等各方面也起着举足轻重的纽带作用。目前参与云安全联盟并接受指导的会员厂商有上百家，包括微软、亚马逊、谷歌、英特尔、甲骨文、赛门铁克、华为等全球云计算领军企业。

云端厂商在云安全方面的努力不言而喻，比如微软的云计算数据中心、云平台和 Office365 等多项云服务都获得了多个国家政府和行业组织的安全认证，采取了政府和企业级安全保护措施。

用户在云转型中的努力也非常重要，特别是要有敢于承担风险的精神。用户在云部署过程中要识别数字资产，将资产映射到可能的云部署模型中，然后评估云中风险。美国政府 IT 部门都大量采用云服务，它们是用户云转型的典型范例。

各国政府需要出台鼓励云计算的政策、法规、标准和战略。美国政府已经制定了云计算的一些标准，比如美国技术标准局创立了云计算模型和云参考架构；欧盟正在 CSA 的帮助下起草云计算战略；中国云计算安全政策与法规工作组也发表了蓝皮书。

高等院校则需要大力培养云安全人才，为云计算的长久发展输送新鲜血液。美国华盛顿大学的赛博安全中心已率先开启了研究生的云安全实践研究项目，其将在美国国防部、国安部和国家科学基金会的支持下，由 CSA 导师指导进行研究。

基于当前的研究成果，解决云安全问题主要有两类途径：建立完善的安全防护框架，加强云安全技术研究；创立本质安全的新信息技术基础。

1. 安全防护框架

（1）治理。

各机构在应用开发和服务提供中采用的现有良好实践措施需要延伸到云中。这些实践要继续遵从机构相应的政策、程序和标准，用于在云中的设计、实施、测试、部署和监测。审计机制和工具需要到位，以确保机构的实践措施在整个系统的生命周期内都有效。

（2）合规。

用户要了解各类和安全隐私相关的法律和规章制度以及自己机构的义务，特别是那些涉及存放位置的数据、隐私和安全控制及电子证据发现的要求。用户要审查和评估云服务提供商的产品，并确保合同条款充分满足法规要求。

（3）信任。

安全和隐私保护措施（包括能见度）需要纳入云计算服务合同中，并建立具有足够灵活性的风险管理制度，以适应不断发展和不断变化的风险状况。

（4）架构。

用户要了解云服务提供商的底层技术和管理技术，包括设计安全的技术控制和对隐私的影响，了解系统完整的生命周期及其系统组件。

（5）身份和访问管理。

云服务提供商要确保有足够的保障措施，能够安全地实行认证、授权和提供其他身份及访问管理功能。

（6）软件隔离。

用户要了解云服务提供商采用的虚拟化和其他软件隔离技术，并评估所涉及的风险。

（7）数据保护。

用户要评估云服务提供商的数据管理解决方案的适用性，确定能否消除托管数据的顾虑。

（8）可用性。

云服务提供商要确保在中期或长期中断或严重的灾难时，关键运营操作可以立即恢复，最终所有运营操作都能够及时地和有条理地恢复。

（9）应急响应。

用户要向云服务提供商了解和洽谈合同中涉及事件应急响应和处理的程序，以满足自己组织的要求。

2. 安全服务体系

安全服务体系由一系列云安全服务构成，是实现云用户安全目标的重要技术手段。根据其所属层次的不同，云安全服务可以进一步分为云基础设施服务、云安全基础服务以及云安全应用服务三类。

（1）云基础设施服务。

云基础设施服务为上层云应用提供安全的数据存储、计算等 IT 资源服务，是整个云计算体系安全的基石。这里，安全性包含两个层面的含义：一是抵挡来自外部黑客的安全攻击的能力；二是证明自己无法破坏用户数据与应用的能力。一方面，云平台应分析传统计算平台面临的安全问题，采取严密的安全措施。如在物理层考虑厂房安全，在存储层考虑完整性和文件 / 日志管理、数据加密、备份、灾难恢复等，在网络层考虑拒绝服务攻击、DNS 安全、网络可达性、数据传输机密性等，系统层应涵盖虚拟机安全、补丁管理、系统用户身份管理等安全问题，数据层包括数据库安全、数据的隐私性与访问控制、数据备份与清洁等，而应用层应考虑程序完整性检验与漏洞管理等。另一方面，云平台应向用户证明自己具备某种程度的数据隐私保护能力。如存储服务中证明用户数据以密态形式保存，计算服务中证明用户代码运行在受保护的内存中，等等。由于用户安全需求方面存在着差异，云平台应具备提供不同安全等级的云基础设施服务的能力。

（2）云安全基础服务。

云安全基础服务属于云基础软件服务层，为各类云应用提供共性信息安全服务，是支撑云应用满足用户安全目标的重要手段。

①云用户身份管理服务。云用户身份管理服务主要涉及身份的供应、注销以及身份认证过程。在云环境下，实现身份联合和单点登录可以支持云中合作企业之间

更加方便地共享用户身份信息和认证服务，并减少重复认证带来的运行开销。但云身份联合管理过程应在保证用户数字身份隐私性的前提下进行。数字身份信息可能在多个组织间共享，其生命周期各个阶段的安全性管理更具有挑战性，而基于联合身份的认证过程在云计算环境下也具有更高的安全。

②云访问控制服务。云访问控制服务的实现依赖于妥善地将传统的访问控制模型（如基于角色的访问控制模型、基于属性的访问控制模型以及强制／访问控制模型等）和各种授权策略语言标准（如XACML、SAML等）扩展后移植入云环境。此外，鉴于云中各企业组织提供的资源服务兼容性和可组合性的日益提高，组合授权问题也是云访问控制服务安全框架需要考虑的重要问题。

③云审计服务。用户缺乏安全管理与举证能力，要明确安全事故责任，就要求服务商提供必要的支持。因此，由第三方实施的审计就显得尤为重要。云审计服务必须提供满足审计事件列表的所有证据以及证据的可信度说明。当然，若要该证据不会披露其他用户的信息，则需要特殊设计的数据取证方法。此外，云审计服务也是保证云服务商满足各种合规性要求的重要方式。

④云密码服务。云用户中普遍存在数据加、解密运算需求，因此云密码服务的出现也是十分自然的。除最典型的加、解密算法服务外，密码运算中密钥管理与分发、证书管理及分发等都可以基础类云安全服务的形式存在。云密码服务不仅为用户简化了密码模块的设计与实施，还使得密码技术的使用更集中、规范，也更易于管理。

（3）云安全应用服务。

云安全应用服务与用户的需求紧密结合，种类繁多。如D-DoS攻击防护云服务、Botnet检测与监控云服务、云网页过滤与杀毒应用、内容安全云服务、安全事件监控与预警云服务、云垃圾邮件过滤及防治等。传统网络安全技术在防御能力、响应速度、系统规模等方面存在限制，难以满足日益复杂的安全需求，而云计算优势可以极大地弥补不足。云计算提供的超大规模计算能力与海量存储能力，能在安全事件采集、关联分析、病毒防范等方面实现性能的大幅提升，可用于构建超大规模安全事件信息处理平台，提升全网安全态势把握能力。此外，还可以通过海量终端的分布式处理能力进行安全事件采集，上传到云安全中心分析，极大地提高安全事件搜集与及时处理的能力。

3. 云计算安全标准及测评体系

云计算安全标准及测评体系为云计算安全服务体系提供了重要的技术与管理支撑，其核心至少应涵盖以下几方面内容，一是云服务安全目标的定义、度量及其测评方法规范。该规范帮助云用户清晰地表达其安全需求，并量化其所属资产各安全属性指标。这些安全指标具有可测量性，可通过指定测评机构或者第三方实验室测试评估。该规范还应指定相应的测评方法，通过具体操作步骤检验服务提供商对用户安全目标的满足程度。在云计算中存在多级服务委托关系，因此相关测评方法仍有待探索实现。二是云安全服务功能及其符合性测试方法的规范。该规范定义基础性的云安全服务，如云身份管理、云访问控制、云审计以及云密码服务等的主要功能与性能指标，便于使用者在选择时对比分析。该规范将起到与当前 CC 标准中的保护轮廓（PP）与安全目标（ST）类似的作用。而判断某个服务商是否满足其所声称的安全功能标准需要通过安全测评，需要与之相配合的符合性测试方法与规范。三是云服务安全等级划分及测评规范。该规范通过云服务的安全等级划分与评定，帮助用户全面了解服务的可信程度，更加准确地选择自己所需的服务。尤其是底层的云基础设施服务以及云基础软件服务，其安全等级评定的意义尤为突出。同样，验证服务是否达到某安全等级，需要相应的测评方法和标准化程序。

4. 基础云安全防护关键技术

建立完善的云安全防护框架可以从顶层设计上实现安全防护的全方位、无漏洞。要实现云安全防护，关键还是要有针对性地进行相关技术的研究。对于前面攻击，传统的网络安全和应用安全防护手段，如身份认证、防火墙、入侵监测、漏洞扫描等仍然适合。而对于侧面攻击和后面攻击，可以考虑从云服务模式和数据保护两个角度分别采取不同的防护手段。

（1）可信访问控制。

由于无法信赖服务商忠实实施用户定义的访问控制策略，所以在云计算模式下，大家更加关心的是如何通过非传统访问控制类手段实施数据对象的访问控制。其中得到关注最多的是基于密码学方法实现访问控制，包括：基于层次密钥生成与分配策略实施访问控制的方法；利用基于属性的加密算法 [如密钥规则的基于属性加密方案（KP-ABE），或密叉规则的基于属性加密方案（CP-ABE）]；基于代理重加密的方法；在用户密钥或密文中嵌入访问控制树的方法等。基于密码类方案面临的一个重要问题是权限撤销。一个基本方案是为密钥设置失效时间，每隔一定时间，用户从认证中心更新私钥；另外就是基于用户的唯一 ID 属性及非门结构，实现对特定用户进行权限撤销。但目前看来，上述方法在带有时间或约束的授权、权限受限委托等方面仍存在许多有待解决的问题。

（2）密文检索与处理。

数据变成密文时丧失了许多其他特性，导致大多数数据分析方法失效。密文检索有两种典型的方法：基于安全索引的方法通过为密文关键词建立安全索引，检索索引查询关键词是否存在；基于密文扫描的方法对密文中的每个单词进行比对，确认关键词是否存在，以及统计其出现的次数。密文处理研究主要集中在秘密同态加密算法设计上。早在20世纪80年代，就有人提出多种加法同态或乘法同态算法，但是由于被证明安全性存在缺陷，后续工作基本处于停顿状态。而近期，IBM研究员Gentry利用"理想格（Ideal Lattice）"的数学对象构造隐私同态算法，或称全同态加密，使人们可以充分地操作加密状态的数据，在理论上取得了一定突破，使相关研究重新得到研究者的关注，但目前与实用化仍有很长的距离。

（3）数据存在与可使用性证明。

由于大规模数据所导致的巨大通信代价，使用户不可能将数据下载后再验证其正确性。因此，云用户需要在取回很少数据的情况下，通过某种知识证明协议或概率分析手段，以高置信概率判断远端数据是否完整。典型的工作包括面向用户单独验证的数据可检索性证明（POR）方法、公开可验证的数据持有证明（PDP）方法。NEC实验室提出的PDI（Provable Data Integrity）方法改进并提高了POR方法的处理速度以及验证对象规模，且能够支持公开验证。其他典型的验证技术包括Yun等人提出的基于新的树形结构MACTree的方案，Schwarz等人提出的基于代数签名的方法，Wang等人提出的基于BLS同态签名和RS纠错码的方法等。

（4）数据隐私保护。

在数据存储和使用阶段，Mowbray等人提出了一种基于客户端的隐私管理工具，提供以用户为中心的信任模型，帮助用户控制自己的敏感信息在云端的存储和使用。Munts-Mulero等人讨论了现有的隐私处理技术，包括K匿名、图匿名以及数据预处理等。Rankova等人则提出了一种匿名数据搜索引擎，可以使交互双方搜索对方的数据，获取自己所需要的部分，同时保证搜索询问的内容不被对方所知，搜索时与请求不相关的内容不会被获取。

（5）虚拟安全技术。

虚拟技术是实现云计算的关键核心技术，使用虚拟技术的云计算平台上的云架构提供者必须向其客户提供安全性和隔离保证。Santhanam等人提出了基于虚拟机技术实现的grid环境下的隔离执行机。Raj等人提出了通过缓存层次可感知的核心分配，以及基于缓存划分的页染色的两种资源管理方法，实现性能与安全隔离。这些方法在隔离影响一个VM的缓存接口时是有效的，并被整合到一个云架构的资源管理（RM）框架中。

（6）云资源访问控制。

在云计算环境中，各个云应用属于不同的安全域，每个安全域都管理着本地的资源和用户。当用户跨域访问资源时，需要在域边界设置认证服务，对访问共享资源的用户进行统一的身份认证管理。在跨多个域的资源访问中，各域有自己的访问控制策略，在进行资源共享和保护时必须对共享资源制定一个公共的、双方都认同的访问控制策略，因此，需要支持策略的合成。这个问题最早由 Mclean 在强制访问控制框架下提出，他提出了一个强制访问控制策略的合成框架，将两个安全格合成一个新的格结构。策略合成的同时还要保证新策略的安全性，新的合成策略不能违背各个域原来的访问控制策略。

（7）可信云计算。

将可信计算技术融入云计算环境，以可信赖方式提供云服务已成为云安全研究领域的一大热点。Santos 等人提出了一种可信云计算平台 TCCP，基于此平台，IaaS 服务商可以向其用户提供一个密闭的箱式执行环境，保证客户虚拟机运行的机密性。另外，它允许用户在启动虚拟机前检验 IaaS 服务商的服务是否安全。Sadeghi 等人认为，可信计算技术提供了可信的软件和硬件以及证明自身行为可信的机制，可以被用来解决外包数据的机密性和完整性问题；同时设计了一种可信软件令牌，将其与一个安全功能验证模块相互绑定，以求在不泄露任何信息的前提条件下，对外包的敏感（加密）数据执行各种功能操作。

5. 创立本质安全的新型 IT 体系

当前计算机和互联网的安全措施都是被动和暂时的，普通用户被迫承担安全责任，频繁地扫描漏洞和下载补丁。进入云计算时代，不少厂商适时推出云安全和云杀毒产品，可以想象，云病毒和云黑客们的水平必然有所提高。

实际上，今天遭遇信息和网络安全的根源，在于当初发明计算机和网络时根本没想到用户中有恶意的攻击者，或者说没有预见到安全隐患。PC 时代的防火墙和杀毒软件，以及各种法律法规，只能通过事后补救来处罚给他人利益造成损害的人。这些措施不能满足社会信息中枢的可控开放模式和安全需求。其实，抓住云计算的机遇，重新规划计算机和互联网基础理论，建立完善的安全体系并不困难。

网络安全不是一项可有可无的服务，大一统网络的目标不是用复杂设备和多变的软件来改善网络安全性，而是直接建立本质上高枕无忧的网络，从网络地址结构上根治仿冒。IP 互联网的地址由用户设备告诉网络，大一统网络地址由网络告诉用户设备。为了防范他人入侵，PC 和互联网设置了烦琐的口令、密码障碍。就算是实名地址，仍无法避免密码被破译或由于用户的失误而造成的安全信息泄露。连接到 IP 互联网上的 PC 终端，首先必须自报家门，告诉网络自己的 IP 地址，但网络却无法保证这个 IP 地址的真假。这就是 IP 互联网第一个无法克服的安全漏洞。

大一统网络终端的地址是通过网管协议生成的，用户终端只能用这个生成的地址进入网络，因此无须认证，确保不会错。大一统网络地址不仅具备唯一性，而且具备可定位和可定性功能，如同一个人的身份证号码一样，隐含了该用户端口的地理位置、设备性质和服务权限等其他特征。交换机根据这些特征规定了分组包的行为规则，以实现不同性质的数据分流。每次服务发放独立通行证，阻断黑客攻击的途径。IP互联网可以自由进出用户自备防火墙，大一统网络每次服务必须申请通行证。

IP通信协议在用户终端执行，可能被篡改。路由信息在网上传播，可能被窃听。网络中的固有缺陷导致了地址欺骗、匿名攻击、邮件炸弹、泪滴、隐蔽监听、端口扫描、内部入侵以及涂改信息等各种各样的黑客行为无处不在，垃圾邮件等互联网污染难以防范。IP互联网用户可以设定任意IP地址来冒充别人，可以向网上任何设备发出探针窥探别人的信息，也可以向网络发送任意干扰数据包。许多聪明人发明了各种防火墙试图保证安全，但是安装防火墙是自愿的，防火墙的效果是暂时的和相对的，IP互联网本身难免被污染。这是IP互联网第二项安全败笔。

大一统网络用户入网后，网络交换机仅允许用户向节点服务器发送有限的服务请求，其他数据包一律拒绝。如果服务器批准用户申请，即向用户所在的交换机发出网络通行证，用户终端发出的每个数据包若不符合网络交换机端的审核条件就一律丢弃，这样就杜绝了黑客攻击。每次服务结束后，自动撤销通行证。因此，大一统网络不需要防火墙、杀毒、加密和内外网隔离等被动手段，从结构上彻底阻断了黑客攻击的途径，是本质上的安全网络。网络设备与用户数据完全隔离，切断病毒扩散的生命线。IP互联网设备可随意拆解用户数据包，大一统网络设备与用户数据完全隔离。冯·诺依曼创造的计算机将程序指令和操作数据放在同一个地方，也就是说，一段程序可以修改机器中的其他程序和数据。沿用至今的这一计算机模式，给特洛伊木马、蠕虫、病毒和后门留下了可乘之机。随着病毒的高速积累，防毒软件和补丁永远慢一拍，处于被动状态。互联网TCP/IP的技术核心是尽力而为、储存转发和检错重发。为了实现互联网的使命，网络服务器和路由器必须具备解析用户数据包的能力，这同样为黑客留下了后门。网络安全从此成了比谁聪明的游戏，制作病毒与杀毒、攻击与防护，永无休止。这是IP互联网的第三项遗传性缺陷。

大一统网络交换机设备中的CPU不接触任何一个用户数据包，也就是说，整个网络只是在业务提供方和接收方的终端设备之间建立一条完全隔离和具备流量行为规范的透明管道。用户终端不管收发什么数据，一概与网络无关，从结构上切断了病毒和木马的生命线。因此，大一统网络杜绝了网上的无关人员窃取用户数据的可能性。同理，那些黑客也就没有了可以攻击的对象。用户之间的自由连接完全隔离，确保有效管理。IP互联网是自由市场，无中间人；而大一统网络则类似百货公司，有中间人。

对于网络来说，消费者与内容提供商都属于网络用户范畴，只是大小不同而已。

IP 互联网是个无管理的自由市场，任意用户之间可以直接通信。也就是说，要不要管理是用户说了算，要不要收费是单方大用户（供应商）说了算，要不要遵守法规也是单方大用户说了算。运营商至多收取入场费，要想执行法律、道德、安全和商业规矩，现在和将来都不可能。这是 IP 互联网第四项架构上的顽疾。

大一统网络创造了服务节点的概念，形成了有管理的百货公司商业模式。用户之间或者消费者和供货商之间严格禁止自由接触，一切联系都必须取得节点服务器的批准。这是实现网络业务有效管理的必要条件。有了不可逾越的规范，才能在真正意义上实现个人与个人之间、企业与个人之间、企业与企业之间，或者统称为有管理的用户之间的对等通信。商业规则植入通信协议，确保盈利模式。IP 互联网奉行先通信后管理的模式，大一统网络奉行先管理后通信的模式。网上散布非法媒体内容，只有在造成恶劣影响后才能在局部范围内查封，不能防患于未然。法律与道德不能防范有组织、有计划的职业攻击，而且法律只能对已造成危害的攻击者实施处罚。IP 互联网将管理定义为一种额外附加的服务，建立在应用层。因此，管理自然成为一种可有可无的摆设。这是 IP 互联网第五项难移的本性。

大一统网络用户终端只能在节点服务器许可范围内的指定业务中选择申请其中之一。服务建立过程中的协议信令由节点服务器执行。用户终端只是被动地回答服务器的提问，接受或拒绝服务，不能参加到协议建立过程中。一旦用户接受服务器提供的服务，只能按照通行证规定的方式发送数据包，任何偏离通行证规定的数据包一律在底层交换机中丢弃。大一统网络协议的基本思路是实现以服务内容为核心的商业模式，而不只是完成简单的数据交流。在这一模式下，安全成为固有的属性，而不是附加在网络上的额外服务项目。当然，业务权限审核、资源确认和计费手续等，均可轻易包含在管理合同之中。

1.2.5.5 隐私问题

随着数据挖掘技术的发展，大数据的价值越来越明显，隐私泄露问题的出现也使大家越发重视个人隐私保护。在我国相关信息安全和隐私保护法律法规不够完善的情况下，个人信息的泄露、滥用等问题层出不穷，给人们的生活造成了很多麻烦。

1. 防不胜防的隐私泄露

个人隐私的泄露，在最初阶段主要是由于黑客主动攻击造成的。人们在各种服务网站注册的账号、密码、电话、邮箱、住址、身份证号码等各种信息集中存储在各个公司的数据库中，并且同一个人在不同网站留下的信息具有一定的重叠性，这就导致一些防护能力较弱的小网站很容易被黑客攻击而造成数据流失，进而导致很多用户在一些安全防护能力较强的网站的信息也就失去了安全保障。随着移动互联网的发展，越来越多的人把信息存储在云端，越来越多的带有信息收集功能的手机APP被安装和使用，而当前的信息技术通过移动互联网的途径对隐私数据跟踪、收集和发布的能力已经达到了十分完善的地步，个人信息通过社交平台、移动应用、电子商务网络等途径被收集和利用，大数据分析和数据挖掘已经让越来越多的人没有了隐私。对于一个不注意个人隐私保护的人来说，网络不仅知道你的年龄、性别、职业、电话号码、爱好，甚至知道你居住的具体位置、你现在在哪里、你将要去哪里等，这绝不是危言耸听。

罗彻斯特大学的亚当·萨迪克(Adam Sadilek)和来自微软实验室的工程师约翰·克拉姆（John Krumm）收集了32000天里703个志愿者和396辆车的GPS数据，并建造了一个“大规模数据集”。他们通过编写一个算法，可以大致预测一个人未来可能到达的位置，最多可以预测到80周后，其准确度高达80%。为保护个人隐私权，很多企业都会对其收集到的个人信息数据进行“匿名化”处理，抹掉能识别出具体个体的关键信息。但是在大数据时代，由于数据体量巨大，数据的关联性强，即使是经过精心加工处理的数据，也仍然可能泄露敏感的隐私信息。早在2000年，Latanya Sweeney博士就表明只需要3个信息就可以确定87%的美国人：ZIP码、出生日期和性别，而这些信息都可以在公共记录中找到。另外，根据用户的搜索记录也可以很轻易地锁定某个人。美国在线（AOL）在2006年公布了3个月的将近2000万条搜索记录，虽然记录没有真实姓名，但是《纽约时报》的记者根据一名用户的搜索记录：“60岁的单身男子”“在各种东西上小便的狗”“利尔本市的园丁”等，将该用户锁定为一位住在利尔本市的62岁的寡妇。当前人们在使用社交网站发布说说、微博的同时使用定位功能显示自身准确位置，各种好友评论中无意的直呼真名或者职务，各种网站和论坛注册的邮箱、电话号码、QQ等信息，电商平台的实名认证和银行卡关联，网上投递个人简历等，都会把个人隐私信息全部或部分展示出来。同时，随着移动互联网的发展，越来越多的人开始使用云存储和各种手机APP（为了与商家合作推送广告，很多APP都具有获取用户位置、通信录的功能），个人信息也就相应地在互联网和云存储中不断增多。谷歌眼镜作为互联网时代最新的科技成果之一，带给人们随时随地拍摄、随时随地上传的新鲜体验，但是这也意味着越来越多的人可能在不知情的情况下已经被录像并上传到了互联网。因此，谷歌眼镜直接被冠以了“隐私杀手”的称号。这些新技术就像一把双刃剑，在方便人们生活的同时，也带来了个人隐私泄露的更大风险。

2. 隐私保护的政策法规

没有规矩，不成方圆。在现代社会，完善的法律法规是社会秩序正常运行的基本保障，也是各行各业健康有序发展的根本依据，互联网行业同样不能例外。当前，包括中国在内的很多国家都在完善与数据使用及隐私相关的法律，以便在保障依法合理地搜集处理和利用大数据信息创造社会价值的同时，保护隐私信息不被窃取和滥用。在隐私保护立法方面走在前面的当属欧洲。欧洲将隐私作为一种值得法律完全保护的基本人权来对待，制定了范围广泛的跨行业的法律。欧洲认为隐私是一个“数据保护”的概念，是基本人权的基础，国家必须承担保护私人信息的义务。欧洲最早的数据立法是20世纪70年代初德国黑森州的数据保护法，1977年德国颁布了《联邦数据保护法》。瑞士于1973年通过了《数据保护法案》。1995年10月，欧盟议会代表所有成员国，通过了《欧盟个人数据保护指令》，简称《欧盟隐私指令》，指令的第一条清楚地阐明了其主要目标是保护自然人的基本权利和自由，尤其与个人数据处理相关的隐私权。这项指令几乎涵盖了所有处理个人数据的问题，包括个人数据处理的形式，个人数据的收集、记录、存储、修改、使用或销毁，以及网络上个人数据的收集、记录、搜寻、散布等。欧盟规定各成员国必须根据该指令调整或制定本国的个人数据保护法，以保障个人数据资料在成员国间的自由流通。1998年10月，有关电子商务的《私有数据保密法》开始生效。1999年，欧盟委员会先后制定了《互联网上个人隐私权保护的一般原则》《关于互联网上软件、硬件进行的不可见和自动化的个人数据处理的建议》《信息公路上个人数据收集、处理过程中个人权利保护指南》等相关法规，为用户和网络服务商提供了清晰可循的隐私权保护原则，从而在成员国内有效地建立起了有关互联网隐私权保护的统一的法律体系。作为电子商务最为发达的国家，美国在1986年就通过了《联邦电子通信隐私权法案》，它规定了通过截获、访问或泄露保存的通信信息侵害个人隐私权的情况、例外及责任，是处理互联网隐私权保护问题的重要法案。与数据隐私密切相关的是数据的“所有权”和数据的“使用权”。数据由于资产化和生产要素化，其所附带的经济效益和价值引出了一系列法律问题，比如数据的所有权归属，其所涵盖的知识产权如何界定，如何获得数据的使用权，以及数据的衍生物如何界定等。智慧城市和大数据分析往往需要整合多种数据源进行关联分析，分析的结果能产生巨大的价值，然而这些数据源分属于不同的数据拥有者。对这些拥有者来说，数据是其核心资源甚至是保持竞争优势的根本，因此他们不一定愿意将其开放共享。如何既能保证数据拥有者的利益，又能有效促进数据的分享与整合，也将成为与立法密切相关的重要因素。

3. 隐私保护技术

隐私保护技术效果可用“披露风险”来度量。披露风险表示攻击者根据所发布的数据和其他相关的背景知识，能够披露隐私的概率。那么，隐私保护的目的就是尽可能降低披露风险。隐私保护技术大致可以分为以下几类。

（1）基于数据失真（Distortion）的技术。

数据失真技术简单来说就是对原始数据“掺沙子”，让敏感的数据不容易被识别出来，但沙子也不能掺得太多，否则就会改变数据的性质。攻击者通过发布的失真数据不能还原出真实的原始数据，但同时失真后的数据仍然保持某些性质不变。比如对原始数据加入随机噪声，可以实现对真实数据的隐藏。当前，基于数据失真的隐私保护技术包括随机化、阻塞、交换、凝聚等。如随机化中的随机扰动技术可以在不暴露原始数据的情况下进行多种数据挖掘操作。由于通过扰动数据重构后的数据分布几乎等同于原始数据的分布，因此利用重构数据的分布进行决策树分类后，得到的决策树能很好地对数据进行分类。而在关联规则挖掘中，可以在原始数据中加入很多虚假的购物信息，以保护用户的购物隐私，但同时又不影响最终的关联分析结果。

（2）基于数据加密的技术。

在分布式环境下实现隐私保护要解决的首要问题是通信的安全性，而加密技术正好满足了这一需求，因此基于数据加密的隐私保护技术多用于分布式应用中，如分布式数据挖掘、分布式安全查询、几何计算、科学计算等。在分布式环境下，具体应用通常会依赖于数据的存储模式和站点（Site）的可信度及其行为。对数据加密可以起到有效保护数据的作用，但就像把东西锁在箱子里，别人拿不到，自己要用也很不方便。如果在加密的同时还想从加密之后的数据中获取有效的信息，应该怎么办？最近在“隐私同态”或“同态加密”领域取得的突破可以解决这一问题。同态加密是一种加密形式，它允许人们对密文进行特定的代数运算，得到的仍然是加密的结果，与对明文进行运算后加密一样。这项技术使得人们可以在加密的数据中进行诸如检索、比较等操作，得出正确的结果，而在整个处理过程中无须对数据进行解密。比如，医疗机构可以把病人的医疗记录数据加密后发给计算服务提供商，服务商不用对数据解密就可以对数据进行处理，处理完的结果仍以加密形式发送给客户，客户在自己的系统上才能进行解密，看到真实的结果。但目前这种技术还处在初始阶段，所支持的计算方式非常有限，同时处理的时间、开销也比较大。

（3）基于限制发布的技术。

限制发布也就是有选择地发布原始数据、不发布或发布精度较低的敏感数据，实现隐私保护。这类技术的研究主要集中于“数据匿名化”，就是在隐私披露风险和数据精度间进行折中，有选择地发布敏感数据或可能披露敏感数据的信息，但保证对敏感数据及隐私的披露风险在可容忍范围内。数据匿名化研究主要集中在两个方面：一是研究设计更好的匿名化原则，使遵循此原则发布的数据既能很好地保护隐私，又具有较大的利用价值；二是针对特定匿名化原则设计更“高效”的匿名化算法。数据匿名化一般采用两种基本操作：一是抑制。抑制某数据项，亦即不发布该数据项，比如隐私数据中有的可以显性标识一个人的姓名、身份证号等信息。二是泛化。泛化是对数据进行更概括、抽象的描述。譬如，将年龄泛化为［0，5］，把详细住址泛化为某个城区或乡镇等，可以降低信息的精确性，起到一定的隐私保护作用。安全和隐私是云计算和大数据等新一代信息技术发挥其核心优势的拦路虎，是大数据时代面临的一个严峻挑战。但是，这同时也是一个机遇。在安全与隐私的挑战下，信息安全和网络安全技术也得到了快速发展，未来安全即服务（Security asa Service）将借助云的强大能力，成为保护数据和隐私的一大利器，更多的个人和企业将从中受益。历史的经验和辩证唯物主义的原理告诉我们，事物总是按照其内在规律向前发展的，对立的矛盾往往会在更高的层次上达成统一，矛盾的化解也就意味着发展的更进一步。相信随着相关法律体系的完善和技术的发展，未来大数据和云计算中的安全隐私问题将会得到妥善解决。

1.2.6 大数据的展示与交互

大数据的展示与交互技术数据可视化分类随着数据仓库技术、网络技术、电子商务技术的发展，可视化技术涵盖了更广泛的内容，并进一步提出了数据可视化的概念。所谓数据可视化（Data Visualization），是对大型数据库或数据仓库中的数据的可视化，它是可视化技术在非空间数据领域的应用，使人们不再局限于通过关系数据表来观察和分析数据信息，还能以更直观的方式看到数据及其结构关系。数据可视化技术的基本思想是将数据库中的每一个数据项作为单个图元元素表示，大量的数据集构成数据图像，同时将数据的各个属性值以多维数据的形式表示，可以从不同的维度观察数据，从而对数据进行更深入的观察和分析。

1.2.6.1 数据可视化

1. 按照展示内容进行划分

从数据展示的角度来看，可视化技术主要是从数据的结构、功能、关联关系、发展趋势等几个方面进行展示。

（1）结构可视化。

结构可视化主要用来反映数据的内在组织结构，比如构成数据的元素、部件以及构成关系等，在医学和生物学领域应用较多。典型的例子是生物蛋白质结构可视化。

（2）功能可视化。

功能可视化是对数据所对应的功能的可视化描述，比如汽车发动机的运转状态，就可以通过对发动机进行 3D 建模，形成一段动画来清晰地进行展示。这些图片不仅准确解释了设备的工作原理，还极大地激发了读者的想象力。

（3）关联关系可视化。

大数据可视化在很大程度上都是反映数据之间的关联关系，比如层级关系、对比关系之类的社交图谱。俄罗斯工程师 Ruslan Enikeev 根据 2011 年底的数据，将 196 个国家和地区的 35 万个网站数据整合起来，把每个网站都看成一个“星球”，并根据 200 多万个网站间的链接将这些“星球”通过关系链联系起来，形成了互联网“星球”图。每一个“星球”的大小根据其网站流量来决定，而星球之间的距离则根据链接出现的频率、强度和用户跳转时创建的链接决定。这些星球有恒星、行星甚至卫星，每一个星球都有其特定的星系。

（4）发展趋势可视化。

发展趋势可视化是对数据发展的走势、预测等进行可视化的一种方式。谷歌的设计人员认为，人们输入的搜索关键词代表了他们的即时需要，反映出的是用户需求。为了使用户搜索与流感爆发建立关联，设计人员编入了一系列的流感关键词，包括温度计、咳嗽、发烧、肌肉疼痛、胸闷等。只要用户输入这些关键词，系统就会展开跟踪分析，创建地区流感图表和流感地图。为验证谷歌“流感趋势”预警系统的正确性，谷歌多次把测试结果与联邦疾病控制和预防中心的报告作对比，证实两者结论存在很大相关性，而且谷歌能够比联邦疾病控制和预防中心提前 7~14 天准确预测流感的爆发。

2. 按照数据类型进行划分

随着大数据的兴起与发展，互联网、社交网络、地理信息系统、企业商业智能、社会公共服务等主流应用领域逐渐催生了几种特征鲜明的信息类型，主要包括文本、网络图、时空及多维数据等。这些与大数据密切相关的信息类型与多维数据分类模型交叉融合，将成为大数据可视化的主要研究领域。

（1）文本可视化。

文本信息是大数据时代非结构化数据类型的典型代表，是互联网中最主要的信息类型，也是物联网各种传感器采集后生成的主要信息类型，人们日常工作和生活中接触最多的电子文档也以文本形式存在。但是随着信息量日益增大，相互关系也越来越复杂，人们处理和理解这些信息的难度日益增大，传统的文本分析技术无法满足人们利用浏览及筛选等方式对信息进行快速理解和利用的需求。文本可视化技术通过融合文本分析、数据挖掘、数据可视化、计算机图形学、人机交互、认知科学等学科的理论和方法，将文本中复杂的或者难以通过文字表达的内容和规律（如词频与重要度、逻辑结构、主题聚类、动态演化规律等）以视觉符号的形式直观地表达出来，同时向人们提供与视觉信息进行快速交互的功能，使人们能够利用与生俱来的视觉感知的并行化处理能力快速获取大数据中所蕴含的关键信息，为人们方便、高效地理解复杂的文本内容、结构和内在的规律提供了有效手段。

文本可视化典型的方案有基于文本内容的可视化、基于文本关系的可视化和包含时间关系的可视化。基于文本内容的可视化这种方案包括基于词频的可视化和基于词汇分布的可视化两种实现方法。基于词频的可视化将文本看成词汇的集合，用词频表现文本特征，用于快速获取文本的重点内容，典型的实现方法是标签云（word clouds或tag clouds）。标签云将关键词根据词频或其他规则进行排序，按照一定规律进行布局排列，用大小、颜色、字体等图形属性对关键词进行可视化。目前，大多用字体大小代表关键词的重要性，在互联网应用中，多用于快速识别网络媒体的主题热度。当关键词数量规模不断增大时，若不设置阈值，将出现布局密集和重叠覆盖问题，此时可提供交互接口允许用户对关键词进行操作。基于词汇分布的可视化主要用于反映词频在文本中的命中位置，通过词汇作索引，可在查询任务中快速了解文本内容与查询意图的相关度。

基于文本关系的可视化这种方案包括基于文本内在关系的可视化和基于文本外在关系的可视化两种实现方法。基于文本内在关系的可视化用于反映文本内在结构和语义关系，帮助人们理解文本内容和发现内在规律，主要有网络图、后缀树、链路图和径向关系填充几种实现方法。网络图用于呈现命名实体在同一文本中的同现关系；后缀树用于查询单词的上下文关系；链路图用于呈现文本中命名实体的从属关系、并列关系等；径向空间填充用于呈现词语的层次关系或词语在Wordnet中的上下位关系及词频，比如DocuBurst以放射状层次圆环的形式展示文本结构。基于文本外在关系的可视化反映的是文本间的引用关系、网页的超链接关系等直接关系，以及主题相似性等潜在关系（一般基于聚类算法，用来呈现主题分布，并展示与特定主题相关的关键词，主要应用于信息检索、主题检测、话题演变等方面）。可视化形式主要有网络图、FP-tree、标签云改造几种实现方法。其中，网络图主要用来展示对文本集的引用关系，网络节点代表文本，有向线代表引用关系；FP-tree用来展现文献共引关系，可以比CiteSpace这种传统网络图可视化方案呈现更为细致的信息，便于学术领域研究；标签云改造则可以呈现由Jaccard系数计算出的聚类结果，同行同主题，相邻行主题相似。

包含时间关系的可视化文本的形成和变化过程与时间属性密切相关，因此，将动态变化的文本中时间相关的模式与规律进行可视化展示是文本可视化的重要内容。包含时间关系的可视化方案主要思想是通过时间信息提供文本内容变化等数据规律信息。包含时间关系的可视化的具体实现包括引入时间轴、信息按时间顺序排列、标签云与时间结合、叠式图等几种形式。标签云与时间结合具有以下几种表现形式：一是在词语下引入折线图，表示词语使用频度的变化；二是在标签云上标上不同颜色和图形；三是使用时间折线图或时间点标签云，折线图上值越大表示此时的标签云标签越多。

（2）网络图可视化。

网络关联关系是大数据中最常见的关系，如互联网与社交网络。层次结构数据也属于网络信息的一种特殊情况。基于网络节点和连接的拓扑关系，直观地展示网络中潜在的模式关系（如节点或边的聚集性），是网络可视化的主要内容之一。对于具有海量节点和边的大规模网络，如何在有限的屏幕空间中进行可视化，是大数据时代面临的难点和重点。除了对静态的网络拓扑关系进行可视化，大数据相关的网络往往具有动态演化性，因此，如何对动态网络的特征进行可视化，也是不可或缺的研究内容。网络图可视化技术有很多类型，主要可分为经典的基于节点和边的可视化技术、基于空间填充法的可视化技术和基于图简化方法的可视化技术。

基于节点和边的可视化技术。Herman 等人综述了图可视化的基本方法和技术。图中主要展示了具有层次特征的图可视化的典型技术，如 H 状树、圆锥树、气球图、放射图、三维放射图。

基于空间填充法的可视化技术。对于具有层次特征的图，也常采用空间填充法进行可视化，如树图技术及其改进技术。可视化技术的特点是直观表达了图节点之间的关系，可以比较精确、直观地显示数据节点的基本内容和相互关系，在数据规模较小时，在显示界面像素允许范围内可以较好地实现数据可视化（如百万以内）；但数据规模较大时，海量节点和关系密集地进行填充，就会导致节点和边的覆盖重叠，使得可视化效果大打折扣。因此，面临大数据中的海量节点和边，需要对这些方法进行相应的改进。

基于图简化方法的可视化技术。为应对大规模网络中海量数据节点和边在传统空间填充法中出现的重叠覆盖问题，人们提出了图简化方法，具体有以下两类。第一类简化是对边进行聚集处理，如基于边聚集的方法，使得复杂网络可视化效果更为清晰。基于边聚集的大规模密集图可视化技术，通过一个 ControlMesh 引导边缘聚集的过程，并且可以根据不同的图模式自动或者手动生成 ControlMesh 的不同层次的细节参数，用户还可以通过一些先进的可视化技术如颜色和不透明度的提高等进一步与系统交互。此外，Ersoy 等人还提出了基于骨架的图可视化技术，主要方法是根据边的分布规律计算出骨架，然后基于骨架对边进行聚集。第二类简化是通过层次聚类与多尺度交互，将大规模图转化为层次化树结构，并通过多尺度交互来对不同层次的图进行可视化。

（3）时空数据可视化。

时空数据是指带有地理位置与时间标签的数据。传感器与移动互联网的迅速普及，使得时空数据成为大数据时代典型的数据类型。其独特的时空特性更是蕴含着巨大的价值，通过可视化的展示，可以方便人们更好地发掘和利用这些价值。时空数据的可视化需要与地理制图学相结合，重点对时间与空间维度以及与之相关的信息对象属性建立可视化表征，对与时间和空间密切相关的模式及规律进行展示。大数据环境下时空数据的高维性、实时性等特点，也成为时空数据可视化的重点。时空数据可视化的主要技术有流式地图（flowmap）和时空立方体（space-timecube）两种。

流式地图要反映信息对象随时间进展对应的空间位置所发生的变化，通常需要通过信息对象的特定属性的可视化来展现。流式地图是一种典型的将时间事件流与地图进行融合的方法。当数据规模不断增大时，传统流式地图面临大量的图元交叉、覆盖等问题，这也是大数据环境下时空数据可视化的主要问题之一。目前解决此问题主要采用以下两种方法：一是借鉴网络图可视化中的边聚集方法对流式地图进行抽象和聚集；二是采用基于密度计算的方法对时间事件流进行融合处理。

时空立方体就是以三维方式对时间、空间和事件进行描述，通过立体模型直观地展现出来。时空立方体同样面临着大规模数据造成的密集杂乱问题。解决这个问题的第一种思路是结合散点图和密度图对时空立方体进行优化，第二种思路是对二维和三维进行融合。Tominski 等人引入了堆积图，这个方法的核心是 2D/3D 混合显示思想，2D 地图作为参考空间上下文，事件轨迹可视化为带颜色编码的属性值堆叠的 3D 轨迹线，实现了在时空立方体中拓展多维属性显示空间的目标。

（4）多维数据可视化。

时空立方体可以对城市交通数据、航海数据、飓风数据等大规模时空数据进行展现。但是，当时空信息对象属性的维度较多时，三维立方体同样不能完美展示数据信息，这就需要进行多维数据的可视化。多维数据指的是具有多个维度属性的数据变量，广泛存在于基于传统关系数据库以及数据仓库的应用中，如企业信息系统以及商业智能系统。多维数据分析的目标是探索多维数据项的分布规律和模式，并揭示不同维度属性之间的隐含关系。多维数据可视化的基本方法包括基于几何图形、基于图标、基于像素、基于层次结构、基于图结构以及混合方法。其中，基于几何图形的多维数据可视化方法是近年来主要的研究方向。当前主要的多维数据可视化技术有散点图、投影和平行坐标几种。

散点图是最为常用的多维数据可视化方法。二维散点图选取多个维度中的两个维度属性值集合映射至两个坐标轴，在这两个坐标轴确定的平面内通过不同形状、颜色、尺寸等的图形标记来代表其他维度的连续或者离散的属性值，实现反映多维数据属性的目的。由于二维散点图能够展示的维度十分有限，研究者将其扩展到三维空间，也就是三维散点图。这种技术通过可旋转的散点图方块扩展了可映射维度的数目。三维条件下，散点图场景通过三维动画旋转形式进行转换，用户可以通过设置数据集中的边界条件反复迭代构建查询，从不同视角使属性查询变得越来越完善。散点图适合对有限数目的较为重要的维度进行可视化，通常不适于需要对所有维度同时进行展示的情况。

为了解决高维数据集造成的可视化显示混乱和交互响应时间过长的问题，人们提出了投影的方法。Jing Yang 等人提出的 Valueand Relation（VaR）方法就是其中之一，它允许用户高效地显示几百个维度的大型数据集。左边的表格数据集中每一列代表一个维度，底部是一个矩阵，代表的是记录之间的两两关系（如相关）维度。VaR 将各维度属性列集合通过投影函数映射到一个方块形图形标记中，并根据维度之间的关联度对各个小方块进行布局。基于投影的多维数据可视化方法一方面反映了维度属性值的分布规律，另一方面直观展示了多维度之间的语义关系。

平行坐标是当前研究和应用最为广泛的一种多维数据可视化技术。这个方法将维度与坐标轴建立映射，在多个平行轴之间以直线或曲线映射表示多维信息。在平行坐标可视化技术的基础上，有人将平行坐标与散点图等其他可视化技术进行集成，提出了平行坐标散点图（Parallel Coordinate Plots，PCP）。这种方法基于灵活的连接轴，用户可以通过在画布上绘制和连接不同的轴线来定义一个可视化。每个轴都有一个相关的属性和范围，每一对轴之间的连线被用来通过散点图或者平行坐标样式图显示数据。灵活的连接轴支持用户定义各种不同的可视化，包括标准方法，如散点图矩阵、PCP、雷达图表等；也包括一些新的方法，如 HyperBoxes、TimeWheels、Many-To-ManyPCP。此外，Geng 等人建立了一种具有角度的柱状图平行坐标，支持用户根据密度和角度进行多维分析。

1.2.6.2 可视化技术分类

数据可视化指的是运用计算机图形学和图像处理技术，将数据转换为图形或图像在屏幕上显示出来，并进行交互处理的理论、方法和技术。它涉及计算机图形学、图像处理、计算机辅助设计、计算机视觉及人机交互技术等多个领域。传统的可视化交互通常基于电子表格做出的数字列表，或者柱状图、饼状图这类简单的图形化展示方式，很难展现深层次的细节或数据关联关系，一些重要的特性或者趋势仍埋藏在数字中。要想更加深入地洞察数据、更加直观地展示数据内在联系，就需要更加先进、更富有展现力的观察力。

1. 2D 展示技术

2D 展示技术包括标准图表（柱状图、折线图、饼状图等）、时间序列、层级树状图、时间轴、地图、网络图、信息图等。近几年涌现出了一大批基于 2D 展示技术的数据可视化服务公司，以 Google 为代表的几家公司提供的可视化服务尤其突出。谷歌的 Charts 提供了用户在网页下，以图形方式展示数据的接口，既支持简单的线图，也支持复杂的层级树状图等，采用 JavaScript 就能嵌入网页中。这项服务用起来相当简单，不用安装任何软件，只要使用浏览器即可。要实现复杂数据的展示，可以在 HTML 文档中使片 JavaScript 语句设置对应的参数，使用十分方便。Charts 支持饼状图、折线图、柱状图、区域填充图、散点图、维恩图、仪表盘等多种形式，并可以设置图中各部分的颜色、形状、间隔等细节。

D3（Data Driven Documents）是一个以操作基于数据的文档资料为主的 JavaScript 库，支持 CSS3、HTML5 以及 SVG 多种形式的渲染。D3 能够帮助我们快速地把数据转化为图形。D3 强调 Web 标准，结合强大的可视化组件和基于 DOM 操作的数据驱动方法可以在所有现代浏览器上实现完整功能，而不必限制于某个固定的框架。D3 能够提供大量除线形图和条形图之外的复杂图标样式，比如树形图、圆形集群和单词云等上百种图形样式。在信息可视化领域，Visualization.org 是一个很有影响力的社区型可视化网站，它通过发动社区中有创造力的用户进行数据可视化的设计和交流，促进资源共享和技术提升。用户可以自由地上传数据进行可视化设计，还可以方便地下载并嵌入博客或网站中。同时社区还举办可视化的竞赛及一些全球性活动，网站上有积累下来的很多数据可以供用户使用。网站上有很多可视化示例，涉及环境、经济、健康、教育、能源等多个行业，是探索行业数据的绝佳网站。

Visual.ly 是信息图领域的另一个重要贡献者。Visual.ly 的主要定位是成为“信息图设计师的在线集市”，它也提供了大量信息图模板。Visual.ly 允许用户提取公共数据（比如 Twitter 话题标记或 Facebook 信息流），然后选择模板，就可以立即生成可视化图标信息。自 2011 年发布以来，已有数百万用户使用 Visual.ly 创建基于 Twitter 的信息图表。在信息可视化领域，CartoDB 是一个侧重于研究基于地图的数据可视化技术的网站。CartoDB 提供最简单的网络数据导入方式，可以轻松地把表格数据和地图关联起来，实现位置数据可视化；简单易用的设计工具可帮助用户在 Web 上实现漂亮优雅的数据可视化，并可以和团队分享可视化结果或者发布到网络上；可以直接将地图和地理空间分析结果集成到用户的网站。如输入 CSV 通信地址文件，CartoDB 可以将地址字符串自动转换为经纬度数据并在地图上标记出来。其创始人 Javier Dela Tore 受到英国《卫报》网站上一幅地图的启发，采用国际非营利性科学组织气象学会的数据用 CartoDB 软件制作了一张记录了从公元前 2300 年开始的陨石坠落地球的热度图，这张图可以让人们直观地看到那些曾经坠落在地球上的陨石的分布情况。

Gephi 是侧重于进行社交图谱数据可视化分析的工具，它不但能处理大规模数据集并生成漂亮的可视化图形，还能对数据进行清洗和分类。这是一款开源、免费、跨平台的基于 JVM 的复杂网络分析软件，用于各种网络和复杂系统、动态和分层图的交互可视化与探测。它可用于探索性数据分析、链接分析、社交网络分析、生物网络分析等。可视化在数据分析领域虽然不是最核心的技术，但是它对人们直观地理解和洞察数据具有十分重要的作用，尤其是在大数据时代，面对纷繁杂乱的非结构化数据、数千万甚至数亿的记录，如果没有可视化工具，想直接从数据中分析查找规律将会是一件非常困难甚至痛苦的事情。

随着 Hadoop 等分布式计算平台在大数据计算方面的迅速发展，基于 Hadoop 架构的可视化应用平台也得到了快速发展，为数据科学家和普通商务用户提供了简单易用的工具来处理和展示大数据信息。这些工具中比较突出的有 Ayasdi、Datameer、Tresata、Platfora、ZoomData 等。在这些厂商的推动下，“大数据可视化服务”的发展也如火如荼。基于云技术的大数据应用及可视化服务，使得缺乏大数据专业技术的中小型企业有机会使用大数据分析处理技术及可视化技术，而无须花费巨资去购买相关的硬件和软件，可以节约大量资金，具有很好的市场发展前景。

Ayasdi 来自印第安语，是寻找的意思。来自斯坦福大学的三位联合创始人 Gurjeet Singh、Gunnar Carlsson 和 Harlan Sexton 一直致力于将拓扑学的研究方法应用于数据分析。2008 年，他们联合成立了 Ayasdi 公司。Ayasdi 成立以后，就获得了 DARPA（美国国防部高级研究项目组）350 万美元的资助。随后，Ayasdi 综合了机器学习和拓扑数据分析的技术引起了硅谷投资界的关注。Ayasdi 的底层使用的是 HBase 数据存储，然后利用拓扑数据分析技术和上百种机器学习的算法来处理复杂的数据集，最终确定数据节点之间的相似度。Ayasdi 的技术有一个重要的特点，它不像别的系统需要类似搜索查询式的语句，而可以自动从数据中发现隐藏的模式。Ayasdi 的一个应用方向是医学研究领域，Mount Sinai 医学院基因与多尺度生物学系的主任 Eric Schadt 带领一个团队，利用 Ayasdi 的技术进行了一些疾病的遗传倾向研究，而且利用 Ayasdi 的数据分析技术，帮助发现了乳腺癌的 14 个变。Datameer 采用了大家比较熟知的类似于电子表格的界面，结合其基于 Hadoop 的商务智能平台，允许用户使用或分析存储在 Hadoop 上的数据。Tresata 的云平台采用 Hadoop 来处理和分析其客户的大量财务数据，并且借用第三方的数据，如股票市场数据来丰富数据内容；另外，它还通过按需虚拟化为银行、金融数据公司以及其他的金融服务单位反馈分析结果。

Plafrora 是一个提供原始数据准备、内存加速和丰富可视化功能的基于 Hadoop 的端到端软件平台，目的是"把 Hadoop 平民化"。该公司认为只有对冗杂的数据进行有效处理、视觉化，让数据编程普通用户都能看懂，大数据才能真正具备商业价值。Platfora 在 Hadoop 的基础上进行数据的操作，并为客户提供了一个简单易用的操作平台，使普通用户不需要专业开发人员就可以利用 Hadoop 平台的强大计算功能进行全样本的大数据分析和可视化，发现更多数据中的价值。因为 Hadoop 有很多不同的发行版本，所以 Platfora 的重点之一就是确保它能够在所有的发行版上运行，这样就大大降低了 Hadoop 的使用门槛，让更多的人能够体验 Hadoop 的技术优势，实现真正意义上的平民化。目前该公司已经获得了 2000 万美元的八轮融资。ZoomData 是为数不多的支持移动设备的数据分析公司，它的数据可视化系统能够将实时的大数据流转化为触屏友好、艺术感十足的三维数据。平板电脑用户可以用手指缩放数据可视化界面，随着缩放比例不同，数据将实时进行更新。ZoomData 的数据可视化技术支持多种数据源，包括社交媒体、企业应用系统及 HadoopHDFS 数据。

2. 3D 渲染技术

3D 渲染技术是近年来发展迅速和备受关注的行业，在数字娱乐、虚拟现实、工业设计、实时仿真、数字城市等各个领域都有着十分广泛的应用。在数字娱乐领域，提到 3D 动画渲染，人们马上就会联想到皮克斯公司。皮克斯是一家专门制作计算机动画的公司，其所制作的《怪兽公司》《虫虫危机》《海底总动员》《料理鼠王》等动画电影系列，受到全球观众热捧。皮克斯出名的另一个重要原因是，它的老板是苹果公司前总裁斯蒂夫·乔布斯。1986 年，乔布斯以 1000 万美元的价格收购了有名的乔治·卢卡斯的计算机动画部，成立了皮克斯动画工作室。皮克斯也是世界上第一部全计算机制作的动画电影《玩具总动员》的制作公司。该片 1995 年在全美上映，以 1.92 亿美元的票房刷新了动画电影的纪录，成为当年美国票房冠军，也缔造了全球 3.6 亿美元票房的纪录，还为导演约翰·拉塞特赢得了奥斯卡特殊成就奖。该片的巨大成功还促成了皮克斯的老板斯蒂夫·乔布斯被濒临倒闭的苹果公司又请了回去，这才有了在电子科技领域影响了世界的 iPad 和 iPhone。3D 特技在科幻影片《阿凡达》中更是被发挥得淋漓尽致。该片也因为震撼的特技效果而获得了全球电影史上的最高票房，并获得了第 82 届奥斯卡最佳艺术指导、最佳摄影和最佳特效 3 项奖项，以及第67届金球奖最佳导演奖和最佳影片奖。在工业设计领域，目前在建筑、飞机、轮船、汽车、机床等设备的设计中已经普遍用到3D技术，它使设计师可以在屏幕上随时变更设计方案，进行快速验证。在当今的数字城市、智慧城市建设中，3D技术也展现了巨大的能量，它不仅能够模拟整个城市、园区、建筑、室内的建设效果，还能结合控制参数，实时仿真出动态反应场景，比如变电站的控制、水库的监测等。采用3D技术，可以大大节省实际生产和制造的时间和成本，同时直观地展示出最终的效果，能够高效地进行互动调整等。比较常用的3D制作和设计软件有AdobeFlash、Maya、Autodesk 3ds Max、SketchUp等。

（1）Adobe Flash。

Adobe Flash是一款集动画创作与应用程序开发于一身的软件，新版本Adobe Flash为数字动画、交互式Web站点、桌面应用程序以及手机应用程序提供了功能全面的创作和编辑环境。Adobe Flash广泛用于创建吸引人的应用程序，它们包含丰富的视频、声音、图形和动画。设计师可以在Adobe Flash中创建原始内容或者从其他Adobe应用程序（如Photoshop或Illustrator）导入素材，快速设计简单的动画，以及使用Adobe Aciton Script3.0开发高级的交互式项目。Flash3D具有可在线浏览3D模型、跨平台、更自由的浏览模式（可通过鼠标及鼠标滚轮、键盘放大/缩小浏览、全屏浏览，并且具有效果不变的优点）。Adobe Flash可用的3D引擎有很多，常见的有Away3D、Alternative 3D、Flare 3D、Copper Cube、Unity 3D、Papervision 3D等。

Away3D具有一个可视化编辑场景及模型的工具——Prefab3D，这个运用Adobe AIR开发的工具，功能相当强大，开发者和设计人员可以方便地对三维场景进行材质贴图、编辑光照及设置动画等，并输出为Away3D使用的文档。引擎相关特性：支持加载大多数流行3D文件，如Collada、OBJ等拥有可视化编辑场景及模型的免费工具Prefab3D;具有功能全面的资源加载、事件处理、光照、摄像机、骨骼动画及音效处理等。

Altemativa 3D在Molehill出来之前，用该引擎开发的Tanki Online就让大家惊艳。Adobe Max大会上的3D赛车就出自Altemativa 3D引擎。引擎相关特性：支持加载大多数流行3D文件，如Collada、OBJ等；拥有3ds Max2010输出插件；可以类似DisplayObject方式方便地管理3D对象；可进行高效的三维深度排序；具有光照系统、鼠标交互、多摄像机系统等。

Flare3D是一个创建Flash3D游戏的引擎。其最大特色是具有较完整的Flash3D游戏开发工作流程。引擎相关特性：支持导入3ds Max模型；能可视化地对场景及模型进行编辑、贴图等；具有光照系统、骨骼、摄像机系统等；具有比较直观的开发流程。

CopperCube 是一个具有 3D 引擎及编辑器的开发工具，开发者可以通过它将游戏及程序发布为多种格式。引擎相关特性：能发布为多种格式；能支持多达 20 多种的三维模型格式；能可视化地对场景及模型进行编辑、贴图、动作设置等；代码编写量小，号称无须编程即可创建 3D 应用；有比较直观的开发流程。

Unity3D 是由 Unity Technologies 开发的一个让用户轻松创建诸如三维视频游戏、建筑可视化、实时三维动画等类型互动内容的多平台的综合型游戏开发工具，是一个全面整合的专业游戏引擎。引擎相关特性：Unity 对 DirectX 和 OpenGL 拥有高度优化的图形渲染管道。Unity 的着色器系统整合了易用性、灵活性和高性能；低端硬件也可流畅运行广阔茂盛的植被景观；实时三维图形混合音频流、视频流；光影 Unity 提供了具有柔和阴影与烘焙 Lightmaps 的高度完善的光影渲染系统。

Papervision 3D 是较早的 3D 引擎，性能不错，但是相对来说，模型却不多，而且 Camera 也不是很好用，没有默认的控制器。引擎相关特性：支持 ASE 和 DAE 格式的 3D 模型；支持众多材质方式。

（2）Maya。

Maya 是世界顶级的三维动画软件，被广泛用于电影、电视、广告、电脑游戏和电视游戏等的数位特效创作，曾获奥斯卡科学技术贡献奖等殊荣。Maya 功能完善，易学易用，制作效率极高，渲染真实感很强，是电影级别的高端制造软件。掌握 Maya 后，会极大地提高制作效率和产品品质，得到仿真的角色动画，渲染出电影一般的真实效果。很多 3D 电影如《海底总动员》《最终幻想》《指环王》《黑客帝国》等的特效都出自 Maya。2005 年 10 月 4 日，生产 3DStudioMax 的 Autodesk 软件公司宣布正式以 1.82 亿美元收购生产 Maya 的 Alias，所以 Maya 现在是 Autodesk 的软件产品。当前 Maya 集成了 Alias、Wavefrom 最先进的动画及数字效果技术。它不仅具有一般三维和视觉效果制作功能，而且还与最先进的建模、数字化布料模拟、毛发渲染、运动匹配技术相结合。Maya 可在 WindowsNT 与 SGIIRIX 操作系统上运行，它的主要应用领域包括四个方面：一是平面图形可视化，它可增强平面设计产品的视觉效果，强大的功能开阔了平面设计师的应用视野；二是网站资源开发；三是电影特技；四是游戏设计及开发。

（3）Autodesk 3ds Max。

3D studio Max，常简称 3ds Max 或 Max，是 Autodesk 公司开发的基于 PC 系统的三维动画渲染和制作软件。其前身是基于 DOS 操作系统的 3D Studio 系列软件。在 Windows NT 出现以前，工业级的计算机图形学（Computer Graphics，CG）制作被 SGI 图形工作站所垄断，但是 3D Studio Max+Windows NT 组合的出现一下子降低了 CG 制作的门槛，首先运用于电脑游戏中的动画制作，之后更进一步开始参与影视片的特效制作，如《X 战警 II》《最后的武士》等。当前其广泛应用于广告、影视、工业设计、建筑设计、三维动画、多媒体制作、游戏、辅助教学以及工程可视化等领域。3dsMax 凭借 PC 系统的低配置要求、安装插件可增强或扩展功能、强大的角色动画制作能力、可堆叠的建模步骤、上手容易等特点得到了迅速普及推广，是当前国内应用非常广泛的软件。

（4）谷歌 SketchUp。

SketchUp 是一个极受欢迎并且易于使用的 3D 设计软件，官方网站将它比喻为电子设计中的“铅笔”。它的主要优势就是使用简便，人人都可以快速上手，并且用户可以将使用 SketchUp 创建的 3D 模型直接输出至 Google Earth 里。Google SketchUp 具有丰富的模型资源，在设计中可以直接调用、插入、复制。同时，SketchUp 集成了一套精简而强健的工具集和一套智慧导引系统，大大简化了 3D 绘图的过程，让使用者专注于设计。现在 SketchUp 及其组件资源已经广泛应用于室内、室外、建筑等领域。

SketchUp 的主要特点：独特简洁的界面，可以让设计师快速掌握；适用范围广阔，可以应用在建筑、规划、园林、景观、室内以及工业设计等领域；具有方便的推拉功能，设计师通过一个图形就可以方便地生成 3D 几何体，无须进行复杂的三维建模；快速生成任何位置的剖面，使设计者清楚了解建筑的内部结构，可以随意生成二维剖面图并快速导入 AutoCAD 进行处理；与 AutoCAD、Revit、3ds Max 等软件结合使用，快速导入和导出 DWG、DXF、JPG、3DS 格式文件，实现方案构思，使效果图与施工图绘制完美结合，同时提供 AutoCAD 和 AachiCAD 等设计工具的插件；自带大量门、窗、柱、家具等组件库和建筑肌理边线需要的材质库；轻松制作方案演示视频动画，全方位表达设计师的创作思路；具有草稿、线稿、透视、渲染等不同显示模式；准确定位阴影和日照，设计师可以根据建筑物所在地区和时间实时进行阴影和日照分析；可简便地进行空间尺寸和文字的标注，并且标注部分始终面向设计者。

3. 体感互动技术

体感互动技术是通过硬件互动设备、体感互动系统软件及三维数字内容来感应站在设备前的操作者，当操作者做出一定动作时，设备所显示的画面也相应发生变化。如玩家手持游戏手柄进行“网球体感游戏”，玩家的手部击球动作可完全用来模拟并控制游戏里游戏角色的球路。那么，玩家手部的动作与游戏角色球路的对应是如何实现的呢？原理在于玩家手上的手柄能获取玩家手部的各种物理参数，如加速度、角速度、位移等，然后进一步通过算法，将这些物理参数转化为人体在空间中的三个平移量以及三个旋转量，如此一来便可将手部在空间中的各种动作（平移 + 旋转）

完全描述出来，接着再将此平移及旋转量传输给游戏角色，游戏角色便可与玩家做出相同的动作。因此，所谓的“体感游戏”，便是通过各种传感器捕捉人体的肢体动作（平移+旋转），并将所计算出的肢体动作对应于游戏角色的反应，使玩家的动作与游戏角色的反应呈现1:1拟真的对应。体感互动技术的优势在于人们可以很直接地使用肢体动作，与周边的装置或环境互动，而无须使用任何复杂的控制设备。体感互动技术被广泛应用在数字娱乐、媒体广告、医疗、教育培训、工业设计及控制等各个领域。按照体感方式和原理的不同，体感技术主要可分为三大类：惯性感测、光学感测、惯性及光学联合感测。

（1）惯性感测。

惯性感测是以惯性传感器为主要感测设备，利用重力传感器、陀螺仪以及磁传感器等来感测使用者肢体动作的物理参数（加速度、角速度以及磁场等），再根据这些物理参数求得使用者在空间中的各种动作。主要代表厂商为Logitech，其在2007年推出了空间鼠标（MxAir），使用三轴重力传感器以及两轴陀螺仪，可感测使用者在空间的手部动作，并将此动作转化为鼠标在屏幕上垂直方向与水平方向的位移。2009年，苹果智能型手机拉开了手机体感游戏热门下载的序幕，许多使用惯性传感器来适配的体感游戏不断地出现。其中，iPhone使用了以三轴重力感测以及三轴磁传感器为主的惯性感测。2010年，基于未来即将陆续推出拥有重力传感器、磁传感器和陀螺仪的智能型手机，CyWee发展了面向这三种传感器的特有算法，称为九轴混合感测算法（9-axis Sensor Fusion Technology）。所谓的九轴，指的便是可量测空间中三轴向的重力传感器、可量测三轴向的磁传感器，以及可量测三轴向的陀螺仪。此算法可克服传统上仅使用单一传感器的缺点，进而达成更精确的空间动作捕捉体感体验。

（2）光学感测。

2005年，Sony推出了光学感应套件——EyeToy，主要是通过光学传感器获取人体影像，再将此人体影像的肢体动作与游戏中的内容互动。2010年，Microsoft发布了跨时代的全新体感感应套件——Kinect，号称无须使用任何体感手柄，便可达到体感的效果。而比EveToy更为进步的是，Kinect同时使用激光及摄像头（RGB）来获取人体影像信息，可捕捉人体3D全身影像，具有比EyeToy更为进步的深度信息，而且不受任何灯光环境限制。2013年，Leap发布了Leap Motion，这是一种精度更高的手动控制技术，能通过手指直接控制计算机，包括图片缩放、移动、旋转、精准控制、指令操作、隔空书写等。通过放在键盘和显示器之间的金属盒，就能让任何一个用户通过简单的手势完成人机交互。Leap Motion的主要原理是使用红外LED和2个灰度摄像头采集手掌数据，并生成3D数据。系统150° 超宽幅的空间视场，可追踪全部10只手指，精度高达1/100毫米，每秒200帧的追踪速度可以实现有效空间范围内的任何细微动作捕捉。

（3）惯性及光学联合感测。

惯性及光学联合感测的主要代表厂商为Nintendo及Sony。2006年Nintendo所推出的Wii，主要是在手柄上放置一个重力传感器（用来侦测手部三轴向的加速度），以及一个红外线传感器（用来感应在电视屏幕前方的红外线发射器信号），主要可用来侦测手部在垂直及水平方向的位移，从而操控一个空间鼠标。这样的配置往往只能侦测一些较为简单的动作，因此Nintendo 2009年推出了Wii手柄的加强版——Wii MotionPlus，其在原有的Wii手柄上再插入一个三轴陀螺仪，如此一来便可更精确地侦测人体手腕旋转等动作，强化了在体感方面的体验。2005年推出EyeToy的Sony不甘示弱地在2010年推出了游戏手柄Move，主要配置包含一个手柄及一个摄像头，手柄包含重力传感器、陀螺仪以及磁传感器，摄像头用于捕捉人体影像。结合这两种传感器，便可侦测人体手部在空间中的移动及转动。

4. 虚拟现实技术

虚拟现实（Virtual Reality，VR）技术是由美国VPL公司创始人拉尼尔（Jaronnier）在20世纪80年代初提出的，也称灵境技术或人工环境。作为一项尖端科技，虚拟现实集成了计算机图形技术、计算机仿真技术、人工智能、传感技术、显示技术、网络并行处理等技术的最新发展成果，是一种由计算机生成的高技术模拟系统，它最早源于美国军方的作战模拟系统，20世纪90年代初逐渐为各界所关注并且在商业领域得到了进一步的发展。这种技术的特点在于计算机产生一种人为虚拟的环境，这种虚拟的环境是通过计算机图形构成的三维数字模型，并编制到计算机中去生成一个以视觉感受为主，同时包括听觉、触觉的综合可感知的人工环境，从而使人产生一种沉浸于这个环境的感觉，人可以直接观察、操作、触摸、检测周围环境及事物的内在变化，并能与之发生“交互”作用，使人和计算机很好地“融为一体”，给人一种“身临其境”的感觉。一般的虚拟现实系统主要由专业图形处理计算机、应用软件系统、输入设备和演示设备等组成。虚拟现实技术的特征之一就是人机之间的交互性。为了实现人机之间充分交换信息，必须设计特殊输入工具和演示设备，以识别人的各种输入命令，且提供相应反馈信息，实现真正的仿真效果。不同的项目可以根据实际应用选择使用不同工具，主要包括头盔式显示器、跟踪器、传感手套、屏幕式或房式立体显示系统、三维立体声音生成装置。虚拟现实技术主要包括桌面级的虚拟现实、投入的虚拟现实、分布式虚拟现实和增强现实技术等。

（1）桌面级的虚拟现实。

桌面级的虚拟现实主要利用个人计算机和低级工作站进行仿真，计算机屏幕被用作用户观察虚拟境界的一个窗口，各种外部设备一般用来驾驭虚拟境界，并且有助于操纵在虚拟情景中的各种物体。这些外部设备包括鼠标、追踪球、力矩球等。它要求参与者使用位置跟踪器和另一个手控输入设备，如鼠标、追踪球等，坐在监视器前，通过计算机屏幕观察 360° 范围内的虚拟境界，并操纵其中的物体。但这时参与者并没有完全投入，因为他仍然会受到周围现实环境的干扰。桌面级的虚拟现实的最大特点是缺乏完全投入的功能，但是成本相对低一些，因而应用面比较广。常见桌面虚拟现实技术有基于静态图像的虚拟现实技术、VRML（虚拟现实造型语言）、桌面 CAD 系统。

（2）投入的虚拟现实。

投入的虚拟现实提供完全投入的功能，使用户有一种置身于虚拟境界之中的感觉。它利用头盔式显示器或其他设备，把参与者的视觉、听觉和其他感觉封闭起来，并提供一个新的、虚拟的感觉空间，利用位置跟踪器、数据手套、其他手控输入设备、声音等使参与者产生一种身在虚拟环境中，并能全心投入和沉浸其中的感觉。常见的沉浸式系统是基于头盔式显示器的系统，这也是目前沉浸度最高的一种虚拟现实系统。在这种系统中，参与虚拟体验者要戴上一个头盔式显示器，视觉、听觉与外界隔绝，根据应用的不同，系统将提供能随头部转动而产生的立体视觉、三维空间。通过语音识别、数据手套、数据服装等先进的接口设备，使参与者以自然的方式与虚拟世界进行交互，如同现实世界一样。2014 年 3 月 Facebook 以 20 亿美元收购 Oculus 后，虚拟现实游戏眼罩 Oculus Rift 成为虚拟现实技术领域的一个热点。这款产品内置 3D 立体显示器和陀螺仪、加速计等惯性传感器，可以实时感知使用者头部的位置，并对应调整显示画面的视角。

（3）分布式虚拟现实。

分布虚拟现实技术可实现多个用户通过计算机网络连接在一起，同时参加一个虚拟空间，共同体验虚拟经历，使虚拟现实提升到了一个更高的境界。目前最典型的分布式虚拟现实系统是作战仿真互联网和 SIMNET。作战仿真互联网（Defense Simulation Internet，DSI）是目前最大的 VR 项目之一。该项目是由美国国防部推动的一项标准，目的是使各种不同的仿真器可以在巨型网络上互联，它是美国国防高级研究计划局 1980 年提出的 SIMNET 计划的产物。SIMNET 由坦克仿真器通过网络连接而成，用于部队的联合训练。通过 SIMNET，位于德国的仿真器可以和位于美国的仿真器运行在同一个虚拟世界中，参与同一场作战演习。

（4）增强现实技术。

增强现实（Augmented Reality，AR）是在虚拟现实的基础上发展起来的，它是把计算机产生的虚拟的物体和场景叠加到现实场景中，用这种混合的模式增强用户对场景的感知。它是一种全新的人机交互技术，这样一种技术，可以模拟真实的现场景观，它是以交互性和构想为基本特征的计算机高级人机界面。使用者不仅能够通过虚拟现实系统感受到在客观物理世界中所经历的“身临其境”的逼真性，而且能够突破空间、时间以及其他客观限制，感受到在真实世界中无法亲身经历的体验。AR技术包含了图形图像学、可视化技术、实时交互技术、多传感器融合等新技术和新手段，系统具有三个突出的特点：真实世界和虚拟世界的信息集成；实时交互性；在三维尺度空间中增添定位虚拟物体。AR技术可以广泛应用于军事、医疗、古迹保护、建筑、教育、工程、影视、娱乐等领域。在军事方面，用于尖端武器、飞行器的研发及虚拟训练等；在医疗领域，用于帮助医生进行手术部位的精确定位；在古迹复原和数字化文化遗产保护领域，将文化古迹的信息以增强现实的方式提供给参观者，使参观者不仅可以通过专用的显示器（头盔式、眼镜式等）看到古迹的文字解说，还能看到遗址上残缺部分的虚拟重构；在电视领域，通过AR技术可以在转播体育比赛时实时地将辅助信息叠加到画面中；在商品展示中，可以将家具和电器叠加到顾客的客厅中查看实时效果等。增强现实系统设计最基本的问题就是实现虚拟信息和现实世界的融合，显示技术是系统的基本技术之一。

增强现实的显示技术主要分为以下几类：头盔显示器显示、投影式显示、手持式显示器显示和普通显示器显示。

第一，头盔显示器显示。头盔显示器采用影像替加的方式实现，所以也叫透视式（see-through）头盔显示器。利用它能够看到周围的真实环境，沉浸感更强，是应用较广的一种显示方式。透视式头盔显示器一般分为视频透视式（Vediosee-through）和光学透视式（Opticalsee-through）。前者利用摄像机对真实世界进行同步拍摄，将信号送入虚拟现实工作站，在虚拟工作站中将虚拟场景生成器生成的虚拟物体同真实世界中采集的信息融合，然后输出到头盔显示器。而后者则利用投影装置将虚拟物体投射到透明眼镜，这些虚拟物体与用户通过眼镜看到的真实景象进行融合，实现增强效果。还有一种更为奇特的方法是虚拟视网膜显示技术。华盛顿大学的人机界面实验室（HitLab）研究出的VRD通过将低功率的激光直接投射到人眼的视网膜上，将虚拟物体添加到现实世界中来。

第二，投影式显示。投影式显示是将虚拟的信息直接投影到要增强的物体上，从而实现增强。日本Chuo大学研究出的PARTNER增强现实系统可以用于人员训练，并且使一个没有受过训练的试验人员通过系统的提示，成功地拆卸了一台便携式 OHP（Over Head Projector）。另外一种投影式显示方式是采用放在头上的投影机（Head-mounted Projective Display，HMPD）来进行投影。美国伊利诺伊州立大学和密歇根州立大学的一些研究人员研究出一种 HMPD 的原型系统。该系统由一个微型投影镜头、一个戴在头上的显示器和一个双面目反射屏幕组成。由计算机生成的虚拟物体显示在 HMPD 的微型显示器上，虚拟物体通过投影镜头折射后再由与视线成 45° 角的分光器反射到 A 反射的屏幕上面。自反射的屏幕将入射光线沿入射角反射回去进入人眼中，从而实现了虚拟物体与真实环境的重叠。

第三，手持式显示器显示。通过采用摄像机等其他辅助部件，一些增强现实系统采用了手持式显示器。美国华盛顿大学的人机界面实验室设计出了一个便携式的 Magic Book 增强现实系统。该系统采用一种基于视觉的跟踪方法把虚拟的模型重叠在真实的书籍上，从而产生了一个增强现实的场景。同时，该系统也支持多用户的协同工作。日本的 Sony 计算机科学实验室也研究出了一种手持式显示器，并利用这种显示器构建了 Trans Vision 协同式环境。宜家公司推出了 3D 增强现实技术的应用，通过这款应用，用户可以看到家具在自己家中的模拟 3D 效果。

第四，普通显示器显示。在基于普通显示器的方案中，摄像机摄取的真实世界图像输入计算机中，与计算机图形系统产生的虚拟景象合成，并输出到显示器，用户可以从屏幕上看到最终的增强场景图片。这种 AR 技术实现相对简单，比如通过 AR 技术试戴眼镜，用户不用摘掉自己的眼镜，转动头部就可以看到叠加在自己眼眶上的各种不同眼镜的效果。

5. 可穿戴技术

可穿戴技术主要是探索和创造能直接穿在身上，或者整合进用户的衣服或配饰的设备的科学技术。可穿戴技术是 20 世纪 60 年代美国麻省理工学院媒体实验室提出的创新技术，利用该技术可以把多媒体、传感器和无线通信等技术嵌入人们的衣着中，可支持手势和眼动操作等多种交互方式。其目的是通过“内在连通性”实现快速的数据获取，通过超快的分享内容能力高效地保持社交联系，摆脱传统的手持设备而获得无缝的网络访问体验。20 世纪 60 年代，可穿戴技术逐渐兴起；到了 70 年代，发明家 Alan Lewis 打造的配有数码相机功能的可穿戴式计算机能预测赌场轮盘的结果。1977 年，Smith Kettle Well 研究所视觉科学院的 C. C. Colin 为盲人做了一款背心，把头戴式摄像头获得的图像通过背心上的网格转换成触觉意象，让盲人也能“看”得见。

自 2012 年 4 月谷歌公司宣布其 Google Project Glass 的未来眼镜研发项目后，各大科技公司纷纷在可穿戴技术应用上加大研发力度。2013年，苹果密集曝光了其智能手表Apple Watch的一系列新功能并于2014年进行了产品发布；索尼于2013年8月底推出了Smart Watch的第二代产品；三星则在2013年9月推出了智能手表产品Galaxy Gear。可穿戴技术是近几年科技节最热门的趋势之一。在每一次大型科技盛会上，面向个人消费者的可穿戴设备数量都呈现指数级增长的趋势，从智能手环、智能手表、智能手套到智能眼镜、智能头盔等。可穿戴设备不仅仅是硬件设备，更是可以通过软件支持及数据交互、云端交互来实现强大功能拓展的设备。可穿戴设备具有快速的信息抓取、处理和查询能力，以及更准确的判断决策能力，在这种设备的帮助下，人们的行为模式和行动效率也将得到改善和提高。

目前已经问世和即将问世的可穿戴设备基本包括四大类：运动和健康辅助设备，如爱普生Pulsense系列、Nike+Fueiband、FitbitFlex，以及国内的咕咚手环、大麦计步器、小米手环等；可以不依附于智能手机的独立智能设备，如Apple Watch、果壳智能手表；互联网辅助产品，如Google Glass、百度Eye类产品；与物联网密切相关的体感设备，如MYO等。爱普生发布的Pulsense系列可穿戴设备，包括智能手表和智能手环。这些产品整合了爱普生公司行业领先的独创生物感应技术与基于云系统的服务，可满足穿戴消费品市场健身、健康和运动需求。Pulsense系列中的PS-500智能手表和PS-100智能手环，是具有生物识别功能的腕部感应可穿戴设备，对心率、活动强度、卡路里燃烧与睡眠模式具有监控与数据存储功能，是理想的日常活动穿戴产品，也是心脏健康记录设备，并可以通过智能手机应用软件，将存储的自身数据传到在线健康和健身服务软件中，或通过电脑上传软件传输这些数据。

2012年6月28日，谷歌发布了一款穿戴式IT产品——谷歌眼镜。该设备由一块位于右眼侧上方的微缩显示屏、一个在右眼外侧平行放置的720P画质摄像头、一个位于太阳穴上方的触摸板，以及喇叭、麦克风、陀螺仪传感器和可以支撑6小时电力的内置电池构成，结合了声控、导航、照相与视频聊天等功能。苹果于2014年9月发布的智能手表——Apple Watch，也是一款可穿戴的智能设备，分为运动款、普通款和订制款3种，采用蓝宝石屏幕。这款手表内置了iOS系统，并且支持Facetime、Wi-Fi、蓝牙、Airplay、电话、语音回短信、连接汽车、天气、航班信息、地图导航、播放音乐、测量心跳、计步等几十种功能，是一款全方位的健康和运动追踪设备。Brain Link意念头箍是由深圳市宏智力科技有限公司专为iOS系统研发的配件产品，它是一个安全可靠、佩戴简易方便的头戴式脑电波传感器。作为一款可佩戴式设备，它可以通过蓝牙无线连接智能手机、平板电脑、手提电脑、台式电脑或智能电视等终端设备，配合相应的应用软件就可以实现意念力互动操控。Brain

Link 采用了国外先进的脑机接口技术，其独特的外观设计、强大的培训软件深受广大用户的喜爱。随着可穿戴技术越来越重要，利用无线连接技术实现设备与智能手机的互联将会成为开发这些设备应用潜力的关键所在。如借助近场通信（NFC）技术，消费者可以购买新型可穿戴设备并将其方便地连接到智能手机，进行快速安全的通信，不需要其他复杂的菜单或烦琐的设置过程；借助 Bluetooth Smart 和 Wi-Fi 技术，消费者可以从可穿戴设备中获取数据（如消耗的卡路里、心率等），并将数据传送到智能手机或云端，而不会消耗太多电量；借助 Wi-Fi 直连技术，消费者可以直接将两个 Wi-Fi 设备连接在一起，不需要接入点或计算机；将可穿戴设备与定位技术结合起来，可以实现一些有趣的新应用功能，比如医生可以在临床环境中跟踪患者的情况，零售商可以向消费者发送有针对性的广告信息等。

1.3 大数据的应用价值

大数据在过去几年得到了全社会的关注和快速的发展，几乎在每个行业都可以见到大数据应用的影子。大数据的应用范围越来越广，应用的行业也越来越多，我们几乎每天都可以看到大数据的一些新奇应用，大数据的价值也已经体现在生活的方方面面。大数据目前较多的应用领域主要有互联网、金融、医疗、教育、政府等行业，应用的环境也不尽相同，下面介绍几种大数据的典型应用场景。

1.3.1 分析用户行为，建立数据模型

大数据在用户行为分析和预测方面的应用是最突出的。企业通过对用户社交网站的行为数据、浏览器的日志信息、传感器的数据等进行收集和分析，就可以得到用户的行为习惯，通过建立数据模型，可以对用户的下一步行为进行预测。

在用户的行为分析方面，最经典的案例应该是美国沃尔玛公司（WalMart）将尿不湿和啤酒摆放在一起的销售策略。沃尔玛对顾客的购物习惯进行关联规则分析，从中得出顾客会经常一起购买哪些商品。沃尔玛利用数据挖掘工具对其保存在数据仓库里面的所有门店的交易数据进行分析，得出了和尿不湿一起购买最多的商品是啤酒的结论。沃尔玛在所有的门店里将尿不湿与啤酒并排摆放在一起，结果是尿不湿与啤酒的销售量双双增长。另外一个比较著名的例子就是 Target 怀孕预测的案例。他们对商品数据库里的数万类商品和女性顾客的商品购买记录进行分析，挖掘出与怀孕高度相关的 25 项商品，制作“怀孕预测”指数，可以精确地预测客户在什么时候想要小孩，推算出孕妇的预产期等，从而抢先一步给女性推荐相关的产品。

在用户行为预测方面，也有不少成功案例。如美国统计学家内特建立统计模型，成功预测了 2012 年美国大选的结果。通过他的预测，看到奥巴马有 431 种胜利途径，

对比罗姆尼仅有76种，奥巴马总统连任的机会是86.3%。在其他行业，电信可以通过大数据预测用户的流失，从而可以提前采取相应的手段留住客户；汽车保险行业可以了解客户的驾驶水平和需求，来为顾客推荐合适的保险等。大数据对于当代企业能够更好地运营所体现出的价值已经不言而喻。

1.3.2 提升企业的资产管理，优化企业的业务流程

大数据也可以帮助企业提升资产管理和优化业务流程。企业利用实时数据能够实现预测性的维护并减少故障，推动产品和服务开发。比如在交通和物流领域，大数据最广泛的应用就是供应链以及配送路线的优化。通过结合传感器数据，以及社交媒体、网络搜索以及天气预报数据，可以挖掘出有价值的信息。如利用地理定位和无线电频率识别追踪货物和送货车，利用实时交通路线数据制定更加优化的路线。

UPS快递高效地利用了地理定位数据。为了使总部能在车辆出现晚点的时候跟踪到车辆的位置和预防引擎故障，它的货车上装有传感器、无线适配器和GPS。同时，这些设备也方便了公司监督、管理员工并优化了行车线路。UPS为货车订制的最佳行车路径是根据过去的行车经验总结而来的。2011年，UPS的驾驶员少跑了近4828万千米的路程。

DHL是全球知名的邮递和物流公司。它是一家传统行业的企业，然而在移动互联网和大数据浪潮中却并不落后，在瑞典推出了众包模式送货的移动应用My Ways，人们可以通过移动应用报名投递自己行动路线附近的包裹，并获取报酬。此外，DHL还把大数据应用于管理物流风险，从而为客户提供更好的服务。

1.3.3 大数据服务智慧城市、智慧交通

智慧城市是当前我国城镇化改革的建设重点，大数据技术是实现智慧城市的核心支撑技术。智慧城市就是运用信息和通信技术手段感测、分析、整合城市运行核心系统的各项关键信息，从而对包括政务、民生、社会化管理、企业发展在内的各种需求做出智能响应。其实质是利用先进的信息技术，实现城市智慧式管理和运行，进而为城市中的人创造更美好的生活，促进城市的和谐、可持续成长。目前，在国内外，每天都会涌现出新的大数据智慧城市的应用案例。下面我们选取几个有代表性的案例。

随着智能电网的提出，智能电表得到了极大的普及，目前全国范围内至少有1亿块智能电表在使用，不仅极大地方便了普通用电用户，而且电力公司也因此收集了大量的用电数据。这些海量数据在日积月累的过程中逐渐给用电信息采集系统带来了存储和计算的压力，而且随着业务的不断深化，智能电表历经多次升级换代，采集项数翻了几倍，采集频率也逐步从一天一次向15分钟一次（96次／天）升级。

以一个用电用户超过 2000 万户的省公司来说，一天的数据入库量接近 20 亿次，再加上实时统计分析的要求，原有系统基于传统关系型数据库的架构已无力支撑。在这种情况下，该省公司基于清华大数据处理中心的以 Hadoop 为基础的 HBase 解决方案进行用电数据的存储和结果查询，使用 Hive 进行相关的统计分析。经过业务梳理，选择了 3 个计算场景和 1 个查询场景进行尝试。通过实际业务数据的计算对比，3 个计算场景用时比现有系统快 10420 倍，查询场景的响应时间则缩短了 2 个数量级，而整体集群的硬件造价仅为现有系统的 1/6，并且还具备极佳的横向扩展能力。

法国里昂市与 IBM 的研究者合作开发出能够缓解道路拥堵的系统方案。IBM 为里昂开发的系统名为 Decision Support System Optimizer（决策支持系统优化器），可以基于实时的交通情况报告来侦测和预测交通拥堵。当交管人员发现某地即将发生交通拥堵，可以及时调整信号灯让车流以最高效率运行。这个系统对于突发事件也很有用，如帮助救护车尽快到达医院。而且随着运行时间的积累，这套系统还能够“学习”过去的成功处置方案，并运用到未来预测中。

SpotHer0 是预订停车位的一个移动应用，它的网站和移动应用可以较好地解决司机找不到停车位的问题。SpotHer0 能够实时跟踪停车位数据变化，打开 SpotHer0，将会显示附近可用的停车位的价格，同时提供导航服务，并且可以使用预付费来占领未被使用的停车位。目前，已经能够实时监控包括华盛顿、纽约、芝加哥、巴尔的摩、波士顿、密尔沃基和纽瓦克 7 个城市的停车位。

1.3.4 变革公共医疗卫生，对疾病进行预测

谷歌的 FluTrend 可以利用搜索关键词和大数据技术成功预测流感的散布趋势。在流感爆发前，人们用谷歌搜索流感的相关资讯或措施的比例将会增加，谷歌通过对无数流感关键词进行分析，可以准确快速地预测流感将在哪里出现，以及流感的散布范围。这一项目的成功也刮起了大数据变革公共卫生的浪潮。目前，谷歌又孵化了一个医疗健康项目，名为 Baseline，它主要用大数据来预防癌症。百度公司也在疾病预测方面做了一些工作。2014 年 7 月，在百度推出世界杯预测之后，又上线了一个最新服务：疾病预测。它能为用户提供流感、肝炎、肺结核和性病 4 种疾病的趋势预测，并可依据过去 30 天的资料，对未来 7 天疾病变化进行预测。目前该服务已经涵盖了中国 331 个城市 2870 个区县，并且某些城市已经细化到以商圈为目标单位，未来甚至可以细化到个人的粒度。

对于目前正在爆发的埃博拉出血热，也可以通过大数据技术来预防疾病的传播，对疫情进行更好的控制，做好民众的救助工作。首先，西非等地的跨国电信业者与国际卫生组织合作，提供当地居民行为通信资料，通过分析绘制当地居民聚落位置

和人口移动地图来预测病毒散布的位置。其次，非洲政府可以根据用户的手机定位，分析出当地居住区位置的移动轨迹，规划医疗救助站的位置，从而安排最佳的救助路线，使居民远离疫情较为严重的区域。

除了在疾病预测方面，利用大数据的计算和分析能力，能够让我们在几分钟内解码整个 DNA，制订出最新的治疗方案。大数据技术目前已经在医院应用监视早产婴儿和患病婴儿的情况，通过记录和分析婴儿的心跳，医生针对婴儿的身体可能会出现不适症状做出预测，这样可以帮助医生更好地救助婴儿。

大数据已经在医疗和健康领域取得了一定的成果，将疾病防治关口前移，可以大大节省医疗资源的消耗。有效的数据分析也可以提前对民众进行医疗健康知识的普及教育，从而较好地预防疾病的发生。

1.3.5 在金融行业进行战略决策和精准营销

银行、证券和保险是金融类企业的 3 个重要部分。国内不少银行已经开始尝试通过大数据来驱动业务运营。如民生银行，其 80% 以上的客户是小微企业。借助大数据平台，民生银行的每家小微企业客户的信息都能够实时上报民生的“数据加工厂”，并生产出有价值的信息，使总行能够更加快速、准确地获得各个行业的市场需求信息，从而快速、精确地进行战略决策和市场规划。

基于大数据平台，民生银行实现了内部管理的精细化，“用数据说话、靠数据决策”已经成为民生银行的一种管理文化。依据大数据平台和专业金融技术工具，民生银行目前能够准确计算出每位客户的利润贡献度，从而真正做到个性化定价和个性化服务。在产品定价方面，以往银行都按照批量定价模式，向客户销售贷款；而个性化定价，则根据客户的存款、贷款、业务经营情况等综合指标进行科学定价，不仅能够吸引优质客户，提高客户黏性，降低客户流失率，还能够提高整体收益。基于大数据平台，民生银行实现了从“广撒网”到“批量定向开发”的转变。除了民生银行，光大银行建立了社交网络信息数据库，招商银行利用大数据发展小微贷款，中信银行信用卡中心使用大数据技术实现了实时营销。

在证券行业，大数据主要包含几个方面的应用：股价预测、客户关系管理和投资景气指数。

现在很多股权的交易都利用大数据算法进行，这些算法现在越来越多地考虑了以社交媒体和网站新闻来决定在未来几秒内是买入还是卖出。IBM 日本的新系统仅用 6 小时就预测出分析师需要花费数日才能计算出的预测值，它结合其他相关经济数据的历史数据分析与股价的关系，从而得出预测结果。对客户关系的管理包括两个方面，对客户进行细分和客户流失的预测。通过对客户的账户状态进行分析，对客户进行聚类和细分，从而发现客户交易，找出最有价值和盈利潜力的客户群，为他们提供个性化服务。证券公司通过对客户的历史交易行为和流失情况进行分析，建立客户流失模型，从而预测客户流失。在保险行业，大数据应用也包括 3 个方面：客户细分及精细化营销、欺诈行为分析和精细化运营。如友邦保险使用了大数据魔镜软件，开发出客户挖掘、精准投放、二次开发、战略指导、全民分析等多种智能分析模型，为管理层提供最直接的数据依据，之前每个保险业务员从 200 个电话中，才可能挖掘出两三个意向客户，而精准的投放使得平均拨打一个电话就可以得到一个客户。

1.3.6 利用大数据保障公共安全

大数据的应用和发展可以帮助公共服务更好地优化模式，提升社会安全保障能力和面对突发情况的应急能力。作为大数据方面开拓者的美国，在应用大数据来治理社会和稳定社会方面的成绩显著。

美国国家安全局和交通安全局基于数据挖掘技术，开发了计算机辅助乘客筛选系统，为美国本土各个机场提供应用接口。该系统将乘客购买机票时提供的姓名、联系地址、电话号码、出生日期等信息输入商用数据库中，商用数据库则据此将隐含特殊危险等级的数字分值传送给交通安全局：绿色分值的乘客将接受正常筛选，黄色分值的乘客将接受额外筛选，红色分值的乘客将被禁止登机，且有可能受到法律强制性的关照。

同时，利用大数据也可预防犯罪案件的发生。加利福尼亚州桑塔克鲁兹市使用犯罪预测系统，对可能出现犯罪的重点区域、重要时段进行预测，并安排巡警巡逻。在所预测的犯罪事件中，有 213 件真的发生。系统投入使用一年后，该市入室行窃减少了 11%，偷车减少了 8%，抓捕率上升了 56%。

另外，大数据也可以推进案件的侦破。这方面最经典的案例应该是波士顿连环爆炸的成功告破。2013 年 4 月 15 日，美国波士顿在举办马拉松比赛的过程中发生连续炸弹爆炸案，导致 3 人死亡，183 人受伤。案件发生后警方不仅走访了事发地点附近 12 个街区的居民，收集可能存在的各种私人录像和照片，还大量收集网上信息，包括信息社交网站上出现的相关照片、录像等，并在这些网站上向公众提出收集相关信息的请求。通过对各方面数据的比对、查找，警方从录像中截取出了嫌疑人照片并发出通缉令，从而为最终追捕罪犯提供了确凿的证据和可靠的参考。

1.3.7 利用大数据促进教育行业变革

在教育工作中，特别是学校教育，数据成为教学改进显著的目标。美国国家教育统计中心已经把中小学和大学的学生学习行为、考试分数和职业规划等重要的数据存储起来，用于统计和分析。而近年来越来越多的网络在线教育和大规模开放式网络课程的兴起，使教育领域中的大数据获得了更为广阔的应用空间。

教育领域中大数据分析的最终目的是提高学生的学习成绩。美国教育部门创造了一套“学习分析系统”，将教育和大数据相结合。该系统是一个数据挖掘和案例运用的联合框架，主要向教育工作者提供影响学习成绩的原因等信息，为教师提供提高学生成绩更准确有效的办法。

美国已经存在一些企业成功地商业化运作了教育中的大数据。如IBM与公共学区在大数据方面展开合作，从而较好地改善了学区的辍学情况；希维塔斯学习（Civitsa Learnig）在高等教育领域建立了最大跨校学习数据库，通过海量数据，可以看到学生的分数、出勤率、辍学率和保留率等数据的主要趋势；梦盒学习（Dream Box Learning）公司和纽顿（Knewton）公司已经成功创造并发布了各自利用大数据的适应性学习系统。

在我国，百度推出了“百度预测”，在2014年也通过数据分析，预测出高考作文题目的出题范围将会在“生命的多彩”“时间的馈赠”等6个领域中，并且给出了各领域命中的精确概率。对试题的精确预测，也可以较大程度上提高学生的学习成绩。

1.3.8 大数据在改善着每个人的生活

大数据不仅运用在政府、企业，还对生活中的每个人都有较大的影响。如用户之前在电子商务网站想要购买某样东西的时候，需要从海量的购物列表里面找到自己喜欢的商品。电商网站能通过用户的性别、年龄、购物偏好、职业、收入、生活习惯，对用户的浏览内容进行记录，分析到用户对物品、价格等的需求，向用户推荐相应的物品，可以节省用户时间，提高交易成功率。

人们一般通过电视或者智能手机接收天气预警。而目前全球人口高达70亿，据Weather Bug应用开发商Earth Networks称，在非洲、南美洲和亚洲等一些欠发达地区，仍有将近60亿人不能在恶劣天气到来前接到预警。因此该公司利用遍布全球的数十万个传感器，监测温度、风力和雷电的变化情况，给用户提供领先的恶劣天气分析及预警。

一些婚恋网站都会进行各种各样的数字统计，如全国有多少单身男女，单身比例，每个地方的男生（女生）喜欢什么样的女生（男生），不同年龄段的单身女生又会喜欢什么样的男生等。百合网独创了“心灵匹配测评系统”，系统里面涉及30多个维度，再加上实名认证，从而发现两个异性之间在生活习惯、价值观、兴趣爱好等各方面的契合度，从而形成高效率的精准速配，用户也可以通过百合网的分析数据找到属于自己的合适的对象。

1.4 数据挖掘的产生与功能分析

1.4.1 数据挖掘的定义

随着信息科技的进步和网络的发达、计算机运算能力的增强以及数据存储技术的不断改进，人类社会正迈向信息时代。数据的爆炸式增长、广泛利用和巨大体量使得我们的时代成为真正的数据时代，迫切需要功能强大和通用的工具，以便从大数据中发现有价值的信息，将这些数据转换成有用的信息和知识，所获取的信息和知识可以广泛用于各种应用，包括商务管理、生产控制、市场分析、工程设计和科学探索等。数据挖掘方法利用了来自许多领域的技术思想，如来自统计学的抽样、估计和假设检验，来自人工智能、模式识别和机器学习的搜索算法、建模技术和学习理论，来自包括最优化、进化计算、信息论、信号处理、可视化和信息检索等的重要支撑。随着数据量的越来越大，源于高性能分布式并行计算和存储的技术在大数据挖掘和应用中显得尤为重要。

许多人把数据挖掘视为另一个流行术语——数据中的知识发现（KDD）的同义词，而另一些人只是把数据挖掘视为知识发现过程的一个基本步骤。一般认为，知识发现由以下步骤的迭代序列组成。

（1）数据清理——消除噪声和删除不一致数据。

（2）数据集成——多种数据源可以组合在一起，形成数据集市或数据仓库。

（3）数据选择——从数据库中提取与分析任务相关的数据。

（4）数据变换——通过汇总或聚集操作，把数据经过变换统一成适合挖掘的形式。

（5）数据挖掘——使用智能方法提取数据模式。

（6）模式评估——根据某种兴趣度量，识别代表知识的真正有趣的模式。

（7）知识表示——使用可视化和知识表示技术向用户提供挖掘的知识。

1.4.2 数据挖掘的功能

数据挖掘功能用于指定数据挖掘任务发现的模式。一般而言，这些任务可以分为描述性的和预测性的。描述性挖掘任务刻画目标数据中数据的一般性质；预测性挖掘任务在当前数据上进行归纳，以便做出预测。常见的数据挖掘功能包括聚类、分类、关联分析、数据总结、偏差检测和预测等。其中聚类、关联分析、数据总结、偏差检测可以认为是描述性任务，分类和预测可以认为是预测性任务。

聚类是一个把数据对象（或观测）划分成子集的过程，每个子集是一个簇。数据对象根据最大化类内相似性、最小化类间相似性的原则进行聚类或分组。因为没有提供类标号信息，通过观察学习而不是通过示例学习，聚类是一种无监督学习。分类是一种重要的数据分析形式，它提取刻画重要数据类的模型，这种模型称为分类器。预测分类的（离散的、无序的）类标号，是一种监督学习，即分类器的学习是在被告知每个训练元组属于哪个类的“监督”下进行的。关联分析，若两个或多个变量的取值之间存在某种规律性，就称为关联。关联可分为简单关联、时序关联、因果关联等。关联分析的目的是找出数据中隐藏的关联网。有时并不知道数据的关联函数，即使知道也是不确定的，因此关联分析生成的规则带有可信度。数据总结是从数据分析中的统计分析演变而来，其目的是对数据进行浓缩，给出它的紧凑描述。其中，数据描述就是对某类对象的内涵进行描述，并概括这类对象的有关特征。数据描述分为特征性描述和区别性描述，前者描述某类对象的共同特征，后者描述不同类对象之间的区别。偏差检测，偏差包括很多潜在的知识，如分类中的反常实例、不满足规则的特例、观测结果与模型预测值的偏差、量值随时间的变化等。偏差检测的基本方法是，寻找观测结果与参照值之间有意义的差别，对分析对象中少数的、极端的特例进行描述，解释内在原因。预测，通过对样本数据（历史数据）的输入值和输出值的关联性学习，得到预测模型，再利用该模型对未来的输入值进行输出值预测。

1.4.3 数据挖掘运用的技术

1.4.3.1 统计学

统计学方法可以用来汇总或描述数据集，也可以用来验证数据挖掘结果。推理统计学用某种方式对数据建模，解释观测中的随机性和确定性，并用来提取关于所观察的过程或总体的结论。统计假设检验使用实验数据进行统计判决，如果结果不大可能随机出现，则称它为统计显著的。

1.4.3.2 机器学习

考察计算机如何基于数据学习。研究热点领域之一是基于数据自动地学习识别复杂的模式，并作出智能的决断。与数据挖掘高度相关的、经典的机器学习问题包括监督学习、无监督学习、半监督学习、主动学习等。

1.4.3.3 数据库与数据仓库

许多数据挖掘任务都需要处理大型数据集，甚至是处理实时的快速流数据。因此，数据挖掘可以很好地利用可伸缩的数据库技术，以便获得在大型数据集上的高效率和可伸缩性。数据仓库集成来自多种数据源和各个时间段的数据，在多维空间合并数据，形成部分物化的数据立方体。多维数据挖掘以 OLAP 风格在多维空间进行数据挖掘，允许在各种粒度进行多维组合探查，更有可能发现代表知识的有趣模式。

1.4.3.4 信息检索

信息检索是指搜索文档或文档中信息的技术，其中文档可以是结构化文本数据或非结构化多媒体数据，并且可能驻留在 Web 上。通过集成信息检索模型和数据挖掘技术，可以找出文档集中的主要主题，对集合中的每个文档，找出所涉及的主要主题等。

1.4.3.5 可视化

数据的采集、提取和理解是人类感知和认识世界的基本途径之一，数据可视化为人类洞察数据的内涵、理解数据蕴藏的规律提供了重要的手段。现有的数据挖掘技术在应对海量、高维、多源和动态数据的分析时，需要综合可视化、图形学、大数据挖掘理论与方法，借助新的理论模型、可视化方法和交互手段，辅助用户从大尺度、复杂、矛盾甚至不完整的数据中快速挖掘有用的信息，以便作出有效决策。也因此诞生了一门新兴学科：可视分析学。

1.4.3.6 大数据挖掘与传统数据挖掘

第一，大数据本身可帮助人们贴近事情的真相。第二，大数据弱化了因果关系。大数据分析可以挖掘出不同要素之间的相关关系，人们不需要知道这些要素为什么相关，就可以利用其结果，在信息错综复杂的现代社会，这样的应用将大大提高效率。第三，与之前的数据库相关技术相比，大数据可以处理半结构化或非结构化的数据，这将使计算机能够分析的数据范围扩大。大数据挖掘与传统数据挖掘的主要区别体现在以下几方面：大数据挖掘在一定程度上降低了对传统数据挖掘模型以及算法的依赖。人们如果想要得到精准的结论，需要建立模型来描述问题，同时，需要理顺逻辑、理解因果并设计精妙的算法来得出接近现实的结论。然而，大数据的出现在一定程度上改变了人们对于建模和算法的依赖。当数据越来越大时，数据本身（而不是研究数据所使用的算法和模型）保证了数据分析结果的有效性。即便缺乏精准的算法，只要拥有足够多的数据，也能得到接近事实的结论，数据因此而被誉为新的生产力。

大数据挖掘在一定程度上降低了因果关系对传统数据挖掘结果精度的影响。如 Google 在帮助用户翻译时，并不是设定各种语法和翻译规则，而是利用 Google 数据库中收集的所有用户的用词习惯进行比较推荐。Google 检查所有用户的写作习惯，将最常用、出现频率最高的翻译方式推荐给用户。在这一过程中，计算机可以并不了解问题的逻辑，但是当用户行为的记录数据越来越多时，计算机就可以在不了解问题逻辑的情况之下提供最为可靠的结果。可见，海量数据和处理这些数据的分析工具为理解世界提供了一条完整的新途径。大数据挖掘能够在最大限度上利用互联网上记录的用户行为数据进行分析。大数据出现之前，计算机所能够处理的数据都需要在前期进行结构化处理，并记录在相应的数据库中。但大数据技术对于数据结构化的要求大大降低，互联网上人们留下的社交信息、地理位置信息、行为习惯信息、偏好信息等各种维度的信息都可以实时处理，从而立体完整地勾勒出每一个个体的各种特征。

1.4.4 数据挖掘的发展

数据挖掘（DM）的实质是一种发现知识的应用技术，是一个提取有用信息的过程。与数据挖掘意义相近的术语有数据开采、知识抽取、信息收集和信息发现等，现在普遍采用的主要有数据挖掘和数据库中的知识发现（Knowledge Discoveryin Database，KDD）。KDD 一词最早出现在 1989 年 8 月举行的第 11 届国际联合人工智能学术会议上，它是指从数据库中抽取大量数据中隐含的、潜在的和有用的知识的过程。在 1993 年，IEEE 的 *Knowledge and Data Engineering* 会刊出版了 KDD 技术专刊，发表的论文和摘要体现了当时 KDD 的最新研究成果和动态。目前 KDD 的国际研讨会的数量和规模逐渐扩大，许多刊物也为数据挖掘开辟了学术专栏，为该领域的研究与交流提供了广阔的舞台。数据挖掘可以为企业构筑竞争优势，为社会带来巨大的经济效益，一些国际知名公司纷纷加入数据挖掘的行列，研究开发相关的软件和工具。

美国的 IBM 公司于 1996 年研制了智能挖掘机，用来提供数据挖掘解决方案；SPSS 股份公司开发了基于决策树的数据挖掘软件——Pssc-HAID；思维机器公司在 1997 年开发了 Darwin 这一数据挖掘套件，还有 Oracle 公司、SAS 公司和 Mapinfo 公司等都开发了相关的产品。此外，在 Internet 上还有不少 KDD 电子出版物，其中以半月刊 *Knowledge Discovery Nuggets* 最为权威；另一份在线周刊为 *DS*（决策支持），1997 年开始出版。自由论坛 DM-EmailClub 可以通过电子邮件讨论数据挖掘和知识发现的热点问题。数据挖掘是数据库和信息决策领域的最前沿的研究方向之一，已引起了国内外学术界的广泛关注。在我国已经开始进行数据挖掘技术的研究，但还没有看到数据挖掘技术在我国成功应用的大型案例。

1.4.5 数据挖掘研究现状

1.4.5.1 国外研究现状

知识发现与 DM 是数据库领域中最重要的课题之一。KDD 一词是在 1989 年 8 月于美国底特律市召开的第十一届国际人工智能会议上正式形成的。1995 年在加拿大蒙特利尔召开的首届 KDD & Data Mining 国际学术会议上，把数据挖掘技术分为科研领域的知识发现与工程领域的数据挖掘。之后每年召开一次这样的会议，经过十几年的努力，数据挖掘技术的研究已经取得了丰硕的成果。目前，对 KDD 的研究主要围绕理论、技术和应用这三个方面展开。多种理论与方法的合理整合是大多数研究者采用的有效技术。

目前，国外数据挖掘的最新发展主要有对发现知识的方法的进一步研究，如：近年来注重对 Bayes（贝叶斯）方法以及 Boosting 方法的研究和改进提高；KDD 与数据库的紧密结合；传统的统计学回归方法在 KDD 中的应用。在应用方面主要体现在 KDD 商业软件工具从解决问题的孤立过程转向建立解决问题的整体系统，主要用户有保险公司、大型银行和销售业等。许多计算机公司和研究机构都非常重视数据挖掘的开发应用，IBM 和微软相继成立了相应的研究中心。美国是全球数据挖掘研究最繁荣的地区，并占据着研究的核心地位。

由于数据挖掘软件市场需求量的增大，包括国际知名公司在内的很多软件公司纷纷加入数据挖掘工具研发的行列，到目前已开发了一系列技术成熟、应用价值较高的数据挖掘软件。以下为目前最主要的数据挖掘软件。

（1）Knowledge Studio：由 Angoss 软件公司开发的能够灵活地导入外部模型和产生规则的数据挖掘工具。最大的优点：响应速度快，且模型、文档易于理解，SDK 中容易加入新的算法。

（2）IBM Intelligent Miner：该软件能自动实现数据选择、转换、发掘和结果呈现一整套数据挖掘操作；支持分类、预测、关联规则、聚类等算法，并且具有强大的 API 函数库，可以创建订制的模型。

（3）SPSS-Clementine：SPSS 是世界上最早的统计分析软件之一。Clementine 是 SPSS 的数据挖掘应用工具，它可以把直观的用户图形界面与多种分析技术（如神经网络、关联规则和规则归纳技术）结合在一起。该软件首次引入了数据挖掘流概念，用户可以在同一个工作流环境中清理数据、转换数据和构建模型。

（4）Cognos Scenario：该软件是基于树的高度视图化的数据挖掘工具，可以用最短的响应时间得出最精确的结果。此外，还有由美国 Insightful 公司开发的 I-Miner、SGI 公司和美国 Standford 大学联合开发的 Minset、Unica 公司开发的 Affinium Model、加拿大 Simon Fraser 大学开发的 DBMiner、HNC 公司开发的用于信用卡诈骗分析的 Database Mining Workstation、NeoVista 开发的 Decision Series 等。

1.4.5.2 国内研究现状

与国外相比，国内对数据挖掘的研究起步稍晚且不成熟，目前正处于发展阶段。最新发展：分类技术研究中，试图建立其集合理论体系，实现海量数据处理；将粗糙集和模糊集理论融合用于知识发现；构造模糊系统辨识方法与模糊系统知识模型；构造智能专家系统；研究中文文本挖掘的理论模型与实现技术；利用概念进行文本挖掘。我国也有不少新兴的数据挖掘软件。

（1）MS-Miner：由中科院计算技术研究所智能信息处理重点实验室开发的多策略通用数据挖掘平台。该平台对数据和挖掘策略的组织有很好的灵活性。

（2）D-Miner：由上海复旦德门软件公司开发的具有自主知识产权的数据挖掘系统。该系统提供了丰富的数据可视化控件来展示分析结果，实现了数据查询结果可视化、数据层次结构可视化、多维数据结构可视化、复杂数据可视化。

（3）Scope Miner：由东北大学开发的面向先进制造业的综合数据挖掘系统。

（4）ID-Miner：由海尔青大公司研发的具有自主知识产权的数据挖掘平台。该平台大胆采用了国际通用业界标准，对该软件今后的发展有很大的促进作用，同时也为国内同类软件的开发提供了一条新的思路。除此之外，还有复旦德门公司开发的CIAS和AR-Miner、东北大学软件中心开发的基于SAS的Open Miner以及南京大学开发的一个原型系统Knight等。

目前，国内数据挖掘软件产业还不成熟，从事此方面研究的人员主要集中在高校，只有少部分分布在研究所或公司，且大多数研究项目都是由政府资助，主要的研究方向集中在数据挖掘的学习算法、理论方面以及实际应用。研究的产品尚未得到国际市场的认可，在国际上的使用更是为数甚少。

1.4.5.3 数据挖掘的研究热点及发展趋势

就目前来看，数据挖掘的几个研究热点主要包括网站的数据挖掘（Web Site Data Mining）、生物信息或基因（Bioinformatics/Genomics）的数据挖掘及其文本的数据挖掘（Textual Mining）。网站的数据挖掘就是从网站的各类数据中得到有价值的信息，与一般的数据挖掘差别不大，但是其数据格式很大一部分来自点击率，与传统的数据库格式有区别。

生物信息或基因的数据挖掘对人类生存发展有着非常重要的意义，基因的组合千变万化，能否找出病人的基因和正常人的基因的不同之处，进而对其加以改变，这就需要数据挖掘技术的支持。但其数据形式、挖掘算法模型比较复杂。

文本的数据挖掘和一般的数据挖掘相差很大，文本的数据挖掘是指从文本数据中抽取有价值的信息和知识的技术，在分析方法方面比较困难，目前还没有真正的具备分析功能的文本挖掘软件。

随着越来越多的业务需求被不断开拓，数据挖掘已成功应用于社会生活的方方面面，目前在很多领域如商业、医学、科学研究等均有不少成功的应用案例。为了提高系统的决策支持能力，像 ERP、SCM、HR 等一些应用系统逐渐与数据挖掘集成起来。多种理论与方法的合理整合是大多数研究者数据挖掘采用的有效技术。以下是未来比较重要的数据挖掘发展趋势。

（1）数据挖掘语言的标准化描述：标准的数据挖掘语言将有助于数据挖掘的系统化开发。改进多个数据挖掘系统和功能间的互操作，促进其在企业和社会中的使用。

（2）寻求数据挖掘过程中的可视化方法：可视化要求已经成为数据挖掘系统中必不可少的技术。可以在发现知识的过程中进行很好的人机交互。数据的可视化起到了推动人们主动进行知识发现的作用。

（3）与特定数据存储类型的适应问题：根据不同的数据存储类型的特点，进行有针对性的研究是目前流行以及将来一段时间必须面对的问题。

（4）网络与分布式环境下的 KDD 问题：随着 Internet 的不断发展，网络资源日渐丰富，这就需要分散的技术人员各自独立地处理分离数据库的工作方式应是可协作的。因此，考虑适应分布式与网络环境的工具、技术及系统将是数据挖掘中一个最为重要和繁荣的子领域。

（5）应用的探索：随着数据挖掘的日益普遍，其应用范围也日益扩大，如生物医学、电信业、零售业等领域。由于数据挖掘在处理特定应用问题时存在局限性，因此，目前的研究趋势是开发针对特定应用的数据挖掘系统。

（6）数据挖掘与数据库系统和 Web 数据库系统的集成：数据库系统和 Web 数据库已经成为信息处理系统的主流。数据挖掘系统的理想体系结构是与数据库和数据仓库系统的紧耦合。

1.4.6 数据挖掘的分类

数据挖掘涉及的学科领域和方法很多，因此分类的方法也有多种。

按挖掘对象分，有关数据库、面向对象数据库、空间数据库、时态数据库、文本数据源、多媒体数据库、异质数据库、遗产数据库和万维网（WEB）等。

按挖掘方法分，粗略分为机器学习方法、统计学方法、神经网络方法和数据库方法等。机器学习方法可细分为归纳分析（决策树和规则归纳等）、基于范例学习、遗传算法等。统计学方法可细分为回归分析（多元回归、自回归等）、判别分析（贝叶斯判别、费歇尔判别和非参数判别等）、聚类分析（系统聚类和动态聚类等）、探索性分析（主成分分析法和相关分析法）等。神经网络方法可细分为前馈式神经网络（BP 算法）、自组织神经网络（自组织特征映射、竞争学习等）等。

按挖掘任务分，有关联规则发现、分类、聚类、时间序列预测模型发现和序贯模式发现等。

1.4.7 数据挖掘的技术流程

信息收集：根据确定的数据分析对象抽象出在数据分析中所需要的特征信息，然后选择合适的信息收集方法，将收集到的信息存入数据库。对于海量数据，选择一个合适的数据存储和管理的数据仓库是至关重要的。

数据集成：把不同来源、格式、特点性质的数据在逻辑上或物理上有机地集中，从而为企业提供全面的数据共享。

数据规约：执行多数的数据挖掘算法即使在少量数据上也需要很长的时间，而做商业运营数据挖掘时往往数据量非常大。数据规约技术可以用来得到数据集的规约表示，虽小得多，但仍然接近于保持原数据的完整性，并且规约后执行数据挖掘结果与规约前执行结果相同或几乎相同。

数据清理：在数据库中的数据有一些是不完整的（有些感兴趣的属性缺少属性值），含噪声的（包含错误的属性值），并且是不一致的（同样的信息不同的表示方式），因此需要进行数据清理，将完整、正确、一致的数据信息存入数据仓库中。

数据变换：通过平滑聚集、数据概化、规范化等方式将数据转换成适用于数据挖掘的形式。对于有些实数型数据，通过概念分层和数据的离散化来转换数据也是重要的一步。

模式评估：从商业角度，由行业专家来验证数据挖掘结果的正确性。

知识表示：将数据挖掘所得到的分析信息以可视化的方式呈现给用户，或作为新的知识存放在知识库中，供其他应用程序使用。

1.4.8 数据挖掘的操作方法

1.4.8.1 神经网络

神经网络由于本身良好的自组织自适应性、并行处理、分布存储和高度容错等特性非常适合解决数据挖掘的问题，用于分类、预测和模式识别的前馈式神经网络模型；以 hopfield 的离散模型和连续模型为代表的，分别用于联想记忆和优化计算的反馈式神经网络模型；以 art 模型、koholon 模型为代表的，用于聚类的自组织映射方法。神经网络方法的缺点是“黑箱”性，人们难以理解网络的学习和决策过程。

1.4.8.2 遗传算法

遗传算法是一种基于生物自然选择与遗传机理的随机搜索算法。遗传算法具有的隐含并行性、易于和其他模型结合等性质，使得它在数据挖掘中被加以应用。Sunil 已成功地开发了一个基于遗传算法的数据挖掘工具，利用该工具对两个飞机失事的真实数据库进行了数据挖掘实验，结果表明遗传算法是进行数据挖掘的有效方法之一。遗传算法的应用还体现在与神经网络、粗集等技术的结合上。如：利用遗传算法优化神经网络结构，在不增加错误率的前提下，删除多余的连接和隐层单元；用遗传算法和 bp 算法结合训练神经网络，然后从网络提取规则等。但遗传算法的算法较复杂，收敛于局部极小的较早收敛问题尚未解决。

1.4.8.3 决策树方法

决策树是一种常用于预测模型的算法，它通过将大量数据有目的地分类，从中找到一些有价值的、潜在的信息。它的主要优点是描述简单，分类速度快，特别适合大规模的数据处理。最有影响和最早的决策树方法是由 Quinlan 提出的著名的基于信息熵的 Id3 算法。它的主要问题是：Id3 是非递增学习算法；Id3 决策树是单变量决策树，复杂概念的表达困难；同性间的相互关系强调不够；抗噪性差。针对上述问题，出现了许多较好的改进算法，如 Schlimmer 和 Fisher 设计了 Id4 递增式学习算法。

1.4.8.4 粗集方法

粗集理论是一种研究不精确、不确定知识的数学工具。粗集方法有几个优点：不需要给出额外信息；简化输入信息的表达空间；算法简单，易于操作。粗集处理的对象是类似二维关系表的信息表。但粗集的数学基础是集合论，难以直接处理连续的属性。而现实信息表中连续属性是普遍存在的。因此，连续属性的离散化是制约粗集理论实用化的难点。

1.4.8.5 覆盖正例、排斥反例方法

覆盖正例、排斥反例方法是利用覆盖所有正例、排斥所有反例的思想来寻找规则。首先在正例集合中任选一个种子，到反例集合中逐个比较。与字段取值构成的选择子相容则舍去，相反则保留。按此思想循环所有正例种子，将得到正例的规则（选择子的合取式）。

1.4.8.6 统计分析方法

在数据库字段项之间存在两种关系：函数关系（能用函数公式表示的确定性关系）和相关关系（不能用函数公式表示，但仍是相关确定性关系），对它们的分析可采用统计学方法，即利用统计学原理对数据库中的信息进行分析。可进行常用统计（求大量数据中的最大值、最小值、总和、平均值等）、回归分析（用回归方程来表示变量间的数量关系）、相关分析（用相关系数来度量变量间的相关程度）、差异分析（从样本统计量的值得出差异来确定总体参数之间是否存在差异）等。

1.4.8.7 模糊集方法

模糊集方法即利用模糊集合理论对实际问题进行模糊评判、模糊决策、模糊模式识别和模糊聚类分析。系统的复杂性越高，模糊性越强。一般模糊集合理论是用隶属度来刻画模糊事物的亦此亦彼性的。

1.4.8.8 挖掘对象

根据信息存储格式，用于挖掘的对象有关系数据库、面向对象数据库、数据仓库、文本数据源、多媒体数据库、空间数据库、时态数据库、异质数据库以及 Internet 等。

1.4.9 大数据挖掘的新方法

1.4.9.1 深度学习

1956 年，几个计算机科学家相聚在达特茅斯会议，提出了“人工智能”的概念。其后，人工智能就一直萦绕于人们的脑海之中，并在科研实验室中慢慢孵化。机器学习作为实现人工智能的一种重要方式，最基础的是运用算法来分析数据，从中学习、测定或预测现实世界某些事。然而，这些早期机器学习方法都没有实现通用人工智能的最终目标，甚至没有实现狭义人工智能的一小部分目标。事实证明，多年来机器学习的最佳应用领域之一是计算机视觉，尽管它仍然需要大量的手工编码来完成工作。

深度学习的概念源于人工神经网络的研究，含多隐层的多层感知器就是一种深度学习结构。深度学习通过组合低层特征形成更加抽象的高层表示属性类别或特征，以发现数据的分布式特征表示。近年来，深度学习在语音、图像以及自然语言理解等应用领域取得一系列重大进展。从 2009 年开始，微软研究院的 Dahl 等人率先在语音处理中使用深度神经网络（DNN），将语音识别的错误率显著降低，从而使得语音处理成为成功应用深度学习的第一个领域。在图像领域，2012 年，Hinton 等人使用深层次的卷积神经网络（CNN）在 ImageNet 评测上取得巨大突破，将错误率从 26% 降低到 15%。重要的是，这个模型中并没有任何手工构造特征的过程，网络的输入就是图像的原始像素值。在此之后，采用类似的模型，通过使用更多的参数和训练数据，ImageNet 评测的结果得到进一步改善，错误率下降至 2013 年的 11.2%。

在国内，2011 年科大讯飞首次将 DNN 技术运用到语音云平台，并提供给开发者使用，并在讯飞语音输入法和讯飞口讯等产品中得到应用。百度成立了 IDL（深度学习研究院），专门研究深度学习算法，目前已有多项深度学习技术在百度产品上线。此外，国内其他公司，如搜狗、云知声等，也纷纷开始在产品中使用深度学习技术。

1.4.9.2 知识图谱

知识图谱也称为科学知识图谱，它通过将应用数学、图形学、信息可视化技术、信息科学等理论和方法与计量学引文分析、共现分析等方法结合，并利用可视化的图谱形象地展示了学科的核心结构、发展历史、前沿领域以及整体知识架构达到多学科融合目的的现代理论，是知识计算的核心。随着互联网中用户生成内容（UGC）

和开放链接数据（LOD）等大量 RDF 数据被发布，互联网又逐步从仅包含网页与网页之间超链接的文档万维网转变为包含大量描述各种实体和实体之间丰富关系的数据万维网。在此背景下，知识图谱正式被 Google 公司于 2012 年 5 月提出，其目标在于改善搜索结果，描述真实世界中存在的各种实体和概念以及这些实体、概念之间的关联关系。紧随其后，国内外的其他互联网搜索引擎公司也纷纷构建了自己的知识图谱，如微软的 Probase、搜狗的知立方、百度的知心。知识图谱在语义搜索、智能问答、数据挖掘、数字图书馆、推荐系统等领域有着广泛的应用。国内学术界也对中文知识图谱的构建与知识计算进行了大量的研究和开发工作，代表性工作有中国科学院计算技术研究所的 Open-KN、中国科学院数学与系统科学研究院陆汝钤院士提出的知件、百度推出的中文知识图谱搜索、搜狗推出的知立方平台、复旦大学 GDM 实验室推出的中文知识图谱展示平台等。

1.4.9.3 构建知识库

1. 知识库的构建

构建几个基本的构成要素，包括抽取概念、实例、属性和关系。依靠专家知识编写一定的规则，从不同的来源收集相关的知识信息，构建知识的体系结构，如知网、同义词词林、Open-Cyc、自动构建、基于知识工程、机器学习、人工智能等理论自动从互联网上采集并抽取概念、实例、属性和关系，如 Probase、YAGO 等。

2. 多源知识的融合

多源知识的融合是指为了解决知识的复用问题，需要对多个来源的知识进行清理和融合工作，包括对概念、实例进行映射、消歧，对关系进行合并等。手动融合，非常费时而且容易出错，一般适用规模比较小的知识库。自动融合，基于机器学习、人工智能和本体工程等算法进行融合，扩展性较好。如 YAGO 将维基百科的分类体系和 WordNet 的分类体系进行融合，Probase 基于概率化的实体消解的知识整合技术将 IMDB、Freebase 等结构化数据整合起来。

3. 知识库的更新

知识库的更新分为两个方面，一是新知识的加入；二是已有知识的更改。从更新方式来讲分为两类：基于知识库构建人员的更新，准确性较高，对人力的消耗较大；基于知识库存储的时空信息的更新，由知识库自身更新，需要人工干预的较少，准确率不高。

1.4.9.4 社会计算

社会计算的概念首次出现于 1994 年。Schuler 指出：“社会计算可以是任何一种类型的计算应用，以软件作为社交关系的媒介或聚焦”，强调了社会软件应用的重要性。Dryer等人认为，社会计算是人、社会行为及系统交互使用计算技术来相互影响，其设计模型重点分析了移动计算系统中系统设计、人类行为、社会贡献及交互结果等因素的相互作用。Charron 等人将社会计算定义为技术影响个体或社区，而非机构的社会架构。中国科学院自动化研究所王飞跃研究员从广义和狭义两个层面给出了社会计算的定义：广义而言，社会计算是指面向社会科学的计算理论和方法；狭义而言，社会计算是面向社会活动、社会过程、社会结构、社会组织及其作用和效应的计算理论和方法。

以微信、微博等为代表的在线社交网络和社会媒体正深刻改变着人们传播信息和获取信息的方式，人和人之间结成的关系网络承载着网络信息的传播，人的互联成为信息互联的载体和信息传播的媒介，社会媒体的强交互性、时效性等特点使其在信息的产生、消费和传播过程中发挥着越来越重要的作用，成为一类重要信息载体。

1.4.9.5 特异群组挖掘

存在这样一类数据挖掘需求，将大数据集中的少部分具有相似性的对象划分到若干个组中，而大部分数据对象不在任何组中，也不和其他对象相似，将这样的群组称为特异群组。实现这一挖掘需求的数据挖掘任务被称为特异群组挖掘，由朱扬勇和熊赟于2009年首次提出。大数据特异群组挖掘具有广泛应用背景，在证券交易、智能交通、社会保险、生物医疗、银行金融和网络社区等领域都有应用需求，对发挥大数据在诸多领域的应用价值具有重要意义。

1. 与聚类比较

聚类是根据最大化簇内相似性、最小化簇间相似性的原则，将数据对象集合划分成若干个簇的过程。特异群组挖掘是在大数据集中发现特异群组，找出的是少部分具有相似性的数据对象。与聚类的共同之处是，特异群组中的对象也具有相似性，并将相似对象划分到若干个组中，这在一定程度上符合传统簇的概念。但是，特异群组之外的对象数目一般远大于特异群组中对象的数目，并且这些对象不属于任何簇，这和聚类的目的是不同的。

2. 与异常检测比较

少部分数据对象的挖掘通常被认为是异常检测任务。然而，异常检测算法不能直接用来发现特异群组。一是目标不同，异常挖掘算法的目标一般是发现数据集中那些少数不属于任何簇，也不和其他对象相似的异常点；二是存在聚类假设，除异常点检测外，存在一些算法用于发现异常点成簇的情况，称为微簇挖掘，即微簇问题在一个数据集中包含点异常、微簇和簇；三是对数据集结构关系的探索要求不同，集体异常挖掘任务也不同于特异群组挖掘，因为集体异常只能出现在数据对象具有相关性的数据集中，其挖掘要求探索数据集中的结构关系，主要用于处理序列数据、图数据和空间数据等。

通过上述比较分析可以得到，挖掘的需求决定了采用哪种技术：如果需要找大部分数据对象相似，则采用聚类；如果需要找少部分数据对象相似，则采用特异群组挖掘；如果是找少数不相似的数据对象，则采用异常检测。

1.4.10 数据挖掘的应用

1.4.10.1 数据挖掘改善客户信用评分

Credilogros Cia-Financiera S.A. 是阿根廷第五大信贷公司，资产估计价值为 9570 万美元。对于 Credilogros 而言，重要的是识别与潜在预先付款客户相关的潜在风险，以便将承担的风险最小化。

该公司的第一个目标是创建一个与公司核心系统和 2 家信用报告公司系统交互的决策引擎来处理信贷申请。同时，Credilogros 还在寻找针对它所服务的低收入客户群体的自定义风险评分工具。除这些之外，其他需求还包括解决方案能在其 35 个分支办公地点和 200 多个相关的销售点中的任何一个实时操作，包括零售家电连锁店和手机销售公司。

最终 Credilogros 选择了 SPSS-Inc 的数据挖掘软件 PASW-Modeler，因为它能够灵活并轻松地整合到 Credilogros 的核心信息系统中。通过实现 PASW-Modeler，Credilogros 将用于处理信用数据和提供最终信用评分的时间缩短到了 8 秒以内。这使该组织能够迅速批准或拒绝信贷请求。该决策引擎还使 Credilogros 能够最小化每个客户必须提供的身份证明文档，在一些特殊情况下，只需提供一份身份证明即可批准信贷。此外，该系统还提供监控功能。Credilogros 目前平均每月使用 PASW-Modeler 处理 35000 份申请，仅在实现 3 个月后就帮助 Credilogros 将贷款支付失误减少了 20%。

1.4.10.2 数据挖掘帮助 DHL 实时跟踪货箱温度

DHL 是国际快递和物流行业的全球市场领先者，它提供快递、水陆空三路运输、合同物流解决方案，以及国际邮件服务。DHL 的国际网络将超过 220 个国家及地区联系起来，员工总数超过 28.5 万人。在美国，FDA 要求确保运送过程中药品装运的温度达标这一压力之下，DHL 的医药客户强烈要求提供更可靠且更实惠的选择。这就要求 DHL 在递送的各个阶段都要实时跟踪集装箱的温度。

虽然由记录器方法生成的信息准确无误，但是无法实时传递数据，客户和 DHL 都无法在发生温度偏差时采取任何预防和纠正措施。因此，DHL 的母公司德国邮政世界网（DPWN）通过技术与创新管理（TIM）集团明确拟订了一个计划，准备使用

RFID 技术在不同时间点全程跟踪装运的温度。通过 IBM 全球企业咨询服务部绘制决定服务的关键功能参数的流程框架。DHL 获得了两方面的收益：对于最终客户来说，能够使医药客户对运送过程中出现的装运问题提前做出响应，并以引人注目的低成本全面切实地增强了运送可靠性；对于 DHL 来说，提高了客户满意度和忠实度，为保持竞争差异奠定坚实的基础，并成为重要的新的收入增长来源。

1.5 大数据的处理方法

1.5.1 大数据处理技术

1.5.1.1 基础架构支持

大数据处理需要拥有大规模物理资源的云数据中心和具备高效的调度管理功能的云计算平台的支撑。云计算管理平台能为大型数据中心及企业提供灵活高效的部署、运行和管理环境，通过虚拟化技术支持异构的底层硬件及操作系统，为应用提供安全、高性能、高扩展、高可靠和高伸缩性的云资源管理解决方案，降低应用系统开发、部署、运行和维护的成本，提高资源使用效率。

云计算平台可分为三类：以数据存储为主的存储型云平台、以数据处理为主的计算型云平台以及计算和数据存储处理兼顾的综合云计算平台。目前在国内外已经存在较多的云计算平台，开源的有 logenMongoDB、AbiquoAbiCloud、加利福尼亚大学的 Eucalyptus 项目以及科学云计算平台 Nimbus 等。商业化的云计算平台有 Google 的 Google App Engine，核心技术包括 Map Reduce、BigTable、GFS；微软的 Azure 平台；Amazon 的 SimpleDB、SQS；OracleVM；Saleforce 的 Force.com 服务；EMC 的 Atoms 云存储系统；阿里云；中国移动的 BigCloud 大云平台等。

1.5.1.2 数据采集

足够的数据量是企业大数据战略建设的基础，因此数据采集是大数据价值挖掘中的重要一环，其后的分析、挖掘都建立在数据采集的基础上。

数据的采集有基于物联网传感器的采集，也有基于网络信息的数据采集。比如在智能交通中，数据的采集有基于 GPS 的定位信息采集、基于交通摄像头的视频采集、基于交通卡口的图像采集、基于路口的线圈信号采集等。而在互联网上的数据采集是对各类网络媒介，如搜索引擎、新闻网站、论坛、微博、博客、电商网站等的各种页面信息和用户访问信息进行采集，采集的内容主要有文本信息、URL、访问日志、日期和图片等。之后，我们需要把采集到的各类数据进行清洗、过滤、去重等各项预处理并分类归纳存储。

在分布式系统中，经常需要采集各个节点的日志，然后进行分析。在数据量呈爆炸式增长的今天，数据的种类丰富多样，也有越来越多的数据需要将存储和计算放到分布式平台。数据采集过程中的ETL工具将分布的、异构数据源中的不同种类和结构的数据抽取到临时中间层后进行清洗、转换、分类、集成，最后加载到对应的数据存储系统，如数据仓库或数据集市中，成为联机分析处理、数据挖掘的基础。企业每天都会产生大量的日志数据，对这些日志数据的处理需要特定的日志系统。因为与传统的数据相比，大数据的体量巨大，产生速度非常快，对数据的预处理需要实时快速，因此在ETL的架构和工具选择上，也需要采用分布式内存数据、实时流处理系统等现代信息技术。根据实际生活环境中应用环境和需求的不同，目前已经产生了一些高效的数据采集工具，包括Flume、Scribe、Chukwa和Kafka等。

1.5.1.3 *数据存储*

云计算中的数据存储是实现云计算系统架构中的一个重要组成部分。云存储专注于解决云计算中海量数据的存储问题，它既可以给云计算技术提供专业的存储解决方案，又可以独立发布存储服务。云存储将存储作为服务，它将分别位于网络中不同位置的大量类型各异的存储设备通过集群应用、网格技术和分布式文件系统等集合起来协同工作，通过应用软件进行业务管理，并通过统一的应用接口对外提供数据存储和业务访问功能。目前，云存储的兴起正在颠覆传统的存储系统架构，其正以良好的可扩展性、性价比和容错性等优势得到业界的广泛认同。云存储系统具有良好的可扩展性、容错性，以及内部实现对用户透明等特性，这一切都离不开分布式文件系统的支撑。现有的云存储分布式文件系统包括GoogleGFS、HadoopHDFS、Lustre、FastDFS、Clemsom大学的PVFS、SunPFS、加州大学SantaCruz分校SageWeil设计的Ceph和TaobaoTFS等。

目前存在的数据库存储方案有SQL、NO-SQL和NewSQL。

SQL是目前为止企业应用中最为成功的数据存储方案，仍有相当大一部分企业把SQL数据库作为数据存储方案。关系型数据库能够较好地保证事务的ACID特性，但在可扩展性、可用性等方面，表现出较大的不足，并且只能处理结构化的数据，面对数据的多样性、处理数据的实时性等方面，不能满足大数据时代环境下数据处理的需要。使用较多的SQL产品有My-SQL、MS-SQLServer等。

NO-SQL是为了解决SQL的不足而产生的，但它在设计时放松了事务的ACID特性。根据CAP定理，NO-SQL数据库不可能同时满足一致性（Consistency）、可用性（Availability）和分区容错性（Partitiontolerance）三个特性。NO-SQL数据库在设计时经常会为保证分区容错性，而牺牲一致性和可用性，因而NO-SQL的应用范围也受到了很大的限制。构建具有高可扩展性、高可用性、高性能的，同时还能保证 ACID 事务特性的数据库就成了新的发展方向。现有的 NO-SQL 数据库有很多，如 HBase、Cassandra、MongoDB、CouchDB、Hypertable、Redis 等。NewSQL 是为解决上述数据库存在的不足，顺应科技发展的产物。该类数据库要求，不仅要具有 NO-SQL 对海量数据的存储管理能力，还要保持对传统数据库支持 ACID 和 SQL 等特性。目前 NewSQL 系统产品有 H-Store、VoltDB、NuoDB、TokuDB、MemSQL 等。

1.5.1.4 数据计算

1. 数据挖掘

数据挖掘领域已经有了较长时间的发展，但随着研究的不断深入、应用的越发广泛，数据挖掘的关注焦点逐渐有了新的变化。其总的趋势是数据挖掘研究和应用更加“大数据化”和“社会化”。在用户层面，移动计算设备的普及与大数据革命带来的机遇使得搜索引擎对用户所处的上下文环境具有前所未有的深刻认识，但对于如何将认识上的深入转化为用户信息获取过程的便利仍然缺乏成功经验。近年来，以用户个性化、用户交互等为代表的研究论文的数量大幅增加。除此之外，社交网络服务的兴起对互联网数据环境和用户群体均将形成关键性的影响，如何更好地面对相对封闭的社交网络数据环境和被社交关系组织起来的用户群体，也是数据挖掘面临的机遇与挑战。

2. 深度学习

深度学习是机器学习研究中的一个新的领域。它是建立模拟人脑进行分析学习的神经网络，模仿人脑机制来解释一些特定类别的数据，如图像、语音和文本。它是无监督学习的一种。深度学习的主要思想是增加神经网络中隐藏层的数量，使用大量的隐藏层来增强神经网络对特征筛选的能力，以增加网络层数的方式来取代之前依赖人工技巧的参数调优，能够用较少的参数表达出复杂的模型函数，从而逼近机器学习的终极目标——知识的自动发现。

社交网络每天都会产生大量的用户数据，吸引着无数研究者从无序的数据中发掘有价值的信息。在社交网络的分析与研究过程中，会利用到社会学、心理学甚至是医学的基本理论来作为指导。社交网络上的传播模型，虚假信息和机器人账号的识别，基于社交网络信息对股市、大选以及传染病的预测、社区圈子的区别、社交网络中人物的影响力等，都可以作为社交网络中的研究课题。通过人工智能领域的机器学习、图论等算法，可以对社交网络中行为和未来的趋势进行模拟和预测。

3. 计算广告

计算广告由信息科学、统计学、计算机科学以及微观经济学等学科交叉融合而成。它涉及大规模搜索和文本分析、信息获取、统计模型、机器学习、分类、优化及微观经济学。计算广告学所面临的最主要挑战是在特定语境下特定用户和相应的广告之间找到“最佳匹配”。语境可以是用户在搜索引擎中输入的查询词，也可以是用户正在读的网页，还可以是用户正在看的电影等。而用户相关的信息可能非常多，也可能非常少。潜在广告的数量可能达到几十亿。因此，取决于对“最佳匹配”的定义，面临的挑战可能导致在复杂约束条件下的大规模优化和搜索问题。

面向大数据处理的数据查询、统计、分析、挖掘等计算需求，促生了大数据计算的不同计算模式，整体上我们把大数据计算分为离线批处理计算和实时计算两种。

4.Map Reduce 编程模型

Map Reduce 的核心思想。将大数据并行处理问题分而治之，即将一个大数据通过一定的数据划分方法，分成多个较小的具有同样计算过程的数据块，数据块之间不存在依赖关系，将每一个数据块分给不同的节点去处理，最后再将处理的结果进行汇总，并上升到抽象语言模型 Map 和 Reduce。将对大量顺序式数据元素或者记录进行扫描和对每个数据元素或记录做相应的处理并获得中间结果信息的两个过程抽象为 Map 操作；将对中间结果进行收集整理和产生最终结果并输出的过程抽象为 Reduce 操作。

以统一架构为程序员隐藏系统层细节，Map Reduce 提供的统一框架实现了自动并行化计算，可负责自动完成多种系统底层的相关处理，如计算任务的自动划分和调度，数据的自动化分布存储和划分，处理数据与计算任务的同步，结果数据的收集整理，系统通信、负载平等、计算性能优化处理，处理系统节点出错检测和失效恢复等，这些自动实现的并行计算为程序员隐藏了系统层细节。

1.5.1.5 展现与交互

计算结果需要以简单直观的方式展现出来，才能最终为用户所理解和使用，形成有效的统计、分析、预测及决策，应用到生产实践和企业运营中，因此大数据的展现技术以及数据的交互技术在大数据全局中也占据重要的位置。

Excel 形式的表格和图形化展示方式是人们熟知和使用已久的数据展示方式，也为日常的简单数据应用提供了极大的方便。华尔街的很多交易员依赖 Excel 和他们多年积累和总结出来的公式来进行大宗的股票交易，而微软公司和一些创业者也看到了市场潜力，在开发以 Excel 为展示和交互方式、结合 Hadoop 等技术的大数据处理平台。

人脑对图形的理解和处理速度大大高于文字。因此，通过视觉化呈现数据，可以深入展现数据中的潜在的或复杂的模式和关系。随着大数据的兴起，也涌现了很多新型的数据展现和交互方式，以及专注于这方面的一些创业公司。这些新型方式包括交互式图表，可以在网页上呈现，并支持交互，可以操作、控制图标，进行动画演示。另外，交互式地图应用，如 Google 地图，可以动态标记、生成路线、叠加全景航拍图等。由于其开放的 APl 接口，可以与很多用户地图和基于位置的服务应用结合，因而获得了广泛的应用。Google Chart Tools 也给网站数据可视化提供了很多种灵活的方式。从简单的线图、Geo 图、Gauges（测量仪），到复杂的树图，Google Chart Tools 提供了大量设计优良的图表工具。

大数据时代也诞生了很多新兴的大数据可视化技术及相应的创业公司，它们能够将数据所蕴含的信息与可视化展示有机地结合起来的“信息图”方式，目前大行其道。诞生于斯坦福大学的大数据创业公司 Tableau 能够将数据运算与美观的图表完美地结合在一起。Tableau 的设计与实现理念是，界面上的数据越容易操控，公司对自己所在业务领域里的所作所为到底是正确还是错误，就能了解得越透彻。快速处理，便捷共享，是 Tableau 的另一大特性，这将使得用户使用数据的积极性大大增加。另一家大数据可视化创业公司 Visually 以丰富的信息图资源而著称，它是一个社会化的信息图创作分享平台。很多用户乐意把自己制作的信息图上传到网站中与他人分享，信息图极大地刺激视觉表现，促进用户间相互学习、讨论。

此外，3D 数字化渲染技术也被广泛地应用在很多领域，如数字城市、数字园区、模拟与仿真、设计制造等，具备很高的直观操作性。现代的增强现实 AR 技术通过电脑技术，将虚拟的信息应用到真实世界，真实的环境和虚拟的物体实时地叠加到同一个画面或空间同时存在。结合虚拟 3D 的数字模型和真实生活中的场景，提供了更好的现场感和互动性。通过 AR 技术，用户可以和虚拟的物体进行交互，如试戴虚拟眼镜、试穿虚拟衣服、驾驶模拟飞行器等。在德国，工程技术人员在进行机械安装、维修、调式时，通过头盔显示器，可以将原来不能呈现的机器内部结构，以及它的相关信息、数据完全呈现出来。

1.5.1.6 数据可视化

数据可视化是关于数据视觉表现形式的科学技术研究。对于大数据而言，由于其规模、高速和多样性，用户通过直接浏览来了解数据，因而，将数据进行可视化，并将其表示成为人能够直接读取的形式，显得非常重要。目前，针对数据可视化已经提出了许多方法，根据其可视化的原理可以划分为基于几何的技术、面向像素的技术、基于图标的技术、基于层次的技术、基于图像的技术和分布式技术等；根据数据类型可以分为文本可视化、网络（图）可视化、时空数据可视化、多维数据可视化等。

数据可视化应用包括报表类工具（如 Excel）、B1 分析工具以及专业的数据可视化工具等。阿里云 2016 年发布的 B1 报表产品，3 分钟即可完成海量数据的分析报告，产品支持多种云数据源，提供近 20 种可视化效果。

1.5.2 基础算法类型

1.5.2.1 蛮力法

蛮力法是一种简单直接地解决问题的方法，常常直接基于问题的描述和所涉及的概念定义。这里的“力”是指计算机的能“力”，而不是人的智“力”。一般来说，蛮力策略也常常是最容易应用的方法。虽然巧妙和高效的算法很少来自蛮力法，但我们不应该忽略它作为一种重要的算法设计策略的地位。第一，和其他某些策略不同，我们可以应用蛮力法来解决广阔领域的各种问题（实际上，它可能是唯一一种几乎什么问题都能解决的一般性方法）。具体来说，蛮力法常常用于一些非常基本但又十分重要的算法，比如计算 n 个数字的和，求一个列表的最大元素，等等。第二，对于一些重要的问题来说（比如排序、查找、矩阵乘法和字符串匹配），蛮力法可以产生一些合理的算法，它们多少具备一些实用价值，而且并不限制实例的规模。第三，如果要解决的问题实例不多，而且蛮力法可以用一直能够接受的速度对实例求解，那么，设计一个更高效算法所花费的代价很可能是不值得的。第四，即使效率通常很低，仍然可以用蛮力算法解决一些小规模的问题实例。第五，一个蛮力算法可以为研究或教学目的服务，如它可以作为准绳来衡量同样问题的更高效算法。

下列这些著名的算法可以看作是蛮力法的例子：基于定义的矩阵乘法算法；选择排序；顺序查找；简单的字符串匹配算法。穷举查找是解组合问题的一种蛮力方法。它要求生成问题中的每一个组合对象，选出其中满足该问题约束的对象，然后找出一个期望的对象。旅行商问题、背包问题和分配问题是典型的能够用穷举查找算法求解的问题，至少在理论上是这样的。除了相关问题的一些规模非常小的实例，穷举查找法几乎是不实用的。

1.5.2.2 分治法

分治法可能是最著名的通用算法设计技术了。虽然它的名气可能和它那好记的名字有关，但它的确是当之无愧的：很多非常有效的算法实际上是这个通用算法的特殊实现。其实，分治法是按照以下方案工作的。

将问题的实例划分为同一个问题的几个较小的实例，最好拥有同样的规模。

对这些较小的实例求解（一般使用递归方法，但在问题规模足够小的时候，有时也会使用一些其他方法）。

如果必要的话，合并这些较小问题的解，以得到原始问题的解。

不是所有的分治算法都一定比简单蛮干更有效。但是，通常我们向算法女神所做的祈祷都被应允了，因而，使用分治法往往比使用其他方法效率更高。实际上，分治法孕育了计算机科学中许多最重要和最有效的算法。虽然我们通常只考虑顺序算法，但要知道，分治法对于并行算法是非常理想的，因为各个子问题都可以由不同的 CPU 同时计算。许多分治算法的时间效率满足方程 =a+。

一些应用分治法的案例：

（1）合并排序是一种分治排序算法。它把一个输入数组一分为二，并对它们递归排序，然后把这两个排好序的子数组合并为原数组的一个有序排列。在任何情况下，这个算法的时间效率都是 Θ（nlogn），而且它的键值比较次数非常接近理论上的最小值。它的主要缺点是需要相当大的额外存储空间。

（2）快速排序是一种分治排序算法。它根据元素值和某些事先确定的元素的比较结果，来对输入元素进行分区。快速排序十分有名，这不仅因为对于随机排列的数组，它是一种较为出众的 nlogn 效率算法，而且因为它的最差效率是平方级的。

（3）折半查找是一种对有序数组进行查找效率算法。它是应用分治技术的一个非典型案例，因为在每次迭代中，它只需要解决两个问题的其中一个。

1.5.2.3 减治法

减治技术利用了一种关系：一个问题给定实例的解和同样问题较小实例的解之间的关系。一旦建立了这样一种关系，我们既可以从顶至下（递归地），也可以从底至上（非递归地）地来运用。减治法有三种主要的变种：减去一个常量；减去一个常数因子；减去的规模是可变的。

在减常量变种中，每次算法迭代总是从实例规模中减去一个规模相同的常量。一般来说，这个常量等于 1，但减 2 的情况偶尔也会发生，如有的算法会根据实例规模为奇数和偶数的不同情况，分别做不同的处理。减常因子技术意味着在算法的每次迭代中，总是从实例的规模中减去一个相同的常数因子。在大多数应用中，这样的常数因子等于 2。最后，在减治法的减可变规模变种中，算法在每次迭代时，规模减小的模式都是不同的。计算最大公约数的欧几里得算法是这种情况的一个很好的例子。

一些应用减治法的案例：

（1）插入排序是减（减一）治技术在排序问题上的直接应用。平均情况下的效率大约要比最差情况快两倍。该算法一个较为出众的优势在于，对于几乎有序的数组，它的性能是很好的。

（2）深度优先查找和广度优先查找是两种主要的图遍历算法。通过把图表示成深度优先森林或者广度优先森林的形式，有助于对图的许多重要特性进行研究。两种算法都有着相同的时间效率。

1.5.2.4 变治法

变治法基于变换的思想，因为这些方法都是分成两个阶段工作的。首先，在“变”的阶段，出于这样或者那样的原因，把问题的实例变得更容易求解。然后，在第二阶段或者说“治”的阶段，对实例进行求解。

根据我们对问题实例的变换方式，变治思想有三种主要的类型：变换为同样问题的一个更简单或者更方便的实例——我们称之为实例化简；变换为同样问题的不同表现——我们称之为改变表现；变换为另一个问题的实例，这种问题的算法是已知的——我们称之为问题化简。

一些应用变治法的案例：

堆是一个基本完备二叉树，它的键都满足父母优势要求。虽然定义为二叉树，但一般用数组来实现堆。堆对于优先队列的高效实现来说尤为重要；同时，堆还是堆排序的基础。堆排序在理论上是一种重要的排序算法，它的基本思路是，在排好堆中的数组元素后，再从剩余的堆中连续删除最大的元素。

无论在最差情况下还是在平均情况下，该算法的运行时间都属于，而且，它还是在位的排序算法。AVL 树是一种在二叉树可能达到的广度上尽量平衡的二叉查找树。平衡是由四种称为旋转的变换来维持的。AVL 树上的所有基本操作都属于；它消除了经典二叉查找树在最差效率上的弊端。2~3 树是一种达到了完美平衡的查找树，它允许 1 个节点最多包含 2 个键和 3 个子女。这个思想推而广之，会产生一种非常重要的 B 树。

高斯消去法是一种解线性方程组的算法，它是线性代数中的一种基本算法。它通过把方程组变换为反向替换法求解。在无须对系数进行预处理的多项式求解算法中，霍纳法则是最优的。它只需要 n 次乘法和 n 次加法。它还有一些有用的副产品，比如综合除法算法。

两种计算的二进制幂算法。它们使用了指数 n 的二进制表示，但它们按照相反的方向对其进行处理：从左到右和从右到左。

线性规划关心的是最优化一个包含若干变量的线性函数，这个函数受到一些形式为线性等式和线性不等式的约束。有一些高效的算法可以对这个问题的庞大实例求解，它们包含了成千上万的变量和约束，但不能要求变量必须是整数。如果变量一定要是整数，我们称之为整数线性规划问题，这类问题的难度要高很多。

1.5.2.5 时空权衡

无论对于计算机理论工作者还是计算机实践工作者来说，算法设计中的时空权衡都是一个众所周知的问题。作为一个例子，考虑一下在函数定义域的多个点上计算函数值的问题。如果运算时间更为重要的话，我们可以事先把函数值计算好并将它们存储在一张表中。这就是在电子计算机发明前，“人工计算机”所做的工作，那时的图书馆也被厚重的数学用表堆满了。虽然随着电子计算机的广泛应用，这些数学用表失去了大部分的吸引力，但事实证明，在开发一些用于其他问题的重要算法时，它们的基本思想还是非常有用的。按照一种更一般的表述，这个思想是对问题的部分或全部输入做预处理，然后对获得的额外信息进行存储，以加速后面问题的求解，我们把这个方法称为输入增强。其他采用空间换时间权衡思想的技术简单地使用额外空间来实现更快和(或)更方便的数据存取，我们把这种方法称为预构造。这个名字强调了这种空间换时间权衡技术的两个方面：所讨论问题在实际处理之前，已经做过某些处理了；但和输入增强技术不同，这个技术只涉及存取结构。

还有一种和空间换时间权衡思想相关的算法设计技术：动态规划。这个策略的基础是把给定问题中重复子问题的解记录在表中，然后求得所讨论问题的解。

最后，还要对算法设计中时间和空间的相互做用作两点说明。首先，并不是在所有的情况下，时间和空间这两种资源都必须相互竞争。实际上，它们可以联合起来，使得一个算法无论在运行时间还是消耗的空间上都达到最小化。具体来说，这种情况出现在一个算法使用了一种空间效率很高的数据结构来表示问题的输入，这种结构又反过来提高算法的时间效率。作为一个例子，考虑一下图的遍历问题。回忆一下两种主要的遍历算法（深度优先查找和广度优先查找），它们搜时间效率依赖于表示图的数据结构：如果输入图是稀疏的，也就是说，相对于顶点的数量来说，边的数量并不多，无论从空间的角度还是从运行时间的角度来看，邻接链表表示法的效率都会更高一些。在处理稀疏矩阵和稀疏多项式的时候也会有相同的情况：如果在这些对象中，0所占的百分比足够高，在表示和处理对象时把0忽略，我们既可以节约空间，也可以节约时间。其次，在讨论空间换时间权衡的时候，我们无法不提到数据压缩这个重要领域。然而，我们必须强调，数据压缩的主要目的是节约空间，而不是作为解决另一个问题的一项技术。

一些应用时空权衡的案例：

分布计数是一种特殊的方法，用来对元素取值来自一个小集合的列表排序。

用于串匹配的Horspool算法可以看作是Boyer-Moore算法的一个简化版本。两个算法都以输入增强思想为基础，并且从右向左比较模式中的字符。两个算法都是用同样的坏符合移动表；Boyer-Moore算法还使用了第二个表，称为好后缀移动表。

散列是一种非常高效的实现字典的方法。它的基本思想是把键映射到一张一维表中。这种表在大小上的限制使得它必须采用一种碰撞解决机制。散列的两种主要类型是开散列（又称为分离链，键存储在散列表以外的链表中）和闭散列（又称为开式寻址，键存储在散列表中）。

B 树是一个平衡查找树，它把 2~3 树的思想推广到允许多个键位于同多节点一个节点上。它的主要应用是维护存储在磁盘上的数据的类索引信息。通过选择恰当的树的次数，即使对于非常大的文件，我们所实现的查找、插入和删除操作也只需要执行很少几次的磁盘存取。

1.5.2.6 动态规划

动态规划（dynamic programming）是一种算法设计技术，它有着相当有趣的历史。作为一种使多阶段决策过程最优的通用方法，它是在 20 世纪 50 年代由一位卓越的美国数学家 Richard Bellman 发明的。因此，这个技术名字中的“programming”是计划和规范的意思，不是代表计算机中的编程。它作为一种重要的工具在应用数学中的价值被大家认同以后，起码在计算机科学的圈子里，人们不仅用它来解决特定类型的最优问题，而且最终把它作为一种通用的算法设计技术来使用。在这里，我们正是从这个角度来考虑这种技术的。

如果问题是由交叠的子问题所构成的，我们就可以用动态规划技术来解决它。一般来说，这样的子问题出现在对给定问题求解的递推关系中，这个递推关系中包含了相同类型的更小子问题的解。动态规划法建议，与其对交叠的子问题一次又一次地求解，还不如对每个较小的子问题只求解一次并把结果记录在表中，这样就可以从表中得出原始问题的解。一般来说，一个算法如果基于经典从底向上动态规划方法的话，需要解出给定问题的所有较小子问题。动态规划法的一个变种试图避免对不必要的子问题求解，它利用了一种所谓的记忆功能，可以把它看作是动态规划的一种从顶至下的变种。但无论我们使用动态规划的经典从底至上版本还是它基于记忆功能的从顶至下版本，设计这样一种算法的关键步骤还是相同的，即导出一个问题实例的递推关系，该递推关系包含该问题的更小（并且是交叠的）子实例的解。对一个最优问题应用动态规划方法要求该问题满足最优性原则：一个最优问题的任何实例的最优解是由该实例的子实例的最优解组成的。

一些应用动态规划的案例：

通过构造帕斯卡三角形来计算二项式系数可以看作是动态规划技术在一个非最优问题上的应用。求传递闭包的 Warshall 算法和求完全最短路径问题的 Floyd 算法都基于同一种思想，可以把这种思想解释为动态规划技术的一种应用。如果已知键的一个集合以及它们的查找概率，可以使用动态规划方法来构造一个最优二叉查找树。

1.5.2.7 贪婪技术

贪婪法建议通过一系列步骤来构造问题的解，每一步对目前构造的部分解做一个扩展，直到获得问题的完整解为止。这个技术的核心是，所做的每一步选择都必须满足：

可行的：即它必须满足问题的约束。

局部最优：它是当前步骤中所有可行选择中最佳的局部选择。

不可取消：即选择一旦做出，在算法的后面步骤中就无法改变了。

这些要求对这种技术的名称做出解释：在每一步中，它要求"贪婪"地选择最佳操作，并希望通过一系列局部的最优选择，能够产生一整个问题的（全局的）最优解。我们尽量避免从哲学的角度来讨论贪婪是好还是不好。（如果大家还没有看过本章的引语中提到的那部电影，我可以告诉大家，影片中男主人公的结局并不大好。）从我们算法的角度来看，这个问题应该是，贪婪算法是否是有效的。就像我们将会看到的，的确存在某些类型问题，一系列局部的最优选择对于它们的每一个实例都能够产生一个最优解。然而，还有一些问题并不是这种情况。对于这样的问题，如果我们关心的是，或者说我们能够满足于一个近似解，贪婪算法仍然是有价值的。作为一种规则，贪婪算法看上去既诱人又简单。尽管看上去它们并不复杂，但在这种技术背后有着相当复杂的理论，它是基于一种被称为"拟阵"的抽象组合结构。

一些应用贪婪技术的案例：

Prim 算法是一种为加权连通图构造最小生成树的贪婪算法。它的工作原理是向前面构造的一个子树中添加离树中顶点最近的顶点。

Kruskal 算法是另一种最小生成树问题的算法。它按照权重的增序把边包含进来，以构造一个最小生成树，并使得这种包含不会产生一条回路。为了保证这种检查的效率，需要运用一种所谓的 union–find 算法。Dijkstra 算法解决了单起点最短路径问题，该问题要求出从给定的顶点（起点）出发通过加权图或者有向图的其他所有顶点的最短路径。它的工作过程和 Prim 算法是一样的，不同点在于它比较的是路径的长度而不是边的长度。Dijkstra 算法总是能够产生一个正确的解。哈夫曼树是一个二叉树，它使得从根出发到包含一组预定义权重的叶子之间的加权路径长度达到最小。哈夫曼树的最重要的应用是哈夫曼编码。哈夫曼编码是一种最优的自由前缀变长编码方案，它基于字符在给定文本中的出现频率，把比特串赋给字符。这是通过贪婪地构造一个二叉树来完成的，二叉树的叶子代表字母表中的字符，而树中的边则标记为 0 或者 1。

1.5.2.8 回溯法和分支限界法

回溯和分支限界都是以构造一个状态空间树为基础的，树的节点反映了对一个部分解所做的特定选择。如果可以保证，节点子孙所对应的选择不可能得出问题的一个解，两种技术都会立即停止处理这个节点。两种技术的区别在于它们能够处理的问题类型不同。分支限界法只能应用于最优问题，因为它基于针对一个问题的目标函数，计算其可能值的边界。回溯法并不受这种要求的制约，但在大多数情况下，它处理的是非优化问题。回溯法和分支限界法的另一个区别在于它们生成状态空间树的节点顺序不同。对于回溯法来说，它的树的生长顺序常常是深度优先的（也就是和 DFS 类似）。分支限界法可以根据多种规则生成节点，如最佳优先原则。

回溯的主要思想是每次只构造解的一个分量，然后按照下面的方法来评估这个部分构造解。如果一个部分构造解可以进一步构造而不会违反问题的约束，我们就接受对解的下一个分量所做的第一个合法选择。如果无法对下一分量进行合法的选择，就不必在剩下的任何分量再做任何选择了。在这种情况下，该算法进行回溯，把部分构造解的最后一个分量替换为它的下一个选择。通过对所做的选择构造一个所谓的状态空间树，我们很容易实现这种处理。树的根代表了在查找解之前的初始状态。

树的第一层节点代表了对解的第一个分量所做的选择，第二层节点代表了对解的第二个分量所做的选择，以此类推。如果一个部分构造解仍然有可能导致一个完整解，那么我们说这个部分解在树中的相应节点是有希望的；否则，我们说它是没希望的。叶子则要么代表了没希望的死胡同，要么代表了算法找到的完整解。在大多数情况下，一个回溯算法的状态空间树是按照深度优先的方式来构造的。如果当前节点是有希望的，通过向部分解添加下一个分量的第一个合法选择，就生成了节点的一个子女，而处理也会转向这个子女节点。如果当前节点变得没希望了，该算法回溯到该节点的父母，考虑部分解的最后一个分量的下一个可能选择；如果这种选择不存在，它再回溯到树的上一层，以此类推。最后，如果该算法找到了问题的一个完整解，它要么就停止了（如果只需要一个解），要么回溯之后继续查找其他可能的解。

和回溯法相比，分支限界法需要两个额外的条件。

对于一个状态空间树的每一个节点所代表的部分解，我们要提供一种方法，计算出通过这个部分解繁衍出的任何解在目标函数上的最佳值边界。

目前求得的最佳解的值。

如果可以得到这些信息，我们可以拿某个节点的边界值和目前求得的最佳解进行比较：如果边界值不能超越（也就是说，在最小化问题中不小于，在最大化问题中不大于）目前的最佳解，这个节点就是一个没有希望的节点，需要立即中止（也有人说把树枝剪掉），因为从这个节点生成的解，没有一个能比目前已经得到的解更好。这就是分支限界技术的主要思想。

一般来说，对于一个分支限界算法的状态空间树来说，只要符合下面三种中的一种原因，我们就会中止它在当前节点上的查找路径。

该节点的边界值不能超越目前最佳解的值。

该节点无法代表任何可行解，因为它已经违反了问题的约束。

该节点代表的可行解的子集只包含一个单独的点（因此无法给出更多的选择）。在这种情况下，我们拿这个可行解在目标函数上的值和目前求得的最佳解进行比较，如果新的解更好一些的话，就用前者替换后者。

一些应用案例：

最近邻居是一种简单的贪婪算法，用来对旅行商问题近似求解。该算法的性能比是没有上界的，哪怕对一种重要的子集——欧几里得图来说，也是如此。绕树两周也是旅行商问题的一种近似算法，对于欧几里得图来说，它的性能比是2。该算法的基本思想是在围绕最小生成树散步的时候走捷径。

1.5.2.9 贪心法

1. 贪心算法思想

顾名思义，贪心算法总是做出在当前看来最好的选择。也就是说，贪心算法并不从整体最优考虑，它所做出的选择只是在某种意义上的局部最优选择。当然，希望贪心算法得到的最终结果也是整体最优的。虽然贪心算法不能对所有问题都得到整体最优解，但对许多问题它能产生整体最优解。如单源最短路径问题、最小生成树问题等。在一些情况下，即使贪心算法不能得到整体最优解，其最终结果却是最优解的很好近似。

2. 贪心算法的基本要素

（1）贪心选择性质。所谓贪心选择性质，是指所求问题的整体最优解可以通过一系列局部最优的选择，即贪心选择来达到。这是贪心算法可行的第一个基本要素，也是贪心算法与动态规划算法的主要区别。

动态规划算法通常以自底向上的方式解各子问题，而贪心算法则通常以自顶向下的方式进行，以迭代的方式做出相继的贪心选择，每做一次贪心选择，就将所求问题简化为规模更小的子问题。

对于一个具体问题，要确定它是否具有贪心选择性质，必须证明每一步所做的贪心选择最终导致问题的整体最优解。

（2）当一个问题的最优解包含其子问题的最优解时，称此问题具有最优子结构性质。问题的最优子结构性质是该问题可用动态规划算法或贪心算法求解的关键特征。

3. 贪心算法的基本思路

从问题的某一个初始解出发逐步逼近给定的目标，以尽可能快地求得更好的解。

当达到算法中的某一步不能再继续前进时，算法停止。

该算法存在的问题是，不能保证求得的最后解是最佳的；只能求满足某些约束条件的可行解的范围。

4. 背包问题

背包问题：有一个背包，背包容量是 M=150。有 7 个物品，物品可以分割成任意大小。要求尽可能让装入背包中的物品总价值最大，但不能超过总容量。物品：A、B、C、D、E、F、G，重量：35、30、60、50、40、10、25，价值：10、40、30、50、35、40、30。

分析如下：

目标函数：最大。

约束条件是装入的物品总重量不超过背包容量：<=M（M=150）。根据贪心的策略，每次挑选价值最大的物品装入背包，得到的结果是否最优？每次挑选所占重量最小的物品装入是否能得到最优解？每次选取单位重量价值最大的物品，成为解本题的策略。值得注意的是，贪心算法并不是完全不可以使用，贪心策略一旦经过证明成立后，它就是一种高效的算法。贪心算法还是很常见的算法之一，这是由于它简单易行，构造贪心策略不是很困难。可惜的是，它需要证明后才能真正运用到题目的算法中。一般来说，贪心算法的证明围绕着整个问题的最优解一定是由在贪心策略中存在的子问题的最优解得来的。

背包问题中的三种贪心策略都是无法成立（无法被证明）的，解释如下。

（1）贪心策略：选取价值最大者。反例：W=30。物品：A、B、C，重量：28、12、12，价值：30、20、20。

根据策略，首先选取物品 A，接下来就无法再选取了，可是，选取 B、C 则更好。

（2）贪心策略：选取重量最小。它的反例与第一种策略的反例差不多。

（3）贪心策略：选取单位重量价值最大的物品。反例：W=30。物品：A、B、C，重量：28、20、10，价值：28、20、10。

根据策略，三种物品单位重量价值一样，程序无法依据现有策略做出判断，如果选择 A，则答案错误。但是，如果在条件中加一句“当遇见单位价值相同的时候，优先装重量小的”，这样的问题就可以解决。所以需要说明的是，贪心算法可以与随机化算法一起使用，具体的例子就不再多举了。（因为这一类算法普及性不高，而且技术含量是非常高的，需要通过一些反例确定随机的对象是什么，随机程度如何，但也不能保证完全正确，只能是极大的概率正确。）

5. 背包问题案例

给定一个最大载重量为M的卡车和N种食品，有食盐、白糖、大米等。已知第i种食品最多拥有Wi公斤，其商品价值为Vi元/公斤，编程确定一个装货方案，使得装入卡车中的所有物品总价值最大。

分析：因为每一个物品都可以分割成单位块，单位块的利益越大显然总收益越大，所以它局部最优满足全局最优，可以用贪心法解答。方法如下：先将单位块收益按从大到小进行排列，然后用循环从单位块收益最大的取起，直到不能取为止便得到了最优解。

因此，我们非常容易设计出如下算法：

```
问题初始化；{读入数据}
按Vi从大到小将商品排序；
I：=1；
repeat
if M=0then Break；{如果卡车满载则跳出循环}
M：=M-Wi；
if M>=0then；
将第i种商品全部装入卡车
else
将（M+Wi）重量的物品I装入卡车；
I：=I+1；{选择下一种商品}
until（M<=0）OR（I>=N）
```

在解决上述问题的过程中，首先根据题设条件，找到了贪心选择标准（Vi），并依据这个标准直接逐步去求最优解，这种解题策略被称为贪心法。

```
Program Exam25；
Const Finp='Input.Txt'；
Fout='Output.Txt'；
VarN，M：Longint；
S：Real；
P，W：Array[1..100]OfInteger；
ProcedureInit；{输出}
VarI：Integer；
Begin
Assign（Input，Finp）；Reset（Input）；
```

```
Readln（M，N）;
ForI：=1ToNDoReadln（W[I]，P[I]）;
Close（Input）;
End;
ProcedureSort（L，R：Integer）;{按收益值从大到小排序}
VarI，J，Y：Integer;
X：Real;
Begin
I：=L; J：=R;
X：=P[（L+R）Div2]/W[（L+R）Div2];
Repeat
While（I<R）And（P[I]/W[I]>=X）DoInc（I）;
While（P[J]/W[J]<=X）And（J>L）DoDec（J）;
IfI<=JThen
Begin
Y：=P[I]; P[I]：=P[J]; P[J]：=Y;
Y：=W[I]; W[I]：=W[J]; W[J]：=Y;
Inc（I）; Dec（J）;
End;
UntilI>J;
IfI<RThenSort（I，R）;
IfL<JThenSort（L，J）;
End;
Procedure Work;
VarI：Integer;
Begin
Sort（1，N）;
ForI：=1ToNDo
IfM>=W[I]Then{如果全部可取，则全取}
Begin
S：=S+P[I]; M：=M-W[I];
End
```

```
Else{ 否则取一部分 }
Begin
S：=S+M*（P[I]/W[I]）；Break;
End;
End;
ProcedureOut;｛输出｝
Begin
Assign（Output，Fout）；Rewrite（Output）；
Writeln（S：0：0）；
Close（Output）；
End;
Begin{ 主程序 }
Init;
Work;
Out;
End.
```

因此，利用贪心策略解题，需要解决两个问题。

首先，确定问题是否能用贪心策略求解。一般来说，适用于贪心策略求解的问题具有以下特点。

可通过局部的贪心选择来达到问题的全局最优解。运用贪心策略解题，一般来说，需要一步步地进行多次贪心选择。在经过一次贪心选择之后，原问题将变成一个相似的，但规模更小的问题，尔后的每一步都是当前看似最佳的选择，且每一个选择都仅做一次。

原问题的最优解包含子问题的最优解，即问题具有最优子结构的性质。在背包问题中，第一次选择单位质量最大的货物，它是第一个子问题的最优解；第二次选择剩下的货物中单位重量价值最大的货物，同样是第二个子问题的最优解，依次类推。

其次，如何选择一个贪心标准？正确的贪心标准可以得到问题的最优解，在确定采用贪心策略解决问题时，不能随意地判断贪心标准是否正确，尤其不要被表面上看似正确的贪心标准所迷惑。在得出贪心标准之后，应给予严格的数学证明。

1.5.3 大数据算法的设计技术

1.5.3.1 随机算法

随机算法是使用了随机函数的算法，且随机函数的返回值直接或者间接地影响了算法的执行流程或执行结果。利用随机算法可以用少部分数据的分析结果实现对整体数据分析结果的估计。

1.5.3.2 外存算法

外存算法指的是在算法执行过程中用到外存的算法。在很多情况下，由于内存的限制，大数据必须存储在外存中，因而对于大数据的分析一定是外存算法。而在一些情况下，大数据分析过程中的中间结果无法放到内存中，而必须有效使用外存。传统的数据库中的数据操作算法（如选择、连接等）都是外存算法。

1.5.3.3 并行算法

并行算法就是用多台处理机联合求解问题的算法。针对规模巨大的大数据，自然可以利用多台处理机联合处理，这就是面向大数据的并行算法。Map Reduce 算法就是比较典型的数据密集型并行算法。

1.5.3.4 Anytime 算法

Anytime 算法在有的文献中也被称为“任意时间算法”，该算法针对输入数据、时间与其他资源的要求，给出各种性能的输出结果。通过分析给定的输入类型、给定的时间及输出结果的质量，可以得到具有一定预计性的算法模型。根据这个模型，可以按照算法各个部分的重要性来分配时间资源，以求在最短时间内给出最优的结果。在很多情况下，由于大数据的规模很大，计算资源和时间约束不足以对数据进行精确分析，这就需要根据结果质量要求调配资源或者根据资源自适应调整结果质量。而且，在一些有用户参加的情况下，可以不断生成精度提高的分析结果给用户。当用户觉得满意时停止分析，这种场景也需要用到 Anytime 算法，比如在线聚集算法。

需要注意的是，这些算法并非彼此孤立的。如对于实时分析的场景，当数据量很大而且分析任务同时涉及大规模历史数据和实时到来的数据时（一个具体的例子是，在使用监控状态的设备时，可以将监控得到的数据看作一个时间序列，通过和历史数据的序列比对来诊断设备的异常状态），需要有效结合并行算法和随机算法设计技术。

1.5.4 大数据算法的应用实例

在工业生产过程中，一些分析任务必须实时处理，如生产线上产品错误的实时发现和纠正、设备故障的实时监测和修理等。这些任务如果不能实时完成，轻则造成损失（如生产出残次品），重则发生严重的事故（如设备发生故障导致停产甚至威胁人身安全），而这些任务需要使用生产线的实时数据，只有这样，使用的数据才能体现产品或者设备的当前状态。

工业企业中的一些分析任务需要和管理者交互完成，如库存优化、配送优化等。

这些任务的实时性不强，但是参与者不可能等太久，有时候这种等待也需要成本，因而需要有一定的时间约束。对于库存优化来说，库存策略无须实时制定，但是需要辅助决策者在产品或者原材料入库之前确定。产品和原材料的入库可以适当等待决策一段时间，然而这种等待需要成本，因而需要尽可能快地完成任务。生产过程中对能效的监控可以辅助管理者优化生产过程，节约能耗，这个过程无须实时给出，然而也需要有一些时间约束。有两个原因：一方面，用户在观测信息，如果反馈时间过长，会降低用户体验；另一方面，如果缺少时间约束，太长时间以后的数据对决策的参考价值变得很低。

一些工业大数据分析任务涉及长期决策，为了做出正确决策，需要尽可能全面地使用大规模历史数据。这类分析任务包括工艺优化、生产流程优化、成本优化等。这些分析的结果对于企业的生产和经营有着较重大的影响，相对于计算时间，分析的准确性更加重要，因而可以允许更长的计算时间。如产品加工工艺的优化可以不经常去做，但是如果做了优化的决策，其对生产效率、产品质量、生产成本等会产生较大影响，因而做这样的决策需要慎重。基于大数据分析的自动工艺优化尤其如此。一方面，工艺优化涉及加工参数、生产设备状态、产品质量等多方面的数据，显然使用的数据越全面，越易于发现未知的关联；另一方面，使用的历史数据周期越长，越易于避免片面数据的误导。使用更全面和更长周期的数据的代价就是需要处理的数据规模很大，减缓了分析的速度，但是为了得到准确的决策，付出一些分析时间的代价是值得的。

1.6 本章小结

本章主要从大数据的概念着手，分析了大数据研究和应用现状，提出了大数据在当今社会不可或缺的利用价值，并深入归纳总结了基于数据挖掘的大数据处理技术及应用方法，为大数据的研究提供参考。

第 2 章　大数据处理相关技术与研究现状

大数据给全球带来了重大的发展机遇与挑战。一方面，大规模数据资源蕴涵着巨大的商业价值和社会价值，有效地管理和利用这些数据、挖掘数据的深度价值，对国家治理、社会管理、企业决策和个人生活将带来巨大的影响。另一方面，大数据带来新的发展机遇的同时，也带来很多技术挑战。格式多样、形态复杂、规模庞大的行业大数据给传统的计算技术带来了巨大挑战，传统的信息处理与计算技术已难以有效地应对大数据的处理。因此，需要从计算技术的多个层面出发，才能提供有效的大数据处理技术手段和方法，构成一体化的大数据处理系统平台。

2.1 云技术研究现状

2.1.1 云技术的应用发展既是机遇又是挑战

每一项科学技术的发展应用都会给生产领域及人们的日常生活带来改变，简单地说，云技术的发展给许多行业带来了福音。例如，一些小型微型企业可能资金基础薄弱，在运行发展过程中可能面对非常大的资金的运转压力，然而云技术的发展应用可以使这类企业运用科技来提高工作效率，不但节约了人力资源，而且大大提高了企业的市场竞争力。但是，不得不说云技术的发展应用同时也是一种挑战。在云计算技术的发展过程中，仍需要进一步深入研究，仍须克服不少挑战，如服务的可用性、服务的迁移、数据的安全性和服务的性能等。云计算技术的雏形正在逐步形成，在未来的时间里必将引领信息产业发展的新浪潮。

2.1.2 云技术服务具有很大的发展优势

当前，云计算业务和技术迅猛发展，获得了从政府、产业界到学术界的广泛关注和投入，由此体现出其发展将有非常大的优势。最明显的优势是，在利用云技术过程中资源已经不限定在如处理器、网络宽带等物理范畴，而是扩展到了软件平台、Web 服务和应用程序的软件范畴。云计算不仅是一种新的计算模型，还是一种新的共享基础架构的方式。在对资源的共享性上，将会体现出非常大的优势。此外，云技术在应用过程中还体现出便捷性和安全性。在线的数据存储中心是云计算提供给用户的一个重要服务。用户可以将重要数据保存在远程的云端服务器，避免在本地机器上容易出现的由于磁盘损坏、病毒入侵造成的数据丢失。云技术服务提供商拥有专业的团队来帮助用户管理信息，同时通过使用严格的权限管理策略帮助用户与其制定安全的共享数据。

2.1.3 云技术的主要应用领域及应用现状

2.1.3.1 云技术在科研领域的应用现状及发展前景

未来，云计算将为高校与科研单位提供实效化的研发平台。云计算应用已经在清华大学、中科院等单位得到了初步应用，并取得了很好的应用效果。在未来，云计算将在我国高校与科研领域得到广泛的应用普及，各大高校将根据自身研究领域与技术需求建立云计算平台，并对原来各研究所的服务器与存储资源加以有机整合，提供高效可用的云计算平台，为科研与教学工作提供强大的计算机资源，大大提高研发工作效率。

2.1.3.2 云技术在农业领域的应用现状及发展前景

我国是一个农业大国，地域辽阔，气候复杂多变，自然灾害频发，农业领域对云技术的推广应用是农业现代化水平的一个重要标志，应紧紧抓住云技术方兴未艾的历史机遇，将云技术尽快应用于促进“三农”问题的解决。云技术在现代农业领域的应用很多，如农业大棚标准化生产监控、农产品质量的安全追溯、农业自动化节水灌溉等。农业应用云技术主要是指将物体通过装入射频识别装置、红外感应器、全球定位系统（GPS）、激光扫描仪或其他智能感应装置，按约定的协议，与互联网相连，形成智能网络，物品之间可自行进行信息交换和通信，其中物理的和虚拟的“物”具有身份标识、物理属性、虚拟的特性和智能的接口，并与信息网络无缝整合，所以农业管理者通过电脑或手机，可实现对作物的智能化识别、定位、跟踪、监控和管理。如对农作物进行监控和管理，及时发现农作物需要哪种肥料供给等问题。

2.1.3.3 云技术在制造业领域的应用现状及发展前景

伴随着制造企业的竞争将日趋激烈，云计算技术将在制造企业供应链信息化建设方面得到广泛应用，并且以此来推动企业不断进行产品创新和管理改进，进而降低运营成本、缩短产品研发生产周期。由此可见，云计算技术将会在制造企业领域得到广泛应用，提升制造企业的竞争实力。相信云技术在制造业领域的广泛应用，将会产生一大批的先进制造业，实现优质、高效、低耗、清洁、灵活生产，也就是实现信息化、自动化、智能化、柔性化和生态化生产的先进制造技术，这将会拉动制造业领域的发展。

在科技信息化时代，必须了解云技术的发展历史、含义、特征及云架构的基本层次。应用云技术及大力推广云技术，需要各个行业的共同参与，需要政府、云技术相关软硬件和服务提供商、高校和科研机构及用户的共同参与。在云技术成为引领信息产业乃至整个经济社会创新发展的时期，我们一定要积极地迎接机遇和挑战，使云技术更好地服务于我们的社会生活。

2.2 大数据的分布式和并行计算研究现状

2.2.1 分布式技术的现状以及前景

分布式计算是研究如何把一个需要拥有非常巨大的计算能力的超级计算机才可以解决的问题分割成许多小的部分，通过分配给许多计算机单独进行处理，汇总其计算结果，到最终得到结果，达到虚拟计算机解决大型问题的学科。

并行计算同样是整合多台计算机计算能力，通过叠加达到提高整个系统计算能力的目的的计算方式。如何实现计算机更高性能计算，是并行计算技术和现代计算机其他各个技术研究的一个重要方向。

分布式计算和并行计算作为研究开发高性能计算机的理论技术实现，仅需要使用普通的计算机，通过与外部网络连接之后，运用此两种计算技术虚拟高性能计算机来完成只有在高性能计算机上才能解决的工程。

分布式计算同样将随着计算机技术的发展和进步，分布式计算技术的成熟运用，已经分别使参与分布式计算的各台普通计算机的协同计算能力超过了简单叠加相等的单台超级计算机。

分布式计算技术已经历十几年的研究，但该领域现在仍然方兴未艾，将是计算机研究领域最有发展潜力的领域之一，在不同的应用领域发展起来特点各异的分布式计算技术的分支。

2.2.2 分布式技术的应用

分布式技术近些年来在数据深度搜索、科教科研、大数据计算等方面发挥了极其重要的作用，其中包括中间件技术、移动 Agent、Web Service 技术等诸多技术的应用，充分论证了分布式系统已经影响现阶段计算机技术很多领域的发展。

但统筹全局来看，国内与国际间的研究发展水平仍然存在差距。

国内仅各大高校和科研机构参与分布式计算，我国虽拥有基数庞大的计算机用户和网络用户，但实际了解并运用分布式计算的用户却不多，大部分人或者绝大多数用户使用计算机进行日常沟通、信息查询、聊天娱乐等功能。与欧美相比而言，我国不仅理论研究的深度不够，并且实际应用的广度也无法与欧美发达国家比肩。

国内现阶段以科研教学、气象预报分析、网络数据搜索、生物基因技术等领域为主要应用领域。

国际的大型分布式技术应用，则可以通过下面几个比较典型的例子进行了解。

地外文明的科学实验计划是国际上享有盛名的一个分布式计算应用的项目。内容主要是通过使用参与分布式计算的计算机下载计算程序来对射电望远镜收到的海量信号进行计算分析，志愿者可以通过运行一个免费程序下载并分析从射电望远镜传来的数据来加入这个项目。目的是确定地球之外有无类人或类似地球生物的生命存在，寻找宇宙中的生命体。我们国家也有一些机构和个人参与这个科研项目。

其一，Climate prediction 工程是分布式计算技术在气象预测领域内的成功应用例子之一。研究者首先建立气象计算模型，全球各地区气象数据输入计算程序，任何参加这个项目的组织和机构或者个人，都可领到合适的计算任务，并把计算的结果返回，通过海量的计算来组建地球气象模型。

其二，蛋白质疾病分布式计算工程是另一个著名的分布式计算工程。这个项目主要是研究蛋白质折叠、误折、聚合及由此过程引起的一些相关疾病的分布式计算工程。蛋白质是一个生物体系的网络基础，它们是一个个纳米级计算机。在蛋白质实现它的生物功能之前，它们会把自己装配起来，或者说是折叠；折叠过程对人类而言仍是未解之谜。当蛋白质没有正确折叠（误折）无疑会产生严重的后果，包括许多知名的疾病，比方阿兹海默症（Alzheimer's）、疯牛病（MadCow，BSE）、帕金森氏症（Parkinson's）等。

该工程使用联网式的计算方式和大量的分布式计算能力来模拟蛋白质折叠的过程，并指引对由折叠引起的疾病的一系列研究。使用计算机来模拟蛋白质的折叠和聚合过程需要海量的计算，分布式计算可以通过利用大量的闲散计算资源，甚至是跨越国界、民族的界限，来承担这个巨大的计算任务，研究这些疾病的产生原理，为攻克和预防这些疾病做理论上的分析。目前有多个国家的科研机构和组织参与这个项目，我国也有人参与这个项目。

其三，作为应用分布式计算最成功的商业机构之一：谷歌，它的文件管理系统被作为一个典范，许多学者对其研究，一些同行进行效仿，甚至有些人将谷歌的文件管理系统作为一门学科来研究。GFS 原本是谷歌自有名词缩写，因此也成了这个行业应用分布式计算的一个典范。

和上面的应用例子类似的分布式计算工程有很多，分布在不同的国家和地区，但这些项目大都互无联系，甚至每个项目都使用一个不同的软件，使用不同的分布式计算技术。如何整合这些互不关联的项目，最大限度地发挥参与这些工程的计算机的能力，也是一个研究课题。美国加州大学伯克利分校已经建立了一个开放的网络计算平台，这个平台的主要功能是把不同的分布式计算项目连接起来，对参与这些项目的计算资源进行统一合理分配，从而更有效地利用这些计算资源，提高计算效率。

2.2.3 现阶段分布式计算关键性应用

2.2.3.1 移动 Agent 技术

1. 技术原理及现状

移动 Agent 是一种可以在构成分布式计算系统的各节点移动的软件 Agent。软件 Agent 应该是人工智能技术发展起来的一个产物，人工智能的研究主要解决知识表达、机器学习、推理等类似人的智能的算法问题。而软件 Agent 就具有类人的智能，可以自主管理，能对环境做出响应，甚至主动行动，进行推理计算来完成任务。

移动 Agent 是一种独立的计算机程序，它可以自主地在异构网络上按照一定的规程移动，寻找合适的计算机资源、信息资源或软件资源，利用与这些资源同处一台主机或网络的优势，处理或使用这些资源，代表用户完成特定的任务。换句话说，它拥有一个显著的特点：移动性（Mobility），即 Agent 可以从一个主机移动到另一个主机而保持其内部状态不变，它可以携带数据和远程执行的智能指令（多数情况下就是它本身）。

我们一般把软件 Agent 看作是在一台机器上运行的一个程序，而移动 Agent 则是可以自主在网络上构成分布式计算系统的各节点之间进行移动的一个程序。这个程序带着自己的任务找到可以完成这个任务的节点（这个节点有完成这个任务所需要的数据、硬件、软件等资源），通过网络移动到这个节点，在此暂时定居，利用这个节点的资源进行计算，计算结束后，这个 Agent 携带计算结果通过网络自主移动到下一个需要达到的节点。这种模式可以减少网络拥堵，在一个节点盘踞期间，甚至可以断开网络连接也不会影响其正常工作，只要在它完成任务需要移动时恢复网络连接即可。

移动 Agent 技术自 20 世纪 90 年代开始发展很快，因其本身就是一种适用性很强的分布式计算模式，且对网络的要求低，故这项技术是目前分布式计算技术研究的一个热点。

2. 技术优势

移动 Agent 除了具有 Agent 的特征外，还具有以下优点。

（1）节省带宽。移动 Agent 移动到工作服务器端，并把最终数据传回客户机，可以节省通信带宽。

（2）节省时间。主要是因为移动 Agent 减少了网络传输，在规模较大的数据库操作中 Agent 能实现本地操作。

（3）减少延迟。移动 Agent 移动到服务器端，直接传回最终结果，避免了中间数据的传输延迟。

（4）异步方式。一旦移动 Agent 从客户端传输到另一台主机上，这台机器就可以与网络断开连接，直至想回收 Agent 或再次传送 Agent。

（5）负载平衡。移动 Agent 能轻易地从一个平台移动到另一个平台，它们带着自身代码移动到目的机器上，无须预先安装就能运行，可以很方便地实现负载平衡。

（6）动态配置。移动 Agent 可以感知环境的变化并做出反应，多个移动 Agent 可以动态地调整分布，以维持最优配置。

尽管上述优点没有一个是移动 Agent 唯一拥有的，但是没有一种技术能像移动 Agent 一样同时具备以上 6 个优点。

2.2.3.2 P2P 技术

1. 技术原理及现状

P2P（Peer-to-Peer）对等网络应该是资格比较老的一项技术，纯点对点网络没有客户端或服务器的概念，只有平等的同级节点，同时对网络上的其他节点充当客户端和服务器。这种网络设计模型不同于客户端—服务器模型，在客户端—服务器模型中通信通常来往于一个中央服务器。有些网络（如 Napster，Open-NAP，或 IRC@find）的一些功能（比如搜索）使用客户端—服务器结构，而使用 P2P 结构来实现另外一些功能。类似 Gnutella 或 Freenet 的网络，则使用纯 P2P 结构来实现全部的任务。

如 TCP/IP 协议，并没有对客户机和服务器做区分，所谓的“对等”就是地位相同，在网络中的节点处于同样的地位，没有客户端和服务器的区分。这些地位相等的节点可以互相进行资源利用和数据共享，不需要通过服务器来转接和通信，这样可以减少对服务器的依赖，也就降低了对服务器的性能要求（软件、硬件要求）。当然，纯粹的对等网也有其弊端，为了解决这些问题，一些分支和混合技术发展起来。如为了解决 P2P 搜索速度慢的问题，在对等网中仍然设置服务器，但是服务器只提供搜索索引，各节点可以快速在服务器上查到要搜索的资源目录和地址，然后直接去目标地址完成资源交互。

为了解决热点资源网络堵塞的问题，数据传输方式由点对点方式发展为多点对多点传输，该项技术已经在现在的网络上广泛应用。点对点传输只能在源节点和目标节点之间传送数据，若一个节点的资源对应多个目标节点，其传送效率就低了，多点传送解决了这个问题，将数据源分割成多个数据包。这些数据包可以不依照顺序给各目标节点发送，同时收到数据包的目标节点可以作为其他目标节点的源节点，给其他未收到该数据包的节点传送数据。使用这种技术，下载源数据的节点越多，实际传送的效率就越高。但是若不能将全部数据包都收齐，这些数据包将无法连接起来，也就无法使用，而点对点传输则不存在这个问题。

2. 技术优势

P2P 网络的一个重要的目标就是让所有的客户端都能提供资源，包括带宽、存储空间和计算能力。因此，当有节点加入且对系统请求增多，整个系统的容量也增大。这是具有一组固定服务器的 C/S 结构不能实现的，这种结构中客户端的增加意味着所有用户更慢的数据传输。

P2P 网络的分布特性通过在多节点上复制数据，也增加了防故障的健壮性，并且在纯 P2P 网络中，节点不需要依靠一个中心索引服务器来发现数据。在后一种情况下，系统也不会出现单点崩溃。

当用 P2P 来描述 Napster 网络时，对等协议被认为是重要的。但是，实际中，Napster 网络取得的成就是对等节点（就像网络的末枝）联合一个中心索引来实现的。这可以使它能快速并且高效地定位可用的内容。对等协议只是用一种通用的方法来实现这一点。

2.2.3.3 Web-service 技术

Web-service 是一个平台独立的、低耦合的、自包含的、基于可编程的 web 的应用程序，可使用开放的 XML（标准通用标记语言下的一个子集）标准来描述、发布、发现、协调和配置这些应用程序，用于开发分布式的互操作的应用程序。

并行计算和分布式计算的优点就是发挥“集体的力量”，将大任务分解成小任务，分配给多个计算节点同时去计算。起初的并行计算可以在一台计算机上执行，也可以提高运行效率，现在的分布式计算已经将计算扩展到多台计算机，甚至是多个网络，在网络上有序执行一个共同的任务。当然离不开 Web 技术，但在分布式计算发展起来之前的网络协议并不能满足分布式计算的要求，于是产生了 Web-service 技术。简单地说，这种技术的功能和中间件的功能有相似之处：Web-service 技术是屏蔽掉不同开发平台开发的功能模块的相互调用的障碍，从而可以利用 HTTP 和 SOAP 协议使商业数据在 Web 上传输，可以调用这些开发平台不同的功能模块来完成计算任务。这样看来，要在互联网上实施大规模的分布式计算，就需要 Web-service 作支撑，因此很多人认为这项技术是分布式系统继续研究和开发的理想模型。

2.2.4 并行计算的界定

并行计算或称平行计算是相对于串行计算来说的，是指同时使用多种计算资源解决计算问题的过程，是提高计算机系统计算速度和处理能力的一种有效手段。它的基本思想是用多个处理器来协同求解同一问题，即将被求解的问题分解成若干个部分，各部分均由一个独立的处理机来并行计算。并行计算系统既可以是专门设计的、含有多个处理器的超级计算机，也可以是以某种方式互联的若干台的独立计算机构成的集群，通过并行计算集群完成数据的处理，再将处理的结果返回给用户。并行算法就是用多台处理机联合求解问题的方法和步骤，其执行过程是将给定的问题首先分解成若干个尽量相互独立的子问题，然后使用多台计算机同时求解它，从而最终求得原问题的解。

通常，可利用并行计算解决的问题一般表现出以下特征。

（1）可将工作分离成离散部分，以有助于同时解决。

（2）可随时并及时地执行多个程序指令。

（3）多计算资源下解决问题的耗时应少于单个计算资源下的耗时。

2.2.5 数据并行模型的特点

2.2.5.1 单线程

从程序员的观点看，一个数据并行程序中有一个进程执行，具有单一控制线；就控制流而论，一个数据并行程序就像一个顺序程序一样执行。并行操作于集合数据结构上数据并行程序的一个单步（语句）可指定同时作用在不同数据组元素或其他聚合数据结构上的多个操作。

2.2.5.2 松散同步

在数据并行程序的每条语句之后均有一个隐含的同步，这种语句级的同步是松散的（相对于 SIMD 计算机每条指令之后的紧同步而言）。

2.2.5.3 共享变量模型

在共享变量模型中，驻留在各处理器上的进程可以通过读 / 写公共存储器中的共享变量相互通信。它与数据并行模型的相似之处在于，它有一个单一的全局名字空间；它与消息传递模型的相似之处在于，它是多线程的和异步的。然而，数据是驻留在单一共享地址空间中的，因此不需要显式分配数据，而工作负载既可显式也可隐式分配。通信通过共享的读 / 写变量隐式完成，而同步必须是显式的，以保持进程执行的正确顺序。

2.2.6 并行计算模型类型

2.2.6.1 面向批处理的并行计算模型

具有代表性的面向批处理式分析的分布式并行计算模型有微软公司的 Dryad、谷歌公司的 Map Reduce 等。Map Reduce 已经成为学术界和工业界事实上的海量数据并行批量处理的标准。相比于传统的并行计算技术，Map Reduce 具备线性可扩展性、高可用性、易用性、容错性、负载平衡等大数据处理系统所必备的特性。用户在使用 Map Reduce 并行编程模型时，只需要关注与具体应用相关的高层处理逻辑，而将其余低层复杂的并行事务（如输入分布、任务划分与调度、任务间通信、容错处理以及负载平衡等）交与执行引擎完成。同时，配合用户自定义的输入输出流处理、任务调度、中间数据分区和排序等可编程接口，该模型在可伸缩性和可编程性上达到了较好的平衡点。

2.2.6.2 面向流处理的并行计算模型

在大数据应用中，实时数据流应用是一类新型的用瞬态数据建模的数据密集型应用。其典型特征是数据价值具有时效性，即数据蕴含的价值会随着时间的流逝而降低。因此，低延迟是对数据流处理系统的一个基本要求。同时，数据以大量、连续、快速、时变的方式到达系统，需要处理的数据不可能全部存储在可随机访问的磁盘或内存中。近年来，随着社交网络的急速发展，大规模高扩展的流式计算模型成为业界研究的热点，具有代表性的有 Yahoo! 的 S4、Facebook 的 Puma、谷歌的 MillWheel、Twitter 的 Storm 等，这些系统与企业自身的具体需求紧密结合，致力于解决实际的应用问题。相比于批处理计算模型，上述流式并行计算模型从流数据本身的特征出发，从底层架构上就与流数据处理高度耦合，虽然适用范围比较受局限，但是可以有效地将系统响应时间控制在毫秒级。流式并行计算模型的不足是在吞吐能力、负载平衡等方面尚有待进一步提高。

2.2.6.3 面向大图数据的并行计算模型

在大数据时代背景下，数十亿顶点级别大规模图的不断涌现，以及云计算基础设施的持续完善，推动着图数据处理的研究重心由单机图算法的高度优化逐渐转向为分布式并行大图处理的优化。目前，大图数据处理存在两种典型的模式：一是采用通用的海量数据分布式并行计算框架 Map Reduce 进行处理；二是采用完全面向图结构设计的专用大图计算框架。在分布内存架构下，目前具有代表性的大图并行计算模型有 Pregel、HAMA、Giraph、Distributed GraphLab 以及 Trinlity 等。

2.2.6.4 基于内存的并行计算模型

受限于廉价 PC 构建的运行环境以及面向领域高度优化的系统架构，上述并行计算模型难以有效应对新型实时型应用对于实时、即席、交互式分析的复杂业务诉求。在基于内存的面向大数据的分布式并行计算模型研究工作开展之前，工业界和学术界在基于内存的数据管理技术，特别是主存数据库领域已经累积了大量的研究成果和经验。近年来，在新型实时应用的驱动下，以最短响应时间为设计目标的，面向内存设计的编程模型及其系统也在不断涌现，为即席、实时、可交互的分析提供了多样化的选择。其中具有代表性的是 UCBE，keley 的基于内存的分布式并行处理框架 Spark，其利用内存计算避免了高延迟的磁盘物化，有效保证了处理的实时性，并提供了交互式的迭代分析能力。Spark 提供的最主要的抽象即弹性分布式数据集（RDD）。为了提供操作的便捷性，Spark 框架还提供了和 Hive 类似的类 SQL 命令接 VIShark。同时，基于 Spark 的内存计算分析生态系统也越来越丰富。

2.2.7 并行算法设计的策略和技术并行算法的设计

2.2.7.1 设计策略

（1）串行算法的直接并行化。充分发掘和利用现有串行算法中的并行性，直接将串行算法改造为并行算法，这是数值并行算法中最常用的设计策略。

（2）从问题描述和计算原理开始重新设计。从问题本身描述出发，不考虑相应的串行算法，设计一个全新的并行算法。

（3）借用已有的算法求解新问题。借鉴别处的已有算法，解决新发现的问题，可能会取得令人满意的结果。采用 PCAM 设计方法学设计并行算法分为四个阶段：划分、通信、组合、映射。它反映了并行算法设计的自然过程，首先尽量开拓算法的并发性，满足算法的可扩展性，然后着重优化算法的通信成本和全局执行时间，同时通过必要的整个过程的反复回溯，以期最终达到一个满意的设计。

2.2.7.2 具体过程

（1）划分。分解成小的任务，开拓并发性。主要使用域分解和功能分解方法将计算问题分解成若干个可部分执行或完全执行的子任务。域分解，又称数据划分，是将问题相关的大块数据尽可能分割成大小均匀的小数据片，并把计算关联到它所操作的数据上。

典型代表包括分治法、偏微分方程数值求解的区域分解法、方程组迭代求解中的红 / 黑着色法等。功能分解，又称计算划分，是以被执行的计算作为划分的对象，而不是计算所需的数据。典型代表包括流水（脉动）方法等。

（2）通信。确定诸任务间的数据交换，监测划分的合理性。计算问题划分得到诸任务后常常存在彼此的数据依赖，而不能完全独立地执行，因而子任务间数据依赖关系的差别便产生了不同的通信模式，包括全部 / 全局通信、结构化 / 非结构化通信、静态 / 动态通信、同步 / 异步通信等。

（3）组合。依据任务的局部性，组合成更大的任务。其主要目的是通过合并小尺寸的任务来减少任务数，以提高效率和减少通信成本。

2.2.8 数据算法并行化案例

2.2.8.1 k-means 算法的基本步骤

假设样本数据有 n 个，预期生成 k 个 cluster，则 k-means 算法 t 次迭代过程的时间复杂度，需要计算相似度，那么在 Map Reduce 计算框架下，如果能够将各个点到中心点的相似度计算工作分摊到不同的计算机上并行地计算，是不是能够减少计算时间呢？通过思考可以发现，在 k-means 中处理每一个数据点时，每个聚簇的中心点信息是始终需要用到的，而其他点的信息只需要在比对时读入当前点的信息即可。所以，如果涉及全局信息，只需要知道关于各个聚簇的信息即可。因此，可以尝试从以下出发点进行 Map Reducek-means 算法改造。将所有的数据分布到不同的节点上，每个节点只对自己的数据进行计算。每个节点能够读取上一次迭代生成的聚簇中心，并判断自己的各个数据点应该属于哪一个聚簇。每个节点在每次迭代中根据自己的数据点计算出相关结果。综合每个节点计算出的相关数据，计算出最终的实际聚类结果。总结一下，需要关注的参数就是迭代次数 k、聚类 ID、聚类中心和属于该聚类中心的数据点总数。接下来，具体分析算法的执行过程，并查看这些参数的变化情况。假定数据集可看作二维坐标系中的 4 个点［A（1，1），B（2，1），C（3，4），D（5，5）］，迭代次数 k=2，聚类个数 n=2，其执行过程如下。假定将所有数据分布到两个节点 node-0 和 node-1 上，即 node-0：A（1，1）和 C（3，4），node-1：B（3，3）和 D（5，5），随机选取 A（1，1）作为 cluster-0 的中心，C（3，4）作为 cluster-1 的中心。Map 阶段：计算各个数据点到各个 cluster 中心的距离。通过计算可知，点 A 和 C 到自身的距离分别是 0，是最近曲，因此应将其分配到对应的聚簇中。分别分析点 B、D 与 A、C 的距离，发现 B 和 D 均距离点 C 更近一些，那么应该把 B、D 暂时归入 C 所在的聚簇，并标记为 cluster-1。

这时在每个节点上的数据输出可按照下表进行标记，接下来在 Combine 阶段，Map 的输出也就是 Combiner 的输入。经过计算，Combiner 的输出采用如下的键值对格式：键—聚簇 ID 值 -［包含的点数，均值］。接下来进入 Reduce 阶段，由于 Map 阶段输出的键是聚簇 ID，所以每个聚簇的全部数据将被发送给同一个 Reducer，包括聚簇 ID、该聚簇的数据点的均值以及对应于该均值的数据点的个数。两个 Reducer 经计算可知，得到两个聚簇 cluster-0 和 cluster-1，当满足终止条件时，即可停止迭代，输出 k 个聚类。在 MRk-means 中，终止条件的设置与原 k-means 可保持一致。

如设定迭代次数、均方差的变化（非充分条件）、指定的点固定地属于某个聚类等。Mahout 聚类算法案例 Apache Mahout 是 Apache Software Foundati。开发的一个全新的开源项目，其主要目标是建立一个可靠、文档翔实、可伸缩的项目，在其中实现一些常见的机器学习算法，供开发人员在 Apache 许可下免费使用。Mahout 最大的优点就是基于 Hadoop 实现，把以前运行于单机上的经典算法转换到 Map Reduce 计算框架下，大大提升了算法可处理的数据量和处理性能。

2.2.8.2 Mahout 的安装

使用下面的命令解压 Mahout 安装包：

cd / Mahout 压缩包所在目录 / mvmahout-distribution-0.9.tar.gz ~ / cdtar-zxvf- / mahout-distribution-0.9.tar.gzCdmahOllt-diStributjon-0.9

解压安装后，可启动并验证 Mahout，执行的操作命令如下：

cd / Mahout 解压安装目录 / bin / mahout。

从 Mahout 源码可以看到，在进行 k-means 聚类时，执行以下四个步骤：数据预处理，整理规范化数据；从上述数据中随机选择若干个数据当作聚簇的中心；迭代计算，调整形态；把数据分给各个聚簇。

其中，前两步就是标准 k-means 聚类算法的准备工作，后面的步骤和 10.2.1 节分析的 MRk-means 案例思路一致，其主要流程可以从 org.apache.mahout.clustering.syntheticcontrol.K-means.Job#run（ ）方法里看出。

measure，intk，doubleconvergenceDelta，intmaxiterations) throwsException{

/ / synthetic_control.data 存储的文本格式，以 KV 形式存入 0utput / data 目录。

PathdirectoryContainingConvertedInput=newPath（outputDIRECTORY_CONTAINING_CONVERTED_INPUT）；

log.info（“PreparingInput”）；

InputDriver.runJob（input，directoryContainingConvertedInput，“0rg.apache.mahout.math.RandomAccessSparseVector”）；

/ / 随机产生几个聚簇，存入 output / clusters-0 / part-randomSeed 文件

log.info（“Runningrandomseedtogetinitialclusters”）；

Pathclusters：newPath（output，Cluster.INITIALCLUSTERSDIR）；

clusters=RandomSeedGenerator.buildRandom（conf，directoryContaining-ConvertedInput，clusters，k，measure）；

/ / 进行聚类迭代运算，为每一个簇重新选出聚簇中心

log.info（“RunningK-means”）；

K-meansDriver.run（conf，directory Containing Converted

nput，clusters，output，measure，convergenceDelta，maxiterations，true，0.0，false）；

//根据上面选出的中心，把 output / data 中的记录都分配给各个聚簇，最后输出运算结果 Cluster Dumpercluster Dumper=new Cluster Dumper（newPath（output，“clusters-*-final”），newPath（output，“clusteredPoints”））；

ClusterDumper.printClusters（null）；}

在上面的代码中：参数 input 指定待聚类的所有数据点，clusters 指定初始聚类中心。

参数 output 指定聚类结果的输出路径。

clusters-N 目录保存根据原数据点和上一次迭代（或初始聚类）的聚类中心计算得到的本次迭代的聚类中心，该过程由 org.apache.mahout.clustering.K-means 下的 K-meansMapper \ K-meansCombiner \ K-meansReducer \ K-meansDriver 实现。K-meansMapper 在初始化 Mapper 时读入上一次迭代产生或初始的全部聚类中心，然后通过 Map 方法对输入的每个点计算距离其最近的类，并加入其中。输出 key 为该点所属聚类 ID、value、包含点的个数和各分量的累加和。K-meansCombiner 在本地累加 K-meansMapper 输出的同一聚类 ID 下的点个数和各分量的和。K-meansReducer 累加同一聚类 ID 下的点个数和各分量的和，求本次迭代的聚类中心，并判断该聚类是否已收敛，最后输出各聚类中心和其是否收敛标记。K-meansDriver 在每轮迭代后读取其 clusters-N 目录下的所有聚类，若所有聚类已收敛，则整个 K-means 聚类过程就收敛了。Mahout 不需要再自行编程实现，只需要按照参数要求调用即可。当然，如果需要对算法进行优化，还是需要考虑自行实现该算法。接下来分析如何调用 Mahout 提供的 k-means 算法实现对控制时序数据的聚类。首先，下载控制时序数据（http：// archive.ics.uci.edu / ml / databases / synthetic_control / syntheticcontrol.data）。通过调用 Mahout 的 k-means 聚类方法分析该数据的过程如下：

（1）上传实验数据到 HDFS 文件系统：

hadoopfs-putsynthetic_control.data / user / root / testdata

运行聚类程序：jar / home / zhangxu / mahout-distribution-0.9 / mahout-examples-0.9-Job.jarorg.apache.mahout.clustering.syntheticcontrol.K-means.JobSparkMllib。

聚类算法案例通过前面的学习，可以了解到 k-means 算法和诸多机器学习算法一样，也是一个迭代式的算法。那么，能否在 Spark 平台下实现呢？值得高兴的是，Spark 平台下提供了一个很好的机器学习库 -Mllib，类似于 Map Reduce 下的

Mahout。

k-means 算法在初始聚类点的选择上遵循一个基本原则：初始聚类中心点相互之间的距离应该尽可能远。其中，k 为期望的聚类个数。MaxInterations 为单次运行最大的迭代次数。runs 为算法运行的次数。k-means 算法不保证能返回全局最优的聚类结果，所以在目标数据集上多次执行 k-means 算法，有助于返回最佳聚类结果。InitializationMode 为初始聚类中心点的选择方式。InitializationSteps 为 k-means 方法中的步数。epsilon 表示 k-means 算法迭代收敛的阈值。seed 表示集群初始化时的随机种子。通常，在应用时都会先调用 K-means.train 方法对数据集进行聚类训练，这个方法会返回 K-meansModel 类实例，也可以使用 K-meansModel.predict 方法对新的数据点进行所属聚类的预测。使用方法如下面的代码所示，该示例程序接受五个输入参数，分别是训练数据集文件路径、测试数据集文件路径、聚类个数、迭代次数、运行次数。

```
/**import 部分省略
*/objectK-meansClustering{
Defmain（Args：Array[String]）{
if（args.length<5）{
／／5 个输入参数：训练数据集文件路径、测试数据集文件路径、聚类个数、迭代次数、运行次数
（“Usage：K-meansClusteringtrainingDataFilePathtestDataFilePathnumClustersnumIterationsRunTimes”）
sys.exit（1）}
／／初始化 SparkConf 配置
ValConf=NewSparkConf（
）.SetAppName
（“SparkMllibK-meansClustering”）
Valsc=NewSparkContext（Conf）
／／5 个参数分别解析读入
ValrawTrainingData=sc.text
File（args（0））
ValDarsedTrainingData=RawTrainingData.Filter（!isColumnNameLine（_））.
Map（1ine=>{
Vectors.dense（1ine.split（“\ t”）.
```

```
Map（_.trim）.filter（!“”.equals（_））·
Map（_.toDouble））））.cache（）
ValnumClusters=args（2）.toInt
ValnumIterations=args（3）.toInt
ValrunTimes=args（4）.toInt
VarclusterIndex：Int=0
//按照指定参数进行聚类训练并返回 K-meansModel 类实例
Valclusters：K-meansModel=K-means.train（ParsedTrainingData，NumClusters，
numiterations，runtimes）
//输出聚类信息
Println（“ClusterNumber：”+Clusters.ClusterCenters.length）
Println（“ClusterCentersInformationOverview：”）
Clusters.ClusterCenters.Foreach（
X=>{
Println（“CenterPointOfCluster"+ClusterIndex+"：”）
Println（x）ClusterIndex+=1}）
//开始检测每个测试数据所属的簇
ValrawTestData=SC.TextFile（args（1））
ValDarsedTestData=RawTestData.map（line=>
{Vectors.dense（1ine.split（“\ t”）.map（_.trim）.filter（!“”equals（_））
Map（_ToDouble））））
DarsedTestData.Collect（）.Foreach（TestDataLine=>{
ValpredictedClusterIndex：
Int=clusters.predict（TestDataLine）
Println（“Thedata”+TestDataLine.ToString+“BelongsTocluster”+PredictedCluster
Index）}）
Println（“SparkMllibk-meansclusteringtestfinished.”））
PrivateefisColumnNameLine（line：String）：Boolean={if（line!=null&&line.contains
（“Channel”））
true
else
false}
```

2.3 数据存储研究现状

2.3.1 数据存储面临的问题

2.3.1.1 数据的加密存储

在传统的信息系统中，一般采用加密方式来确保存储数据的安全性和隐私性。在云中，似乎也可以这样做，但实现起来却不那么容易。在基础设施即服务云模式中，由于授权给用户使用的虚拟资源可以被用户完全控制，数据加密既非常有必要也容易做到（无论是在公有云或者私有云中）。但在平台即服务云模式或者软件即服务云模式中，如果数据被加密，操作就变得困难。对于任何需要被云应用或程序处理的数据，都是不能被加密的，因为对于加密数据，很多操作像检索、运算等都难以甚至无法进行。数据的云存储面临这样的安全悖论：加密，数据无法处理；不加密，数据的安全性和隐私性得不到保证。

2.3.1.2 数据隔离

多租户技术是 PaaS 云和 SaaS 云用到的关键技术。在基于多租户技术系统架构中，多个租户或用户的数据会存放在同一个存储介质上甚至同一数据表里。尽管云服务提供商会使用一些数据隔离技术（如数据标签和访问控制相结合）来防止对混合存储数据的非授权访问，但非授权访问通过程序漏洞仍然是可以实现的，比如 Google Docs 在 2009 年 3 月就发生过不同用户之间文档的非授权交互访问。一些云服务提供商通过邀请第三方或使用第三方安全工具软件来对应用程序进行审核验证，但由于平台上的数据不仅仅针对一个单独的组织，这使得审核标准无法统一。

2.3.1.3 数据迁移

当云中的服务器（这里，服务器是指提供 SaaS 和 PaaS 的物理机，对于 IaaS 而言，服务器或者是物理机，或者是虚拟机）“宕机”时，为了确保正在进行的服务能继续进行，需要将正在工作的进程迁移到其他服务器上。进程迁移，实质上就是对与该进程相关的数据进行迁移，迁移的数据不仅包括内存和寄存器中动态数据（或称进程快照），还包括磁盘上的静态数据。为了让用户几乎无法感觉到“宕机”的发生，迁移必须高速进行；为了让进程能在新的机器上恢复运行，必须确保数据的完整性；另外，如果进程正在处理的是机密数据，还必须确保这些数据在迁移过程不会泄露。

2.3.1.4 数据残留

数据残留是指数据删除后的残留形式（逻辑上已被删除，物理上依然存在）。数据残留可能无意中透露敏感信息，所以即便是删除了数据的存储介质，也不应该被释放到不受控制的环境，如扔到垃圾堆或者交给第三方。在云应用中，数据残留有可能导致一个用户的数据被无意透露给未授权的一方，不管是什么云，PaaS 或 IaaS 都有可能。如果一个未授权数据泄露发生，用户可以要求第三方或者使用第三方安全工具软件来对云服务提供商的平台和应用程序进行验证。迄今为比，没有哪个云服务提供商解决了数据残留问题。

2.3.1.5 数据安全审计

当数据以外包方式存储在云中时，用户会关注两个问题：外包存储的数据确实已存储到云中并归数据所有者所有；除所有者和授权用户外的任何人不能更新数据。这两个问题的解决都离不开安全审计。在数据存放到本地或企业可信域中时安全审计较易实现，而一旦将数据以外包方式存储到云中时，安全审计就变成了难题。显然，用户不可能将数据都下载下来后再进行审计，因为这会导致巨大的通信代价，更可行的思路是：只需取回很少数据，通过某种知识证明协议或概率分析手段，就能以高置信概率判断云端数据是否完整或为用户所有。

2.3.2 云数据安全存储框架

微软研究院的 Kamara 等人提出了加密存储框架。在该框架中，数据处理 DP、数据验证 DV、令牌生成 TU 和凭证生成 CG 是核心组件，这些组件工作在数据所有者的可信域中。数据处理组件负责在数据存储到云中前对数据进行分块、加密、编码等操作；数据验证组件负责验证存储在云中的数据块的完整性；令牌生成组件负责生成数据块访问令牌，云存储服务根据用户提供的令牌提取相应的密文数据；凭证生成组件负责为授权用户生成访问凭证。在访问授权时，数据所有者会将共享文件的令牌和凭证发往授权用户。授权用户使用令牌从云中提取共享文件的密文，使用凭证解密文件。该框架的主要特点有两个：数据由所有者控制；数据的安全性由密码机制保证。该框架除了能解决数据存储的隐私问题和安全问题外，还能解决数据访问的合规性、法律诉讼、电子取证等问题。

2.3.3 基于 VMM 的数据保护技术

该方法基于 SSL 来保证数据传输的安全，利用 Daoli 安全虚拟监控系统保护数据存储的安全。数据在传输到云端前，用户客户端 SSL 模块会将数据加密。云端的操作系统接收到用户密文数据后，将密文数据提交给分布式文件系统。分布式文件系统的 SSL 模块会将数据解密以进行处理。如果用户要将数据保存到分布式文件存储系统，虚拟监控系统会在存储前对数据进行加密；反之，如果用户要从分布式文件存储系统中读取数据，虚拟监控系统会先将数据解密。该方法的显著特点是，将云端的操作系统和分布式文件系统进行了隔离，数据加解密由虚拟机监控系统来完成，实现了操作系统和用户数据的隔离。由于对于操作系统而言，数据始终是加了密的密文，当虚拟机操作系统被攻破时，攻击者得到的都是加了密的密文数据，保证了内存数据和硬盘数据的安全性和机密性。该方案能保证多租户环境下隐私数据不会泄露给其他用户，但数据还是可能会泄漏给云服务提供商。

2.4 大数据分析及挖掘研究现状

2.4.1 大数据分析的定义

数据分析指的是用适当的统计分析方法对收集来的大量数据进行分析，提取有用信息和形成结论而对数据加以详细研究和概括总结的过程。

数据分析可以分为三个层次，即描述分析、预测分析和规范分析。

描述分析是探索历史数据并描述发生了什么，这一层次包括发现数据规律的聚类、相关规则挖掘、模式发现和描述数据规律的可视化分析。

预测分析用于预测未来的概率和趋势，如基于逻辑回归的预测、基于分类器的预测等。

规范分析根据期望的结果、特定场景、资源以及对过去和当前事件的了解对未来的决策给出建议，如基于模拟的复杂系统分析和基于给定约束的优化解生成。

顾名思义，大数据分析是指对规模巨大的数据进行分析。大数据分析是大数据到信息，再到知识的关键步骤。

2.4.2 大数据分析的应用

大数据分析有着广泛的应用，成为大数据创造价值的最重要的方面。下面举一些各个领域大数据分析应用的实例。

在宏观经济领域方面，淘宝根据网上成交额比较高的 390 个类目的商品价格来得出 CPI，比国家统计局公布的 CPI 更早地预测到经济状况。国家统计局统计的 CPI 主要根据的是刚性物品，如食品，百姓都要买，差别不大；可是淘宝是利用化妆品、电子产品等购买量受经济影响较明显的商品进行预测，因此淘宝的 CPI 更能反映价格走势。美国印第安纳大学利用谷歌公司提供的心情分析工具，从近千万的短信和网民留言中归纳出 6 种心情，进而预测道琼斯工业指数，准确率高达 87%。

在制造业方面，华尔街对冲基金依据购物网站的顾客评论，分析企业的销售状况；一些企业利用大数据分析实现对采购和合理库存的管理，通过分析网上数据了解客户需求，掌握市场动向；美国通用电气公司通过对所生产的 2 万台喷气引擎的数据分析，开发的算法能够提前一个月预测和维护需求，准确率达 70%。

在农业领域，硅谷有个 Climate 公司，利用 30 年间的气候和 60 年间的农作物收成变化、14TB 的土壤的历史数据、250 万个地点的气候预测数据和 1500 亿土壤观察数据，生成10万亿个模拟气候据点，可以预测下一年的农产品产量以及天气、作物、病虫害和灾害、肥料、收获、市场价格等的变化。

在商业领域，沃尔玛将每月4500万的网络购物数据，与社交网络上产品的大众评分结合，开发出“北极星”搜索引擎，方便顾客购物，在线购物的人数增加10%~15%。有的电商平台将消费者在其平台上的消费记录卖给其他商家，商家得到这个消费记录对应的顾客IP地址后，就会留意其上网踪迹和消费行为，并适时弹出本公司商品的广告，这样就很容易做成交易，最终的结果是顾客、电商平台、商家，甚至相关网站都各有收益。

在金融领域，阿里巴巴根据淘宝网上中小型公司的交易状况，筛选出财务健康、诚信优良的企业，为他们免担保提供贷款达上千亿元，坏账率仅有0.3%；华尔街“德温特资本市场”公司通过分析3.4亿留言判断民众心情，以决定公司股票的买入和卖出，也获得了较好的收益。

在医疗卫生领域，一方面，相关部门可以根据搜索引擎上民众对相关关键词的搜索数据建立数学模型进行分析，得出相应的预测进行预防。如百度公司得出的中国艾滋病感染人群的分布情况，与后期的卫计委公布结果基本一致。另一方面，医生可以借助社交网络平台与患者就诊疗效果和医疗经验进行交流，能够获得在医院得不到的临床效果数据。除此之外，基于对人体基因的大数据分析，可以实现对症下药的个性化诊疗，提高医疗质量。

在交通运输中，物流公司可以根据GPS上大量的数据分析优化运输路线节约燃料和时间，提高效率；相关部门也会通过对公交车上手机用户的位置数据的分析，为市民提供交通实时情况。大数据还可以改善机器翻译服务，谷歌翻译器就是利用已经索引过的海量资料库，从互联网上找出各种文章及对应译本，找出语言数据之间的语法和文字对应的规律来达到目的的。大数据在影视、军事、社会治安、政治领域的应用也都有着很明显的效果。总之，大数据的用途是十分广泛的。

当然，大数据不仅仅是一种资源，作为一种思维方法，大数据也有着令人折服的影响。伴随大数据产生的数据密集型科学，有学者将它称为第四种科学模式。其研究特点在于：不在意数据的杂乱，但强调数据的规模；不要求数据的精准，但看重其代表性；不刻意追求因果关系，但重视规律总结。现如今，这一思维方式广泛应用于科学研究和各行各业，是从复杂现象中透视本质的重要工具。

2.4.3 大数据分析的过程

2.4.3.1 业务理解

最初的阶段集中在理解项目目标和从业务的角度理解需求，同时将业务知识转化为数据分析问题的定义和实现目标的初步计划上。阶段从初始的数据收集开始，通过一些活动的处理，目的是熟悉数据，识别数据的质量问题，首次发现数据的内部属性，或是探测引起兴趣的子集去形成隐含信息的假设。

2.4.3.2 数据准备

数据准备阶段包括从未处理数据中构造最终数据集的所有活动。这些数据将是模型工具的输入值。这个阶段的任务有的能执行多次，没有任何规定的顺序。任务包括表、记录和属性的选择，以及为模型工具转换和清洗数据。

2.4.3.3 建　模

在这个阶段，可以选择和应用不同的模型技术，模型参数被调整到最佳的数值。有些技术可以解决一类相同的数据分析问题；有些技术在数据形成上有特殊要求，因此需要经常跳回到数据准备阶段。

2.4.3.4 评　估

在这个阶段，已经从数据分析的角度建立了一个高质量显示的模型。在最后部署模型之前，重要的事情是彻底地评估模型，检查构造模型的步骤，确保模型可以完成业务目标。这个阶段的关键目的是确定是否有重要业务问题没有被充分考虑。在这个阶段结束后，必须达成一个数据分析结果使用的决定。

2.4.3.5 部　署

通常，模型的创建不是项目的结束。模型的作用是从数据中找到知识，获得的知识需要以便于用户使用的方式重新组织和展现。根据需求，这个阶段可以产生简单的报告，或是实现一个比较复杂的、可重复的数据分析过程。在很多案例中，由客户而不是数据分析人员承担部署的工作。

2.4.4 大数据分析技术的难点

2.4.4.1 可扩展性

由于大数据的特点之一是“规模大”，利用大规模数据可以发现诸多新知识，因而大数据分析需要考虑的首要任务之一就是使得分析算法能够支持大规模数据，在大规模数据上能够在应用所要求的时间约束内得到结果。

2.4.4.2 可用性

大数据分析的结果应用到实际中的前提是分析结果的可用，这里“可用”有两个方面的含义：一方面，需要结果具有高质量，如结果完整、符合现实的语义约束等；另一方面，需要结果的形式适用于实际的应用。对结果可用性的要求为大数据分析算法带来了挑战，所谓“垃圾进垃圾出”，高质量的分析结果需要高质量的数据；结果形式的高可用性需要高可用分析模型的设计。

2.4.4.3 领域知识的结合

大数据分析通常和具体领域密切结合，因而大数据分析的过程很自然地需要和多个领域知识相结合。这为大数据分析方法的设计带来了挑战。一方面，领域知识具有的多样性以及领域知识的结合导致相应大数据分析方法的多样性，需要与领域相适应的大数据分析方法；另一方面，对领域知识提出了新的要求，需要领域知识的内容和表示适用于大数据分析的过程。

2.4.4.4 结果的检验

有一些应用需要高可靠性的分析结果，否则会带来灾难性的后果。因而，大数据分析结果需要经过一定检验才可以真正应用。结果的检验需要对大数据分析结果需求的建模和检验的有效实现。

2.4.5 大数据挖掘研究现状

数据挖掘就是从大量数据中发现隐含的知识和模式。它既是一种知识获取技术，又是一个数据处理过程经过十几年的发展，对数据挖掘的研究从最初表面的、孤立的问题向系统的、全面的方向发展。目前对数据挖掘的研究围绕理论、技术和应用三个方面展开。

理论方面的研究包括数据和知识的表示、文本数据和多媒体数据的模型构造、知识发现不确定性管理、挖掘结果的评价、数据挖掘的算法复杂性和效率分析、海量数据集的统计学研究等。

技术方面的研究主要包括数据挖掘方法、数据挖掘算法和数据挖掘过程。目标是建立完整的数据挖掘理论体系，建立通用、有效的处理模型，用科学的方法论指导发现知识的过程，使之成为一种主流技术数据挖掘是从人工智能发展而来，因此人工智能中的许多技术成果都可以移植到数据挖掘中来。挖掘方法包括分类、聚类、预测和评估、相关性分析、检索和优化等。

应用研究包括开发各种数据挖掘系统和工具及其在各个行业中的应用，如股票价格分析与预测、金融风险分析、信用卡欺诈分析、气象预报、生物工程等。随着Internet的普及和发展，对Internet数据的挖掘，如数字图书馆站点访问模式分析，成为当今一个十分活跃的应用领域研究方向。

目前数据挖掘的典型应用领域包括：市场分析和预测，比如英国BBC广播公司进行的收视率调查、大型超市销售分析与预测等；工业生产，主要用于发现最佳生产过程；金融，采用统计同归式神经网络构造预测模型，如自动投资系统；可预测最佳投资时机科学研究，对于天文定理的发现、地震发现者，用于分析地壳的构造活动等，Web数据挖掘，如站点访问模式分析，网页内容自动分类、聚类等；工程诊断，数据挖掘作为一种新的知识发现手段，许多国家和研究机构都在监测诊断项目中加入了对数据挖掘的研究。

2.5 大数据处理架构 Hadoop

2.5.1 Hadoop 的定义

Hadoop 是 Apache 软件基金会旗下的一个开源分布式计算平台。它的核心部分由 Hadoop 分布式文件系统 HDFS（Hadoop Dismbuted File System）和 Map Reduce（空格 e 的开源实现）组成，为用户提供了系统底层细节透明的分布式基础架构。其中，HDFS 的高容错性、高伸缩性、高可用性等优点允许用户将 Hadoop 部署在普通的个人电脑上，形成分布式系统。Map Reduce 分布式编程模型允许用户在不了解分布式系统底层细节的情况下开发并行应用程序。所以，用户可以利用 Hadoop 轻松地组织计算机资源，搭建自己的分布式计算平台，并且可以充分利用集群的计算和存储能力，完成海量数据的处理。

Hadoop 被公认是一套行业大数据标准开源软件，在分布式环境下提供了海量数据的处理能力。国内外很多大公司都在利用 Hadoop 处理公司业务，也有很多公司围绕 Hadoop 做工具开发、开源软件和技术服务。一方面，2013 年，大型 IT 公司，如 EMC、Microsoft、Intel、Teradata、Cisco 等都明显增加了 Hadoop 方面的投入，Teradata 还公开展示了一个一体机；另一方面，创业型 Hadoop 公司层出不穷，如 Sqrrl、Wandisco、GridGain、InMobi 等都推出了开源的或者商用的软件。

目前有很多公司开始提供基于 Hadoop 的商业软件、支持、服务以及培训。Cloudera 是一家美国的企业软件公司，该公司在 2008 年开始提供基于 Hadoop 的软件和服务。Hortonworks 是由 Yahoo！和 Benchmark Capital 于 2011 年 7 月联合创建的一家企业管理软件公司，专注于 Apache Hadoop 的开发和支持，支持跨计算机集群分布式处理大型数据集，主要产品为 Hortonworks 数据平台（一款开源的基于 Apache Hadoop 的数据分析系统），该公司雇用了众多 Hadoop 项目的核心人员以提供相应的支持和培训。GoGrid 是一家云计算基础设施公司，在 2012 年，该公司与 Cloudera 合作加速了企业采纳基于 Hadoop 应用的步伐。Dataguise 公司是一家数据安全公司，2012 年该公司推出了一款针对 Hadoop 的数据保护和风险评估软件。

2.5.2 Hadoop 的发展简史

Hadoop 是 Doug Cutting 开发的使用广泛的文本搜索库。Hadoop 起源于 Apache Nutch 一个开源的网络搜索引擎，本身也是 Lucene 项目的一部分。Hadoop 这个名字不是一个缩写，它是一个虚构的名字。该项目的创建者 DougCutting 如此解释 Hadoop

的得名："这个名字是我孩子给一头吃饱了的棕黄色大象起的名字。我的命名标准就是简短，容易发音和拼写，没有太多的意义，并且不会被用于别处。小孩子是这方面的高手。Google 就是由小孩命名的。" Hadoop 及其子项目和后继模块所使用的名字往往也与其功能不相关，经常用一头大象和其他动物主题。然而各个较小的组成部分的命名体现了更多的描述性，更通俗易懂，因为它意味着可以大致从其名字猜测其功能，如 JobTracker 的任务就是跟踪 Map Reduce 作业。

从头开始构建一个网络搜索引擎是一个雄心勃勃的目标，不只是要编写一个复杂的、能够抓取和索引网站的软件，还需要面临着没有专业运行团队支持它运行的挑战，因为它有那么多独立部件。同样昂贵的还有硬件设施。据 Mike Cafarella 和 Doug Cutting 估计，一个支持 10 亿页的索引需要价值约为 50 万美元的硬件投入，每月运行费用还需要 3 万美元。不过，他们相信这是一个有价值的目标，因为这会开放并最终使搜索引擎算法普及化。

Nmch 项目开始于 2002 年，一个可工作的抓取工具和搜索系统很快浮出水面。但他们意识到，他们的架构将无法扩展到拥有数十亿网页的网络。在 2003 年发表的一篇描述 Google 分布式文件系统（GFS）的论文为他们提供了及时的帮助，文中称 Google 正在使用此文件系统。GFS 或类似的文件系统，可以解决他们在网络抓取和索引过程中产生的大量的文件存储需求。具体而言，GFS 会省掉管理所花的时间，如管理存储节点。在 2004 年，他们开始写一个开放源码的应用，即 Nutch 的分布式文件系统（NDFS）。

2004 年，Google 发表了论文，向全世界介绍了 Map Reduce。2005 年初，Nutch 的开发者在 Nutch 上有了一个 Map Reduce 应用。到当年年中，所有主要的 Nutch 算法被移植到 Map Reduce 和 NDFS 上运行。

Nutch 中的 NDFS 和 Map Reduce 实现的应用远不只在搜索领域。2006 年 2 月，它们从 Nutch 转移出来成为一个独立的 Lucene 子项目，称为 Hadoop。大约在同一时间，Doug Cutting 加入雅虎，雅虎提供了一个专门的团队和资源将 Hadoop 发展成一个可在网络上运行的系统。2008 年 2 月，雅虎宣布其搜索引擎产品部署在一个拥有 1 万个内核的 Hadoop 集群上。

2008 年 1 月，Hadoop 已成为 Apache 顶级项目，证明它是成功的，是一个多样化、活跃的社区。通过这次机会，Hadoop 成功地被雅虎之外的很多公司应用，如 Last.fm、Facebook 和《纽约时报》。

《纽约时报》使用云计算将 4TB 的报纸扫描文档压缩，转换为用于 Web 的 PDF 文件。这个过程历时不到 24 小时，使用 100 台机器运行，如果不结合亚马逊的按小时付费的模式（允许《纽约时报》在很短的一段时间内访问大量机器）和 Hadoop 易于使用的并行程序设计模型，该项目很可能不会这么快开始启动。

2008 年 4 月，Hadoop 打破世界纪录，成为最快排序 1TB 数据的系统。运行在一个 910 节的群集，Hadoop 在 209 秒内排序了 1TB 的数据（还不到 3 分半钟），击败了前一年的 297 秒的冠军。同年 11 月，谷歌在报告中声称，它的 Map Reduce 实现 1TB 数据的排序只用了 68 秒。2009 年 5 月，有报道宣称雅虎的团队使用 Hadoop 对 1TB 的数据进行排序只花了 62 秒。

2.5.3 Hadoop 的功能和作用

21 世纪，我们已经迈入了大数据时代，众所周知，现代社会的信息量增长速度极快，这些信息里又积累着大量的数据，其中包括个人数据和工业数据。根据 Facebook 在 2012 年公开的一组数据显示，诸如 Facebook 系统每天要处理 25 亿条消息、500TB 以上的数据；用户点击 Like 按钮的次数达到 27 亿次，上传 3 亿张照片，每半个小时扫描的数据大约为 105TB。预计到 2020 年，每年产生的数字信息将会有超过 1/3 的内容驻留在云平台中或借助云平台处理。我们需要对这些数据进行分析和处理，以获取更多有价值的信息。那么，我们如何高效地存储和管理这些数据，如何分析这些数据呢？Hadoop 作为开源分布式大数据处理平台的价值在这个时候就体现出来了，它在处理这类问题时，采用了分布式存储方式，提高了读写速度，并扩大了存储容量。采用 Map Reduce 来整合分布式文件系统的数据，可保证分析和处理数据的高效。与此同时，Hadoop 还采用存储冗余数据的方式保证了数据的安全性。Hadoop 中 HDFS 的高容错特性，以及它是基于 Java 语言开发的，使得 Hadoop 可以部署在低廉的计算机集群中，同时不限于某个操作系统。Hadoop 中 HDFS 的数据管理能力，MapRedace 处理任务时的高效率，以及它的开源特性，使其在同类的分布式系统中大放异彩，并在众多行业和科研领域中被广泛采用。

Hadoop 是一个能够让用户轻松架构和使用的分布式计算平台。用户可以轻松地在 Hadoop 上开发和运行处理海量数据的应用程序。

它主要有以下几个优点。

（1）高可靠性：Hadoop 按位存储和处理数据的能力值得人们信赖。

（2）高扩展性：Hadoop 是在可用的计算机集簇间分配数据并完成计算任务的，这些集簇可以方便地扩展到数以千计的节点中。

（3）高效性：与生俱来的并行化处理方式使得 Hadoop 能够在节点之间动态地移动数据，并保证各个节点的动态平衡，还能方便地扩展集群，增大机器规模，因此其处理速度非常快。

（4）高容错性：Hadoop 能够自动保存数据的多个副本，并且能够自动将失败的任务重新分配。

（5）低成本：组成 Hadoop 平台的机器都是廉价的服务器甚至是个人电脑，成本非常低。

2.5.4 Hadoop 的构成元素

2.5.4.1 HDFS

Hadoop 由许多元素构成，其底部是 Hadoop Distributed File System（HDFS），它存储 Hadoop 集群中所有存储节点上的文件，是 GFS 的开源实现，因此本节只对 HDFS 做简要的介绍，包括 HDFS 的特点、架构、读写操作过程，具体的原理可以参考第 3 章对 GFS 的详细介绍。HDFS 是一种分布式文件系统，运行于大型商用机集群，HDFS 为 HBase 提供了高可靠性的底层存储支持；由于 HDFS 具有高容错性的特点，所以可以设计部署在低廉的硬件上。它可以以很高的吞吐率来访问应用程序的数据，适合那些有着超大数据集的应用程序。HDFS 与其他分布式文件系统有许多相似点，但也有几个不同点。一个明显的区别是 HDFS 的“一次写入多次读取”（write-once-read-many）模型，该模型降低了并发性控制要求，简化了数据聚合性，支持高吞吐量访问。

HDFS 的另一个独特的特性是下面这个观点：将处理逻辑放置到数据附近通常比将数据移向应用程序空间更好（移动程序比移动数据更划算）。通常一个数据处理程序只有几 KB 至几 MB 的大小，而数据则非常大。显然，将程序移动到数据所在的位置，处理完数据之后将处理结果传回调用方，这样能节省很多网络带宽资源。

HDFS 将数据写入严格限制为一次写入一个。字节总是被附加到一个流的末尾，字节流总是以写入顺序存储。

HDFS 有许多目标，下面是一些最明显的目标。通过检测故障和应用快速、自动地恢复实现容错性。由于 HDFS 建立在大量普通的硬件设备上，因此硬件故障是常见的问题，整个 HDFS 系统由数百台或数千台存储着数据文件的服务器组成，而如此多的服务器意味着高故障率，所以故障的检测和自动快速恢复是 HDFS 的一个核心目标。

2.5.4.2 HBase

HBase-Hadoop Database 是一个高可靠性、高性能、面向列、可伸缩的分布式存储系统，利用 HBase 技术可在廉价 PC 服务器上搭建起大规模结构化存储集群。HBase 是 Google BigTable 的开源实现，模仿并提供了基于 Google 文件系统的 BigTable 数据库的所有功能。Google BigTable 利用 GFS 作为其文件存储系统，HBase 利用

Hadoop HDFS 作为其文件存储系统；Google 运行 Map Reduce 来处理 BigTable 中的海量数据，HBase 同样利用 Hadoop Map Reduce 来处理 HBase 中的海量数据；Google BigTable 利用 Chubby 作为协同服务，HBase 利用 ZooKeeper 作为协同服务。HBase 仅能通过行键（rowkey）和行键的值域区间范围（range）来检索数据，并且仅支持单行事务（可通过 Hive 支持来实现多表连接等复杂操作）。HBase 主要用来存储非结构化和半结构化的松散数据。HBase 可以直接使用本地文件系统或者 Hadoop 作为数据存储方式，不过为了提高数据可靠性和系统的健壮性，发挥 HBase 处理大数据量等功能，需要使用 Hadoop 作为文件系统。与 Hadoop 一样，HBase 主要依靠横向扩展，通过不断增加廉价的商用服务器来增加计算和存储能力。HBase 的目标是处理非常庞大的表，可以用普通的计算机处理超过 10 亿行数据并且由数百万列元素组成的数据表。

2.5.4.3 Hive

Hive 是基于 Hadoop 的数据仓库工具，可以将结构化的数据文件映射为一张数据库表，并提供简单的 SQL 查询功能，可以将 SQL 语句转换为 Map Reduce 任务运行。其优点是学习成本低，可以通过类 SQL 语句快速实现简单的 Map Reduce 统计，不必开发专门的 Map Reduce 应用，十分适合数据仓库的统计分析。

2.5.4.4 Impala

在实时性要求不是很高的应用场景中，比如，月度统计报表生成等，基于传统的 Hadoop Map Reduce 来处理海量大数据（包括使用 Hive），在各方面表现都还不错，只需要离线处理数据，然后存储结果即可。在一些实时性要求相对较高的应用场景中，处理时间能够在原有的基础上大幅度减少，能很好地提升用户体验。对于大数据的实时性要求，其实是相对的。比如，传统使用 Map Reduce 计算框架处理 PB 级别的查询分析请求，可能耗时 30 分钟甚至更多，但是如果能够使这个延迟大大降低，如 3 分钟计算出结果，这是很令人震撼的。Impala 就是基于这样的需求驱动而出现的。

Impala 是 Cloudera 公司主导开发的新型查询系统，它提供 SQL 语义，能查询存储在 Hadoop 的 HDFS 和 HBase 中的 PB 级大数据。已有的 Hive 系统虽然也提供了 SQL 语义，但 Hive 底层执行使用的是 Map Reduce 引擎，仍然是一个批处理过程，难以满足查询的交互性。相比之下，Impala 的最大优势、最大卖点就是它的快速。

可以看出，位于 Datanode 上的每个 Impalad 进程，都具有 Query Planner、Query Coordinator、Query ExecEngine 这几个组件，每个 Impala 节点在功能集合上是对等的。也就是说，任何一个节点都能接收外部查询请求。当有一个节点发生故障后，其他节点仍然能够接管，这还要得益于在 HDFS 上数据的副本是冗余的，只要数据能够取得，某些挂掉的 Impalad 进程所在节点的数据，在整个 HDFS 中只要还存在副本，还是可以提供计算的。除非，当多个 Impalad 进程挂掉了，恰好此时的查询请求要操作的数据所在的节点，都没有 Impalad 进程，这肯定是无法计算了。

（1）客户端。有三类客户端可以与 Impala 进行交互：基于驱动程序的客户端（ODBC-Driver 和 JDBC-Driver，其中 JDBC-Driver 支持 Hive1 与 Hive2 风格的驱动形式）；Hue 接口，可以通过 Hue-Beeswax 接口与 Impala 进行交互；Impala Shell 命令行接口，类似关系数据库，可以直接使用 SQL 语句与 Impala 交互。

（2）Hive Metastore。Impala 使用 Hive Metastore 来存储一些元数据，为 Impala 所使用。通过存储的元数据，Impala 可以更好地知道整个集群中数据以及节点的状态，从而实现集群并行计算，对外部提供查询分析服务。

（3）Cloudera Impala。Impala 会在 HDFS 集群的 Data Node 上启动进程，协调位于集群上的多个 Impala 进程（Impalad），以及执行查询。在 Impala 架构中，每个 Impala 节点都可以接收来自客户端的查询请求，然后负责解析查询，生成查询计划，并进行优化，协调查询请求在其他的多个 Impala 节点上并行执行，最后由负责接收查询请求的 Impala 节点来汇总结果，响应客户端。

2.5.4.5 HBase 和 HDFS

HBase 和 HDFS 存储着实际需要查询的大数据。

Impala 目前在 SQL 解析方面还有优化的余地，当前的问题，一个是 SQL 解析速度很慢，另一个是如果 SQL 比较复杂的话存在硬解析的问题，非常耗时，和现在更加成熟的关系数据库 Oracle、MySQL 等相比还有一定差距。

2.5.4.6 Pig

Pig 是一个基于 Hadoop 的大规模数据分析工具，它提供的 SQL.LIKE 语言叫 Pig Latin，该语言的编译器会把类 SQL 的数据分析请求转换为一系列经过优化处理的 Map Reduce 运算。Twitter 甚至基于 Pig 实现了一个大规模机器学习平台。Pig 是一种编程语言，它简化了 Hadoop 常见的工作任务。Pig 可加载数据、表达转换数据以及存储最终结果。Pig 内置的操作使得半结构化数据变得有意义（如日志文件）。同时 Pig 可扩展使用 Java 中添加的自定义数据类型并支持数据转换。

2.5.5 数据收集、转换工具

大量数据的收集与转换工作对于 Hadoop 来说也是件轻松的事，因为它有专门的数据收集、转换工具的支持。大量数据的采集和存储（如日志文件）往往需要经过一系列的处理（数据 ETL），有了这些工具的支持就使得工作得以简化。下面介绍两个常用的工具。

2.5.5.1 Flume

Flume是一个分布、可靠、高可用的海量日志聚合的系统，可用于日志数据收集、日志数据处理、日志数据传输。

2.5.5.2 Sqoop

Sqoop是一个用来将Hadoop和关系型数据库中的数据相互转移的工具，可以将一个关系型数据库（MySQL、Oracle、Postgres等）中的数据导入Hadoop的HDFS中，也可以将HDFS中的数据导入关系型数据库中。

Sqoop的架构非常简单，其整合了Hive、HBase和Oozie，通过Map Reduce任务来传输数据，从而提供并发特性和容错。

2.5.6 机器学习工具

Apache Mahout是基于Hadoop的机器学习和数据挖掘的一个分布式框架。Mahout用Map Reduce实现了部分数据挖掘算法，解决了并行挖掘的问题。

随着Hadoop越来越普及，对合适的管理平台的需求成为当前亟待解决的问题。已经有几个商业性的Hadoop管理平台，如Cloudera Enterprise Manager，但Apache Ambari是第一个开源实现。

Apache Ambari是一种基于Web的工具，支持Apache Hadoop集群的供应、管理和监控。Ambari目前已支持大多数Hadoop组件，包括HDFS、Map Reduce、Hive、Pig、HBase、ZooKeeper、Sqoop和HCatal等。

Apache Ambari支持HDFS、Map Reduce、Hive、Pig、HBase、ZooKeeper、Sqoop和HCatalo等的集中管理。Ambari主要取得了以下成绩：通过一步一步的安装向导简化了集群供应；预先配置好关键的运维指标(metrics)，可以直接查看Hadoop Core(HDFS和Map Reduce）及相关项目（如HBase、Hive和HCatalog）是否健康；支持作业与任务执行的可视化与分析，能够更好地查看依赖和性能；通过一个完整的Restful API把监控信息暴露出来，集成了现有的运维工具；用户界面非常直观，用户可以轻松有效地查看信息并控制集群；Ambari使用Ganglia收集度量指标，用Nagios支持系统报警，当需要引起管理员关注时（比如节点停机或磁盘剩余空间不足等问题），系统将向其发送邮件。

此外，Ambari能够安装安全的Hadoop集群，以此实现对Hadoop安装的支持，提供了基于角色的用户认证、授权和审计功能，并为用户管理集成了LDAP和Tive Director。

2.5.7 其他工具

Apache ZooKeeper分布式服务框架是Apache Hadoop的一个子项目，它主要用来解决分布式应用中经常遇到的一些数据管理问题，如统一命名服务、状态同步服务、集群管理、分布式应用配置项的管理等。

ZooKeeper 从设计模式角度来看，是一个基于观察者模式设计的分布式服务管理框架，它负责存储和管理大家都关心的数据，然后接受观察者的注册。一旦这些数据的状态发生变化，ZooKeeper 就通知已经在 ZooKeeper 上注册的观察者并做出相应的反应，从而实现集群中类似 Master / Slave 的管理模式。ZooKeeper 作为 Hadoop 项目中的一个子项目，是 Hadoop 集群管理的一个必不可少的模块，主要用来控制集群中的数据。

2.5.8 Hadoop 的安装与使用

2.5.8.1 Hadoop 的安装准备

在开始具体操作之前，首先需要选择一个合适的操作系统。尽管 Hadoop 本身可以运行在 Linux、Windows 以及其他一些类 UNIX 系统（如 FreeBSD、OpenBSD、Solaris 等）之上，但是 Hadoop 官方真正支持的作业平台只有 Linux。这就导致其他平台在运行 Hadoop 时，往往需要安装很多其他的包来提供一些 Linux 操作系统的功能，以配合 Hadoop 的执行。如 Windows 在运行 Hadoop 时，需要安装 Cygwin 等软件。我们这里选择 Linux 作为系统平台，来演示在计算机上如何安装 Hadoop、运行程序并得到最终结果。当然，其他平台仍然可以作为开发平台使用。对于正在使用 Windows 操作系统的用户，可以通过在 Windows 操作系统中安装 Linux 虚拟机的方式完成实验。在 Linux 发行版的选择上，我们倾向于使用企业级的、稳定的操作系统作为实验的系统环境。同时，考虑到易用性以及是否免费等方面的问题，我们排除了 OpenSUSE 和 RedHat 等发行版，最终选择免费的 Ubuntu 桌面版作为推荐的操作系统。

Hadoop 基本安装配置主要包括以下五个步骤。

（1）创建 Hadoop 用户。

（2）安装 Java。

（3）设置 SSH 登录权限。

（4）单机安装配置。

（5）伪分布式安装配置。

下面将分别介绍每个步骤的具体实现方法，这里使用的操作系统是 Ubuntul 4.04，Hadoop 版本为 2.7.3。

2.5.8.2 创建 Hadoop 用户

为方便操作，我们创建了一个名为“Hadoop”的用户来运行程序，这样可以使不同用户之间有明确的权限区别。同时，也可以使针对 Hadoop 的配置操作不影响其他用户的使用。实际上，对于一些大的软件（如 MySQL），在企业中也常常为其单独创建一个用户。

创建用户的命令是 useradd，设置密码的命令为 passwd。此外，可能部分系统还需要为用户创建文件夹，在这里不再详细说明。

由于 Hadoop 本身是使用 Java 语言编写的，因此 Hadoop 的开发和运行都需要 Java 的支持，一般要求 Java6 或者更新的版本。对于 Ubuntu 本身，系统上可能已经预装了 Java，它的 JDK 版本为 open.jdk，路径为“/ usr / lib / jvm / default-java”，后文中需要配置的 JAVA_HOME 环境变量就可以设置为这个值。

对于 Hadoop 而言，采用更为广泛应用的 Oracle 公司的 Java 版本，在功能上可能会更稳定一些，因此用户也可以根据自己的爱好，安装 Oracle 版本的 Java。在安装过程中，请记录 JDK 的路径，即 JA，A-HOME 的位置。这个路径的设置将用在后文 Hadoop 的配置文件中，目的是让 Hadoop 程序可以找到相关的 Java 工具。

2.5.8.3 安装单机 Hadoop

这里使用的 Hadoop 版本为 2.7.3，下载地址为 http：// hadoop.apache.org / releases.html#Download，在目录中选择 hadoop-2.7.3.tar.gz 进行下载即可。

将该文件夹解压后，可以放置到自己喜欢的位置，如“/ usr / local / hadoop”文件夹下。注意，文件夹的用户和组必须都为 hadoop。

在 Hadoop 的文件夹中（即“/ usr / local / hadoop”），“etc / hadoop”目录下面放置了配置文件。对于单机安装，首先需要更改 hadoop-env.sh 文件，以配置 Hadoop 运行的环境变量。这里只需要将 JAVA_HOME 环境变量指定到本机的 JDK 目录就可以了，命令如下：

SexportJAVA_HOME= / usr / lib / jvm / default-Java

完成之后，我们可以试着查看 Hadoop 的版本信息，可以运行如下命令：

$./bin/hadoopversion

此时，应该得到如下提示：

Hadoop2.7.3Thiscommandwasrunusin9 / usr / local / hadoop / share / hadoop / common / hadoop-common-2.7.3jar.Hadoop 文档中还附带了一些例子供我们测试，我们可以运行 WordCount 的例子来检测一下 Hadoop 安装是否成功。

首先，在 hadoop 目录下新建 input 文件夹，用来存放输入数据；其次，将 etc / hadoop 文件夹下的配置文件拷贝进 input 文件夹中；再次，在 hadoop 目录下新建 output 文件夹，用来存放输出数据；最后，执行如下代码：

Scd / US / rlocal / hadoop

$mkdir. / input

$cp. / etc / hadoop / *.xml. / input

S. / bin / hadoop.jar / usr / local / hadoop / share / hadoop / Map Reduce / hadoop-Map Reduce-examples*.jargrep. / input. / 0utput’dfs[a-z]+’。

执行之后，我们执行以下命令查看输出数据的内容：

Scat. / 0utput / *

2.5.8.4 Hadoop 伪分布式安装

分布式安装是指在一台机器上模拟一个小的集群，但是集群中只有一个节点。需要说明的是，在一台机器上也是可以实现完全分布式安装的（而不是伪分布式），只需要在一台机器上安装多个 Lmux 虚拟机，每个 Lmux 虚拟机成为一个节点，这时就可以实现 Hadoop 的完全分布式安装。

当 Hadoop 应用于集群时，不论是伪分布式还是真正的分布式运行，都需要通过配置文件对各组件的协同工作进行设置。对于伪分布式配置，我们需要修改 core-slite.xml、hdfs-slite.xml 这两个文件。

修改后的 core-slite.xml 文件如下：

```
<configuration>
<property>
<name>hadoop.tmp.dir< / name>
<value>file： / usr / local / hadoop / mp< / value>
<description>Abaseforothertemporarydirectories.< / description>
< / property>
<property>
<name>fs.defaultFS< / name>
<value>hdfs： / / localhost：9000< / value>
< / property>
< / configuration>
```

可以看出，core-slite.xml 配置文件的格式十分简单，<name> 标签代表了配置项的名字，<value> 项设置的是配置的值。对于 core-slite.xml 文件，我们只需要在其中指定 HDFS 的地址和端口号，端口号按照官方文档设置为 9000 即可。

修改后的 hdfs-slite.xml 文件如下：

```
<configuration>
<property>
```

```
<name>dfs.replication< / name>
<value>l< / value>
< / property>
<property>
<name>dfs.Namenode.name.dir< / name>
<value>file: / usr / local / hadoop / tmp / dfs / name< / value>
< / property>
<property>
<name>dfs.Datanode.data.dir< / name>
<value>file: / usr / local / hadoop / tmp / dfs / data< / value>
< / property>
< / configuration>
```

对于 hdfs-slite.xml 文件，我们设置 replication 值为 1，这也是 Hadoop 运行的默认最小值，它限制了 HDFS 文件系统中同一份数据的副本数量。因为这里采用伪分布式，集群中只有一个节点，因此副本数量 replication 的值也只能设置为 1。

在配置完成后，首先需要初始化文件系统。由于 Hadoop 的很多工作是在自带的 HDFS 文件系统上完成的，因此需要将文件系统初始化之后才能进一步执行计算任务。执行初始化的命令如下：

```
S. / bin / hadoopNamenode-format
```

执行结果如下：

```
15 / 01 / 1418: 04: 15INFONamenode.NameNode: STARTUPMSG:
/ ************************************************************
STARTUP_MSG: StartingNameNode
STARTUP_MSG: host=ubuntu / 127.0.1.1
STARTUP_MSG: args=[-format]
STARTUP_MSG: version=2.7.3
************************************************************/
16 / 09 / 08ll: 30: 04INFOutil.ExitUtil: ExitingWithstatusoig / 09 / 0811:
30: 04INFONamenode.NameNode: SHUTDOWNMSG: /
************************************************************
SHUTDOWNMSG: ShuttingDownNameNode / 127.0.1.1
************************************************************
```

****** /

在看到运行结果中出现“ExitingWithstatuso”之后，就说明初始化成功了。

然后，用如下命令启动所有进程，可以通过提示信息得知所有的启动信息都写入对应的日志文件。如果出现启动错误，则可以在日志中查看错误原因。

$. / bin / start-all.sh

运行之后，输入jps 指令可以查看所有的 Java 进程。在正常启动时，可以得到如下类似结果：

$jps8675NodeManager8885Jps8072NameNode8412SecondaryNameNode8223DataNode8559ResourceManager

此时，可以访问 Web 界面（http：/ / localhost：50070）来查看 Hadoop 的信息。

接下来，我们执行如下命令在 HDFS 中创建用户目录：

S. / bin / hadoopdfs-mkdir-P / user / hadoop

在前面的安装单机 Hadoop 内容中，我们曾经在本地 hadoop 文件夹下创建了 input 文件夹，并把 etc / hadoop 文件夹下的配置文件复制到 input 文件夹，作为实验所需的文本文件。现在，我们需要将这些本地的文本文件（配置文件）“上传”到分布式文件系统 HDFS 中的 input 文件夹。当然，这里的“上传”并不意味着数据通过网络传输。实际上，伪分布式 Hadoop 环境下，本地的 input 文件夹和 HDFS 中的 input 文件夹都在同一台机器上，并不需要通过网络传输数据。我们可以执行如下命令，将本地 input 文件夹中的数据上传到 HDFS 的 input 文件夹：

$. / bin / hadoopdfs-put. / input

接着，运行如下命令来执行字数统计测试样例：

S. / bin / hadoop.jar / usr / local / hadoop / share / hadoop / Map Reduce / hadoop-Map Reduce-examples-*.Jar.grepinputoutput’ dfs[a-z.]+’

在计算完成后，系统会自动在 HDFS 中生成 output 文件夹来存储计算结果。大家可以输入下面命令查看最终结果：

$. / bin / hadoopfs-catoutput / *

最后需要指出的是，当需要重新运行程序时，首先需将 HDFS 中的 output 文件夹删除，然后再运行程序。

2.6 云计算和大数据的智能应用分析

2.6.1 云计算的定义

云计算最早是由 Google 提出的，一方面是因为当时在网络拓扑图中用云来代表远程的大型网络，另一方面也用来指代通过网络应用模式来获取服务。狭义的云计算是指 IT 基础设施的交付和使用模式，指通过网络以按需、易扩展的方式获得所需的资源；广义的云计算是指服务的交付和使用模式，指通过网络以按需、易扩展的方式获得所需的服务。这种服务可以是与 IT 和软件、互联网相关的，也可以是任意其他的服务，它具有超大规模、虚拟化、可靠安全等独特功效。

目前，不同文献和资料对云计算的定义有不同的表述，主要有以下几种代表性的定义。

定义 1：云计算是一种能够在短时间内迅速按需提供资源的服务，可以避免资源过度和过低使用。

定义 2：云计算是一种并行的、分布式的系统，由虚拟化的计算资源构成，能够根据服务提供者和用户事先商定好的服务等级协议动态地提供服务。

定义 3：云计算是一种可以调用的虚拟化的资源池，这些资源池可以根据负载动态重新配置，以达到最优化使用的目的。用户和服务提供商事先约定服务等级协议，用户以用时付费模式使用服务。

定义 4：云计算是一种大规模分布式的计算模式，由规模经济所驱动，能够把抽象化的、虚拟化的、动态可扩展的计算、存储、平台及服务以资源池的方式管理，并通过互联网按需提供给用户。

定义 1 强调了按需使用方式，定义 2 中突出了用户和服务提供商双方事先商定的服务等级协议。这两个定义都从一定的角度给出定义。定义 3 和定义 4 综合了前面两种定义的描述，更好地揭示了云计算的特点和本质。

2.6.2 云计算的主要特征

云计算是一种按使用量付费的模式，这种模式提供可用的、便捷的、按需的网络访问，进入可配置的计算资源共享池（资源包括网络、服务器、存储、应用软件、服务）。这些资源能够被快速提供，只需要投入很少的管理工作，或与服务供应商进行很少的交互。云计算有以下五个主要特征。

2.6.2.1 按需自助服务

消费者可以单方面按需部署处理能力，如服务器时间和网络存储，而不需要与每个服务供应商进行人工交互。

2.6.2.2 通过网络访问

可以通过互联网获取各种能力，并可以通过标准方式访问，以通过众多瘦客户端或富客户端推广使用（如移动电话、笔记本电脑、PDA 等）。

2.6.2.3 与地点无关的资源池

供应商的计算资源被集中，以便多用户租用模式下服务所有客户，同时不同的物理和虚拟资源可根据客户需求动态分配和重新分配。客户一般无法控制或知道资源的确切位置。这些资源包括存储、处理器、内存、网络带宽和虚拟机器。

2.6.2.4 快速伸缩性

可以迅速、弹性地提供资源，能快速扩展，也可快速释放以实现快速缩小。对客户来说，可以租用的资源看起来似乎是无限的，并且可在任何时间购买任何数量的资源。

2.6.2.5 按使用付费

能力的收费是基于计量的一次一付，或基于广告的收费模式，以促进资源的优化利用。比如计量存储、带宽和计算资源的消耗，按月根据用户实际使用收费。在一个组织内的云可以在部门之间计算费用，但不一定使用真实货币。

云计算新的范式的特点带来了众多的优势，同时引入了一些新的问题亟待解决。这些因素制约着云计算技术及其应用的发展。

2.6.3 云计算的应用分类

从云计算部署的角度，云计算可分为私有云、社区云、公共云和混合云。私有云被一个组织管理操作。社区云由多个组织共同管理操作，具有一致的任务调度和安全策略。公共云由一个组织管理维护，提供对外的云服务，可以被公众所拥有。混合云是以上两种或两种以上云的组合。从云计算服务的角度，云计算服务类型可以分为基础设施即服务、平台即服务、软件即服务。

IaaS 在服务层次上是底层服务，接近物理硬件资源，通过虚拟化的相关技术，为用户提供计算、存储、网络以及其他资源方面的服务，以便用户能够部署操作系统和运行软件。这一层典型的服务如亚马逊的弹性云（Amazon，EC2）。EC2 与 Google 提供的云计算服务不同，Google 只为互联网上的应用提供云计算平台，开发人员无法在这个平台上工作，因此只能转而通过开源的 Hadoop 软件支持来开发云计算应用。而 EC2 给用户提供一个虚拟的环境，使得用户可以基于虚拟的操作系统环境运行自身的应用程序。同时，用户可以创建亚马逊机器镜像（AMI），镜像包括库文件、数据和环境配置，通过弹性计算云的网络界面去操作在云计算平台上运行的各个实例（Instance），同时用户需要为相应的简单存储服务（S3）和网络流量付费。

PaaS 是构建在基础设施即服务之上的服务，用户通过云服务提供的软件工具和开发语言，部署自己需要的软件运行环境和配置。用户不必控制底层的网络、存储、操作系统等技术问题，底层服务对用户是透明的，这一层服务是软件的开发和运行环境。这一层服务是一个开发、托管网络应用程序的平台，代表性的有GoogleAppEngine和MicrosoftAzure。使用GoogleAppEngine，用户将不再需要维护服务器，用户基于Google的基础设施上传、运行应用程序软件。目前，Google App Engine用户使用一定的资源是免费的，如果使用更多的带宽、存储空间等需要另外收取费用。Google App Engine提供一套APl使用eython或Java来方便用户编写可扩展的应用程序，但仅限Google App Engine范围的有限程序，现存很多应用程序还不能很方便地运行在Google App Engine上。Micmsoft Azure构建在Microsoft数据中心内，允许用户应用程序，同时提供了一套内置的有限APl，方便开发和部署应用程序。此平台包含在线服务Live Service、关系数据库服务SQL Services、各式应用程序服务器服务NET Services等。

SaaS是前两层服务所开发的软件应用，不同用户以简单客户端的方式调用该层服务，如以浏览器的方式调用服务。用户可以根据自己的实际需求，通过网络向提供商订制所需的应用软件服务，按服务多少和时间长短支付费用。最早提供该服务模式的Irl是Saleforce公司运行的客户关系管理（CRM）系统，它是在该公司PaaS层force.com平台之上开发的SaaS Google的在线办公自软件，如文档、表格、幻灯片处理也采用Saas服务模式。

云计算提供的不同层次的服务使开发者、服务提供商、系统管理员和用户面临许多挑战。底层的物理资源经过虚拟化转变为多个虚拟机，以资源池多重租赁的方式提供服务，提高了资源的效用。核心中间件起到任务调度、资源和安全管理、性能监控、计费管理等作用。一方面，云计算服务涉及大量地调用第三方软件及框架和重要数据处理的操作，这需要有一套完善的机制，以保证云计算服务安全有效地运行；另一方面，虚拟化的资源池所在的数据中心往往电力资源耗费巨大，解决这样的问题需要设计有效的资源调度策略和算法。在用户通过代理或者直接调用云计算服务的时候，需要和服务提供商之间建立服务等级协议（Service Level Agreement，SLA），那么必然需要服务性能监控，以便设计出比较灵活的付费方式。此外，还需要设计便捷的应用接口，方便服务调用。而用户在调用中选择什么样的云计算服务，这就要设计合理的度量标准并建立一个全球云计算服务市场以供选择调用。

2.6.4 大数据与云计算的关系

2.6.4.1 大数据是信息技术发展的必然阶段

云计算技术自2007年以来得到了蓬勃的发展。云计算的核心模式是大规模分布式计算，将计算、存储、网络等资源以服务的模式提供给多用户，按需使用。云计算为企业和用户提供高可扩展性、高可用性和高可靠性，提高资源使用效率，降低企业信息化建发、投入和运维成本。随着美国亚马逊、Google、微软公司提供的公共云服务的不断成熟与完善，越来越多的企业正在往云计算平台上迁移。

由于国家的战略规划需要和政府积极引导，云计算及技术在我国近几年来取得了长足的发展。我国设立了北京、上海、深圳、杭州、无锡作为第一批云计算示范城市，北京的“祥云”计划、上海的“云海”计划、深圳的“云计算国际联合实验室”、无锡的“元云计算项目”以及杭州的“两湖云计算公共服务平台”先后启动和上线。其他城市如天津、广州、武汉、西安、重庆、成都等也都推出了相应的云计算发展计划或成立了云计算联盟，积极开展云计算的研究开发和产业试点。然而，中国云计算的普及在很大程度上仍然局限在基础设施的建设方面，缺乏规模性的行业应用，没有真正实现云计算的落地。物联网及云计算技术的全面普及是我们的美好愿景，能够实现信息采集、信息处理，以及信息应用的规模化、泛在化、协同化。然而，其应用的前提是大部分行业、企业在信息化建设方面已经具备良好的基础和经验，有着迫切的需求去改造现有系统架构，提高现有系统的效率。而现实情况是我们的大部分中小企业在信息化建设方面才刚刚起步，只有一些大型企业和国家部委在信息化建设方面具备基础。

大数据的爆发是社会和行业信息化发展中遇到的棘手问题。由于数据流量和体量增长迅速，数据格式存在多源异构的特点，而我们对数据处理又要求能够准确、实时，能够帮助我们发掘出大体量数据中潜在的价值，传统的信息技术架构，已无法处理大数据问题，它存在着扩展性差、容错性差、性能低、安装部署及维护困难等诸多瓶颈。物联网、互联网、移动通信网络技术在近些年来的迅猛发展，造成数据产生和传输的频度和速度都大大加快，催生了大数据问题，而数据的二次开发、深度循环利用则让大数据问题日益突出。

云计算、物联网技术的广泛应用是我们的愿景，而大数据的爆发则是发展中遇到的棘手问题。前者是人类文明追求的梦想，后者是社会发展亟待解决的瓶颈。云计算是技术发展趋势，大数据是现代信息社会飞速发展的必然现象。解决大数据问题，又需要现代云计算的手段和技术。大数据技术的突破不仅能解决现实困难，同时还会促使云计算、物联网技术真正落地，并深入推广和应用。

从现代 IT 技术的发展中，我们总结出几个趋势和规律。

大型机与 PC 之争，以 PC 完胜为终结。苹果 IOS 和 Android 之争，开放的 Android 平台在两三年内即抢占了 1/3 的市场份额。Nokia 的塞班操作系统因为不开放，已经处于淘汰边缘。这些都体现了现代 IT 技术需要本着开放、众包的观念，才能取得长足发展。

现有的常规技术同云计算技术的碰撞与之相类似，云计算技术的优势在于利用众包理论和开源体系，建设基于开放平台和开源新技术的分布式架构，能够解决现有集中式的大机处理方式难以解决或不能解决的问题。像淘宝、腾讯等大型互联网公司也曾经依赖于Sun、Oracle、EMC这样的大公司，后来都因为成本太贵而采用开源技术，自身的产品最终也贡献给开源界，这也反映了信息技术发展的趋势。

传统行业巨头已经向开源体系倾斜，这是利于追赶的历史机遇。传统的行业巨头、大型央企（如国家电网、电信、银行、民航等）因为历史原因过度依赖外企成熟的专有方案，造成创新性不足，被外企产品绑架的格局。从破解问题的方案路径上分析，解决大数据问题，必须逐渐放弃传统信息技术架构，利用以云技术为代表的新一代信息技术来解决大数据问题。尽管先进的云计算技术主要发源于美国，但是基于开源基础，我们与发达技术的差距并不大，将云计算技术应用于大型行业中的迫切的大数据问题，也是我们实现创新突破、打破垄断、追赶国际先进技术的历史契机。大数据是信息技术发展的必然阶段。

根据今天的信息技术的发展情况，我们预测：各个国家和经济实体都会将数据科学纳入亟待研究的应用范畴，数据科学将发展成为人类文明中一门至关重要的宏观科学，其内涵和外延已经覆盖所有同数据相关的学科和领域，逐渐构架出清晰的纵向层级关系和横向扩展边界。

纵向上，从文字、图像的出现算起，发展到以数学为基础的自然学科，再发展到以计算机为工具，甚至到云计算、物联网、移动互联的今天，围绕的核心就是数据。只是今天的数据，按照我们的宏观数据理论，已经扩展为所有人类文明所记载的内容，而不再是狭义的数值。

横向上，数据科学正向其他社会学科和自然学科渗透，并很大程度影响了其他学科研发流程和探究方法的传统思维，建立了各个学科、各个领域间的新型关联关系，弱化了物理性边界，使事物和事件变得更加一体化。

正是这种横向、纵向上的延展，使数据的包容性达到了前所未有的数量、容量和质量，而且加速倾向严重，其重要性更是上升到了生产要素的战略高度，使人们意识到大数据时代（或叫数据时代）真正来临了。这一切的起因，就是信息技术的高速发展。

所以说，大数据是我们必须面临的问题，是我们发展中必然要经历的阶段。

2.6.4.2 云计算等新兴信息技术正在真正地落地和实施

国内云计算及大数据市场已经具备初步发展态势。2010年，中国云计算市场规模同比增长29.3%。据计世资讯研究表明，在企业用户中，已经有67.5%的用户认可云服务模式，并开始采用云计算服务，或者在企业内部实现云平台共享。市场规模也从2010年的167.31亿元增长到2013年的1174.12亿元，年均复合增长率达到91.5%。未来几年，云计算应用将以政府、电信、教育、医疗、金融、石油石化和电力等行业为重点发展。

云计算及大数据处理技术已经渗透到国内传统行业及新兴产业，政策、资金引导力度不断加大。纵观国内市场，云计算已广泛应用在互联网企业、社交网站、搜索、媒体、电子商务等新兴产业领域。同时，在国家的政策引导下，科研经费投入力度加大，国家重大项目资金、政府引导型基金、地方配套资金和企业发展所需的科研基金涉及了国民经济多个支柱型行业和领域，其规模、数量增长迅猛，时效显著。在这一大背景下，传统行业的云计算应用将蓬勃发展起来，但目前大多仍着眼于硬件建设和资源服务层面（如智慧城市中宽带建设、数据中心项目等），核心软件关键技术如大数据处理方面，更多的是在课题研究领域，真正的应用也不多见。

重点领域的行业需求迫切。可以看到的是，这种市场状况正在改善，首先是一些企业（电力、民航、银行、电信）为了自身业务的发展需要，确实迫切需要新的技术解决在大数据处理方面所遇到的问题。其次，随着经济的高速发展以及市场环境的不断变化，越来越多的企业意识到了数据在开拓市场、提升自身竞争力等方面所起到的重要作用，挖掘数据、寻找新价值的需求逐渐受到了重视。同时，现代信息技术作为产业升级、打造新兴产业的引擎，又极大地推动了大数据处理技术的发展。可以预见，大数据处理市场将会变得空前广阔，数据为王的理念将会被越来越多的人所接受。

2.6.4.3 云计算等新兴技术是解决大数据问题的核心关键

云计算等新兴信息技术诞生的初衷，是解决原有信息技术的高成本和高含量这个弊端。这个弊端经常让使用者用不起、搞不懂、影响信息技术的应用和创新。但云计算的迅速崛起，逐步解决了高成本、高含量的问题，但低成本、高速度的数据应用，也使数据泛滥成灾，出现数量大、结构变化快、速度时效性高、价值密度低等几大问题，促成了大数据这个概念。只有解决大数据这个疑难杂症，才能使云计算等新兴技术真正落地和实施。怎么解决、用什么技术、坚持什么原则，是需要我们认真考虑的问题。

大数据问题的解决，首先要从大数据的源头开始梳理。既然大数据源于云计算等新兴IT技术，就必然有新兴IT技术的基因继承下来。低成本、按需分配、可扩展、开源、泛在化等特点是云计算的基因，这些基因体现在大数据上时，有了性质的突变。如低成本这个基因，在大数据问题上就演变出数据产生的低成本和数据处理的高成本，按需分配的虚拟化基因，促使数据的应用变得更加平台集中化，可扩展、开源和泛在化使数据变得增速异常等。综合起来，就是大量的普遍存在的低成本、低价值密度数据多集中在平台上，使我们的处理成本加大，技术难度加大，而且泛在化倾向加重。

泛在化倾向的加重，就意味着这个问题本身是全链条、全领域的增速共生事件，就必须以最广泛的视野和观念来克服和改善，简单的单项处理技术和局部突破在这个数据裂变量面前经常会变得力不从心。这同云计算技术突破传统 IT 技术的大机原理、高成本瓶颈和技术垄断是一个道理。这说明低成本的复制、可扩展的弹性、众人参与的开源等原则既是云计算的基础手段，也是解决大数据问题最实用的办法。再深入分析，云计算等先进的 IT 技术，天性就是要快速、方便、便宜地解决数据，所以，“解铃尚需系铃人”的逻辑思维是我们最便捷的解决路径，特别是互联网产业的爆炸式发展，让这个路径变得越来越唯一。覆盖和变革全信息产业的云计算等新兴 IT 技术，抽象出了“云”的理念、原则和手段，成为我们理解大数据、克服大数据、应用大数据的制胜法宝和关键。云资源调度与管理建立起云计算数据中心和应用平台后，一项重要和关键的技术是如何将云计算数据中心虚拟共享资源有效地按用户需求动态管理和分配，并提高资源的使用效率，从而为云计算的广泛应用提供便利。其中涉及两个技术点：数据中心的资源调度和管理。

2.6.5 云资源管理

在数据中心规模日益庞大的今天，如果不能提升数据中心的管理能力、全面充分地调度数据中心各项资源，那么这样的数据中心在性能上并不能称得上优秀，特别是服务器数量增加、虚拟化环境日趋复杂、数据中心能耗增加对数据中心管理者在服务器利用、服务器能耗等方面提出了极大挑战。因此，只有采用更加高效的数据中心管理平台，才能让数据中心的性能更上一个台阶。

对数据中心的管理要从三方面入手，第一步就是搭建最基础的数据中心设备管理平台，通过这个平台对数据中心内部的各个设备进行实时的监控，当出现异常情况后，立即通过管理软件对其进行处理。第二步就是管理和控制能源消耗的设备，以及对已经部署的制冷设备进行实时调节。第三步则是对虚拟层设备的管理，主要是对实施虚拟化后设备的运行情况进行监视，以免因虚拟层的崩溃而对设备的正常运行造成影响。

2.6.5.1 云数据中心资源管理的内容

云数据中心资源管理的内容主要为用户管理、任务管理与资源管理。

1. 用户管理

用户管理主要分为账号管理、用户环境配置、用户交互管理与使用计费。

账号管理：云数据中心的主要作用之一就是为用户提供计算和存储资源。使用这些资源，用户应当注册账号以便统一管理。同样地，数据中心管理员登录高权限的账号，可以对数据中心进行普通用户无法访问的操作。

用户环境配置：不同数据中心账户保存它们各自的环境配置，并提供配置的导出和导入功能。

用户交互管理：记录用户登录状态改变和对资源的各种操作的模块，并将用户操作写入日志以备查询。

使用计费：根据用户所使用的资源种类、时长、用户级别等计算其所应支付的费用，计费系统一般根据提供商根据自身的业务特点，基于虚拟化。对于收费方式不具体阐述。

2. 任务管理

任务管理主要有映像部署与管理、任务调度、任务执行与生命周期管理。

映像部署与管理：云数据中心的基础是虚拟化平台，资源管理系统通过映像文件部署一台全新的虚拟机，而无须新建空虚拟机并安装操作系统。同时，用户也可以将自己的虚拟机保存为自定义的映像文件，以快速部署 DIY 系统。

任务调度：负责在数据中心服务器上分配用户任务的模块。

任务执行：负责执行数据中心具体的任务的模块。

生命周期管理：对资源生命周期进行管理，定期释放过期的资源以节省数据中心存储空间和能耗。

3. 资源管理

（1）资源管理的主要内容为多种调度算法、故障检测、故障恢复与监控统计。

多种调度算法：负责从监控统计模块获取数据，计算数据中心各个服务器的负载状态，并在适时的时候执行多种调度算法，以使所有的服务器工作在最佳的状态。

故障检测：周期性地启动，测试数据中心的软硬件状况，记入日志或者数据库，并且在检测到指定错误时向管理员报告。

故障恢复：通常对可预计的故障预先设定好故障处理模块，当发生这些故障时，将会自动启动应对措施。

监控统计：监控数据中心各类资源的状态，汇总数据并及时提供给其他模块进行相应的计算。

（2）资源管理的目标。

云计算的资源管理的目标就是接受用户的资源请求，并把特定的资源分配给资源的请求者，主要包括数据存储和资源管理两个方面的内容。在这里，我们将云资源管理的目标概括为以下几点。

自动化：数据中心资源管理模块在无须人工干预的情况下能够处理用户请求、服务器软、硬件故障以及对各项操作进行记录。

资源优化：定时对数据中心资源分配进行优化，以保持数据中心资源的合理分配。资源的优化依据不同的策略有不同的优化目标，通常有以下几种。

通信调优策略：主要依据数据中心网络带宽调度资源。该策略使得服务器之间的通信带宽、服务器与外部的通信带宽得到合理的分配。

热均衡策略：主要依据数据中心内服务器的产热分布进行资源调度。该策略调整数据中心的资源使用分布情况，从而达到指定服务器之间的产热均衡，使得数据中心的散热设备得到充分利用，节约资源。

负载均衡策略：主要依据数据中心内各个服务器的物理资源使用情况（主要包括 CPU、内存、网络带宽等资源），通过控制任务分配和资源迁移，使数据中心达到综合负载均衡的状态。

4. 简洁管理

资源管理的目标之一就是使得管理员和用户能够较为容易地管理资源。因此，功能和界面设计应当以简洁和实用为主。

5. 虚拟资源与物理资源的整合

虚拟资源与物理资源的整合是通过虚拟化技术实现的，虚拟化技术对于创建云计算中心至关重要。虚拟化技术是云计算中的一个关键技术，因为云计算中一台主机能够同时运行多个操作系统平台，其处理能力和存储空间也能根据需求不同而被不同平台上的应用动态共享。动态的分配和回收物理主机资源，很大程度上增加了云资源管理的难度。

2.6.5.2 云资源调度策略

1. 资源调度关键技术

云计算建立在计算机界长期的技术累计基础之上，包括软件和平台作为一种服务、虚拟化技术和大规模的数据中心技术等关键技术。数据中心（可能是分布在不同地理位置的多个系统）是容纳计算设备资源的集中之地，同时负责对计算设备的能源提供和空调维护等。数据中心可以单独建设，也可以置于其他建筑之内。动态分配管理虚拟和共享资源在新的应用环境——云计算数据中心里面临新的挑战，因为云计算应用平台可能分布广泛而且种类多样，加之用户需求的实时动态变化很难准确预测，以及需要考虑系统性能和成本等因素，使得问题非常复杂。需要设计高效的云计算数据中心分配调度策略算法，以适应不同的业务需求和满足不同的商业目标。目前的数据中心分配调度策略主要包括先来先服务、负载均衡、最大化利用等。提高系统性能和服务质量是数据中心的关键技术指标，然而随着数据中心规模的不断扩大，能源消耗成为日益严重和备受关注的问题，因为能源消耗对成本和环境的影响都极大。

云数据中心资源调度关键技术主要包括以下几个方面。

（1）调度策略：是资源调度管理的最上层策略，需要数据中心所有者和管理者界定，主要是确定调度资源的目标，以及确定当资源不足时满足所有立即需求时的处理策略。

（2）优化目标：调度中心需要确定不同的目标函数以判断调度的优劣，目前有最大化满足用户请求、最低成本、最大化利润、最大化资源利用率等优化目标函数。

（3）调度算法：好的调度算法需要按照目标函数产生优化的结果，并且在极短的时间之内，同时自身不能消耗太多资源。一般来讲，调度算法基本都是 NP-Hard 问题，需要极大的计算量而且不能通用。业界普遍采用近似优化的调度算法，并且针对不同应用调度算法不同。

（4）调度系统结构：与数据中心基础架构密切相关，目前多是多级分布式体系结构。

（5）数据中心资源界定及其相互制约关系：分析清楚资源以及其相互制约关系有利于调度算法综合平衡各类因素。

（6）数据中心业务流量特征分析：掌握业务流量特征有助于优化调度算法。

2. 资源调度策略分类

（1）性能优先。

先来先服务：最大限度地满足单台虚拟机的资源要求，一般采用先来先服务的策略，同时结合用户优先级。主要考虑如何最大化满足用户需求，并考虑用户优先级别（包括重要性和安全性等）。初期的 IBM 虚拟计算等都是如此，多用于公司或学校内部。可能没有具体的调度优化目标函数，但须说明管理员是如何分配资源的。服务器可分为普通、高吞吐量、高计算密度等类别供用户选择。

负载均衡：使所有服务器的平均资源利用率达到平衡，如 VMware 和 Sun 公司产品等采用了负载均衡策略。

优化目标：资源利用的平衡，即所有物理服务器（CPU、内存利用率、网络带宽等）

使用率基本一致。

每当有资源被分配使用时，需要计算、监控各资源目前的利用率（或者直接使用负载均衡分配算法），将用户分配到资源利用率最低的资源上。

硬件方式通过提供负载平衡专门的设备，如多层交换机，可以在一个集群内分发数据包。通常情况下，实施、配置和维护基于硬件的解决方案需要时间和资金成本的投资。软件方式可以采用 Round Robin 等调度方式。

提高可靠性：使各资源的可靠性达到指定的具体要求，如保证业务 99.9% 时间，Amazon 99.95% 的业务可靠性承诺。

业务可靠性与服务器本身的可靠性（平均故障时间、平均维修时间等）相关，还有停机、停电、动态迁移等造成的业务中断将影响业务的可靠性。提高可靠性的方式是备份冗余等方式，使用主备份方式时主用机与备用机不放置在同一物理机上或同一机架上。具体指标也可以由用户指出（作为需求选项由用户选择）。

（2）成本优先。

优化目标：资源利用率最大，使所有数据中心计算资源得到最大限度的利用（或用最少的物理机满足用户需求）。

输入：当前数据中心的资源分布，用户请求（特定的虚拟机）。

输出：用户请求的虚拟机配置在数据中心的物理机编号。

定义：物理（虚拟）服务器的利用率（或效率）= 已分配 CPU：物理机可虚拟出的 CPU 总数这一参数，说明当前服务器的使用情况，由此可以排列出不同服务器效率的高低。选择虚拟机时，总是按照其利用率从小到大排列。

每台虚拟机单位时间内的价格 = 虚拟机在单位时间的成本 ×（1+a）

其中：a 为利用率，可由提供商控制。虚拟机单位时间内的成本可由其占用的计算资源、存储资源和网络资源的成本进行估算（取较大值）。

（3）最大化利润。

优化目标：最大化利润，使用各种资源的收入（单位时间）减去使用各种资源的总成本得出利润。

考虑因素主要包括以下几点。

单位资源单位时间的成本（每台物理机可能不一样）= 固定成本（含折旧、人力等）+ 变动成本（与其功耗相关），虚拟机的功耗率 = 虚拟机满负载的总成本 / 虚拟机总 CPU 容量

每台物理机上的成本 = 启动成本（每次新开一台服务器的成本）+ 单位资源单位时间的成本 × 时间 × 资源大小

单个用户请求的收入 = 该用户选择的虚拟机单位时间价格 × 使用时间，资源总收入为所有用户的收入之和

每次用户使用结束后，比较迁移条件，如果满足则可以进行迁移，以减少物理服务器开机数量，减少成本。

（4）最小化运营成本。

最大限度降低运营成本，减少制冷、电力、空间成本。

优化目标：最小化成本，使所有资源成本之和最小化。考虑因素主要包括以下几点。

单位资源单位时间的成本（每台物理机可能不一样）= 固定成本（含折旧、人力等）+ 变动成本（与其功耗相关）

虚拟机的功耗率 = 虚拟机满负载的总成本 / 虚拟机总 CPU 容量

每台物理机上的成本 = 启动成本（每次新开一台服务器的成本）+ 单位资源单位时间的成本 × 时间 × 资源大小

单个用户请求的收入 = 该用户选择的虚拟机单位时间价格 × 使用时间，资源总收入为所有用户的收入之和

综上所述，需要考虑到公司实际的业务需求和商业目标而选取不同的调度策略。对于满足公司内部业务需求为主的应用，可以考虑最小化成本、最大化利用率和负载均衡等；对于商业应用为主的需求，可能考虑最大化利润较好。

2.6.6 云计算的智能应用

2016 年初，谷歌 AlphaGo（阿发围棋，阿发狗）挑战韩国的围棋高手李世石九段，将全世界人的目光都吸引到人工智能、大数据智能处理上，更是刺激了无数围棋和人工智能爱好者的神经。作为机器，在与人对弈时，其显著的优势在于能够记录收集到的全部比赛历史并进行复盘演练。然而，人是灵活的、多变的，即使同一个人在相同的开局下也可能演变出不同的棋路。这对棋谱数据的智能处理提出了更高的要求，是人工智能和大数据智能处理技术的综合应用体现。当比赛最终尘埃落定，各方面人士和团体机构纷纷热议人工智能和大数据智能处理技术的发展，有悲观的，也有乐观的；有憧憬的，也有恐慌的；有支持的，也有反对的。因此，在世界范围内掀起了一轮新的人工智能、大数据智能处理热潮。

回顾一下计算机的发展历程，从 1936 年图灵发表第一篇关于可计算性的论文以来，各种新理论、新技术或者新应用不断涌现，从计算机的发明、软件工程的提出，到互联网、万维网的出现，再到云计算、大数据的出现，整整 80 年间计算机有了突飞猛进的发展，也推动了人类社会的变革。

1936 年 5 月，图灵向伦敦权威的数学杂志投了一篇论文，题为《论数字计算在决断难题中的应用》。该文于 1937 年在《伦敦数学会文集》第 42 期上发表后，立即引起广泛的关注。在论文的附录里，他描述了一种可以辅助数学研究的机器，后来被人称为“图灵机”，第一次在纯数学的符号逻辑和实体世界之间建立了联系。现在我们所使用的计算机以及“人工智能”都是以此为基础的。1944 年，冯·诺依曼与摩根斯特恩合著的《博弈论与经济行为》是博弈论学科的奠基性著作，对世界上第一台电子计算机 ENIAC 的设计提出过建议。1945 年 3 月，他们在共同讨论的基础上起草了一个全新的“存储程序通用电子计算机方案”（EDVAC，Electronic Discrete Variable Automatic Computer）。这对后来计算机的设计有决定性的影响，特别是确定计算机的结构，采用存储程序以及二进制编码等，至今仍为电子计算机设计者所遵循。1968 年 10 月，在德国的南部小城加尔米施（Garmisch）举行了一次在软件历史上非常有名的会议，会议由北大西洋公约组织（NATO）的科技委员会出资，会议的名字就叫“软件工程大会”。软件工程在当时还是一个新鲜名词，这个会议颇有“以战略眼光审视新出现的软件危机”的意味。软件工程是一门研究用工程化方法构建和维护有效的、实用的和高质量的软件的学科。它涉及程序设计语言、数据库、软件开发工具、系统平台、标准、设计模式等方面。1969 年 12 月，ARPANET 投入运行，建成了一个实验性的由 4 个节点连接的网络。到 1983 年，ARPANET 已连接了 300 多台计算机，供美国各研究机构和政府部门使用。1983 年，ARPANET 分为 ARPANet 和军用的 MILNET（MilitarvNetwork），两个网络之间可以进行通信和资源共享。由于这两个网络都是由许多网络互联而成的，因此它们都被称为 Internet，ARPANet 就是 Internet 的前身。1989 年 3 月，伯纳斯—李撰写了《关于信息化管理的建议》一文，文中提及 ENQUIRE，并且描述了一个更加精巧的管理模型。1990 年 11 月 12 日，他和罗伯特·卡里奥（Robert Cailliau）合作提出了一个关于万维网更加正式的建议。

1990 年 11 月 13 日，他在一台 NeXT 工作站上写了第一个网页，以实现他文中的想法。www 是环球信息网的缩写（亦作 Web、www、W3，英文全称为 World Wide Web），中文名字为万维网、环球网等，常简称为 Web。WWW 分为 Web 客户端和 web 服务器程序，Web 客户端（常用浏览器）可以访问浏览 Web 服务器上的页面。

1998 年，科学家迎来了复杂网络的又一次突破性进展，首先冲破了 ER 随机图理论框架。美国康奈尔大学理论和应用力学系的博士生 Watts 及其导师 Strogatz 在 *Nature* 杂志上发表了题为《“小世界”网络的群体动力行为》的论文，提出了小世界网络模型，推广了“六度分离”的科学假设。“六度分离”来自对社会调查的推断，指在大多数人中，任意两个素不相识的人通过朋友的朋友，平均最多通过六个人就能够彼此认识。

2001 年 1 月，维基百科由 Bomis 网站的总裁吉米·威尔士发起。维基百科是一个基于维基技术的全球性多语言百科全书协作计划，同时也是一部用多种语言编成的网络百科全书，其目标及宗旨是为全人类提供自由的百科全书——用他们所选择的语言来书写而成的，是一个动态的、可自由访问和编辑的全球知识体。2006 年 8 月，Google 首席执行官埃里克·施密特在搜索引擎大会（SES–San Jose 2006）首次提出“云计算”（cloud computing）的概念。对云计算的定义，至少可以找到 100 种解释，现阶段广为接受的是美国国家标准与技术研究院（NIST）的定义：云计算是一种按使用量付费的模式，这种模式提供可用的、便捷的、按需的网络访问，进入可配置的计算资源共享池（资源包括网络、服务器、存储、应用软件、服务），这些资源能够被快速提供，只需投入很少的管理工作，或与服务供应商进行很少的交互。

2007 年 3 月，约翰·F. 甘茨、大卫·莱茵泽尔及互联网数据中心（IDC）的其他研究人员出版了一本白皮书，题为《膨胀的数字宇宙：2010 年世界信息增长预测》。这是第一份评估与预测每年世界所产生与复制的数字化数据总量的研究。

传统的网络计算主要是一种基于互联网的计算系统，而人机交互的互联计算强调的是人对云计算的参与和贡献，人已经作为一种计算资源介入计算系统之中，可以参与云计算的输入、计算处理过程和输出。这样的说法乍一看可能还感觉有点陌生，但是每个人却每时每刻都在经历着。比如 2015 年春节的关键词：“摇一摇”“抢红包”。

春节期间，微信红包收发总量为 32.7 亿次，“春晚摇一摇”互动总量超过 110 亿次（22 时 34 分春晚摇一摇互动出现峰值，达到了 8.1 亿次 / 分）。微信红包的发放者不仅是机器，还有大量人的参与。接收者如何判断是人还是机器自动发出的红包呢？这有很多的例子，比如脑机接口。通过意念控制机器，实现了大脑参与整个计算系统。常识性知识表达，这项研究中存在几个关键的挑战，主要是常识性知识的数据量庞大，既无法用自然语言清晰地描述，也无法用形式化方法进行描述，它的边界更是难以确定。人机交互的互联计算的出现有望解决这一难题。

在人机交互的互联计算环境中，数据的处理不仅是机器在做，还有人的参与。世界上有机器人，也出现了人机器；世界上有计算机，现在也有了计算人。实际上，当机器被用来代替人的部分功能，就是机器人。现在已经出现了人作为整个系统的一部分参与计算和工作的情况，这就成了人机器。用来做计算的机器被称为计算机。实际上，在人机交互的云计算系统里，人也可以作为整个系统的一员产生贡献，此时的人就成了计算人。云安全看似遥远，实际上人们每天在使用网络的时候，也在享受云安全服务。我们每天都在享受云计算，通过腾讯视频观看最新的体育节目、娱乐视频、网络直播，通过微信与朋友家人互传信息、视频聊天，在当当、天猫和京东等采购书籍、服装和电子产品。在我们现实生活的交通中，E代驾给人们提供了很多的出行方便。

2.6.6.1 Google 的三驾马车

1. GFS——一个可扩展的分布式文件系统

GFS（Google File System）是 Google 自己研发的一个适用于大规模分布式数据处理相关应用的、可扩展的分布式文件系统。Google 之所以要研发这样一个分布式文件系统，是为了满足自己的业务需求。Google 的主要业务是搜索引擎，面对的是海量数据的处理。在此需求面前，传统的大型服务器太过昂贵，还有扩展性差等缺点，而普通硬件设备成本低廉，但可靠性较差。GFS 正是基于普通的不算昂贵的可靠性不高的硬件设备，实现了容错的设计，并且为大量客户端提供了极高的聚合处理性能。

（1）GFS 产生背景和简介。

随着互联网的飞速发展以及 Google 自身的发展，原有的文件系统越来越不能满足 Google 的实际需求。为了满足迅速增长的数据处理需求，Google 按照自己业务的实际需求设计了一套适用二大规模分布式数据处理的分布式文件系统 GFS。GFS 正好与 Google 的存储要求相匹配，并满足 Google 的服务产生和处理数据应用的要求，以及 Google 的海量数据的要求。因此，GFS 出现以来，就迅速在 Google 内部广泛用作存储平台。Google 最大的集群通过上千个计算机的数千个硬盘，提供了数百 TB 的存储，并且这些数据被数百个客户端并行操作。

GFS 使用廉价的普通硬件设备构建分布式文件系统，将容错的任务交由文件系统来完成，利用软件的方法解决系统可靠性问题，这样可以使得存储的成本大幅下降。由于 GFS 服务器数目众多，服务器死机是经常发生的事情，如何在频繁的故障中确保数据存储的安全、保证提供不间断的数据存储服务，是 GFS 最核心的问题。GFS 的精彩在于它采用了多种方法，从多个角度，使用不同的容错措施来确保整个系统的可靠性。

（2）GFS 设计预期。

GFS 作为 Google 设计用来满足自己的业务需求的文件系统，必然会有一些特定的关注点，以下是 GFS 在设计时遵循的一些目标和需求。

系统由许多廉价的普通组件组成，组件失效是其中常态而非异常。系统必须持续监控自身的状态，它必须将组件失效作为一种常态，能够迅速地侦测、冗余并恢复失效的组件。

系统存储一定数量的大文件。预期会有几百万文件，文件的大小通常在 100MB 或者以上。数个 GB 大小的文件也普遍存在，并且要能够被有效地管理。系统也必须支持小文件，但是不需要针对小文件做专门的优化。

系统的工作负载主要由两种读操作组成：大规模的流式读取和小规模的随机读取。大规模的流式读取通常一次读取数百 KB 的数据，更常见的是 1 次读取 1MB 甚至更多的数据。来自同一个客户机的连续操作通常是读取同一个文件中连续的一个区域。小规模的随机读取通常是在文件某个随机的位置读取几个 KB 数据。如果应用程序对性能非常关注，通常的做法是把小规模的随机读取操作合并并且排序，之后按顺序批量读取，这样就避免了在文件中移动读取位置。

系统的工作负载还包括许多大规模的、顺序的、数据追加方式的写操作。一般情况下，每次写入的数据的大小和大规模读类似。数据一旦被写入后，文件就很少会被修改。当然，系统也支持小规模的随机位置写入操作，但是可能效率不是很高。

系统必须高效、行为定义明确地实现多客户端并行追加数据到同一个文件里的语意。Google 的文件通常被用于“生产者—消费者”队列，或者其他多路文件合并操作。通常会有数百个生产者，每个生产者进程运行在一台机器上，同时对一个文件进行追加操作。

使用最小的同步开销来实现的原子的多路追加数据操作是必不可少的。文件可以在稍后读取，或者是消费者在追加操作的同时读取文件。

高性能的稳定网络带宽远比低延迟重要。Google 的目标程序绝大部分要求能够高速率、大批量地处理数据，极少有程序对单一的读、写操作有严格的响应时间要求。

（3）GFS 系统架构。

GFS 将整个系统的节点分为三类角色：客户端（Client）、主服务器（Master）和 Chunk 服务器。客户端是 GFS 提供给应用程序的访问接口，它是一组专用接口，不遵守 POSIX 规范，以库文件的形式提供。应用程序直接调用这些库函数，并与该库链接在一起。主服务器是 GFS 的管理节点，在逻辑上只有一个，它保存系统的元数据，负责整个文件系统的管理，是 GFS 文件系统中的“大脑”。Chunk 服务器负责具体的存储工作，数据以文件的形式存储在 Chunk 服务器上。Chunk 服务器的个数可以有多个，它的数目直接决定了 GFS 的规模。GFS 将文件按照固定大小进行分块，默认是 64MB，每一块称为一个 Chunk（数据块），每个 Chunk 都有一个对应的索引号（Index）。

GFS 客户端在访问 GFS 时，首先访问主服务器节点，获取将要与之进行交互的 Chunk 服务器信息，然后直接访问这些 Chunk 服务器完成数据存取。GFS 的这种设计方法实现了控制流和数据流的分离，客户端与主服务器之间只有控制流而无数据流，这样就极大地降低了主服务器的负载，使之不成为系统性能的一个瓶颈。客户端与 Chunk 服务器之间直接传输数据流，同时由于文件被分成多个 Chunk 进行分布式存储，客户端可以同时访问多个 Chunk 服务器，从而使得整个系统的 I/O 高度并行，系统整体性能得到提高。

下面将给出该架构中的一些特性的详细介绍。

单一主服务器节点：从 GFS 框架图可以看出，GFS 的主服务器节点在逻辑上只有一个，单一的主服务器节点的策略大大简化了 GFS 的设计。单一的主服务器节点可以通过全局的信息精确定位 Chunk 的位置以及进行复制决策。另外，应该尽可能减少对主服务器节点的读、写，以避免主服务器节点成为系统的瓶颈。因此，客户端并不通过主服务器节点直接读写文件数据，而是向主服务器节点询问它应该联系的 Chunk 服务器。客户端将这些元数据信息缓存一段时间，后续的操作将直接和 Chunk 服务器进行数据读写操作。这也就是前面所说的客户端与主服务器之间只有控制流，而无数据流。

首先，客户端把文件名和程序指定的字节偏移，根据固定的 Chunk 大小，转换成文件的 Chunk 索引。然后，它把文件名和 Chunk 索引发送给主服务器节点。主服务器节点将相应的 Chunk 标识和副本的位置信息发还给客户端。客户端用文件名和 Chunk 索引作为键来缓存这些信息。

随后客户端发送请求到其中的一个副本处，考虑到效率和开销一般会选择最近的，请求信息包含了 Chunk 的标识和字节范围。在对这个 Chunk 的后续读取操作中，客户端不必再和主服务器节点通信，除非缓存的元数据信息过期或者文件被重新打开。实际上，客户端通常会在一次请求中查询多个 Chunk 信息，主服务器节点的回应也可能包含了紧跟着这些被请求的 Chunk 后面的 Chunk 的信息。在实际应用中，这些额外的信息在几乎没有任何代价的情况下避免了客户端和主服务器节点未来可能会发生的几次通信。

Chunk 尺寸：Chunk 的大小是关键的设计参数之一。在 GFS 中，Google 的工程师选择了 64MB，这个尺寸远远大于一般文件系统的块大小。每个 Chunk 的副本都以普通 Linux 文件的形式保存在 Chunk 服务器上，只有在需要的时候才扩大。惰性空间分配策略避免了因内部碎片造成的空间浪费，当然，内部碎片也成为这么大的 Chunk 尺寸最具争议的一点。之所以选择这样一个较大的 Chunk 尺寸，是因为有几个重要的优点。首先，它减少了客户端和主服务器节点通信的需求，因为只需要一次和 Master 节点的通信就可以获取 Chunk 的位置信息，之后就可以对同一个 Chunk

进行多次的读、写操作。这种方式对降低文件系统的工作负载来说效果显著，因为Google的应用程序通常是连续读、写大文件。即使是进行小规模的随机读取，采用较大的Chunk尺寸也带来了明显的好处，客户端可以轻松地缓存一个数TB的工作数据集的所有Chunk位置信息。而且采用较大的Chunk尺寸，使得客户端能够对一个块进行多次操作，这样就可以通过与Chunk服务器保持较长时间的TCP连接来减少网络负载。选用较大的Chunk尺寸，减少了主服务器节点需要保存的元数据的数量，这就允许把元数据全部放在内存中。下面的内容将会分析元数据全部放在内存中带来的好处和缺陷。

元数据：主服务器（物理主服务器）存储三种主要类型的元数据，包括文件和Chunk的命名空间、文件和Chunk的对应关系、每个Chunk副本的存放地点。所有的元数据都保存在主服务器的内存中。前两种类型的元数据（命名空间、文件和Chunk的对应关系）同时也会以记录变更日志的方式记录在操作系统的系统日志文件中，日志文件存储在本地磁盘上，同时日志会被复制到其他的远程主服务器上。采用保存变更日志的方式，能够简单可靠地更新主服务器的状态，并且不用担心主服务器崩溃导致数据不一致的风险。主服务器不会持久保存Chunk位置信息。主服务器在启动时，或者有新的Chunk服务器加入时，会向各个Chunk服务器轮询它们所存储的Chunk的信息。

元数据是保存在内存中的，所以主服务器的操作速度非常快。并且，主服务器可以在后台简单而高效地周期性扫描自己保存的全部状态信息。这种周期性的状态扫描也用于实现Chunk垃圾收集、在Chunk服务器失效时重新复制数据、通过Chunk的迁移实现跨Chunk服务器的负载均衡以及磁盘使用状况统计等功能。

当然，将元数据全部保存在内存中的方法也有潜在问题：Chunk的数量以及整个系统的承载能力都受限于主服务器所拥有的内存大小。但是，在实际应用中，这并不是一个严重的问题。主服务器只需要不到64字节的元数据就能够管理一个64MB的Chunk。由于大多数文件都包含多个Chunk，因此绝大多数Chunk都是满的，除了文件的最后一个Chunk是部分填充的。同样地，每个文件在命名空间中的数据大小通常在64字节以下，因为保存的文件名是压缩过的。

即使需要支持更大的文件系统，为主服务器增加额外内存的费用其实是很少的，而通过增加这有限的费用，就能够把元数据全部保存在内存里，增强系统的简洁性、可靠性、高性能和灵活性，显然这是可取的。

（4）GFS的容错机制。

主服务器容错具体来说，主服务器上保存了GFS文件系统的三种元数据：命名空间，也就是整个文件系统的目录结构。

Chunk 与文件名的映射表。

Chunk 副本的位置信息，每一个 Chunk 默认有三个副本。

就单个主服务器来说，对于前两种元数据，GFS 通过操作日志来提供容错功能。第三种元数据信息则直接保存在各个 Chunk 服务器上，当主服务器启动或 Chunk 服务器向主服务器注册时自动生成。因此，当主服务器发生故障时，在磁盘数据保存完好的情况下，可以迅速恢复以上元数据。为了防止主服务器彻底死机的情况，GFS 还提供了主服务器远程的实时备份，主服务器逻辑上只有一个，但物理上可以有多台，其中一台扮演当前工作中的 GFS 主服务器的角色。这样，在当前的 GFS 主服务器出现故障无法工作的时候，另外一台 GFS 主服务器就可以迅速接替其工作。

GFS 采用副本的方式实现 Chunk 服务器的容错。每一个 Chunk 有多个存储副本（默认为三个），分布存储在不同的 Chunk 服务器上。副本的分布策略需要考虑多种因素，如网络的拓扑、机架的分布、磁盘的利用率等。对于每一个 Chunk，必须将所有的副本全部写入成功，才视为成功写入。在其后的过程中，如果相关的副本出现丢失或不可恢复等状况，主服务器会自动将该副本复制到其他 Chunk 服务器，从而确保副本保持一定的个数。尽管一份数据需要存储三份，看起来磁盘空间的利用率并不高，但综合比较多种因素，采用副本无疑是最简单、最可靠、最有效的，而且实现的难度也是最小的一种方法。

GFS 中的每一个文件被划分成多个 Chunk，Chunk 的默认大小是 64MB。Chunk 服务器存储的是 Chunk 副本，副本以文件的形式进行存储。而每一个 Chunk 以 Block 为单位进行划分，大小为 64KB，每一个 Block 对应一个 32Bit 的校验和。当读取一个 Chunk 副本时，Chunk 服务器会将读取的数据和校验和进行比较，如果不匹配，就会返回错误，从而使客户端选择其他 Chunk 服务器上的副本。

GFS 展示了一个使用普通硬件支持大规模数据处理的系统的特质。GFS 成功地实现了 Google 对存储的需求，在 Google 内部，无论是作为研究和开发的存储平台，还是作为生产系统的数据处理平台，都得到了广泛的应用。它是 Google 持续创新和处理整个 W 曲线范围内的难题的一个重要工具。虽然一些设计要点都是针对 Google 的特殊需要订制的，但是还是有很多特性适用于类似规模和成本的数据处理任务，也就是说，给其他公司类似的需求提供了一个很好的解决思路，当前流行的开源系统 Hadoop 的文件系统 HDFS 也是基于 GFS 的思路的。GFS 的出现极大地推动了分布式系统的发展。

2. Map Reduce——一种并行计算的编程模型

Map Reduce 是一种编程模型，用于大规模数据集（大于 1TB）的并行运算。概念“Map”（映射）和“Reduce”（归约）及它们的主要思想，都是从函数式编程语言（Functional Language）里借用而来的，同时也包含了从矢量编程语言里借来的特性。Map Reduce 极大地方便了编程人员在不会分布式并行编程的情况下，将自己的程序运行在分布式系统上。该编程模型由 Google 的 Jeffrey Dean 和 Sanjay Ghemawat 于 2004 年在论文里首次向外界公开。

（1）Map Reduce 产生背景和简介。

在 Google 成立之初的几年里，包括原论文的作者在内的 Google 的很多程序员，为了处理海量的原始数据，已经实现了数以百计的、专用的计算方法。那些计算方法用来处理大量的原始数据，比如文档抓取、Web 请求日志等；也为了计算处理各种类型的衍生数据，比如倒排索引、W 曲线文档图结构的各种表示形式、每台主机上网络爬虫抓取的页面数量的汇总、每天被请求的最多的查询的集合等。大多数这样的数据处理运算在概念上很容易理解。然而由于输入的数据量巨大，因此要想在可接受的时间内完成运算，只有将这些计算分布在成百上千的主机上。如何处理并行计算、如何分发数据、如何处理错误等问题综合在一起，需要大量的代码处理，因此使得原本简单的运算变得难以处理。

为了解决上述复杂的问题，Google 的工程师设计了一个新的抽象模型，使用这个抽象模型，使用者只表述想要执行的简单运算即可，而不必关心并行计算、容错、数据分布、负载均衡等复杂的细节，这些问题都被封装在了一个库里面。设计这个抽象模型的灵感来自 Lisp 和许多其他函数式语言的 Map 和 Reduce 的原语。实际情况是，Google 的应用中大多数的运算都包含着这样的操作：在输入数据的逻辑记录上应用 Map 操作得出一个中间 kev/value 对集合，然后在所有具有相同 key 值的 value 值上应用 Reduce 操作，从而达到合并中间的数据，得到一个想要的结果的目的。使用 Map Reduce 模型，再结合用户实现的 Map 和 Reduce 函数，就可以非常容易地实现大规模并行化计算；而通过 Map Reduce 模型自带的再次执行（Re-execution）功能，也提供了初级的容错实现方案。

（2）Map Reduce 编程模型。

Map Reduce 编程模型的原理是，利用一个输入 key/value 对集合来产生一个输出的 key/value 对集合。Map Reduce 库的用户用两个函数来表达这个计算：Map 和 Reduce。

用户自定义的 Map 函数接受一个输入的 key/value 对值，然后产生一个中间 key/

value 对值的集合。Map Reduce 库把所有具有相同中间 key 值 I 的中间 value 值集合在一起后传递给 reduce 函数。

用户自定义的 Reduce 函数接受一个中间 key 的值 I 和相关的一个 value 值的集合。Reduce 函数合并这些 value 值，形成一个较小的 value 值的集合。一般地，每次 Reduce 函数调用只产生 0 或 1 个输出 value 值。通常通过一个迭代器把中间 value 值提供给 Reduce 函数，这样就可以处理无法全部放入内存中的大量的 value 值的集合。

另外，用户编写代码，使用输入和输出文件的名字来完成一个符合 Map Reduce 模型规范的对象，然后调用 Map Reduce 函数，并把这个规范对象传递给它，使用户的代码和 Map Reduce 库链接在一起。

尽管在前面例子的伪代码中使用了以字符串表示的输入、输出值，但是在概念上，用户定义的 Map 和 Reduce 函数都有关联的类型。

map（kl，vl）->list（k2，v2）

reduce（k2，list（v2））->list（v2）

在上面的这两行定义中，输入的 key 和 value 值与输出的 key 和 value 值来自不同的域，而输入的 key 和 value 值与输出 key 和 value 值来自相同的域。

除了上述词频统计的经典实例，还有一些有趣的简单例子，可以很容易地使用 Map Reduce 模型来表示。

分布式的 Crep: Map 函数输出匹配某个模式的一行，Reduce 函数是一个恒等函数，即把中间数据复制到输出。

计算 URL 访问频率：Map 函数处理日志中 Web 页面请求的记录，然后输出（URL，1）。Reduce 函数把相同 URL 的 value 值都累加起来，产生（URL，记录总数）结果。

倒转网络链接图：Map 函数在源页面（source）中搜索所有的链接目标（target）并输出为（target，source）。Reduce 函数把给定链接目标（target）的链接组合成一个列表，输出［target，list（source）］。

每个主机的检索词向量：检索词向量用一个（词，频率）列表来概述出现在文档或文档集中的最重要的一些词。Map 函数为每一个输入文档输出（主机名，检索词向量），其中主机名来自文档的 URL-Reduce 函数接收给定主机的所有文档的检索词向量，并把这些检索词向量加在一起，丢弃掉低频的检索词，输出一个最终的（主机名，检索词向量）。

倒排索引：Map 函数分析每个文档输出一个（词，文档号）的列表，Reduce 函数的输入是一个给定词的所有（词，文档号），排序所有的文档号，输出［词，list（文档号）］。所有的输出集合形成一个简单的倒排索引，它以一种简单的算法跟踪词在文档中的位置。

分布式排序：Map 函数从每个记录提取 key，输出（key，record）。Reduce 函数不改变任何值。这个运算依赖分区机制和排序属性。

（3）Map Reduce 的具体实现。

Map Reduce模型可以有多种不同的实现方式。如何正确选择取决于具体的环境。比如，一种实现方式适用于小型的共享内存方式的机器，另一种实现方式则适用于大型 NUMA（非一致存储访问）架构的多处理器的主机，而有的实现方式更适合大型的网络连接集群。

这里给出一个 Google 内部广泛使用的运算环境，简而言之，就是用以太网交换机连接、由普通 PC 组成的大型集群。环境里包括 x86 架构、运行 Linux 操作系统、双处理器、2~4GB 内存的机器。

普通的网络硬件设备，每个机器的带宽为百兆或者千兆，但是远小于网络的平均带窗的一半。

集群中包含成百上千的机器，因此，机器故障是常态。

存储为廉价的内置 IDE 硬盘。一个内部分布式文件系统用来管理存储在这些磁盘上的数据。文件系统通过数据复制来在不可靠的硬件上保证数据的可靠性和有效性。

用户提交工作给调度系统。每个工作（job）都包含一系列的任务（task），调度系统将这些任务调度到集群中多台可用的机器上。

下面将给出 Map Reduce 在这个环境下的一个基本工作流程。

通过将 Map 调用的输入数据自动分割为 M 个数据片段的集合，Map 调用被分布到多台机器上执行。输入的数据片段能够在不同的机器上并行处理。使用分区函数将 Map 调用产生的中间 key 值分成 R 个不同分区［如，hash（key）modR］，Reduce 调用也被分布到多台机器上执行。分区数量（R）和分区函数由用户来指定。

用户程序首先调用 Map Reduce 库将输入文件分成 M 个数据片段，每个数据片段的大小一般为 16~64MB（可以通过可选的参数来控制每个数据片段的大小）。然后用户程序在机群中创建大量的程序副本。这些程序副本中有一个特殊的程序 Master。副本中其他程序都是 worker 程序，由 Master 分配任务。有 M 个 Map 任务和 R 个 Reduce 任务将被分配，Master 将一个 Map 任务或 Reduce 任务分配给一个空闲的 worker。

被分配了 Map 任务的 worker 程序读取相关的输入数据片段，从输入的数据片段中解析出 key/value 对，然后把 key/value 对传递给用户自定义的 Map 函数，由 Map 函数生成并输出中间 key/value 对，并缓存在内存中。

缓存中的 key/value 对通过分区函数分成 R 个区域，之后周期性地写入本地磁盘。缓存的 key/value 对在本地磁盘上的存储位置将被回传给 Master，由 Master 负责把这些存储位置再传送给 Reduceworker。

当 Reduceworker 程序接收到 Master 程序发来的数据存储位置信息后，使用 RPC 从 Mapworker 所在主机的磁盘上读取这些缓存数据。当 Reduceworker 读取了所有的中间数据后，通过对 key 进行排序后，使得具有相同 key 值的数据聚合在一起。由于许多不同的 key 值会映射到相同的 Reduce 任务上，因此必须进行排序。如果中间数据太大无法在内存中完成排序，那么就要在外部进行排序。

Reduceworker 程序遍历排序后的中间数据，对于每一个唯一的中间 key 值，Reduceworker 程序将这个 key 值和它相关的中间 value 值的集合传递给用户自定义的 Reduce 函数。Reduce 函数的输出被追加到所属分区的输出文件。

当所有的 Map 和 Reduce 任务都完成之后，Master 唤醒用户程序。在这个时候，在用户程序里对 Map Reduce 的调用才返回。

在成功完成任务之后，Map Reduce 的输出存放在一个输出文件中（对应每个 Reduce 任务产生一个输出文件，文件名由用户指定）。一般情况下，用户不需要将这 R 个输出文件合并成一个文件，一个常用的做法是把这些文件作为另外一个 Map Reduce 的输入，或者在另外一个可以处理多个分割文件的分布式应用中使用。

Master 拥有一些数据结构，它存储每一个 Map 和 Reduce 任务的状态（空闲、工作中或完成），以及 worker 机器（拥有非空闲任务的机器）的标识。Master 就像一个数据管道，中间文件存储区域的位置信息通过这个管道从 Map 传递到 Reduce。因此，对于每个已经完成的 Map 任务，Master 存储了 Map 任务产生的 R 个中间文件存储区域的大小和位置。当 Map 任务完成时，Master 接收到位置和大小的更新信息，这些信息被逐步递增地推送给那些正在工作的 Reduce 任务。

在很多的计算运行环境中，网络带宽是一个相当匮乏的资源。因此，Map Reduce 通过尽量把输入数据（由 GFS 管理）存储在集群中机器的本地磁盘上来节省网络带宽。前面介绍 GFS 的时候讲到过，GFS 把每个文件按 64MB 一个块分隔，每个块保存在多台机器上，环境中就存放了多份副本（一般是 3 个副本）。Map Reduce 的 Master 在调度 Map 任务时会考虑输入文件的位置信息，尽量将一个 Map 任务调度在包含相关输入数据副本的机器上执行；如果上述尝试失败了，Master 将试着在保存输入数据副本的机器附近的机器上执行 Map 任务（如分配到一个和包含输入数据的机器在一个 switch 里的 worker 机器上执行）。当在一个足够大的 cluster 集群上运行大型 Map Reduce 操作的时候，大部分的输入数据都能从本地机器读取，因此消耗的网络带宽非常少。

影响一个 Map Reduce 的总执行时间最通常的因素是“落伍者”：在运算过程中，如果有一台机器花了很长的时间才完成最后几个 Map 或 Reduce 任务，导致 Map Reduce 操作总的执行时间超过预期。“落伍者”出现的原因非常多。比如：如果一个机器的硬盘出了问题，在读取的时候要经常地进行读取纠错操作，导致读取数据的速度大幅度降低。如果 cluster 的调度系统在这台机器上又调度了其他的任务，由于 CPU、内存、本地硬盘和网络带宽等竞争因素的存在，那么执行 Map Reduce 代码的执行效率将会更加低下。

Map Reduce 有一个通用的机制来减少“落伍者”出现的情况。当一个 Map Reduce 操作接近完成的时候，Master 调度备用任务进程来执行剩下的、处于处理状态中的任务。无论是最初的执行进程，还是备用任务进程完成了任务，都把这个任务标记成为已经完成。采用这样的机制，对于减少超大 Map Reduce 操作的总处理时间有着显著的效果。

3. BigTable——一个分布式数据存储系统

BigTable 是 Google 提出的一个管理结构化数据的分布式存储系统，可以理解为一个非关系的数据库。BigTable 的设计目的是可靠地处理 PB 级别的数据，并且能够部署到上千台机器上。BigTable 实现了下面的几个目标：适用性广泛、可扩展、高性能和高可用性。

（1）BigTable 产生背景和简介

Google 的很多项目，包括 Web 索引、Google Earth、Google Finance，对存储系统的要求差异非常大，无论是在数据规模（从 URL、网页到卫星图像）还是在响应速度上（从后端的批量处理到实时数据服务）。因此，Google 需要一个个灵活、高性能的解决方案来应对这些应用。Google 花了两年半的时间，设计、实现并部署了一个用于管理结构化数据的分布式的存储系统，也就是我们所说的 BigTable。BigTable 已经实现了下面几个目标：广泛的适用性、可扩展、高性能和高可用性。已经有超过 60 个 Google 的产品和项目在使用 BigTable，包括 Google Analytics、Google Finance、Orkut、Personalized Search、Writely 和 Google Earth。这些产品使用 BigTable 完成迥异的工作负载需求，这些需求从面向吞吐量的批处理作业到对终端用户而言延时敏感的数据服务。它们使用的 BigTable 集群的配置也有很大的差异，从少数机器到成千上万台服务器，这些服务器里最多可存储几百 TB 的数据。

在很多方面，BigTable 和数据库很类似，它使用了很多数据库的实现策略。并行数据库和内存数据库已经具备可扩展性和高性能，但是 BigTable 提供了一个和这些系统完全不同的接口。BigTable 不支持完整的关系数据模型；与之相反，BigTable 为客户提供了简单的数据模型。利用这个模型，客户可以动态控制数据的布局和格式，也可以自己推测在底层存储中展示的数据的位置属性。数据用行和列的名字进行索引，名字可以是任意的字符串。虽然客户程序通常会在把各种结构化或半结构化的数据串行化到字符串里，BigTable 同样将数据视为未经解析的字符串。通过仔细选择数据的模式，客户可以控制数据的位置。最后，可以通过 BigTable 的模式参数动态地控制数据读或写。

（2）BigTable 数据模型。

BigTable 是一个稀疏的、分布式的、持久化存储的多维度排序 Map（key/value 对）。Map 由行关键字、列关键字以及时间戳索引组成，Map 中的每个 value 都是一个未经解析的字节数组。

（row：string；colunm：string；time：int64）->string

下面给出一个对 BigTable 设计影响很大的例子，这个例子使得 Google 的工程师做了很多设计决策。假设需要备份海量的网页及相关信息，这些数据可以用于很多不同的项目，称这个特殊的表为 Webtable。在 Webtable 里，使用 URL 作为行关键字，使用网页的各种属性（aspect）作为列名，网页的内容存在 contents：YO 中，并用获取该网页的时间戳作为标识，也就是可以根据时间存储网页的多个不同版本。

行：表中的行关键字是任意字符串。在单一行关键字下的每一个读或者写操作都是原子的（要么全做，要么全不做），这个设计决策能够使用户很容易地推测对同一个行进行并发更新操作时的系统行为。

BigTable 通过行关键字的字典顺序来维护数据。表中一定范围内的行被动态地分区，每个分区叫作一个“Tablet”。Tablet 是数据分布和负载均衡的单位。这样的好处是，读取一定范围内的少数行非常高效，并且往往只需要跟少数机器通信。用户可以通过选择他们的行关键字来开发这种特性，这样可以为他们的数据访问获得好的本地性。比如，假如 Google 要在关键字 corn.google.maps/index.html 的索引下为 maps.google.com/index.htm 存储数据，那么把相同的域中的网页存储在连续的区域可以让一些主机和域名的分析更加有效。

列族：列关键字组成的集合叫作“列族”。列族构成了访问控制的基本单位。存放在同一列族下的所有数据通常都属于同一个类型。列族必须先创建，然后才能在列族中任何的列关键字下存放数据；列族创建后，其中的任何一个列关键字下都可以存放数据。BigTable 的设计意图是，一张表中不同列族的数目要小（最多几百个），并且列族在操作中很少改变。但是与此相反，一张表可以有无限多个列。

列关键字的命名语法为列族、限定词。列族的名字必须是可打印的字符串，但是限定词可以是任意字符串。比如，Webtable 有一个列族 language，用来存放撰写网页的语言。在 language 列族中只使用一个列关键字，用来存放每个网页的语言标识 ID。Webtable 中另一个有用的列族是 anchor，这个列族的每一个列关键字代表单独一个锚链接。限定词是引用该网页的站点名，数据项内容是链接文本。

访问控制、磁盘和内存的计数都是在列族层面进行的。在上面的 Webtable 的例子中，上述的控制权限能帮助使用者管理不同类型的应用：一些应用可以添加新的基本数据；一些可以读取基本数据并创建派生的列族；一些只允许浏览现存数据，甚至可能因为隐私的原因连浏览权限都没有。

时间戳：在 BigTable 中，每一个数据项都可以包含同一数据的不同版本，这些版本通过时间戳来索引。BigTable 时间戳是 64 位整型数。时间戳可由 BigTable 指定，这种情况下时间戳代表精确到毫秒的“实时”时间，或者该值由用户程序明确指定。需要避免冲突的程序必须自己生成一个唯一的时间戳。

为了减轻多个版本数据的管理负担，对每一个列族提供两个设置参数，BigTable 通过这两个参数可以对废弃版本的数据进行自动垃圾收集。用户既可以指定只保存最后 n 个版本的数据，也可以只保存“足够新”的版本的数据（比如只保存最近 7 天写入的数据）。

（3）BigTable 所需重要构件。

BigTable 是建立在一些其他 Google 基础架构之上的，也就是说，BigTable 的实现需要其他一些构件的支持。BigTable 使用 GFS 存储日志和数据文件。BigTable 集群往往运行在一个共享的机器池中，池中的机器还会运行其他各种各样的分布式应用程序，BigTable 的进程经常要和其他应用的进程共享机器。BigTable 依赖集群管理系统在共享机器上调度作业、管理资源、处理机器的故障和监视机器的状态。

SS-Table 文件格式：BigTable 数据在内部使用 Google SS-Table 文件格式存储。SS-Table 提供一个从键（key）到值（value）的持久化、已排序、不可更改的映射（Map），这里的 key 和 value 都是任意的字节串。对 SS-Table 提供了如下操作：查询与一个指定 key 值相关的 value，或者遍历指定 key 值范围内的所有键值对。从内部看，SS-Table 是一连串的数据块（每个块的默认大小是 64KB，但是这个大小是可以配置的）。SS-Table 索引（通常存储在 SS-Table 的最后）来定位数据块，在打开 SS-Table 的时候，索引被加载到内存。一次查找可以通过一次磁盘搜索完成：首先执行二分查找在内存索引里找到合适数据块的位置，然后在从硬盘中读取合适的数据块。也可以选择把整个 SS-Table 都映射到内存中，这样的话就可以在不用访问硬盘的情况下执行查询搜索。

Chubby 分布式锁服务：除了 GFS，BigTable 还依赖一个高可用的、持久化的分布式锁服务组件，叫作 Chubby。Chubby 也是 Google 云计算框架 F 的重要组成部分。一个 Chubby 服务包括了五个活动的副本，其中一个副本被选为 Master，并且积极处理请求。只有在大多数副本正常运行，并且彼此之间能够互相通信的情况下，Chubby 服务才是可用的。当有副本失效的时候，出现故障时，Chubby 使用 Paxos 算法保证副本的一致性。Chubby 提供了一个名字空间，里面包括了目录和小文件。每个目录或者文件可以当成一个锁使用，对文件的读写操作都是原子的。Chubby 客户程序库提供对 Chubby 文件的一致性缓存。每个 Chubby 客户程序都维护一个与 Chubby 服务的会话，如果客户程序不能在租约到期的时间内重新签订会话租约，那么这个会话就过期失效。当一个客户会话失效时，它拥有的锁和打开的文件句柄都失效了。Chubby 客户程序可以在 Chubby 文件和目录上注册同调函数，当文件或目录改变，或者会话过期时，回调函数会通知客户程序。

BigTable 使用 Chubby 完成以下各种任务：保证在任意时间最多只有一个活动的 Master；存储 BigTable 数据的引导程序的位置；发现 Tablet 服务器，以及在 Tablet 服务器失效时进行处理；存储 BigTable 的模式信息（每张表的列族信息）；存储访问控制列表。如果 Chubby 长时间无法访问，BigTable 就会失效。

BigTable 具体实现：BigTable 的实现有三个主要的组件，链接到每个客户程序的库、一个 Master 服务器和多个 Tablet 服务器。在一个集群中可以动态地添加或删除一个 Tablet 服务器来适应工作负载的变化。

Master 主要负责以下工作：为 Tablet 服务器分配 Tablets，过期失效的 Table 服务器、平衡 Tablet 服务器的负载，以及对 GFS 中的文件进行垃圾收集。除此之外，它还处理模式修改操作，如建立表和列族。

每个 Tablet 服务器都管理一组 Tablet（通常每个 Tablet 服务器有数十个至上千个 Tablet）。Tablet 服务器处理它所加载的 Tablet 的读、写操作，以及分割增长导致过大的 Tablet。和很多单主节点类型的分布式存储系统类似，客户数据都不经过 Master 服务器：客户程序直接和 Tablet 服务器通信来进行读、写操作。由于 BigTable 的客户程序不依赖 Master 服务器来获取 Tablet 的位置信息，大多数客户程序甚至完全不和 master 通信，因此，在实际应用中 Master 的负载很小。

一个 BigTable 集群存储了很多表，每个表包含了一组 Tablet，而每个 Tablet 包含了某个范围内的行的所有相关数据。初始状态下，每个表只有一个 Tablet 组成。随着表中数据的增长，它被自动分割成多个 Tablet，默认情况下每个 Tablet 的大小是

l00~200MB。

下面将介绍 BigTable 实现中一些具体的细节问题。

第一层是一个存储在 Chubby 中的文件，它包含了 Root Tablet 的位置信息。Root Tablet 在一个特殊的元数据（metadata）表里包含了所有的 Tablet 的位置信息。每一个元数据 Tablet 包含了一组用户 Tablet 的位置信息。Root Tablet 实际上只是元数据表的第一个 Tablet，只不过对它的处理比较特殊。Root Tablet 永远不会被分割，这就保证了 Tablet 的位置层次不会超过三层。

元数据表将每个 Tablet 的位置信息存储在一个行关键字下，而这个行关键字是由 Tablet 所在的表的标识符和 Tablet 的最后一行编码而成的。每一个元数据行在内存中大约有 IKB 数据。在一个大小适中、大小限制为 128MB 的元数据 Tablet 中，这样的三层结构位置信息模式足够寻址 234 个 Tablet（或者说在 128M 的元数据中可以存储 261 字节）。

客户程序库会缓存 Tablet 的位置信息。如果客户程序不知道一个 Tablet 的位置信息，或者发现它缓存的地址信息不正确，那么客户程序就递归移动到 Tablet 位置层次；如果客户端缓存是空的，那么寻址算法需要通过三次网络来回通信寻址，其中包括了一次 Chubby 读操作。如果客户端缓存的地址信息过期了，那么寻址算法可能进行多达六次（三次通信发现缓存过期，另外三次更新缓存数据）网络来回通信，因为过期缓存条目只有在没有查到数据的时候才能发现。尽管 Tablet 的位置信息是存放在内存里的，所以不用访问 GFS，但是，通常会通过预取 Tablet 地址来进一步减少访问开销：无论何时读取元数据表，都会为不止一个 Tablet 读取元数据。

在元数据表中还存储了次级信息，包括与 Tablet 有关的所有事件日志，这些信息有助于排除故障和性能分析。

每个 Tablet 一次分配给一个 Tablet 服务器。Master 服务器记录活跃的 Tablet 服务器，当前 Tablet 到 Tablet 服务器的分配，以及哪些 Tablet 还没有被分配。当一个 Tablet 还没有被分配，并且刚好有一个 Tablet 服务器有足够的空闲空间装载该 Tablet 时，Master 服务器会给这个 Tablet 服务器发送一个装载请求，把 Tablet 分配给这个服务器。

BigTable 使用 Chubby 跟踪记录 Tablet 服务器的状态。当一个 Tablet 服务器启动时，它在 Chubby 的一个指定目录下建立一个有唯一性名字的文件，并且获取该文件的独占锁。Master 服务器实时监控着这个目录（服务器目录），因此 Master 服务器能够知道有新的 Tablet 服务器加入了。如果 Tablet 服务器丢失了 Chubby 上的独占锁，比如由于网络断开导致 Tablet 服务器和 Chubby 的会话丢失，它就会停止对 Tablet 提供服务。之所以能够采用这样的方法，是因为 Chubby 提供了一种高效的机制使得 Tablet 服务器能够在不增加网络负担的情况下知道它是否还持有锁。只要文件还存在，Tablet 服务器就会试图重新获得对该文件的独占锁；如果文件不存在了，那么 Tablet 服务器就不能再提供服务了，会自行退出。当 Tablet 服务器终止时（如集群的管理系统将运行该 Tablet 服务器的主机从集群中移除），它会尝试释放它持有的文件锁，这样一来，Master 服务器就能尽快把 Tablet 分配到其他 Tablet 服务器。

Master 服务器负责检查一个 Tablet 服务器是否已经不再为它的 Tablet 提供服务，并且要尽快重新分配它加载的 Tablet。Master 服务器通过轮询 Tablet 服务器文件锁的状态来检测何时 Tablet 服务器不再为 Tablet 提供服务。如果一个 Tablet 服务器向 Master 服务器报告它丢失了文件锁，或者 Master 服务器最近几次尝试和它通信都没有得到响应，Master 服务器就会尝试获取该 Tablet 服务器文件的独占锁；如果 Master 服务器成功获取了独占锁，那么就说明 Chubby 是正常运行的，而 Tablet 服务器要么是宕机了，要么是不能和 Chubby 通信了。在这种情况下，Master 服务器就删除该 Tablet 服务器在 Chubby 上的服务器文件，以确保它不再给 Tablet 提供服务。一旦 Tablet 服务器在 Chubby 上的服务器文件被删除了，Master 服务器就会把之前分配给它的所有 Tablet 放入未分配的 Tablet 集合中。为了确保 BigTable 集群在 Master 服务器和 Chubby 之间网络出现故障的时候仍然可以使用，Master 服务器在它的 Chubby 会话过期后主动退出。如上所述，Master 服务器的故障不会改变现有 Tablet 在 Tablet 服务器上的分配状态。

Tablet 服务：Tablet 的持久化状态信息保存在 GFS 上，更新操作提交到 REDO 日志中。在这些更新操作中，最近提交的那些存放在一个排序的缓存中，这个缓存称为 Mem-table；较早的更新存放在一系列 SS-Table 中。为了恢复一个 Tablet，Tablet 服务器首先从 METADATA 表中读取它的元数据。Tablet 的元数据包含了组成这个 Tablet 的 SS-Table 的列表，以及一系列的重做点，这些重做点指向可能含有该 Tablet 数据已提交的日志记录。Tablet 服务器把 SS-Table 的索引读进内存，通过重复重做点之后提交的更新来重建 Mem-table。

当对 Tablet 服务器进行写操作时，Tablet 服务器首先要检查这个操作格式是否正确、操作发起者是否有执行这个操作的权限。权限验证的方法是通过从一个 Chubby 文件里读取出来的具有写权限的操作者列表来进行验证。成功的修改操作会记录在提交日志里。可以采用批量提交方式来提高包含大量小的修改操作的应用程序的吞吐量。当一个写操作提交后，写的内容插入 Mem-table。

当对 Tablet 服务器进行读操作时，Tablet 服务器会做类似的完整性和权限检查。

一个有效的读操作在一个由一系列 SS-Table 和 Mem-table 合并的视图里执行。由于 SS-Table 和 Mem-table 是按字典排序的数据结构，因此可以高效生成合并视图。

还有一点，当进行 Tablet 的合并和分割时，正在进行的读、写操作是能够继续进行的。

（4）BigTable 实际应用。

截至关于 BigTable 的论文发表前的 2006 年 8 月，Google 官方表示有 388 个非测试用的 BigTable 集群运行在各种各样的 Google 机器集群上，合计大约有 24500 个 Tablet 服务器。以下介绍几个使用了 BigTable 的代表性应用。

Google 运转着一批为用户提供高分辨率地球表面卫星图像的服务，既可以通过基于 W 曲线的 Google Maps 接口（maps.google.com），也可以通过 Google Earth 订制客户端软件访问。这些软件产品允许用户浏览地球表面：用户可以在许多不同的分辨率下平移、查看和注释这些卫星图像。这个系统使用一个表存储预处理数据，使用另外一组表存储用户数据。预处理流水线使用一个表存储原始图像。在预处理过程中，图像被清除，然后被合并到最终的服务数据中。这个表包含了大约 70TB 的数据，因此需要从磁盘读取数据。图像已经被高效压缩过了，因此 BigTable 压缩在这里被禁用。

Imagery 表的每一行与一个单独的地理区块对应。行都有名称，以确保毗邻的区域存储在一起。Imagery 表中有一个记录每个区块的数据源的列族。这个列族包含了大量的列：基本上是一个原始数据图像一列。由于每个区块都是由很少的几张图片构成的，因此这个列族是很稀疏的。

预处理流水线高度依赖运行在 BigTable 上的 Map Reduce 传输数据。在这些 Map Reduce 作业中，整个系统中每台 Tablet 服务器的处理速度是 1MB/s。

这个服务系统使用一个表来索引 GFS 中的数据。这个表相对较小（500GB），但是这个表必须在低延迟下，针对每个数据中心每秒处理几万个查询请求。因此，这个表必须存储在上百个 Tablet 服务器上，并且包含 in-memory 的列族。

个性化查询是一个双向服务，这个服务记录用户的查询和点击，涉及各种 Google 的服务，比如 Web 查询、图像和新闻。用户可以浏览他们查询的历史，重复他们之前的查询和点击，也可以订制基于 Google 历史使用习惯模式的个性化查询结果。

个性化查询使用 BigTable 存储每个用户的数据。每个用户都有一个唯一的用户 ID，每个用户 ID 和一个列名绑定。一个单独的列族被用来存储各种类型的行为（如有个列族可能是用来存储所有的 Web 查询的）。每个数据项都被用作 BigTable 的时间戳，记录了相应的用户行为发生的时间。个性化查询使用以 BigTable 为存储的 Map Reduce 任务生成用户的数据图表。这些用户数据图表用来个性化当前的查询结果。

个性化查询的数据会复制到几个 BigTable 的集群上，这样就增强了数据可用性，同时减少了由客户端和 BigTable 集群间的"距离"造成的延时。个性化查询的开发团队最初建立了一个基于 BigTable 的、"客户侧"的复制机制为所有的复制节点提供一致性保障。现在的系统则使用了内建的复制子系统。

个性化查询存储系统的设计允许其他团队在自己的列中加入新的用户数据，因此，很多 Google 服务使用个性化查询存储系统保存用户级的配置参数和设置。在多个团队之间分享数据的结果是产生了大量的列族。为了更好地支持数据共享，Google 加入了一个简单的配额机制限制用户在共享表中使用的空间，配额也为使用个性化查询系统存储用户级信息的产品团体提供了隔离机制。

BigTable 作为 Google 的一个分布式的结构化数据存储系统，其优异的性能在面世后得到了 Google 的大量使用。Google 内部的团队对 BigTable 提供的高性能和高可用性很满意，随着时间的推移，他们可以根据自己的系统对资源的需求增加情况，通过简单地增加机器，扩展系统的承载能力。Google 的脚步没有停止，在论文发布后，Google 对 BigTable 加入了一些新的特性，比如支持二级索引，以及支持多 Master 节点、跨数据中心复制的 BigTable 的基础构件。Google 通过为 BigTable 设计自己的数据模型，使得他们的系统极具灵活性。另外，由于 Google 全面控制着 BigTable 的实现过程，以及 BigTable 使用到的其他 Google 的基础构件，因此他们在系统出现瓶颈或效率低下的情况时能够快速地解决问题。BigTable 中的优秀思想也由于其开源实现 HBase 的流行而造福了众多公司。

2.6.6.2 Google 新"三驾马车"Caffeine——基于 Percolator 的搜索索引系统

Caffeine 是 Google 发布的新一代的整合能力更强、更快的搜索索引系统。Google 的老索引系统采用的是层级结构，顶层的内容比底层的内容更新要快，但是每一层的更新都需要 Google 扫描所有网络内容，然后再发现并排列新网页，费时又费力。Caffeine 颠覆了这种结构，它把更新任务分解成很多小块，不再需要对整个互联网信息链进行扫描，只需要持续不断关注每个小块，随时对其内容索引即可。这个新检索系统是全球搜索方法四年以来最大的变化。它现在每秒可以往 Google 索引库中添加上千的网页。

Caffeine 是基于 Percolator 的，而 Percolator 是一个由谷歌推出、在海量数据（PB 级）上实现增量计算的平台。下面就给大家介绍 Percolator，跟踪 Web 页面和它们依赖的资源之间的关系，所以任何当依赖的资源改变时页面也能够被再处理。

1. Percolator 创新之处

Percolator得到巨大的速度提升并不仅仅是它的分布式事务和通知机制非常优秀，本质上的原因是它改变了索引构建系统的架构类型。比如对于 C2C 和 B2C 的购物平台，线上用来开展促销和秒杀活动的系统，要处理很大的数据量；而另一个系统，用于分析某个垂直行业的交易记录得出 Bl 报表（比如 IT 数码行业各店铺的各类商品价格走势），也要处理很大的数据量。但是，两者的架构类型却有本质上的不同。前者产生一笔交易的 input 数据很小，但是却要在已存在的海量数据中做多次查询（比如在支付阶段要在庞大数量的账户里查询买家账户和卖家账户、判断余额等），得到额外的 input，结合、计算之后产生的输出再插入数据；而后者，所有的输入已经确定，就是某段时间内的交易记录，不需要所谓的“已存在库”，更不需要在“已存在库”中查询额外的信息，只需要将交易记录执行广义上两个阶段的 Map Reduce 处理，Map 阶段对原始数据进行解析，得出结构化的、细粒度的满足分析需要的数据；Reduce 阶段将有联系的数据汇聚到一起，按照一个公式执行计算，得到结果，保存入库。两种架构类型可以分别简称为增最系统、批处理系统。

那 Web 索引构建属于哪种系统呢？在以前，肯定属于批处理系统，因为网页已经被爬虫抓取过来，存在磁盘上，今天将其制造成索引，明天投入线上使用，供人查询。那个时候 Google 的核心矛盾不是索引更新得有多及时，而是用户输入搜索关键词之后响应有多快、返回的内容有多合适，一个新网页等个两三天才投入上线供人查询也完全没问题。随着时间的推进，响应用户搜索这个环节已经不是核心矛盾，做得非常优秀。Google 开始不满足这种 T+1 的索引更新速度，希望本质上提高时效性。而希望提升时效性，无非就是两个方向，一是继续批处理系统的模式，想办法提升性能，做各种优化；二是做成一个在线服务系统。很显然，Percolator 选择了第二条路，Google 能做出这样的架构决策，再追求极致地弥补它的缺陷，令人钦佩。

2. Pregel——高效的分布式图计算的计算框架

Pregel 是 Google 的一个用于分布式图计算的计算框架，主要用于图遍历（BFS）、最短路径（SSSP）、PageRank 计算等。共享内存的图计算运行库有很多，但是对于 Google 来说，一台机器早已经放不下需要计算的数据，所以需要分布式的计算环境。在 Pregel 之前，用 Map Reduce 可以完成相关任务，但是效率很低；也可以利用已有的并行图算法库 Parallel BGL 或者 CG Mgraph，但是这两者又没有容错，所以 Google 就自己开发了这个新的计算框架。Pregel 由 Google 在 2010 年的 *SIGMOD* 上发表的论文 *Pregel：A Systemfor Large-Scale Graph Processing* 首次提出。

（1）Pregel 产生背景和简介。

Internet 的流行使得 WebGraph 成为一个人们争相分析和研究的热门对象。Web2.0 更是激发了人们对社交网络的关注。其他一些大型图对象（如交通路线图、新闻文章的相似性、疾病暴发路径、发表的科学研究文章中的引用关系等），也已经被研究了数十年。经常被用到的一些算法，包括最短路径算法、不同种类的聚类算法、各种 PageRank 算法变种，以及其他许多具有实际价值的图计算问题，比如最小切割、连通分支。

如今随着计算机和计算机网络的发展，所需要处理的图对象也越来越巨大。对大型图对象进行高效的处理，是非常具有挑战性的。图算法常常表现出比较差的内存访问局部性，针对单个顶点的处理工作过少，以及计算过程中伴随着的并行度的改变等问题。分布式架构的采用更是加剧了位置问题，并且增加了在计算过程中机器发生故障的概率。尽管大型图对象无处不在，而且其在商业上的重要性不言而喻，但是在 Google 的 Pregel 之前，基本不存在一种在大规模分布式环境下，可以基于各种图表示方法来实现任意图算法的、可扩展的通用系统。

一般来讲，要实现一种处理大规模图对象的算法，通常意味着要在以下几点中做出选择。为特定的图应用订制相应的分布式实现，这样的话在面对新的图算法或者图表示方式时，就需要做大量的重复实现，通用性差。

基于现有的分布式计算平台，而这种情况下，通常它们并不适于作图处理。比如 Map Reduce 就是一个对许多大规模计算问题都非常合适的计算框架。有时它也被用来对大规模图对象进行挖掘，但是通常在性能和易用性上都不是最优的。尽管这种对数据处理的基本模式经过扩展，已经可以使用方便的聚合以及类 SQL 的查询方式，但这些扩展对于图算法这种更适合用消息传递模型的问题来说，通常并不理想。

使用单机的图算法库，如 BGL、LEAD、NetworkX、JDSL、Standford Graph Base、FGL 等，对可以解决的问题的规模有很大的限制。

使用已有的并行图计算系统。Parallel BGL 和 CG Mgraph 实现了很多并行图算法，但是并没有解决对大规模分布式系统中来说非常重要的容错等一些问题。

而以上的这些选择都或多或少存在一些局限性。为了解决大型图的分布式计算问题（Google 最初需要解决的是 PageRank 计算问题），Google 搭建了一套可扩展、有容错机制的平台。该平台提供了一套非常灵活的 APl，可以描述各种各样的图计算，而它实现的就是一个通用的图计算框架 Pregel。

Pregel 作为一种适于处理大规模图的计算模型，程序使用一系列的迭代过程来表达，在每一次迭代中，每个顶点会接收来自上一次迭代的信息，并发送信息给其他顶点，同时可能修改其自身状态及以它为顶点的出边的状态，或改变整个图的拓扑结构。这种以顶点为中心的策略非常灵活，足以用来表达一大类的算法。该模型的设计目标就是可以高效、可扩展和容错地在由上千台机器组成的集群中得以实现。此外，它的隐式的同步性使得程序本身很容易理解，分布式相关的细节被隐藏在一组抽象出来的 API 下，这样展现给人们的就是一个具有丰富表现力、易于编程的大规模图处理框架。

（2）Pregel 基本思想。

对 Pregel 计算系统的灵感来自 Valiant 提出的 BSP 模型。Pregel 的计算过程由一系列被称为超级步（superstep）的迭代（Iteration）组成。在每一个超级步中，计算框架都会针对每个顶点调用用户自定义的函数，这个过程是并行的（同一时刻可能有多个顶点被调用）。该函数描述的是一个顶点 V 在一个超级步 S 中需要执行的操作。该函数可以读取前一个超级步（S–1）中发送给 V 的消息，并发送消息给其他顶点，这些消息将会在下一个超级步（S+1）中被接收，并且在此过程中修改顶点 V 及其出边的状态。消息通常沿着顶点的出边发送，但一个消息可能会被发送到任意已知 ID 的顶点上去。

这种以顶点为中心的策略很容易让人联想起 Map Reduce，因为这二者都让用户只需要关注其本地的执行逻辑，每条记录的处理都是独立的（相互之间不需要通信），系统将这些行为组合起来就可以完成大规模数据的处理。根据设计，这种计算模型非常适合分布式的实现：它没有将任何检测执行顺序的机制暴露在单个超级步中，所有的通信都仅限于 S 到（S+1）之间。

模型的同步性使得在实现算法时很容易理解程序的语义，并且使得 Pregel 程序天生免疫异步系统中经常出现的死锁以及临界资源竞争。理论上，Pregel 程序的性能即使在与足够并行化的异步系统的对比中都有一定的竞争力。通常情况下，图计算的应用中顶点的数量要远远大于机器的数量，所以必须平衡各机器之间的负载，这样各个超级步间的同步就不会增加过多的延迟，负载平衡会引入大量的通信开销，就使得超级步间的同步开销不那么明显了。

2.6.6.3 维基百科

维基之父吉米·威尔士和拉里·桑格在 30 多岁的时候就发出豪言壮语：让世界上每个人都能自由地分享人类知识的总和。他们是怎么实现的呢？网络建立起了一个人与人可以充分沟通的公共计算环境，群体智能也融入了网络。在维基百科这个系统里面，大众既是系统的使用者，也是系统的开发者。任何用户都可以对自己感兴趣的条目进行编辑，贡献个人观点和看法。在维基百科中，尽管每个人对条目的编辑都可能会出现错误，甚至有恶意的篡改，但是在大众参与的情况下，错误和恶意篡改的部分会很快得到纠正，大部分条目保持了相当高的水准。这与人类社会的进化演化过程何其相似！人类社会的进化演化过程不会由于个体的倒退而停止前进的步伐。

2.6.6.4 人机交互的验证码与光学字符识别（OCR）系统

这是一个典型的跨界融合成功案例。RECAPTCHA 是卡内基·梅隆大学设计的一个系统，它借助于人脑对难以识别的字符的辨别能力，对古旧书籍中难以被 OCR 系统识别的字符进行辨别。通过这个系统把古旧书籍中的字符扫描下来，发给要登录输入验证码的用户，他们用肉眼识别这些文字，然后进行比对。如果输入正确，就认为这个登录者是一个人而不是机器，这就完成了对登录者的身份识别。在这个过程中，解决了两个问题：一是要判定一个用户在登录的时候是人还是机器，这是网络安全里的一个问题；二是实现了用人来对古旧书籍中的这些难以识别的字符进行识别的能力。如果需要我们组织人来做古旧书籍的文字识别，这个工程是庞大的，而现在每天都有上亿的人在全世界帮助完成古旧书籍中的文字识别。也就是说，这个系统把这两大经典困难问题融合到了一起，用跨界思维的方式解决了这两大困难。在这样一个系统中，我们不难看出人已经成为一个 OCR 的工具。

2.6.6.5 慕课（MOOC）

慕课作为一种在线课程模式，目前已经在全世界流行。维基百科指出，慕课海报中的每一个字母蕴含可协商性问题以探讨慕课的含义（如 M 字母蕴含的一个可协商问题可以是“What is Massive？”等），慕课没有完全既定的定义，但有两个显著的特点：

（1）开放共享（Open access）：慕课参与者不必是在校的注册学生，也不要求交学费，它是让大家共享的。

（2）可扩张性（scalability）：许多传统课堂针对一小群学生，但慕课里的“大规模”课堂是针对不确定的参与者设计的。

在慕课这样一个教育云系统上面，通过名师共享，学生可以在任何一所学校听到名师的授课。同时，借助智能导学，名师可以在任意的时间辅导大家学习。随着慕课的推广，可能有人会担忧：教师会不会面临下岗？这是不可能的！实际上在整个教育系统中，学校有三方面的职能，即培养人才、科学研究和服务社会，这自然地就对应了传授知识、生产知识和使用知识。而慕课作为一种新型教育工具，仅对应其中的传授知识环节。

通过这些生活中的实际案例可以发现，互联网已经突破了传统图灵机的范畴。

随着“互联网+”时代的到来，数据一直在快速增长，人们意识到一些原有的信息系统解决方案针对大数据已经无效了。数据已经不能够通过几台机器或设备来处理，需要通过更多、更大规模的系统来解决大数据的问题。单一设备的计算性能已经不是大数据平台计算的瓶颈。云计算和大数据给人们带来了新的挑战。互联网上的云计算是以交互为中心的，而传统的、集中的调度和顺序的、确定的输入不能描述互联网的工作机理和交互机理，互联网不等同于一台虚拟的图灵机模型。人已经成为这个计算系统中的一员。

2.6.7 大数据的智能应用

2.6.7.1 大数据在互联网领域的应用

1. 推荐系统概述

随着互联网的飞速发展，网络信息的快速膨胀让人们逐渐从信息匮乏的时代步入了信息过载的时代。借助于搜索引擎，用户可以从海量信息中查找自己所需的信息。但是，通过搜索引擎查找内容是以用户有明确的需求为前提的，用户需要将其需求转化为相关的关键词进行搜索。因此，当用户需求很明确时，搜索引擎的结果通常能够较好地满足用户需求。比如，用户打算从网络上下载一首由筷子兄弟演唱的、名为《小苹果》的歌曲时，只要在百度音乐搜索中输入“小苹果”，就可以找到该歌曲的下载地址。然而，当用户没有明确需求时，就无法向搜索引擎提交明确的搜索关键词，这时，看似“神通广大”的搜索引擎也会变得无能为力，难以帮助用户对海量信息进行筛选。比如，用户突然想听一首自己从未听过的最新的流行歌曲，面对众多的当前流行歌曲，用户可能显得茫然无措，不知道哪首歌曲适合自己的口味，因而他就不可能告诉搜索引擎要搜索什么名字的歌曲，搜索引擎自然无法为其找到爱听的歌曲。

推荐系统是可以解决上述问题的一个非常有潜力的办法，它通过分析用户的历史数据来了解用户的需求和兴趣，从而将用户感兴趣的信息、物品等主动推荐给用户。现在让我们设想一个生活中可能遇到的场景：假设你今天想看电影，但又没有明确想看哪部电影，这时你打开在线电影网站，面对近百年来所拍摄的成千上万部电影，要从中挑选一部自己感兴趣的电影就不是一件容易的事情。我们经常会打开一部看起来不错的电影，看几分钟后无法提起兴趣就结束观看，然后继续寻找下一部电影，等终于找到一部自己爱看的电影时，可能已经有点筋疲力尽了，渴望休闲的心情也会荡然无存。为解决挑选电影的问题，你可以向朋友、电影爱好者进行请教，让他们为你推荐电影。但是，这需要一定的时间成本，而且，由于每个人的喜好不同，他人推荐的电影不一定会令你满意。此时，你可能更想要的是一个针对你的自动化工具，它可以分析你的观影记录，了解你对电影的喜好，并从庞大的电影库中找到符合你兴趣的电影供你选择。这个你所期望的工具就是“推荐系统”。

推荐系统是自动联系用户和物品的一种工具，和搜索引擎相比，推荐系统通过研究用户的兴趣偏好，进行个性化计算。推荐系统可发现用户的兴趣点，帮助用户从海量信息中去发掘自己潜在的需求。

长尾理论。从推荐效果的角度而言，热门推荐往往能取得不俗的效果，这也是为何各类网站中都能见到热门排行榜的原因。但是，热门推荐的主要缺陷在于推荐的范围有限，所推荐的内容在一定时期内也相对固定，无法为用户提供新颖且有吸引力的推荐结果，自然也难以满足用户的个性化需求。

从商品的角度而言，推荐系统要比热门推荐更加有效，前者可以更好地发掘“长尾商品”。美国《连线》杂志主编 Chris Anderson 于 2004 年提出了“长尾”概念，用来描述以亚马逊为代表的电子商务网站的商业和经济模式。电子商务网站相比于传统零售店而言，销售的种类更加繁多。虽然绝大多数商品都不热门，但是这些不热门的商品总数量极其庞大，所累计的总销售额将是一个可观的数字，也许会超过热门商品所带来的销售额。热门商品往往代表了用户的普遍需求，而长尾商品则代表了用户的个性化需求。因此，通过发掘长尾商品可提高销售额，但需要充分地研究用户的兴趣，而这正是推荐系统主要解决的问题。

推荐系统通过发掘用户的行为记录，找到用户的个性化需求，发现用户潜在的消费倾向，从而将长尾商品准确地推荐给需要它的用户，帮助用户发现那些他们感兴趣但却很难发现的商品，最终实现用户与商家的双赢。

（1）推荐方法。

推荐系统的本质是建立用户与物品的联系，根据推荐算法的不同，推荐方法包括如下五类。

专家推荐。专家推荐是传统的推荐方式，本质上是一种人工推荐，由资深的专业人士来进行物品的筛选和推荐，需要较多的人力成本。现在专家推荐结果主要是作为其他推荐算法结果的补充。

基于统计的推荐。基于统计信息的推荐（如热门推荐），概念直观，易于实现，但是对用户个性化偏好的描述能力较弱。

基于内容的推荐。基于内容的推荐是信息过滤技术的延续与发展，更多的是通过机器学习的方法去描述内容的特征，并基于内容的特征来发现与之相似的内容。

协同过滤推荐。协同过滤推荐是推荐系统中应用最早和最为成功的技术之一。它一般采用最邻近技术，利用用户的历史信息计算用户之间的距离，然后利用与目标用户的最邻近用户对商品的评价信息来预测目标用户对特定商品的喜好程度，最后根据这一喜好程度对目标用户进行推荐。

混合推荐。在实际应用中，单一的推荐算法往往无法取得良好的推荐效果，因此多数推荐系统会对多种推荐算法进行有机组合，如在协同过滤之上加入基于内容的推荐。

基于内容的推荐与协同过滤推荐有相似之处，但是基于内容的推荐关注的是物品本身的特征，通过物品自身的特征来找到相似的物品，而协同过滤推荐则依赖用户与物品间的联系，与物品自身特征没有太多关系。

（2）推荐系统模型。

一个完整的推荐系统通常包括三个组成模块：用户建模模块、推荐对象建模模块、推荐算法模块。推荐系统首先对用户进行建模，根据用户行为数据和属性数据来分析用户的兴趣和需求，同时也对推荐对象进行建模。接着，基于用户特征和物品特征，采用推荐算法计算得到用户可能感兴趣的对象，之后根据推荐场景对推荐结果进行一定的过滤和调整，最终将推荐结果展示给用户。

推荐系统通常需要处理庞大的数据量，既要考虑推荐的准确度，也要考虑计算推荐结果所需的时间，因此推荐系统一般可再细分成离线计算部分与实时计算部分。离线计算部分对于数据量、算法复杂度、时间限制均较少，可得出较高准确度的推荐结果。而在线计算部分则要求能快速响应推荐请求，能容忍相对较低的推荐准确度。通过将实时推荐结果与离线推荐结果相结合的方式，能为用户提供高质量的推荐结果。

（3）推荐系统的应用。

目前在电子商务、在线视频、在线音乐、社交网络等各类网站和应用中，推荐系统都开始扮演越来越重要的角色。亚马逊作为推荐系统的鼻祖，已将推荐的思想渗透到其网站的各个角落，实现了多个推荐场景。亚马逊网站利用用户的浏览历史记录来为用户推荐商品，推荐的主要是用户未浏览过，但可能感兴趣、有潜在购买可能性的商品。推荐系统在在线音乐应用中也逐渐发挥越来越重要的作用。音乐相比于电影在数量上更为庞大，且个人口味偏向会更为明显，仅依靠热门推荐和专家推荐是远远不够的。虾米音乐网根据用户的音乐收藏记录来分析用户的音乐偏好，从而进行推荐。从推荐的结果来看，主要是基于内容的推荐，如推荐同一风格的歌曲，或是推荐同一歌手的其他歌曲，或是推荐同一专辑中的其他歌曲等。

2. 协同过滤

推荐技术从被提出到现在已有十余年，在多年的发展历程中诞生了很多新的推荐算法。协同过滤作为最早、最知名的推荐算法，不仅在学术界得到了深入研究，而且至今在业界仍有广泛的应用。协同过滤可分为基于用户的协同过滤和基于物品的协同过滤。下面，我们主要就协同过滤算法进行详细介绍。

（1）算法思想。

基于用户的协同过滤算法（简称 UserCF 算法）是推荐系统中最古老的算法，可以说，UserCF 的诞生标志着推荐系统的诞生。该算法于 1992 年被提出，直到现在仍然是推荐系统领域最著名的算法之一。

UserCF 算法符合人们对于“趣味相投”的认知，即兴趣相似的用户往往有相同的物品喜好，当目标用户需要个性化推荐时，可以先找到和目标用户有相似兴趣的用户群体，然后将这个用户群体喜欢的、而目标用户没有听说过的物品推荐给目标用户，这种方法就称为“基于用户的协同过滤算法”。

UserCF 算法的实现主要包括两个步骤：找到和目标用户兴趣相似的用户集合。找到该集合中的用户所喜欢的、且目标用户没有听说过的物品推荐给目标用户。

假设有用户 a、b、c 和物品 A、B、C、D，其中用户 a、c 都喜欢物品 A 和物品 C，因此认为这两个用户是相似用户，于是将用户 c 喜欢的物品 D（物品 D 是用户 a 还未接触过的）推荐给用户 a。

（2）计算用户相似度。

实现 UserCF 算法的关键步骤是计算用户与用户之间的兴趣相似度。目前使用较多的相似度算法有。相关系数（Person Correlation Coefficient）、余弦相似度（Cosine-based Similarity）、调整余弦相似度（Adjusted Cosine Similarity）。给定用户 U 和用户 v，令 N（u）表示用户 U 感兴趣的物品集合，令 N（u）为用户 v 感兴趣的物品集合，使用余弦相似度进行计算用户相似度。

由于很多用户相互之间并没有对同样的物品产生过行为，因此其相似度公式的分子为 0，相似度也为 0。所以，在计算相似度时，我们可以利用物品到用户的倒排表（每个物品所对应的、对该物品感兴趣的用户列表），仅对有对相同物品产生交互行为的用户进行计算。

3. 基于物品的协同过滤

（1）算法思想。

基于物品的协同过滤算法（简称 ItemCF 算法）是目前业界应用最多的算法。无论是亚马逊还是 Netflix，其推荐系统的基础都是 ItemCF 算法。

ItemCF 算法是给目标用户推荐那些和他们之前喜欢的物品相似的物品。ItemCF 算法并不利用物品的内容属性计算物品之间的相似度，而主要通过分析用户的行为记录来计算物品之间的相似度。该算法基于的假设是，物品 A 和物品 B 具有很大的相似度是因为喜欢物品 A 的用户大多也喜欢物品 B。如该算法会因为你购买过《数据挖掘导论》而给你推荐《机器学习实战》，因为买过《数据挖掘导论》的用户多数也购买了《机器学习实战》。ItemCF 算法与 UserCF 算法类似，也分为两步。

计算物品之间的相似度，根据物品的相似度和用户的历史行为，给用户生成推荐列表。如用户 a、c 都购买了物品 A 和物品 C，因此可以认为物品 A 和物品 C 是相似的。因为用户 b 购买过物品 A 而没有购买过物品 C，所以推荐算法为用户 b 推荐物品 C。

计算物品相似度。与 UseCF 算法不同，用 ItemCF 算法计算物品相似度是通过建立用户到物品倒排表（每个用户喜欢的物品的列表）来计算的。

对每个用户 u 喜欢的物品列表，都建立一个物品相似度矩阵，如用户 a 喜欢物品 A 和物品 C，则 [A][C] 和 [C][A] 都加 1，依此类推，得到每个用户的物品相似度矩阵。将所有用户的物品相似度矩阵相加得到最终的物品相似度矩阵 R，其中 R[i][j] 记录了同时喜欢物品 i 和物品 j 的用户数，将矩阵 R 归一化，便可得到物品间的余弦相似度矩阵 W，得到物品相似度后，再度量用户 u 对物品 j 的兴趣程度。

4. UserCF 算法和 ItemCF 算法的对比

从上述介绍中可以看出，UserCF 算法和 ItemCF 算法的思想是相似的，计算过程也类似，最主要的区别在于：UserCF 算法推荐的是那些和目标用户有共同兴趣爱好的其他用户所喜欢的物品，ItemCF 算法则推荐那些和目标用户之前喜欢的物品类似的其他物品。因此，UserCF 算法的推荐更偏向于社会化，而 ItemCF 算法的推荐更偏向于个性化。

UserCF 算法适合应用于新闻推荐、微博话题推荐等应用场景，其推荐结果在新颖性方面有一定的优势。但是，随着用户数目的增大，计算用户相似度将越来越困难，其运算时间复杂度和空间复杂度的增长与用户数的增长近似于平方关系。而且，UserCF 算法的推荐结果相关性较弱，容易受大众影响而推荐热门物品，同时 UserCF 算法也很难对推荐结果做出解释。此外，新用户或低活跃用户会遇到“冷启动”的问题，即无法找到足够有效的相似用户来计算出合适的推荐结果。

ItemCF 算法则在电子商务、电影、图书等应用场景中广泛使用，并且可以利用用户的历史行为给推荐结果做出解释，让用户更为信服推荐的效果。但是，ItemCF 算法倾向于推荐与用户已购买商品相似的商品，往往会出现多样性不足、推荐新颖度较低的问题。事实上，在实际应用中，没有任何一种推荐算法能够做到适用于各种应用场景且都能取得良好效果，不同推荐算法各有千秋，分别有其适合的应用场景，也各有局限。因此，实践中常常采用将不同的推荐算法进行有机结合的方式，这样做往往能显著提升推荐效果。

5. 协同过滤实践

我们选择以 MovieLens（http：//grouplens.org/datasets/movielens）作为实验数据，采用 ItemCF 算法，使用 Python 语言来实现一个简易的电影推荐系统。MovieLens 是 GroupLens Research 实验室的一个非商业性质的、以研究为目的的实验性项目，采集了一组从 20 世纪 90 年代末到 21 世纪初由 MovieLens 网站用户提供的电影评分数据。其中，MovieLenslook 数据集包括了 1000 名用户对 1700 部电影的评分记录，每个用户都至少对 20 部电影进行过评分，一共有 100000 条电影评分记录。

基于这个数据集，解决的是一个评分预测问题，即如何通过已知的用户评分记录来预测未知的用户评分。对于用户未进行评分的电影，我们希望能够预测出一个评分，而这个评分反过来也可以用于猜测用户是否会喜欢这部电影，从而决定是否给用户推荐该电影。

在实际应用中，我们通常实现的是 Top-N 推荐，即为目标用户提供一个长度为 N 的推荐列表，使该推荐列表能够尽量满足用户的兴趣和需求。对于评分预测问题，我们同样可以将得到的评分预测结果进行降序排序处理，并选出 Top-N 来作为对目标用户的推荐结果。此外，之所以选择 Python 语言来实现该简易推荐系统，是因为 Python 的语法较为接近自然语言，即使没有使用过 Python 的读者，结合代码的注释，对本节出现的 Python 代码也不会有太大的理解难度。

6. 数据处理

MovieLens 数据集中除了评分记录外，还包括了用户信息数据和电影信息数据，可用于实现更为精准的推荐。为简化实现，我们仅使用数据集中用户对电影评分数据进行计算，同时使用电影的基本信息数据来辅助输出推荐结果。

在数据集中，用户对电影的评分数据文件为 u.data，每一行的四个数据元素分别表示用户 ID、电影 ID、评分、评分时间戳。

电影的信息数据文件为 u.Item，主要使用前两个数据元素——电影 ID、电影名称（上映年份），用于最终推荐结果的展示。

首先，我们将所需数据读入并进行一定的预处理，主要是将用户对电影的评分信息存入集合 usermovie。代码如下：

```
DefReadData（）：
file-user-movie= ‘u.data’
file-movie-info= ‘u.Item’
usermovie={}
```

```
# 存放用户对电影的评分信息
Forlinein.pen（file-user-movie）：
# 依次读取每条评分数据
user，Item，score=line.splIT（'\t'）[0：3]
# 前3个数据元素分别是用户id、电影id、评分
user-movie.setdefault（user，{}）
user-movie[user][item]=int（score）
# 存入评分
movies=f}
# 存放电影的基本信息
Forlineinopen（file-movie-info）：
（movieid，movieTitle）：line.split（'/'）[0：2]
# 前2个数据元素分别是电影id、电影名称
movies[movieid]=movieTitle
returnuser_movie，movies
```

7. 计算相似度矩阵

根据前面介绍的计算物品的相似度矩阵方法，可建立物品（电影）到用户倒排表来计算物品的余弦相似度矩阵。传入的参数是上一步处理后的电影评分数据。这一部分的代码如下：

```
DefitemSimilarity（user-movie）：
# 建立电影间的相似度矩阵
C={}# 存放最终的物品相似度矩阵
N={}# 存放每个电影的评分人数
foruser，Itemsinuser_movie.Items（）：
# 对所有评分数据进行处理
ForiinItems.keys（）：
N.setdefault（1，0）
N[i]+=1
C.setdefault（i，{}）
Forjinitems.keys（）：
Ifi==J：continue
C[i].setdefault（j，0）
```

```
C[i][j]+=1
# 计算最终的物品余弦相似度矩阵
W={}
Fori，related_ItemsinC.Items（）：
W.setdefault（i，{}）
W[i][j]=（math.sqrt（N[i]*N[j]））.
```

8. 计算推荐结果

当电影余弦相似度矩阵计算完成后，就可以针对用户进行推荐了。参数 user 表示目标用户 ID，参数 W 是上一步中得到的物品相似度矩阵，参数 K 表示取 K 个相似用户进行计算，参数Ⅳ表示最终得到对目标用户 tiger 的 N 个推荐结果。这一部分的代码如下：

```
DefRecommend（user，user_movie，W，K，N）：
rank={}
# 存放推荐计算结果
action-Item=user_movie[user]
forItem，scoreinaction-Item.Items（）：
forJ，wjinsorted（w[Item].Items（），key=lambdaxx:X[1]，reverse=True）[0：K]:
IfJinaction-Item.keys（）：
continue
rank.setdefault（J，0）
rank[J]+=score+wj
returndict（sorted（rank.items（），key=lambdax：X[1]，reverse=True）[0：N]）
# 排序并取前 N 个结果
```

9. 展示推荐结果

现在我们就可以将上述三个部分组合在一起来完成推荐结果的计算，并最终将推荐结果展示给用户。这一部分的代码如下：

```
if_name_== "_main_"：# 主函数
# 加载数据
Usermovie，movies=ReadData（）
# 计算电影相似度
W=ItemSimilarity（user_movie）
# 计算推荐结果，并取 Top-10 的推荐结果
```

result=Recommend（‘1’，user_movie，W，10，10）# 对用户 ID 为 1 的用户进行推荐

展示推荐结果

fori，ratinginresult：

print‘film：%s，rating：%s’%（movies[i]，rating）

我们尝试对用户 ID 为 1 的用户进行推荐，可得到推荐结果，输出了电影的名称、年份以及预测的评分。

这样，一个简单的电影推荐系统就完成了。

2.6.7.2 大数据在生物医学领域的应用

1. 传统流行病预测机制的不足

在公共卫生领域，流行疾病管理是一项关乎民众身体健康甚至生命安全的重要工作。一种疾病，一旦真正在公众中爆发，就已经错过了最佳防控期，这往往会带来大量的生命和经济损失。以 2003 年全球爆发的 SARS（非典）疫情为例，据亚洲开发银行统计，SARS 使全球在此期间经济总损失额达到 590 亿美元。其中，中国内地经济的总损失额为 179 亿美元，占当年中国 GDP 的 1.3%；中国香港地区经济的总损失额为 120 亿美元，占香港特别行政区地区生产总值的 7.6%。根据世界卫生组织公布的数据，到 2013 年 8 月 7 日，全球累计"SARS"病例共 8422 例，涉及 32 个国家和地区。其中，中国内地累计病例 5327 例，死亡 349 人；加拿大 251 例，死亡 41 人；新加坡 238 例，死亡 33 人；越南 63 例，死亡 5 人。

在传统的公共卫生管理中，一般要求医生在发现新型病例时上报给疾病控制与预防中心，疾控中心对各级医疗机构上报的数据进行汇总分析，发布疾病流行趋势报告。但是，这种从下至上的处理方式存在一个致命的缺陷：流行疾病感染的人群往往会在发病多日进入严重状态后才会到医院就诊，医生见到患者再上报给疾控中心，疾控中心再汇总进行专家分析后发布报告，然后相关部门采取应对措施，整个过程会经历一个相对较长的周期，一般要滞后一到两周。而在这个时间段内，流行疾病可能已经进入快速扩散蔓延状态，结果导致疾控中心发布预警时，已经错过基于大数据的流行病预测。

今天，大数据彻底颠覆了传统的流行疾病预测方式，使人类在公共卫生管理领域迈上了一个全新的台阶。以搜索数据和地理位置信息数据为基础，分析不同时空尺度的人口流动性、移动模式和参数，进一步结合病原学、人口统计学、地理、气象和人群移动迁徙、地域之间等因素和信息，可以建立流行病时空传播模型，确定流感等流行病在各流行区域间传播的时空路线和规律，得到更加准确的态势评估、

预测。大数据时代被广为流传的一个经典案例就是谷歌流感趋势预测。谷歌开发的可以预测流感趋势的工具——谷歌流感趋势，采用大数据分析技术，利用网民在谷歌搜索引擎输入的搜索关键词来判断全美地区的流感情况。谷歌把 5000 万条美国人最频繁检索的词条和美国疾控中心在 2003 年至 2008 年间季节性流感传播时期的数据进行了比较，并构建数学模型实现流感预测。在 2009 年，谷歌首次发布了冬季流行感冒预测结果，与官方数据的相关性高达 97%；此后，谷歌多次把测试结果与美国疾病控制和预防中心的报告比对，发现两者结论存在很大的相关性，证实了谷歌流感趋势预测结果的正确性和有效性。

其实，谷歌流感趋势预测的背后机理并不难。对于普通民众而言，感冒发烧是日常生活中经常碰到的事情，有时候不闻不问，靠人类自身免疫力就可以痊愈，有时候简单服用一些感冒药或采用相关简单疗法也可以快速痊愈。相比之下，很少人会首先选择去医院就医，因为医院不仅预约周期长，而且费用昂贵。因此，在网络发达的今天，遇到感冒这种小病，人们首先就会想到求助于网络，希望在网络中迅速搜索到感冒的相关病症、治疗感冒的疗法或药物、就诊医院等信息，以及一些有助于治疗感冒的生活行为习惯。作为占据市场主导地位的搜索引擎服务商，谷歌自然可以收集到大量网民关于感冒的相关搜索信息，通过分析某一地区在特定时期对感冒症状的搜索大数据，就可以得到关于感冒的传播动态和未来七天流行趋势的预测结果。

虽然美国疾控中心也会不定期发布流感趋势报告，但是很显然谷歌的流感趋势报告要更加及时、迅速。美国疾控中心发布流感趋势报告是根据下级各医疗机构上报的患者数据进行分析得到的，会存在一定的时间滞后性。而谷歌公司则是在第一时间收集到网民关于感冒的相关搜索信息后进行分析得到结果，因为普通民众感冒后，会首先寻求网络帮助而不是到医院就医。另外，美国疾控中心获得的患者样本数也会明显少于谷歌，因为在所有感冒患者中，只有一少部分重感冒患者才会最终去医院就医而进入官方的监控范围。

2. 基于大数据的流行病预测的重要作用

2015 年初，非洲几内亚、利比里亚和塞拉利昂等国仍然受到埃博拉疫情的严重威胁。根据世界卫生组织（WHO）2014 年 11 月初发布的数据，已知埃博拉出血热感染病例为 13042 例，死亡人数为 4818 人，并且呈现继续扩大蔓延的趋势。目前，疾病防控人员迫切需要掌握疫情严重地区的人口流动规律，从而有针对性地制定疾病防控措施和投放医疗物资，但是由于大部分非洲国家经济比较落后，公共卫生管理水平较低，疾病防控工作人员模拟疾病传播的标准方式，仍然依靠基于人口普查数据和调查进行推断，效率和准确性都很低下，这些都给这场抗击埃博拉出血热的战役增加了很大的困难。因此，流行病学领域研究人员认为，可以尝试利用通信大数据防止埃博拉出血热的快速传播。当用户使用移动电话进行通话时，电信运营商网络会生成一个呼叫数据记录，包含主叫方和接收方、呼叫时间和处理这次呼叫的基站（能够粗略指示移动设备的位置）。通过对电信运营商提供的海量用户呼叫数据记录进行分析，就可以分析得到当地人口流动模式，疾病防控工作人员就可以提前判断下一个可能的疫区，从而把有限的医疗资源和相关物资进行有针对性的投放。

案例：百度疾病预测

受谷歌流感趋势预测的启发，我国政府相关部门也于2010年开始与百度等互联网巨头合作，希望借助于互联网公司收集的海量网民数据进行大数据分析，实现流行病预警管理，从而为流行病的预防提供宝贵的缓冲时间。百度疾病预测（http：//trends.baidu.com/disease）就是具有代表性的互联网疾病预测服务，其基本原理是，流行病的发生和传播有一定的规律性，与气温变化、环境指数、人口流动等因素密切相关，每天网民在百度搜索大量流行病相关信息，汇聚起来就有了统计规律，经过一段时间的积累，可以形成一个个预测模型，预测未来疾病的活跃指数。百度疾病预测提供了可视化的界面，简单易用。登录百度疾病预测官方网站后，呈现的是一个包含中国地图的界面，用户可以选择自己所在的省市来了解相关疾病信息，地图中的不同大小和颜色的圆点表示疾病在该地区的活跃程度；同时，百度疾病预测还可以为用户推荐相关的热门就诊医院，大大方便了用户的就医过程。

与谷歌流感预测相比，在覆盖范围方面，百度疾病预测具有更大的覆盖面，不仅仅局限在大城市，而是覆盖到了区县，并实现了基于地图的交互功能，带来了更好的用户体验；百度疾病预测在最终的产品端可以提供全国331个地级市、2870个区县的疾病态势预测。在疾病预测种类方面，谷歌目前只限定在流感和登革热，百度则可以预测流感、肝炎、肺结核、性病4种传染性疾病。在准确性方面，百度具有更高的预测准确率，随着谷歌对模型更新的减少及其他干扰搜索数据因素的存在，其预测准确率连续几年呈下滑态势。而百度的数据每周更新一次，在数据种类上也更加丰富，不再仅局限于搜索引擎数据，而是同时结合微博、百度知道等关于疾病的数据，最大限度地减少了干扰性数据，有效保证了预测的准确性。今天，百度疾病预测就像一张疾病定位地图，已经广泛服务于政府部门、相关行业和普通民众。政府部门根据百度提供的疾病预测报告，可以提前制定疾病防控措施，有效应对可能的流行病爆发，甚至可以提前锁定易感染人群，发布针对特定人群的疾病预防指南，并及时掌控相关群体的活动去向，最大限度地控制病情传播。对于相关行业而言，百度疾病预测具有地域性特点，医药行业、快消行业可以利用百度疾病预测进行市场需求分析，判断消费趋势，从而有针对性地制订企业营销方案。对于个人而言，通过百度疾病预测服务，其可以及时获知自己所在的城市当前是否有爆发某种疾病的趋势，自己将要去的商业区域是否是疾病重灾区，城市的哪些区域或哪些人群容易感染某种疾病等。有了这些宝贵的参考信息，用户就可以有针对性地调整自己的出行计划，采取切实有效的疾病防护措施，减少自己感染疾病的概率。

3. 智慧医疗

随着医疗信息化的快速发展，智慧医疗逐步走入人们的生活。IBM 开发了沃森技术医疗保健内容分析预测技术，该技术允许企业找到大量病人相关的临床医疗信息，通过大数据处理，更好地分析病人的信息。加拿大多伦多的一家医院利用数据分析避免早产儿夭折，医院用先进的医疗传感器对早产婴儿的心跳等生命体征进行实时监测，每秒钟有超过 3000 次的数据读取，系统对这些数据进行实时分析并给出预警报告，从而使得医院能够提前知道哪些早产儿出现问题，并且有针对性地采取措施。我国厦门、苏州等城市建立了先进的智慧医疗在线系统，可以实现在线预约、健康档案管理、社区服务、家庭医疗、支付清算等功能，大大便利了市民就医，提升了医疗服务的质量和患者满意度。可以说，智慧医疗正在深刻改变着我们的生活。

智慧医疗是通过打造健康档案区域医疗信息平台，利用最先进的物联网技术和大数据技术，实现患者、医护人员、医疗服务提供商、保险公司等之间的无缝、协同、智能的互联，让患者体验一站式的医疗、护理和保险服务。智慧医疗的核心就是“以患者为中心”，给予患者以全面、专业、个性化的医疗体验。

智慧医疗通过整合各类医疗信息资源，构建药品目录数据库、居民健康档案数据库、影像数据库、检验数据库、医疗人员数据库、医疗设备等卫生领域的六大基础数据库，可以让医生随时查阅病人的病历、患史、治疗措施和保险细则，随时随地快速制订诊疗方案，也可以让患者自主选择更换医生或医院，患者的转诊信息及病历可以在任意一家医院通过医疗联网方式调阅。

智慧医疗具有以下三个优点。

（1）促进优质医疗资源的共享。

我国医疗体系存在的一个突出问题就是，优质医疗资源集中分布在大城市、大医院，一些小医院、社区医院和乡镇医院的医疗资源配置明显偏弱，使得患者都扎堆涌向大城市、大医院就医，造成这些医院人满为患，患者体验很差，而社区、乡镇医院却因为缺少患者又进一步限制了其自身发展。要想有效解决医疗资源分布不均衡的问题，当然不能靠在小城镇建设大医院，这样做只会进一步提高医疗成本。

智慧医疗给整个问题的解决指明了正确的大方向：一方面，社区医院和乡镇医院可以无缝连接到市区中心医院，实时获取专家建议、安排转诊或接受培训；另一方面，一些远程医疗器械可以实现远程医疗监护，不需要患者亲自跑到医院，如无线云安全自动血压计、无线云体重计、无线血糖仪、红外线温度计等传感器，可以实时监测患者的血压、心跳、体重、血糖、体温等生命体征数据，实时传输给相关医疗机构，从而使患者获得及时、有效的远程治疗。

（2）避免患者重复检查。

以前，患者每到一家医院，就需要在这家医院购买新的信息卡和病历，重复做其他医院已经做过的各种检查，不仅耗费患者大量的时间和精力，影响患者情绪，还浪费了国家宝贵的医疗资源。智慧医疗系统实现了不同医疗机构之间的信息共享，在任何医院就医时，只要输入患者身份证号码，就可以立即获得患者的所有信息，包括既往病史、检查结果、治疗记录等，再也不需要在转诊时做重复检查。

（3）促进医疗智能化。

智慧医疗系统可以对病患的生命体征、治疗化疗等信息进行实时监测，杜绝用错药、打错针等现象，系统还可以自动提醒医生和病患进行复查，提醒护士进行发药、巡查等工作。此外，系统利用历史累计的海量患者医疗数据，可以构建疾病诊断模型，根据一个新到达病人的各种病症，自动诊断该病人可能患哪种疾病，从而为医生诊断提供辅助依据。未来，患者服药方式也将变得更加智能化，不再需要采用“一日三次、一次一片”这种固定的方式，智慧医疗系统会自动检测到患者血液中的药剂是否已经代谢完成，只有当药剂代谢完成时，才会自动提醒患者再次服药。此外，可穿戴设备的出现，让医生能实时监控病人的健康、睡眠、压力等信息，及时制定各种有效的医疗措施。

4. 生物信息学

生物信息学（Bioinformatics）是研究生物信息的采集、处理、存储、传播、分析和解释等方面的学科，也是随着生命科学和计算机科学的迅猛发展、生命科学和计算机科学相结合形成的一门新学科。它通过综合利用生物学、计算机科学和信息技术，揭示大量而复杂的生物数据所蕴含的生物学奥秘。

和互联网数据相比，生物信息学领域的数据更是典型的大数据。首先，细胞、组织等结构都是具有活性的，其功能、表达水平甚至分子结构在时间维度上是连续变化的，而且很多背景噪声会导致数据的不准确性；其次，生物信息学数据具有很多维度，在不同维度组合方面，生物信息学数据的组合性要明显大于互联网数据，前者往往表现出“维度组合爆炸”的问题，比如所有已知物种的蛋白质分子的空间结构预测问题，仍然是分子生物学的一个重大课题。

生物数据主要是基因组学数据，在全球范围内，各种基因组计划被启动，有越来越多的生物体的全基因组测序工作已经完成或正在开展。伴随着一个人类基因组测序的成本从 2000 年的 1 亿美元左右降至今天的 1000 美元左右，将会有更多的基因组大数据产生。除此以外，蛋白组学、代谢组学、转录组学、免疫组学等也是生物大数据的重要组成部分。每年全球都会新增 EB 级的生物数据，生命科学领域已经迈入大数据时代，生命科学正面临从实验驱动向大数据驱动转型。

生物大数据使得我们可以利用先进的数据科学知识，更加深入地了解生物学过程、作物表型、疾病致病基因等。将来我们每个人都可能拥有一份自己的健康档案，档案中包含了日常健康数据（各种生理指标，饮食、起居、运动习惯等）、基因序列和医学影像（CT、B 超检查结果）；用大数据分析技术，可以从个人健康档案中有效预测个人健康趋势，并为其提供疾病预防建议，达到“治未病”的目的。由此将会产生巨大的影响力，使生物学研究迈向一个全新的阶段，甚至会形成以生物学为基础的新一代产业革命。

世界各国非常重视生物大数据的研究。2014 年，美国政府启动计划加强对生物医学大数据的研究，英国政府启动“医学生物信息学计划”，投资 3200 万英镑大力支持生物医学大数据研究。国际上，已经有美国国家生物技术信息中心（NCBI）、欧洲生物信息研究所（EBI）和日本 DNA 数据库（DDBJ）等生物数据中心，专门从事生物信息管理、汇聚、分析、发布等工作。同时，各国也纷纷设立专业机构，加大对生物大数据人才的培养，促进生物大数据产业的快速发展。

5. 基于大数据的综合健康服务平台

随着我国经济社会的持续快速发展，人民群众的生活质量正从基本温饱向全面小康迈进，经济水平的提升和对更美好生活的追求，使人民群众对健康服务的需求日益从传统的患病求医转为更加重视疾病预防和日常健康保健，全社会对健康管理、健康咨询等各种健康服务的需求正快速增加。目前，随着医疗信息化的深入，医疗健康大数据不断累积，成为一座蕴含巨大价值的“数据金矿”。因此，科技部 2015 国家科技支撑计划就明确提出，可以充分利用大数据技术构建基于大数据的综合健康服务平台，实现对健康大数据资源的整合应用，优化医疗健康服务流程，打造以医院、社区、平台为主的“三位一体、相互协同”的综合健康服务新模式，充分发挥医院、社区、检查检验、健促中心、网站服务、移动服务、智能设备自动采集等线上线下（O2O）相结合的综合健康服务优势，提供更加丰富、更高质量的综合健康服务，实现未病先防、已病早治、既病防变、愈后防复，从而全面提升人民群众的身心健康水平。目前，我国包括厦门在内的一些城市正在积极构建基于大数据应用的综合健康服务平台。下面简要介绍一些地市正在建设的这类平台的业务架构、技术架构和关键技术。

（1）平台概述。

平台将健康管理服务、医疗咨询服务与移动健康服务融合为一个提供“以人为中心”的、线上线下相结合的综合健康服务生态系统，突出基于大数据技术的综合健康服务模式与运营机制的示范性应用。平台以健康评估与个性化诊疗技术为核心，以大数据技术为依托，综合应用健康服务平台数据标准化、医疗健康数据集成、健康评估、个人隐私安全、信息安全、数据标准等技术，提供健康档案建档、健康教育、风险筛查、健康计划、健康跟踪、医疗协同等服务功能。鉴于用户人群类型覆盖广、所属区域分散、健康信息数据量大、更新速度快等特点，基于大数据的综合健康服务平台应满足如下需求。

综合性。平台应能提供多种形式的健康服务，支持线上线下相结合的服务。可提供线下面对面的健康管理、呼叫中心支持的健康追踪、网站或移动设备支持的线上咨询、智能设备自助式健康数据采集等全方位、立体化、全程式的健康服务功能。具有高效率的平台集成管理、运营支持和控制能力，满足开放式平台的运营要求。

开放性。健康服务平台服务范围广、渠道多，服务的用户和机构等类型众多，所以应保证平台的开放性，使公众、医院医生、健康促进团队、社区医生、卫生管理机构、第三方服务提供商和健康会员等广大用户都能方便地接入和使用。

高可靠性。由于平台中包括数据集成、医疗协同、移动健康服务等内容，所以要充分重视平台的高可靠性，构建包括网络环境、工作平台、各子系统和数据信息在内的综合安全体系，以保证平台的正常运行。除了选用高可靠高可用的硬件、应用软件产品和技术外，还要通过周密的计划、安排和实施方案，保证平台的高可靠性。

可扩充性和灵活性。在发展迅速的健康服务领域，应用环境、系统的硬件或软件都会不断地加以更新。因此，平台的可扩展性以及前后兼容性的好坏决定着平台能否顺利发展。所以，平台必须具有可扩充性，方便、灵活地满足规模扩充和应用扩充的要求。其平台软硬件系统要建立在广泛的可升级的基础上。

兼容性与规范性。各项设计规范、技术指标及产品均应符合国际标准和国家标准，以卫计委健康档案数据标准为指导，并提供对第三方健康服务内容和医疗机构服务的兼容能力，可以有效保护投资，拓展应用范围。

便捷性。由于健康服务面向的是健康人群、亚健康人群以及慢性病人群，人群覆盖和地域覆盖范围非常广泛，平台必须具备便捷的数据上传采集能力和通过移动设备接收健康服务管理、咨询的能力。

（2）平台业务架构。

这类平台依托传统医学、预防医学、临床医学、运动医学、营养医学、空间信息技术等专业领域知识，结合网站、移动终端、智能可穿戴设备、呼叫中心、健康促进中心、医疗机构、检查检验结构，构建“以人为中心”的综合健康服务生态系统，系统与区域医疗信息平台、医疗保险机构、体检中心、第三方检验 / 影像、主动医疗服务，以及医保新农合等已有医疗服务资源进行规范化、标准化的整合与协同，为综合健康服务提供连续、完整的医疗健康大数据支撑，实现健康管理、医疗咨询以及移动健康服务等综合健康服务业务。

（3）平台技术架构。

综合健康服务平台体系架构需要统一规划组织平台各层次功能模块，使得各模块之间层次结构明晰，功能划分合理，相互协同有效，确保实现平台的整体性、灵活性、可靠性、可用性、安全性、规范性和可扩展性。

综合健康服务平台体系架构的设计，需要实现广泛异构数据源、大数据关键技术、健康评估和个性化诊疗技术、服务对象的深度融合。通过一体化的系统设计，可以有效整合医疗健康大数据资源，充分发挥大数据技术优势，有力提升健康评估和个性化诊疗技术水平，为用户提供有效的综合健康服务；借助门户网站、呼叫中心和移动终端等多种服务访问方式，可以为用户提供便捷、高效、灵活、个性化的综合健康服务；通过开放的平台设计，可以实现平台与第三方健康服务机构的应用、数据、用户等资源的共享，共同推动平台服务能力的提升和服务群体的拓展。

从技术实现的层面，按照平台体系功能的层次，综合健康服务平台体系架构可以划分为数据源层、技术支撑层、业务层、交互层和用户层。

数据源层。包含了平台的各种数据来源，包括各种机构（医院、独立体检机构、社区卫生服务机构、区域医疗信息平台、第三方检测机构、新农合、医保社保）、个人用户和网络。

技术支撑层。包括大数据集成与管理、健康评估技术、个性化诊疗技术、数据标准、安全隐私等模块，可以支持实现高效的个人健康信息整合、准确的健康风险分析评估、直观的评测报告可视化和个性化的健康计划制订等功能。

业务层。平台对外提供多种服务，主要包括面向普遍人群的通用型健康服务，面向特定人群的主题式健康服务，面向健康服务机构的信息服务，面向决策、科研等机构的循证医学数据服务以及开放应用平台服务等。

交互层。平台提供对外服务的渠道，包括门户网站、呼叫中心、移动终端和平台接入 APl。

用户层。平台的服务对象，包括个人用户、专业健康服务机构、医疗卫生机构、健康服务相关机构（保险公司、医疗器械厂商、药厂等）、决策机构、科研机构、疾控中心等。

（4）平台关键技术。

基于大数据应用的综合健康服务平台通常包含以下几个方面的关键技术：医疗健康大数据集成、存储和处理技术；基于大数据的健康评估技术；基于大数据的个性化诊疗技术。

医疗健康大数据集成、存储和处理技术。综合健康服务平台数据来源广泛，包括医院、独立体检机构、社区卫生服务机构、区域医疗信息平台、第三方检测机构、新农合、医保社保、个人用户和网络等；平台数据内容多样，包括病史、体格检查、理化检查、居民基本健康档案、各类个人信息和网页等，涉及结构化数据、半结构化和非结构化数据；平台数据量巨大，通常要包含 1000 万以上个人用户的各种医疗健康数据。广泛的数据来源、多样的数据类型、海量的数据，构成了平台的数据基础医疗健康大数据，这给数据集成和管理带来了很大的技术挑战。

基于大数据的健康评估技术。健康管理的目的是“治未病”。通过健康信息评估，可以对收集到的个体和群体的健康状态和疾病信息进行系统、综合、连续的科学分析与评价，目的是为个性化诊疗、维护、促进与改善健康、管理与控制健康风险提供科学依据。

健康评估是健康管理的核心技术。基于大数据的健康评估技术，以现代健康概念和新医学模式以及中医“治未病”为指导，通过采用现代医学、现代管理学、统计分析和数据挖掘的理论技术，在国际上现有的健康评估和健康风险评估模型的基础上，通过综合健康服务平台的“全样本”医疗健康大数据分析，综合考虑人的生理、心理、社会、行为方式、生活习惯等各方面指标，建立适合我国不同人群的健康状态评估模型和健康风险评估模型，对国人的个体或群体整体健康状况、影响健康的危险因素、疾病风险进行全面检测、评估和有效干预。其目的是以最小投入获取最大的健康效益，节省医疗资源，提升全民的健康水平和生活质量。

基于大数据的个性化诊疗技术。已有的诊疗手段在很大程度上均来自医学专家知识，具有非实时性、一般性和普遍性的特点。在本质上来说，仍属于“以医疗为中心”的模式和范畴。使用大数据技术推动诊疗模式向“以人为中心”转变，可以消除由于信息不对称和信息贫乏造成的用户和医务工作者之间的鸿沟。一方面，广大用户缺乏医学领域的相关知识，无法有效地通过健康服务平台搜索自己需要的健康信息，并辨别其准确性和对自身的价值；另一方面，广大医务工作者由于缺乏数据支撑和知识参考，无法针对用户设计个性化的诊疗和干预方案。综合健康服务平台的医疗健康大数据和大数据技术，为建立“以人为中心”的新的诊疗模式提供了全面有效和准确客观的新手段。基于大数据的个性化诊疗技术，依托大数据平台，充分利用医学专家经验知识、健康教育信息和健康管理技术，在健康评估技术的基础上，为用户提供更加个性化和精细化的医疗咨询服务，为医务工作者提供个性化的处方订制功能。

2.6.7.3 大数据在物流领域中的应用

智能物流是大数据在物流领域的典型应用。智能物流融合了大数据、物联网和云计算等新兴 IT 技术，使物流系统能模仿人的智能，实现物流资源优化调度和有效配置以及物流系统效率的提升。自从 IBM 在 2010 年最初提出智能物流概念以来，智能物流在全球范围内得到了快速发展。在我国，阿里巴巴集团联合多方力量联手共建“中国智能物流骨干网”，计划在 8~10 年的时间，建立一张能支撑日均 300 亿元（年度约 10 万亿元）网络零售额的智能物流骨干网络，支持数千万家新型企业成长发展，让全中国任何一个地区做到 24 小时内送货必达。大数据技术是智能物流发挥其重要作用的基础和核心，物流行业在货物流转、车辆追踪、仓储等各个环节中都会产生海量的数据，分析这些物流大数据，将有助于我们深刻认识物流活动背后隐藏的规律，优化物流过程，提升物流效率。

1. 智能物流的定义

智能物流，又称智慧物流，是利用智能化技术，使物流系统能模仿人的智能，具有思维、感知、学习、推理判断和自行解决物流中某些问题的能力，从而实现物流资源优化调度和有效配置、物流系统效率提升的现代化物流管理模式。

智能物流概念源自 2010 年 IBM 发布的研究报告《智慧的未来供应链》，该报告通过调研全球供应链管理者，归纳出成本控制、可视化程度、风险管理、消费者日益严苛的需求、全球化五大供应链挑战，为应对这些挑战，IBM 首次提出了“智慧供应链”的概念。

智慧供应链具有先进化、互联化、智能化三大特点。先进化是指：数据多由感应设备、识别设备、定位设备产生，替代人为获取；供应链动态可视化自动管理，包括自动库存检查、自动报告存货位置错误。互联化是指：整体供应链联网，不仅是客户、供应商、IT 系统的联网，还包括零件、产品以及智能设备的联网；互联网赋予供应链整体计划决策能力。智能化是指：通过仿真模拟和分析，帮助管理者评估多种可能性选择的风险和约束条件；供应链具有学习、预测和自动决策的能力，无须人为介入。

智能物流概念经历了自动化、信息化、网络化三个发展阶段。自动化阶段是指物流环节的自动化，即物流管理按照既定的流程自动化操作的过程；信息化阶段是指现场信息自动获取与判断选择的过程；网络化、泛在化阶段是指将采集的信息通过网络传输到数据中心，由数据中心做出判断与控制，进行实时动态调整的过程。

2. 智能物流的作用

智能物流具有以下三个方面的重要作用。

（1）提高物流的信息化和智能化水平。

不仅仅限于库存水平的确定、运输道路的选择、自动跟踪的控制、自动分拣的运行、物流配送中心的管理等问题，而且物品的信息也将存储在特定数据库中，并能根据特定的情况作出智能化的决策和建议。

（2）降低物流成本和提高物流效率。

由于交通运输、仓储设施、信息通信、货物包装和搬运等对信息的交互和共享要求较高，因此可以利用物联网技术对物流车辆进行集中调度，有效提高运输效率；利用超高频 RFID 标签读写器实现仓储进出库管理，可以快速识别货物的进出库情况；利用 RFID 标签读写器建立智能物流分拣系统，可以有效地提高生产效率并保证系统的可靠性。

（2）提高物流活动的一体化。

通过整合物联网相关技术，集成分布式仓储管理及流通渠道建设，可以实现物流中运输、存储、包装、装卸等环节全流程一体化管理模式，以高效地向客户提供满意的物流服务。

3. 智能物流的应用

智能物流有着广泛的应用。国内许多城市都在围绕智慧港口、多式联运、冷链物流、城市配送等方面，着力推进物联网在大型物流企业、大型物流园区的系统级应用；还可以将射频标签识别技术、定位技术、自动化技术以及相关的软件信息技术，集成到生产及物流信息系统领域，探索利用物联网技术实现物流环节的全流程管理模式，开发面向物流行业的公共信息服务平台，优化物流系统的配送中心网络布局，集成分布式仓储管理及流通渠道建设，最大限度地减少物流环节、简化物流过程，提高物流系统的快速反应能力；此外，还可以进行跨领域信息资源整合，建设基于卫星定位、视频监控、数据分析等技术的大型综合性公共物流服务平台，发展供应链物流管理。

4. 大数据是智能物流的关键

在物流领域有两个著名的理论——“黑大陆说”和“物流冰山说”。著名的管理学权威 P.E. 德鲁克提出了“黑大陆说”，认为在流通领域中物流活动的模糊性尤其突出，是流通领域中最具潜力的领域。提出“物流冰山说”的日本早稻田大学教授西泽修认为，物流就像一座冰山，其中沉在水面以下的是我们看不到的黑色区域，这部分就是“黑大陆”，而这正是物流尚待开发的领域，也是物流的潜力所在。这两个理论都旨在说明物流活动的模糊性和巨大潜力。对于如此模糊而又具有巨大潜力的领域，我们该如何去了解、掌控和开发呢？答案就是借助于大数据技术。

发现隐藏在海量数据背后的有价值的信息，是大数据的重要商业价值。大数据是打开物流领域这块神秘的“黑大陆”的一把金钥匙。物流行业在货物流转、车辆追踪、仓储等各个环节中都会产生海量的数据，有了这些物流大数据，所谓的物流“黑大陆”将不复存在，我们可以通过数据充分了解物流运作背后的规律，借助于大数据技术，可以对各个物流环节的数据进行归纳、分类、整合、分析和提炼，为企业战略规划、运营管理和日常运作提供重要支持和指导，从而有效提升快递物流行业的整体服务水平。

大数据将推动物流行业从粗放式服务到个性化服务的转变，颠覆整个物流行业的商业模式。通过对物流企业内部和外部相关信息的收集、整理和分析，可以做到为每个客户量身定订个性化的产品和服务。

5. 中国智能物流骨干网——菜鸟

（1）菜鸟简介

2013 年 5 月 28 日，阿里巴巴集团联合银泰集团、复星集团、富春控股、顺丰集团、“三通一达”（申通、圆通、中通、韵达）、宅急送、汇通以及相关金融机构共同宣布，开始联手共建“中国智能物流骨干网（China Smart Logistic Network，CSN）”，又名“菜鸟”。菜鸟第一期将投入 1000 亿元人民币，计划在 8~10 年的时间，建立一张能支撑日均 300 亿元（年度约 10 万亿元）网络零售额的智能物流骨干网络，支持数千万家新型企业成长发展，让全中国任何一个地区做到 24 小时内送货必达。不仅如此，菜鸟网还提供充分满足个性化需求的物流服务，如用户在网购下单时，可以选择“时效最快”“成本最低”“最安全”“服务最好”等多个快递组合类型。

菜鸟网络由物流仓储平台和物流信息系统构成。物流仓储平台将由 8 个左右大仓储节点、若干个重要节点和更多城市节点组成。大仓储节点将针对东北、华北、华东、华南、华中、西南和西北七大区域，选择中心位置进行仓储投资。物流信息系统整合了所有服务商的信息系统，实现了骨干网内部的信息统一，同时该系统将向所有的制造商、网商、快递公司、第三方物流公司完全开放，有利于物流生态系统内各参与方利用信息系统开展各种业务。

（2）大数据是支撑菜鸟的基础。

菜鸟是阿里巴巴创始人马云整合各方力量实施的“天网 + 地网”计划的重要组成部分。所谓“地网”，就是指阿里巴巴的中国智能物流骨干网，最终将建设成为一个全国性的超级物流网，这个网络能在 24 小时内将货物运抵国内任何地区，能支撑日均 300 亿元（年度约 10 万亿元）的巨量网络零售额。所谓“天网”，是指以阿里巴巴集团旗下多个电商平台（淘宝、天猫等）为核心的大数据平台，由于阿里巴巴集团的电商业务在中国占据绝对垄断地位，在这个平台上聚集了众多的商家、用户、物流企业，每天都会产生大量的在线交易，因此这个平台掌握了网络购物物流需求数据、电商货源数据、货流量与分布数据以及消费者长期购买习惯数据，物流公司可以对这些数据进行大数据分析，优化仓储选址、干线物流基础设施建设以及物流体系建设，并根据商品需求分析结果提前把货物配送到需求较为集中的区域，做到“买家没有下单、货就已经在路上”，最终实现“以天网数据优化地网效率”的目标。有了“天网”数据的支撑，阿里巴巴可以充分利用大数据技术，为用户提供个性化的电子商务和物流服务。用户从“时效最快”“成本最低”“最安全”“服务最好”等服务选项中选择快递组合类型后，阿里巴巴会根据以往的快递公司的服务情况、各个分段的报价情况、即时运力资源情况、该流向的即时件量等信息，甚至可以融合天气预测、交通预测等数据，进行相关的大数据分析，从而得到满足用户需求的最优线路方案供用户选择，并最终把相关数据分发给各个物流公司去完成物流配送。

可以说，菜鸟计划的关键在于信息整合，而不是资金和技术的整合。阿里巴巴的“天网”和“地网”，必须能够把供应商、电商企业、物流公司、金融企业、消费者的各种数据全方位、透明化地加以整合、分析、判断，并转化为电子商务和物流系统的行动方案。

一年一度的“双 11 购物狂欢节”是中国网民的一大盛事，也是对智能物流网络的一大考验。在每年的“双 11”活动中，阿里巴巴都会结合历史数据，根据进入“双 11”的商家名单、备货量等信息进行分析，并提前对“双 11”订单量作出预测，精确到每个区域、网点的收发量，所有信息与快递公司共享，这样快递公司运力布局的调整更加精准。菜鸟网络还将数据向电商开放，如果某个区域的快递压力明显增大，菜鸟网络就会通知电商错峰发货，或是提早与消费者沟通，快递公司可及时调配运力。2014 年度天猫“双 11”购物节数据显示，大数据已经开始全面发力，阿里巴巴搭建的规模庞大的 IT 基础设施已经可以很好地支撑购物节当天 571 亿元的惊人交易量，6

小时处理 100PB 的数据，每秒处理 7 万单交易，同时以大数据为驱动，借助智能物流体系——“菜鸟”网络，天猫已经实现预发货，买家没有下单，货就已经在路上。

外界猜测，菜鸟更倾向的是打造成为基于大数据的中转中心或调度中心、结算中心，将打通阿里内部系统与其他快递公司系统，通过转运中心，买家从不同卖家购买的商品包裹可合并，节省配送费用。在这种模式下，不同快递公司可以实现运输资源和货物资源的整合，多个快递公司“接力”完成某个客户的包裹的配送。在货物整合方面，每家快递公司在夜间只能收到很少的快递订单，单独为这些少量订单进行配送需要较高的成本，因此可以在夜间整合汇集多家快递公司的少量包裹，形成批量货物，就可以实现夜间货物的低成本批量配送。在运输资源整合方面，以前，用户选择了某个快递公司 A 运输包裹，要求把包裹从厦门快递到北京，如果快递公司 A 接到快递包裹后错过了自己公司指定的航班，就不得不推迟到几个小时甚至一天后的下一次航班；未来，有了菜鸟网络，各大快递公司共享运输资源信息，当快递公司 A 发现无法赶上自己公司指定的航班时，就不必长时间等待发货，而是直接把货物交给最近有航班的另一个快递公司 B 来运送该用户的包裹，确保该包裹以最快的速度到达目的地。

2.6.7.4 大数据在城市管理中的应用

1. 智能交通

随着我国全面进入汽车社会，交通拥堵已经成为亟待解决的城市管理难题。许多城市纷纷将目光转向智能交通，期望通过实时获得关于道路和车辆的各种信息，分析道路交通状况，发布交通诱导信息，优化交通流量，提高道路通行能力，有效缓解交通拥堵问题。发达国家数据显示，智能交通管理技术可以帮助交通工具的使用效率提升 50% 以上，交通事故死亡人数减少 30% 以上。

智能交通将先进的信息技术、数据通信传输技术、电子传感技术、控制技术以及计算机技术等有效集成并运用于整个地面交通管理，同时可以利用城市实时交通信息、社交网络和天气数据来优化最新的交通情况。智能交通融合了物联网、大数据和云计算技术，其整体框架主要包括基础设施层、平台层和应用层。基础设施层主要包括摄像头、感应线圈、射频信号接收器、交通信号灯、诱导板等，负责实时采集关于道路和车辆的各种信息，并显示交通诱导信息；平台层是将来自传感层的信息进行存储、处理和分析，支撑上层应用，包括网络中心、信号接入和控制中心、数据存储和处理中心、设备运维管理中心、应用支撑中心、查询和服务联动中心；应用层主要包括卡口查控、电警审核、路况发布、诱导系统、信号控制、指挥调度、辅助决策等应用系统。

遍布城市各个角落的智能交通基础设施(如摄像头、感应线圈、射频信号接收器),每时每刻都在生成大量感知数据,这些数据构成了智能交通大数据。利用事先构建的模型对交通大数据进行实时分析和计算,就可以实现交通实时监控、交通智能诱导、公共车辆管理、旅行信息服务、车辆辅助控制等各种应用。以公共车辆管理为例,包括北京、上海、广州、深圳、厦门等在内的各大城市,都已经建立了公共车辆管理系统。道路上正在行驶的所有公交车和出租车都被纳入实时监控,通过车辆上安装的GPS导航定位设备,管理中心可以实时获得各个车辆的当前位置信息,并根据实时道路情况计算得到车辆调度计划,发布车辆调度信息,指导车辆控制到达和发车时间,实现运力的合理分配,提高运输效率。作为乘客,只要在智能手机上安装了"掌上公交"等软件,就可以通过手机随时随地查询各条公交线路以及公交车当前到达位置,避免焦急地等待,如果自己赶时间却发现自己等待的公交车还需要很长时间才能到达,就可以选择打出租车。此外,晋江等城市的公交车站还专门设置了电子公交站牌,可以实时显示经过本站的各路公交车的当前到达位置,大大方便了公交出行的群众,尤其是很多不会使用智能手机的中老年人。

2. 环保监测

(1)森林监视。

森林是地球的"绿肺",可以调节气候、净化空气、防止风沙、减轻洪灾、涵养水源及保持水土。但是,在全球范围内,每年都有大面积森林遭受自然或人为因素的破坏。比如,森林火灾就是森林最危险的敌人,也是林业最可怕的灾害,它会给森林带来最有害甚至毁灭性的后果;又如,人为的乱砍滥伐导致部分地区森林资源快速减少,这些都给人类生态环境造成了严重的威胁。为了有效保护人类赖以生存的宝贵森林资源,各个国家和地区都建立了森林监视体系,比如地面巡护、瞭望台监测、航空巡护、视频监控、卫星遥感等。随着数据科学的不断发展,近年来,人们开始把大数据应用于森林监视,其中谷歌森林监视就是一项具有代表性的研究成果。谷歌森林监视系统采用谷歌搜索引擎提供时间分辨率,采用NASA和美国地质勘探局的地球资源卫星提供空间分辨率。系统利用卫星的可见光和红外数据画出某个地点的森林卫星图像。在卫星图像中,每个像素都包含了颜色和红外信号特征等信息,如果某个区域的森林被破坏,该区域对应的卫星图像像素信息就会发生变化。因此,通过跟踪监测森林卫星图像上像素信息的变化,就可以有效监测到森林变化情况,当大片森林被砍伐破坏时,系统就会自动发出警报。

(2)环境保护。

大数据已经被广泛应用于污染监测领域,借助于大数据技术,采集各项环境质量指标信息，集成整合到数据中心进行数据分析，并把分析结果用于指导下一步环境治理方案的制订，可以有效提升环境整治的效果。把大数据技术应用于环境保护具有明显的优势：一方面，可以实现7×24小时的连续环境监测；另一方面，借助大数据可视化技术，可以立体化呈现环境数据分析结果和治理模型，利用数据虚拟出真实的环境，辅助人类制定相关环保决策。在我国，环境监测领域也开始积极尝试引入大数据，比如由著名环保人士马军领衔的环保NGO组织——公众与环境研究中心，于2006年开始先后制定了“中国水污染地图”“中国空气污染地图”和“中国固废污染地图”，建立了国内首个公益性的水污染和空气污染数据库，并将环境污染情况以直观易懂的可视化图表方式展现给公众，公众可以进入全国31个省级行政区和超过300个地市级行政区的相应页面，检索当地的水质信息、污染排放信息和污染源信息。

在一些城市，大数据也被应用到汽车尾气污染治理中。汽车尾气已经成为城市空气重要污染源之一，为了有效防治机动车污染，我国各级地方政府都十分重视对汽车尾气污染数据的收集和分析，为有效控制污染提供服务。比如，山东省于2014年10月14日正式启动机动车云检测试点试运营，借助现代智能化精确检测设备、大数据云平台管理和物联网技术，可准确收集机动车的原始排污数据，智能统计机动车排放污染量，溯源机动车检测状况和数据，确保为政府相关部门削减空气污染提供可信的数据。

3. 城市规划

大数据正深刻改变着城市规划的方式。对于城市规划师而言，规划工作高度依赖测绘数据、统计资料以及各种行业数据。目前，规划师可以通过多种渠道获得这些基础性数据，用于开展各种规划研究。随着我国政府信息公开化进程的加快，各种政府层面的数据开始逐步对公众开放。与此同时，国内外一些数据开放组织也都在致力于数据开放和共享工作，如开放知识基金会（Open Knowledge Foundation）、开放获取（Open Access）、共享知识（Creative Commons）、开放街道地图（Open Street Map）等组织。此外，数据堂等数据共享商业平台的诞生，也大大促进了数据提供者和数据消费者之间的数据交换。

城市规划研究者利用开放的政府数据、行业数据、社交网络数据、地理数据、车辆轨迹数据等开展了各种层面的规划研究。利用地理数据可以研究全国城市扩张模拟、城市建成区识别、地块边界与开发类型和强度重建模型、中国城市间交通网络分析与模拟模型、中国城镇格局时空演化分析模型，以及全国各城市人口数据合成和居民生活质量评价、空气污染暴露评价、主要城市都市区范围划定以及城市群发育评价等。利用公交IC卡数据，可以开展城市居民通勤分析、职住分析、人的行为分析、人的识别、重大事件影响分析、规划项目实施评估分析等。利用移动手机通话数据，可以研究城市联系、居民属性、活动关系及其对城市交通的影响。利用社交网络数据，可以研究城市功能分区、城市网络活动与等级、城市社会网络体系等。利用出租车定位数据，可以开展城市交通研究。利用搜房网的住房销售和出租数据，同时结合网络爬虫获取的居民住房地理位置和周边设施条件数据，就可以评价一个城区的住房分布和质量情况，从而有利于城市规划设计者有针对性地优化城市的居住空间布局。

比如，有人利用大数据开展城市规划的各种研究工作，他们利用新浪微博网站数据，选取微博用户的好友关系及其地理空间数据，构建了代表城市间的网络社区好友关系矩阵，并以此为基础分析了中国城市网络体系；利用百度搜索引擎中城市之间搜索信息量的实时数据，通过关注度来研究城市间的联系或等级关系；利用大众点评网餐饮点评数据，来评价南京城区餐饮业空间发展质量；还通过集成在学生手机上的GPS定位软件，跟踪分析一周内学生对校园内各种设备和空间的利用情况，提出校园空间优化布局方案。

4. 安防领域

近年来，随着网络技术在安防领域的普及、高清摄像头在安防领域应用的不断提升以及项目建设规模的不断扩大，安防领域积累了海量的视频监控数据，并且每天都在以惊人的速度生成大量新的数据。如我国很多城市都在开展平安城市建设，在城市的各个角落密布成千上万个摄像头，7×24小时不间断采集各个位置的视频监控数据，数据量之大，超乎想象。除了视频监控数据，安防领域还包含大量其他类型的数据，包括结构化、半结构化和非结构化数据。结构化数据包括报警记录、系统日志记录、运维数据记录、摘要分析结构化描述记录，以及各种相关的信息数据库，如人口信息、地理数据信息、车驾管信息等；半结构化数据包括人脸建模数据、指纹记录等；非结构化数据主要指视频录像和图片记录，如监控视频录像、报警录像、摘要录像、车辆卡口图片、人脸抓拍图片、报警抓拍图片等。所有这些数据，一起构成了安防大数据的基础。

之前这些数据的价值并没有被充分发挥出来，跨部门、跨领域、跨区域的共享较少，检索视频数据仍然以人工手段为主，不仅效率低下，而且效果并不理想。基于大数据的安防，要实现的目标是通过跨区域、跨领域安防系统联网，实现数据共享、信息公开以及智能化的信息分析、预测和报警。以视频监控分析为例，大数据技术可以支持在海量视频数据中实现视频图像统一转码、摘要处理、视频剪辑、视频特征提取、图像清晰化处理、视频图像模糊查询、快速检索和精准定位等功能，同时深入挖掘海量视频监控数据背后的有价值信息，快速反馈信息，以辅助决策判断，从而让安保人员从繁重的人工肉眼视频回溯工作中解脱出来，不需要投入大量精力从大量视频中低效查看相关事件线索，在很大程度上提高了视频分析效率，缩短了视频分析时间。

2.6.7.5 大数据在金融行业中的应用

金融业是典型的数据驱动行业，是数据的重要生产者，每天都会生成交易、报价、业绩报告、消费者研究报告、官方统计数据公报、调查、新闻报道等各种信息。金融业高度依赖大数据，大数据已经在高频交易、市场情绪分析和信贷风险分析三大金融创新领域发挥重要作用。

1. 高频交易

高频交易是指从那些人们无法利用的极为短暂的市场变化中寻求获利的计算机化交易。比如，某种证券买入价和卖出价差价的微小变化，或者某只股票在不同交易所之间的微小价差。根据相关调查显示，2009 年以来，无论是美国证券市场，还是期货市场、外汇市场，高频交易所占份额已达 40%~80%。随着采取高频交易策略的情形不断增多，其所能带来的利润开始大幅下降。为了从高频交易中获得更高的利润，一些金融机构开始引入大数据技术来决定交易。比如采取战略顺序交易（Strategic Sequential Trading），即通过分析金融大数据识别出特定市场参与者留下的足迹，然后预判该参与者在其余交易时段的可能交易行为，并执行与之相同的行为，该参与者继续执行交易时将付出更高的价格，使用大数据技术的金融机构就可以趁机获利。

2. 市场情绪分析

市场情绪是整体市场所有市场参与人士观点的综合体现，这种所有市场参与者共同表现出来的感情，即我们所说的市场情绪。比如，交易者对经济的看法悲观与否，新发布的经济指标是否会让交易者明显感觉到未来市场将会上涨或下跌等。市场情绪对金融市场有着重要的影响，换句话说，正是市场上大多数参与者的主流观点决定了当前市场的总体方向。

市场情绪分析是交易者在日常交易工作中不可或缺的一环，根据市场情况分析、技术分析和基本面分析，可以帮助交易者做出更好的决策。大数据技术在市场情绪分析中大有用武之地。今天，几乎每个市场交易参与者都生活在移动互联网世界里，每个人都可以借助智能移动终端（手机、平板等）实时获得各种外部世界信息，同时每个人又都扮演着对外信息发布主体的角色，通过博客、微博、微信、个人主页、

QQ 等各种社交媒体发布个人的市场观点。英国布里斯托尔大学的团队研究了从 2009 年 7 月到 2012 年 1 月，由超过 980 万英国人创造的 4.84 亿条推特（Twitter）消息，发现公众的负面情绪变化与财政紧缩及社会压力高度相关。因此，海量的社交媒体数据形成了一座可用于市场情绪分析的宝贵金矿，利用大数据分析技术，可以从中提取市场情绪信息，开发交易算法，确定市场交易策略，获得更大利润空间。比如，可以设计一个交易算法，一旦获得关于自然灾害和恐怖袭击等意外信息，就立即抛出订单，或者一旦网络上出现关于某个上市企业的负面新闻，就立即抛出该企业股票。2008 年，精神病专家理查德·彼得森在美国加州圣莫尼卡建立了名为 MarketPsy Capital 的对冲基金，并通过市场情绪分析确定基金交易策略。到 2010 年，该基金获得了高达 40% 的回报率。

3. 信贷风险分析

信贷风险是指信贷放出后本金和利息可能发生损失的风险，它一直是金融机构需要努力化解的一个重要问题，直接关系到机构自身的生存和发展。我国为数众多的中小企业是金融机构不可忽视的目标客户群体，市场潜力巨大。但是，与大型企业相比，中小企业具有先天的不足，主要表现在以下四个方面：贷款偿还能力差；财务制度普遍不健全，难以有效评估其真实经营状况；信用度低，逃废债情况严重，银行维权难度较大；企业内在素质低下，生存能力普遍不强。

因此，对于金融机构而言，放贷给中小企业的潜在信贷风险明显高于大型企业。对于金融机构而言，成本、收益和风险不对称，导致其更愿意贷款给大型企业。据测算，对中小企业贷款的管理成本，平均是大型企业的五倍左右，而风险却高得多。可以看出，风险与收益不成比例，使得金融机构始终不愿意向中小企业全面敞开大门，这不仅限制了自身的成长，还限制了中小企业的成长，不利于经济社会的发展。如果能够有效加强风险的可审性和管理力度，支持精细化管理，那么，毫无疑问，金融机构和中小企业都将迎来新一轮的大发展。

今天，大数据分析技术已经能够为企业信贷风险分析助一臂之力。通过收集和分析大量中小微企业用户日常交易行为的数据，判断其业务范畴、经营状况、信用状况、用户定位、资金需求和行业发展趋势，解决由于其财务制度的不健全而无法真正了解其真实经营状况的难题，让金融机构放贷有信心，管理有保障。对于个人贷款申请者而言，金融机构可以充分利用申请者的社交网络数据分析得出个人信用评分。如美国 Movenbank 移动银行、德国 Kreditech 贷款评分公司等新型中介机构都在积极尝试利用社交网络数据构建个人信用分析平台，将社交网络资料转化成个人互联网信用；他们试图说服 Linkedln、Facebook 或其他社交网络对金融机构开放用户相关资料和用户在各网站的活动记录，然后借助大数据分析技术，分析用户在社交网络中的好友的信用状况，以此作为生成客户信用评分的重要依据。

（1）“阿里小贷”。

“阿里小贷”就是采用大数据技术进行小额贷款风险管理的典型。在信贷风险控制技术的保障下，“阿里小贷”每年都向大量无法通过传统金融渠道获得贷款的弱势群体批量发放小额贷款，并且具有“金额小、期限短、随借随还”的突出特点。“阿里小贷”的放贷依据包括两个方面：一是会员在阿里巴巴平台上的网络活跃度、交易量、网上信用评价等；二是企业自身经营的财务健康状况。

（2）“阿里小贷”的具体操作过程。

首先，通过阿里巴巴 B28、淘宝、天猫、支付宝等电子商务平台，收集客户积累的信用数据，包括客户评价度数据、货运数据、口碑评价等，同时引入海关、税务、电力等外部数据加以匹配，建立数据库模型。

其次，通过交叉检验技术辅以第三方验证确认客户信息的真实性，将客户在电子商务网络平台上的行为数据映射为企业和个人的信用评价，通过沙盘推演技术对地区客户进行评级分层，研发评分卡体系、微贷通用规则决策引擎、风险定量化分析等技术。

最后，在风险监管方面，开发了网络人际爬虫系统，突破地理距离的限制，捕捉和整合相关人际关系信息，并通过逐条规则的设立及其关联性分析得到风险评估结论，结合结论与贷前评级系统进行交叉验证，构成风险控制的双保险。

2.6.7.6 大数据在汽车行业中的应用

2004 年 3 月，美国国防部先进研究计划局组织了一次无人驾驶汽车竞赛，参赛车辆需要穿越内华达州的山区和沙漠地区，路况非常复杂，既有深沟险滩，也有峭壁悬崖，正常完成比赛是一件富有挑战性的工作。最终，摘得此次比赛冠军的是来自斯坦福大学的参赛车辆，它在全程无人控制的情况下，耗时 6 小时 53 分钟跑完了全程 212 千米。这次比赛给我们的一个直观感受就是，无人驾驶汽车不再是遥不可及的梦想，在不远的将来必将成为现实。

无人驾驶汽车经常被描绘成一个可以解放驾车者的技术奇迹，谷歌是这个领域的技术领跑者。谷歌于 2009 年启动了对无人驾驶技术的研究，2014 年 4 月谷歌宣布其无人驾驶汽车现在可以在高速公路上自由穿梭，但暂时还无法在路况十分复杂的城市道路上驾驶。受到谷歌无人驾驶汽车的影响，英国正在修改《高速公路法》，以准备接受无人驾驶汽车在其道路上运行，美国加利福尼亚州的机动车辆管理部门也计划颁发首个无人驾驶汽车行驶证。

谷歌无人驾驶汽车系统可以同时对数百个目标保持监测，包括行人、公共汽车、一个做出左转手势的自行车骑行者以及一个保护学生过马路的人举起的停车指示牌等。据称，谷歌无人驾驶汽车一共记录的里程数据已经达到了 70 万英里。谷歌无人驾驶汽车的基本工作原理是，车顶上的扫描器发射 64 束激光射线，当激光射线碰到车辆周围的物体时，会反射回来，由此可以计算出车辆和物体的距离；同时，在汽车底部还配有一套测量系统，可以测量出车辆在 3 个方向上的加速度、角速度等数据，并结合 GPS 数据计算得到车辆的位置；所有这些数据与车载摄像机捕获的图像一起输入计算机，大数据分析系统以极高的速度处理这些数据。这样，系统就可以实时探测周围出现的物体，不同汽车之间甚至能够进行相互交流，了解附近其他车辆的行进速度、方向以及车型、驾驶员驾驶水平等，并根据行为预测模型对附近汽车的突然转向或刹车行为及时做出反应，非常迅速地做出各种车辆控制动作，引导车辆在道路上安全行驶。

为了实现无人驾驶的功能，谷歌无人驾驶汽车上配备了大量传感器，包括雷达、车道保持系统、激光测距系统、红外摄像头、立体视觉、GPS 导航系统、车轮角度编码器等，这些传感器每秒产生 1GB 数据，每年产生的数据量将达到约 2PB。可以预见的是，随着无人驾驶汽车技术的不断发展，未来汽车将配置更多的红外传感器、摄像头和激光雷达，这也意味着将会生成更多的数据。大数据分析技术将帮助无人驾驶系统做出更加智能的驾驶动作决策，比人类驾车更加安全、舒适、节能、环保。

2.6.7.7 大数据在零售行业中的应用

大数据在零售行业中的应用主要包括发现关联购买行为、客户群体划分和供应链管理等。

1. 发现关联购买行为

谈到大数据在零售行业的应用，不得不提到一个经典的营销案例——啤酒与尿不湿的故事。在一家超市，有个有趣的现象：尿不湿和啤酒赫然摆在一起出售，但是这个“奇怪的举措”却使尿不湿和啤酒的销量双双增加了。这不是奇谈，而是发生在美国沃尔玛连锁店超市的真实案例，并一直为商家所津津乐道。

其实，只要分析一下人们在日常生活中的行为，上面的现象就不难理解了。在美国，妇女一般在家照顾孩子，她们经常会嘱咐丈夫在下班回家的路上，顺便去超市买些孩子的尿不湿，而男人进入超市后，购买尿不湿的同时顺手买几瓶自己爱喝的啤酒，想必也是情理之中的事情，因此商家把啤酒和尿尿不湿放在一起销售，男人在购买尿不湿的时候看到啤酒，就会产生购买的冲动，从而增加了商家的啤酒销量。

现象不难理解，问题的关键在于商家是如何发现这种关联购买行为的呢？不得不说，大数据技术在这个过程中发挥了至关重要的作用。沃尔玛拥有世界上最大的数据仓库系统，积累了大量原始交易数据，利用这些海量数据对顾客的购物行为进行购物篮分析，沃尔玛就可以准确了解顾客在其门店的购买习惯。沃尔玛通过数据分析和实地调查发现，在美国一些年轻父亲下班后经常要到超市去买婴儿尿不湿，而他们中有 30%~40% 的人同时也为自己买一些啤酒。既然尿不湿与啤酒一起被购买的机会很多，于是沃尔玛就在各个门店将尿不湿与啤酒摆放在一起，结果尿不湿与啤酒的销售量双双增长。啤酒与尿不湿，乍一看，可谓风马牛不相及，然而借助大数据技术，沃尔玛从顾客历史交易记录中挖掘得到啤酒与尿不湿二者之间存在的关联性，并用来指导商品的组合摆放，收到了意想不到的好效果。

2. 客户群体细分

《纽约时报》曾经发布过一条引起轰动的关于美国第二大零售超市 Target 百货公司成功推销孕妇用品的报道，让人们再次感受到了大数据的威力。众所周知，对于零售业而言，孕妇是一个非常重要的消费群体，具有很高的含金量。孕妇从怀孕到生产的全过程，需要购买保健品、无香味护手霜、婴儿尿不湿、爽身粉、婴儿服装等各种商品，表现出非常稳定的刚性需求。因此，孕妇产品零售商如果能够提前获得孕妇信息，在怀孕初期就进行有针对性的产品宣传和引导，无疑将会给商家带来巨大的收益。如果等到婴儿出生，由于美国出生记录是公开的，全国的商家都会知道孩子已经出生，新生儿母亲就会被铺天盖地的产品优惠广告包围，那么商家再行动就为时已晚，那个时候就会面临很多的市场竞争者。因此，如何有效识别出哪些顾客属于孕妇群体就成为最核心的关键问题。但是，在传统的方式下，要从茫茫人海里识别出哪些是怀孕的顾客，需要投入惊人的人力、物力、财力，使得这种细分行为毫无商业意义。

面对这个棘手难题，Target 百货公司另辟蹊径，把焦点从传统方式移开，转向大数据技术。Target 的大数据系统会为每一个顾客分配一个唯一的 ID 号，顾客的刷信用卡、使用优惠券、填写调查问卷、邮寄退货单、打客服电话、开启广告邮件、访问官网等所有信息，都会与自己的 ID 号关联起来并存入大数据系统。仅有这些数据，还不足以全面分析顾客的群体属性特征，还必须借助于公司外部的各种数据来辅助分析。为此，Target 公司从其他相关机构购买了关于顾客的其他必要信息，包括年龄、是否已婚、是否有子女、所住市区、住址离 Target 的车程、薪水情况、最近是否搬过家、钱包里的信用卡情况、常访问的网址、种族、就业史、喜欢读的杂志、破产记录、婚姻史、购房记录、求学记录、阅读习惯等。以这些关于顾客的海量相关数据为基础，借助大数据分析技术，Target 公司就可以得到客户的深层需求，从而达到更加精准的营销。

Target 通过分析发现，有一些明显的购买行为可以用来判断顾客是否已经怀孕。比如，第 2 个妊娠期开始时，许多孕妇会购买许多大包装的无香味护手霜；在怀孕的最初 20 周，孕妇往往会大量购买补充钙、镁、锌之类的保健品。在大量数据分析的基础上，Target 选出 25 种典型商品的消费数据构建得到“怀孕预测指数”。通过这个指数，Target 能够在很小的误差范围内预测到顾客的怀孕情况。因此，当其他商家还在茫然无措地满大街发广告寻找目标群体的时候，Target 就已经早早地锁定了目标客户，并把孕妇优惠广告寄发给顾客。而且，Target 注意到，有些孕妇在怀孕初期可能并不想让别人知道自己已经怀孕，如果贸然给顾客邮寄孕妇用品广告单，很可能会适得其反，暴露了顾客隐私，惹怒顾客。为此，Target 选择了一种比较隐秘的做法，把孕妇用品的优惠广告夹杂在其他一大堆与怀孕不相关的商品优惠广告当中，这样顾客就不知道 Target 知道她怀孕了。Target 这种润物细无声式的商业营销，使得许多孕妇在浑然不觉的情况下成了 Target 常年的忠实拥趸。与此同时，许多孕妇产品专卖店也在浑然不知的情况下失去了很多潜在的客户，甚至最终走向破产。Target 通过这种方式，默默无闻地获得了巨大的市场收益。终于有一天，一个父亲通过 Target 邮寄来的广告单意外发现自己正在读高中的女儿怀孕了，此事很快被《纽约时报》报道，从而让 Target 这种隐秘的营销模式引起轰动，广为人知。

3. 供应链管理

亚马逊、联合包裹快递（UPS）、沃尔玛等先行者已经开始享受大数据带来的成果，大数据可以帮助它们更好地掌控供应链，更清晰地把握库存量、订单完成率、物料及产品配送情况，更有效地调节供求。同时，利用基于大数据分析得到的营销计划，可以优化销售渠道，完善供应链战略，争夺竞争优先权。

美国最大的医药贸易商 McKesson 公司对大数据的应用已经远远领先于大多数企业。该公司运用先进的运营系统，可以对每天 200 万个订单进行全程跟踪分析，并且监督超过 80 亿美元的存货。同时，该公司还开发了一种供应链模型用于在途存货的管理，它可以根据产品线、运输费用甚至碳排放量，提供极为准确的维护成本视图，使公司能够更加真实地了解任意时间点的运营情况。

2.6.7.8 大数据在餐饮行业中的应用

大数据在餐饮行业得到广泛的应用，包括大数据驱动的团购模式以及利用大数据为用户推荐消费内容、调整线下门店布局和控制人流量等。

1. 餐饮行业拥抱大数据

餐饮业行业不仅竞争激烈，而且利润微薄，经营和发展比较艰难。在我国，餐饮行业难做也是不争的事实，一方面，人力成本、食材价格不断上涨；另一方面，房地产泡沫导致店面租金连续快速上涨，各种经营成本高企，导致许多餐饮企业陷入困境。因此，在全球范围内，不少餐饮企业开始转向大数据，以更好地了解消费者的喜好，从而改善他们的食物和服务，以获得竞争优势，这在一定程度上帮助企业实现了收入的增长。

Food Genius 是一家总部位于美国芝加哥的公司，聚合了来自美国全国各地餐馆的菜单数据，对超过 350000 家餐馆的菜单项目进行跟踪，以帮助餐馆更好地确定价格、食品和营销的趋势。这些数据可以帮助餐馆获得商机，并判断哪些菜可能获得成功，从而减少菜单变化所带来的不确定性。Avero 餐饮软件公司则通过对餐饮企业内部运营数据进行分析，帮助企业提高运营效率，如制定什么样的战略可以提高销量、在哪个时间段开展促销活动效果最好等。

2014 年 5 月上旬，我国知名餐饮连锁企业湘鄂情公告称，已与中科院计算技术研究所签订协议，共建“网络新媒体及大数据联合实验室”，基于大数据产业生态环境，未来将围绕新一代视频搜索、云搜索平台以及新媒体社交三个方向，展开产业模式创新、关键技术攻关和产业应用推广等全方位合作。

2. 餐饮 O2O

餐饮 O2O（Online To Offline）模式是指无缝整合线上线下资源，形成以数据驱动的 O2O 闭环运营模式。为此，需要建立线上 O2O 平台，提供在线订餐、点菜、支付、评价等功能，并能根据消费者的消费行为进行有针对性的推广和促销。整个 O2O 闭环过程包括两个方面的内容：一方面是实现从线上到线下的引流，即把线上用户引导到线下实体店进行消费；另一方面，把用户从线下再引到线上，对用餐体验进行评价，并和其他用户进行互动交流，共同提出指导餐饮店改进餐饮服务和菜品的意见。两个方面都顺利实现后，就形成了线上线下的闭环运营。

在 O2O 闭环模式中，大数据可以扮演重要的角色，为餐饮企业带来实际收益。首先，可以利用大数据驱动的团购模式，在线上聚集大批团购用户；其次，可以利用大数据为用户推荐消费内容；最后，可以利用大数据调整线下门店布局和控制店内人流量。

3. 大数据驱动的团购模式

2014 年 5 月 17 日，百度糯米推出了“5・17 吃货节”，以百度糯米手机客户端为主阵地。5 月 16 日至 18 日，网友可以通过百度糯米手机客户端参与吃货节活动，尽享全国特色美食。吃货节活动覆盖北京、上海、成都、西安和厦门 5 座城市，活动期间，每天 9:17 至 20:17，五大活动城市分别推出 12 道供秒杀的菜品及最美味的数百家餐厅团单，秒杀菜品只售 5.17 元，网友只要登录百度糯米手机客户端就能参与秒杀活动。

百度糯米“5·17 吃货节”活动依托百度平台，对用户在百度搜索引擎的搜索关键词、用户和餐饮店所在的地理位置以及用户浏览数据等信息进行综合分析，提炼出针对特定对象的有效数据，并以此辅助相关产品的运营和推广。这个活动属于典型的以大数据为驱动的团购模式。一方面，在线上，百度对餐饮 O2O 平台所累积的海量用户数据进行分析，找出某地用户最喜欢吃什么以及哪些最好的餐饮店可以提供这类小吃，以此来吸引更多的用户产生消费；另一方面，在线下，百度邀请这些店来参加百度糯米团购，以此来汇聚更多的餐饮店资源，增加在线推广的影响力和吸引力。

4. 利用大数据为用户推荐消费内容

腾讯、百度、阿里代表了社区、搜索和网购三大领域的顶尖国内企业，普通网民的日常生活已经与三大公司提供的产品和服务完全融为一体。我们每天需要通过 QQ 和别人沟通交流，通过百度搜索各种网络资料，通过淘宝网在线购买各种商品。我们的日常工作和生活已经逐渐网络化、数字化，网络中处处留下我们活动的轨迹。凭借着海量的用户数据资源，三大公司都在致力于打造智能的数据平台，并把数据转化为商业价值。通过对海量用户数据的分析，三大公司很容易获得用户的消费喜好，为用户推荐相关餐饮店，所以当用户还没有明确的消费想法的时候，这些互联网公司就已经为用户准备好了一切，它们会告诉用户今晚应该吃什么，去哪里吃。

5. 利用大数据调整线下门店布局

对于许多餐饮连锁企业而言，门店的选址是一个需要科学决策、合理安排的重要问题，既要考虑门店店租成本和人流量，也要考虑门店的服务辐射区域。“棒！约翰”等快餐企业已经能够根据“送外卖”产生的数据调整门店布局，使得门店的服务效率最大化。

“棒！约翰”通过“三个统一”实现了线上线下的有效融合，即将订单统一到服务中心、对供应链进行统一整合、对用户体验进行统一，由此形成的 O2O 闭环，使得企业可以及时、有效地获得关于企业运营和用户的各种信息，长期累积的数据资源更是构成了大数据分析的基础，可以分析得到最优的门店布局策略，最终实现以消费者为导向的门店布局。

6. 利用大数据控制店内人流量

以麦当劳为代表的一些公司，通过视频分析等候队列的长度，自动变化电子菜单显示的内容。如果队列较长，则显示可以快速供给的食物，以减少顾客等待时间；如果队列较短，则显示那些利润较高但准备时间相对较长的食品。这种利用大数据控制店内人流量的做法，不仅可以有效提升用户体验，而且可以实现服务效率和企业利润的完美结合。

2.6.7.9 大数据在电信行业中的应用

我国的电信市场已经步入一个市场平稳期，在这个阶段，发展新客户的成本比留住老客户的成本要高许多，前者通常是后者的 5 倍，因此电信运营商十分关注用户是否具有“离网”的倾向（如从联通公司用户转为电信公司用户），一旦预测到客户“离网”可能发生，就可以制定有针对性的措施挽留客户，让客户继续使用自己的电信业务。

电信客户离网分析，通常包括以下几个步骤：问题定义、数据准备、建模、应用检验、特征分析与对策。问题定义需要定义客户离网的具体含义是什么；数据准备就是要获取客户的资料和通话记录等信息；建模就是根据相关算法产生评估客户离网概率模型；应用检验是指对得到的模型进行应用和检验；特征分析与对策是指针对用户的离网特性，制定目标客户群体的挽留策略。

在国内，中国移动、中国电信、中国联通三大电信运营商在争夺用户方面每天都在上演着激烈的角逐，各自都开发了客户关系管理系统，以期有效应对客户的频繁离网。中国移动建立了经营分析系统，并利用大数据分析技术，对集团公司范围内的各种业务进行实时监控、预警和跟踪，自动实时捕捉市场变化，并以 E--mail 和手机短信等方式第一时间推送给相关业务负责人，使其在最短时间内获知市场行情并及时做出响应。在国外，美国的 X 电信公司通过使用 IBMSPSS 预测分析软件，可以预测客户行为，发现行为趋势，并找出公司服务过程中存在缺陷的环节，从而帮助公司及时采取措施保留客户，使得客户流失率下降了 50%。

2.6.7.10 大数据在能源行业中的应用

各种数据显示，人类正面临着能源危机。以我国为例，根据目前能源使用情况，我国可利用的煤炭资源仅能维持 30 年；由于天然铀资源的短缺，核能的利用仅能维持 50 座标准核电站连续运转 40 年；而石油的开采也仅能维持 20 年。

在能源危机面前，人类开始积极寻求可以用来替代化石能源的新能源，风能、太阳能和生物能等可再生能源逐渐被纳入电能转换的供应源。但是，新能源与传统的化石能源相比，具有一些明显的缺陷。传统的化石能源出力稳定，布局相对集中。而新能源则出力不稳定，地理位置也比较分散，比如风力发电机一般分布在比较分散的沿海或者草原荒漠地区，风量大时发电量就多，风量小时发电量就少，设备故障检修期间就不发电，无法产生稳定可靠的电能。传统电网主要是为稳定出力的能源而设计的，无法有效吸纳处理不稳定的新能源。

智能电网的提出就是认识到传统电网的结构模式无法大规模适应新能源的消纳

需求，必须将传统电网在使用中进行升级，既要完成传统电源模式的供用电，又要逐渐适应未来分布式能源的消纳需求。概括地说，智能电网就是电网的智能化，是建立在集成的、高速双向通信网络的基础上，通过先进的传感和测量技术、先进的设备技术、先进的控制方法以及先进的决策支持系统技术的应用，实现电网的可靠、安全、经济、高效、环境友好和使用安全的目标，其主要特征包括自愈、抵御攻击、提供满足 21 世纪用户需求的电能质量、容许各种不同发电形式的接入、启动电力市场以及资产的优化高效运行。

智能电网的发展离不开大数据技术的发展和应用，大数据技术是组成整个智能电网的技术基石，将全面影响到电网规划、技术变革、设备升级、电网改造以及设计规范、技术标准、运行规程乃至市场营销政策的统一等方方面面。电网全景实时数据采集、传输和存储，以及累积的海量多源数据快速分析等大数据技术，都是支撑智能电网安全、自愈、绿色、坚强及可靠运行的基础技术。随着智能电网中大量智能电表及智能终端的安装部署，电力公司可以每隔一段时间获取用户的用电信息，收集比以往粒度更细的海量电力消费数据，构成智能电网中用户侧大数据，比如，如果把智能电表采集数据的时间间隔从 15 分钟提高到 1 秒，1 万台智能电表采集的用电信息的数据就从 32.61GB 提高到 114.6TB；以海量用户用电信息为基础进行大数据分析，就可以更好地理解电力客户的用电行为，优化提升短期用电负荷预测系统，提前预知未来 2~3 个月的电网需求电量、用电高峰和低谷，合理地设计电力需求响应系统。

此外，大数据在风力发电机安装选址方面也发挥着重要的作用。IBM 公司利用多达 4PB 的气候、环境历史数据，设计风机选址模型，确定安装风力涡轮机和整个风电场最佳的地点，从而提高风机生产效率和延长使用寿命。以往这项分析工作需要数周的时间，现在利用大数据技术仅需要不到 1 小时便可完成。

2.6.7.11 大数据在体育和娱乐领域中的应用

大数据在体育和娱乐领域也得到了广泛的应用，包括训练球队、投拍影视作品、预测比赛结果等。

1. 训练球队

《点球成金》是 2011 年受到市场好评的一部美国电影，讲述了一个小人物运用数据击败大专家的故事。在美国职业棒球大联盟（Major League Baseball，MLB）中，电影主人公比利所属的奥克兰运动家队败给了财大气粗的纽约扬基队，这让他深受打击。屋漏偏逢连夜雨，随后球队的三名主力又相继被其他球队重金挖走，对于奥克兰运动家队而言，几乎看不到未来赛季的希望。在管理层会议上，大家都苦无对策、满脸愁容，只有比利暗下决心改造球队。很快，事情迎来了转机，比利在一次偶然的机会中认识了耶鲁大学经济学硕士彼得，两人一拍即合、相谈甚欢，他们在球队运营理念方面可谓“志同道合”。于是，比利聘请彼得作为自己的球队顾问，一起研究如何采用大数据打造出一支最高胜率的球队。用数学建模的方式挖掘上垒率方面的潜在明星，并通过各种诚恳的方式极力邀请对方加盟球队。在这个过程中，球队管理层其他人员时常表现出冷嘲热讽的态度，但是两人丝毫不受外界干扰，只是全身心投入球队技战术方案研究中。终于，新的赛季开始了，通过获取和运用大量的球员统计数据，比利最终以顶级球队1/3的预算，成功打造出一支攻无不克、战无不胜的实力型棒球队。

上面只是电影中的场景，但是实际上类似的故事正在我们的身边悄悄上演，比如大数据正在影响着绿茵场上的较量。以前，一个球队的水平一般只靠球员天赋和教练经验，然而在2014年的巴西世界杯上，德国队在首轮比赛中就以4:0大胜葡萄牙队，有力证明了大数据可以有效帮助一支球队进一步提升整体实力和水平。

德国队在世界杯开始前，就与SAP公司签订合作协议，SAP提供一套基于大数据的足球解决方案SAP Match Insights，帮助德国队提高足球运动水平。德国队球员的鞋以及训练场地的各个角落，都被放置了传感器，这些传感器可以捕捉包括跑动、传球在内的各种细节动作和位置变化，并实时回传到SAP平台上进行处理分析，教练只需要使用平板电脑就可以查看关于所有球员的各种训练数据和影像，了解每个球员的运动轨迹、进球率、攻击范围等数据，从而深入发掘每个球员的优势和劣势，为有效提出针对每个球员的改进建议和方案提供重要的参考信息。

整个训练系统产生的数据量非常巨大，10个球员用3个球进行训练，10分钟就能产生700万个可供分析的数据点。如此海量的数据，单纯依靠人力是无法在第一时间内得到有效的分析结果的，而SAP Match Insights却可以采用内存计算技术实现实时报告生成。在正式比赛期间，运动员和场地上都没有传感器，这时SAP Match Insights可以对现场视频进行分析，通过图像识别技术自动识别每一个球员，并且记录他们跑动、传球等数据。

正是基于这些海量数据和科学的分析结果，德国队制订了有针对性的球队训练计划，为出征巴西世界杯做了充足的准备。在巴西世界杯期间，德国队也用这套系统进行赛后分析，及时改进战略和战术，最终顺利夺得2014年巴西世界杯冠军。

2. 投拍影视作品

在市场经济下，影视作品必须能够深刻了解观众观影需求，才能够获得市场成功。

否则，就算邀请了金牌导演、明星演员和实力编剧，拍出的作品可能依然无人问津。因此，投资方在投拍一部影视作品之前，需要通过各种有效渠道了解到观众当前关注什么题材，追捧哪些明星等，从而做出决定投拍什么作品。

以前，分析什么作品容易受到观众认可，通常是业内专业人士凭借多年市场经验做出判断，或者简单采用“跟风策略”，观察已经播放的哪些影视作品比较受欢迎，就投拍类似题材的作品，国内这些年泛滥成灾的抗战剧和谍战剧，就是《亮剑》和《潜伏》两部作品获得空前成功后其他投资方盲目跟风的后果。

现在，大数据可以帮助投资方做出明智的选择，《纸牌屋》的巨大成功就是典型例证。《纸牌屋》的成功得益于 Neffiix 公司对海量用户数据的积累和分析。美国 Netflix 公司是世界上最大的在线影片租赁服务商，在美国有 2700 万订阅用户，在全世界则有 3300 万订阅用户，每天用户在 Netflix 上产生 3000 多万个行为，如用户暂停、回放或者快进时都会产生一个行为，Netflix 的订阅用户每天还会给出 400 万个评分以及 300 万次搜索请求，询问剧集播放时间和设备。可以看出，Netflix 几乎比所有人都清楚大家喜欢看什么。

Netflix 通过对公司积累的海量用户数据分析后发现，金牌导演大卫·芬奇、奥斯卡影帝凯文·史派西和英国小说《纸牌屋》具有非常高的用户关注度，于是 Netflix 决定投拍一个融合三者的连续剧，并寄予它很大希望能够获得成功。事后证明，这是一次非常正确的投资决定，《纸牌屋》播出后，一炮打响，迅速风靡全球，大数据再一次证明了自己的威力和价值。

3. 预测比赛结果

2010 年南非世界杯期间，一家海洋馆里的章鱼“保罗”，因神奇地猜对了很多场次的足球比赛结果而声名大振。这种预测多少有些“运气”的成分，或者有一些不为人知的背后故事，比如有人认为比赛结果是人为事先拟定，然后在被人为判定为赢球的一方，放上章鱼喜欢吃的食物，章鱼自然会奔着食物而去，最终章鱼的选择结果其实就是人的选择结果。所以，如果非要说章鱼自身具备预测比赛的神奇能力，应该是没有多少人会相信的。但是，大数据可以预测比赛结果却是具有一定的科学根据的，它用数据来说话，通过对海量相关数据进行综合分析，得出一个预测判断。本质上而言，大数据预测就是基于大数据和预测模型去预测未来某件事情的概率。2014 年巴西世界杯期间，大数据预测比赛结果开始成为球迷们关注的焦点。百度、谷歌、微软和高盛等巨头竞相利用大数据技术预测比赛结果，百度预测结果最为亮眼，预测全程 64 场比赛，准确率为 67%，进入淘汰赛后准确率为 94%。百度的做法是，检索过去 5 年内全世界 987 支球队（含国家队和俱乐部队）的 3.7 万场比赛数据，同时与中国彩票网站乐彩网、欧洲必发指数数据供应商 Spdex 进行数据合作，导入博彩市场的预测数据，建立了一个囊括 199972 名球员和 1.12 亿条数据的预测模型，并在此基础上进行结果预测。

利用大数据预测比赛结果，将对人们生活产生深刻的影响。比如，在博彩业，以前只有少数专业机构和博彩公司才能够拥有顶尖的预测技术，而现在，由于大数据的开放性，普通民众都可以免费获得大数据分析工具，自己选择数据进行分析，由此得到的结果有时候甚至比专家更加可靠，这将会彻底改变彩民和博彩公司之间的博弈。

2.6.7.12 大数据在安全领域中的应用

大数据对于有效保障国家安全发挥着越来越重要的作用，比如，利用大数据技术防御网络攻击、警察应用大数据工具预防犯罪等。

1. 大数据与国家安全

2013 年“棱镜门”事件震惊全球，美国中央情报局工作人员斯诺登揭露了一项美国国家安全局（NSA）于 2007 年开始实施的绝密电子监听计划——棱镜计划。该计划能够直接进入美国网际网络公司的中心服务器里挖掘数据、收集情报，对即时通信和既存资料进行深度的监听。许可的监听对象包括任何在美国以外地区使用参与该计划的公司所提供的服务的客户，或是任何与国外人士通信的美国公民。国家安全局在棱镜计划中可以获得电子邮件、视频和语音交谈、影片、照片、VolP 交谈内容、档案传输、登录通知以及社交网络细节，全面监控特定目标及其联系人的一举一动。

为了支持这一计划，美国国家安全局在盐湖县与图埃勒县交界处修建了美国最大最昂贵的数据中心，耗资 17 亿美元，占地 48 万平方米，采用运行速度超过 100 万万亿次的超级计算机，每年的运转费用将达 4000 万美元，能够存储 100 亿亿兆字节，即 1000000000000000GB。该数据中心主要是用来收集、存储及分析信息，为情报部门服务，并且保护国家的电子信息安全，数据中心每 6 小时可以收集 74 太字节的数据。

美国总统奥巴马强调，这一项目不针对美国公民或在美国的人，目的在于反恐和保障美国人的安全，而且经过国会授权，并置于美国外国情报监视法庭的监管之下。需要特别指出的是，虽然棱镜计划符合美国的国家安全利益，但是从其他国家的利益角度出发，美国这种做法不仅严重侵害了他国公民基本的隐私权和数据安全，还对他国的国家安全构成了严重威胁。

2. 应用大数据技术防御网络攻击

网络攻击是利用网络存在的漏洞和安全缺陷，对网络系统的硬件、软件及其系统中的数据进行攻击。早期的网络攻击并没有明显的目的性，只是一些网络技术爱好者的个人行为，攻击目标具有随意性，只为验证和测试各种漏洞的存在，不会给相关企业带来明显的经济损失。但是，随着 IT 技术深度融入企业运营的各个环节，绝大多数企业的日常运营已经高度依赖各种 IT 系统。

一些有组织的黑客开始利用网络攻击获取经济利益，或者受雇于某企业去攻击竞争对手的服务器，使其瘫痪而无法开展各项业务，或者通过网络攻击某企业服务器向对方勒索“保护费”，或者通过网络攻击获取企业内部商业机密文件。发送垃圾邮件、伪造杀毒程序，是渗透到企业网络系统的主要攻击手段，这些网络攻击给企业造成了巨大的经济损失，直接危及企业生存。企业损失位居前三位的是知识产权泄密、财务信息失窃以及客户个人信息被盗，一些公司因知识产权被盗而破产。

在过去，企业为了保护计算机安全，通常购买瑞星、江民、金山、卡巴斯基、赛门铁克等公司的杀毒软件安装到本地运行。执行杀毒操作时，程序会对本地文件进行扫描，并和安装在本地的病毒库文件进行匹配，如果某个文件与病毒库中的某个病毒特征匹配，就说明该文件感染了这种病毒，发出报警；如果没有匹配，即使这个文件是一个病毒文件，也不会发出报警。因此，病毒库是否保持及时更新，直接影响到杀毒软件对一个文件是否感染病毒的判断。网络上不断会有新的病毒产生，网络安全公司会及时发布最新的病毒库供用户下载升级用户本地病毒库，这就会导致用户本地病毒库越来越大，本地杀毒软件需要耗费越来越多的硬件资源和时间来进行病毒特征匹配，严重影响计算机系统对其他应用程序的响应速度。这给用户带来的一个直观感受就是，运行杀毒软件，计算机响应速度就明显变慢。因此，随着网络攻击的日益增多，采用特征库判别法显然已经过时。

云计算和大数据的出现，为网络安全产品带来了深刻的变革。今天，基于云计算和大数据技术的云杀毒软件，已经广泛应用于企业信息安全保护。在云杀毒软件中，识别和查杀病毒不再仅仅依靠用户本地病毒库，而是依托庞大的网络服务，进行实时采集、分析和处理，整个互联网就是一个巨大的“杀毒软件”。云杀毒通过网状的大量客户端对网络中软件行为的异常监测，获取互联网中木马、恶意程序的最新信息，传送到云端，利用先进的云计算基础设施和大数据技术进行自动分析和处理，能及时发现未知病毒代码、未知威胁、0day 漏洞等恶意攻击，再把病毒和木马的解决方案分发到每一个客户端。

3. 警察应用大数据工具预防犯罪

谈到警察破案，我们头脑中会迅速闪过各种英雄神探的画面，从外国侦探小说中的福尔摩斯和动画作品中的柯南，到国内影视剧作品中的神探狄仁杰，无一不是思维缜密、机智善谋，抓住罪犯留下的蛛丝马迹，从而获得案情重大突破。但是，这些毕竟只是文艺作品中的人造英雄，并不是生活中的真实故事，现实警察队伍中，几十年也未必能够涌现出一个“狄仁杰”。

可是，有了大数据的帮助，神探将不再是一个遥不可及的名词，也许以后每个普通警察都能够熟练运用大数据工具把自己“武装”成一个神探。大数据工具可以帮助警察分析历史案件，发现犯罪趋势和犯罪模式，甚至能够通过分析闭路电视、电子邮件、电话记录、金融交易记录、犯罪统计数据、社交网络数据等来预测犯罪。据国外媒体报道，美国纽约警方已经在日常办案过程中引入了数据分析工具，通过采用计算机化的地图以及对历史逮捕模式、发薪日、体育项目、降雨天气和假日等变量进行分析，帮助警察更加准确地了解犯罪模式，预测出最可能发生罪案的“热点”地区，并预先在这些地区部署警力，提前预防犯罪发生，从而减少当地的发案率。还有一些大数据公司可以为警方提供整合了指纹、掌纹、人脸图像、签名等一系列信息的生物信息识别系统，从而帮助警察快速地搜索所有相关的图像记录以及案件卷宗，大大提高了办案效率。洛杉矶警察局已经能够利用大数据分析软件成功地把辖区里的盗窃犯罪降低了 33%，暴力犯罪降低了 21%，财产类犯罪降低了 12%。洛杉矶警察局把过去 80 年内的 130 万条犯罪纪录输入了一个数学模型，这个模型原本用于地震余震的预测，由于地震余震模式和犯罪再发生的模式类似——在地震（犯罪）发生后在附近地区发生余震（犯罪）的概率很大，于是被巧妙地嫁接到犯罪预测，收到了很好的效果。在欧洲，当地警方和美国麻省理工学院研究人员合作，利用电信运营商提供的手机通信记录绘制了伦敦的犯罪事件预测地图，大大提高了出警效率，降低了警力部署成本。

2.6.7.13 大数据在政府领域中的应用

大数据对美国总统选举的重要影响，一直被人们所津津乐道。民主党和共和党的竞选团队都在利用大数据来辅助竞选流程各个环节的关键决策，从此，基于直觉与经验决策的竞选人士的优势在急剧下降，大数据成为政治舞台角力的关键因素之一。

对于竞选团队来说，最重要的工作就是要全面掌握选民线上线下的相关情况，了解选民的关注话题、政治诉求和投票立场。以前，这种信息收集工作不仅成本高昂，而且很难做到。但在大数据时代，事情不再那么艰难，社交媒体记录了选民每时每刻的最新动态，通过与社交媒体合作，竞选团队可以把已经获得的选民资料和选民的在线信息实现无缝集成。在美国总统大选中，奥巴马团队就成功实现了将从民调专家、筹款人、选战一线员工、消费者数据库以及“摇摆州”民主党主要选民档案的社会化媒体联系人与手机联系人那里得到的所有数据都聚合到一块儿，构建了一个庞大的单一数据库。有了这些与选民相关的实时数据，竞选团队就可以利用大数据工具分析选民的行为模式，从而及时调整竞选策略增加胜算。大数据分析结果可以在很多方面指导竞选团队开展工作：指出候选人在哪些州的胜算较大，从而合理配置竞选资源；帮助候选人在选择演讲内容的时候做到有的放矢，说到选民的心坎上；对于处于摇摆状态的选民，通过什么方式可以促进他们明确立场；竞选广告应该投放到哪里才会更有效果。

2.6.7.14 大数据在日常生活中的应用

大数据正在影响着我们每个人的日常生活。在信息化社会，我们每个人的一言一行都会以数据形式留下存在的轨迹。这些分散在各个角落的数据，记录了我们的通话、聊天、邮件、购物、出行、住宿以及生理指标等各种信息，构成了与每个人相关联的“个人大数据”。个人大数据是存在于“数据自然界”的虚拟数字人，与现实生活中的自然人一一对应、形影不离，自然人在现实生活中的各种行为所产生的数据都会不断累加到数据自然界，丰富和充实与之对应的虚拟数字人。因此，分析个人大数据就可以深刻了解与之关联的自然人，了解他的各种生活行为习惯，比如每年的出差时间、喜欢人住的酒店、每天的上下班路线、最爱去的购物场所、网购涉及的商品、个人的网络关注话题、个人的性格和政治倾向等。

了解了个人的生活行为模式，一些公司就可以为个人提供更加周到的服务。比如，开发一款个人生活助理工具，可以根据你的热量消耗以及睡眠模式来规划你的个人健康作息时间，根据你的个人兴趣爱好为你选择与你志趣相投的恋爱对象，根据你的心跳、血压等各项生理指标为你选择合适的健身运动，根据你的交友记录为你安排朋友聚会，维护人际关系网络，以及根据你的阅读习惯为你推荐最新的相关书籍等，所有服务都以数据为基础、以个人为中心，让我们每个人能够获得更加舒适的生活体验，全面提升我们的生活品质。

2.7 本章小结

大数据已经涉及生活的各个领域，对于大数据的研究涉及的领域也很广。与人们直接利益相关的大数据的能耗、安全、隐私保护等都受到了很多企业和个人的关注，还有更多未知的领域也不例外。本章通过对大数据处理工具和处理技术进行分析，指出大数据与其他领域的紧密联系。

第 3 章　基于大数据的线性分类模型的探索

诞生于 20 世纪 20 年代的模式识别是一门研究对象描述和分类方法的学科。模式识别的方法主要有线性分类方法、神经网络算法和随机优化算法等。线性分类因其简单、易于分析和实现且容易扩展为非线性分类方法的特点，一直是模式分类的研究热点，并在语音识别、图像处理、信息检索和数据挖掘等领域得到了广泛的应用。对于线性分类模型的探索是学科发展的既定趋势。

3.1 线性分类模型的研究方法

3.1.1 线性分类的定义

一般线性模型或多元回归模型是一个统计线性模型。公式为：Y=XB+U，具有一系列多变量测量的矩阵（每列是一个因变量的测量集合），X 是独立变量的观察矩阵，其可以是设计矩阵（每列是关于一个自变量），B 是包含通常要被估计的参数的矩阵，而 U 是包含误差（噪声）的矩阵。错误通常被认为是不相关的测量，并遵循多元正态分布。如果错误不遵循多元正态分布，广义线性模型可以用来放松关于 Y 和 U 的假设。

一般线性模型包含了许多不同的统计模型：ANOVA、ANCOVA、MANOVA、MANCOVA、普通线性回归、t 检验和 F 检验。一般线性模型是多元线性回归模型对多个因变量情况的推广。如果 Y、B 和 U 是列向量，则上面的矩阵方程将表示多重线性回归。

用一般线性模型进行的假设，其检验可以用两种方法进行：多变量或多个独立的单变量检验。在多元测试中，Y 的列被一起测试，而在单变量测试中，Y 的列被独立地测试，即具有相同设计矩阵的多个单变量测试。

3.1.2 logistic 模型及建模流程概述

3.1.2.1 问题的提出

在商业及金融领域中，存在这么一类问题，问题中需要被解释的目标变量通常可以用YES或者NO两种取值来表示，如卖出了商品为YES，未卖出商品为NO；顾客对超市的本次宣传活动做了响应为YES，没有任何响应为NO；信用卡持卡人本月逾期付款为YES，按时还款为NO，对于这类问题的分析，我们不可以采用标准的线性回归对其进行建模分析，是因为目标变量的二元分布违背了线性回归的重要假设模型的目标是给出一个（0，1）之间的概率，而标准的线性回归模型产生的值是在这个范围之外。

3.1.2.2 Logistic 模型的分析

$$\ln\left(\frac{P}{1-P}\right)=\alpha+\sum_i(\beta x)_i \quad \frac{P}{1-P}=e^{\alpha+\sum_i(\beta x)_i} \quad P=\frac{e^{\alpha+\sum_i(\beta x)_i}}{1+e^{\alpha+\sum_i(\beta x)_i}}$$

Logistic模型可以保证: x_i值在∞和+∞之之间; 估计出来的概率值在0和1之间; 与事件odds=p/（1–p）直接相关；可以很好地将问题转化为数学问题，并且模型结果容易解释。

1. Logistics 回归的假设

概率是自变量的 logistics 函数。

$$P=\frac{\exp[\beta_0+(\beta X)_1+\cdots(\beta X)_n]}{1+\exp[\beta_0+(\beta X)_1+\cdots(\beta X)_n]}$$

这样得到的概率似乎没有实际意义，只是反映一种趋势，$\beta_0+(\beta X)_1+\cdots\cdots(\beta X)_n$ 比较大时p就会比较大

取log值得到：$\log\left(\frac{p}{1-p}\right)=\beta_0+(\beta X)_1+\cdots(\beta X)_n$

模型假设：没有重要变量被忽略，不包含使得系数有偏的相关变量。不包含外来变量，包含的不相关变量会增加参数估计的标准误差，但是却不会使得系数有偏。

2. 最大似然准则

抛一枚硬币10次，结果如下：THTTTHTTTH。

假设结果独立，考虑得到的结果的概率，P（THTTTHTTTH）=P（T）P（H）P（T）P（T）P（T）P（H）P（T）P（T）P（T）P（H）=P（H）3[1–P（H）]7，如果我们能计算出参数P（H）的值，就能得到掷硬币结果的概率的数值。

如果我们已知掷硬币的结果，如何得到P（H）的值呢？

假设P=P（H），y= 硬币头像一面朝上的次数，n= 掷硬币的次数。

似然函数给出了掷硬币结果的似然值，它是P的函数；

$L(P/Y)=P^y(1-p)^{(x-y)}$

最大似然估计指出P的最佳估计值是使得似然函数最大的值。

为了简化计算，代替最大化 L（P），我们对 L（P）取 log 值，然后取最大值，log 是单调递增函数，这样使得 L（P）最大的 P 的值也是使得 log［L（P）］最大的值。

最大化 log 似然函数，使：

$L(P/Y)=P^{y}(1-p)^{(x-y)}$

$\hat{p}=\frac{y}{n}$

解出 P 值。

3. 将最大似然估计用于 logistics 回归

令 Y=（y1，y2，y3，…，yn）是随机变量（Y1，Y2，Y3，…，Yn）的一组样本值，

$L(Y)=\prod_{i=1}^{n}\pi_i^{y_i}(1-\pi_i)^{1-y_i}$

然后似然函数可以写成 Where$P(Y_i=1)=\pi_I$

但是假如样本值不独立的话，此步骤就存在问题。

对似然函数取 log 值，得：$L(Y)=\log\left(\prod_{i=1}^{n}\pi_i^{y_i}(1-\pi_i)^{1-y_i}\right)=\sum_{i=1}^{n}\log[\frac{\pi_i^{y_i}}{(1-\pi_i)^{y_i}}(1-\pi_i)]=\sum_{i=1}^{n}y_i\log\left(\frac{\pi_i}{(1-\pi_i)}\right)+\sum_{i=1}^{n}\log(1-\pi_i)$

令 $y_i\log\frac{\pi_i}{(1-\pi_i)}=\beta_0+(\beta x)_i$

Logistics 回归的似然等式：

$L(\beta_0,\ \beta_1/Y)=\sum_{i=1}^{n}y_i\beta_0+(\beta x)_i-\sum_{i=1}^{n}[1+\exp(\beta_0+(\beta x)_i]$

$$\frac{\partial l(\beta_0,\ \beta_1/Y)}{\partial\beta_0}=\sum_{i=1}^{n}y_i-\sum_{i=1}^{n}\left(\frac{\exp(\beta_0+(\beta x)_i}{1+\exp(\beta_0+(\beta x)_i}\right)$$

$$\frac{\partial l(\beta_0,\ \beta_1/Y)}{\partial\beta_1}=\sum_{i=1}^{n}(xy)_i-\sum_{i=1}^{n}\left(\frac{x_i\exp(\beta_0+(\beta x)_i}{1+\exp(\beta_0+(\beta x)_i}\right)$$

对上式的参数取导数：使上面两式为零，解出参数的似然估计值。这些方程都是非线性的，所以利用迭代可以找出答案。这个过程也有可能是不收敛的。

3.1.2.3 模型设计

1. 建模目标

我们在对数据做分析之前，首先需要考虑的是构造模型的商业目的所在。比如说我们针对汽车贷款的数据进行分析，是希望能够估计出每笔汽车贷款人可能会发生违约的概率，从而建立一个信贷审批的决策流程。如果没有明确模型的目的和用途，模型的构建工作就难以进行下去。

除了明确建模商业目的外，我们还需要确定模型的实施事项。比如说构建好的模型是实验模型，在局域范围内使用，还是全面推广；模型的使用时间是多长。这些问题都需要事先考虑清楚。

总的来说，我们在建模分析模型之前，需要考虑好：我们为什么需要模型？如何使用我们建好的模型？谁将使用我们的模型？模型什么时候需要？

明确了建模目标之后，我们需要系统地整理我们的数据或者说样本了。

我们需要了解：我们可以运用的数据有哪些？哪些是内部数据源的数据，哪些是需要向客户索取的？我们需要多久的数据？数据有部分缺失怎么办？如何抽取能够代表总体的无偏样本？是不是每个变量都有现实意义？我们还需要单独针对哪些目标变量进行分析？在解决某些问题的时候，目标变量并不能很容易地明确下来，我们需要根据实际的业务经验将数据做一些统计、变换，以得到建模所需的目标变量值。

比方说，我们在预测每位汽车贷款人发生违约的概率时，需要实现定义哪些贷款人发生过违约？什么样的行为才能定义为违约？在美国，通常定义联系 9 个月以上没有还款的行为为违约事件。在建模时，我们将这样一批样本的目标变量定义为“1”，剩余样本的目标变量定义为“0”，然后再用 logisitic 模型对其进行建模分析。

在建模过程之前，我们需要对抽取出来的样本分成训练集、验证集和测试集，分别用于不同的建模分析阶段。

2. 解释变量分析

（1）变量筛选。

在整理完我们允许使用的变量数据后，接下去的任务就是从大量的数据中找出对目标变量有解释意义的变量。我们可以通过下述的几个方面对变量进行分析，初步筛选。

（2）VIP 变量。

在解决某些实际问题的过程中，业务人员对变量选择可能有一定的要求，所以实际的业务需求明确规定了哪些变量必须进入模型；另外，一些有类似建模经验的建模人员也可能会提出模型会用哪些变量，因此在变量筛选时首先需要建立一个 VIP 变量组，该组的变量不需要经过筛选，直接进入模型。

（3）无监督的变量筛选。

无监督的变量筛选是指在筛选变量时不需要利用目标量信息的筛选方法。代表方法有聚类分析、主成分分析。

（4）有监督的变量筛选。

有监督的变量筛选是指需要结合目标变量的信息才能进行的筛选方法。我们一般采用的有相关性分析、立回归模型、信息值。

3. 模型选择

（1）Lift/Gain’schart。

优势：可以用业务语言非常容易地解释；易观察，对商业决策有直观的帮助。

劣势：无法直接用数字给出结果；图形和程度有时候会给人错觉。

（2）KS 值。

Kolmogorov–Smirnov Test，MAD=Sup|F_r－F_n|，MAD 是 ROC 曲线之间差值的最大值。

我们通过曲线图可以进行下列操作：对整体样本按照转移率进行排序；比较 0、1 两种取值的分布；确定两种取值分布的分离度；这种方式比较容易理解，现已经广泛应用于模型选择分析中，SAS 中的 NPAR1WAY 过程步也可以直接计算出来。

度量的效果受样本排序方式的影响较大，某一排序区间的样本分布也可能会对最终的结果产生较大的影响。一般情况下，训练集与测试集的 KS 值差别不会很大，好的模型 KS 值一般在 [0.25，0.75] 区间内。

（3）信息值。

信息值即 A.K.A Kullback–Liebler 距离：

$$IV=(f_r(s)-f_x(s))\log\frac{f_r(s)}{f_x(s)}ds$$

这种方法与 KS 原理类似，也可以很容易地比较 0、1 两种取值的分布，并且能够用于处理字符型变量。但是，与 KS 值一样，某一排序区间的样本分布也可能会对最终的结果产生较大的影响；另外，SAS 中没有现成的过程步产生这个结果。

4. Gini 系数

Gini 系数由意大利统计学家 Corrado Gini 在 1912 年提出，通常被定义为 GINI 图中的 A/（A+B）的值。Gini 系数是通过 0、1 两种分布的距离来衡量的，SAS 里也有过程步可以直接计算，但是对于非统计学家来说，这个名词较为专业。事实上，Gini 系数一般在 [–1，1] 区间内，很多分析师习惯用 C–value 进行分析，而忽略了 Gini 系数的分析。

（1）C–value&Concordant。

C–value 是 ROC 曲线下的区域：A+D。

Concordant=N_c/t

C=Concordant+Ties/2t

C–value 与 Gini 系数的原理类似，通过 Gini 系数也可以得到 C–value 的值。

C=Gini+0.5（1–Gini）

一般情况下，C-value 值在 [0，1] 区间内，好的模型该值一般在 0.6~0.9 之间。

（2）TotalvarianceReduction（TVR）。

$$TVR=\frac{V_0-\int_0^1 Vsds}{V_0}$$

TVR 可以衡量模型打分的排序能力，但是因为在计算时我们通常用来代替 TVR 的值，所以我们得到的只能是一种近似值。

3.2 线性分类模型的研究内容

3.2.1 线性分类模型的研究意义

模式识别也称为模式分类，它是一门研究对象描述和分类方法的学科。模式识别诞生于 20 世纪 20 年代，初衷是为了用机器去完成生物智能中通过视觉、听觉、触觉等感官去识别外部环境的工作。在 20 世纪 60 年代以前，模式识别主要限于统计学领域中的理论研究。随着计算机的出现和人工智能的兴起，模式识别迅速发展成一门学科，并越来越受到人们的重视。模式识别所研究的理论和方法在很多技术领域中得到了成功应用，如文字和字符识别、图形图像识别、语音识别、指纹识别、疾病诊断、产品质量检验、集成电路设计、天气预报、地震预报、经济预报、管理预测与决策、系统可靠性分析、入侵检测等。然而，与生物认知系统相比，模式识别系统的识别能力和鲁棒性还远不能让人满意。模式识别仍然是一门发展中的学科，在发展中不断与其他学科相互结合、相互渗透，出现了许多新的理论和方法。

一个模式识别系统主要由信息获取、预处理、特征（或基元）提取与选择、分类器设计以及分类决策五部分组成。模式识别中识别对象的信息获取和预处理与其他学科存在交叉，因此模式识别的研究主要集中在特征提取与选择、分类超平面的设计和分类决策三部分。目前，主流的模式识别方法有三大类：以决策论为基础的统计模式识别、以形式语言为基础的句法模式识别和以控制论为基础的模糊数学识别。统计模式识别理论相对成熟，应用广泛，是模式识别中最重要的研究方向之一。其主要思想是从已有的经验和观察数据中综合和抽象出分类规则，进而利用所得规则实现对更广大的未见数据的预测和分类。统计模式分类方法又可以分为贝叶斯分类和线性判别方法。贝叶斯分类法主要利用概率统计知识进行分类，设计贝叶斯分类器时不仅需要知道样本统计分布的资料，还需要知道先验概率及类分布概率密度函数等。然而，在样本数不充足条件下，要获取准确的统计分布是很困难的。线性判别方法利用训练样本集提供的信息，直接进行分类器设计。这种方法省去了统计分布状况分析与参数估计环节，直接对特征空间进行划分，采用线性判别函数所产生的错误率或风险虽然可能比贝叶斯分类大，但由于其结构简单、容易实现、所需的计算量和存储量小，因此成为统计模式识别的基本方法之一，并在实际中得到广泛应用。

随着线性判别方法在模式分类领域的广泛应用，人们对其分类准确率的要求也越来越高，且随着实际中分类数据集的规模和维数的增大，传统的线性分类算法由于受到其巨大的计算量而慢慢变得不再流行。因此，如何进一步利用线性判别方法简单地判别规则，研究适用范围更广、分类准确率更高的线性分类方法，成为统计分类的研究热点之一。

3.2.2 线性分类模型的研究现状

3.2.2.1 Fisher 算法研究现状

1936 年 Fisher 发表的经典论文成为线性鉴别分析研究的起源，其基本思想是寻找一个最佳投影向量，将多维度训练样本降维在该向量上投影后，达到最大的类间离散度和最小的类内离散度，从而获得较高的判别效率。1999—2000 年间，Mika 等人提出了一种核的 Fisher 判别分析法，该方法在处理线性分类问题和非线性分类问题中都有不错的分类效果。2001 年，杨静宇等人提出了一种具有统计不相关性的 J–Y 线性鉴别法，成为经典 Fisher 鉴别法的发展新方向。随后，杨静宇等人又提出了解决小样本情况下，抽取 Fisher 最优鉴别特征的难题。陈伏兵等人利用投影变换和同构变换的原理，提出了一种解决小样本情况下最优鉴别矢量的求解问题。谢纪刚等利用加权量的控制，解决了非平衡数据集的 Fisher 线性判别问题。DengJing 等人利用整合贝叶斯正则化、假一法交叉验证标准和快速递推算法；Sugiyama 提出了局部 Fisher 判别分析算法，使不同类别的样本在投影空间有了更好的可分离性。随后，Sugiyama 又提出了半监督局部 Fisher 判别分析法，该方法既保持了无类别标注数据的全局方差结构，又保留了标注样本的局部特性。

3.2.2.2 感知器算法研究现状

1957 年，美国学者 F.Rosenblatt 提出了感知器算法。感知器是一个具有单层计算单元的人工神经网络，感知器算法利用这种简单的神经网络实现对线性判别函数的训练，它适用于线性可分的分类问题。1994 年，Littleatone N. 等提出了信任权感知器，它赋予每个学习参数一个不同权值的信任度，使较小信任度的参数得到更大的更频繁的修正，从而提高了分类准确率，加快了学习速度。1999 年，Freund 等提出了表决感知器算法，其通过计算每个向量的二类预测的权值，然后通过表决权值联合所有的预测向量来得到最终的判别准则。该算法可以克服训练过程中的震荡现象，并可实现对高维数据的有效分类。2002 年，Collins M. 提出了平均感知器方法，利用每次训练后的所有权值的平均值作为最终判别准则的权值，克服了由于学习速率过大所引起的训练过程中出现的震荡现象，取得了不错的分类效果。2006年，Cramme K. 等提出的被动主动感知器算法，利用错分样本的主动参数修正权值。该方法不仅减少了错误分类数目，而且适用于不可分的数据。

感知器模型也是构造神经网络算法的基本组成。例如，通过构造多层（通常超过三层）感知器的神经网络算法，多层感知器的结构可以在有限的步骤内对训练样本集的所有样本进行正确分类。反向传播算法是多层神经网络有监督训练中最常用的方法之一，该算法利用感知器模型和最小均方算法的原理，根据训练样本和期望输出来设置合适的权值，具有不错的收敛速度和收敛结果。

3.2.2.3 最小平方误差方法研究现状

最小平方误差是高斯于1809年首次提出的，它是一种数学优化技术，可以通过最小化误差的平方和寻找数据的最佳函数匹配。1951年，Robbins 和 Monro 提出的随机逼近理论解决了最小平方误差中的分布未知的情况，将最小平均误差方法应用到了线性分类问题。该方法的收敛速度很快，但迭代的每一步的计算量都比较大。随后又发展出了归一化 LMS 算法。Herzberg、Cohen 和 Be'ery 提出了时延 LMS（Delay-LMS，DLMS）算法。2002年，尚勇、吴顺君、项海格提出了并行延时 LMS 算法，通过将并行处理方法引入延时 LMS 算法，与 DLMS 算法相比，PDLMS 算法具有更小的时延、更好的数据吞吐率、更快的收敛速度等。张学工提出了最小平方误差算法的正则化核形式，减小了解空间，控制了解的推广性。

1965年，Ho Y.H. 和 Kashyap R.L. 对 LMSE 算法进行修改，提出了通过梯度下降法同时修改权向量和阈值的 Ho-Kashyap 算法。该算法在可分条件下可以得出一个分类向量，并且在不可分的时候给出一个不可分的判据。2003年，Leski 提出了正则化的 Ho-Kashyap 算法，利用绝对值误差函数代替了平方误差函数，提高了算法对野值点的鲁棒性，并且引入了正则化因子来控制分类超平面的 VC 维。田永军等提出了一种将非向量模式转换成矩阵模式的正则化 MHKS，克服了向量模式线性分类器的部分不足。在统计学习理论研究的基础上，Vapnik 等人在1992年到1995年期间提出了支持向量机方法，将线性分类问题转化成了求解凸二次规划问题，并利用核函数解决了非线性到线性的映射。并且，因其结构简单、泛化能力强等优点而得到广泛的研究。

Scholkopf 提出了用于分类和回归问题的 v-SVM 方法。2002年，C.F.Lin 等学者为了减少噪声样本（或野值）对 SVM 分类的影响，引入模糊技术，提出了模糊支持向量机理论等。这些基于SVM的算法通过增加函数项、变量或系数等方法使函数变型，采用二次规划或线性方程组来求解最优化问题，产生出适用于某一方面或一定应用范围的 SVM 算法。

线性分类算法的种类多样，分类原理简单，线性判别函数的计算容易，分类准确率令人满意，因此被广泛地应用到实际生产中的各个领域。但线性分类算法对某些很具挑战性的模式识别问题却并不能得到最优解。随着神经网络、全局优化算法等学科的发展，人们开始根据线性分类方法中的重要原理，结合神经网络的学习能力或全局优化算法的搜索能力，研究出了一系列新的分类方法。

3.3 线性判别式的比较分析与优化方法研究

3.3.1 线性判别式的定义

统计模式识别中用以对模式进行分类的一种最简单的判别函数称为线性判别函数。在特征空间中，通过学习，不同的类别可以得到不同的判别函数，比较不同类别的判别函数值大小，就可以进行分类。统计模式识别方法把特征空间划分为决策区对模式进行分类。一个模式类同一个或几个决策区相对应。每个决策区对应一个判别函数。对于特征空间中的每个特征向量 x，可以计算相应的各个决策区的判别函数 gi（x），i=1，2，…，c。

人们已研究出多种求取决策边界的算法。线性判别函数的决策边界是一个超平面方程式，其中的系数可以从已知类别的学习样本集求得。F. 罗森布拉特的错误修正训练程序是求取两类线性可分分类器决策边界的早期方法之一。在用线性判别函数不可能对所有学习样本正确分类的情况下，可以规定一个准则函数（如对学习样本的错分数最少），并用使准则函数达到最优的算法求取决策边界。用线性判别函数的模式分类器也称为线性分类器或线性机。这种分类器计算简单，不要求估计特征向量的类条件概率密度，是一种非参数分类方法。

当用贝叶斯决策理论进行分类器设计时，在一定的假设下也可以得到线性判别函数，这无论对于线性可分或线性不可分的情况都是适用的。在问题比较复杂的情况下可以用多段线性判别函数（见近邻法分类、最小距离分类）或多项式判别函数对模式进行分类。一个二阶的多项式判别函数可以表示为与它相应的决策边界是一个超二次曲面。

判别分析是一种统计判别和分组技术，它可以就一定数量样本的一个分组变量和相应的其他多元变量的已知信息，确定分组与其他多元变量信息所属的样本进行判别分组。

解决问题：已知某种事物有几种类型，现在从各种类型中各取一个样本，由这些样本设计出一套标准，使得从这种事物中任取一个样本，并按这套标准判别它的类型。

3.3.2 判别函数

判别分析通常都要设法建立一个判别函数，然后利用此函数来进行批判。判别函数主要有两种，即线性判别函数和典则判别函数。

线性判别函数是指对于一个总体，如果各组样品互相对立，且服从多元正态分布，就可建立线性判别函数。形式如下：是判别组数；是判别指标（又称判别分数或判别值），根据所用的方法不同，可能是概率，也可能是坐标值或分值；是自变量或预测变量，即反映研究对象特征的变量；是各变量系数，也称判别系数。建立函数必须使用一个训练样品。所谓训练样品，就是已知实际分类且各指标的观察值已测得的样品，它对判别函数的建立非常重要。

典则判别函数是原始自变量的线性组合，通过建立少量的典则变量可以比较方便地描述各类之间的关系，如可以用画散点图和平面区域图直观地表示各类之间的相对关系等。

3.3.3 建立方法

建立判别函数的方法一般有四种：全模型法、向前选择法、向后选择法和逐步选择法。

全模型法是指将用户指定的全部变量作为判别函数的自变量，而不管该变量是否对研究对象显著或对判别函数的贡献大小。此方法适用于对研究对象的各变量有全面认识的情况。如果未加选择地使用全变量进行分析，则可能产生较大的偏差。

向前选择法是从判别模型中没有变量开始，每一步把一个队判别模型的判断能力贡献最大的变量引入模型，直到没有被引入模型的变量都不符合进入模型的条件时，变量引入过程结束。当希望较多变量留在判别函数中时，使用向前选择法。

向后选择法与向前选择法完全相反，它是把用户所有指定的变量建立为一个全模型。每一步把一个对模型的判断能力贡献最小的变量剔除模型，直到模型中的所用变量都不符合留在模型中的条件时，剔除工作结束。在希望较少的变量留在判别函数中时，使用向后选择法。

逐步选择法是一种选择最能反映类间差异的变量子集，建立判别函数的方法。它是从模型中没有任何变量开始，每一步都对模型进行检验，将模型外对模型的判别贡献最大的变量加入模型中，同时也检查在模型中是否存在“由于新变量的引入而对判别贡献变得不太显著”的变量，如果有，则将其从模型中出，以此类推，直到模型中的所有变量都符合引入模型的条件，而模型外所有变量都不符合引入模型的条件为止，则整个过程结束。

3.3.4 判别方法

判别方法是确定待判样品归属于哪一组的方法，可分为参数法和非参数法，也可以根据资料的性质分为定性资料的判别分析和定量资料的判别分析。此处给出的分类主要是根据采用的判别准则分出几种常用方法。以下除最大似然法外，其余几种均适用于连续性资料。

最大似然法：用于自变量均为分类变量的情况。该方法建立在独立事件概率乘法定理的基础上，根据训练样品信息求得自变量各种组合情况下样品被封为任何一类的概率。当新样品进入时，则计算它被分到每一类中去的条件概率（似然值），概率最大的那一类就是最终评定的归类。

距离判别：其基本思想是由训练样品得出每个分类的重心坐标，然后对新样品求出它们离各个类别重心的距离远近，从而归入离得最近的类，也就是根据个案离母体远近进行判别。最常用的距离是马氏距离，偶尔也采用欧式距离。距离判别的特点是直观、简单，适合于对自变量均为连续变量的情况下进行分类，且它对变量的分布类型无严格要求，特别是并不严格要求总体协方差阵相等。

Fisher 判别：亦称典则判别，是根据线性 Fisher 函数值进行判别，通常用于两组判别问题，使用此准则要求各组变量的均值有显著性差异。该方法的基本思想是投影，即将原来在 R 维空间的自变量组合投影到维度较低的 D 维空间，然后在 D 维空间中再进行分类。投影的原则是使得每一类的差异尽可能小，而不同类间投影的离差尽可能大。Fisher 判别的优势在于对分布、方差等都没有任何限制，应用范围比较广。另外，用该判别方法建立的判别方差可以直接用手工计算的方法进行新样品的判别，这在许多时候是非常方便的。

Bayes 判别：许多时候用户对各类别的比例分布情况有一定的先验信息，也就是用样本所属分类的先验概率进行分析。比如，客户对投递广告的反应绝大多数都是无回音，如果进行判别，自然也应当是无回音的居多。此时，Bayes 判别恰好适用。Bayes 判别就是根据总体的先验概率，使误判的平均损失达到最小而进行的判别。其最大优势是可以用于多组判别问题。但是，适用此方法必须满足三个假设条件，即各种变量必须服从多元正态分布，各组协方差矩阵必须相等，各组变量均值均有显著性差异。

3.3.5 应用

在市场调研中，一般根据事先确定的因变量（如产品的主要用户、普通用户和非用户、自有房屋或租赁、电视观众和非电视观众）找出相应处理的区别特性。在判别分析中，因变量为类别数据，有多少类别就有多少类别处理组；自变量通常为可度量数据。通过判别分析，可以建立能够最大限度地区分因变量类别的函数，考查自变量的组间差异是否显著，判断哪些自变量对组间差异贡献最大，评估分类的程度，根据自变量的值将样本归类。

3.3.5.1 假设条件

分组类型在两种以上，且组间样本在判别值上差别明显。组内样本数不得少于两个，并且样本数量比变量起码多两个。所确定的判别变量不能是其他判别变量的线性组合。各组样本的协方差矩阵相等。各判别变量之间具有多元正态分布。样品量应在所使用的自变量个数的10~20倍时，建立的判别函数才比较稳定，而自变量个数在8~10倍时，函数的判别效果才能比较理想。当然，在实际工作中判别函数的自变量个数往往会超过10个，但应该注意的是，自变量的个数多并不代表效果好。

spss操作："分析"—"分类"—"判别"—进入判别分析主对话框。

这里有容易引起歧义的两个变量，一个是分组变量。对分组变量的了解需要联系判别分析的原理以及适用范围。因为判别分析是已知分类数目的情况下进行分析，这个已知的分类数目就是这个分组变量。其实，一般分析步骤中，都是先进行聚类分析，聚类之后得到的分类结果就是这个分组变量，然后再选择这个分组变量，进行分析。也就是说，聚类分析是母亲，母亲的孩子就是判别分析，得到的判别函数就是预测想要知道的个案究竟属于哪一类。另一个变量就是选择变量，它位于主对话框的最下面。这个选择变量在回归分析相应的对话框中也有，意思就是选择你需要的变量。这个变量可以为数据窗口的一个整个变量，也可以利用子设置"值"进行选择，所以，它的名字叫作选择变量。

"统计量"子对话框："描述性"栏，包括"均值""单变量ANOVA""BoxesM"。

需要特别说明，以后只要见到ANOVA这个单词，它的意思就是方差分析，也就是进一步输出方差分析表，其中最重要的就是P值，也就是Sig值。

BoxesM复选框：指的是输出对组协方差矩阵的等同性检验的检验结果，也就是对各类协方差矩阵相等的假设进行检验。

"函数系数"栏其实就是将判别函数系数进行设置。它包括"费雪"和"未标准化"。费雪指的是对每一类给出一组系数，并且给出该组中判别分数最大的观测量。

"矩阵"栏都是复选框，对应相应的矩阵也就是在结果表中的四种数阵："组内相关""组内协方差""分组协方差""总体协方差"，都是计算机自动计算，人工计算是不可能完成的。

"分类"子对话框，本文也提到过先验概率，先验概率就是已知一部分信息，来了解未知信息，也就是后验概率。

"所有组相等"也就是如果分为几类，这所有的类中的先验概率都相等。

"根据组大小计算"各类先验概率按照和各类样本量呈正比。

"使用协方差矩阵"栏是两个单选框。"在组内"指使用合并组内协方差矩阵进行分析。

"分组"指使用各组协方差矩阵进行分析。

"输出"栏"个案结果"对每一个观测量输出判别分数，也就是选定变量的个案的分进哪个组的资格得分。实际类预测类，也就是根据判别得分计算的古今对比。实际类就是目前实际上分为几类，预测类就是过去对未来预测，它们一对比，就可以知道过去和现在的差别在哪里。附属选项"将个案限制在"在后面的小矩形框中输入观测量数，含义为仅输出设置的观测量结果，当个案也就是观测量太多时，可以用此法。

"摘要表"输出分类小结，给出正确和错误的观测量数以及错判率。

"不考虑该个案时的分类"根据字面就可以理解，不赘述。

"图"栏是"合并组"生成一张包括各类的散点图，该散点图根据前两个判别函数得到；如果只有一个判别函数，则生成直方图。

"分组"复选框是有几类就有几张散点图。和上面一样，如果只有一个判别函数，就生成直方图。

"区域图"复选框，将观测量分到各组中去的区域图。此图将一张图的平面划分出类数，相同的区域，每一类占据一个区，各类的均值在各区中用星号标出，如果仅有一个判别函数，即没有此图。

"保存"子对话框：设置是非常重要的，并且特别直观，只要选择，就可以在数据窗口生成相应的新变量。这个新变量是"预测组成员"，该预测组成员是根据判别分数，以及后验概率最大的预测分类，也就是每个个案的预测分类。

"判别得分"根据名字就可以理解。该分数没有标准化的判别系数 × 自变量的值 + 一个常数。每次运行判别过程，都给出一组表明判别分数的新变量。有几个判别函数，就建立几个判别函数减 1 的新变量。新变量名称词头为 dis。

3.3.5.2 案例

判别分析最主要的分析目的：得到判别函数，对未知个案进行预测分类。

"组成员概率"表示观测量属于哪一类的概率，有几类就给出几类概率值，新变量默认名为 dis。预测分类数 – 判别概率，如有三类，两个判别函数，则新变量名称可以为 dis1–1，dis2–1，dis3–1，dis3–2，以此类推。

逐步判别分析：只要在主对话框中选择“使用步进式方法”，就可以筛选变量。同时，方法对话框将被激活。

“方法”对话框中“标准”栏的设置和线性回归一样，不再赘述。

“方法”栏原则，负面指标越小越好，正面指标越大越好。负面指标是 wilks lambda 和未解释方差，正面指标是马氏距离，最小 F 值，RaosV。马氏距离在回归中越大,代表这个个案为影响点可能越大。也就是说,只有这个个案为影响点,它越重要,对判别函数影响越大，把它挑出来，也就是马氏距离最大。

结果：sig 值小于 0.05，说明可以继续分析，函数具有判别作用，也就是有统计学意义。数据窗口对话框，将在“保存”子对话框设置的新变量和在主对话框的分组变量进行对比，每个个案被分到哪类，以及判别得分，都一目了然。根据输出表中的系数，可以写出判别函数，进行以后的预测。

3.4 基于线性回归分析的特征抽取及分类应用研究

3.4.1 线性回归的定义

在统计学中，线性回归是利用称为线性回归方程的最小平方函数对一个或多个自变量和因变量之间关系进行建模的一种回归分析。这种函数是一个或多个称为回归系数的模型参数的线性组合。只有一个自变量的情况称为简单回归，大于一个自变量情况的叫作多元回归。

回归分析中有多个自变量：这里有一个原则问题，这些自变量的重要性，究竟谁最重要，谁比较重要，谁不重要。所以，spss 线性回归有一个和逐步判别分析的等价的设置。

原理：“用 F 检验 spss”中的操作是“分析”—“回归”—“线性”主对话框方法框中须先选定“逐步”方法“选项”子对话框。

如果是选择“用 F 检验的概率值”，值越小，代表这个变量越容易进入方程。原因是这个变量的 F 检验的概率小，说明它显著，也就是这个变量对回归方程的贡献越大，进一步说就是该变量被引入回归方程的资格越大。究其根本，就是零假设分水岭，如要是把进入设为 0.05，大于它，说明接受零假设，这个变量对回归方程没有什么重要性，但是一旦小于0.05，说明这个变量很重要，应该引起注意。这个 0.05 就是进入回归方程的通行证。

下一步：“移除”选项：如果一个自变量 F 检验的 P 值也就是概率值大于移除中所设置的值，这个变量就要被移除回归方程。spss 回归分析也就是把自变量作为一组待选的商品，高于这个价的就不要，低于这个价的就买来。所以，“移除”中的值要大于“进入”中的值，默认“进入”值为 0.05，“移除”值为 0.10。

如果使用“采用 F 值”作为判据，整个情况就颠倒了，“进入”值大于“移除”值，并且是自变量的进入值需要大于设定值才能进入回归方程。这里的原因就是 F 检验原理的计算公式，所以才有这样的差别。

结果：如同判别分析的逐步方法，表格中给出所有自变量进入回归方程情况。这个表格的标志是，第一列写着拟合步骤编号，第二列写着每步进入回归方程的编号，第三列写着从回归方程中剔除的自变量，第四列写着自变量引入或者剔除的判据，下面跟着一堆文字。

这种设置的根本目的：挑选符合的变量，剔除不符合的变量。

注意：spss 中还有一个设置，“在等式中包含常量”，它的作用是如果不选择它，回归模型经过原点；如果选择它，回归方程就有常数项。这个选项选和不选是不一样的。

在线性回归中，数据使用线性预测函数来建模，并且未知的模型参数也是通过数据来估计。这些模型被叫作线性模型。最常用的线性回归建模是给定 X 值的 y 的条件均值是 X 的仿射函数。不太一般的情况是，线性回归模型可以是一个中位数或一些其他给定 X 的条件下 y 的条件分布的分位数作为 X 的线性函数表示。像所有形式的回归分析一样，线性回归也把焦点放在给定 X 值的 y 的条件概率分布，而不是 X 和 y 的联合概率分布（多元分析领域）。

线性回归是回归分析中第一种经过严格研究并在实际应用中广泛使用的类型。这是因为线性依赖于其未知参数的模型比非线性依赖于其未知参数的模型更容易拟合，而且产生的估计的统计特性也更容易确定。

线性回归模型经常用最小二乘逼近来拟合，但它们也可能用别的方法来拟合，比如用最小化“拟合缺陷”在一些其他规范里（比如最小绝对误差回归），或者在桥回归中最小化最小二乘损失函数的惩罚。相反，最小二乘逼近可以用来拟合那些非线性的模型。因此，尽管“最小二乘法”和“线性模型”是紧密相连的，但它们是不能画等号的。

3.4.2 数据组说明线性回归

以一简单数据组来说明什么是线性回归。假设有一组数据型态为 y=y（x），其中 x={0，1，2，3，4，5}，y={0，20，60，68，77，110}。如果要以一个最简单的方程式来近似这组数据，则用一阶的线性方程式最为适合。

斜线是随意假设一阶线性方程式 y=20x，用以代表这些数据的一个方程式。下面将 MATLAB 指令列出，并计算这个线性方程式的 y 值与原数据 y 值间误差平方的总和。

```
>>x=[012345];
>>y=[020606877110];
>>y1=20*x; % 一阶线性方程式的y1值
>>sum_sq=sum((y-y1).^2); % 误差平方总和为573
>>axis([-1, 6, -20, 120])
>>plot(x, y1, x, y, 'o'), title('Linearestimate'), grid
```

如此任意假设一个线性方程式并无根据，如果换成其他人来设定就可能采用不同的线性方程式，所以必须有比较精确的方式决定理想的线性方程式。可以要求误差平方的总和为最小，作为决定理想的线性方程式的准则，这样的方法就称为最小平方误差（least squares error）或是线性回归。MATLAB 的 polyfit 函数提供了从一阶到高阶多项式的回归法，其语法为 polyfit（x，y，n），其中 x，y 为输入数据组 n 为多项式的阶数，n=1 就是一阶的线性回归法。

从 polyfit 函数得到的输出值就是上述的各项系数，以一阶线性回归为例，n=1，所以只有两个输出值。如果指令为 coef=polyfit（x，y，n），则 coef（1）=，coef（2）=coef（n+1）=。

注意，上式对 n 阶的多项式会有 n+1 项的系数。看以下的线性回归的示范：

```
>>x=[012345];
>>y=[020606877110];
>>coef=polyfit(x, y, 1);
%coef代表线性回归的两个输出值
>>a
0=coef(1); a1=coef(2);
>>y
best=a0*x+a1; % 由线性回归产生的一阶方程式
>>sum_sq=sum((y-ybest).^2); % 误差平方总合为356.82
>>axis([-1, 6, -20, 120])
>>plot(x, ybest, x, y, 'o'), title('Linearregressionestimate'), grid
```

3.4.3 线性回归的相关因素

3.4.3.1 结果分析

虽然不同的统计软件可能会用不同的格式给出回归的结果，但是它们的基本内容是一致的。以 STATA 的输出为例来说明如何理解回归分析的结果。在这个例子中，测试读者的性别、年龄、知识程度与文档的次序对他们所觉得的文档质量的影响。

输出：

SourcelSSdfMSNumberofobs=242

F（4，237）=2.76

Modell14.006985543.50174637Prob>F=0.0283

Residuall300.2791722371.26700072

R-squared=0.0446

AdjR-squared=0.0284

Totall314.2861572411.30409194RootMSE=1.1256

relevancelCoef.Std.Err.tP>ltlBeta

genderl-.2111061.1627241-1.300.196-.0825009

agel-.1020986.0486324-2.100.037-.1341841

knowl.0022537.05352430.040.966.0026877

noofdocl-.3291053.1382645-2.380.018-.1513428

_consl7.3347571.0722466.840.000.

3.4.3.2 输出

这个输出包括以下几部分。左上角给出方差分析表，右上角是模型拟合综合参数。方差分析表对大部分的行为研究者来讲不是很重要，不做讨论。在拟合综合参数中，R-squared 表示因变量中多大的一部分信息可以被自变量解释。在这里是 4.46%，相当小。

3.4.3.3 回归系数

一般地，要求这个值大于 5%。对大部分的行为研究者来讲，最重要的是回归系数。年龄增加 1 个单位，文档的质量就下降 -.1020986 个单位，表明年长的人对文档质量的评价会更低。这个变量相应的 t 值是 -2.10，绝对值大于 2，p 值也 <0.05，所以是显著的。结论是，年长的人对文档质量的评价会更低，这个影响是显著的。相反，领域知识越丰富的人，对文档的质量评估会更高，但是这个影响不是显著的。这种对回归系数的理解就是使用回归分析进行假设检验的过程。

3.4.4 线性回归的应用探索

3.4.4.1 数学

线性回归有很多实际用途，分为以下两大类：如果目标是预测或者映射，线性回归可以用来对观测数据集的和 X 的值拟合出一个预测模型。当完成这样一个模型以后，对于一个新增的 X 值，在没有给定与它相配对的 y 值的情况下，可以用这个拟合过的模型预测出一个 y 值。

3.4.4.2 趋势线

一条趋势线代表着时间序列数据的长期走势。它告诉我们一组特定数据（如GDP、石油价格和股票价格）是否在一段时期内增长或下降。虽然我们可以用肉眼观察数据点在坐标系的位置并大体画出趋势线，但更恰当的方法是利用线性回归计算出趋势线的位置和斜率。

3.4.4.3 流行病学

有关吸烟对死亡率和发病率影响的早期证据来自采用了回归分析的观察性研究。为了在分析观测数据时减少伪相关，除最感兴趣的变量之外，通常研究人员还会在他们的回归模型里包含一些额外变量。如假设我们有一个回归模型，在这个回归模型中吸烟行为是我们最感兴趣的独立变量，其相关变量是经数年观察得到的吸烟者寿命。研究人员可能将社会经济地位当成一个额外的独立变量，以确保任何经观察所得的吸烟对寿命的影响不是由于教育或收入差异引起的。然而，我们不可能把所有可能混淆结果的变量都加入实证分析中。如某种不存在的基因可能会增加人死亡的概率，还会让人的吸烟量增加。因此，比起采用观察数据的回归分析得出的结论，随机对照试验常能产生更令人信服的因果关系证据。当可控实验不可行时，回归分析的衍生，如工具变量回归，可尝试用来估计观测数据的因果关系。

3.5 本章小结

本章概述了线性分类模型的相关理论和研究现状，对相关算法与研究内容进行了介绍，并对其提出、使用、优化进行了详细的阐述。

第 4 章　大数据的分类分析模型研究

大数据的快速发展引起了国内外的广泛关注和重视，对大数据进行科学有效的分析处理是大数据领域最核心的问题，为了对大数据有更好的了解与掌握，分类分析模型提供了很大的帮助。

4.1 分类分析的定义

分类与预测是数据分析中常见的命令，它在实际应用中有很大的需求。分类主要是通过学习已知类别的数据对象，形成模型的先验知识，进而对重新输入的数据对象、模型也具有将其正确分类的能力。分类过程主要包括两个阶段、学习阶段和分类阶段。分类算法有很多，诸如决策树分类、神经网络分类、贝叶斯、K 近邻分类等都是比较常见的分类算法。分类算法主要用准确率、速度来进行性能的评估。

判别分析是多元统计中用于判别样品所属类型的一种统计分析方法，是一种在已知研究对象用某种方法已经分成若干类的情况下，确定新的样品属于哪一类的多元统计分析方法。

判别分析方法处理问题时，通常要给出用来衡量新样品与各已知组别的接近程度的指标，即判别函数，同时指定一种判别准则，借以判定新样品的归属。所谓判别准则，是用于衡量新样品与各已知组别接近程度的理论依据和方法准则。常用的判别准则有距离准则、Fisher 准则、贝叶斯准则等。判别准则可以是统计性的，如决定新样品所属类别时用到数理统计的显著性检验，也可以是确定性的，如决定样品归属时，只考虑判别函数值的大小。判别函数是指基于一定的判别准则计算出的用于衡量新样品与各已知组别接近程度的函数式或描述指标。

按照判别组数划分，有两组判别分析和多组判别分析；按照区分不同总体的所用数学模型来分，有线性判别分析和非线性判别分析；按照处理变量的方法不同划分，有逐步判别、序贯判别等；按照判别准则来分，有距离准则、费舍准则与贝叶斯判别准则。

4.2 分类分析的原理和策略方法

4.2.1 距离判别法

4.2.1.1 基本思想

根据已知分类的数据，分别计算各类的重心，即分组（类）均值。距离判别准则是对任一新样品的观测值，若它与第 i 类的重心距离最近，就认为它来自第 i 类。因此，距离判别法又称为最邻近方法（nearest neighbor method）。距离判别法对各类总体的分布没有特定要求，适用于任意分布的资料。

4.2.1.2 两组距离判别

两组距离判别的基本原理。设有两组总体，G_A 和 G_B 相应抽出样品个数为 n_1，n_2（n_1+n_2）=n，每个样品观测 p 个指标，得观测数据如下：

总体 G_A 的样本数据为：X_{11}（A）X_{12}（A）…X_{1m}（A）

X_{21}（A）X_{22}（A）…X_{2m}（A）

……

Xn_1（A）Xn_2（A）…Xn_1m（A）

该总体的样本指标平均值为：$\overline{X_1}(A)$，$\overline{X_2}(A) \ldots \overline{X_p}(A)$

$X_{21}(A)X_{22}(A) \ldots X_{2m}$（A）

$X_{n1}(A)X_{n2}(A) \ldots X_{n1m}$（A）

总体 G_B 的样本数据为：$X_{11}(B)X_{12}(B) \ldots X_{1m}$（B）

……

$X_{n1}(B)X_{n2}(B) \ldots X_{n2m}$（B）

该总体的样本指标平均值为：$\overline{X_1}(B)$，$\overline{X_2}(B) \ldots \overline{X_p}(B)$

现任取一个新样品 X，实测指标数值为 X=(X_1,X_2⋯X_P)，要求判断 X 属于哪一类？

首先计算样品 X 与 G_A 两类的距离，分别记为 D（X，G_A）、D（X，G_B），然后按照距离最近准则判别归类，即样品距离哪一类最近就判为哪一类。如果样品距离两类的距离相同，则暂不归类。判别准则写为：

X ∈ G_A，如果 D（X，G_A）<D（X，G_B）；

X ∈ G_A，如果 D（X，G_A）>D（X，G_B）；

X 待判，如果 D（X，G_A）=D（X，G_B）。

其中，距离 D 的定义很多，根据不同情况区别选用。如果样品的各个变量之间互不相关或相关很小时，可选用欧氏距离。采用欧氏距离时，

$$D（X，G_A）=\sqrt{\sum_{\alpha=1}^{\varphi}\left(x_\alpha-\overline{x_\alpha}（A）\right)^2}$$

$$D(X, G_B)=\sqrt{\sum_{\alpha=1}^{\varphi}\left(x_\alpha-\overline{x_\alpha}(B)\right)^2}$$

然后比较 $D(X, G_A)$ 和 $D(X, G_B)$ 的大小，按照距离最近准则判别归类。

但在实际应用中，考虑到判别分析常涉及多个变量，且变量之间可能相关，故多用马氏距离。马氏距离公式为：

$$d^2(X, G_A)=(x-\overline{x_{(A)}})^t\frac{1}{S_A}(x-\overline{x_{(A)}})$$

$$d^2(X, G_B)=(x-\overline{x_{(B)}})^t\frac{1}{S_B}(x-\overline{x_{(B)}})$$

其中，$\overline{x_{(A)}}$、$\overline{x_{(B)}}$、S_A、S_B 分别是 G_A、G_B 的均值和协方差阵。

这时的判别准则分两种情况给出：

（1）当 S_A=S_B=S 时，

$$d^2(X, G_B)-d^2(X, G_A)=2\left[X-\frac{1}{2}(X_A+X_A)^t\right]$$

以判别准则写成：

如果 $X \in G_A$，$W(X)>0$；

如果 $X \in G_B$，如果 $W(X)<0$；

X 待判，如果 $W(X)=0$。

该规则取决于 $W(X)$ 的值，因此 $W(X)$ 被称为判别函数，也可以写成 $W(X)=\alpha(X-\bar{X})$，其中 $\alpha=\frac{1}{S}\left(\overline{x_{(A)}}-\overline{x_{(B)}}\right)$。$W(X)$ 被称为线性判别函数。

（2）当 S_A 不等于 S_B 时，

按照距离最近准则，类似的有：

$X \in G_A$，如果 $D(X, G_A)<D(X, G_B)$；

$X \in G_B$，如果 $D(X, G_A)>D(X, G_B)$；

X 待判，如果 $D(X, G_A)=D(X, G_B)$。

仍然用 $W(X)=d^2(X, G_B)-d^2(X, G_A)=(x-\overline{x_{(B)}})^t\frac{1}{S_B}(x-\overline{x_{(B)}})$

作为判别函数，此时的判别函数是 X 的二次函数。

（3）关于两组判别分析的检验。

由于判别分析是假设两组样品取自不同总体，如果两个总体的均值向量在统计上差异不显著，则进行判别分析意义不大。所以，两组判别分析的检验，实际就是要检验两个正态总体的均值向量是否相等，为此，检验的统计量为：

$$F=\frac{(n_1+n_2-2)-p+1}{(n_1+n_2-2)p}T^2 \sim F\left[p,\ (n_1+n_2-2)-p-1\right]$$

$$T^2=(n_1+n_2-2)\left(\sqrt{\frac{n_1n_2}{n_1+n_2}}\left(\overline{x_{(A)}}-\overline{x_{(B)}}\right)\right)^t\frac{1}{S}\sqrt{\frac{n_1n_2}{n_1+n_2}}\left(\overline{x_{(A)}}-\overline{x_{(B)}}\right)$$

4.2.1.3 多个总体的距离判别法

类似两个总体的讨论推广到多个总体。

设有 K 个总体 $G_1 \cdots G_K$，相应抽出样品个数为 $n_1 \cdots n_k$，$n_1+\cdots+n_k=n$，每个样品观测 p 个指标，得观测数据如下，

总体 G_1 的样本数据为：

$$\begin{matrix} X_{11}(1) & X_{12}(1) & \ldots & X_{1m}(1) \\ X_{21}(1) & X_{22}(1) & \ldots & X_{2m}(1) \\ \ldots & \ldots & \vdots & \ldots \\ X_{n1}(1) & X_{n2}(1) & \ldots & X_{n1m}(1) \end{matrix}$$

该总体的样本指标平均值为：$\overline{x_1}(1)$，$\overline{x_2}(1) \cdots \overline{x_\varphi}(1)$

总体 G_k 的样本数据为：

$$\begin{matrix} X_{11}(1) & X_{12}(1) & \ldots & X_{1m}(K) \\ X_{21}(1) & X_{22}(1) & \ldots & X_{2m}(K) \\ \ldots & \ldots & \vdots & \ldots \\ X_{n1}(1) & X_{n2}(1) & \ldots & X_{n1m}(K) \end{matrix}$$

该总体的样本指标平均值为：$\overline{X_1}(K)$，$\overline{X_2}(K) \ldots \overline{X_p}(K)$

它们的样本均值和协方差阵分别为：$\overline{X_{(1)}} \ldots \overline{X_{(2)}}$、$S_1 \ldots S_k$。一般地，记总体的样本指标平均值为：$\overline{X_{(1)}} = \overline{X_1}(i)$，$\overline{X_1}(i) \ldots \overline{X_\varphi}(i)$，$i=1$，$2 \ldots k$。

当 $S_1=\cdots=S_k=$ 时，

此时，$d^2(X, G_i) = (X-\overline{X}_1)' \frac{1}{S_i} (X-\overline{X}_1)$，$i=1$，$2 \ldots k$

判别函数为 $W_{ij}(X) = \frac{1}{2}[d^2(X, G_i) - d^2(X, G_i)] = \left(X - \frac{\overline{X}_i + \overline{X}_j}{2}\right) \frac{1}{S^2}(\overline{X}_i + \overline{X}_j), i, j = 1, 2 \cdots k$

相应的判别准则为：

$$\begin{cases} X \in G_i, & \text{当} W_{ij}(x) > 0, \text{对于一切} j \neq i \\ \text{待判}, & \text{若有一个} W_{ij}(x) = 0 \end{cases}$$

$X \in G_i$，当 $W_{ij}(X)>0$ 时，对于一切 j 不等于 i 待判，若有一个 $W_{ij}(X)>0$

4.2.2 费舍判别法

4.2.2.1 基本思想

费舍判别法是基于统计上的费舍准则，即判别的结果应该使两组间区别最大，使每组内部离散性最小。在费舍准则意义下，确定线性判别函数：

$$y = C_1X_1 + C_2X_2 + \cdots + C_\varphi X_\varphi$$

其中 ,C_1，$C_2 \cdots C_\phi$ 为待求的判别函数的系数。判别函数的系数的确定原则是使两组间区别最大，使每组内部离散性最小。有了判别函数后，对于一个新的样品，将

p 个指标的具体数值代入判别式中求出 y 值，然后与判别临界值进行比较，并判别其应属于哪一组。

4.2.2.2 两组判别分析

1. 方法原理

设有两组总体 G_A 和 G_K，相应抽出样品个数为 n_1，n_2（n_1+n_2）=n，每个样品观测 p 个指标得观测数据如下：

总体 G_A 的样本数据为：

$X_{11}(A)X_{12}(A)\dots X_{1m}(A)$

$X_{21}(A)X_{22}(A)\dots X_{2m}(A)$

$\cdots \quad \cdots \quad \vdots \quad \cdots$

$X_{n1}(A)X_{n2}(A)\dots X_{n1m}(A)$

第 1 个总体的样本指标平均值为：$\overline{X_1}(A)$，$\overline{X_2}(A)\dots\overline{X_p}(A)$

总体 G_B 的样本数据为：

$X_{11}(B)X_{12}(B)\dots X_{1m}(B)$

$X_{21}(B)X_{22}(B)\dots X_{2m}(B)$

$\cdots \quad \cdots \quad \vdots \quad \cdots$

$X_{n1}(B)X_{n2}(B)\dots X_{n1m}(B)$

第 2 个总体的样本指标平均值为：$\overline{X_1}(A)$，$\overline{X_2}(A)\dots\overline{X_p}(A)$

根据判别函数，用$\bar{y}(A)=\sum_{k=1}^{\varphi}C_k\overline{X_k}(A)$表示组样品的重心，以 $\bar{y}(B)=\sum_{k=1}^{\varphi}C_k\overline{X_k}(A)$ 表示 G_B 组样品的重心，则两组之间的离差用$\bar{y}(A)-\bar{y}(B)$来表示，G_A、G_B 内部的离差程度分别用 $\sum_{k=1}^{\varphi}y_1(A)-\bar{y}(A)$和 $\sum_{k=1}^{\varphi}y_1(B)-\bar{y}(B)$来表示。

2. 判别准则

由判别函数，可得两组总体 G_A 和 G_B 各自样品的重心：

$$\bar{y}(A)=\sum_{k=1}^{\varphi}\overline{C_K(A)}\ C_K$$

$$\bar{y}(B)=\sum_{k=1}^{\varphi}\overline{C_K(B)}\ C_K$$

对它们进行根据样本的容量进行加权得：

$$y_{AB}=\frac{n_1\bar{y}(A)+n_2\bar{y}(B)}{n_1+n_2}$$

y_{AB} 称为两组判别的综合指标，据此可得判别准则为：

如果$\bar{y}(A)$〉 y_{AB}，则对于给定的新样品（ ），若有 =〉。

该品判属于组若 $y=<y_{AB}$，则判其属于 G_B 组；如果$\bar{y}(B)$ > y_{AB}，则对于给定的新样品（ ），若有 =〉。

该品判属于组若 $y<y_{AB}$，则判其属于 G_A 组。

4.3 主要分类模型

4.3.1 朴素贝叶斯分类模型

4.3.1.1 朴素贝叶斯分类的定义

贝叶斯分类是一类分类算法的总称，这类算法均以贝叶斯定理为基础，故统称为贝叶斯分类。

从数学角度来说，分类问题可做如下定义：

已知集合：$C=\{y_1，y_2\cdots y_n\}$ 和 $I=\{x_1，x_2\cdots x_m\}$，确定映射规则 y=f（x），使得任意 $x_i \in I$ 有且仅有一个 $y_i \in C$ 使得 $y_i=f_{xi}$ 成立。（不考虑模糊数学里的模糊集情况）

其中 C 叫作类别集合，其中每一个元素是一个类别；I 叫作项集合，其中每一个元素是一个待分类项；f 叫作分类器，分类算法的任务就是构造分类器。

这里要着重强调，分类问题往往采用经验性方法构造映射规则，即一般情况下的分类问题缺少足够的信息来构造 100% 正确的映射规则，而是通过对经验数据的学习从而实现一定概率意义上正确的分类，因此所训练出的分类器并不是一定能将每个待分类项准确映射到其分类，分类器的质量与分类器构造方法、待分类数据的特性以及训练样本数量等诸多因素有关。

例如，医生对病人进行诊断就是一个典型的分类过程，任何一个医生都无法直接看到病人的病情，只能观察病人表现出的症状和各种化验检测数据来推断病情，这时医生就好比一个分类器，而这个医生诊断的准确率，与他当初受到的教育方式（构造方法）、病人的症状是否突出（待分类数据的特性）以及医生的经验多少（训练样本数量）都有密切关系。

这个定理解决了现实生活里经常遇到的问题：已知某条件概率，如何得到两个事件交换后的概率，也就是在已知 P（A/B）的情况下如何求得 P（B/A）。这里先解释什么是条件概率。

P（A/B）表示事件 B 已经发生的前提下，事件 A 发生的概率，叫作事件 B 发生下事件 A 的条件概率。其基本求解公式为：$P(A/B)=\frac{P(AB)}{P(B)}$。

贝叶斯定理之所以有用，是因为我们在生活中经常遇到这种情况：我们可以很容易直接得出 P（A/B），P（B/A）则很难直接得出，但我们更关心 P（B/A），贝叶斯定理为我们打通从 P（A/B）获得 P（B/A）的道路。

下面不加证明地直接给出贝叶斯定理：

$$P(B/A)=\frac{P(A/B)}{P(A)}P(B)$$

4.3.1.2 朴素贝叶斯分类的原理分析

1. 朴素贝叶斯分类的原理

朴素贝叶斯分类的正式定义如下：设 $x=\{a_1, a_2\cdots a_m\}$ 为一个待分类项，而每个 a 为 x 的一个特征属性。有类别集合 $C=\{y_1, y_2\cdots y_n\}$。计算 $P(y_1/x)$，$P(y_2/x)$，…，$P(y_n/x)$。如果 $P(y_k/x)=\max P(y_1/x)$，$P(y_2/x)$，…，$P(y_n/x)$，则 $x_i\in y_k$。

找到一个已知分类的待分类项集合，这个集合叫作训练样本集。如果各个特征属性是条件独立的，则根据贝叶斯定理有如下推导：

$$P(y_i/x)=\frac{P(x/y_i)}{p(x)}$$

2. 朴素贝叶斯分类的阶段

第一阶段——准备工作阶段。这个阶段的任务是为朴素贝叶斯分类做必要的准备，主要工作是根据具体情况确定特征属性，并对每个特征属性进行适当划分，然后由人工对一部分待分类项进行分类，形成训练样本集合。这一阶段的输入是所有待分类数据，输出是特征属性和训练样本。这一阶段是整个朴素贝叶斯分类中唯一需要人工完成的阶段，其质量对整个过程将有重要影响，分类器的质量很大程度上由特征属性、特征属性划分及训练样本质量决定。

第二阶段——分类器训练阶段。这个阶段的任务就是生成分类器，主要工作是计算每个类别在训练样本中的出现频率及每个特征属性划分对每个类别的条件概率估计，并将结果记录。其输入是特征属性和训练样本，输出是分类器。这一阶段是机械性阶段，根据前面讨论的公式可以由程序自动计算完成。

第三阶段——应用阶段。这个阶段的任务是使用分类器对待分类项进行分类，其输入是分类器和待分类。

4.3.1.3 朴素贝叶斯分类实例

1. 检测 SNS 社区中不真实账号

对于 SNS 社区来说，不真实账号（使用虚假身份或用户的小号）是一个普遍存在的问题，作为 SNS 社区的运营商，希望可以检测出这些不真实账号，从而在一些运营分析报告中避免这些账号的干扰，亦可以加强对 SNS 社区的了解与监管。

如果通过纯人工检测，需要耗费大量的人力，效率也十分低下，如能引入自动检测机制，必将大大提升工作效率。这个问题说白了，就是要将社区中所有账号在真实账号和不真实账号两个类别上进行分类。

首先，设 C=0 表示真实账号，C=1 表示不真实账号。

这一步要找出可以帮助区分真实账号与不真实账号的特征属性。在实际应用中，特征属性的数量是很多的，划分也会比较细致，但这里为了简单起见，我们用少量的特征属性以及较粗的划分，并对数据做了修改。

选择三个特征属性：a_1：日志数量 / 注册天数；a_2：好友数量 / 注册天数；a_3：是否使用真实头像。在 SNS 社区中，这三项都是可以直接从数据库里得到或计算出来的。

下面给出划分：a_1：$\{a<=0.05, 0.05<a<0.2, a>=0.2\}$，$a_2$：$\{a<=0.1, 0.1<a<0.8, a>=0.8\}$，$a_3$：{a=0（不是），a=1（是）}。

P（a_3=1|C=1）=0.1

可以看出，虽然这个用户没有使用真实头像，但是通过分类器的鉴别，更倾向于将此账号归入真实账号类别。这个例子也展示了当特征属性充分多时，朴素贝叶斯分类对个别属性的抗干扰性。

2. 商业数据的挖掘

现在考虑新的实例：{ 报纸促销 =YES，邮寄促销 =YES，保险促销 =NO，其他信用卡 =YES}。

在报纸促销、邮寄促销，其他信用卡都是 YES，保险促销是 NO 的情况下，是男性概率大还是女性的概率大。在此，用 E 表示 { 报纸促销 =YES，邮寄促销 =YES，保险促销 =NO，其他信用卡 =YES}。

首先假设 SEX=MALE，那么根据贝叶斯分类，有以下式子成立：P（sex=male/E）=（P（E/sex=male）P（sex=male））/（P（E））。

在 sex=male 的条件下，P（E）的概率，在之前，由朴素贝叶斯的假设可知，E 中的属性是相互独立的，即此时 P（E）=P（报纸促销 =YES）P（邮寄促销 =YES）（保险促销 =NO）P（其他信用卡 =YES）。

由此，可以分别对属性的概率进行计算，计算结果如下：

P（报纸促销 =YES/sex=male）=5/8

P（邮寄促销 =YES/sex=male）=5/8

P（保险促销 =NO/sex=male）=4/8

P（其他信用卡 =YES/sex=male）=7/8

及此，我们可以得出在 sex=male 的前提下，满足 E 的条件的概率是

P（E/sex=male）=（5/8）（5/8）（4/8）（7/8）=0.170233

而此时，P（sex=male）的先验概率是 0.533333。由此，可以得出计算结果：P

（sex=male/E）=（0.170233）（0.533333）/P（E）=0.090790/P（E）。

在满足条件 E 的情况下，sex 为 male 的概率大于 sex 为 female 的概率。可以预测，在对报纸、邮寄、信用卡的促销有所响应，以及不响应保险促销的前提下，男性的反应程度要大于女性的反应程度。不同的促销手段对性别的影响是有所差异的，在男性没有其他信用卡时，对报纸促销、邮寄促销的响应度是大于在相同条件下的女性的，因此在未来营销策划中，如果要使用以上几种促销方法时，受众更多倾向于男性。

4.3.2 支持向量机分类模型

4.3.2.1 支持向量机（SVM）的产生与发展

自 1995 年 Vapnik 在统计学习理论的基础上提出 SVM 作为模式识别的新方法之后，SVM 一直备受关注。同年，Vapnik 和 Cortes 提出软间隔（softmargin）SVM；1996 年，Vapnik 等人又提出支持向量回归（Support Vector Regression，SVR）的方法用于解决拟合问题。SVR 同 SVM 的出发点都是寻找最优超平面，但 SVR 的目的不是找到两种数据的分割平面，而是找到能准确预测数据分布的平面，两者最终都转换为最优化问题的求解。1998 年，Weston 等人根据 SVM 原理提出了用于解决多类分类的 SVM 方法（Multi-Class Support Vector Machines，Multi-SVM），通过将多类分类转化成二类分类，将 SVM 应用于多分类问题的判断。此外，在 SVM 算法的基本框架下，研究者针对不同的方面提出了很多相关的改进算法。如，Suykens 提出的最小二乘支持向量机（Least Square Support Vector Machine，LS-SVM）算法，Joachims 等人提出的 SVM-ight，张学工提出的中心支持向量机（Central Support Vector Machine，CSVM），Scholkoph 和 Smola 基于二次规划提出的 v-SVM 等。此后，台湾大学林智仁（LinChih-Jen）教授等对 SVM 的典型应用进行总结，并设计开发出较为完善的 SVM 工具包，也就是 LIBSVM（A Library For Support Vector Machines）。上述改进模型中，v-SVM 是一种软间隔分类器模型，其原理是通过引进参数 v，来调整支持向量数占输入数据比例的下限，以及参数来度量超平面偏差，代替通常依靠经验选取的软间隔分类惩罚参数，改善分类效果；LS-SVM 则是用等式约束代替传统 SVM 中的不等式约束，将求解 QP 问题变成解一组等式方程来提高算法效率；LIBSVM 是一个通用的 SVM 软件包，可以解决分类、回归以及分布估计等问题，它提供的常用的几种核函数可由用户选择，并且具有不平衡样本加权和多类分类等功能。此外，交叉验证（cross validation）方法也是 LIBSVM 对核函数参数选取问题所做的一个突出贡献。SVM-Light 的特点是通过引进缩水（shrinking）逐步简化 QP 问题，以及通过缓存（caching）技术降低迭代运算的计算代价来解决大规模样本条件下 SVM 学习的复杂性问题。

4.3.2.2 支持向量机相关理论

1. 统计学习理论基础

与传统统计学理论相比，统计学习理论（Statistical learning theory 或 SLT）是一种专门研究小样本条件下机器学习规律的理论。该理论是针对小样本统计问题建立起的一套新型理论体系，在该体系下的统计推理规则不仅考虑了对渐近性能的要求，而且追求在有限信息条件下可得到最优结果。Vapnik 等人从 20 世纪开始致力于该领域研究，直到 90 年代中期，有限样本条件下的机器学习理论才逐渐成熟起来，形成了比较完善的理论体系——统计学习理论。

统计学习理论的主要核心内容包括：①经验风险最小化准则下统计学习一致性条件；②这些条件下关于统计学习方法推广性的界的结论；③这些界的基础上建立的小样本归纳推理准则；④发现新的准则的实际方法（算法）。

2. SVM 原理

SVM 方法是 20 世纪 90 年代初 Vapnik 等人根据统计学习理论提出的一种新的机器学习方法，它以结构风险最小化原则为理论基础，通过适当地选择函数子集及该子集中的判别函数，使学习机器的实际风险达到最小，保证了通过有限训练样本得到的小误差分类器，对独立测试集的测试误差仍然较小。

支持向量机的基本思想是，首先，在线性可分情况下，在原空间寻找两类样本的最优分类超平面。在线性不可分的情况下，加入了松弛变量进行分析，通过使用非线性映射将低维输入空间的样本映射到高维属性空间使其变为线性情况，从而使得在高维属性空间采用线性算法对样本的非线性进行分析成为可能，并在该特征空间中寻找最优分类超平面。其次，它通过使用结构风险最小化原理在属性空间构建最优分类超平面，使得分类器得到全局最优，并在整个样本空间的期望风险以某个概率满足一定上限。

其突出的优点表现在：第一，基于统计学习理论中结构风险最小化原则和 VC 维理论，具有良好的泛化能力，即由有限的训练样本得到的小的误差能够保证使独立的测试集仍保持小的误差。第二，支持向量机的求解问题对应的是一个凸优化问题，因此局部最优解一定是全局最优解。第三，核函数的成功应用，将非线性问题转化为线性问题求解。由于 SVM 自身的突出优势，因此被越来越多的研究人员作为强有力的学习工具，以解决模式识别、回归估计等领域的难题。

（1）SVM 的非线性映射。

对于非线性问题，可以通过非线性交换转化为某个高维空间中的线性问题，在变换空间求最优分类超平面。这种变换可能比较复杂，因此这种思路在一般情况下不易实现。但是，我们可以看到，在上面对偶问题中，不论是寻优目标函数还是分类函数都只涉及训练样本之间的内积运算 (x, x_i)。设有非线性映射 ϕ: $R^d \to H$ 将输入空间的样本映射到高维（可能是无穷维）的特征空间 H 中，当在特征空间 H 中构造最优超平面时，训练算法仅使用空间中的点积，即 $\phi(x_i).\phi(x_j)$，而没有单独的 $\phi(x_i)$ 出现。

这样在高维空间实际上只需进行内积运算，而这种内积运算是可以用原空间中的函数实现的，我们甚至没有必要知道变换中的形式。根据泛函的有关理论，只要一种核函数 $K(x_i x_j)$ 满足 Mercer 条件，它就对应某一变换空间中的内积。因此，在最优超平面中采用适当的内积函数 $K(x_i x_j)$ 就可以实现某一非线性变换后的线性分类，而计算复杂度却没有增加。此时目标函数（1–3）变为：

$$Q(\partial)=\sum_{i=1}^{n}\partial_i-\frac{1}{2}\sum_{ij-11}^{n}\partial_i\partial_j y_i y_j K(x_i x_j)$$

而相应的分类函数也变为：

$$f(x)=\mathrm{sgn}\left\{\sum_{i-1}^{n}a_i^{\phi}y_i K(x_i x_j)+b^{\phi}\right\}$$

算法的其他条件不变，这就是 SVM。

概括地说，SVM 就是通过某种事先选择的非线性映射将输入向量映射到一个高维特征空间，在这个特征空间中构造最优分类超平面。在形式上 SVM 分类函数类似于一个神经网络，输出是中间节点的线性组合，每个中间节点对应于一个支持向量。

其中，输出（决策规则）：$y=\mathrm{sgn}\left\{\sum_{i-1}^{n}\partial_i y_i K(x, x_i)+b\right\}$，权值 $W_i=a_i y_i$，$K(x, x_i)$ 为基于 s 个支持向量 x_1，$x_2 \Lambda$，x_5 的非线性变换（内积），$x=(x^1, x^2, \Lambda\ x^d)$ 为输入向量。

（2）核函数。

选择满足 Mercer 条件的不同内积核函数，就构造了不同的 SVM，这样也就形成了不同的算法。目前研究最多的核函数主要有三类：

多项式核函数：其中 q 是多项式的阶次，所得到的是 q 阶多项式分类器。

径向基函数（RBF）：$K(x, x_i)=\exp\left\{-\frac{|x-x_i|^2}{\partial^2}\right\}$。

所得的 SVM 是一种径向基分类器，它与传统径向基函数方法的基本区别是，这里每一个基函数的中心对应一个支持向量，它们以及输出权值都是由算法自动确定的。径向基形式的内积函数类似人的视觉特性，在实际应用中经常用到，但是需要注意的是，选择不同的 S 参数值，相应的分类面会有很大差别。

S 形核函数：$K(x, x_i)=\tanh[v(x, x_i)+c]$。

这时的 SVM 算法中包含了一个隐层的多层感知器网络，不但网络的权值，而且网络的隐层结点数，都是由算法自动确定，而不像传统的感知器网络那样由人凭借经验确定。此外，该算法不存在困扰神经网络的局部极小点的问题。

在上述几种常用的核函数中，最为常用的是多项式核函数和径向基核函数。除了上面提到的三种核函数外，还有指数径向基核函数、小波核函数等其他一些核函数，应用相对较少。事实上，需要进行训练的样本集有各式各样，核函数也各有优劣。B.Bacsens 和 S.Viaene 等人曾利用 LS-SVM 分类器，采用 UCI 数据库，对线性核函数、多项式核函数和径向基核函数进行了实验比较，从实验结果来看，对不同的数据库、不同的核函数各有优劣，而径向基核函数在多数数据库上得到略为优良的性能。

4.3.2.3 支持向量机的应用研究现状

SVM 方法在理论上具有突出的优势，贝尔实验室率先对美国邮政手写数字库识别研究方面运用了 SVM 方法，取得了较大的成功。在随后的几年内，有关 SVM 的应用研究得到了很多领域的学者的重视，在人脸检测、验证和识别、说话人 / 语音识别、文字 / 手写体识别、图像处理及其他应用研究等方面取得了大量的研究成果，从最初的简单模式输入的直接的 SVM 方法研究，进入到多种方法取长补短的联合应用研究，对 SVM 方法有了很多改进。

1. 人脸检测、验证和识别

Osuna 最早将 SVM 应用于人脸检测，并取得了较好的效果。其方法是训练非线性 SVM 分类器完成人脸与非人脸的分类。由于 SVM 的训练需要大量的存储空间，并且非线性 SVM 分类器需要较多的支持向量，所以速度很慢。为此，马勇等提出了一种层次型结构的 SVM 分类器，它由一个线性 SVM 组合和一个非线性 SVM 组成。检测时，由前者快速排除掉图像中绝大部分背景窗口，而后者只需对少量的候选区域做出确认；训练时，在线性 SVM 组台的限定下，与“自举（bootstrapping）”方法相结合可收集到训练非线性 SVM 的更有效的非人脸样本，简化 SVM 训练的难度。大量实验结果表明，这种方法不仅具有较高的检测率和较低的误检率，而且具有较快的速度。

人脸检测研究中更复杂的情况是姿态的变化。叶航军等提出了利用支持向量机方法进行人脸姿态的判定，将人脸姿态划分成 6 个类别，从一个多姿态人脸库中手工标定训练样本集和测试样本集。训练基于支持向量机姿态分类器，分类错误率降低到 1.67%，明显优于在传统方法中效果最好的人工神经元网络方法。

在人脸识别中，面部特征的提取和识别可看作是对 3D 物体的 2D 投影图像进行匹配的问题。由于许多不确定性因素的影响，特征的选取与识别就成为一个难点。凌旭峰等及张燕昆等分别提出基于 PCA 与 SVM 相结合的人脸识别算法，充分利用了 PCA 在特征提取方面的有效性以及 SVM 在处理小样本问题和泛化能力强等方面的优势，通过 SVM 与最邻近距离分类器相结合，使得所提出的算法具有比传统最邻近分类器和 BP 网络分类器更高的识别率。王宏漫等在 PCA 基础上进一步做 ICA，提取更加有利于分类的面部特征的主要独立成分，然后采用分阶段淘汰的支持向量机分类机制进行识别。对两组人脸图像库的测试结果表明，基于 SVM 的方法在识别率和识别时间等方面都取得了较好的效果。

2. 说话人 / 语音识别

说话人识别属于连续输入信号的分类问题，SVM 是一个很好的分类器，但不适合处理连续输入样本。为此，忻栋等引入隐式马尔可夫模型 HMM，建立了 SVM 和 HMM 的混合模型。HMM 适合处理连续信号，而 SVM 适合分类问题；HMM 的结果反映了同类样本的相似度，而 SVM 的输出结果则体现了异类样本间的差异。为了方便与 HMM 组成混合模型，首先将 SVM 的输出形式改为概率输出。实验中使用 YOHO 数据库，特征提取采用 12 阶的线性预测系数分析及其微分，组成 24 维的特征向量。实验表明，HMM 和 SVM 的结合达到了很好的效果。

3. 文字 / 手写体识别

贝尔实验室对美国邮政手写数字库进行的实验，人工识别平均错误率是 2.5%，专门针对该特定问题设计的 5 层神经网络错误率为 5.1%（其中利用了大量先验知识），而用 3 种 SVM 方法（采用 3 种核函数）得到的错误率分别为 4.0%、4.1% 和 4.2%，且是直接采用 16 × 16 的字符点阵作为输入，表明了 SVM 的优越性能。

手写体数字 0~9 的特征可以分为结构特征、统计特征等。柳回春等在 UK 心理测试自动分析系统中组合 SVM 和其他方法成功地进行了手写数字的识别实验。另外，在手写汉字识别方面，高学等提出了一种基于 SVM 的手写汉字的识别方法，表明了 SVM 对手写汉字识别的有效性。

4. 图像处理

（1）图像过滤。

一般的互联网色情网图像过滤软件主要采用网址库的形式来封锁色情网址或采用人工智能方法对接收到的中、英文信息进行分析甄别。段立娟等提出一种多层次特定类型图像过滤法，即以综合肤色模型检验，支持向量机分类和最邻近方法校验的多层次图像处理框架，达到 85% 以上的准确率。

（2）视频字幕提取。

视频字幕蕴含了丰富语义，可用于对相应视频流进行高级语义标注。庄越挺等提出并实践了基于 SVM 的视频字幕自动定位和提取的方法。该方法首先将原始图像帧分割为 N*N 的子块，提取每个子块的灰度特征；然后使用预先训练好的 SVM 分类机进行字幕子块和非字幕子块的分类；最后结合金字塔模型和后期处理过程，实现视频图像字幕区域的自动定位提取。实验表明，该方法取得了良好的效果。

（3）图像分类和检索。

由于计算机自动抽取的图像特征和人所理解的语义间存在巨大的差距，图像检索结果难以令人满意。近年来出现了相关反馈方法，张磊等以 SVM 为分类器，在每次反馈中对用户标记的正例和反例样本进行学习，并根据学习所得的模型进行检索，使用图像库进行实验。结果表明，在有限训练样本情况下具有良好的泛化能力。

目前 3D 虚拟物体图像应用越来越广泛，肖俊等提出了一种基于 SVM 对相似 3D 物体识别与检索的算法。该算法首先使用细节层次模型对 3D 物体进行三角面片数量的约减，然后提取 3D 物体的特征。由于所提取的特征维数很大，因此先用独立成分分析进行特征约减，然后使用 SVM 进行识别与检索。将该算法用于 3D 丘陵与山地的地形识别中，取得了良好的效果。

5. 其他应用研究

（1）基于 SVM 分类机的网络入侵检测系统。

基于 SVM 分类机的网络入侵检测系统收集并计算除服务器端口之外 TCP / IP 的流量特征，使用 SVM 算法进行分类，从而识别出该连接的服务类型，通过与该连接服务器端口所表明服务类型的比较，检测出异常的 TCP 连接。实验结果表明，系统能够有效地检测出异常 TCP 连接。

（2）利用 SVM 进行键入特性的验真。

通过实验将其与 BP、RBF、PNN 和 LVQ4 种神经网络模型进行对比，证实了采用 SVM 进行键入特性验真的有效性。

（3）将 SVM 与无监督聚类相结合的新分类算法。

将 SVM 与无监督聚类相结合的新分类算法应用于网页分类问题。该算法首先利用无监督聚类分别对训练集中正例和反例聚类，然后挑选一些例子训练 SVM 并获得 SVM 分类器。任何网页都可以通过比较其与聚类中心的距离决定采用无监督聚类方法或 SVM 分类器进行分类。该算法充分利用了 SVM 准确率高与无监督聚类速度快的优点。实验表明，它不仅具有较高的训练效率，而且具有很高的精确度。

（4）用于人机交互的静态手势识别系统。

基于皮肤颜色模型进行手势分割，并用傅立叶描述轮廓，采用最小二乘支持向量机（LS-SVM）作为分类器，提出了LS-SVM的增量训练方式，避免了费时的矩阵求逆操作。为实现多类手势识别，则利用DAG（Directcd Acyclic Graph）将多个两类LS-SVM结合起来，对26个字母手势进行识别。与多层感知器、径向基函数网络等方法比较，LS-SVM的识别率最高，达到93.62%。

另外，研究还有应用SVM进行文本分类、应用SVM构造自底向上二叉树结构进行空间数据聚类分析等。近年来，SVM在工程实践、化学化工等方面也取得了很多有益的应用研究成果，其应用领域日趋广泛。

以统计学习理论作为坚实的理论依据，SVM有很多优点，如基于结构风险最小化，克服了传统方法的陷入局部最小的问题，具有很强的泛化能力；采用核函数方法，向高维空间映射时并不增加计算的复杂性，有效地克服了维数灾难问题。但同时也要看到目前SVM研究的一些局限性：一是SVM的性能很大程度上依赖于核函数的选择，但没有很好的方法指导具体问题的核函数选择；二是训练测试SVM的速度和规模，尤其是对实时控制问题，速度是一个对SVM应用的很大限制因素。针对这个问题，Platt和Keerthi等分别提出了SMO和改进的SMO方法，但还值得进一步研究。现有SVM理论仅讨论具有固定惩罚系数C的情况，而实际上正负样本的两种误判造成的损失往往是不同的。

显然，SVM实际应用中表现出的性能决定于特征提取的质量和SVM两方面：特征提取是获得好的分类的基础，对于分类性能，还可以结合其他方法进一步提高，文中已经给出了多个实例。另外，忻栋等提出的SVM概率输出的方法也是对SVM功能的发展。

就目前的应用研究状况而言，尽管支持SVM的应用研究已经很广泛，但应用尚不及人工神经网络方法，所以有理由相信SVM的应用研究还有很大潜力可挖。

4.3.3 基于K邻近算法的分类模型

4.3.3.1 分类器的定义

输入的数据含有千万个记录，每个记录又有很多个属性，其中有一个特别的属性叫作类（如信用程度的高、中、低）。分类器的目的就是分析输入的数据，建立一个模型，用这个模型对未来的数据进行分类，数据分类技术在信用卡审批、目标市场定位、医疗诊断、故障检测、有效性分析、图形处理及保险欺诈分析等领域，都可以看到分类器广泛应用。

分类是一种典型的有监督的机器学习方法，其目的是从一组已知类别的数据中发现分类模型，以预测新数据的未知类别。

用于分类的数据是一组已知类别的样本，每个样本包含一组相同的属性。根据在分类中的作用，属性可以分为条件属性和目标属性两种。这样，一个样本就可以表示为（X_1，X_2，…，X_m，Y）的形式，其中，X_i 是条件属性，Y 是目标属性。分类的目的就是发现 X_1，X_2，…，X_m 和 Y 之间的依赖关系，这种依赖关系又称为分类模型或者分类器。可以认为，分类器就是一个函数，它的输入是未知类别的样本，输出是样本的类别。

4.3.3.2 分类器的构造方法

分类的方法不同，模型的表示形式就不同。利用决策树方法构造的分类模型就可能表示为树状结构或者分类规则，神经网络的分类模型则可表示为由单元和系数构成的网络模型，而贝叶斯分类的模型则表现为数学公式。

一个完整的分类过程一般包括模型构造、模型测试和模型应用这三步。具体地说，每个步骤的功能如下。

（1）模型构造。

分析样本的类别和其具备的一些特征之间具有依赖关系，并将这种关系用特定的模型表示出来。如，分析以往的病历，根据病人的症状和诊断结果，得到疾病诊断模型。用来构造模型的数据集称为训练数据集或者训练样本集，即训练集。

（2）模型测试。

检测模型的准确度，最终得到描述每个类别的分类模型。用来评价模型的数据集称为测试数据集或者测试样本集，简称测试集。测试的过程是对测试数据依次检测，根据模型确定样本的类别，然后与实际类别相比较。如果相同，则称预测结果是正确的，否则说明预测结果是错误的。模型的准确度定义为测试集中结果正确的样本的比例。

（3）模型应用。

利用得到的分类模型，预测在未知的情况下样本所属的类别。这个过程与模型评价基本相同，只是输入数据的类别是未知的。

4.3.3.3 基本的分类器

第一，决策树分类器。提供一个属性集合，决策树通过在属性集的基础上做出一系列的决策，将数据分类。这个过程类似于通过一个植物的特征来辨认植物。可以应用这样的分类器来判定某人的信用程度，比如，一个决策树可能会断定“一个有家、拥有一辆价值在 1.5 万到 2.3 万美元之间的轿车、有两个孩子的人”拥有良好的信用。决策树生成器从一个“训练集”中生成决策树。SGI 公司的数据挖掘工具 MineSet 所提供的可视化工具使用树图来显示决策树分类器的结构，每一个决策用树的一个节点来表示。图形化的表示方法可以帮助用户理解分类算法，提供对数据的有价值的观察视角。生成的分类器可用于对数据的分类。

第二，选择树分类器。使用与决策树分类器相似的技术对数据进行分类。与决策树不同的是，选择树中包含特殊的选择节点，选择节点有多个分支。比如，在一个用于区分汽车产地的选择树中的一个选择节点可以选择马力、汽缸数目或汽车重量等作为信息属性。在决策树中，一个节点一次最多可以选取一个属性作为考虑对象。在选择树中进行分类时，可以综合考虑多种情况。选择树通常比决策树更准确，但是也大得多。选择树生成器使用与决策树生成器生成决策树同样的算法从训练集中生成选择树。MineSet 的可视化工具使用选择树图来显示选择树。树图可以帮助用户理解分类器，发现哪个属性在决定标签属性值时更重要。同样可以用于对数据进行分类。

第三，证据分类器。通过检查在给定一个属性的基础上某个特定的结果发生的可能性来对数据进行分类。比如，它可能做出判断，拥有一辆价值在 1.5 万到 2.3 万美元之间的轿车的人中有 70% 的可能是信用良好的，而有 30% 可能是信用很差。分类器在一个简单的概率模型的基础上，使用最大的概率值来对数据进行分类预测。与决策树分类器类似，生成器从训练集中生成证据分类器。MineSet 的可视化工具使用证据图来显示分类器，证据图由一系列描述不同的概率值的饼图组成。证据图可以帮助用户理解分类算法，提供对数据的深入洞察，帮助用户回答像“如果……怎么样”一类的问题。同样，它还可以用于对数据进行分类。

4.3.3.4 邻近分类器的分类原理

1. 邻近法分类规则

邻近法是模式识别非参数法中最重要的方法之一。最初的邻近法是 Cover 和 Hart 于 1968 年提出的，由于该方法在理论上进行了深入分析，直至现在仍是分类方法中最重要的方法之一。直观地理解，所谓的 K 邻近，就是考察和待分类样本最相似的 K 个样本，根据这 K 个样本的类别来判断待分类样本的类别值。在 K 邻近分类器中，一个重要的参数是 K 值的选择，K 值选择过小，不能充分体现待分类样本的特点，而如果 K 值选择过大，则一些和待分类样本实际上并不相似的样本亦被包含进来，造成噪声增加而导致分类效果的降低。

最邻近是将所有训练样本都作为代表点，因此在分类时需要计算待识别样本 x 到所有训练样本的距离，结果就是与 x 最邻近的训练样本所属于的类别。假定有 c 个类别 w_1，w_2，…，w_c 的模式识别问题，每类有标明类被的样本 N_i 个，i=1，2，…，c。规定 w_i 类的判别函数为 g_i（x）= 分钟 $\|x—x_i^k\|$，k=1，2，…，N_i。

其中，xik 的角标 i 表示 w_i 类，k 表示 w_i 类 N_i 个样本中的第 k 个。决策规则可以写为:

若 $g_j(x)$ = 分钟 $g_i(x)$，i=1，2，…，c，则决策 $x \in w_j$。

2. 邻近法的处理方法

在 KNN 算法里对于模型的选择，尤其是 K 值和距离的尺度，往往是通过对大量独立的测试数据，多个模型来验证最佳的选择。下面是一些被提及的处理 KNN 的方法。

K 一般是事先确定，也可以使用动态 K 值；使用固定的距离指标，这样只对小于该指标的案例进行统计。

对于样本的维护，也并不是简单地增加新样本。也可以采取适当的办法来保证空间的大小，如符合某种条件的样本可以加入库里，同时可以对库里已有符合某种条件的样本进行删除等。

此外，为提高性能考虑，可以把所有的数据放在内存中，如 MBR 通常指保存在内存中的 K- 邻近算法。

K- 邻近算法是一种预测性的分类算法（有监督学习）。它实际并不需要产生额外的数据来描述规则，它的规则本身就是数据（样本）。KNN 属于机器学习的基于样本的学习。它区别于归纳学习的主要特点是直接用已有的样本来解决问题，而不是通过规则推导来解决问题。它并不要求数据的一致性问题，即可以通过噪声，并且对样本的修改是局部的，不需要重新组织。

K- 邻近算法综合与未知样本最近的 K 个邻近样本的类别来预测未知样本的类别，而在选择样本时根据一定的距离公式计算与未知样本的距离来确定是否被选择。其优点是方法简单，算法稳定，缺点是需要大量样本才能保证数据的精度。此外，更主要的是它需要计算大量的样本间的距离，导致使用上的不便。对于每个新的样本都要遍历一次全体数据，KNN 计算量要比 Bayes 和决策树大。对时间和空间的复杂性是必须考虑的。KNN 常在较少数据预测时使用。

3. K- 邻近法的研究与分析

KNN（K–Nearest Neighbor），代表 K 个最邻近分类法，通过 K 个最与之相近的历史记录的组合来辨别新的记录。KNN 是一个众所周知的统计方法，在过去的 40 年里，在模式识别中集中地被研究。KNN 在早期的研究策略中已被应用于文本分类，是基准 Reuters 主体的高操作性的方法之一。

（1）K- 邻近法的定义。

K- 邻近算法的思想如下：首先，计算新样本与训练样本之间的距离，找到距离最近的 K 个邻居；然后，根据这些邻居所属的类别来判定新样本的类别，如果它们都属于同一个类别，那么新样本也属于这个类；否则，对每个后选类别进行评分，按照某种规则确定新样本的类别。

取未知样本 X 的 K 个邻近，看着 K 个邻近多数属于哪一类，就把 X 分为哪一类。即在 X 的 K 个样本中，找出 X 的 K 个邻近。K- 邻近算法从测试样本 X 开始生长，不断地扩大区域，直到包含进 K 个训练样本，并且把测试样本 X 的类别归为这最近的 K 个训练样本中出现频率最高的类别。

邻近分类是基于眼球的懒散的学习法，即它存放所有的训练样本，并且知道新的样本需要分类时才建立分类。这与决策数和反向传播算法等形成鲜明对比，后者在接受待分类的新样本之前需要构造一个一般模型。懒散学习法在训练时比急切学习法快，但在分类时慢，因为所有的计算都推迟到那时。

优点：简单，应用范围广；可以通过 SQL 语句实现；模型不需要预先构造。

缺点：需要大量的训练数据；搜索邻居样本的计算量大，占用大量的内存；距离函数的确定比较困难；分类的结果与参数有关。

（2）K- 邻近法算法研究。

K- 邻近法的数学模型：用最邻近方法进行预测的理由是基于假设：邻近的对象具有类似的预测值。最邻近算法的基本思想是在多维空间 Rn 中找到与未知样本最邻近的 K 个点，并根据这 K 个点的类别来判断未知样本的类。这 K 个点就是未知样本的 K- 最邻近。算法假设所有的实例对应于 n 维空间中的点。一个实例的最邻近是根据标准欧氏距离定义，设 x 的特征向量为：

$<a_1(x), a_2(x), \cdots, an(x)>$

其中，$a_r(x)$ 表示实例 x 的第 r 个属性值。两个实例 x_i 和 x_j 间的距离定义为 $d(x_i, x_j)$。其中：

$$d(x_i, x_j) = \sqrt{\sum_{r=1}^{n} (ar(xi) - ar(xj))2}$$

在最邻近学习中，离散目标分类函数为 f：$R^n \to V$ 其中 V 是有限集合 $\{v_1, v_2, \cdots, v_s\}$，即各不同分类集。最邻近数 K 值的选取根据每类样本中的数目和分散程度进行的，对不同的应用可以选取不同的 K 值。

如果未知样本 s_i 的周围的样本点的个数较少，那么该 K 个点所覆盖的区域将会很大，反之则小。因此最邻近算法易受噪声数据的影响，尤其是样本空间中的孤立点的影响。其根源在于基本的 K- 最邻近算法中，待预测样本的 K 个最邻近样本的地位是平等的。在自然社会中，通常一个对象受其邻近的影响是不同的，通常是距离越近的对象对其影响越大。

K- 邻近法研究方法：该算法没有学习的过程，在分类时通过类别已知的样本对新样本的类别进行预测，因此属于基于实例的推理方法。如果取 K 等于 1，待分样本的类别就是最邻近居的类别，称为 NN 算法。

只要训练样本足够多，NN 算法就能达到很好的分类效果。当训练样本数趋近于 $-\infty$ 时，NN 算法的分类误差最差是最优贝叶斯误差的两倍；另外，当 K 趋近于 ∞ 时，KNN 算法的分类误差收敛于最优贝叶斯误差。下面对 K- 邻近算法进行描述：

输入：训练数据集 $D=\{(X_i, Y_i), 1 \leqslant i \leqslant N\}$，其中 X_i 是第 i 个样本的条件属性，Y_i 是类别，新样本 X，距离函数 d。

输出：X 的类别 Y。

计算 X 和 X_i 之间的距离 $d(X_i, X)$；

对距离排序，得到 $d(X, X_{i1}) \leqslant d(X, X_{i2}) \leqslant \cdots \leqslant d(X, X_{iN})$；

选择前 K 个样本：$S=\{(X_{i1}, Y_{i1}) \cdots (X_{iK}, Y_{iK})\}$；

统计 S 中每个类别出现的次数，确定 X 的类别 Y。

（3）K- 邻近法需要解决的问题。

寻找适当的训练数据集：训练数据集应该是对历史数据的一个很好的覆盖，这样才能保证最邻近有利于预测。选择训练数据集的原则是使各类样本的数量大体一致。另外，选取的历史数据要有代表性。常用的方法是按照类别把历史数据分组，然后再每组中选取一些有代表性的样本组成训练集。这样既降低了训练集的大小，又保持了较高的准确度。

确定距离函数：距离函数决定了哪些样本是待分类本的 K 个最邻近居，它的选取取决于实际的数据和决策问题。如果样本是空间中点，最常用的是欧几里得距离。其他常用的距离函数有绝对距离、平方差和标准差。

决定 K 的取值：邻居的个数对分类的结果有一定的影响，一般先确定一个初始值，再进行调整，直到找到合适的值为止。

综合 K 个邻居的类别：多数法是最简单的一种综合方法，从邻居中选择一个出现频率最高的类别作为最后的结果。如果频率最高的类别不止一个，就选择最邻近居的类别。权重法是较复杂的一种方法，对 K 个最邻近居设置权重，距离越大，权重就越小。在统计类别时，计算每个类别的权重和，最大的那个就是新样本的类别。

（4）K- 邻近法的分类器的设计。

数据处理主流技术分析：在数据处理领域关系型数据库（RDB）技术处于统治地位，它以关系数学、简单的关系模型为基础，以 SQL 为处理工具，得到了广泛的应用，其技术特征决定更擅长结构化数据处理应用，近年来各厂商在关系型数据库基础上拓展功能，开始具有内容管理、多媒体等数据处理能力。典型的产品包括 Oracle、DB2、SQL Server、MySQL 等。而针对海量结构化数据处理，则还有如 ESS-

Base、Cognos 等多维数据库系统。

SQL Server 有关本设计的重要特点。据挖掘方面：在数据挖掘应用中，SQL Server 引进四个新的数据挖掘运算法改进工具和精灵，它们会使数据挖掘，对于任何规模的企业来说，都变得简单起来。

开发环境方面：使用 SQL Server，开发人员通过使用相似的语言，如微软的 Visual C#.NET 和微软的 Visual Basic，将能够创立数据库对象。开发人员还将能够建立两个新的对象——用户定义的类和集合。

数据管理方面：SQL Server 是值得信赖的平台，系统固有的数据加密、默认安全设置以及强制口令策略功能能够以最高的性能、最高的可用性和最高的安全性运行任何苛刻的应用系统。

4. K– 邻近法的分类器的编程实现

（1）语言的设计。

Microsoft.NET 使编程工作变得更加容易，开发投资的回报率趋于最大化。Microsoft.NET 减少了程序员要写的代码量。另外，将显示特性与 .NET 体验分开以便以后加入新的接口技术，比如语音或手写识别，而不必去重写程序。Microsoft.NET 开创了全新的商业模型，它使得一个公司可以用多种方法来把自己的技术商品化。Microsoft.NET 对“用户界面友好”做了重新定义。终端用户能够享受一个智能化的、个性化的 Internet，能记住用户的个人设置，并在适当的时候向用户使用的智能设备上发送适当的数据。

C# 是微软公司发布的一种面向对象、运行于 NET Framework 之上的高级程序设计语言。

C# 独有的特点：中间代码：微软在用户选择何时 MSIL 应该编译成机器码的时候是留了很大的余地。微软公司很小心地声称 MSIL 不是解释性的，而是被编译成了机器码。命名空间中的申明：当你创建一个程序的时候，你在一个命名空间里创建了一个或多个类。同在这个命名空间里（在类的外面）你还有可能声明界面，枚举类型和结构体。必须使用 using 关键字来引用其他命名空间的内容。

基本的数据类型：C# 拥有比 C、C++ 或者 Java 更广泛的数据类型。这些类型是 bool、byte、ubyte、short、ushort、int、uint、long、ulong、float、double 和 decimal。像 Java 一样，所有这些类型都有一个固定的大小。又像 C 和 C++ 一样，每个数据类型都有符号和无符号两种类型。与 Java 相同的是，一个字符变量包含的是一个 16 位的 Unicode 字符。C# 新的数据类型是 decimal 数据类型，对于货币数据，它能存放 28 位 10 进制数字。

两个基本类：一个名叫 object 的类是所有其他类的基类；另一个名叫 string 的类也像 object 一样是这个语言的一部分。作为语言的一部分存在，意味着编译器有可能使用它，无论何时你在程序中写入一句带引号的字符串，编译器会创建一个 string 对象来保存它。

参数传递：方法可以被声明接受可变数目的参数。缺省的参数传递方法是对基本数据类型进行值传递。ref 关键字可以用来强迫一个变量通过引用传递，这使得一个变量可以接受一个返回值。out 关键字也能声明引用传递过程，与 ref 不同的地方是，它指明这个参数并不需要初始值。

与 COM 的集成：C# 对 Windows 程序最大的特点就是它与 COM 的无缝集成，COM 就是微软的 Win32 组件技术。实际上，最终有可能在任何 .NET 语言里编写 COM 客户和服务器端。C# 编写的类可以子类化一个以存在的 COM 组件；生成的类也能被作为一个 COM 组件使用。

（2）程序设计与实现。

由前面的分析可知，需要对 K- 邻近算法程序的实现和分类程序包括测试数据集的实现。

在 C# 集成开发环境中，使用窗体设计器、控件工具箱及属性窗口创建的应用程序界面。

各控件属性设置要求如下：

窗体中包含 4 个 GroupBox 控件、6 个 TextBox 控件、2 个 ListBox 控件、3 个 Button 控件、8 个 label 控件、5 个 radioButton 控件和 1 个 CheckBox 控件。其中，GroupBox 控件、TextBox 控件、label 控件和 ListBox 控件命名默认。

（3）功能模块设计。

由于控件较多，就将关键控件的功能代码列举如下。

对于“确定”按钮，是将数据集中的某个属性列作为分类标号。其相关代码如下：

```
PrivatevoidOK_Click（objectSender，System.EventArgse）
{class_att_values.Clear（）；
if（class_name.Text==“”）
{MessageBox.Show（“请输入类别属性的名字”）；
return；}
if（class_values.Text==“”）
{MessageBox.Show（“请输入类别属性的值”）；
return；}
```

```
For（ini=0; i<class_values.Lines.Length; i++）
{class_att_values.Add（class_values.Lines[i]）;
}
class_name.Enabled=false;
class_values.Enabled=false; }
```

当 radioButton “类型值” 被选中时，要求输入各属性的值。其关键代码如下：

```
PrivatevoidCategory_CheckedChanged（objectsender, System.EventArgse）
{if（neig_att.Text== “”）
{Category.Checked=false;
MessageBox.Show（“请输入属性”）;
return; }
categ_list.Visible=true; }
```

“新记录”的文本框，需要输入用来被测试的数据。

```
Privatevoidnewrecord_val_TextChanged（objectsender, System.EventArgse）
{if（neig_att.Text== “”）
{Newrecord_val.Text= “”;
MessageBox.Show（“请输入属性”）;
return; }}
```

按钮“下一条”是对数据集所有属性依次遍历，并且对于每个属性添加用于判断的新记录。按钮“计算”对数据判断其属于哪种类别，并结果显示到 output_list 内。（此部分代码较多，放在附录里）

（4）创建数据库。

在 SQL Server 中创建一个数据库，然后通过导入数据库，把从 UCI 下载的数据集 letter（文本形式的）导入 SQL Server 中，导入后，对表命名为“problem”。

UCI 数据较多，在本程序中选择 1000 个数据作为训练集，并选择 letter 数据中其他 100 条数据进行测试。

在 VS.NET 开发环境中，C# 利用 VS.NET 特有的、先进的数据库访问技术 ADO.NET，很容易搭建数据库应用程序。本设计即采用 ADO.NET 开发。

在 VS.NET 的开发窗口中，展开服务器资源管理器窗口，展开服务器节点，然后创建一个数据连接。在数据连接节点右击，选择新建连接命令，然后选择刚才创建的数据库。

单击测试连接按钮，显示测试连接成功消息对话框，连接成功。

在设计器窗口，把服务器资源管理器窗口中刚刚建立的对数据库的数据连接拖到 form1 上，这样就建立了一个连接该数据库的 SqlConnection 对象 SqlConnection1。创建成功后，可在 form1.cs 中看到实现数据库连接的相关代码。

（5）程序运行与调试。

按 F5 键运行程序，在各输入框中输入以下值：在“属性名”输入框中输入 col000；在“分类属性”group 框的“名称”框里输入 col017；“值”框里输入 A，B，C，…，Z；然后点击“确定”按钮；在“属性数据”group 框里，选择“数值的”单选按钮，“名称”和“新记录”输入新记录的值；每输入一个属性名称和对应的数据之后点击“下一条”按钮，直到把一条测试集输入完。在“输入 K 值”文本框中，输入 30；在“解决方法”中选择“欧几里得”，点击“计算”按钮。

此结果是程序判断。这个数据是分类标号如 A，B，C…的概率，概率最高的就是程序判断此数据是属于哪一类的。这样，可以从 letter 数据集中找出 100 个数据继续进行测试。

4.4 分类模型的评估指标

4.4.1 影响分类器的因素

4.4.1.1 训练集的记录数量

生成器要利用训练集进行学习，因而训练集越大，分类器也就越可靠。然而，训练集越大，生成器构造分类器的时间也就越长。错误率改善情况随训练集规模的增大而降低。

4.4.1.2 属性的数目

更多的属性数目对于生成器而言意味着要计算更多的组合，使得生成器难度增大，需要的时间也更长。有时随机的关系会将生成器引入歧途，结果可能构造出不够准确的分类器（这在技术上被称为过分拟合）。因此，如果我们通过常识可以确认某个属性与目标无关，则将它从训练集中移走。

4.4.1.3 属性中的信息

有时生成器不能从属性中获取足够的信息来正确、低错误率地预测标签（如试图根据某人眼睛的颜色来决定他的收入），加入其他的属性（如职业、每周工作小时数和年龄），可以降低错误率。

4.4.1.4 待预测记录的分布

如果待预测记录来自不同于训练集中记录的分布，那么错误率有可能很高。比如，如果你从包含家用轿车数据的训练集中构造出分类器，那么试图用它来对包含许多运动用车辆的记录进行分类可能没多大用途，因为数据属性值的分布可能差别很大。

4.4.2 评估方法

4.4.2.1 保留方法

记录集中的一部分（通常是 2/3）作为训练集，保留剩余的部分用作测试集。生成器使用 2/3 的数据来构造分类器，然后使用这个分类器来对测试集进行分类，得出的错误率就是评估错误率。虽然这种方法速度快，但由于仅使用 2/3 的数据来构造分类器，因此它没有充分利用所有的数据来进行学习。

数据集被分成 K 个没有交叉数据的子集，所有子集的大小大致相同。生成器训练和测试共 K 次；每一次，生成器使用去除一个子集的剩余数据作为训练集，然后在被去除的子集上进行测试。把所有得到的错误率的平均值作为评估错误率。交叉纠错法可以被重复多次（t），对于一个 t 次 k 分的交叉纠错法，K×t 个分类器被构造并被评估，这意味着交叉纠错法的时间是分类器构造时间的 K×t 倍。增加重复的次数意味着运行时间的增长和错误率评估的改善。我们可以对 K 的值进行调整，将它减少到 3 或 5，这样可以缩短运行时间。然而，减小训练集有可能使评估产生更大的偏差。通常 Holdout 评估方法被用在最初试验性的场合，或者多于 5000 条记录的数据集；交叉纠错法被用于建立最终的分类器，或者很小的数据集。

4.4.2.2 混淆矩阵

混淆矩阵是监督学习中的一种可视化工具，主要用于比较分类结果和实例的真实信息。矩阵中的每一行代表实例的预测类别，每一列代表实例的真实类别。

在混淆矩阵中，每一个实例可以划分为以下四种类型之一：

真正（True Positive，TP）：被模型预测为正的正样本；

假正（False Positive，FP）：被模型预测为正的负样本；

假负（False Negative，FN）：被模型预测为负的正样本；

真负（True Negative，TN）：被模型预测为负的负样本。

真正率（True Positive Rate，TPR）〔灵敏度（sensitivity）〕：TPR=TP/（TP+FN），即正样本预测结果数 / 正样本实际数。

假负率（False Negative Rate，FNR）：FNR=FN/（TP+FN），即被预测为负的正样本结果数 / 正样本实际数。

假正率（False Positive Rate，FPR）：FPR=FP/（FP+TN），即被预测为正的负样本结果数 / 负样本实际数。

真负率（True Negative Rate，TNR）〔特指度（specificity）〕：TNR=TN/（TN+FP），即负样本预测结果数 / 负样本实际数。

4.4.2.3 混淆矩阵计算评价指标

精确度（Precision）：P=TP/（TP+FP）。

召回率（Recall）：R=TP/（TP+FN），即真正率。

F-score：查准率和查全率的调和平均值，更接近于 P、R 两个数较小的那个：F=2*P*R/（P+R）。

准确率（Aaccuracy）：分类器对整个样本的判定能力，即将正的判定为正，负的判定为负：A=（TP+TN）/（TP+FN+FP+TN）。

ROC（Receiver Operating Characteristic）

ROC 的主要分析工具是一个画在 ROC 空间的曲线——ROC-curve，横坐标为 false positive rate（FPR），纵坐标为 true positive rate（TPR）。

对于二值分类问题，实例的值往往是连续值，通过设定一个阈值，将实例分类到正类或者负类（比如大于阈值划分为正类）。因此，可以变化阈值，根据不同的阈值进行分类，根据分类结果计算得到 ROC 空间中相应的点，连接这些点就形成 ROC-curve。ROC-curve 经过（0，0）（1，1），实际上（0，0）和（1，1）连线形成的 ROC-curve 实际上代表的是一个随机分类器。一般情况下，这个曲线都应该处于（0，0）和（1，1）连线的上方。

ROC 曲线上几个关键点的解释：

（TPR=0，FPR=0）：把每个实例都预测为负类的模型；

（TPR=1，FPR=1）：把每个实例都预测为正类的模型；

（TPR=1，FPR=0）：理想模型。

一个好的分类模型应该尽可能靠近图形的左上角，而一个随机猜测模型应位于连接点（TPR=0，FPR=0）和（TPR=1，FPR=1）的主对角线上。

ROC 曲线有个很好的特性：当测试集中的正负样本的分布变化的时候，ROC 曲线能够保持不变。在实际的数据集中经常会出现类不平衡（classim balance）现象，即负样本比正样本多很多（或者相反），而且测试数据中的正负样本的分布也可能随着时间变化。

AUC 的值就是处于 ROC-curve 下方的那部分面积的大小。通常 AUC 的值介于 0.5~1.0 之间，较大的 AUC 代表了较好的 performance。如果模型是完美的，那么它的 AUG=1；如果模型是个简单的随机猜测模型，那么它的 AUG=0.5；如果一个模型好于另一个，则它的曲线下方面积相对较大。

4.5 分类分析模型实例分析

伴随着信息科技的迅速发展，网络购物越来越受到人们的关注。这种足不出户的购物方式深受人们的喜爱，逐渐成为一种潮流。但是，在人们享受着网络购物方便、价格便宜、不受时间和地点限制等带来的便捷的同时，买家通常也要面临售后服务、卖家信用、网上支付风险等诸多问题，此时，买家满意度便成了衡量卖家服务质量的标准。建立买家网络购物满意度预测模型，有利于规范网络购物过程中不健全的地方，使网络购物的环境得到净化。

决策树算法利用的是一种归纳式的学习算法，目的在于从数据源中推理和归纳出树形结构的决策树知识表现形式。而 ID3 算法作为决策树学习算法的主要内容，在处理实际问题上有着举足轻重的作用。ID3 算法将信息熵这一概念与决策树算法相结合。ID3 算法的核心是对决策树中各节点上的属性进行选择，将信息增益看作分裂属性的评判标准，先计算所有属性的信息增益，然后由信息增益大小来确定测试属性，将信息增益最大的属性作为测试属性来对决策树进行划分。ID3 算法对当前节点中的属性进行评估，即选择最大信息增益的属性作为测试属性，节点再按照测试属性的属性取值情况进行节点划分，对于划分的节点递归地使用测试属性选取方法进行划分，进行到在全部的子集中只有一种类别的数据的时候停止。本文将采用 ID3 算法对网络购物中买家满意度进行建模，从而达到预测网络购物中买家满意度的功能。

4.5.1 数据准备

当经过了网络购物，在收到网购货物后要对本次网络购物的服务进行评价，满意或不满意。目标变量设定成二分类变量：满意（设置为 0）或者不满意（设置为 1）。相应的自变量由网购过程中产生的数据组成，比如产品质量、卖家服务态度、收货时长等。

4.5.2 数据处理

将所得数据分别在数据分裂属性的选择以及数据的树剪枝这两方面进行处理，用基于 ID3 算法的决策树对网络购物的满意度进行预测。

所谓分裂属性的选择，即应该选择产品质量、卖家服务态度两个离散变量和收货时长这个连续变量中的哪一个变量作为决策树的第一个分支。ID3 算法的核心方法是以信息增益的大小来依次选择分裂树杈，即：根据香农定理可知，最大信息增益的变量将会被定为 ID3 算法中树杈的分支，拿网络购物满意度预测模型为例。此模型有三个变量，即产品质量、卖家服务态度和收货时长，分别计算产品质量、卖家服务态度和收货时长的信息增益，将三个变量当中信息增益最大的变量看作第一阶树杈。信息增益的计算方法是，变量的信息增益 = 原始信息的需求 – 按照某个变量划分时的信息增益。

假设以产品质量为自变量，产品质量的信息增益 = 原始信息的需求 – 按照产品质量划分所需要的信息需求。

其中，原始的信息需求的计算方法为：

$$Info(D)=-\sum_{i=1}^{m}p_i\log_2(p_i)$$

其中，D 为目标变量，实例中为满意度。m=2，即满意和不满意两种情况。P_i 则分别表示网购不满意的概率以及网购满意的概率。表格中一共有 8 条数据，满意 4 条，不满意 4 条，其概率都为 1/2。*Info*（满意度）为只基于满意和不满意划分所需要的信息需求，即：

$$Info(满意度)=-\frac{4}{8}*\log_2\frac{4}{8}-\frac{4}{8}*\log_2\frac{4}{8}=1$$

以产品质量划分所需要的信息需求为：

$$Info_A(D)=\sum_{j=1}^{v}\frac{|D_j|}{|D|}*\mathrm{Info}(D_j)$$

A 表示在满意度中按自变量 A 划分所需的信息，在本文中表示按产品质量进行划分所需的信息。按良好、一般进行划分，因此，将产品质量划分为 2 个子集：{D_1、D_2}，V=2。即产品质量为良好的划分中，样本有 V 表示在满意度中，按产品质量进行划分，即产品质量分别为 1 个不满意和 3 个满意，用 D_1 表示。产品质量为一般的划分中，样本有 3 个不满意和 1 个满意，用 D_2 表示。表示如下：

$$Info_{卖家服务态度}(满意度)=\frac{4}{8}\left[-\frac{1}{4}\cdot\log_2\frac{1}{4}-\frac{3}{4}\cdot\log_2\frac{3}{4}\cdot\log_2\frac{3}{4}\right]$$

$$\frac{4}{8}\left(-\frac{3}{4}\cdot\log_2\frac{3}{4}-\frac{1}{4}\cdot\log_2\frac{1}{4}\right)=0.19$$

可得，产品质量的信息增益表示为：

产品质量的信息增益 = $Info(满意度)-Info_{产品质量}(满意度)$ =1–0.19=0.81

同理可得，卖家服务态度的信息增益计算方式如下：

$$Info\ (满意度)=-\frac{4}{8}\cdot\log_2\frac{4}{8}-\frac{4}{8}-\log_2\frac{4}{8}=1$$

$$Info_{卖家服务态度}(满意度)=\frac{4}{8}\left[-\frac{1}{4}\cdot\log_2\frac{1}{4}-\frac{3}{4}\cdot\log_2\frac{3}{4}\cdot\log_2\frac{3}{4}\right]$$

$\frac{4}{8}\left(-\frac{3}{4}\cdot\log_2\frac{3}{4}-\frac{1}{4}\cdot\log_2\frac{1}{4}\right)=0.19$ 卖家服务态度的信息增益 =1–0.19=0.81。

可以得出，产品质量和卖家服务态度只有良好和一般两种取值，所以这两个变量可以看作离散变量。但收货时长取值不固定，故须看作连续变量。连续变量得到其信息增益的方法如下：先将连续变量按照单调递增的顺序排列，然后取相邻两个变量的值的中点当作分裂点，最后把连续变量看作离散变量，按离散变量信息增益的计算方法得到其信息增益，取其最大的信息增益作为第一阶树杈。本文中求收货时长的信息增益，首先将收货时长递增排序，即 1.2、1.4、1.5、1.6、2.2、2.3、2.7、2.8，取相邻两个值的中点，比如 1.2 和 1.4，中点即为（1.2+1.4）/2=1.3，同理可得其他中点，分别为 1.3、1.45、1.55、1.9、2.25、2.5、2.75。对得到的每个中点都分为两个区间集合，如中点 1.3，则化为≤ 1.3 和 >1.3 这两个区间，按离散变量信息增益的计算方法得到其信息增益。如中点 1.3 的信息增益为：

$$Info(\text{满意度})=-\frac{4}{8}\cdot\log_2\frac{4}{8}\cdot\log_2\frac{4}{8}=1$$

中点为 1.3 的信息增益 Gain（收货时长）=1−0.86=0.14

中点为 1.45 的信息增益计算过程如下：

$$Info(\text{满意度})=-\frac{4}{8}\cdot\log_2\frac{4}{8}\cdot\log_2\frac{4}{8}=1$$

$$Info_{\text{收货时长}}(\text{满意度})=\frac{2}{8}\left[-\frac{1}{2}\cdot\log_2\frac{1}{2}-\frac{1}{2}\cdot\log_2\frac{1}{2}\right]+\frac{6}{8}\left(-\frac{3}{6}\cdot\log_2\frac{3}{6}-\frac{3}{6}\cdot\log_2\frac{3}{6}\right)=1$$

中点为 1.45 的信息增益 Gain（收货时长）=1−1=0

同理，分别求出其他各个中点的信息增益，选取其中最大的信息增益作为分裂点，本文数据中中点 1.3 为最大信息增益。然后与产品质量和卖家服务态度的信息增益相比较，选取最大的信息增益作为第一个树杈的分叉，本文数据中产品质量和卖家服务态度的信息增益均为 0.19，这里选取产品质量作为第一个分叉，选取卖家服务态度作为第二个分叉。收货时长的信息增益最大为 0.14，比产品质量和卖家服务态度的信息增益都小，因此，选取收货时长作为第三个分叉。

综上所述，选择按某一个变量划分所需的期望信息即为信息增益，此期望信息越小，则按照这个变量划分的纯度就越高。对于某一个实际的问题来说，$Info(D)$ 均为定值，但信息增益=$Info(D)-Info_A(D)$。可以看出，影响信息增益的决定性因素是 $Info_A(D)$ 的取值。当以变量 A 进行区分的时候，所需的期望信息的值越小，则整体的信息增益就越大，可以把不同的变量区分开来。

4.5.3 模型建立

根据训练样本和 ID3 算法，通过 Visual C++ 的程序编写，得到相应的预测模型。ID3 算法即检测数据的所有属性，将信息增益最大的属性作为第一结点，将该属性的不同取值建立分支，再将信息增益次大的属性作为分支的第二级结点。依次类推，进行到在全部的子集中只有一种类别的数据的时候停止，最后得到决策树预测模型。

4.5.4 决策树分类规则

决策树所建立的分类可以用“If–THEN”分类规则来表示。沿任何一根结点到叶结点路径都是一种分类规则，这样的一条路径可以用“If–THEN”规则表示出来。

4.5.5 模型评估

通过建立 ID3 算法预测模型可以得出，产品质量、卖家服务态度、收货时长是影响消费者网络购物满意度的主要因素，其中产品质量对买家网络购物满意度的影响最大，且卖家服务态度和收货时长对买家网络购物满意度的决策也有一定的影响。

在得到基于 ID3 算法的决策树模型以后，在淘宝网上随机选取了 100 份不同产品的买家满意度评价数据，将真实的数据结果与 ID3 算法的预测结果进行对比后发现，基于 ID3 算法网络购物买家满意度预测模型的准确率达到 95%。由于采集数据具有局限性，若能增加样本数据的大小，ID3 算法的预测结果将与真实结果更为接近，因此基于 ID3 算法的决策树预测模型具有较好的推理能力。

4.6 基于决策树的分类分析算法的改进与应用分析

4.6.1 决策树算法的定义

决策树算法是一种归纳分类算法，它通过对训练集的学习，挖掘出有用的规则，用于对新集进行预测。决策树算法可设计成具有良好可伸缩性的算法，能够很好地与超大型数据库结合，处理相关的多种数据类型。并且，其运算结果容易被人接受，其分类模式容易转化成分类规则。因此，在过去的几十年中，决策树算法在机器学习和数据挖掘领域一直受到广泛重视。

决策树算法以树状结构表示数据分类的结果。树的非叶结点表示对数据属性（attribute）的测试。每个分枝代表一个测试输出，而每个叶结点代表一个分类。由根结点到各个叶结点的路径描述可得到各种分类规则。目前有多种形式的决策树算法，其中最值得注意的是 CART 和 ID3/C4.5。许多算法都是由它们演变而来，下面介绍决策树算法 ID3（Quinlan，1979）在实际中的一例应用。

决策树算法 ID3 使用信息增益（Information Gain）作为选择属性对节点进行划分的指标。信息增益表示系统由于分类获得的信息量，该量由系统熵的减少值定量描述。熵（Entropy）是一个反映信息量大小的概念。最终信息增益最高的划分将被作为分裂方案。

决策树和决策规则是实际应用中分类问题的数据挖掘方法。决策树表示法是应用最广泛的逻辑方法，它通过一组输入–输出样本构建决策树的有指导的学习方法。

对于分类决策树来说，需要先对原始资料来进行分类训练，经由不断的属性分类后，得到预期的分类结果。判定树归纳的基本算法是贪心算法，它采用自上而下、分而治之的递归方式来构造一个决策树。ID3 算法是一种著名的判定树归纳算法，伪代码如下：

FunctionGenerate_decision_tree（训练样本 samples，候选属性 attribute list）{

创建节点 N：

Ifsamples 都在同一个类 Cthen 返回 N 作为叶节点，以类 C 标记；

IfVattribute_list 为空 then

返回 N 为叶节点，标记为 samples 中最普通类：// 多数表决定选

择 attribute_list 中有最高信息增益的属性 test_attribute：

标记节点 N 为 test_attribute；

Foreachtest_attribute 中的已知位 ai// 划分 samples

由节点 N 长出一个条件为 test_attribute=ai 的分枝；

设 Si 是 samples 中 testattribute=ai 样本的集合；// 一个划分

If Si 为空 then

加上一个树叶，标记为 samples 中最普通的类；

Else 加上一个由 Generate_desdecision_tree（Si，attribute_list_test_attribute）返回的节点：}

在树的每个节点上，使用具有最高信息增益的属性，作为当前节点的测试属性。该属性使得结果划分中的样本分类所需的信息量最小，并确保找到一个简单的树。

4.6.2 决策树算法的内容

4.6.2.1 归纳学习

归纳学习是符号学习中研究的最为广泛的一种方法。它着眼于一组无次序、无规则的事例中，找出蕴含规律。事例一般是基于属性理论的，有特定的属性值得到问题的某个结论，给定关于某个概念的一系列已知的正例和反例，其任务是从中归纳出一个通用概念进行描述。它能够获得新的概念，创立新的规则，发现新的理论。它的一般操作是泛化和特化。泛化用来扩展假设的语义信息，以使其包含更多的正例，应用于更多的情况。特化是泛化的相反操作，用于限制概念描述的应用范围。分类算法是归类学习的一种类型。

4.6.2.2 分类算法

分类算法是数据挖掘中的一个重要课题，可用于预测和决策。分类算法也是数据挖掘算法中很重要的一种，决策树（decisiontree）算法是分类算法之一。

分类问题可描述为：输入数据，或称训练集（Trainingset），是一条条的数据库记录组成的。每一条记录包含若干属性，组成一个特征向量。训练集的每条记录还有一个特定的标签类与之对应，该类标签是系统的输入，通常是以往的一些经验数据。分类的目的是分析输入数据，通过在训练集中的数据表现出来的特性，为每个类找到一种准确的描述或者模型。由此生成的类用来对未来的测试数据进行分类。尽管这些未来的测试数据的类标签是未知的，但我们仍可以由此预测这些新数据所属的类。注意，是预测而不是肯定。我们也可以由此对数据中的每一个类有更好的理解，或者说我们获得了这个类的知识。

分类器评价或比较尺度主要有三种：

预测准确度是用得最多的一种比较尺度，特别是对于预测型分类任务，目前公认的方法是分层交叉验证法。

计算复杂度依赖于具体的实现细节和硬件环境。在数据挖掘中，由于操作对象是巨量的数据库，因此空间和时间的复杂度问题将是非常重要的一个环节。

模型描述的简洁度对于描述型的分类任务，模型描述越简洁越受欢迎；如采用规则表示的分类器构造法就比较简单，而神经网络方法产生的结果就难以理解。

4.6.2.3 决策树学习算法

决策树学习算法是以实例为基础的归纳学习算法，通常用来形成分类器和预测模型，可以对未知数据进行分类或预测、数据预处理、数据挖掘等。它通常包括两部分：树的生成和树的剪枝。

1. 决策树描述

一个决策树的内部结点是属性或属性的集合，叶节点是所要学习划分的类，内部结点的属性称为测试属性。当经过一批训练实例集的训练产生一个决策树，决策树可以根据属性的取值对一个未知实例集进行分类。使用决策树对实例进行分类的时候，有树根开始对该对象的属性逐渐测试其值，并且顺着分枝向下走，直至到达某个叶结点，此叶结点代表的类即为该对象所处的类。

决策树是一个可以自动对数据进行分类的树型结构，是树形结构的知识表示，可以直接转换为决策规则。它被看作一个树的预测模型，树的根节点是整个数据集合空间，每个分节点是一个分裂问题。它是对一个单一变量的测试，给测试将数据集合空间分割成两个或更多块，每个叶结点是带有分类的数据分割。决策树也可以解释成一种特殊形式的规则集，其特征是规则的层次组织关系。决策树算法主要是用来学习以离散型变量作为属性类型的学习方法。连续型变量必须被离散化才能被学习。

2. 决策树的类型

决策树的内节点的测试属性可能是单变量的，即每个内节点只包含一个属性。也可能是多变量的，即存在包含多个属性的内节点。

根据测试属性的不同属性值的个数，可能使得每个内节点有两个或多个分枝。如果每个内节点只有两个分枝，则称为二叉决策树。

每个属性可能是值类型，也可能是枚举类型。

分类结果既可能是两类，又可能是多类。如果二叉决策树的结果只有两类，则称为布尔决策树。布尔决策树可以很容易以析取范式的方法表示，并且在决策树学习的最自然的情况就是学习析取概念。

3. 递归方式

决策树学习采用自顶向下的递归方式，在决策树的内部结点进行属性值的比较，并根据不同的属性值判断从该结点向下的分枝，在决策树的叶结点得到结论。所以，从根到叶结点的一条路径就对应着一条合取规则，整个决策树就对应着一组析取表达式规则。决策树生成算法分成两个步骤：一是树的生成，开始时所有数据都在根节点，然后递归地进行数据分片；二是树的修剪，就是去掉一些可能是噪声或异常的数据。决策树停止分割的条件有：一个结点上的数据都是属于同一个类别；没有属性可以用于对数据进行分割。

4. 决策树的构造算法

决策树的构造算法可通过训练集 T 完成，其中 T={<x，>}，而 x=（，，…，）为一个训练实例，它有 n 个属性，分别列于属性表（，，…，），其中表示属性的取值，∈ C={，，…，} 为 X 的分类结果。算法分以下几步：

从属性表中选择属性作为分类属性；

若属性的取值有个，则将 T 划分为个子集，…，其中

={<x，C>|<x，c>} ∈ T，且 X 的属性取值 A 为第个值；

从属性表中删除属性；如果属性表非空，返回（1），否则输出。

目前比较成熟的决策树方法有 ID3、C4.5、CART、SLIQ 等。

5. 决策树的简化方法

在决策树学习过程中，如果决策树过于复杂，则存储所要花费的代价也就越大；而如果节点个数过多，则每个节点所包含的实例个数就越小，支持每个叶节点假设的实例个数也越小，学习后的错误率就随之增加；同时对用户来说难于理解，使得很大程度上分类器的构造没有意义。实践表明，简单的假设更能反映事物之间的关系，所以在决策树学习中应该对决策树进行简化。

简化决策树的方法有控制树的规模、修改测试空间、修改测试属性、数据库约束、改变数据结构等。

控制树的规模可以采用预剪枝、后剪枝算法及增量树方法来实现。预剪枝算法不要求决策树的每一个叶结点都属于同一个类，而是在这之前就停止，决策树的扩张，具体何时停止是其研究的主要内容，如可以规定决策树的高度，达到一定高度即停止扩张；或计算扩张对系统性能的增益，如小于某个规定的值则停止扩张。后剪枝算法则首先利用增长集生成一个未经剪枝的决策树 T 并进行可能的修剪，把 T 作为输入，再利用修剪集进行选择，输出选择最好的规则。

4.6.2.4 决策树的生成算法

决策树的生成算法主要有 ID3、C4.5、CART、CHAID 等方法。ID3 算法在 1979 年由 J.R.Quinlan 提出，是机器学习中广为人知的一个算法。在归纳学习中，它代表着基于决策树方法的一大类。ID3 及后来的 C4.5 均是 Quinlan 在 Hunt 的概念学习系统（Concept Learning System，CLS）上发展起来的一种自顶向下的学习算法，而 C4.5 算法又是 Quinlan 本人针对 ID3 算法提出的一种改进算法，他在 1993 年出版了专著《机器学习规划》，对 C4.5 算法进行了详细的描述。CHAID（即 Chi-Square Automatic Interacion Detector 的缩写，卡方自动互动侦测器）算法是 Gordon B.Kass 博士在 1976 年提出的，可用来对分类性数据进行挖掘。CART（即 Classification And Regression Tree 的缩写，分类回归树）算法从 1984 年开始得到普及推广，可对连续型因变量进行处理。针对这些算法的缺点，很多研究人员尝试在控制树的大小和简化决策树等方面做出努力，通过研究各种预剪枝算法和后剪枝算法来控制树的规模，同时在修改测试属性空间、改进测试属性选择方法、限制数据集、改变数据结构等方面提出了许多新的算法和标准。

1. ID3 学习算法

传统 ID3 学习算是以信息熵（也称信息不确定性）的下降速度作为选取测试属性的标准。该算法根据属性集的取值选择实例的类别。它的核心是在决策树中各级结点上选择属性，用信息增益作为属性选择标准，使得在每一非叶结点进行测试时，能获得关于被测试例子最大的类别信息。使用该属性将例子集分成子集后，系统的熵值最小，期望该非叶结点到达各后代叶节点的平均路径最短，使生成的决策树平均深度较小。这可以看出训练例集在目标分类方面越模糊越杂乱无序，它的熵就越高；训练例集在目标分类方面越清晰则越有序，它的熵越低。ID3 算法就是根据“信息赢取（增益）越大的属性对训练例的分类越有利”的原则，在算法的每一步选取“属性表中可对训练例集进行最佳分类的属性”。一个属性的信息增益就是由于使用这个属性分割样例而导致系统熵的降低，计算各个属性的信息赢取并加以比较是 ID3 算法的关键操作。

ID3 算法的步骤如下：

（1）选出整个训练实例集 X 的规模为 W 的随机子集 Xl（W 称为窗口规模，子集称为窗口）。

（2）信息熵的值最小为标准，选取每次的测试属性，形成当前窗口的决策树；

（3）顺序扫描所有训练实例，找出当前决策树的例外；如果没有例外，则训练结束。

（4）组合当前窗口的一些训练实例与某些在（3）中找到的例外形成新的窗口，转（2）。

2. C4.5 算法

C4.5 算法是由 Quinlan 扩充 ID3 算法而提出的，是 ID3 算法的改进。C4.5 算法每接受一个新的训练例，就更新一次决策树。在 C4.5 的决策树中，每个结点都保存了可用于计算 E 值的属性的信息，这些信息由属性的每个取值所对应的正例、反例计数组成。根据放在结点的信息，就可以判断出哪个属性的训练例集 Es 值最小，从而确定当前用哪一个属性来进行划分。C4.5 算法使用了一个适合小数据量的方法：基于训练例自身的性能估计。当然，对训练例进行估计很可能产生偏向于规则的结果，为了克服这一点，C4.5 算法采用了保守估计。它采用的具体方法是，计算规则对其使用的各个训练例分类的精度 a，然后计算这个精度的二项分布的标准差 s，最后：给定信任度（95%），取下界（a–1.96）为该规则的性能度量 pa；在有大量数据的情况下，s 接近于 0，pa 接近于 a；随着数据量的减少，pa 与 a 的差别将会增大。C4.5 算法使用更复杂的方法是为属性 A 的各种取值赋予概率，具有未知属性 A 值的实例按概率值分为大小不等的碎片，沿相应属性 A 值的分支向树的下方分布，实例的碎片将用于计算信息赢取。这个实例碎片在学习后，还可以用来对属性值不全的新实例进行分类。

3. CART 算法

（1）CART 算法理论。

分类回归树 CART 是一种典型的二叉决策树，主要用来进行分类研究，可以同时处理连续变量和分类变量。如果目标变量是分类变量，则 CART 生成分类决策树；如果目标变量是连续变量，则 CART 变量生成回归决策树。无论是分类决策树还是回归决策树，CART 的首要目标都是构造一个准确的分类模型进行预测，即研究引起分类现象发生的变量及变量之间的作用；通过建立决策树和决策规则对类型未知的对象进行类别预测，即通过类型未知的对象的某些相关变量值就可以对其做出类型判定。

（2）CART 树的分枝过程。

CART 算法在对一个节点进行分枝时，首先要确定一个最佳的分支预测变量以及该预测变量的最佳分支阈值点。然后将性质相同的对象分在同一个节点中，并且同一个父节点的两个子节点间具有显著的差异性。

CART算法选择指标的方法是使用“杂质函数”，当节点中数据都属于同一个类时，杂质函数值为 0；当节点中的对象均匀分布与所有可能的类时，杂质函数值最大。

4.6.2.5 算法比较

ID3 使用信息增益选择测试属性，其目标是确保找到一个简单的树；而 C4.5 使用信息增益率选择测试属性，主要目标是使得树的层次和结点数目最小，从而使数据概化最大化。

C4.5 算法继承了 ID3 的全部优点，如 C4.5 中也采用“窗口”的概念，先从所有的事例中选取一部分用作构造决策树，再利用剩余的事例测试决策树，并对它进行调整。

C4.5 算法能处理连续值类型的属性，还能对属性的取值集合进行等价类划分。划分在同一类的属性值，在属性值判断时，将走到同一分枝上。再加上 C4.5 算法的思想简单，实现高效，结果可靠，使 C4.5 在归纳学习中的地位更加显著。

但是，C4.5 算法也有一些不足：

第一，C4.5 采用的是分而治之的策略，在构造树的内部节点时局部最优的搜索方式，所以它所得到的最终结果虽然有很高的准确性，但仍然达不到全局最优的结果。

第二，C4.5 评价决策最主要的依据是决策树的错误率，而对树的深度，结点的个数等不进行考虑。树平均深度直接对应着决策树的预测速度，树的结点个数则代表树的规模。

第三，一边构造决策树，一边进行评价，决策树构造出来之后，很难再调整树的结构和内容，决策树性能的改善十分困难。

第四，C4.5 在进行属性值分组时逐个试探，没有一种使用启发搜索的机制，分组时的效率较低。

与 C4.5 算法类似，CART 算法也是先建树后剪枝，但在具体实现上有所不同。由于二叉树不易产生数据碎片，精确度往往高于多叉树，因此 CART 算法采用二分递归划分，在分支节点上进行布尔测试，判断条件为真的划归左分枝，否则划归右分枝，最终形成一个二叉树。CART 算法在满足下述条件之一时停止建树：所有叶节点中的样本数为 1 或者样本属于同一类；决策树高度到达用户设置的阈值。CART 算法使用后剪枝方法。在树生成过程中，考虑到多展开一层会有多一些的信息被发现，CART 算法运行到不能再长出分枝为止，从而得到一个最大的决策树，然后 CART 算法对这个超大的决策树进行剪枝。剪枝算法使用独立于训练样本集的测试样本集对子树的分类错误进行计算，找出分类错误最小的子树作为最终的分类模型。

4.6.3 决策树算法的改进

对连续属性运用加二分查找法进行离散化；用公式计算各属性 IOC（K）值，其中，离散属性改用公式计算其 IOC（K）值；将各属性按照 IOC（K）值由大到小排序，选出 IOC（K）值最大的若干（如一半）属性作为基本属性集合，其余为备选属性集合；用 RBF 神经网络对基本属性进行训练，并检验其预测精度，如此反复直至找到分类效果最佳的 m 个基本属性为止。在基本属性集合中，以改进的属性选择标准为节点选择测试属性建立决策树，生成决策树，直到结点属性各分枝下的训练样例同属一类，或所有基本属性均已用过，或达到要求为止。

4.6.4 决策树算法的应用

Isoft 公司的 AC2 是一个相当流行的决策树分析算法。Isoft 已与 Bussiness Objects 公司达成合作协议。根据协议，Bussiness Objects 公司将负责销售包含有 Isoft 决策树方法的数据挖掘模块。SPSS 公司向市场上销售的是一种基于 SI-CHAIR 算法的数据挖掘产品。其他许多开发商则采用了将几种算法组合到一起的方法以增强其产品的性能。此外，还有许多综合了多种数据挖掘方法的软件包也都可以支持决策树算法，这类产品的例子包括 IBM 公司的 Intelligent Miner 和 Clementine Thinking Machine 公司的 Darwin 以及 SiliconGraphic 公司的 Mineset 等。

Knowledge SEEKER 是一个由 Angoss 公司开发的基于决策树的数据分析程序。该程序具有相当完整的分类树分析功能。Knowledge SEEKER 采用了两种著名的决策树分析算法 :CHAIR 和 CART 算法。CHAIR 算法可用来对于分类性数据（如患者属于哪个州或患者的性别）进行挖掘。CART 算法则可对连续型因变量（如月度支出 0~1000 美元，1000~2000 美元及 2000 美元以上）进行处理。此外，还有其他几种可满足商业用途的决策树分析算法。Angoss 公司在增强这些算法的用户友好性方面做了大量工作。

Angoss 公司已经宣布，该公司已与一家专门研制终端用户查询工具和决策支持系统的开发商 Andyne 公司达成了一项合作协议。根据协议，双方将联合开拓 Knowledge SEEKER 的市场。为使其技术能够成为市场主流，Angoss 公司已在积极寻求多方合作伙伴。例如，Customer Insight 公司（一家数据库营销工具供应商）已签署协议，将成为 Knowledge SEEKER 的增值销售商。此外，Angoss 公司还签署了为

INFORMIX 的通用服务器开发 DataBlade（数据刀片）模块的协议。

Angoss 公司就其产品可以解决的各种各样的问题做了广泛宣传，同时还给出了其产品在许多行业中实际应用的例子，这些例子包括 ISR 将使用 Knowledge SEEKER 分析与税务申报有关的各种重要因素，并对发生骗税的可能性进行预测。加拿大《读者文摘》在研究市场划分以及成本预测方面使用了 Angoss 的产品。《华盛顿邮报》使用 Knowledge SEEKER 来指导其市场营销。位于伦敦的牛津移民中心使用 Angoss 的产品对肯尼亚移民状况进行分析。Knowledge SEEKER 被惠普公司用于生产控制系统的规则分析。加拿大帝国商业银行使用 Angoss 的产品进行风险控制。

4.7 本章小结

本章首先对三种主要分类模型进行介绍，即朴素叶贝斯分类、支持向量机分类、k- 临近算法分类；然后提出其评估方法与应用实例，以便更好地理解；最后具体介绍了决策树算法，对其改进与发展提出了相关方法、建议。

第 5 章 基于神经网络与人工智能的大数据分析方法研究

神经网络的研究内容相当广泛，反映了多学科交叉技术领域的特点。其主要的研究工作集中在以下几个方面：从生理学、心理学、解剖学、脑科学、病理学等方面研究神经细胞、神经网络、神经系统的生物原型结构及其功能机理。

纵观当代新兴科学技术的发展历史，人类在征服宇宙空间、基本粒子、生命起源等科学技术领域的进程中历经了崎岖不平的道路。探索人脑功能和神经网络的研究，将伴随着对重重困难的克服而日新月异。

5.1 神经网络

5.1.1 神经网络的定义

神经细胞利用电 - 化学过程交换信号。输入信号来自另一些神经细胞。这些神经细胞的轴突末梢和本神经细胞的树突相遇形成突触，信号就从树突进入本细胞。信号在大脑中实际传输过程可以看作是计算机一样，利用二进制 0、1 来进行操作。也就是说，大脑的神经细胞也只有两种状态：兴奋和抑制。发射信号的强度不变，变化的仅仅是频率。神经细胞利用一种我们还不知道的方法，把所有从树突上突触进来的信号进行相加，如果全部信号的总和超过某个阈值，就会激发神经细胞进入兴奋状态，这时就会有一个电信号通过轴突发送出去给其他神经细胞。如果信号总和没有达到阈值，神经细胞就不会兴奋起来。这样的解释有点过分简单化，但已能满足我们的目的。

5.1.2 研究内容

5.1.2.1 生物原型

从生理学、心理学、解剖学、脑科学、病理学等方面研究神经细胞、神经网络、神经系统的生物原型结构及其功能机理。

5.1.2.2 建立模型

根据生物原型的研究，建立神经元、神经网络的理论模型。其中，包括概念模型、知识模型、物理化学模型、数学模型等。

5.1.2.3 算法

在理论模型研究的基础上构建具体的神经网络模型，以实现计算机模拟或准备制作硬件，包括网络学习算法的研究。这方面的工作也称为技术模型研究。

神经网络用到的算法就是向量乘法，并且广泛采用符号函数及其各种逼近。并行、容错、可以硬件实现以及自我学习特性，是神经网络的几个基本优点，也是神经网络计算方法与传统方法的区别所在。

5.1.2.4 分类

网络分类人工神经网络按其模型结构大体可以分为前馈型网络（称为多层感知机网络）和反馈型网络（也称为 Hopfield 网络）两大类，前者在数学上可以看作是一类大规模的非线性映射系统，后者则是一类大规模的非线性动力学系统。按照学习方式，人工神经网络又可分为有导师学习和无导师学习两类；按工作方式则可分为确定性和随机性两类；按时间特性还可分为连续型或离散型等。

5.1.2.5 特点

不论何种类型的人工神经网络，它们共同的特点是：大规模并行处理、分布式存储、弹性拓扑、高度冗余和非线性运算，因而具有很高的运算速度、很强的联想能力、很强的适应性、很强的容错能力和自组织能力。这些特点和能力构成了人工神经网络模拟智能活动的技术基础，并在广阔的领域获得了重要的应用。如在通信领域，人工神经网络可以用于数据压缩、图像处理、矢量编码、差错控制（纠错和检错编码）、自适应信号处理、自适应均衡、信号检测、模式识别、ATM 流量控制、路由选择、通信网优化和智能网管理等等。

人工神经网络的研究已与模糊逻辑的研究相结合，并在此基础上与人工智能研究相补充，成为新一代智能系统的主要方向。这是因为人工神经网络主要模拟人类右脑的智能行为，而人工智能主要模拟人类左脑的智能机理，人工神经网络与人工智能有机结合，就能更好地模拟人类的各种智能活动。新一代智能系统将能更有力地帮助人类扩展他的智力与思维的功能，成为人类认识和改造世界的聪明的工具。因此，它将继续成为当代科学研究重要的前沿。

5.1.3 发展历史

1943 年，心理学家 W. Mcculloch 和数理逻辑学家 W. Pitts 在分析、总结神经元基本特性的基础上，首先提出神经元的数学模型。此模型沿用至今，并且直接影响着这一领域研究的进展。因而，他们两人可称为人工神经网络研究的先驱。

1945年，冯·诺依曼领导的设计小组试制成功存储程序式电子计算机，标志着电子计算机时代的开始。1948年，他在研究工作中比较了人脑结构与存储程序式计算机的根本区别，提出了以简单神经元构成的再生自动机网络结构。但是，由于指令存储式计算机技术的发展非常迅速，迫使他放弃了神经网络研究的新途径，继续投身于指令存储式计算机技术的研究，并在此领域做出了巨大贡献。虽然冯·诺依曼的名字是与普通计算机联系在一起的，但他也是人工神经网络研究的先驱之一。

20世纪50年代末，F. Rosenblatt设计制作了"感知机"，它是一种多层的神经网络。这项工作首次把人工神经网络的研究从理论探讨付诸工程实践。当时，世界上许多实验室仿效制作感知机，分别应用于文字识别、声音识别、声呐信号识别以及学习记忆问题的研究。然而，这次人工神经网络的研究高潮未能持续很久，许多人陆续放弃了这方面的研究工作，这是因为当时数字计算机的发展处于全盛时期，许多人误以为数字计算机可以解决人工智能、模式识别、专家系统等方面的一切问题，使感知机的工作得不到重视。其次，当时的电子技术工艺水平比较落后，主要的元件是电子管或晶体管，利用它们制作的神经网络体积庞大，价格昂贵，要制作在规模上与真实的神经网络相似是完全不可能的。另外，在1968年一本名为《感知机》的著作中指出，线性感知机功能是有限的，它不能解决如异或这样的基本问题，而且多层网络还不能找到有效的计算方法，这些论点促使大批研究人员对于人工神经网络的前景失去信心。60年代末期，人工神经网络的研究进入了低潮。

另外，在20世纪60年代初期，Widrow提出了自适应线性元件网络，这是一种连续取值的线性加权求和阈值网络。后来，在此基础上发展了非线性多层自适应网络。当时，这些工作虽未标出神经网络的名称，但实际上就是一种人工神经网络模型。

随着人们对感知机兴趣的衰退，神经网络的研究沉寂了相当长的时间。80年代初期，模拟与数字混合的超大规模集成电路制作技术提高到新的水平，完全付诸实用化，此外，数字计算机的发展在若干应用领域遇到困难。这一背景预示，向人工神经网络寻求出路的时机已经成熟。美国的物理学家Hopfield于1982年和1984年在美国科学院院刊上发表了两篇关于人工神经网络研究的论文，引起了巨大的反响。人们重新认识到神经网络的威力以及付诸应用的现实性，随即一大批学者和研究人员围绕着Hopfield提出的方法展开了进一步的工作，形成了80年代中期以来人工神经网络的研究热潮。

5.1.3.1 语音识别

自2006年Hinton等提出深度学习的概念，神经网络再次回到人们的视野中，语音识别是第 1 个取得突破的领域。传统语音识别的方法主要利用声学研究中的低层特征，利用高斯混合模型进行特征提取，并用隐马尔可夫模型进行序列转移状态建模，据此识别语音所对应的文字。历经数十年的发展，传统语音识别任务的错误率改进却停滞不前，停留在 25% 左右，难以达到实用水平。

2013 年，Hinton 与微软公司合作，利用神经网络改进语音识别中的特征提取方法，将错误率降低至 17.7%，并在大会现场展示了同声传译产品，效果惊人。此后，研究者们又陆续采用回复式神经网络改进语音识别的预测和识别，将错误率降至 7.9%。这一系列的成功使得语音识别实用化成为可能，激发了大量的商业应用。至 2016 年，同声速记产品准确率已经突破 95%，超过人类速记员的水平。

5.1.3.2 计算机视觉

计算机视觉一直以来都是一个热门的研究领域。传统的研究内容主要集中在根据图像特点人工设计不同的特征，如边缘特征、颜色特征、尺度不变特征等。利用这些特征完成特定的计算机视觉任务，如图像分类、图像聚类、图像分割、目标检测、目标追踪等。

传统的图像特征依赖于人工设计，一般为比较直观的初级特征，抽象程度较低，表达能力较弱。在深度神经网络中，各层特征形成了边缘、线条、轮廓、形状、对象等的层次划分，抽象程度逐渐提高。

2012 年，在大规模图像数据集 ImageNet 上，神经网络方法取得了重大突破，准确率达到 84.7%。在 LFW 人脸识别评测权威数据库上，基于深度神经网络的人脸识别方法 DeepID 在 2014、2015 年分别达到准确率 99.15% 和 99.53%，远超人类识别的准确率 97.53%。

5.1.3.3 医学医疗

医学医疗因为其应用的特殊性一直是科学研究的前沿，既要快速地推进，又要求格外严谨。如何利用好大数据解决医学和医疗中的问题，进一步改善医疗条件，提高诊治水平，是值得人们关注和研究的。随着神经网络各类应用的成功和成熟，在医学和医疗领域也出现了新的突破。

2016 年 1 月，美国 Enlitic 公司开发的基于深度神经网络的癌症检测系统，适用于从 X 光、CT 扫描、超声波检查、MRI 等的图像中发现恶性肿瘤。其中，肺癌检出率超过放射技师水平。

同年，Google 利用医院信息数据仓库的医疗电子信息存档中的临床记录、诊断信息、用药信息、生化检测、病案统计等数据，构建病人原始信息数据库，包括病人的用药信息、诊断信息、诊疗过程、生化检测等信息，采用基于神经网络的无监督深度特征学习方法学习病人的深度特征表达，并借助这一表达进行自动临床决策，其准确率超过 92%。这些成果为实现基于医疗大数据的精准医疗打下了扎实基础。

5.1.3.4 智能博弈

围棋被誉为“最复杂也是最美的游戏”，自从国际象棋世界冠军被深蓝电脑击败后，围棋也成了“人类智慧最后堡垒”。2016 年，AlphaGo 对战人类围棋世界冠军，不但引起围棋界和人工智能界的热切注视，还吸引了众多群众的关注。

最终 AlphaGo 以 4:1 战胜人类，其背后成功的秘诀正是采用了神经网络与增强学习相结合，借助神经网络强大的特征提取能力捕捉人类难以分析的高层特征；再利用增强学习，采用自我对弈的方法产生大量的数据，从自己的尝试中学习到超越有限棋谱的技巧，成功掌握了制胜技巧。

这一结果在人工智能界非常振奋人心，因为它提出了一种自发学习到超越现有数据的学习方法，标志了增强学习与神经网络的成功结合，也是“大数据 + 神经网络”的成功应用。

5.2 神经网络的结构及工作方式

5.2.1 工作方式

多少年以来，人们从医学、生物学、生理学、哲学、信息学、计算机科学、认知学、组织协同学等各个角度企图认识并解答上述问题。在寻找上述问题答案的研究过程中，逐渐形成了一个新兴的多学科交叉技术领域，称为“神经网络”。神经网络的研究涉及众多学科领域，这些领域相互结合、相互渗透并相互推动。不同领域的科学家又从各自学科的兴趣与特色出发，提出不同的问题，从不同的角度进行研究。

人工神经网络首先要以一定的学习准则进行学习，然后才能工作。现以人工神经网络对于写“A”“B”两个字母的识别为例进行说明，规定当“A”输入网络时，应该输出“1”，而当输入为“B”时，输出为“0”。

所以，网络学习的准则应该是，如果网络做出错误的判决，则通过网络的学习，应使得网络减少下次犯同样错误的可能性。首先，给网络的各连接权值赋予（0，1）区间内的随机值，将“A”所对应的图像模式输入给网络，网络将输入模式加权求和、与门限比较、再进行非线性运算，得到网络的输出。在此情况下，网络输出为“1”和“0”的概率各为 50%，也就是完全随机的。这时如果输出为“1”（结果正确），则使连接权值增大，以便使网络再次遇到“A”模式输入时，仍然能做出正确判断。

普通计算机的功能取决于程序中给出的知识和能力。显然，对于智能活动，要通过总结编制程序将十分困难。

人工神经网络也具有初步的自适应与自组织能力，能在学习或训练过程中改变突触权重值，以适应周围环境的要求。同一网络因学习方式及内容不同可具有不同的功能。人工神经网络是一个具有学习能力的系统，可以发展知识，以致超过设计者原有的知识水平。通常，它的学习训练方式可分为两种，一种是有监督或称有导师的学习，这时利用给定的样本标准进行分类或模仿；另一种是无监督学习或称无为导师学习，这时只规定学习方式或某些规则，则具体的学习内容随系统所处环境（即输入信号情况）而异，系统可以自动发现环境特征和规律性，具有更近似人脑的功能。

神经网络就像是一个爱学习的孩子，教她的知识她是不会忘记而且会学以致用的。我们把学习集（LearningSet）中的每个输入加到神经网络中，并告诉神经网络输出应该是什么分类。在全部学习集都运行完成之后，神经网络就根据这些例子总结出她自己的想法，到底她是怎么归纳的就是一个黑盒了。之后，我们就可以把测试集（TestingSet）中的测试例子用神经网络来分别做测试，如果测试通过（比如 80% 或 90% 的正确率），那么神经网络就构建成功了。我们之后就可以用这个神经网络来判断事务的分类了。

神经网络是通过对人脑的基本单元——神经元的建模和连接，探索模拟人脑神经系统功能的模型，并研制一种具有学习、联想、记忆和模式识别等智能信息处理功能的人工系统。神经网络的一个重要特性是它能够从环境中学习，并把学习的结果分布存储于网络的突触连接中。神经网络的学习是一个过程，在其所处环境的激励下，相继给网络输入一些样本模式，并按照一定的规则（学习算法）调整网络各层的权值矩阵，待网络各层权值都收敛到一定值，学习过程结束。然后，我们就可以用生成的神经网络来对真实数据做分类了。

5.2.2 结构编辑

一个经典的神经网络包含三个层次，红色的是输入层，绿色的是输出层，紫色的是中间层（也叫隐藏层）。输入层有三个输入单元，隐藏层有四个单元，输出层有两个单元。设计一个神经网络时，输入层与输出层的节点数往往是固定的，中间层则可以自由指定。

神经网络结构图中的拓扑与箭头代表着预测过程时数据的流向，跟训练时的数据流有一定的区别。

结构图里的关键不是圆圈（代表“神经元”），而是连接线（代表“神经元”之间的连接）。每个连接线对应一个不同的权重（其值称为权值），这是需要训练得到的。

除了从左到右的形式表达的结构图，还有一种常见的表达形式是从下到上来表示一个神经网络。这时候，输入层在图的最下方，输出层则在图的最上方。

5.2.3 种类编辑

5.2.3.1BP 网络

BP（Back Propagation）神经网络通常采用基于 BP 神经元的多层前向神经网络的结构形式。理论证明，具有所示结构的 BP 神经网络，当隐层神经元数目足够多时，可以以任意精度逼近任何一个具有有限间断点的非线性函数。

BP 神经网络的学习规则，即权值和阈值的调节规则采用的是误差反向传播算法（BP 算法）。BP 算法实际上是 Widrow-Hoff 算法在多层前向神经网络中的推广。和 Widrow-Hoff 算法类似，在 BP 算法中，网络的权值和阈值通常是沿着网络误差变化的负梯度方向进行调节的，最终使网络误差达到极小值或最小值，即在这一点误差梯度为零。限于梯度下降算法的固有缺陷，标准的 BP 学习算法通常具有收敛速度慢、易陷入局部极小值等特点，因此出现了许多改进算法。其中最常用的有动量法和学习率自适应调整的方法，从而提高了学习速度，并增加了算法的可靠性。

5.2.3.2 RBF 神经网络

径向基函数（Radial Basis Function，简称为 RBF）网络是以函数逼近理论为基础而构造的一类前向网络，这类网络的学习等价于在多维空间中寻找训练数据的最佳拟合平面。径向基函数网络的每个隐层神经元激活函数都构成了拟合平面的一个基函数，网络也由此得名。径向基函数网络是一种局部逼近网络，即对于输入空间的某一个局部区域只存在少数的神经元用于决定网络的输出。而 BP 网络则是典型的全局逼近网络，即对每一个输入 / 输出数据对，网络的所有参数均要调整。由于二者的构造本质不同，径向基函数网络与 BP 网络相比规模通常较大，但学习速度较快，并且网络的函数逼近能力、模式识别与分类能力都优于后者。

由模式识别理论可知，在低维空间非线性可分的问题总可映射到一个高维空间，使其在此高维空间中为线性可分。在 RBF 网络中，输入到隐层的映射为非线性的（隐单元的激活函数是非线性函数），而隐层到输出则是线性的。可把输出单元部分看作一个单层感知器，这样，只要合理选择隐单元数（高维空间的维数）及其激活函数，就可以把原来问题映射为一个线性可分问题，从而最后用一个线性单元来解决问题。最常用的径向基函数形式是高斯函数，它的可调参数有两个，即中心位置及方差（函数的宽度参数），用这类函数时整个网络的可调参数（待训练的参数）有三组，即各基函数的中心位置、方差和输出单元的权值。

RBF 网络具有很好的通用性。只要有足够多的隐层神经元，RBF 网络能以任意精度近似任何连续函数。更重要的是，RBF 网络克服了传统前馈神经网络的很多缺点，其训练速度相当快，并且在训练时不会发生震荡和陷入局部极小。但是，在进行测试时，RBF 网络的速度却比较慢，这是由于待判别示例几乎要与每个隐层神经元的中心向量进行比较才能得到结果。虽然可以通过对隐层神经元进行聚类来提高判别速度，但这样就使得训练时间大为增加，从而失去了 RBF 网络最基本的优势。另外，通过引入非线性优化技术可以在一定程度上提高学习精度，但这同时也带来了一些缺陷，如局部极小、训练时间长等。

5.2.3.3 Hopfield 网络

BP 神经网络和 RBF 网络都是前馈型神经网络，下面我们研究反馈式神经网络。在反馈式网络中，所有节点（单元）都是一样的，它们之间可以相互连接，所以反馈式神经元网络可以用一个无向的完备图来表示。从系统观点来看，反馈网络是一个非线性动力学系统。它必然具有一般非线性动力学系统的许多性质，如稳定问题、各种类型的吸引子以及混沌现象等。在某些情况下，还有随机性和不可预测性等，因此，比前馈型网络的内容要广阔和丰富得多，人们可以从不同方面利用这些复杂的性质以完成各种计算功能。

Hopfield 网络为一层结构的反馈网络，能处理双极型离散数据。当网络经过训练后，可以认为网络处于等待工作状态，而对网络给定初始输入 x 时，网络就处于特定的初始状态，由此初始状态开始运行，可以得到当前时刻网络的输出状态。通过网络的反馈作用，可得到下一时刻网络的输入信号；再由这个新的输入信号作用于网络，可得到下一时刻网络的输出状态，将该输出反馈到输入端，又形成新的输入信号，如此不断地循环下去。如果网络是稳定的，那么，经过多次反馈运行，网络达到稳态，即由输出端可得到网络的稳态输出。

反馈网络有两种基本的工作方式：串行异步和并行同步方式。反馈式和前馈型神经网络的比较如下：

（1）前馈型神经网络取连续或离散变量，一般不考虑输出与输入在时间上的滞后效应，只表达输出与输入的映射关系。反馈式神经网络可以用离散变量也可连续取值，考虑输出与输入之间在时间上的延迟，因此，需要用动态方程来描述神经元和系统的数学模型。由于前馈网络中不含反馈连接，因而为系统分析提供了方便。基本的 Hopfield 网络是一个由非线性元件构成的单层反馈系统，这种系统稳定状态的分析比较复杂，给实际应用带来一些困难。

（2）前馈型网络的学习主要采用误差修正法，计算过程一般比较慢，收敛速度也比较慢。而 Hopfield 网络的学习主要采用 Hebb 规则，一般情况下计算的收敛速度很快。它与电子电路存在明显的对应关系，使得该网络易于理解和易于用硬件实现。

（3）Hopfield 网络也有类似于前馈型网络的应用，如用作联想记忆或分类，而在优化计算方面的应用更加显示出 Hopfield 网络的特点。联想记忆和优化计算是对偶的。当用于联想记忆时，通过样本模式的输入给定网络的稳定状态，经过学习求得突触权重值；当用于优化计算时，以目标函数和约束条件建立系统的能量函数确定出突触权重值，网络演变到稳定状态，即是优化计算问题的解。

5.2.3.4 自组织特征映射网络

自组织特征映射模型也称为 Kohonen 网络，或者称为 Self-Organizing Feature Map（SOFM），由芬兰学者 Teuvo Kohonen 于 1981 年提出。该网络是一个由全互联的神经元阵列形成的无教师、自组织、自学习网络。

Kohonen 认为，处于空间中不同区域的神经元有不同的分工，当一个神经网络接受外界输入模式时，将会分为不同的反应区域，各区域对输入模式具有不同的响应特征。在输出空间中，这些神经元将形成一张映射图，映射图中功能相同的神经元靠得较近，功能不同的神经元分得较开，自组织特征映射网络也由此而得名。它在模式识别、联想存储、样本分类、优化计算、机器人控制等领域中得到广泛应用。自组织特征映射过程是通过竞争学习完成的。竞争学习是指同一层神经元之间互相竞争，竞争胜利的神经元修改与其相连的连接权值的过程。竞争学习是一种无监督学习方法，在学习过程中，只需向网络提供一些学习样本，而无须提供理想的目标输出。网络根据输入样本的特性进行自组织映射，从而对样本进行自动排序和分类。

5.2.4 与小波分析、混沌、粗集理论、分形理论的融合

5.2.4.1 小波分析

1981 年，法国地质学家 Morlet 在寻求地质数据时，通过对 Fourier 变换与加窗 Fourier 变换的异同、特点及函数构造进行创造性的研究，首次提出了“小波分析”的概念，建立了以他的名字命名的 Morlet 小波。1986 年以来，由于 Y. Meyer、S. Mallat 等的奠基工作，小波分析迅速发展成为一门新兴学科。Meyer 所著的《小波与算子》，Daubechies 所著的《小波十讲》，是小波研究领域最权威的著作。

小波变换是对 Fourier 分析方法的突破。它不但在时域和频域同时具有良好的局部化性质，而且对低频信号在频域和对高频信号在时域里有很好的分辨率，从而可以聚集到对象的任意细节。小波分析相当于一个数学显微镜，具有放大、缩小和平移功能，通过检查不同放大倍数下的变化可以研究信号的动态特性。因此，小波分析已成为地球物理、信号处理、图像处理、理论物理等诸多领域强有力的工具。

小波神经网络将小波变换良好的时频局域化特性和神经网络的自学习功能相结合，因而具有较强的逼近能力和容错能力。在结合方法上，可以将小波函数作为基

函数构造神经网络形成小波网络，或者小波变换作为前馈神经网络的输入前置处理工具，即以小波变换的多分辨率特性对过程状态信号进行处理，实现信噪分离，并提取出对加工误差影响最大的状态特性，作为神经网络的输入。

小波神经网络在电机故障诊断、高压电网故障信号处理与保护研究、轴承等机械故障诊断以及许多方面都有应用。将小波神经网络用于感应伺服电机的智能控制，使该系统具有良好的跟踪控制性能。利用小波包神经网络进行心血管疾病的智能诊断，小波层进行时频域的自适应特征提取，前向神经网络用来进行分类，正确分类率达到94%。

小波神经网络虽然应用于很多方面，但仍存在一些不足。从提取精度和小波变换实时性的要求出发，有必要根据实际情况构造一些适应应用需求的特殊小波基，以便在应用中取得更好的效果。另外，在应用中的实时性要求，也需要结合 DSP 的发展，开发专门的处理芯片，从而满足这方面的要求。

5.2.4.2 混沌神经网络

混沌的第一个定义是 20 世纪 70 年代才被 Li-Yorke 第一次提出的。由于它具有广泛的应用价值，自它出现以来就受到各方面的普遍关注。混沌是一种确定的系统中出现的无规则的运动，是存在于非线性系统中的一种较为普遍的现象。混沌运动具有遍历性、随机性等特点，能在一定范围内按自身规律不重复地遍历所有状态。混沌理论所决定的是非线性动力学混沌，目的是揭示貌似随机的现象背后可能隐藏的简单规律，以求发现一大类复杂问题普遍遵循的共同规律。

1990 年，Kaihara、T. Takabe 和 M. Toyoda 等人根据生物神经元的混沌特性首次提出混沌神经网络模型，将混沌学引入神经网络中，使得人工神经网络具有混沌行为，更加接近实际的人脑神经网络，因而混沌神经网络被认为是可实现其真实世界计算的智能信息处理系统之一，成为神经网络的主要研究方向之一。

与常规的离散型 Hopfield 神经网络相比较，混沌神经网络具有更丰富的非线性动力学特性。主要表现如下：在神经网络中引入混沌动力学行为；混沌神经网络的同步特性；混沌神经网络的吸引子。

当神经网络实际应用中，网络输入发生较大变异时，应用网络的固有容错能力往往感到不足，经常会发生失忆现象。混沌神经网络动态记忆属于确定性动力学运动，记忆发生在混沌吸引子的轨迹上，通过不断地运动（回忆过程）——联想到记忆模式。特别对于那些状态空间分布的较接近或者发生部分重叠的记忆模式，混沌神经网络总能通过动态联想记忆加以重现和辨识，而不发生混淆。这是混沌神经网络所特有的性能，它将大大改善 Hopfield 神经网络的记忆能力。混沌吸引子的吸引域存在，形成了混沌神经网络的固有容错功能，这将对复杂的模式识别、图像处理等工程应用发挥重要作用。

混沌神经网络受到关注的另一个原因是，混沌存在于生物体真实神经元及神经网络中，并且起到一定的作用。动物学的电生理实验已证实了这一点。

混沌神经网络由于其复杂的动力学特性，在动态联想记忆、系统优化、信息处理、人工智能等领域受到人们极大的关注。针对混沌神经网络具有联想记忆功能，但其搜索过程不稳定，专家提出了一种控制方法，可以对混沌神经网络中的混沌现象进行控制。

为了更好地应用混沌神经网络的动力学特性，并对其存在的混沌现象进行有效的控制，仍需要对混沌神经网络的结构进行进一步的改进和调整，以及进一步研究混沌神经网络算法。

5.2.4.3 基于粗集理论

粗集（RoughSets）理论是 1982 年由波兰华沙理工大学教授 Z. Pawlak 首先提出，它是一个分析数据的数学理论，研究不完整数据、不精确知识的表达、学习、归纳等方法。粗集理论是一种新的处理模糊和不确定性知识的数学工具，其主要思想就是在保持分类能力不变的前提下，通过知识约简，导出问题的决策或分类规则。目前，粗糙集理论已被成功应用于机器学习、决策分析、过程控制、模式识别与数据挖掘等领域。

粗集和神经网络的共同点是都能在自然环境下很好地工作，但是，粗集理论方法模拟人类的抽象逻辑思维，而神经网络方法模拟形象直觉思维，因而二者又具有不同特点。粗集理论方法以各种更接近人们对事物的描述方式的定性、定量或者混合性信息为输入，输入空间与输出空间的映射关系是通过简单的决策表简化得到的，它考虑知识表达中不同属性的重要性以确定哪些知识是冗余的，哪些知识是有用的。神经网络则是利用非线性映射的思想和并行处理的方法，用神经网络本身结构表达输入与输出关联知识的隐函数编码。

在粗集理论方法和神经网络方法处理信息中，两者存在两个很大的区别：一是神经网络处理信息一般不能将输入信息空间维数简化，当输入信息空间维数较大时，网络不仅结构复杂，而且训练时间也很长；而粗集方法却能通过发现数据间的关系，不仅可以去掉冗余输入信息，而且可以简化输入信息的表达空间维数。二是粗集方法在实际问题的处理中对噪声较敏感，因而用无噪声的训练样本学习推理的结果在有噪声的环境中应用效果不佳，而神经网络方法有较好的抑制噪声干扰的能力。

因此，将两者结合起来，用粗集方法先对信息进行预处理，即把粗集网络作为前置系统，再根据粗集方法预处理后的信息结构，构成神经网络信息处理系统。通过二者的结合，不但可减少信息表达的属性数量，减小神经网络构成系统的复杂性，而且具有较强的容错及抗干扰能力，为处理不确定、不完整信息提供了一条强有力的途径。

目前粗集与神经网络的结合已应用于语音识别、专家系统、数据挖掘、故障诊断等领域，将神经网络和粗集用于声源位置的自动识别，将神经网络和粗集用于专家系统的知识获取，取得比传统专家系统更好的效果，其中粗集进行不确定和不精确数据的处理，神经网络进行分类工作。

虽然粗集与神经网络的结合已应用于许多领域的研究，但为使这一方法发挥更大的作用，还须考虑如下问题：模拟人类抽象逻辑思维的粗集理论方法和模拟形象直觉思维的神经网络方法更加有效地结合；二者集成的软件和硬件平台的开发，提高其实用性。

5.2.4.4 与分形理论的结合

自从美国哈佛大学数学系教授 Benoit B. Mandelbrot 于 20 世纪 70 年代中期引入分形这一概念，分形几何学（Fractal geometry）已经发展成为科学的方法论——分形理论，且被誉为开创了 20 世纪数学重要阶段。该理论现已被广泛应用于自然科学和社会科学的几乎所有领域，成为现今国际上许多学科的前沿研究课题之一。

由于在许多学科中的迅速发展，分形已成为一门描述自然界中许多不规则事物的规律性的学科，已被广泛应用在生物学、地球地理学、天文学、计算机图形学等各个领域。

用分形理论来解释自然界中那些不规则、不稳定和具有高度复杂结构的现象，可以收到显著的效果，而将神经网络与分形理论相结合，充分利用神经网络非线性映射、计算能力、自适应等优点，可以取得更好的效果。

分形神经网络的应用领域有图像识别、图像编码、图像压缩，以及机械设备系统的故障诊断等。分形图像压缩 / 解压缩方法有着高压缩率和低遗失率的优点，但运算能力不强。由于神经网络具有并行运算的特点，将神经网络用于分形图像压缩 / 解压缩中，就能提高了原有方法的运算能力。将神经网络与分形相结合用于果实形状的识别，首先利用分形得到几种水果轮廓数据的不规则性，然后利用三层神经网络对这些数据进行辨识，继而对其不规则性进行评价。

分形神经网络已取得了许多应用，但仍有些问题值得进一步研究，如：分形维数的物理意义；分形的计算机仿真和实际应用研究。随着研究的不断深入，分形神经网络必将得到不断完善，并取得更好的应用效果。

5.3 人工神经网络与计算智能的研究内容与趋势

5.3.1 人工神经网络的定义

人工神经网络（Artificial Neural Network，即ANN）是20世纪80年代以来人工智能领域兴起的研究热点。它从信息处理角度对人脑神经元网络进行抽象，建立某种简单模型，按不同的连接方式组成不同的网络。在工程与学术界也常直接简称为神经网络或类神经网络。神经网络是一种运算模型，由大量的节点（或称神经元）之间相互连接构成。每个节点代表一种特定的输出函数，称为激励函数（activation function）。每两个节点间的连接都代表一个对于通过该连接信号的加权值，称为权重，这相当于人工神经网络的记忆。网络的输出则依网络的连接方式，权重值和激励函数的不同而不同。而网络自身通常都是对自然界某种算法或者函数的逼近，也可能是对一种逻辑策略的表达。

十多年来，人工神经网络的研究工作不断深入，已经取得了很大的进展，其在模式识别、智能机器人、自动控制、预测估计、生物、医学、经济等领域已成功地解决了许多现代计算机难以解决的实际问题，表现出了良好的智能特性。

人工神经网络是模仿生物神经网络功能的一种经验模型。生物神经元受到传入的刺激，其反应又从输出端传到相连的其他神经元，输入和输出之间的变换关系一般是非线性的。神经网络是由若干简单（通常是自适应的）元件及其层次组织，以大规模并行连接方式构造而成的网络，按照生物神经网络类似的方式处理输入的信息。模仿生物神经网络而建立的人工神经网络，对输入信号有功能强大的反应和处理能力。

神经网络是由大量的处理单元（神经元）互相连接而成的网络。为了模拟大脑的基本特性，在神经科学研究的基础上，提出了神经网络的模型。但是，实际上神经网络并没有完全反映大脑的功能，只是对生物神经网络进行了某种抽象、简化和模拟。神经网络的信息处理通过神经元的互相作用来实现，知识与信息的存储表现为网络元件互相分布式的物理联系。神经网络的学习和识别取决于各种神经元连接权系数的动态演化过程。

若干神经元连接成网络，其中的一个神经元可以接受多个输入信号，按照一定的规则转换为输出信号。由于神经网络中神经元间复杂的连接关系和各神经元传递信号的非线性方式，输入和输出信号间可以构建出各种各样的关系，因此可以用来作为黑箱模型，表达那些用机理模型还无法精确描述，但输入和输出之间确实有客观的、确定性的或模糊性的规律。因此，人工神经网络作为经验模型的一种，在化工生产、研究和开发中得到了越来越多的用途。

5.3.1.1 神经元

a_1~a_n 为输入向量的各个分量。

w_1~w_n 为神经元各个突触的权值。

b 为偏置。

f 为传递函数，通常为非线性函数。

t 为神经元输出。

数学表示 t=f（WA’+b）。

W 为权向量。

A 为输入向量，A’为 A 向量的转置。

b 为偏置。

f 为传递函数。

可见，一个神经元的功能是求得输入向量与权向量的内积后，经一个非线性传递函数得到一个标量结果。

单个神经元的作用：把一个 n 维向量空间用一个超平面分割成两部分（称为判断边界），给定一个输入向量，神经元可以判断出这个向量位于超平面的哪一边。

该超平面的方程：Wp+b=0。

W 权向量。

b 偏置。

p 超平面上的向量。

5.3.1.2 基本特征

人工神经网络是由大量处理单元互联组成的非线性、自适应信息的处理系统。它是在现代神经科学研究成果的基础上提出的，试图通过模拟大脑神经网络处理、记忆信息的方式进行信息处理。人工神经网络具有四个基本特征。

1. 非线性

非线性关系是自然界的普遍特性。大脑的智慧就是一种非线性现象。人工神经元处于激活或抑制两种不同的状态，这种行为在数学上表现为一种非线性关系。具有阈值的神经元构成的网络具有更好的性能，可以提高容错性和存储容量。

2. 非局限性

一个神经网络通常由多个神经元广泛连接而成。一个系统的整体行为不仅取决于单个神经元的特征，而且可能主要由单元之间的相互作用、相互连接所决定。通过单元之间的大量连接模拟大脑的非局限性。联想记忆是非局限性的典型例子。

3. 非常定性

人工神经网络具有自适应、自组织、自学习等能力。神经网络不但处理的信息可以有各种变化，而且在处理信息的同时，非线性动力系统本身也在不断变化。经常采用迭代过程描写动力系统的演化过程。

4. 非凸性

一个系统的演化方向，在一定条件下将取决于某个特定的状态函数。如能量函数，它的极值相应于系统比较稳定的状态。非凸性是指这种函数有多个极值，故系统具有多个较稳定的平衡态，这将导致系统演化的多样性。

人工神经网络中，神经元处理单元可表示不同的对象，如特征、字母、概念，或者一些有意义的抽象模式。网络中处理单元的类型分为三类：输入单元、输出单元和隐单元。输入单元接受外部世界的信号与数据；输出单元实现系统处理结果的输出；隐单元是处在输入和输出单元之间，不能由系统外部观察的单元。神经元间的连接权值反映了单元间的连接强度，信息的表示和处理体现在网络处理单元的连接关系中。人工神经网络是一种非程序化、适应性、大脑风格的信息处理，其本质是通过网络的变换和动力学行为得到一种并行分布式的信息处理功能，并在不同程度和层次上模仿人脑神经系统的信息处理功能。它是涉及神经科学、思维科学、人工智能、计算机科学等多个领域的交叉学科。

人工神经网络是并行分布式系统，采用了与传统人工智能和信息处理技术完全不同的机理，克服了传统的基于逻辑符号的人工智能在处理直觉、非结构化信息方面的缺陷，具有自适应、自组织和实时学习的特点。

5.3.1.3 人工神经网络的特点

第一，具有自学习功能。如实现图像识别时，只要在先把许多不同的图像样板和对应的应识别的结果输入人工神经网络，网络就会通过自学习功能，慢慢学会识别类似的图像。自学习功能对于预测有特别重要的意义。预期未来的人工神经网络计算机将为人类提供经济预测、市场预测、效益预测，其应用前途是很远大的。

第二，具有联想存储功能。用人工神经网络的反馈网络就可以实现这种联想。

第三，具有高速寻找优化解的能力。寻找一个复杂问题的优化解，往往需要很大的计算量。利用一个针对某问题而设计的反馈型人工神经网络，发挥计算机的高速运算能力，可以很快找到优化解。

5.3.2 发展历史和背景

5.3.2.1 发展历史

1943 年，心理学家 W. S. McCulloch 和数理逻辑学家 W. Pitts 建立了神经网络和数学模型，称为 MP 模型。他们通过 MP 模型提出了神经元的形式化数学描述和网络结构方法，证明了单个神经元能执行逻辑功能，从而开创了人工神经网络研究的时代。1949 年，心理学家提出了突触联系强度可变的设想。20 世纪 60 年代，人工神经网络得到了进一步发展，更完善的神经网络模型被提出，其中包括感知器和自适应线性元件等。在此期间，一些人工神经网络的研究者仍然致力于这一研究，提出了适应谐振理论（ART 网）、自组织映射、认知机网络，同时进行了神经网络数学理论的研究。以上研究为神经网络的研究和发展奠定了基础。1982 年，美国加州工学院物理学家 J. J. Hopfield 提出了 Hopfield 神经网格模型，引入了“计算能量”概念，给出了网络稳定性判断。1984 年，他又提出了连续时间 Hopfield 神经网络模型，为神经计算机的研究做了开拓性的工作，开创了神经网络用于联想记忆和优化计算的新途径，有力地推动了神经网络的研究。1985 年，又有学者提出了波耳兹曼模型，在学习中采用统计热力学模拟退火技术，以保证整个系统趋于全局稳定点。1986 年进行认知微观结构的研究，提出了并行分布处理的理论。

1988 年，Linsker 对感知机网络提出了新的自组织理论，并在 Shanon 信息论的基础上形成了最大互信息理论，从而点燃了基于 NN 的信息应用理论的光芒。1988 年，Broomhead 和 Lowe 用径向基函数（Radial basis function，RBF）提出分层网络的设计方法，从而将 NN 的设计与数值分析和线性适应滤波相挂钩。20 世纪 90 年代初，Vapnik 等提出了支持向量机（Support vector machines，SVM）和 VC（Vapnik-Chervonenkis）维数的概念。人工神经网络的研究受到了各个发达国家的重视，美国国会通过决议将 1990 年 1 月 5 日开始的十年定为“脑的十年”，国际研究组织号召它的成员国将“脑的十年”变为全球行为。在日本的“真实世界计算（RWC）”项目中，人工智能的研究成了一个重要的组成部分。

5.3.2.2 研究背景

人工神经网络是由具有适应性的简单单元组成的广泛并行互联的网络，它的组织能够模拟生物神经系统对真实世界物体所做出的交互反应。

人工神经网络就是模拟人思维的一种方式，是一个非线性动力学系统，其特色在于信息的分布式存储和并行协同处理。虽然单个神经元的结构极其简单，功能有限，但大量神经元构成的网络系统所能实现的行为却是极其丰富多彩的。

近年来，通过对人工神经网络的研究，可以看出神经网络的研究目的和意义有以下三点：

（1）通过揭示物理平面与认知平面之间的映射，了解它们相互联系和相互作用的机理，从而揭示思维的本质，探索智能的本源。

（2）争取构造出尽可能与人脑具有相似功能的计算机，即神经网络计算机。

（3）研究仿照脑神经系统的人工神经网络，将在模式识别、组合优化和决策判断等方面取得传统计算机所难以达到的效果。

人工神经网络特有的非线性适应性信息处理能力，克服了传统人工智能方法对于直觉，如模式、语音识别、非结构化信息处理方面的缺陷，使之在神经专家系统、模式识别、智能控制、组合优化、预测等领域得到成功应用。人工神经网络与其他传统方法相结合，将推动人工智能和信息处理技术不断发展。近年来，人工神经网络正向模拟人类认知的道路上更加深入发展，与模糊系统、遗传算法、进化机制等结合，形成计算智能，成为人工智能的一个重要方向，将在实际应用中得到发展。将信息几何应用于人工神经网络的研究，为人工神经网络的理论研究开辟了新的途径。神经计算机的研究发展很快，已有产品进入市场。光电结合的神经计算机为人工神经网络的发展提供了良好条件。

5.3.3 网络模型

人工神经网络模型主要考虑网络连接的拓扑结构、神经元的特征、学习规则等。目前，已有近 40 种神经网络模型，其中有反传网络、感知器、自组织映射、Hopfield 网络、波耳兹曼机、适应谐振理论等。

5.3.3.1 前向网络

网络中各个神经元接受前一级的输入，并输出到下一级。网络中没有反馈，可以用一个有向无环路图表示。这种网络实现信号从输入空间到输出空间的变换，它的信息处理能力来自简单非线性函数的多次复合。网络结构简单，易于实现。反传网络是一种典型的前向网络。

5.3.3.2 反馈网络

网络内神经元间有反馈，可以用一个无向的完备图表示。这种神经网络的信息处理是状态的变换，可以用动力学系统理论处理。系统的稳定性与联想记忆功能有密切关系。Hopfield 网络、波耳兹曼机均属于这种类型。

5.3.3.3 学习类型

学习是神经网络研究的一个重要内容，它的适应性是通过学习实现的。根据环境的变化，对权值进行调整，改善系统的行为。由 Hebb 提出的 Hebb 学习规则为神经网络的学习算法奠定了基础。Hebb 规则认为，学习过程最终发生在神经元之间的突触部位，突触的联系强度随着突触前后神经元的活动而变化。在此基础上，人们提出了各种学习规则和算法，以适应不同网络模型的需要。有效的学习算法，使得神经网络能够通过连接权值的调整，构造客观世界的内在表示，形成具有特色的信息处理方法，信息存储和处理体现在网络的连接中。

5.3.3.4 分　类

根据学习环境不同，神经网络的学习方式可分为监督学习和非监督学习。在监督学习中，将训练样本的数据加到网络输入端，同时将相应的期望输出与网络输出相比较，得到误差信号，以此控制权值连接强度的调整，经多次训练后收敛到一个确定的权值。当样本情况发生变化时，经学习可以修改权值以适应新的环境。使用监督学习的神经网络模型有反传网络、感知器等。非监督学习时，事先不给定标准样本，直接将网络置于环境之中，学习阶段与工作阶段成为一体。此时，学习规律的变化服从连接权值的演变方程。非监督学习最简单的例子是 Hebb 学习规则。竞争学习规则是一个更复杂的非监督学习的例子，它是根据已建立的聚类进行权值调整。自组织映射、适应谐振理论网络等都是与竞争学习有关的典型模型。

5.3.3.5 分析方法

研究神经网络的非线性动力学性质，主要采用动力学系统理论、非线性规划理论和统计理论，来分析神经网络的演化过程和吸引子的性质，探索神经网络的协同行为和集体计算功能，了解神经信息处理机制。为了探讨神经网络在整体性和模糊性方面处理信息的可能，混沌理论的概念和方法将会发挥作用。混沌是一个相当难以精确定义的数学概念。一般而言，“混沌”是指由确定性方程描述的动力学系统中表现出的非确定性行为，或称之为确定的随机性。“确定性”是因为它由内在的原因而不是外来的噪声或干扰所产生，而“随机性”是指其不规则的、不能预测的行为，只可能用统计的方法描述。混沌动力学系统的主要特征是其状态对初始条件的灵敏依赖性，混沌反映其内在的随机性。混沌理论是指描述具有混沌行为的非线性动力学系统的基本理论、概念、方法，它把动力学系统的复杂行为理解为其自身与其在同外界进行物质、能量和信息交换过程中内在的有结构的行为，而不是外来的和偶然的行为，混沌状态是一种定态。混沌动力学系统的定态包括静止、平稳量、周期性、准同期性和混沌解。混沌轨线是整体上稳定与局部不稳定相结合的结果，称为奇异吸引子。

一个奇异吸引子有如下一些特征：第一，奇异吸引子是一个吸引子，但它既不是不动点，也不是周期解；第二，奇异吸引子是不可分割的，即不能分为两个以及两个以上的吸引子；第三，它对初始值十分敏感，不同的初始值会导致极不相同的行为。

5.3.4 神经网络的研究内容

神经网络的研究内容相当广泛，反映了多科学交叉技术领域的特点。目前，主要的研究工作集中在以下四方面：

生物原型研究：从生理学、心理学、解剖学、脑科学、病理学生物科学方面研究神经细胞、神经网络、神经系统的生物原型结构及其功能机理。

建立理论模型：根据生物原形的研究，建立神经元、神经网络的理论模型，其中包括概念模型、知识模型、物理化学模型、数学模型等。

网络模型与算法研究：在理论模型研究的基础上构成具体的神经网络模型，以实现计算机模拟或准备制作硬件，包括网络学习算法的研究。这方面的工作也称为技术模型研究。

神经网络应用系统：在网络模型与算法研究的基础上，利用神经网络组成实际的应用系统，如完成某种信号处理或模式识别的功能、构成专家系统、制成机器人等。

5.3.5 BP 神经网络算法

5.3.5.1 BP 神经网络定义

BP（Back Propagation）神经网络是一种神经网络学习算法。其由输入层、中间层、输出层组成阶层型神经网络，中间层可扩展为多层。相邻层之间各神经元进行全连接，而每层各神经元之间无连接，网络按有教师示教的方式进行学习，当一对学习模式提供给网络后，各神经元获得网络的输入响应产生连接权值（Weight）。然后按减小希望输出与实际输出误差的方向，从输出层经各中间层逐层修正各连接权，回到输入层。此过程反复交替进行，直至网络的全局误差趋向给定的极小值，即完成学习的过程。

BP 网络是一种多层前馈神经网络，由输入层、隐层和输出层组成。层与层之间采用全互联方式，同一层之间不存在相互连接，隐层可以有一层或多层。层与层之间有两种信号在流通：一种是工作信号（用实线表示），它是施加输入信号后向前传播直到在输出端产生实际输出的信号，是输入和权值的函数。另一种是误差信号（用虚线表示），网络实际输出与期望输出间的差值即为误差，它由输出端开始逐层向后传播。BP 网络的学习过程由前向计算过程和误差反向传播过程组成。在前向计算过程中，输入量从输入层经隐层逐层计算，并传向输出层，每层神经元的状态只影响下一层神经元的状态。如输出层不能得到期望的输出，则转入误差反向传播过程，误差信号沿原来的连接通路返回，逐次调整网络各层的权值和阈值，直至到达输入层，再重复向计算。这两个过程一次反复进行，不断调整各层的权值和阈值，使得网络误差最小或达到人们所期望的要求时，学习过程结束。

生物神经元信号的传递是通过突触进行的一个复杂的电化学等过程，在人工神经网络中是将其简化模拟成一组数字信号通过一定的学习规则而不断变动更新的过程，这组数字储存在神经元之间的连接权重。网络的输入层模拟的是神经系统中的感觉神经元，它接收输入样本信号。输入信号，经输入层输入，通过隐含层的复杂计算由输出层输出，输出信号与期望输出相比较，若有误差，再将误差信号反向由输出层通过隐含层处理后向输入层传播。在这个过程中，误差通过梯度下降算法，分摊给各层的所有单元，从而获得各单元的误差信号，以此误差信号为依据修正各单元权值，网络权值因此被重新分布。此过程完成后，输入信号再次由输入层输入网络，重复上述过程。这种信号正向传播与误差反向传播的各层权值调整过程周而复始地进行着，直到网络输出的误差减少到可以接受的程度，或进行到预先设定的学习次数为止。权值不断调整的过程就是网络的学习训练过程。

5.3.5.2 BP 神经网络的特点

1. 信息分布存储

人脑存储信息的特点是利用突触效能的变化来调整存储内容，即信息存储在神经元之间的连接强度的分布上。BP 神经网络模拟人脑的这一特点，使信息以连接权值的形式分布于整个网络。

2. 信息并行处理

人脑神经元之间传递脉冲信号的速度远低于冯·诺依曼计算机的工作速度，但是在很多问题上却可以做出快速的判断、决策和处理，这是由于人脑是一个大规模并行与串行组合的处理系统。BP 神经网络的基本结构模仿人脑，具有并行处理的特征，大大提高了网络功能。

3. 具有容错性

生物神经系统部分不严重损伤并不影响整体功能，BP 神经网络也具有这种特性，网络的高度连接意味着少量的误差可能不会产生严重的后果，部分神经元的损伤不破坏整体，它可以自动修正误差。这与现代计算机的脆弱性形成鲜明对比。

4. 具有自学习、自组织、自适应的能力

BP 神经网络具有初步的自适应与自组织能力，在学习或训练中改变突触权值以适应环境，可以在使用过程中不断学习完善自己的功能，并且同一网络因学习方式的不同可以具有不同的功能，它甚至具有创新能力，可以发展知识，以至超过设计者原有的知识水平。

5.3.5.3 BP 神经网络的主要功能

目前，在人工神经网络的实际应用中，绝大部分的神经网络模型都采用 BP 神经网络及其变化形式。它也是前向网络的核心部分，体现了人工神经网络的精华。

BP 网络主要用于以下四方面：

（1）函数逼近：用输入向量和相应的输出向量训练一个网络以逼近一个函数。

（2）模式识别：用一个待定的输出向量将它与输入向量联系起来。

（3）分类：把输入向量所定义的合适方式进行分类。

（4）数据压缩：减少输出向量维数以便传输或存储。

5.3.5.4 BP 网络的优点以及局限性

BP 神经网络最主要的优点是具有极强的非线性映射能力。理论上，对于一个三层和三层以上的 BP 网络，只要隐层神经元数目足够多，该网络就能以任意精度逼近一个非线性函数。其次，BP 神经网络具有对外界刺激和输入信息进行联想记忆的能力。这是因为它采用了分布并行的信息处理方式，对信息的提取必须采用联想的方式，才能将相关神经元全部调动起来。BP 神经网络通过预先存储信息和学习机制进行自适应训练，可以从不完整的信息和噪声干扰中恢复原始的完整信息。这种能力使其在图像复原、语言处理、模式识别等方面具有重要应用。再次，BP 神经网络对外界输入样本有很强的识别与分类能力。由于它具有强大的非线性处理能力，因此可以较好地进行非线性分类，解决了神经网络发展史上的非线性分类难题。另外，BP 神经网络具有优化计算能力。BP 神经网络本质上是一个非线性优化问题，它可以在已知的约束条件下，寻找一组参数组合，使该组合确定的目标函数达到最小。不过，其优化计算存在局部极小问题，必须通过改进完善。

由于 BP 网络训练中稳定性要求学习效率很小，所以梯度下降法使得训练很慢。动量法因为学习率的提高通常比单纯的梯度下降法要快一些，但在实际应用中还是速度不够。这两种方法通常只应用于递增训练。

多层神经网络可以应用于线性系统和非线性系统中，对于任意函数模拟逼近。当然，感知器和线性神经网络能够解决这类网络问题。但是，虽然理论上是可行的，但实际上 BP 网络并不一定总能有解。

对于非线性系统，选择合适的学习率是一个重要的问题。在线性网络中，学习率过大会导致训练过程不稳定。相反，学习率过小又会造成训练时间过长。和线性网络不同，对于非线性多层网络很难选择很好的学习率。对那些快速训练算法，缺少参数值基本上都是最有效的设置。

非线性网络的误差面比线性网络的误差面复杂得多，问题在于多层网络中非线性传递函数有多个局部最优解。寻优的过程与初始点的选择关系很大，初始点如果更靠近局部最优点，而不是全局最优点，就不会得到正确的结果，这也是多层网络无法得到最优解的一个原因。为了解决这个问题，在实际训练过程中，应重复选取多个初始点进行训练，以保证训练结果的全局最优性。

网络隐层神经元的数目也对网络有一定的影响。神经元数目太少会造成网络的不适性，而神经元数目太多又会引起网络的过适性。

5.3.5.5 神经网络在实例中的应用

快速发展的 Matlab 软件为神经网络理论的实现提供了一种便利的仿真手段。Matlab 神经网络工具箱的出现，更加拓宽了神经网络的应用空间。神经网络工具箱将很多原本需要手动计算的工作交给计算机，一方面提高了工作效率，另一方面还提高了计算的准确度和精度，减轻了工程人员的负担。

神经网络工具箱是在 MATLAB 环境下开发出来的许多工具箱之一。它以人工神经网络理论为基础，利用 MATLAB 编程语言构造出许多典型神经网络的框架和相关的函数。这些工具箱函数主要为两大部分：一部分函数是特别针对某一种类型的神经网络的，如感知器的创建函数、BP 网络的训练函数等。而另外一部分函数则是通用的，几乎可以用于所有类型的神经网络，如神经网络仿真函数、初始化函数和训练函数等。这些函数的 MATLAB 实现，使得设计者对所选定网络进行计算过程，转变为对函数的调用和参数的选择，这样一来，网络设计人员可以根据自己的需要去调用工具箱中有关的设计和训练程序，从烦琐的编程中解脱出来，集中精力解决其他问题，从而提高工作效率。

1. 基于 MATLAB 的 BP 神经网络工具箱函数

神经网络工具箱几乎涵盖了所有的神经网络的基本常用模型，如感知器和 BP 网络等。对于各种不同的网络模型，神经网络工具箱集成了多种学习算法，为用户提供了极大的方便。Matlab7.0 神经网络工具箱中包含了许多用于 BP 网络分析与设计的函数。

（1）newff。

该函数用于创建一个 BP 网络。调用格式为：

net=newff

net=newff（PR，[S1S2…SN1]，{TF1TF2…TFN1}，BTF，BLF，PF）

net=newff；用于在对话框中创建一个 BP 网络。

net 为创建的新 BP 神经网络；

PR 为网络输入向量取值范围的矩阵；

[S1S2…SNl] 表示网络隐含层和输出层神经元的个数；

{TFlTF2…TFN1} 表示网络隐含层和输出层的传输函数，默认为‘tansig’；

BTF 表示网络的训练函数，默认为‘trainlm’；

BLF 表示网络的权值学习函数，默认为‘learngdm’；

PF 表示性能数，默认为‘mse’。

Newcf 函数用于创建级联前向 BP 网络，newfftd 函数用于创建一个存在输入延迟的前向网络。

（2）传递函数。

传递函数是 BP 网络的重要组成部分。传递函数又称为激活函数，必须是连续可微的。BP 网络经常采用 S 型的对数或正切函数和线性函数。

logsig：该传递函数为 S 型的对数函数。调用格式为：

A=logsig（N）

info=logsig（code）

其中，

N：Q 个 S 维的输入列向量；

A：函数返回值，位于区间（0，1）中；

tansig：该函数为双曲正切 S 型传递函数。调用格式为：

A=tansig（N）

info=tansig（code）

其中，

N：Q 个 S 维的输入列向量；

A：函数返回值，位于区间（-1，1）之间。

purelin：该函数为线性传递函数。调用格式为：

A=purelin（N）

info=purelin（code）

其中，

N：Q 个 S 维的输入列向量；

A：函数返回值，A=N。

（3）学习函数 learng。

该函数为梯度下降权值 / 阈值学习函数，它通过神经元的输入和误差，以及权值和阈值的学习效率，来计算权值或阈值的变化率。Learngdm 函数为梯度下降动量学习函数，它利用神经元的输入和误差、权值或阈值的学习速率和动量常数，来计算权值或阈值的变化率。

（4）网络训练函数。

Train：神经网络训练函数，调用其他训练函数，对网络进行训练。该函数的调用格式为：[net，tr，Y，E，Pf，Af]=train（NET，P，T，Pi，Ai）。

[net，tr，Y，E，Pf，Af]=train（NET，P，T，Pi，Ai，VV，TV）

traingdm 函数为梯度下降 BP 算法函数。traingdm 函数为梯度下降动量 BP 算法函数。

2. 网络在函数逼近中的应用

（1）问题的提出。

BP 网络有很强的映射能力，主要用于模式识别分类、函数逼近、函数压缩等。下面将通过实例来说明 BP 网络在函数逼近方面的应用。

要求设计一个 BP 网络，逼近函数：g（x）=1+sin（k*pi/4*x），实现对该非线性函数的逼近。其中，分别令 k=1，2，4 进行仿真，通过调节参数（如隐藏层节点个数等）得出信号的频率与隐层节点之间、隐层节点与函数逼近能力之间的关系。

（2）基于 BP 神经网络逼近函数。

步骤 1：假设频率参数 k=1

```
k=1;
p=[-1：.05：8];
t=1+sin（k*pi/4*p）;
plot（p，t，'-'）;
title（'要逼近的非线性函数'）;
xlabel（'时间'）;
ylabel（'非线性函数'）;
```

步骤 2：网络的建立

应用 newff（）函数建立 BP 网络结构。隐层神经元数目 n 可以改变，暂设为 n=3，输出层有一个神经元。选择隐层和输出层神经元传递函数分别为 tansig 函数和 purelin 函数，网络训练的算法采用 Levenberg-Marquardt 算法 trainlm。

```
n=3;
net=newff（minmax（p），[n，1]，{'tansig' 'purelin'}，'trainlm'）;
% 对于初始网络，可以应用 sim（）函数观察网络输出。
y1=sim（net，p）;
figure;
plot（p，t，'-'，p，，'：'）
```

title（‘未训练网络的输出结果’）；

xlabel（‘时间’）；

ylabel（‘仿真输出—原函数’）；

因为使用 newff（ ）函数建立函数网络时，权值和阈值的初始化是随机的，所以网络输出结构很差，根本达不到函数逼近的目的，每次运行的结果也有不同。

步骤 3：网络训练

应用 train（ ）函数对网络进行训练之前，需要预先设置网络训练参数。将训练时间设置为 50，训练精度设置为 0.01，其余参数使用缺省值。

net.trainParam.epochs=50（‘网络训练时间设置为 50’）；

net.trainParam.goal=0.01（‘网络训练精度设置为 0.01’）；

net=train（net，p，t）（‘开始训练网络’）；

TRAINLM-calcjx，Epoch0/50，MSE9.27774/0.01，Gradient13.3122/1e-010

TRAINLM-calcjx，Epoch3/50，MSE0.00127047/0.01，Gradient0.0337555/1e-010

TRAINLM，Performancegoalmet.

从以上结果可以看出，网络训练速度很快，经过一次循环迭送过程就达到了要求的精度 0.01。

步骤 4：网络测试

对于训练好的网络进行仿真：

y2=sim（net，p）；

figure；

plot（p，t，‘-’’，p，y1，‘：’，p，y2，‘-’）

title（‘训练后网络的输出结果’）；

xlabel（‘时间’）；

ylabel（‘仿真输出’）；

3. 仿真实验

（1）BP 神经网络 MATLAB 设计。

在隐含层的神经元个数可以随意调整的前提下，单隐含层的 BP 神经网络可以逼近任意的非线性映射。输入层和输出层神经元个数为 1，只有一个隐含层，其个数根据上述的设计经验公式和本例的实际情况，选取 9~16 之间。下面的隐含层神经元个数可变的 BP 神经网络，通过误差和训练步数对比确定隐含层个数，并检验隐含层神经元个数对网络性能的影响。下面是相关 MATLAB 程序段：

选取输入变量 x 取值范围

x=-4:0.01:4;

输入目标函数

=sin（（1/2）*pi*x）+sin（pi*x）；

隐含层的神经元数目范围

s=9:16;

欧氏距离

res=1:8;

选取不同的隐含层神经元个数，进行网络测试

Fori=1:8

建立前向型 BP 神经网络，输入层和隐含层激励函数为 tansig，输出层为 pureling，训练函数为 trainlm，也是默认函数

net=newff（minmax（x），[1，s（i），1]，{‘tansig’，‘tansig’，‘purelin’}，‘trainlm’）；

训练步数最大为 2000

net.trainparam.epochs=2000;

设定目标误差为 0.00001

net.trainparam.goal=0.00001;

进行函数训练

net=train（net，x，y1）；

对训练后的神经网络进行仿真

=sim（net，x）；

求欧式距离，判定隐含层神经元个数及网络性能

err=-;

res（i）=norm（err）；

end

（2）BP 学习算法 MATLAB 仿真。

根据上面一节对 BP 神经网络的 MATLAB 设计，可以得出下面通用的 MATLAB 程序段。由于各种 BP 学习算法采用了不同的学习函数，所以只需要更改学习函数即可。

MATLAB 程序段如下：

x=-4：0.01：4;

=sin（（1/2）*pi*x）+sin（pi*x）；

trainlm 函数可以选择替换

net=newff(minmax(x), [1, 15, 1], { 'tansig' , 'tansig' , 'purelin' }, 'trainlm');

net.trainparam.epochs=2000;

net.trainparam.goal=0.00001;

net=train (net, x,) ;

=sim (net, x) ;

err=-;

res=norm (err) ;

暂停，按任意键继续

Pause

绘图，原图（蓝色光滑线）和仿真效果图（红色 + 号点线）

plot (x, y1) ;

holdon

plot (x, y1, 'r+') ;

注意：各种不确定因素可能对网络训练产生不同程度的影响、不同的效果。

4. 算法仿真结果比较与分析

从仿真结果可以看出，标准 BP 算法、增加动量发、弹性 BP 算法、动量及自适应学习速率法的收敛速度都不如共轭梯度法和 Levenberg-Marquardt 法（L-M 算法）收敛速度明显快。从仿真结果和均方误差综合来看，只有 L-M 算法达到了目标误差，可见对高要求的误差来说，L-M 算法的优势要明显得多，其余均未达到目标误差；从均方误差的效果来看，所仿真的 BP 算法的优劣（从优到劣）顺序依次为 L-M 算法、共轭梯度法、弹性 BP 算法、动量及自适应学习速率法、增加动量法、标准 BP 算法。

从仿真效果图可以看出，L-M 算法的效果最好，其次是共轭梯度法，其余均有不同范围内的失真。从误差曲线来看，L-M 算法达到了目标误差（较高的误差），标准 BP 算法的误差曲线较粗，是因为较小范围振荡产生锯齿，在图形中由于间距加大，图形不断重叠而成，收敛速度很慢；增加动量法、弹性 BP 算法、动量及自适应学习速率法的误差曲线较为平滑，在刚开始收敛较快，在训练步数增加的时候，曲线趋于水平，收敛速度比较慢；共轭梯度法和 L-M 算法的误差曲线变化较大且产生局部锯齿状，说明不是最优，仍需要进行优化，其中 L-M 算法达到了目标误差。共轭梯度法在相邻迭代的正交方向搜索，综合误差曲线可知当接近极值时会产生锯齿形振荡。

再根据前面对各种 BP 改进算法的描述可知，弹性 BP 算法不需要进行搜索，需要内存比较小，因此在一些大型网络中比较适用，但是需要很长的训练时间。对收敛速度要求不高时也可使用动量及自适应学习速率法。在小型网络中，共轭梯度法仅次于 L-M 算法，但是 L-M 算法需要更大的内存做临时存储，对于较大复杂的网络和内存受限的设备来说不是很好的选择，但是对于小型网络来说却是首要选择。对训练时间允许的条件下，共轭梯度法和弹性 BP 算法是对复杂大型网络较好的选择。

其中，共轭梯度法在训练的时候，训练次数为 769 次，均方误差为 0.00499915，均未达到所设定的要求，产生了“Minimum step size reached，performance goal was not met”的结果。这可能意味着子区间的长度与计算机舍入误差相当，无法继续计算了，原因可能是有奇点(无限小且不实际存在)，另外也可能是存在初值问题。理论上得知:共轭梯度法的最大局限是依赖于初值，在有限的迭代次数内可能既不能搜索到全局极值，也不能搜索到局部极值。因此，该算法适用于精度要求比较低的高维网络之中。

5. 调整初始权值和阈值的仿真

（1）MATLAB 程序段一：

```
x=-4：0.01：4;
y1=sin（（1/2）*pi*x）+sin（pi*x）;
net=newff(minmax(x), [1, 15, 1], {'tansig', 'tansig', 'purelin'}, 'trainlm');
net.trainparam.epochs=2000;
net.trainparam.goal=0.00001;
```

初始化网络，用 newff 创建网络，其权值和阈值初始化函数的默认值是 initnw。据 Nguyen-Widrow 规则初始化算法对网络层的权值和阈值进行初始化，初始化值可以使网络层中每个神经元的作用范围近似地在网络层的输入空间均匀分布。与纯随机初始化权值和阈值的方法比较，初始化算法有以下优点：神经元的浪费少（因为所有神经元都分布在输入空间内）；网络的训练速度快（因为输入空间的每一个区域都有神经元）；这里是用 rands 重新设置权值和阈值。

```
net.layers{1}.initFcn='initnw';
net.layers{2}.initFcn='initnw';
net.inputWeights{1, 1}.initFcn='rands';
net.inputWeights{2, 1}.initFcn='rands';
net.biases{1, 1}.initFcn='rands';
net.biases{2, 1}.initFcn='rands';
net=init（net）;
```

查看初始化后的权值和阈值

```
net.iw{1, 1}
net.b{1}
net.lw{2, 1}
net.b{2}
net=train（net, x, y1）;
```

得出训练好的权值和阈值供 MATLAB 程序段使用

```
net.iw{1, 1}
net.b{1}
net.lw{2, 1}
net.b{2}
y2=sim（net, x）;
err=y2-y1;
res=norm（err）;
pause
plot（x, y1）;
holdon
plot（x, y2, 'r+'）;
```

（2）MATLAB 程序段二：

```
x=-4: 0.01: 4;
=sin（（1/2）*pi*x）+sin（pi*x）;
net=newff(minmax(x), [1, 15, 1], {'tansig', 'tansig', 'purelin'}, 'trainlm');
net.trainparam.epochs=2000;
net.trainparam.goal=0.00001;
```

从程序段一得出的数据

```
net.iw{1, 1}=-0.3740;
net.b{1}=-0.1930;
net.lw{2, 1}=[-20.7192; 19.6478; 10.9678; -9.4500; 21.3555; 6.7648; -20.7057; -6.1023; -9.4889; -12.7880; -15.5183; -13.9643; -21.2201; 29.9987; -15.3738];
net.b{2}=[21.2768; -16.9303; -7.9953; 4.8688; -6.6081; -1.3465; -0.8528; -1.2791; -4.7658; -15.4970; -9.2069; -10.5259; -20.1442; 3.5287; -13.6953];
net=train（net, x, y1）;
```

```
=sim（net，x）;
err=-;
res=norm（err）;
pause
plot（x，y1）;
holdon
plot（x，y1，'r+'）;
```

6. 其他影响因素仿真

在算法选择上，在下面的仿真中将使用L—M算法测试其他影响因素，比如通过选择不同的激活函数、修改学习步长和目标误差等观察对仿真曲线的影响程度。

如果将输入层激活函数设置为purelin，x=-4:0.1:4，epochs=1000，goal=0.001，其余不变，则会产生如下结果：经过多次反复实验，有时不能达到目标误差，有时又很快达到目标误差，且仿真效果会产生不同程度的失真或有时效果很好。如果将输入层激活函数设为tansig，则学习很快收敛且达到目标误差，仿真效果很好，且多次仿真结果比较稳定，明显要比输入层激活函数设为purelin要好。如果将这三层神经元的激活函数都设置为tansig的话，在多次试验中，训练回合数为1000，均未达到目标误差0.001的要求。

5.3.6 人工神经网络与计算智能

5.3.6.1 在信息领域中的应用

在处理许多问题中，信息来源既不完整又包含假象，决策规则有时相互矛盾，有时无章可循，这给传统的信息处理方式带来了很大的困难，而神经网络却能很好地处理这些问题，并给出合理的识别与判断。

1. 信息处理

现代信息处理要解决的问题是很复杂的，人工神经网络具有模仿或代替与人的思维有的关功能，可以实现自动诊断、问题求解，解决传统方法所不能或难以解决的问题。人工神经网络系统具有很高的容错性及自组织性，即使连接线遭到很高程度的破坏，它仍能处在优化工作状态，这点在军事系统电子设备中得到广泛的应用。现有的智能信息系统有智能仪器、自动跟踪监测仪器系统、自动控制制导系统、自动故障诊断和报警系统等。

2. 模式识别

模式识别是对表征事物或现象的各种形式的信息进行处理和分析，来对事物或现象进行描述、辨认、分类和解释的过程。该技术以贝叶斯的概率论和申农的信息论为理论基础，对信息的处理过程更接近人类大脑的逻辑思维过程。现在有两种基本的模式识别方法，即统计模式识别方法和结构模式识别方法。人工神经网络是模式识别中的常用方法，近年来发展起来的人工神经网络模式的识别方法逐渐取代传统的模式识别方法。经过多年的研究和发展，模式识别已成为当前比较先进的技术，被广泛应用到文字识别、语音识别、指纹识别、遥感图像识别、人脸识别、手写体字符的识别、工业故障检测、精确制导等方面。

5.3.6.2 在医学中的应用

由于人体和疾病的复杂性、不可预测性，在生物信号与信息的表现形式、变化规律（自身变化与医学干预后变化）上，对其进行检测与信号表达，获取的数据及信息的分析、决策等诸多方面都存在非常复杂的非线性联系，适合人工神经网络的应用。目前的研究几乎涉及从基础医学到临床医学的各个方面，主要应用在生物信号的检测与自动分析、医学专家系统等方面。

1. 生物信号的检测与分析

大部分医学检测设备都是以连续波形的方式输出数据的，这些波形是诊断的依据。人工神经网络是由大量的简单处理单元连接而成的自适应动力学系统，具有巨量并行性、分布式存贮、自适应学习的自组织等功能，可以用它来解决生物医学信号分析处理中常规法难以解决或无法解决的问题。神经网络在生物医学信号检测与处理中的应用主要集中在对脑电信号的分析、听觉诱发电位信号的提取、肌电和胃肠电等信号的识别、心电信号的压缩、医学图像的识别和处理等。

2. 医学专家系统

传统的专家系统，是把专家的经验和知识以规则的形式存储在计算机中，建立知识库，用逻辑推理的方式进行医疗诊断。但是在实际应用中，随着数据库规模的增大，将导致知识“爆炸”，在知识获取途径中也存在“瓶颈”问题，致使工作效率很低。以非线性并行处理为基础的神经网络为专家系统的研究指明了新的发展方向，解决了专家系统的以上问题，并提高了知识的推理、自组织、自学习能力，从而神经网络在医学专家系统中得到广泛的应用和发展。在麻醉与危重医学等相关领域的研究中，涉及多生理变量的分析与预测，在临床数据中存在着一些尚未发现或无确切证据的关系与现象，信号的处理、干扰信号的自动区分检测、各种临床状况的预测等，都可以应用到人工神经网络技术。

5.3.6.3 在经济领域的应用

1. 市场价格预测

对商品价格变动的分析，可归结为对影响市场供求关系的诸多因素的综合分析。传统的统计经济学方法因其固有的局限性，难以对价格变动做出科学的预测，而人工神经网络容易处理不完整的、模糊不确定或规律性不明显的数据，所以用人工神经网络进行价格预测有着传统方法无法相比的优势。从市场价格的确定机制出发，依据影响商品价格的家庭户数、人均可支配收入、贷款利率、城市化水平等复杂、多变的因素，建立较为准确可靠的模型。该模型可以对商品价格的变动趋势进行科学预测，并得到准确客观的评价结果。

2. 风险评估

风险是指在从事某项特定活动的过程中，因其存在的不确定性而产生的经济或财务的损失、自然破坏或损伤的可能性。防范风险的最佳办法就是事先对风险做出科学的预测和评估。应用人工神经网络的预测思想是根据具体现实的风险来源，构造出适合实际情况的信用风险模型的结构和算法，得到风险评价系数，然后确定实际问题的解决方案。利用该模型进行实证分析能够弥补主观评估的不足，取得满意效果。

5.3.6.4 在控制领域中的应用

人工神经网络由于其独特的模型结构和固有的非线性模拟能力，以及高度的自适应和容错特性等突出特征，在控制系统中获得了广泛应用。其在各类控制器框架结构的基础上，加入了非线性自适应学习机制，从而使控制器具有更好的性能。基本的控制结构有监督控制、直接逆模控制、模型参考控制、内模控制、预测控制、最优决策控制等。

5.3.6.5 在交通领域的应用

近年来，人们对神经网络在交通运输系统中的应用开始了深入的研究。交通运输问题是高度非线性的，可获得的数据通常是大量的、复杂的，用神经网络处理相关问题有它巨大的优越性。应用范围涉及汽车驾驶员行为的模拟、参数估计、路面维护、车辆检测与分类、交通模式分析、货物运营管理、交通流量预测、运输策略与经济、交通环保、空中运输、船舶的自动导航及船只的辨认、地铁运营及交通控制等领域，并已经取得了很好的效果。

5.3.6.6 在心理学领域的应用

从神经网络模型的形成开始，它就与心理学有着密不可分的联系。神经网络抽象于神经元的信息处理功能，神经网络的训练则反映了感觉、记忆、学习等认知过程。人们通过不断研究，变化着人工神经网络的结构模型和学习规则，从不同角度探讨着神经网络的认知功能，为其在心理学的研究中奠定了坚实的基础。近年来，人工神经网络模型已经成为探讨社会认知、记忆、学习等高级心理过程机制不可或缺的工具。人工神经网络模型还可以对脑损伤病人的认知缺陷进行研究，对传统的认知定位机制提出了挑战。

虽然人工神经网络已经取得了一定的进步，但是还存在许多缺陷，如：应用的面不够宽阔、结果不够精确；现有模型算法的训练速度不够高；算法的集成度不够高。同时，我们希望在理论上寻找新的突破点，建立新的通用模型和算法，须进一步对生物神经元系统进行研究，不断丰富人们对人脑神经的认识。

5.4 主要分析方法

5.4.1 基于主成分分析（PCA）神经网络分析方法与应用实例

5.4.1.1 主成分分析的定义

通过正交变换将一组可能存在相关性的变量转换为一组线性不相关的变量，转换后的这组变量叫主成分。

在实际课题中，为了全面分析问题，往往提出很多与此有关的变量（或因素），因为每个变量都在不同程度上反映这个课题的某些信息。

主成分分析首先是由 K. 皮尔森对非随机变量引入的，尔后 H. 霍特林将此方法推广到随机向量的情形。信息的大小通常用离差平方和或方差来衡量。

在用统计分析方法研究多变量的课题时，变量个数太多就会增加课题的复杂性。人们自然希望变量个数较少而得到的信息较多。在很多情形，变量之间是有一定的相关关系的，当两个变量之间有一定相关关系时，可以解释为这两个变量反映此课题的信息有一定的重叠。主成分分析是对原先提出的所有变量，将重复的变量（关系紧密的变量）删去，建立尽可能少的新变量，使得这些新变量是两两不相关的，而且这些新变量在反映课题的信息方面尽可能保持原有的信息。

设法将原来变量重新组合成一组新的互相无关的几个综合变量，同时根据实际需要从中取出几个较少的综合变量尽可能多地反映原来变量的信息的统计方法，叫主成分分析或称主分量分析。它是数学上用来降维的一种方法。

5.4.1.2 基本思想

主成分分析是设法将原来众多具有一定相关性（比如 P 个指标），重新组合成一组新的互相无关的综合指标代替原来的指标。

主成分分析是考察多个变量间相关性的一种多元统计方法，研究如何通过少数几个主成分来揭示多个变量间的内部结构，即从原始变量中导出少数几个主成分，使它们尽可能多地保留原始变量的信息，且彼此间互不相关。通常数学上的处理就是将原来 P 个指标做线性组合，作为新的综合指标。

最经典的做法就是用 F_1（选取的第一个线性组合，即第一个综合指标）的方差来表达，即 Var（F_1）越大，表示 F_1 包含的信息越多。因此，在所有的线性组合中选取的 F_1 应该是方差最大的，故称 F_1 为第一主成分。如果第一主成分不足以代表原来 P 个指标的信息，再考虑选取 F_2 即选第二个线性组合。为了有效地反映原来信息，F_1 已有的信息就不需要再出现在 F_2 中，用数学语言表达就是要求 Cov（F_1，F_2）=0，则称 F_2 为第二主成分，依此类推可以构造出第三、第四……第 P 个主成分。

$F_p=a1_i*ZX_1+a2_i*ZX_2+\cdots\cdots+ap_i*ZX_p$

其中 $a1_i$，$a2_i$，…，api（i=1，…，m）为 X 的协方差阵 Σ 的特征值所对应的特征向量，ZX_1，ZX_2，…，ZX_p 是原始变量经过标准化处理的值。因为在实际应用中，往往存在指标的量纲不同，所以在计算之前须先消除量纲的影响，而将原始数据标准化。本文所采用的数据就存在量纲影响（注：本文指的数据标准化是指 Z 标准化）。

$A=(a_{ij})\ p\times m=(a_1, a_2, \cdots, a_m)$，$Ra_i=\lambda i a_i$，R 为相关系数矩阵，$\lambda_i$、$a_i$ 是相应的特征值和单位特征向量，$\lambda_1\geqslant\lambda_2\geqslant\cdots\geqslant\lambda_p\geqslant 0$。

主成分分析法是一种降维的统计方法，它借助于一个正交变换，将其分量相关的原随机向量转化成其分量不相关的新随机向量，这在代数上表现为将原随机向量的协方差阵变换成对角形阵，在几何上表现为将原坐标系变换成新的正交坐标系，使之指向样本点散布最开的 p 个正交方向，然后对多维变量系统进行降维处理，使之能以一个较高的精度转换成低维变量系统，再通过构造适当的价值函数，进一步把低维系统转化成一维系统。

5.4.1.3 主成分分析的作用

1. 主成分分析能降低所研究的数据空间的维数

用研究 m 维的 Y 空间代替 p 维的 X 空间（m<p），而低维的 Y 空间代替高维的 X 空间所损失的信息很少。即使只有一个主成分 Y_1（即 m=1）时，这个 Y_1 仍是使用全部 X 变量（p 个）得到的。如要计算 Y_1 的均值也得使用全部 X 的均值。在所选的前 m 个主成分中，如果某个 X_i 的系数全部近似于零的话，就可以把这个 X_i 删除，这也是一种删除多余变量的方法。

2. 多维数据的一种图形表示方法

我们知道当维数大于 3 时便不能画出几何图形，多元统计研究的问题大都多于 3 个变量。要把研究的问题用图形表示出来是不可能的。然而，经过主成分分析后，我们可以选取前两个主成分或其中某两个主成分，根据主成分的得分，画出 n 个样品在二维平面上的分布情况，由图形可直观地看出各样品在主分量中的地位，进而还可以对样本进行分类处理，并由图形发现远离大多数样本点的离群点。

3. 用主成分分析筛选回归变量

回归变量的选择有着重的实际意义，如要使模型本身易于做结构分析、控制和预报，好从原始变量所构成的子集合中选择最佳变量，构成最佳变量集合。用主成分分析筛选变量，可以用较少的计算量来选择量，获得选择最佳变量子集合的效果。

5.4.1.4 人脸识别案例

1. 系统设计思路

采用 PCA+ 最邻近分类器来演示一个简单的人脸识别系统。采用 PCA+ 最邻近分类器针对 ORL 人脸数据库计算其识别率。采用 PCA+BP 神经网络针对 ORL 人脸数据库来探索 PCA 维数，BP 神经网络各参数对人脸识别率的影响。本设计主要介绍第三种设计方法，选取影响较大的特征脸方法，即 PCA 人脸识别方法进行研究，针对特征脸方法提取出的特征维数过高和姿态变化时泛化能力不强的缺点，提出一种 PCA 和神经网络相结合的人脸识别方法。该方法首先运用 PCA 方法对人脸图像进行特征提取；然后对 PCA 方法提取的特征按照属性重要度的大小进一步进行约简，只保留那些属性重要度比较大的属性；最后将提取出的最终人脸特征输入神经网络进行训练和识别。

2. 基本流程

将原始人脸图像集 A 中的每幅图像进行尺寸归一化处理，得到归一化后的人脸图像集；利用经典 PCA 方法计算特征子空间以及每张人脸在特征子空间中的投影系数。其中，特征子空间由按特征值大小进行降序排列的特征向量组成；按照重要度选择特征子空间中属性重要度大的特征主分量；将选择出的重要度大的特征主分量输入 BP 神经网络进行训练，直到神经网络收敛或满足停止训练的条件。

3. 人脸空间的建立

假设一幅人脸图像包含 N 个像素点，它可以用一个 N 维向量 P_i 表示。这样，训练样本库就可以用 P（i=1，…，M）表示。协方差矩阵 C 的正交特征向量就是组成人脸空间的基向量，即特征脸。

将特征值由大到小排列：λ 1 ≥ λ 2 ≥…≥ λ r，其对应的特征向量为 ku。这样每一幅人脸图像都可以投影到由 u1，u2，…，ur 组成的子空间中。因此，每一幅人脸图像对应于子空间中的一点。同样，子空间的任意一点也对应于一幅图像。

4. 特征向量的选取

虽然协方差矩阵 Ω 最多有对应于非零特征值的 k（k 远小于 M）个特征向量，但是通常情况下，k 仍然很大。而事实上，根据应用的要求，并非所有的特征向量都需要保留，而特征空间投影的计算速度直接与创建子空间所用的特征向量的数目相关，若考虑到计算时间的因素，可以适当地减去一些信息量少的特征向量，而且去掉这些特征向量之后不一定不利于分类结果，有的情况下反而能够提高识别性能。

5. 神经网络的算法

神经网络的算法包含了两类信号不同方向的传播过程，一类是施加输入信号由输入层经隐层到输出层，产生输出响应的“输入模式正向传播”过程；另一类是希望输出与实际输出之间的误差信号由输出层返回隐层和输入层，反向逐层修正连接权值和神经元输出阈值的“误差逆传播”过程。“输入模式正向传播”和“误差逆传播”过程反复交替进行网络训练，最终达到网络的全局误差向极小值收敛（即实际输出逐渐逼近希望输出）而结束学习过程。

具体编程步骤：初始化，提供训练样本，输入模式正向传播过程计算，误差的逆传播过程计算，各层网络权值和阈值的修正计算，返回提供训练样本步骤重新计算直到全局误差，或者达到最大学习次数结束学习。

实验中选取的图像经过简单的分类器识别后，都能进行正确地识别。在使用该系统时，只需测试者提供 3 张头像图片，将其压缩成与原数据库图片相同大小，然后 2 张放入训练数据库，1 张用来测试。数据库采用 ORL 人脸数据库，该数据库有 400 张人脸，40 个人，每个人 10 张头像（每个人每张头像或表情不同，或倾斜度不同）。设计中，每个人选取前 5 张头像，共 200 张构成训练样本集，另外 200 张头像构成测试样本集。运行程序得到识别率为 0.88。

数据库仍采用 ORL 人脸数据库，先在 400 张人脸中选取一部分作为训练样本集，对其进行 PCA 降维，形成特征脸子空间；再将剩余的人脸作为检测集，将其投影到特征脸子空间；采用 BP 神经网络对训练样本集进行训练，然后再用检测集进行识别率测试。

5.4.2 基于支持向量机神经网络的分析方法与应用实例

5.4.2.1 基于支持向量机神经网络的区别

神经网络的优化目标是基于经验的风险最小化，这就不能保证网络的泛化能力。尽管存在以上问题，但神经网络仍然取得了很多成功应用，其原因在于神经网络的设计与设计者有很大的关系。设计者若在网络设计过程中有效地利用自己的经验知识和先验知识，可能会得到较理想的网络结构。因此，神经网络系统的优劣是因人而异的。

支持向量机是以统计学理论为基础的，因而具有严格的理论和数学基础，可以不像神经网络的结构设计需要依赖于设计者的经验知识和先验知识。与神经网络的学习方法相比，支持向量机具有以下特点：

第一，支持向量机是基于结构风险最小化原则，保证学习机器具有良好的泛化能力；第二，解决了算法复杂度与输入向量密切相关的问题；第三，通过引用核函数，将输入空间中的非线性问题映射到高维特征空间中在高维空间中构造线性函数判别；第四，支持向量机是以统计学理论为基础的，与传统统计学习理论不同。它主要是针对小样本情况，且最优解是基于有限的样本信息，而不是样本数趋于无穷大时的最优解；算法可最终转化为凸优化问题，因而可保证算法的全局最优性，避免了神经网络无法解决的局部最小问题；支持向量机有严格的理论和数学基础，避免了神经网络实现中的经验成分。

5.4.2.2 基于支持向量机神经网络的应用实例

数字识别主要有印刷体与手写体识别。由于存在人体差异和个人习惯的不同，即使是同一个数字，每个人书写的情况都会千差万别。手写数字识别技术在不同的数字数据库实验中已得到了较为满意的识别辨认效果，然而将其使用到手写文档中，其识别的精准度仍难以达到实际要求。

手写数字是借助电子仪器去自动辨别人手写出来的数字。尽管由于笔画、字形等因素还未能在计算机上做到全部都正确识别，但其在各方面应用早已十分广泛，多存在于办公和教学自动化、银行票据自动识别、邮政自动分拣等技术领域当中。

在日常生活和工作中，每天都会接触大量的数字信息，尤其是处理各种各样的数字文档工作，如账单、邮编、电话号码、物流编号等，一些极其关键的数字信息的误判往往极易造成巨大损失，在要求较为苛刻的国防、金融等领域更是不能出现丝毫差错。如何利用现代化技术，使人们从这些繁重且细致烦琐的工作中解放出来，提高识别正确率、记录准确率及其效率已成为一个亟待解决的问题。

智能识别在当代科技应用中日趋普及，科学技术以及物质需求的持续抬高，数字识别的准确率和速度都有了更大的提升。数字不仅构建了数学基础，还承载着信息内容；不仅在数学上发挥着作用，还是人们沟通、交流和学习的主要工具。由数字组合成的各种代码或符号应用广阔，是人类生活和科技进步不可或缺的组成部分。基于这个原因，手写数字的智能识别就具有重大的实际意义。

1. 国内外研究现状及分析

20 世纪初期，德国科学家运用光学相互对比技术第一次实现了机器识别文字符号；50 年代起，西方国家为了更好进行信息的处理、保存和保密，开始着手对西文光学字符识别（OCR）的研究；20 世纪中叶，全球很多国家开始了探索数字识别。美国科技巨头 IBM 公司最早开发了相关的产品，这款产品只能认识制定好的字符所印刷出来的文字或符号。1970 年左右，我国初步对符号的识别做综合探索。清华大学在 1989 年推出了 OCR 软件，着手对汉字和数字的识别进行研究，并在手写汉字和数字识别等领域上取得了巨大的成功。

1963 年，Vapnik 首次提出了支持向量（SV）方法；历经 20 年磨炼，美国研究者随后在有限样本的机器学习问题上挖掘了支持向量机。跟随科技发展和国外研究的步伐，我国的 SVM 理论研究在性能优化和训练识别上也取得了一定进展。

历经几十年，数字识别技术在不断改进下已经得到了很大进步，判断准确度也越来越高。利用网络神经和支持向量机做识别已经在各类数据库里获得了较好的成果。分析目前在这方面取得的进展，比对海内外研究的成果和关注的方向，手写数字识别须深入研究解决存在的两大难点，即速度与准确性都须达到更高的水平。

假以时日，若对该算法进行相应改进及优化，该技术就能获得更长远的进步。

2. 数字识别内容

预处理技术包括尺寸和位置归一化等多个方面，通常借助它来消除数字图像中包含的噪声、压缩并剔除多余的且与判别无关的数据信息，为进一步提取特征做出不可或缺的铺垫，提升整个系统的性能、判别准确率和速率。预处理包括了以下几个方面。

（1）图像二值化。

二值化是把灰度图像转变成黑白两个等级，根据其像素的种类再进一步选择具体操作措施。通过二值化，可以将图像中的数字目标从图像中提取出来。将原有图像中那些能够体现其轮廓特征做射影处理后，再保存下来，把那些体现不了的部分全部都做剔除处理。经过这一步操作处理之后，就能获得该图像中有关构成数字的轮廓和特征的有用信息。

（2）图像去噪锐化。

反色操作后噪声来源一般有：数字图像本身就存在的污损、孤立点；图片本身存在的底色在做二值化处理后造成了新噪声出现。图片本身导致的噪声干扰能借助自适应二值化算法去优化；图像中存在的笔画的凹凸、孤立墨点的情况，可以通过选择适当的结构元素消除，或利用小波变换的时频局部化及小波基剔除图像局部高频化的噪声。数字图像的模糊边沿可以采用锐化来实现快速聚焦，改善清晰度。

（3）图像分割细化。

图像分割是指依照图像中的各部分像素划分成互不相同的子区域，更方便、更有效地对数字后续做进一步单独处理和对数字包含信息的提取。常见的分割方法有阈值分割、区域分割和边缘检测分割等。细化是为了去除输入噪声，保留初始图像特有的几何特性，在保留最初笔画的连续性和特征的前提下，从字符边界逐层移除轮廓黑点像素。手写数字由于存在书写位置高低、角度位置偏差等人为不可抗拒因素，都会明显增大训练的包袱，还会影响识别辨认效果。分割细化后，仍须对数字做出位置矫正逼近处理。

（4）归一化。

由于原有图片中的数字大小都各有不同，故而需要做归一化操作，以便让其得到统一。归一化是对每个不同大小尺寸的数字子图像进行缩放射影到统一大小的字符样本中，使其能够具有大概相同的尺寸，便于后续做特征提取和分类识别。

（5）特征提取技术。

特征提取技术是整个操作的重中之重，其特性信息量的获得直接关系到最终的效果。提取的方法有结构特征和统计特征。

结构特征识别方法是从字符的结构或者造型中获取到最能够代表其形状的某类基本信息，类似如横竖撇捺、左右弯钩、交叉等。这种方法能够很好地识别字符笔画的细小改变，但文法相对复杂、对背景复杂的图像识别率较低。

统计特征识别方法是对字符信息进行全体统计学分析比较，采用像素密度特征、数形变换、模板适配等技术，识别相对稳定，抗噪声强，但不能检测到字符的笔画变化情况、字符复杂的几何和拓扑结构，识别出错的概率依然不小。

5.4.3 基于神经网络的半监督学习的分析方法与应用实例

5.4.3.1 半监督学习方法

传统的机器学习可以分为两类：一类是无监督学习（unsupervised learning），一类是监督学习（supervised learning）。

无监督学习一般基于这样的数据设置：样本（sample）数据和待分类的类别已知，但样本数据都是非标签数据（称为非标签样本），也就是不知道样本对应的标签。无监督学习的基本目标是利用这些非标签样本来进行学习训练，进而得到一个分类器，用来估计出样本的标签。非标签样本数据的分类通常称为聚类（clustering）。典型的无监督方法有 k- 聚类（k-means）、主成分分析（Principal Component Analysis，PCA）等。

监督学习一般基于这样的数据设置：样本数据和待分类的类别已知，且样本数据都是标签数据（称为标签样本），也就是已经知道样本对应的标签。监督学习的目标是从这些标签数据中学习建立一个从样本到标签的映射，进而得到一个分类器，用来对新来的非标签样本数据（称为测试数据）进行分类。更一般地，监督学习也可以学习建立从标签样本到实数值（不必是标签）的映射，此时称之为回归（regression）。

典型的监督学习方法有支持向量机（Support Vector Machine，SVM）、线性判别分析（LDA）等。

半监督学习的目标是从所有这些样本数据中学习建立一个从样本到标签的映射，进而得到一个分类器，用来对测试数据进行分类。在现实应用中，往往无标签的样本点数目要远远多于有标签样本点的数目，这是因为对某些样本点进行标记的代价和复杂度都很高。两个典型的例子为计算机网络入侵检测问题和蛋白质调控关系问题。在计算机网络入侵检测问题中，通过检查服务器日志等手段可以获得大量的网络访问数据，这些数据既包括正常访问，也包括入侵模式。因此，人们需要对数据分类以构建能够检测入侵模式的数据模型。通常情况下，这类数据的容量异常大，即使花费相当的人力、物力也只能标记少部分数据。而在生物信息学中，当研究蛋白质之间的调控关系式，对某种蛋白质的结构或功能鉴定一般需要花生物学家多年的工作，而无标签的数据却随手可得。

非监督学习不需要样本的标签信息，因此需要耗费的成本（人力、物力和财力等）比较少，但往往效果不是很理想。监督学习将样本的标签信息用来指导学习，结果比较可靠，但往往需要耗费大量的成本来标记训练样本的标签信息，在某些情况下甚至难以做到。半监督学习在一定程度上克服了传统的非监督学习和监督学习的缺陷，能够在只有少量标签样本数据的情况下，利用非标签样本数据的信息来提高学习效果。由于实际问题中的需要，对半监督学习技术的研究变得甚为重要。

5.4.3.2 半监督学习基本思想及其基本假设

半监督学习的基本思想是利用数据分布上的模型假设，建立学习器对无标签的样本进行标记。半监督学习是在训练样本集 X 上寻找最优的学习器。同传统的非监督学习和监督学习一样，半监督学习首先基于数据独立同分布假设，即样本独立地采样于同一分布。

另外，在半监督学习中还有两个常用的基本假设，用来建立预测样本和学习目标之间的关系，即聚类假设（Cluster Assumption）和流形假设（Manifold Assumption）。聚类假设是指同一聚类中的样本点很可能具有相同的类别标签。也就是说，如果高密度区域某两个点可以通过区域内某条路径相连接，那么这两个样本点拥有相同标签的可能性就比较大。这样决策边界就应该尽量地通过数据较为稀疏的地方，从而尽可能避免把稠密的聚类中的数据点分到决策边界的两侧。

流形假设是指处于一个很小的局部邻域内的样本具有相似的性质。另一种说法是高维数据存在低维特征，高维数据的低维特征是通过局部邻域相似性来体现的。和聚类假设着眼整体特性不同，流形假设主要考虑模型的局部特性。考虑在一个三维空间的二维纸带，高维的数据全距离度量由于维度过高而显得没有较好的区分度，但是假若仅考虑局部范围的度量，就会有一定的意义。

上述两种假设从本质上是一致的，只是各自关注的侧重点不同。其中，流形假设强调的是相近的样本具有相似的输出而不是完全相同的标签，因而具有更强的普遍性。在流形假设下，大量无标签的样本数据可以使得数据空间更加稠密。

5.4.3.3 半监督学习算法的分类

根据不同的分类标准，半监督学习算法的分类也不同。总的来说，可以分为两条主线：根据学习方式和根据学习目的分类。

1. 根据学习方式分类

根据半监督学习算法的学习方式，大致可以将半监督学习算法分为以下几类。

（1）生成式模型算法。

生成式模型算法基于聚类假设。它以生成式模型为分类器，以样本的标签对于样本的输入特征的条件概率建模，然后利用 EM 算法（期望值最大，Expectation Maximum）来进行标签估计和模型的参数估计。这种半监督学习的思路是直接关注于半监督学习和决策中的条件概率问题，从而避免了对于边缘概率或者联合概率进行建模和求解。此类算法可以看成是在少量已标签样本周围进行聚类。比如，Chapelle 等人提出的基于核的半监督学习方法。

（2）基于图优化框架的半监督学习算法。

基于图优化框架的半监督学习算法直接或间接地利用了流形假设或局部与全局一致性假设。它们通常先根据训练样本及某种相似度度量建立一个图，图中结点分别对应于标签样本和非标签样本，图中的边反映了样本间的相似度，然后定义所需优化的目标函数，并使用决策函数在图上的光滑性作为正则化项来求取最优模型参数。

（3）协同训练算法。

协同训练算法隐含地利用了上文提到的三类假设。它们利用两个或者多个学习器，通过在不同的视图下的数据集进行学习的两个分类器之间的交互来提高分类器的精度，无标签的样本被逐步进行标记，选出确信度最高的样本加入训练集，不断重复，直到无标签的样本集全部标记为止，从而使得模型得以更新。

（4）多视图算法。

多视图算法认为数据具有明显的多视图特征，可以划分成彼此之间“相对独立的”几个单视图。传统的学习方法基本上都是在数据是单视图的假设下展开的，即数据是在单一的“观测角度”下获得的。Blum 和 Mitchell 提出的数据不同视图的思想受到了机器学习界的很大重视，为多视图学习这一新的研究领域奠定了基础。

（5）最小化熵方法。

最小化熵方法的基本思想是通过使用最小化非标签样本的熵作为正则化项来进行半监督学习。由于熵仅与模型在非标签样本上的输出有关，因此，最小化标签熵的直接结果就是降低模型的不确定性，迫使决策边界通过数据稀疏区域。这个方法的重要假设是关注不同类别的重叠最小化。Lee 等人针对图像像素分类问题，提出了在二维条件随机场中半监督学习的最小化熵准则，即训练样本在最大化条件似然估计的同时，对于非标签图像像素的标签预测的条件熵也最小化。

2. 根据学习目的分类

根据半监督学习算法的学习目的，大致可以将半监督学习算法分为以下几类。

（1）半监督聚类算法。

半监督聚类算法是研究无监督学习中如何利用少量的监督信息来提高聚类的性能。少量的监督信息可以是数据的类别标签或者是一对数据是否属于同一类的连接约束关系。现有的半监督聚类算法大致可分为三类：第一类是基于约束的半监督聚类算法，该类算法一般使用 must-link 和 cannot-link 成对约束来完成聚类过程，其中 must-link 约束表示被约束的样本在聚类时必须被分配到同一个类，cannot-link 约束表示被约束的样本在聚类时必须被分配到不同的类；第二类是基于距离的半监督聚类算法，这类算法利用某一种特定的距离度量，使各样本之间的距离在该距离度量下趋于“同类相近，异类疏远”，从而使之有利于聚类；第三类是集成了约束与距离的半监督聚类算法，实际上可以说它是前两类方法的优化组合。

（2）半监督分类算法。

半监督分类是从有监督学习的角度出发，当标签训练样本不足时，如何利用大量非标签样本信息辅助分类器的训练。目前常见的半监督分类方法很多，包括上文已提及的基于 EM 算法的生成式模型参数估计法、图切割方法和协同训练方法等。此外，Joachims 等人提出了直推式支持向量机方法，在训练过程中通过不断修改 SVM 的超平面和超平面两侧某些样本的可能标签，使得 SVM 在所有标签和非标签数据上的间隔最大。

（3）半监督回归算法。

半监督回归与半监督分类的目的有较大的相似性，但是半监督回归中样本的标签都是实值输出并且具有平滑性，聚类假设一般不成立，而流形假设仍然成立。Zhou 提出了一个采用协同训练思想的半监督回归方法 COREG 算法，分别利用两个 k–NN 回归器对非标签样本做出预测。由于回归是实值问题，将标签置信度最高的非标签样本添加到标签样本集中，用于训练另一个回归器，因而两者不断交互最终可得一个半监督回归器。Brefeld 等人提出了多视图回归，其中的正则项是由不同视图中回归器的不一致性决定的。杨剑等人提出了基于一类广义损失函数的 Laplacian 半监督回归方法，利用数据所在流形的内在几何结构进行回归估计。

3. 半监督维数约简算法。

半监督维数约简算法是指原数据特征中求出那些对分类识别最有效的部分特征，从而实现特征空间维数的压缩。半监督维数约简是利用半监督方法来探求高维数据在低维流形上的坐标描述。设 D 维空间中的一个容量为 N 的数据集合，假设其来自（或近似于来自）维数为 ddD 的某一低维流形的采样，半监督维数约简将原数据集投影到低维空间，获得了尽量描述原数据特征的低维简洁表示。

5.4.3.4 半监督学习的发展现状

一般认为，半监督学习的研究始于 Shahshahani 和 Landgrebe 的工作，但是，非标签样本的价值实际上早在 20 世纪 80 年代末就已经被一些研究者意识到了。Miller 和 Uyar 认为，半监督学习的研究起步相对较晚，可能是因为在当时的主流机器学习技术（如前馈神经网络）中考虑非标签样本相对比较困难。随着统计学习技术的不断发展，以及利用非标签样本这一需求的日渐强烈，半监督学习才在近年来逐渐成为一个研究热点。

人们在半监督学习中有两个常用的基本假设，即聚类假设和流形假设。聚类假设简单、直观，常以不同的方式直接用于各种半监督学习算法的设计中。如 Joachims 提出的 TSVM 算法，在训练过程中，该算法不断修改 SVM 的划分超平面并交换超平面两侧某些非标签样本的可能标签，使得 SVM 在所有训练数据（包括有标签和无标签的样本）上最大化间隔（margin），从而得到一个既通过数据相对稀疏的区域又尽可能正确划分有标签样本的超平面；Lawrence 和 Jordan 通过修改高斯过程（Gaussian process）中的噪声模型来进行半监督学习，在正、反两类之间引入了“零类”，并强制要求所有的非标签样本都不能被分为零类，从而迫使学习到的分类边界避开数据稠密区域；Grandvalet 和 Bengio 通过使用最小化熵作为正则化项来进行半监督学习，由于熵仅与模型在非标签样本上的输出有关，因此，最小化熵的直接结果就是降低模型的不确定性，迫使决策边界通过数据稀疏区域。

流形假设也可以容易地用于半监督学习算法的设计。如 Zhu 等人使用高斯随机场以及谐波函数来进行半监督学习，他们首先基于训练样本建立一个图，图中每个结点就是一个（有标签或无标签的）样本，然后求解根据流形假设定义的能量函数的最优值，从而获得对非标签样本的最优标记；Zhou 等人在根据样本相似性建立图之后，让样本的标签信息不断向图中的邻近样本传播，直到达到全局稳定状态。Cai 等人基于训练样本建立一个图，利用非标签数据的结构信息来改进传统法线性判别分析，取得了很好的效果。半监督学习理论在很多领域都有广泛的应用，以下简要介绍其在文本分类、图像内容检索、图像视频标签等方面的应用。Liu 等人针对半监督的文本分类提出了 S2EM 算法，该算法利用朴素贝叶斯分类器和 EM 算法，给每一个无标签的文本赋一个类别的概率，用 Spy 技术从无标签的文档集合中找出那些确定是某一类的文本，然后利用 EM 算法计算最大化每个文档属于某一类别的概率，最后通过建立一个朴素贝叶斯分类器来进行文本分类。Blum 和 Mitchell 利用协同训练算法讨论了 Web 网页分类问题。郑海清等人提出了一种基于紧密度衡量的半监督文本分类算法，其主要思路是首先从无标签的文档集合中找出可信的、典型的样本；然后根据紧密度计算无标签集合中的文档与初始问答文档两类之间的相对紧密度，把最初生成的可信初始集扩展到一个相对比较合适的规模，最后依据扩展好的集合和初始集合对测试集进行文本分类。

Zhou 等人将协同训练引入基于内容的图像检索（Content Based Image Retrieval, CBIR），提出了基于协同训练的主动半监督相关反馈方法，通过在协同训练设置下结合半监督学习和主动学习，可以有效地提高检索性能。此外，郑声恩等人设计了基于半监督的主动学习图像检索框架，在相关反馈过程中，首先利用半监督学习算法对标签图像进行训练，然后根据提出的主动学习算法，从未标签的图像中选取 K 幅有利于优化学习过程的图像并反馈给用户来使用。此外，He 等人在图像检索中使用了基于图的半监督学习的排序流形（Manifold-Ranking）方法。Wu 等人将不同的半监督学习理论应用到图像视频标签领域中来，提出了一种可判别的 EM 算法，它使用非标签样本来构建生成式模型，但是该算法并不能保证当数据具有混合成分时的性能。Song 等人将可视化特征进行了仔细的划分，并将协同训练算法的思想应用于视频标签中。

5.4.3.5 半监督学习的应用实例

1. 文本分类

为了有效地管理和利用海量信息，基于内容的信息检索和文本检索越来越受人们所关注。文本分类是信息处理的重要研究方向，主要研究如何将具有共同特点的文本归入一类。文本分类技术是信息检索和文本挖掘的重要基础，其主要任务是在预先给定的类别标签集合下，根据文本内容判定它的类别。文本分类的核心技术为构建一个具有高准确度和较高速度的分类器，高效率的分类器才能具有实用性。半监督学习算法需要大量的标签样例，但已标签的样例所能提供的信息有限，而提供尽可能多的标签样例需要耗费大量的人力和物力，因此，如何将已标签样例与未标签样例结合起来的半监督学习理论应用到文本分类中以提高分类准确率，逐渐引起学者的关注，然后根据紧密度计算未标签集合中的文档与初始问答文档两类之间的关系紧密度，把最初生成的可信初始集扩展到一个相对比较合适的规模，最后依据扩展好的集合和初始集合对测试集进行文本分类。

2. 图像内容检索

随着数字图像容量的快速增长，对检索系统能够根据用户提供的查询图像快速地从图像库中检索出相似图像的要求越来越高。因此，提高基于内容的图像检索的效率成为当前的研究热点。由于已标签图像的数目比较少，图像库中却存在着大量的未标签图像，因此，在图像检索中应用已标签样例与未标签样例结合起来的半监督学习理论将进一步提高检索效率，有效地提高分类效果。例如，在相关反馈过程中，首先利用半监督学习算法对标签图像进行训练，然后根据提出的主动学习算法从未标签的图像中选取 K 幅有利于优化学习过程的图像，并反馈给用户使用。

5.5 本章小结

本章先对神经网络进行了介绍，再对其衍生的人工神经网络的研究内容与趋势进行了分析，提出具体使用方法和相关应用案例。

第 6 章 数据关联规则挖掘及相关算法

数据挖掘是指从大量的数据中发现人们事先不知道的、有用的知识（或模式）的处理过程，它是继数据库、人工智能等领域之后发展起来的一门重要学科。随着计算机软、硬件技术的发展以及在各行各业中的应用，使得人们对数据挖掘技术的需求越来越迫切。由于挖掘到的知识能够给其领域以有力的支持，因此，数据挖掘技术得到了广泛应用。在数据挖掘算法的研究中，比较有影响的是关联规则发现算法，它是数据挖掘研究的一个重要分支，也是数据挖掘的众多知识类型中最为典型的一种。

6.1 数据关联规则概念

6.1.1 关联规则的定义和属性

6.1.1.1 关联规则的定义

考察一些涉及许多物品的事务：事务 1 中出现了物品甲，事务 2 中出现了物品乙，事务 3 则同时出现了物品甲和乙。那么，物品甲和乙在事务中的出现相互之间是否有规律可循呢？在数据库的知识发现中，关联规则就是描述这种在一个事务中物品之间同时出现的规律的知识模式。更确切地说，关联规则通过量化的数字描述物品甲的出现对物品乙的出现有多大的影响。

现实中，这样的例子很多。如超级市场利用前端收款机收集存储了大量的售货数据，这些数据是一条条的购买事务记录，每条记录存储了事务处理时间，顾客购买的物品、物品的数量及金额等。这些数据中常常隐含如下形式的关联规则：在购买铁锤的顾客当中，有 70% 的人同时购买了铁钉。这些关联规则很有价值，商场管理人员可以根据这些关联规则更好地规划商场，如把铁锤和铁钉这样的商品摆放在一起，能够促进销售。

有些数据不像售货数据那样很容易就能看出一个事务是许多物品的集合，但稍微转换一下思考角度，仍然可以像售货数据一样处理。比如人寿保险，一份保单就是一个事务。保险公司在接受保险前，往往需要记录投保人详尽的信息，有时还要到医院做身体检查。保单上记录有投保人的年龄、性别、健康状况、工作单位、工作地址、工资水平等。这些投保人的个人信息就可以看作事务中的物品。通过分析这些数据，可以得到类似以下这样的关联规则：年龄在 40 岁以上，工作在 A 区的投保人当中，有 45% 的人曾经向保险公司索赔过。在这条规则中，“年龄在 40 岁以上”是物品甲，“工作在 A 区”是物品乙，“向保险公司索赔过”则是物品丙。可以看出来，A 区可能污染比较严重，环境比较差，导致工作在该区的人健康状况不好，索赔率也相对比较高。

6.1.1.2 关联规则的属性

1. 可信度（Confidence）

设 W 中支持物品集 A 的事务中，有 c% 的事务同时也支持物品集 B，c% 称为关联规则 A → B 的可信度。简单地说，可信度就是指在出现了物品集 A 的事务 T 中，物品集 B 也同时出现的概率有多大。如上面所举的铁锤和铁钉的例子，该关联规则的可信度就回答了这样一个问题：如果一个顾客购买了铁锤，那么他也购买铁钉的可能性有多大呢？在上述例子中，购买铁锤的顾客中有 70% 的人购买了铁钉，所以可信度是 70%。

2. 支持度（Support）

设 W 中有 s% 的事务同时支持物品集 A 和 B，s% 称为关联规则 A → B 的支持度。支持度描述了 A 和 B 这两个物品集的并集 C 在所有的事务中出现的概率有多大。如果某天共有 1000 个顾客到商场购买物品，其中有 100 个顾客同时购买了铁锤和铁钉，那么上述的关联规则的支持度就是 10%。

3. 期望可信度（Expected confidence）

设 W 中有 e% 的事务支持物品集 B，e% 称为关联规则 A → B 的期望可信度。期望可信度描述了在没有任何条件影响时，物品集 B 在所有事务中出现的概率有多大。如果某天共有 1000 个顾客到商场购买物品，其中有 200 个顾客购买了铁钉，则上述的关联规则的期望可信度就是 20%。

4. 作用度（Lift）

作用度是可信度与期望可信度的比值。作用度描述物品集 A 的出现对物品集 B 的出现有多大的影响。因为物品集 B 在所有事务中出现的概率是期望可信度；而物品集 B 在有物品集 A 出现的事务中出现的概率是可信度，通过可信度对期望可信度的比值反映了在加入“物品集 A 出现”的这个条件后，物品集 B 的出现概率发生了多大的变化。在上例中作用度就是 70%/20%=3.5。

可信度是对关联规则的准确度的衡量，支持度是对关联规则重要性的衡量。支持度说明了这条规则在所有事务中有多大的代表性，显然支持度越大，关联规则越重要。有些关联规则可信度虽然很高，但支持度却很低，说明该关联规则实用的机会很小，因此也不重要。

期望可信度描述了在没有物品集 A 的作用下，物品集 B 本身的支持度；作用度描述了物品集 A 对物品集 B 的影响力的大小。作用度越大，说明物品集 B 受物品集 A 的影响越大。一般情况，有用的关联规则的作用度都应该大于 1，只有关联规则的可信度大于期望可信度，才说明 A 的出现对 B 的出现有促进作用，也说明它们之间某种程度的相关性；如果作用度不大于 1，则此关联规则也就没有意义了。

6.2 数据关联规则相关算法的研究内容

6.2.1 关联规则的挖掘

在关联规则的四个属性中，支持度和可信度能够比较直接形容关联规则的性质。从关联规则的定义可以看出，任意给出事务中的两个物品集，它们之间都存在关联规则，只不过属性值有所不同。如果不考虑关联规则的支持度和可信度，那么在事务数据库中可以发现无穷多的关联规则。事实上，人们一般只对满足一定的支持度和可信度的关联规则感兴趣。因此，为了发现有意义的关联规则，需要给定两个阈值：最小支持度和最小可信度。前者规定了关联规则必须满足的最小支持度；后者规定了关联规则必须满足的最小可信度。一般称满足一定要求的（如较大的支持度和可信度）的规则为强规则（Strongrules）。

在关联规则的挖掘中要注意以下几点：充分理解数据；目标明确；数据准备工作要做好。能否做好数据准备又取决于前两点。数据准备将直接影响到问题的复杂度及目标的实现。选取恰当的最小支持度和最小可信度。这依赖于用户对目标的估计，如果取值过小，那么会发现大量无用的规则，不但影响执行效率、浪费系统资源，而且可能把目标埋没；如果取值过大，则又有可能找不到规则，与知识失之交臂。很好地理解关联规则。数据挖掘工具能够发现满足条件的关联规则，但它不能判定关联规则的实际意义。对关联规则的理解需要熟悉业务背景，丰富的业务经验对数据有足够的理解。在发现的关联规则中，可能有两个主观上认为没有多大关系的物品，它们的关联规则支持度和可信度却很高，需要根据业务知识、经验，从各个角度判断这是一个偶然现象或有其内在的合理性；反之，可能有主观上认为关系密切的物品，结果却显示它们之间相关性不强。只有很好地理解关联规则，才能弃其糟粕，取其精华，充分发挥关联规则的价值。

6.2.2 关联规则挖掘的过程

关联规则挖掘过程主要包含两个阶段：

第一阶段，必须先从资料集合中找出所有的高频项目组（Frequent Itemsets），

第二阶段，再由这些高频项目组中产生关联规则（Association Rules）。

关联规则挖掘的第一阶段必须从原始资料集合中，找出所有高频项目组（Large Itemsets）。高频的意思是指某一项目组出现的频率相对于所有记录而言，必须达到某一水平。一项目组出现的频率称为支持度（Support），以一个包含 A 与 B 两个项目的 2–Itemset 为例，我们可以经由公式（1）求得包含 {A，B} 项目组的支持度，若支持度大于等于所设定的最小支持度门槛值时，则 {A，B} 称为高频项目组。一个满足最小支持度的 k–Itemset，则称为高频 k 项目组（Frequent k–Itemset），一般表示为 Large k 或 Frequent k。算法并从 Large k 的项目组中再产生 Large k+1，直到无法再找到更长的高频项目组为止。

关联规则挖掘的第二阶段是要产生关联规则（Association Rules）。从高频项目组产生关联规则，是利用前一步骤的高频 k 项目组来产生规则，在最小信赖度的条件门槛下，若一规则所求得的信赖度满足最小信赖度，称此规则为关联规则。

从上面的介绍还可以看出，关联规则挖掘通常比较适用于记录中的指标取离散值的情况。如果原始数据库中的指标值是取连续的数据，则在关联规则挖掘之前应该进行适当的数据离散化（实际上就是将某个区间的值对应于某个值）。数据的离散化是数据挖掘前的重要环节，离散化的过程是否合理将直接影响关联规则的挖掘结果。

6.2.3 关联规则的分类

按照不同情况，关联规则可以进行分类如下。

第一，基于规则中处理的变量的类别，关联规则可以分为布尔型和数值型。

布尔型关联规则处理的值都是离散的、种类化的，它显示了这些变量之间的关系；而数值型关联规则可以和多维关联或多层关联规则结合起来，对数值型字段进行处理，将其进行动态的分割，或者直接对原始的数据进行处理，当然数值型关联规则中也可以包含种类变量。如性别 = “女” => 职业 = “秘书”，是布尔型关联规则；性别 = “女” =>avg（收入）=2300，涉及的收入是数值类型，所以是一个数值型关联规则。

第二，基于规则中数据的抽象层次，可以分为单层关联规则和多层关联规则。

在单层的关联规则中，所有的变量都没有考虑到现实的数据是具有多个不同的层次的；而在多层的关联规则中，对数据的多层性已经进行了充分的考虑。如 IBM

台式机 =>Sony 打印机，是一个细节数据上的单层关联规则；台式机 =>Sony 打印机，是一个较高层次和细节层次之间的多层关联规则。

第三，基于规则中涉及的数据的维数，关联规则可以分为单维的和多维的。

在单维的关联规则中，我们只涉及数据的一个维，如用户购买的物品；而在多维的关联规则中，要处理的数据将会涉及多个维。一句话说，单维关联规则是处理单个属性中的一些关系；多维关联规则是处理各个属性之间的某些关系。如啤酒 => 尿不湿，这条规则只涉及用户的购买的物品；性别 =“女”=> 职业 =“秘书”，这条规则就涉及两个字段的信息，是两个维上的一条关联规则。

第四，Apriori 算法：使用候选项集找频繁项集。

Apriori 算法是一种最有影响的挖掘布尔关联规则频繁项集的算法。其核心是基于两阶段频集思想的递推算法。该关联规则在分类上属于单维、单层、布尔关联规则。在这里，所有支持度大于最小支持度的项集称为频繁项集，简称频集。

该算法的基本思想是，首先找出所有的频集，这些项集出现的频繁性至少和预定义的最小支持度一样。然后由频集产生强关联规则，这些规则必须满足最小支持度和最小可信度。然后使用第 1 步找到的频集产生期望的规则，产生只包含集合的项的所有规则，其中每一条规则的右部只有一项，这里采用的是中规则的定义。一旦这些规则被生成，那么只有那些大于用户给定的最小可信度的规则才被留下来。为了生成所有频集，使用了递推的方法。

可能产生大量的候选集，以及可能需要重复扫描数据库，是 Apriori 算法的两大缺点。

Savasere 等设计了一个基于划分的算法。这个算法先把数据库从逻辑上分成几个互不相交的块，每次单独考虑一个分块并对它生成所有的频集，然后把产生的频集合并，用来生成所有可能的频集，最后计算这些项集的支持度。这里分块的大小选择要使得每个分块可以被放入主存，每个阶段只须被扫描一次。而算法的正确性是由每一个可能的频集至少在某一个分块中是频集保证的。该算法是可以高度并行的，可以把每一分块分别分配给某一个处理器生成频集。产生频集的每一个循环结束后，处理器之间进行通信来产生全局的候选 k 一项集。通常这里的通信过程是算法执行时间的主要瓶颈；每个独立的处理器生成频集的时间也是一个瓶颈。

第五，FP- 树频集算法。

针对 Apriori 算法的固有缺陷，J. Han 等提出了不产生候选挖掘频繁项集的方法：FP- 树频集算法。采用分而治之的策略，在经过第一遍扫描之后，把数据库中的频集压缩进一个频繁模式树（FP-tree），同时依然保留其中的关联信息，随后再将 FP-tree

分化成一些条件库，每个库和一个长度为 1 的频集相关，然后再对这些条件库分别进行挖掘。当原始数据量很大的时候，也可以结合划分的方法，使得一个 FP-tree 可以放入主存中。实验表明，FP-growth 对不同长度的规则都有很好的适应性，同时在效率上较之 Apriori 算法有巨大的提高。

6.2.4 关联规则挖掘的应用

关联规则挖掘技术已经被广泛应用在西方金融行业企业中，它可以成功预测银行客户需求。一旦获得了这些信息，银行就可以改善自身营销。银行天天都在开发新的沟通客户的方法。各银行在自己的 ATM 机上就捆绑了顾客可能感兴趣的本行产品信息，供使用本行 ATM 机的用户了解。如果数据库中显示，某个高信用限额的客户更换了地址，这个客户很有可能新近购买了一栋更大的住宅，因此会有可能需要更高信用限额、更高端的新信用卡，或者需要一个住房改善贷款，这些产品都可以通过信用卡账单邮寄给客户。当客户打电话咨询的时候，数据库可以有力地帮助电话销售代表。销售代表的电脑屏幕上可以显示出客户的特点，同时也可以显示出顾客会对什么产品感兴趣。

比如市场的数据，不仅十分庞大、复杂，而且包含着许多有用信息。随着数据挖掘技术的发展以及各种数据挖掘方法的应用，从大型超市数据库中可以发现一些潜在的、有用的、有价值的信息，从而应用于超级市场的经营。通过对所积累的销售数据的分析，可以得出各种商品的销售信息，从而更合理地制定各种商品的订货情况，对各种商品的库存进行合理的控制，另外，根据各种商品销售的相关情况，可分析商品的销售关联性，从而可以进行商品的货篮分析和组合管理，以更加有利于商品销售。

同时，一些知名的电子商务站点也从强大的关联规则挖掘中受益。这些电子购物网站使用关联规则中规则进行挖掘，然后设置用户有意要一起购买的捆绑包。也有一些购物网站使用它们设置相应的交叉销售，也就是购买某种商品的顾客会看到相关的另外一种商品的广告。

但是在我国，“数据海量，信息缺乏”是商业银行在数据大集中之后普遍所面对的尴尬。金融业实施的大多数数据库只能实现数据的录入、查询、统计等较低层次的功能，却无法发现数据中存在的各种有用的信息，譬如对这些数据进行分析，发现其数据模式及特征，然后可能发现某个客户、消费群体或组织的金融和商业兴趣，并可观察金融市场的变化趋势。可以说，关联规则挖掘的技术在我国的研究与应用并不是很广泛深入。

6.3 主要数据关联规则挖掘算法

6.3.1 基于相关兴趣度的关联规则挖掘算法

6.3.1.1 关联规则的两个传统阈值

假设关联规则描述为(X⇒Y),X为规则前件,Y为规则后件,规则支持度S(X⇒Y)表示为（1）式，置信度C（X⇒Y）表示为（2）式。

[S（X⇒Y）=P（X∪Y）=Count（X）N×100%]（1）

[C（X⇒Y）=P（XIY）=S（X∪Y）S（X）=Count（X∪Y）Count（X）×100%]（2）

其中，D表示事务数据库，N表示事务数据库D中各项事务数的总和，Count（X）表示事务X在事务数据库D中出现的次数，Count（X∪Y）表示事务X、Y在事务数据库D中同时出现的次数。

6.3.1.2 相关兴趣度的关联规则挖掘算法

1. 概率兴趣度模型

[IX⇒Y=1−PY1−PX1−PY|X]

其中，P（X）表示事务X在事务库中出现概率Count（X）/N，P（Y）表示事务Y在事务库中出现概率Count（Y）/N，P（Y|X）表示事务X出现条件下事务X和Y同时出现概率Count（X∪Y）/Count（X）。

使用Visual FoxPro编程实现基于概率兴趣度模型的关联规则挖掘算法，并且在取不同兴趣度值情况下记录显示关联规则数，兴趣度I（X⇒Y）函数值越大，规则越有价值。在兴趣度I（X⇒Y）的定义中，考虑到了规则（X⇒Y）的前项X和后项Y的耦合，同时考虑到如果对大概率事件产生的原因知道得较多，而可能对大概率事件导致的结果更加感兴趣的特点；但是兴趣度与信任度C（X⇒Y）不同，兴趣度I（X⇒Y）重点对S（Y）小的规则赋予大的兴趣度。基于概率兴趣度模型主要考虑规则的简洁性、支持度以及后项的影响，却没有考虑规则前项对规则的影响。

2. 差异思想兴趣度

基于差异思想的兴趣度模型，用以指导关联规则的发现，将关联规则（X⇒Y）的兴趣度表示为：

[IX⇒Y=CX⇒Y−SYmaxCX⇒Y，SY]

其中，C（X⇒Y）为关联规则（X⇒Y）的置信度；S（Y）为关联规则（X⇒Y）中Y的支持度，其值为Count（X）/N。

使用Visual FoxPro编程实现基于差异思想兴趣度模型的关联规则挖掘算法，并且在取不同兴趣度值情况下记录显示关联规则数。

max{C（X⇒Y），S（Y）} 是一个标准，保证 II（X⇒Y）I

3. 相关性兴趣度

[IX⇒Y=SXUYSXSY]

其中，S（XUY）=Count（XUY）/N，S（X）=Count（X）/N，S（Y）=Count（Y）/N。

兴趣度 I（X⇒Y）反映了关联规则中 X 与 Y 间的关系，是 X 和 Y 密切程度的体现；而可信度和支持度分别体现了规则依赖方向和规则在事务集中出现的频率。基于相关性的兴趣度模型是从规则前项与后项相关性来定义的，从概率的角度分析规则前项和后项相关性，若前项与后项在概率上不相关，或者相关性小，则用户对规则没有兴趣或兴趣较小，反之则用户对规则有很大的兴趣。

4. 信息量兴趣度

1992 年，美国学者 Padhaic Symth 将关联规则（X⇒Y）的兴趣度定义为：[IX⇒Y=PXPYIXlogPYIXPY+1–PY|Xlog1–PYIX1–PY]，其中，P（X）=Count（X）/N，P（Y）=Count（Y）/N，P（YIX）=Count（XUY）/N。

使用 Visual FoxPro 编程实现基于信息量兴趣度模型的关联规则挖掘算法，并且在取不同兴趣度值情况下记录显示关联规则数，基于信息量兴趣度模型主要对规则的简洁性和信息量进行综合度量，综合考虑了前件 X 和后件 Y 概率分布的相似程度，X 出现的概率 P（X）作为规则前项简洁程度的衡量，规则越简洁，则 X 数量越少，兴趣度也越高。这种兴趣度模型考虑了前项和后项的耦合度，耦合度越高，兴趣度也越高。

5. 影响兴趣度

[IX⇒Y=logCX⇒Y/CX⇒YSY/SY==logN–CountXCount（X）–Count（XUY）×CountXUYCountY]（7）

其中，C（X⇒Y）为关联规则（X⇒Y）的置信度，[CX⇒Y]=（N–Count（XUY））/Count（X），S（Y）=Count（Y）/N，[SY]=（N–Count（Y））/N。

使用 Visual FoxPro 编程实现基于影响兴趣度模型的关联规则挖掘算法，并且在取不同兴趣度值情况下记录显示关联规则数。

在总事务数 N 和其他不变情况下，当 Count（Y）增大时兴趣度将降低，反之则上升；当 Count（X ∪ Y）增大时兴趣度将上升，反之则降低；当 Count（X）增大时兴趣度将降低，反之则上升。这种兴趣度模型使用前项对规则的影响来确定规则兴趣度，考虑了接近于阈值的强关联规则和弱关联规则的选择。

除了以上介绍的五种兴趣度模型外，还有目标兴趣度、正负项目兴趣度、卡方独立性兴趣度、Symth 函数兴趣度、Gimi 指标兴趣度、Piantesky–Shapiro 兴趣度模型等，在此就不一一介绍了。

6.3.1.3 基于相关兴趣度的关联规则挖掘案例

1. 引入兴趣度阈值的学生选课系统

（1）学生选课指导系统。

学生选课指导系统就是指对高校教学管理系统中的学生成绩数据库进行关联规则挖掘，从中挖掘出满足最小支持度和最小可信度的规则。

成绩数据库为学校的学生成绩数据库，系统首先对原始的成绩数据库进行数据的选择、净化、转换等预处理，建立起基于园区网络教务平台的数据仓库，然后在此数据仓库的基础上进行数据挖掘，通过对结果的评估，即可得出有效规则，用于辅助决策。当决策者对于评估结果不满意时，可以回溯到“数据挖掘”阶段，重新进行挖掘。

利用 Apriori 算法对选课系统进行挖掘：数据库中的数据经过数据转换之后，在该数据集上采用上述算法对数据进行关联规则分析，设支持度为 0.1，置信度为 0.3，得到了选课分析挖掘数据关联规则。

规则前件（X），规则后件（Y），支持度（S），置信度（C）。

线性代数离散数学：23.38%、64.67%。

线性代数数据结构：23.40%、61.96%。

计算机概论微机原理与接口技术：22.59%、62.5%。

汇编语言操作系统：20.6%、65.77%。

计算机组成原理离散数学：30.01%、61.32%。

验证了目前各类课程设置的合理性，规则前项的课程，作为规则后项的课程的先修课，先学习可保证学生学习的效果，为学分制下的学生选课提供了一定的指导意义。但是，从结果中我们也会发现规则的数目太多。当最小可信度和最小支持度较小时，规则的数目更多，同时有些规则是无效的，甚至有些规则还是错误的。如何滤掉此类规则是本文运用兴趣度的主要原因。

（2）兴趣度提出的背景。

在实际的学生选课指导系统应用中，发现仅考虑可信度 c 和支持度 s 不够的，并且还可能会引起误导。如在上面的挖掘规则中，在学生成绩库中有 20% 的学生“汇编语言”和“操作系统”成绩均为优，而“汇编语言”成绩为优的学生中 40% 的人“操作系统”成绩为优，由这两个足够大的支持度和可信度我们推出“加强‘汇编语言’的教学有助于操作系统成绩的提高”这条看似有用的规则。但实际情况是原始记录显示选修“汇编语言”的学生 50% 成绩为优，换句话说，其中有 30% 的学生“操作系统”成绩非优。任意一个我们不知道是否选修“汇编语言”的学生的“操作系统”成绩优秀的概率（50%）高于已知选修“汇编语言”成绩为优秀的学生的概率（40%）。很显然，上面推出的这条规则是误导性的。由于用传统关联规则 Apriori 算法推导，会得出很多类似“加强‘汇编语言’的教学有助于‘操作系统’成绩的提高”这样有误导性的规则，使规则数量大大增加，而且由于此规则有一定的误导性，对学生选课的指导意义大大降低，所以应该过滤掉此类规则。但是，传统的关联规则算法无法过滤此类规则，所以本文在传统的关联规则算法中增加第三个阈值，即兴趣度。

（3）兴趣度的定义。

在定义兴趣度之前，先给出几个有关的定义。P（X）表示交易中 X 发生的概率，P（XY）表示交易中 X 和 Y 同时发生的概率。若 P（XY）=P（X）P（Y），则定义交易中 X 和 Y 相互独立；若 P（XY）≠ P（X）P（Y），则定义交易中 X 和 Y 不相互独立；如果 P（XY）≠ P（X）P（Y），则定义 X 和 Y 相关。

对于挖掘出的规则 X=>Y，如果 X 和 Y 的相关程度越大，则说它越有趣。在这里，定义 X=>Y 的兴趣度为：RI=corr（x，y）=P（X，Y）/P（X）P（Y）。

其中，corr（x，y）是规则的相关程度。当 corr（x，y）>1 时，P（XY）>P（X）P（Y），则说 X 的出现和 Y 的出现正相关；当 corr（x，y）<1 时，X 与 Y 负相关；当 corr（x，y）=1 时，X 与 Y 独立。所以，利用 RI 可以判断出规则的三种情况，然后按照用户的需求只保留感兴趣的规则。

从 RI 的定义入手，可以看到：RI=P（XY）/P（X）P（Y）=P（Y | X）/P（Y），而 P（Y | X）/P（Y）是 X 条件下 Y 出现的概率与不考虑 X 条件下 Y 出现的概率比值。它的具体含义为：

RI>1 时：说明 Y 在 X 出现的条件下比在无条件下出现的可能性要大，也就是 X 的出现可以带动 Y 的出现，RI 的值越大，则 X 对 Y 的带动越大，这是我们所需要的；

RI<1 时：X 的出现降低了 Y 出现的可能，这是在关联分析中不希望出现的；

RI=1 时：X 的出现与 Y 的出现是独立的，互相不受影响。

上面的定义中有一个问题，就是颠倒了前后件的规则的“corr（x，y）”是相同的，如 X=>Y 和 Y=>X 的“corr（x，y）”均为 P（XY）/P（X）P（Y）。因此，只凭“corr（x，y）”判断不出 X=>Y 和 Y=>X 哪一个更有趣。必须用反映规则强度的可信度来约束，因为 X=>Y 和 Y=>X 的可信度不同，前者为 P（XY）/P（X），而后者为 P（XY）/P（Y）。这样可以利用可信度阈值找出强规则，然后再用“Corr”找出有趣关联规则。这正好满足了在原学生选课指导系统无法得出课程之间先后顺序的要求，通过设定合理的可信度阈值，即可直接得出课程之间的先修还是后继的关系。

2. 引入兴趣度的学生选课系统

学生管理系统中包含大量的数据，均以记录的形式保存在数据库中，系统首先对数据库中的数据进行选择、转换、清洗等预处理，保存到选课分析数据仓库中，在此数据仓库的基础上进行数据挖掘得出结果，对结果进行评估、审查，通过后即可形成有效规则，用于辅助决策学生的选课。当决策者对评估结果不满意时，可以回溯到数据仓库再重新进行数据挖掘。在此系统中引入兴趣度后，使得重新进行数据挖掘的次数减少，从而提高了挖掘效率。

6.3.1.4 利用兴趣度的关联规则算法对选课系统进行研究

1. 改进算法描述

现有的关联规则挖掘算法主要是基于可信度和支持度的阈值，因而关联规则挖掘导致产生大量冗余规则的问题，并且这些规则对用户来说可能是不感兴趣的或者没用的，甚至还可能引起误导。无价值的规则的出现使用户对这些规则的分析变得困难，也难于确定哪些规则对用户来说是有趣的。基于学生兴趣度的关联规则挖掘算法 IIAR 算法（Interesting Items Association Rule），根据学生指定感兴趣的课程，我们对传统的只考虑可信度和支持度阈值的关联规则挖掘方法进行改进，将它们运用到有趣度阈值的系统。SQl-IIAR 算法与经典的 Apriori 算法和 DHP 算法等相比较，具有速度快、节约内存、支持探索方式知识发现的特点。

SQL-IIAR 算法（SQL 语言 Interesting Items Association Rule）利用 SQL 语言对海量的数据库进行预处理，将带有用户感兴趣的事务放入视图中，利用 SQL 语言的视图机制，可以将用户感兴趣的事务数据组成一张虚表，使数据库结构简单、清晰，同时压缩事务数据库，使数据挖掘的速度加快、节约内存。

（1）算法格式。

分钟 ing（数据挖掘算法）//SQL-IIAR 算法。

From（数据库名）// 被挖掘的已经经过处理的事务数据库的视图。

With（D1，D2，…）// 用户导向的项集。

Support（s%）// 设置支持度的最小值。

Confidence（c%）// 设置置信度的最小值。

其中，With 子句中 D1、D2 为用户感兴趣的项集。一般为两个项集，D1 为前件项集，D2 为后件项集。确定本文仅介绍后件为一个项的情况。对于后件有多项的挖掘，可以将多个项作为一个布尔类型的附加属性处理，因此算法同样适用。SQL-IIAR 算法是一种改进 Apriori 算法，按照用户的兴趣导向、压缩事务数据库、降低精度、提高速度的方法，与 Apriori 算法相比较加快了速度。

（2）数据预处理。

CREATE VIEW 视图名

ASSELECT 用户关心的数据 // 从原始事务数据库中选择数据存放到视图中。

FROM 原始事务数据库

WHERE 用户感兴趣的项集 // 根据用户感兴趣的项集选择数据。

（3）找出所有频繁项集。

根据用户定义，这些项集的出现频繁性至少和预定义的最小支持度一样。在第一次扫描事务后，对每一个事务进行计数，并删除长度小于最小支持度（support）的当前事务，因为该事务不会对生成频繁 2- 选项集起作用。以此类推，在对每次事务扫描后，对每一个事务进行计数，并删除长度小于最小支持度（support）的当前事务，因为该事务不会对以后生成的下层候选项集产生作用。如此，压缩了事务，提高了效率，减少了 I/O 的开销。

由频繁项集产生强关联规则，如果用户对挖掘的结果不满意，则重新设定参数，然后重复（1）到（3）步骤。

2. SQl–IIAR 算法在选课系统中的应用

设学生成绩数据库 CID 为 CID1，其中数据表示学生存储的成绩情况。系统设置挖掘的参数（其中 A、B、C 分别为汇编语言，操作系统和数据结构，D、E、F、G 为其他课程）：

分钟 ing（SQL–IIAR）From（CID）

With（A，C）Support（10%）Confidence（30%）

参数说明：采用 SQL–IIAR 算法，原始事务数据库为 CID，规则的前件为 A，规则的后件为 C，最小支持度为 10%，最小的置信度为 30%，对此数据库进行挖掘，找出相应的强规则。

用户根据用户对 A、C 关联感兴趣，进行过滤数据库，数据预处理，删除不包含 A、C 事务的数据，得到新的事务数据库 CID2；在事务数据库 CID2 中，找出各项频繁项集，形成候选集 C1，根据用户设定 Support 的值，得到 L1={A，C，E，F}，然后利用 L1 对事务数据库进行压缩删除，得到 CID3；再找出各项频繁项集，形成候选集 C2={A，C，E}，{A，C，F}；根据 C2，找到由于的项集计数为 1，所以它不是频繁项集；最后由频繁项集产生强关联规则。

根据以上的运算结果 L2={A，C，E}{A，C，F}，得出可能产生的强规则：

{A}=>{C，E}，{A}=>{C，F}，{A，E}=>{C}，{A，F}=>{C}，{A}=>{C}

强规则产生的条件〔即用户指定的 Confidence（30%）〕，因而根据以下的公式计算各项规则 Confidence 的值，确定强规则。

Confidence（A=>B）=P（A/B）=support_count（A ∪ B）/support_count（A）

{A}=>{C，E}Confidence=4/8=50%

{A}=>{C，F}Confidence=2/8=25%

{A，E}=>{C}Confidence=4/5=80%

{A，F}=>{C}Confidence=2/2=100%

{A}=>{C}Confidence=6/8=75%

因而强规则为 {A}=>{C，E}，{A，E}=>{C}，{A，F}=>{C}，{A}=>{C}，这些规则不仅提供了用户感兴趣的 A 和 C，而且还提供了其他规则。如果用户对于挖掘的结果不满意，可以通过调整挖掘格式各个字句的参数值，重复执行以上的步骤。SQL-IIAR 算法利用 SQL 语言，根据用户设置的前件 D1 和后件 D2 的规则，从原始事务数据库上产生包含前件和后件的新的事务数据库 CID。在新的事务数据库 CID 上进行关联规则的挖掘。在产生 1- 频繁项集后，立即判断 1- 频繁项集是否包含前件 D1 和后件 D2，如果不包含其中的一项，则终止算法的运行；否则继续程序的运行；并且在频繁项集的生成过程中，根据候选项集的支持度，删除那些不可能成为强规则的事务，再次压缩了事务数据库提高挖掘的效率，提高整个算法的效率，具有一定实用性。

3. 测试及性能分析

在引入兴趣度阈值的关联规则挖掘方法对学生成绩数据挖掘后，得知随着兴趣度阈值的引入并不断提高，挖掘出的规则的数量急剧减少。同时，在经典 Apriori 算法中出现的一些错误和无用的规则也被淘汰掉了。根据上述算法来验证如上“汇编语言”和“操作系统”课程的例子，在学生成绩库中“汇编语言”成绩为优的为 50%，“操作系统”为优的为 50%，而两项均为优的为 20%。但根据 SQL-IIAR 算法，没有得出强关联规则：{A}=>{B} 或 {B}=>{A}，所以“汇编语言”和“操作系统”是负相关的，是否定的。这样就过滤掉了类似的无用规则，同时由于直接得出规则的前后件关系，有利于学生根据自己的情况判断自己是否已经学习过要选修的课程的先修课程，来确定是否选择某门课程。

6.3.2 基于约束的关联规则挖掘算法

6.3.2.1 基于约束关联规则挖掘

对于给定的数据集，利用数据挖掘可以发现数以千计的规则，但并不是所有的规则都是有用的。如果在进行数据挖掘时考虑某些约束条件，则所得结果对用户更有价值。

在基于约束的挖掘中，约束用于指导挖掘方法有效地进行。这些约束包括：知识类型约束，通过设定明确的挖掘知识模式，增强挖掘的实用性；数据约束，通过在数据挖掘的不同阶段使用数据挖掘语言设定约束，减少挖掘中所用的数据量，提高数据质量；维层约束，可以针对不同的维设置约束条件，减少冗余问题；兴趣度约束，可以指定规则兴趣度阈值或统计度量，用以衡量结果的重要性和可信度；规则约束则用于指定要挖掘的规则形式 m 关联规则挖掘主要是发现频繁项集，对于频繁项集挖掘，规则约束可以分为反单调的、单调的、简洁的、可转变的、不可转变的五类。若将其应用于规则挖掘中，可产生更有效的挖掘方法。

基于约束的挖掘允许用户根据其关注的目标，说明要挖掘的规则，使得挖掘过程更有功效，挖掘结果更具实用性。

6.3.2.2 关联规则在 CRM 中的应用

在客户关系管理系统中，应用关联规则挖掘数据库中项集间的相关联系，能够反映出顾客的购买行为模式，发现的规则可以应用于如商品销售、库存安排、货架设计，以及根据客户购买习惯对其进行划分等多项商务策略的制定。

企业为了提高销售额，通常使用交叉销售策略，这是一种典型的销售策略。研究关联规则挖掘在销售分析中的应用，可以帮助企业制订合适的销售方案。

1. 交叉销售

电子商务时代要求企业与客户建立持续发展的伙伴式关系。但是，在现代商业中，由于市场萎缩和竞争加剧，企业和客户之间的关系经常会面临变动，这就要求企业要尽可能地维持和改善这种关系。对于企业而言，一旦拥有了一个客户，总是希望能够和客户长期保持关系，并频繁地与客户进行交易，同时最大数量地保证每次交易的利润。这就需要企业制定相应的销售策略。

交叉销售是一种发现顾客多种需求，并满足其多种需求的营销方式，与传统的销售理念不同，它从横向角度为产品开发市场。交叉销售是建立在双赢原则上的，企业因销售额的增长而获益，而客户得到了更多更好满足他需求的产品和服务，也从中受益。在 CRM 中，交叉销售是一种有助于形成客户对企业忠诚关系的重要工具。客户与企业的接触越多，企业就越有机会更深入地了解客户，掌握客户的购买心理。因此，相比于其他竞争对手，企业更容易提升客户满意度，提高自身竞争实力。

CRM 中通过使用数据挖掘技术从企业的历史销售数据中挖掘关联规则，对客户的购买习惯进行分析，以此来确定交叉销售的方案。另外，分析结果还支持企业的市场规划和新产品推出计划等策略的制定。

2. 基于约束关联规则在交叉销售中的应用分析

企业在进行产品销售时，一方面考虑产品的销售额，另一方面也要考虑企业的获利情况。考虑这样一种销售策略：在历史销售数据中查找产品的销售情况，从中发现不同产品间的相关性，考虑企业的获利情况，适当地对具有销售相关性的产品或同类新产品进行特殊销售活动；如当顾客同时购买某些产品时对其进行打折销售或赠送礼品等，具体由企业制定。这样的策略就需要使用合适的约束关联规则挖掘方法为企业提供支持具有上述效果的销售策略的有效依据。

关联规则挖掘方法已有许多种算法，在 CRM 销售分析中应用关联规则挖掘可使用 FP-growth 算法，该算法使用存储压缩的交易数据前缀树结构，采用频繁模式增长的方法，即利用分而治之的策略进行挖掘。要注意的是，针对企业需求，使用 FP-growth 算法必须考虑约束条件，如企业的获利情况，这是一种可转变的约束。下面举例分析。

min-sup；规则约束 avg（profit）≥ x。输出：满足规则约束的频繁模式集。方法：

构造 FP- 树：

扫描事务数据库一次，寻找频繁 1- 项集和它们的支持度 support，得到频繁项表 L；扫描 profit 表，按 profitASC、supportDESC 对 L1 排序得到频繁项表 L。

创建 FP- 树的根节点，标记为 nuli；第二次扫描 D，对于 D 中的每个事务 T 执行：选择 T 中频繁项，并按 L 中次序排序，得到频繁项表 [pP]，其中，p 代表首元素，P 代表剩余元素；调用 Inserttree（[pP]，N）。执行过程如下：

IfNchild.Item-name=pitem-nameNchildcount++；

Createanewnodenncount=lt

IP ≠ then

Callinsert_tree（lppl，n）

调用 FP-growth（FPtree，ax），挖掘 FP- 树 ProcedureFP-_growth（Tree，a）

含单个路径 Pthenfor 路径 P 中节点的每个组合 B。

产生模式 BUa，其 support=B 中节点的最小支持度；模式 βUa 满足 support ≥ min-supandavg（profit）≥ x 模式 BUa 为频繁模式。

ElseforTreef 的项头表从表尾到表头的每个表项 ai（产生一个模式 p=aiUa，其 support=al.suppon；I 模式 β 满足 pportamin-supandavg（profIT）≥ x 模式 B 为频繁模式；

构造 β 的条件模式基和 FP- 树 TeB；HfTreeb-then

Callfp-growth（Tree，B）

6.4 关联规则有效性的评估指标与策略方法

6.4.1 客观评估方法

客观评价是指关联规则的有趣性是由规则的具体结构和在数据挖掘过程中所依赖的数据决定的。这种方法主要是在这些规则上应用统计学方法，用定量的数值来判定规则的有趣性，从而避免了人为的主观意见。因此，从这个意义上讲，规则有趣性的客观评价是可靠的、有说服力的。

支持度和可信度度量是评价关联规则的两个常用客观性指标，支持度度量反映了规则的实用性，而可信度度量反映了规则的有效性。很多传统的关联规则挖掘算法就是基于这种模型来进行关联规则挖掘的。

6.4.2 主观评价

关联规则的客观评价只是基于数据本身的结构来展开的，关联规则的产生完全基于事实数据，并没有考虑规则之间的联系和用户（专家）对规则的认同程度。但是一个规则是否有趣最终要取决于用户的感觉，只有用户可以决定规则的有效性和可行性。我们应该将用户的需求和挖掘系统结合起来，才能挖掘出更加有效的关联规则。因此，判断规则的有趣性必须考虑主观层面上的意义。

主观评价是指关联规则的有趣性不仅由规则的具体结构和在数据挖掘过程所依赖的数据决定，而还应与使用规则的用户感觉有关，也就是说，在评价规则的有趣性时要体现用户参与和领域知识的融合等主观因素。从上面的分析可知，高支持度和高可信度的规则对用户来讲并不一定有意义。从用户的主观角度看，规则的非预期性和可行性可能是用户更感兴趣的。

6.4.3 关联规则的新颖性评价

用户对关联规则是否感兴趣的重要指标是新颖性，它是针对与原有知识而言的，这些知识包括两个部分：一是以往得到的准确性很高的关联规则，与当前所得到的规则相悖；二是与用户所期望的知识相悖。因此，衡量新颖性主要是从形式上进行的，即分别用与关联规则的前件和后件的相悖程度来衡量，也可以用与原有知识的相悖的项数来衡量。

新颖度从本质上说是主观的评价方法，它是相对于原有的知识而言的。新颖性程度分别表现在发现的规则与基础知识库中的规则的各项差异程度上，又分别表现在前件各项的差异和后件各项的差异程度上。文献给出了具体的量化计算公式，并提供实例证明。通过计算出来的新颖度值，可以判定一条新规则的新颖性，保留新颖性较高的规则，删除新颖性低的规则，并将保留的规则充实到基础知识库中。

6.4.4 关联规则的潜在有用性评价

潜在有用性评价方法属于主观兴趣度评价。它涉及用户和领域专家参与规则评价的问题。在所挖掘的规则中，前件和后件中的某些属性可能对将来的决策和分析起重要作用，但从现有的客观度量值上可能无法体现其重要性。这就需要从主观上对规则进行进一步的评价，为此引入规则的潜在有用性评价。

PU=（EI+UD）/2

公式中的 PU 为规则的潜在有用性 E 为领域专家给定的感兴趣值，UI 为用户给定的感兴趣值。我们可限定 E 和 U 不能大于 1，则 PU 也不大于 1。

规则中的属性重要性一般表现在两个方面：一是它们在领域中的位置比较重要，对其他属性起着很大影响作用，或规则本身体现了领域中重要的一种关系，它也因此会引起挖掘者的关注。二是反映了用户进行知识挖掘时的兴趣取向，在这些重要属性中有些是对当前挖掘有意义的，有些是对今后挖掘有意义的，它体现了属性的重要程度和顺序具有一定的时效性。

对于第一种情况，由领域专家按照各种属性在本领域的重要程度给出相应的感兴趣值 E，EI 值在 [0，1] 间。EI=0 表示属性最无关紧要；E=1 表示属性最为重要。对于第二种情况，由使用本挖掘系统的用户根据当时的兴趣和问题的相关性给出感兴趣值 U, U 值在 [0, 1] 间。U=0 表示对属性最不感兴趣；U=1 表示对属性最为感兴趣。最后将这两情况下的算术平均值作为衡量规则的潜在有用性的度量标准，记为 PU。

显然，通过上面的分析，PU 的计算是在关联规则挖掘的过程中通过用户和领域专家的交互而实现的。因此，它是一个很典型的主观评价方法。

6.4.5 关联规则的简洁性评价

简洁度（记为 CN）是用来衡量关联规则的最终可理解程度的指标。它表现在两个方面：一是在规则所包含的项的个数上，如果规则所包含的项数很多，则不利于对规则的理解。因此，规则所包含的项数是一个衡量简洁性的逆向指标，即规则的项数越多，规则的简洁性就越差。二是在规则所包含的抽象层次上，规则包含的项的抽象层次越高，它对数据的解释能力越强，越容易理解；相反，规则的抽象层次越低，它对数据的解释能力就越差，越容易理解。

为了便于对问题的分析，我们可以规定规则的后件包含的项数为一项，其项目的抽象层次的确定根据概念分层的知识来确定，这样对规则的简洁性评价可以计算规则的前件的项的数目和各项的抽象层次的算术平均值与后件的加权算术平均。之所以在评价中采用加权平均，是因为考虑到属性存在先后顺序的情况，前件和后件的重要程度也不一样，因此在评价中还要考虑权值的选择问题。在进行权值的确定时，主要依据前件和后件的位置重要性差别。

6.5 本章小结

本章对数据关联规则的概念、挖掘算法及发展应用进行了详尽的阐述，列举了相关的评估方法，以及促进关联规则的有效性。

第 7 章　基于 Hadoop 的分布式算法的设计与实现

分布式算法是一门计算机科学，它研究如何把一个需要非常巨大的计算能力才能解决的问题分成许多小的部分，然后把这些部分分配给许多计算机进行处理，最后把这些计算结果综合起来得到最终的结果。分布式算法已经被用于使用世界各地成千上万位志愿者的计算机的闲置计算能力，通过因特网，分析来自外太空的电讯号，寻找隐蔽的黑洞，探索可能存在的外星智慧生命，寻找超过 1000 万位数字的梅森质数等，使得计算变得轻松、快捷。

7.1 分布式文件访问与计算的研究内容

7.1.1 分布式数据库系统概述

7.1.1.1 分布式数据库系统的定义

随着信息技术的飞速发展，社会经济结构、生产方式和消费结构已经发生了重大变化，这些变化深刻地影响着人民生活的方方面面。尤其是近十年来人们对计算机的依赖性越来越强，同时也对计算机提出了更高的要求。随着数据库在各个行业中的不断发展，各行业也对数据库提出了更高的要求，数据量急剧增加，对于管理这些数据的复杂度也随之增加。同时，各行业部门或企业所使用的软硬件之间的差异，给开发企业管理数据库管理软件带来了巨大的工作量，如果能够有效解决这个问题，即使用同一模块管理操作不同的数据表格，对不同的数据表格进行查询、插入、删除、修改等操作，也即对企业简单的应用实现即插即用的功能，那么就能大大地减少软件开发的维护和更新费用，缩短软件的开发周期。分布式数据库系统的开发，降低了企业开发的成本，提高了软件使用的回报率。当今社会已进入了信息时代，人们将越来越多的信息存储在网络中的计算机上，如何更有效地存储、管理、共享和提取信息，越来越引起人们的关注。集中式数据库已经不能满足人们的需求，因此分布式数据库系统应运而生，并且得到迅速发展。

分布式数据库系统的出现，能有效地利用企业现有资源和网络资源。分布式数据库系统是一个面向地理上分布而在管理上需要不同程度集中的处理系统，主要解决在计算机网络上如何进行数据的分布和处理。由于分布式数据库有许多突出的优点，因此，分布式数据库系统可以广泛地应用于大企业、多种行业及军事国防等领域，这对建立集约型社会，加快社会主义现代化建设，具有重要的现实意义。

分布式数据库是地理上分散而逻辑上集中的数据库系统，具体来说是由一组数据组成的，这组数据分布在计算机网络的不同计算机上。网络中的每个结点具有独立处理的能力，称为场地自治（Autonomous）。它可以执行局部的应用程序。同时，每个结点也能通过网络通信子系统执行全局的应用。也就是说，每个场地是独立的数据库系统，它有自己的数据库、一组终端、中央处理器、运行的局部 DBMS，执行局部的应用程序，具有高度的自治性。同时，它又相互协作组成一个整体，这种整体性的含义是，对于用户来说，从一个分布式数据库系统的逻辑上看如同一个集中式数据库系统一样，用户可以在任何一个场地执行全局应用。

7.1.1.2 分布式数据库产生背景

20 世纪 60 年代末和 70 年代出现了比较成熟的数据库系统。以 IMS 为代表的层次型数据库系统于 1968 年问世。20 世纪 70 年代初，美国 CODASYL 的数据库任务组提出了有名的网络数据库模型 DBTG。分布式数据库的研究始于 20 世纪 70 年代中期。E. F. Codd 于 20 世纪 70 年代中期提出了关系数据库。世界上第一个分布式数据库系统 SDD-1 是由美国计算机公司（CCA）于 1979 年在 DEC 计算机上实现。20 世纪 70 年代，计算机科学技术的发展与飞速发展的现代通信技术相结合，导致了计算机网络的出现。这个时期，世界上先后建成了许多规模巨大、全国性的广域计算机网络，对经济、国防、情报、科学技术和社会生活产生了深刻的影响。随着微型计算机的广泛应用，又自然地提出了这样的新问题，为了加强和扩大微型计算机处理数据的功能，要求将许多分布在不同地点上的微型计算机互联起来，共同工作。由此，进入了分布式数据库时代。20 世纪 90 年代以来，分布式数据库系统进入商品化应用阶段，传统的关系数据库产品均发展成以计算机网络及多任务操作系统为核心的分布式数据库产品，同时分布式数据库逐步向客户机 / 服务器模式发展。

随着传统的数据库技术日趋成熟、计算机网络技术的飞速发展和应用范围的扩充，数据库应用已经普遍建立于计算机网络之上。这时集中式数据库系统表现出它的不足：数据按实际需要已在网络上分布存储，再采用集中式处理，势必造成通信开销大；应用程序集中在一台计算机上运行，一旦该计算机发生故障，则整个系统受到影响，可靠性不高；集中式处理引起系统的规模和配置都不够灵活，系统的可扩充性差。在这种形势下，集中式 DB 的“集中计算”概念向“分布计算”概念发展，以分布式为主要特征的数据库系统的研究与开发得到人们的关注。分布式数据库是数据库技术与网络技术相结合的产物，在数据库领域已形成一个分支。

7.1.1.3 分布式数据库的特性

分布式数据库具有数据透明性和场地自治性。

数据透明性，具体体现为分布透明性、分片透明性、复制透明性。

场地自治性，具体体现为设计自治性、通信自治性、执行自治性。

1. 分布式数据库系统的优点

（1）适合分布式数据管理，能够有效提高系统性能。分布式数据库系统的结构更适合具有地理分布特性的组织或机构使用，允许分布在不同区域、不同级别的各个部门对其自身的数据实行局部控制。

（2）系统经济性和灵活性好。与一个大型计算机支持一个大型的集中是数据库在加一些进程和远程终端相比，由超级微型计算机或超级小型计算机支持的分布式数据库系统往往具有更高的性价比和实施灵活性。集中式数据库系统强调的是集中式控制，而 DDBS 更多地强调各个场地局部 DBMS 的自治性，大部分的局部事务管理和控制就地解决，只有涉及其他场地数据时才通过网络作为全局事务处理。DDBMS 可以设计成不同程度的自治性，从具有充分的场地自治性到几乎完全的集中式控制。

（3）系统经可靠性高和可用性强。由于存在冗余数据，个别场地或个别链路的故障不会导致整个系统的崩溃。同时，系统可自动检测故障所在，并利用冗余数据恢复出故障的场地，这种检测和修复是在联机状态下完成的。

2. 分布式数据库系统存在的问题

（1）系统设计复杂。分布式数据库的分片设计和分配设计依赖于系统的应用需求，并且影响系统性能、响应速度及可能性。分布式数据库的查询处理优化、事务管理、故障恢复和并发控制，以及元数据管理等都需要分布式处理。

（2）系统处理和维护复杂。一般来说，在分布式数据库中存取数据，与集中式数据库系统相比，DDBS 更复杂，为保证各场地之间的协调必须做很多额外的工作。

（3）数据的安全性和保密性较难控制。在具有高度场地自治的分布式数据库中，不同场地的局部数据库管理员可以采用不同的安全措施，但是无法保证全局数据都是安全的。安全性问题是分布式系统固有的问题，因为分布式系统是通过通信网络来实现分布控制的，而通信网络本身却在保护数据的安全性和保密性方面存在弱点，数据很容易被窃取。

3. 典型分布式数据库原型系统

（1）SDD-1DDBMS。

美国计算机公司研制的 SDD-1 项目是第一个分布式数据库管理系统的样机。各地点由 ARPANET 连接，并采用叫作数据计算机的当前 DBMS。这个项目特别有助于理解分布式数据库的重要问题和对其中某些问题的解决方法。

（2）ENCOMPASS。

ENCOMPASS 是一种同构型分布式数据库管理系统，它是根据 Tandem 公司的 NonStop 计算机体系结构和 GUARDIANOS 建立起来的。计算机的体系结构和 OS 两者都具有对实现分布式数据库管理系统极其有用的特性。Tandem 公司的计算机的最好的特性在于它是由几个（至少两个）独立 CPU 组成，这些独立的 CPU 利用高吞吐量总线连接起来，共享对磁盘驱动器的访问。因为 Tandem 公司的计算机的基本体系结构是分布式的，所以 Guardian 操作系统能在由不同 CPU 执行的各进程之间提供方便的通信。各进程之间的所有通信都通过信息进行。信息系统可使硬件各单元的分布对进程是透明的。

（3）IBM System R。

R* 系统是在美国开发的。它的目的是建立协同操作，却是由独立的地点构成的分布式数据库系统。每个地点支持一个关系数据库系统。R* 是 R 系统向分布式环境的自然扩展。

7.1.2 分布式数据库技术发展现状

7.1.2.1 分布式数据库技术国外发展现状

分布式数据库系统（简称 DDBS）已有 20 多年的发展历史，从其产生到发展的过程都取得了长足的进步，许多技术问题被提出并得到了解决。20 世纪 90 年代，DDBS 已进入商品化应用阶段。当前，分布式数据库技术已经成熟并得到广泛应用。一些数据库厂商在不断推出和改进自己的分布式数据库产品，以适应多种需要和扩大市场的占有份额。但是，实现和建立分布式数据库系统绝对不是数据库技术与网络技术的简单结合，而是在这两种技术相互渗透和有机融合后的技术升华，它又产生了很多新的技术。而且，分布式数据库系统虽然基于集中式数据库系统，但分布式数据库系统却有它自己的特色和理论基础。数据的分布环境形成了很大的固有的技术难度，使得分布式数据库系统的应用被推迟。至今完全遵循分布式数据库系统规则，特别是实现完全分布透明性的商用系统，还很难见到。

对分布数据管理的研究有两个方面：一是单项的研究。比如数据的分布问题、通信问题等。在研究一个问题时，假定其他因素是不变的，得出研究成果。此处还要研究的是要将各种因素综合起来，研究它们的相互作用和结果。数据库设计和更新同步之间有密切的联系，对于更新要求，依据不同的更新同步方案，对通信系统的要求随之不同。因此，就要对这些因素综合地考虑。二是对计算机网络的研究。计算机网络技术的迅速发展，已经很大程度地影响到了数据库和分布数据库的领域，不管是在远程网络还是局域网领域都发生了很多变比。局域网和远程网之间的处理差别，必然会导致处理数据库和分布数据库问题显然不同的一些原则和方法。分布式数据库系统已经成为信息处理学科的重要领域，并正在迅速发展之中。

7.1.2.2 分布式数据库技术国内发展现状

我国对分布式数据库系统的研究约在 20 世纪 80 年代初期开始，一些科研单位和高校先后建立和实现了几个各具特色的分布式数据库系统。如由中国科学院数学研究所设计，由该所与上海科学技术大学、华东师范大学合作实现的 C.POREL，武汉大学研制的 WDDBS 和 WOODDBS，东北大学研制的 DMD/FO 系统等，尤其值得一提的是华中科技大学达梦数据库多媒体研究所开发的 DMZ 多媒体数据库，它解决了异构数据库系统实现数据的共享和透明访问的难度。他们的工作对我国分布式数据库技术的理论研究和应用开发起到了积极的推动作用。

7.1.2.3 分布式数据库发展趋势

未来分布式数据库的发展趋势，除了解决当前面临的技术挑战，还有一些更好的发展方向。比如，与人工智能的有机结合、与面向对象技术的结合、应用并行计算机、高性能工作站对其影响显著等引导着分布式数据库的发展趋势。人工智能和分布式数据库相结合是数据库技术发展的重要方向之一，这种结合能够使分布式数据库更加智能化，即数据挖掘和知识工程。两技术的结合旨在发现大量数据中的新信息、所蕴含的知识，而这些内容将为人们的生活提供便利与帮助。传统的数据库技术仅仅是一种数据处理、分析方面的技术，它的优势在于对数据进行存储、管理、检索，而逻辑推理能力是数据库技术所不具备的。此外，人工智能可以通过计算机模拟人的大脑思维过程，逻辑推理和判断是人工智能技术的主要特征。智能化的分布式数据库应该是人工智能分布式数据库技术的有机结合，同时具有两者的优点且避免它们的缺点，而这也就是分布式知识库系统。知识库是存储事实的外延数据库和存储常用知识的内涵数据库的联合体。以关系代数为理论基础的关系数据库管理系是非常严格的数据库系统。目前，它已经能够满足现实生活中的众多应用。然而，随着近些年软件工程技术的发展，传统的结构化的软件编程方法已经逐步进入基于面向对象的编程时代，这一点逐渐渗透到数据库技术领域，推动着分布式数据库的应用发展由传统领域往面向对象领域的扩展。分布式面向对象数据库具有以下几个优点：高性能和高可用性；能够很好适应面向对象数据库的高度分布，支持异构数据库；拥有隐藏信息的特性。

随着数据库技术的迅猛发展，新一代数据库必将具有数据量大和结构复杂的特点，而新的数据库应用则需要具有复杂数据处理操作和高效事物处理能力，这也就需要高性能的数据库系统支持。近些年，并行计算机系统发展迅猛，而并行计算机机群为高性能数据库系统的实现带来了强有力的支持。在这个基础上建立的数据库系统称为并行数据库系统。并行数据服务器系统和分布式数据库相比，具有以下三点重要的不同：应用目标不同，在并行数据服务器中，并不苛求最大限度的本地处理能力；实现方式不同，在并行服务器系统中，站点间工作负载主要利用高速网络相互调节；各站点的地位不同，即并行服务器系统中不存在局部应用和全局应用的概念，站点之间是完全不独立的。随着大数据和云时代的到来，面对海量的数据，在将来的计算机发展历程中分布式数据库系统将会越来越重要，我们也相信在不久的将来，分布式数据库系统会给我们的生活带来更多的便捷。

7.1.3 分布式数据库应用设计案例

7.1.3.1 在学生信息管理系统中的应用

1. 需求分析

学校学生信息量大，不同校区间距离可能较大，各学院分布较散。学生信息是一个整体，而各个学院只需处理学生信息的部分，所以采用分布式数据库十分合理。

2. 概念设计

一个学生可以选择多门课程，而一门课程也可以有多个学生；每门课程只有一个成绩，每个成绩也只对应一门课程。

3. 逻辑设计

数据模型包括学生数据、成绩数据、课程数据。

学生数据：学生编号、学生姓名、学生生日、学生性别、民族、家庭住址、电话、政治面貌、个人简介。

成绩数据：学期编号、课程名称、分数。

课程数据：课程名称、分数、授课老师。

7.1.3.2 分布式数据库在物流系统中的应用

1. 需求分析

物流企业规模大，呈现国际化、全国性、仓储分布分散的特点。每个物流企业都有若干个子公司或相互关联的部门，虽然在业务上它们独立处理各自的数据，但彼此之间数据的交换和处理显得越来越重要并日趋频繁。所以，针对顾客的个性化需求和企业区域分散性的特点，将众多物流公司整合起来，实现对物流资源的有效利用是非常有必要的。为达到既要保持单个公司的独立性，又要实现分布式的信息资源共享，使物流在各公司或大型公司内部、各仓储单位之间更加顺畅，只有采用分布式数据库系统才能实现。

2. 概念设计

由于物流企业的特点，分析设计采用全局数据模式。

一个供应商可以对应多个零售商，一个零售商也可以对应多个供应商，而供应商和配送中心既可以是同一个公司的实体，也可以是相对独立的不同公司。

为了顺畅高效率地协调零售商、供应商和配送中心三方的运作，根据系统的层次结构搭建了统一协调系统。零售商向仓储公司发出订单请求后，仓储公司将做出相应回应，根据订单性质查找公司数据库存储的相关信息，并制订出相应的运输方案。当该公司缺货无法满足订单要求时，可将订单发给配送中心协助调配相关货源。

3. 逻辑设计

本系统逻辑设计阶段采用全局操作模式。

数据模型：公共数据、配送中心数据、仓储公司数据和零售商数据。

公共数据：货物名称、货物数量、生产商。

配送中心数据：配送单位、配送货物信息、配送路线。

仓储公司数据：存货量、发送清单。

零售商数据：订购商品数量、货物名称、规格、期限。

4. 分片设计

在本系统中采用了混合分片的设计。根据不同的数据关系采用不同的分片方式。

在总公司与分公司和公司与各个部门的数据关系中，由于部门业务的数据是公司业务数据的子集，本系统采用了水平分片的方式，通过并运算实现关系的重构。

在总数据库的数据关系中，数据是按照其业务流程来划分的，所以这里采用了垂直分片的方式。

5. 非冗余设计

在有些情况下，根据选定的划分准则，很容易得出非冗余分配。如在这次为物流设计的分布式数据库中，各个部门（功能模块）只存放本部门的数据，数据管理和分析功能是由总公司的数据库服务器来实现的，各个部门只需将更新的数据发送到总公司的数据库即可。

6. 局部模式重新构造

上层统一协调系统用于各个公司之间或仓储单位之间的管理与协调，可以允许零售商、供应商和配送中心弹性地加入或退出，最终目的是要产生出满足订单的最佳配送方案，节约成本。统一协调的基础是一致的数据模型和传输协议。下层的手持设备是信息感知部分，Internet 通信功能的加入更有利于与上层系统的集成与交流。

系统既具有对各个公司或子公司进行统一管理协调的能力，又具有对货物进行信息采集跟踪的能力。统一协调子系统是在各个公司内部原有系统实现自治的基础上进行分布式信息协作的系统，平台由统一的数据模型对货物进行描述。信息采集子系统是记载着货物的供应商，当前所在位置、目的地以及最后期限等各种属性，便于到货时校验。

7.1.3.3 分布式数据库系统在企业信息系统中的应用

使用数据库的单位在组织上常常是分布的（如分为部门、科室、车间等），在地理上也是分布的。分布式数据库系统的结构符合部门分布的组织结构，允许各个部门对自己常用的数据存储在本地，在本地录入、查询、维护，实行局部控制。由于计算机资源靠近用户，因而可以降低通信代价，提高响应速度，使这些部门使用数据库更方便、更经济。

当在一个大企业或大部门中已建成了若干个数据库之后，为了利用相互的资源，为了开发全局应用，就要研制分布式数据库系统。这种情况可称为自底向上地建立分布式系统。这种方法虽然也要对各现存的局部数据库系统做某些改动、重构，但比起把这些数据库集中起来重建一个集中式数据库，则无论从经济上还是从组织上考虑，分布式数据库均是较好的选择。

7.1.4 分布式数据库系统安全分析

分布式数据库系统的安全指的是整个分布式数据库系统内的数据保持完整、一致，不会被泄露和更改，能够有效防止外界对数据库的侵入和破坏。分布式数据库系统由于其物理分布不集中，分布控制只能通过网络实现，这给系统的安全保密性带来很大的风险。由于物理分布，各个节点数据库要由不同的人员来管理；由于安全意识高低和安防措施的不同，整个系统的数据安全得不到保证；而各节点间实现互动的网络更是信息安全的薄弱环节。

7.1.4.1 分布式数据库安全需求分析

在开发分布式数据库系统的过程中，保证数据库中数据的安全是一项非常重要的工作。试想一下，如果没有充分的安全性控制机制，那么任何无管理权限的人员都可以访问数据库，也都可以查询或更改其数据，则数据库必然遭到破坏，甚至可能造成整个系统的瘫痪。因此，一个好的分布式数据库必须能确保系统数据的完整性、有效性和安全性，防止未授权用户对其访问，跟踪用户对其访问的情况，控制授权用户仅能对自己所拥有权限的子系统和数据进行访问，使系统免于因各种破坏而造成数据丢失和偷窃，这也是分布式数据库系统安全管理必须解决的问题。

一般情况下，分布式数据库面临三大类安全问题：一是要保障数据库数据的可靠性、完整性，预防和减少因为软、硬件系统误差所造成的数据库恶性破坏，针对由单站点故障、网络故障等自然因素引起的问题，可以考虑利用网络安全性来提供安全防护。二是来自本机或网络上的人为攻击，如黑客的攻击。三是数据库管理系统自身的安全脆弱性，现阶段系统的安全与操作系统的安全是相互配套的，由于数据库管理系统的操作系统的结构多种多样，一个可以打补丁和可渗透的操作系统是难以从根本上解决安全问题的，因此，数据库管理系统也是脆弱的。

7.1.4.2 分布式数据库安全策略

1. 站点间的身份验证

分布式数据库系统各个站点之间相互访问要建立双向身份验证机制。分布式数据库系统各个站点位置往往比较分散，通常无法确认登录分站点的用户身份是否符合权限，为防止假冒登录，有必要在客户端和数据库服务器之间进行双向身份验证。此外，为了完成各种分布式事务处理及数据处理等的功能，不同的站点间也要取得相应的密钥，在执行具体操作时，系统根据授权，完成身份验证，保证数据库操作的安全性。

2. 保密性安全策略

经过上述的身份验证成功后，确认授权合法，分站点之间才可以进行数据互动。在数据传输过程中，为了保证数据信息的保密性，最好对传输数据进行加密。具体做法通常是采用信息加密的方式来防止黑客攻击或者采用实时入侵检测等，加强站点间的安全监测，在通信双方之间建立安全通道。

3. 访问控制

在分布式数据库系统中，为了保证数据库操作系统的安全性，还有一项非常重要的条件，即对用户访问权限的认证。每当有分站点连接数据库服务器时，都要事先输入系统管理员分配的授权指令。要严格限制分站点登录用户操作权限，规范其对数据库对象的访问方式和访问范围。跟踪监控登录用户的操作痕迹，包括能对该数据库做什么样的操作和管理，或可访问哪部分的数据库等。一般来说，合法用户的访问控制一般有两种形式：独立授权访问控制和强制访问授权控制。除此以外，访问用户极有可能是非法入侵者。合法用户的访问控制方式中，独立授权访问控制是由系统管理员设置访问控制表，为用户提供对数据对象具有的操作权限，这是最为常见的访问控制；而强制访问授权控制相对来说比较复杂，系统管理员往往无法进行有效控制，其过程首先是给系统内的合法用户和数据对象授予较高的安全级别，然后根据用户、数据对象之间的安全级别对应关系，安全系统自动限定登录用户的具体操作权限。

4. 数据库加密策略

数据库存储和管理着大量的有用信息和关键数据，在信息化社会是重要的社会管理工具，因此，数据库也成为很多不法分子攻击的对象。为了保护数据库文件安全、完整，避免黑客非法篡改、盗窃、破坏数据信息，我们有必要对数据库中的信息进行加密处理。

5. 安全审核

为了明确安全威胁来源，有针对性建立数据库安防体系，数据库管理系统应建立起明确的用户权限安全性审核体制。在用户登录期间，如果出现了分布式数据库系统可能被非法入侵行为，那么就应该执行数据库的安全审核。除此之外，还应该加强对分布式数据库管理人员的审核。目前的互联网环境中，大量的经恶意代码而产生的安全问题越来越多，而这些恶意代码的传播，不能完全归责于所谓黑客行为，有很大一部分是由数据库程序的编制人员或内部的管理人员加到数据库系统中去的，有鉴于此，加强内部工作人员的道德教育是很有必要的。

6. 故障恢复

在分布式数据库系统中，由于计算机故障或操作失误以及人为的破坏，数据库安全问题仍会层出不穷，甚至会导致数据库中现有的信息全部或部分遭到破坏。在严峻的数据信息安全威胁下，分布式数据库的两段提交协议就是一种很好的用于故障恢复的方法，对任何故障均有一定的恢复能力。当然，其前提是在系统运行日志不丢失的情况下。

7.1.5 分布式数据库发展趋势

分布式数据库在未来的发展，将主要体现在以下三方面。

7.1.5.1 分布式并发控制

并发控制是事务管理的基本任务之一，它的主要目的是保证分布式数据库中数据的一致性。当分布式事务并发执行时，并发控制既要实现分布式事务的可串行性，又要保持事务具有良好的并发度，尤其是两段封锁协议。

我们知道，多个事务并发执行，就可能产生操作冲突，如出现丢失修改或重复读错误或读取了脏数据等。对此，分布式数据库提出了基于锁的并发控制方法、基于时间戳的并发控制算法和乐观的并发控制算法。

7.1.5.2 P2P 数据管理系统

目前，基于 P2P 技术的应用是互联网上最为活跃的一个部分。P2P 网络是一个典型的分布式环境，在实际的大规模 P2P 网络中，必须把灵活支持语义异构和具有高可扩展性紧密地结合起来，并且应至少提供关系完备的查询处理能力，这是一个尚未解决的研究问题。为此，可以从以下几个方面进行工作：（1）数据 / 模式映射的方法及映射关系的管理方法；（2）高可扩展性语义索引构造和维护方法；（3）查询处理和查询优化。

7.1.5.3 Web 数据库集成系统

Internet 是世界上规模最大、用户最多、影响最广的一个全球化的、开放性的互联网络，它蕴藏着丰富的信息资源，为人们工作、生活带来了许多便利。随着 Web 的发展，Web 上的信息呈爆炸式增长，又由于 Web 数据库集成系统是面向查询的服务系统，所以资源查询子系统中各组成模块和传统的分布式数据库系统还有差异。

7.1.6 分布式文件系统

相对于传统的本地文件系统而言，分布式文件系统（Distributed File System）是一种通过网络实现文件在多台主机上进行分布式存储的文件系统。分布式文件系统的设计一般采用"客户机 / 服务器"（Client/Server）模式，客户端以特定的通信协议通过网络与服务器建立连接，提出文件访问请求，客户端和服务器可以通过设置访问权来限制请求方对底层数据存储块的访问。目前，已得到广泛应用的分布式文件系统主要包括 GFS 和 HDFS 等，后者是针对前者的开源实现。

7.1.6.1 计算机集群结构

普通的文件系统只需要单个计算机节点就可以完成文件的存储和处理，单个计算机节点由处理器、内存、高速缓存和本地磁盘构成。分布式文件系统把文件分布存储到多个计算机节点上，成千上万的计算机节点构成计算机集群。与之前使用多个处理器和专用高级硬件的并行化处理装置不同的是，目前的分布式文件系统所采用的计算机集群都是由普通硬件构成的，这就大大降低了硬件上的开销。集群中的计算机节点存放在机架（Rack）上，每个机架可以存放 8~64 个节点，同一机架上的不同节点之间通过网络互联（常采用吉比特以太网），多个不同机架之间采用另一级网络或交换机互联。

7.1.6.2 分布式文件系统的结构

在我们所熟悉的 Windows、Linux 等操作系统中，文件系统一般会把磁盘空间划分为每 512 字节一组，称为"磁盘块"，它是文件系统读写操作的最小单位。文件系统的块（Block）通常是磁盘块的整数倍，即每次读写的数据量必须是磁盘块大小的整数倍。与普通文件系统类似，分布式文件系统也采用了块的概念，文件被分成若干个块进行存储，块是数据读写的基本单元，只不过分布式文件系统的块要比操作系统中的块大很多。比如，HDFS 默认的一个块的大小是 64MB。与普通文件不同的是，在分布式文件系统中，如果一个文件小于一个数据块的大小，它并不占用整个数据块的存储空间。

分布式文件系统在物理结构上是由计算机集群中的多个节点构成的。这些节点分为两类：一类叫"主节点"（Master Node），或者也被称为"名称节点"（Name Node）；另一类叫"从节点"（Slave Node），或者也被称为"数据节点"（Data Node）。名称节点负责文件和目录的创建、删除和重命名等，同时管理着数据节点和文件块的映射关系，因此客户端只有访问名称节点才能找到请求的文件块所在的位置，进而到相应位置读取所需文件块。数据节点负责数据的存储和读取，在存储时，由名称节点分配存储位置，然后由客户端把数据直接写入相应数据节点；在读取时，客户端从名称节点获得数据节点和文件块的映射关系，然后就可以到相应位置访问文件块。数据节点也要根据名称节点的命令创建、删除数据块和冗余复制。

计算机集群中的节点可能发生故障，因此为了保证数据的完整性，分布式文件系统通常采用多副本存储。文件块会被复制为多个副本，存储在不同的节点上，而且存储同一文件块的不同副本的各个节点会分布在不同的机架上。这样，在单个节点出现故障时，就可以快速调用副本重启单个节点上的计算过程，而不用重启整个计算过程，整个机架出现故障时也不会丢失所有文件块。文件块的大小和副本个数通常可以由用户指定。分布式文件系统是针对大规模数据存储而设计的，主要用于处理大规模文件，如 TB 级文件。处理过小的文件不仅无法充分发挥其优势，而且会严重影响到系统的扩展和性能。

7.1.6.3 分布式文件系统的设计需求

分布式文件系统的设计目标主要包括透明性、并发控制、可伸缩性、容错以及安全需求等。但是，在具体实现中，不同产品实现的级别和方式都有所不同。透明性具备访问透明性、位置透明性、性能和伸缩透明性。访问透明性是指用户不需要专门区分哪些是本地文件，哪些是远程文件，就能够通过相同的操作来访问本地文件和远程文件资源。位置透明性是指在不改变路径名的前提下，不管文件副本数量和实际存储位置发生何种变化，对用户而言都是透明的，用户不会感受到这种变化，只需要使用相同的路径名就始终可以访问同一个文件。性能和伸缩透明性是指系统中节点的增加或减少以及性能的变化对用户而言是透明的，用户感受不到什么时候一个节点加入或退出了，只能提供一定程度的访问透明性，完全支持位置透明性、性能和伸缩透明性。客户端对于文件的读写不应该影响其他客户端对同一个文件的读写。机制非常简单，任何时间都只允许有一个程序写入。某个文件复制一个文件，可以拥有在不同位置的多个副本。HDFS 采用了多副本机制，硬件和操作系统的异构性，可以在不同的操作系统和计算机上实现同样的客户端和服务器端程序。采用 Java 语言开发，具有很好的跨平台能力。可伸缩性支持节点的动态加入或退出。建立在大规模廉价机器上的分布式文件系统集群，具有很好的可伸缩性容。错保证文件服务在客户端或者服务端出现问题的时候能正常使用。具有多副本机制和故障自动检测、恢复机制安全保障系统的安全性较弱。

7.1.6.4 分布式文件搜索

1. ElasticSearch 简介

ElasticSearch 是一个开源的分布式搜索引擎，具备高可靠性，支持非常多的企业级搜索用例。ElasticSearch 是基于 Lucene 构建的。ElasticSearch 支持时间索引和全文检索，对外提供一系列基于 java 和 http 的 api，用于索引、检索、修改大多数配置。ElasticSearch 有几个重要的基本概念如下。

（1）接近实时（NRT）。

ElasticSearch 是一个接近实时的搜索平台。这意味着，从索引一个文档直到这个文档能够被搜索到有一个轻微的延迟（通常是 1 秒）。

（2）集群（cluster）。

一个集群就是由一个或多个节点组织在一起，它们共同持有整个的数据，并一起提供索引和搜索功能。一个集群有唯一的名字标识，这个名字默认就是“ElasticSearch”。这个名字是重要的，因为一个节点只能通过指定某个集群的名字来加入这个集群。在产品环境中显式地设定这个名字是一个好习惯，但是也可以使用默认值进行测试 / 开发。

（3）节点（node）。

一个节点是集群中的一个服务器，作为集群的一部分，它存储数据，参与集群的索引和搜索功能。与集群类似，一个节点也是由一个名字来标识的，默认情况下，这个名字是一个随机的漫威漫画角色的名字，这个名字会在启动时赋给节点。这个名字对于管理工作来说很重要，因为在这个管理过程中，需要确定网络中的哪些服务器对应于 ElasticSearch 集群中的哪些节点。一个节点可以通过配置集群名称的方式来加入一个指定的集群。默认情况下，每个节点都会被安排加入一个叫作“ElasticSearch”的集群中，这意味着如果在你的网络中启动了若干个节点，并假定它们能够相互发现彼此，它们将会自动地形成并加入一个叫作“ElasticSearch”的集群中。在一个集群里，可以拥有任意多个节点。而且，如果当前网络中没有运行任何 ElasticSearch 节点，这时启动一个节点，会默认创建并加入一个叫“ElasticSearch”的集群。

（4）索引（index）。

一个索引就是一个拥有几分相似特征的文档的集合。比如说，你可以有一个客户数据的索引，另一个产品目录的索引，还有一个订单数据的索引。一个索引由一个名字来标识（必须全部是小写字母的），并且当我们要对对应于这个索引中的文档进行索引、搜索、更新和删除时，都要使用这个名字。在一个集群中，可以定义任意多的索引。

（5）类型。

在一个索引中，可以定义一种或多种类型。一个类型是索引的一个逻辑上的分类 / 分区，其语义完全由使用者来定。通常，会为具有一组共同字段的文档定义一个类型。比如说，我们运营一个博客平台并且将所有的数据存储到一个索引中。在这个索引中，可以为用户数据定义一个类型，为博客数据定义另一个类型。当然，也可以为评论数据定义另一个类型。

（6）文档。

一个文档是一个可被索引的基础信息单元。比如，你可以拥有某一个客户的文档、某一个产品的一个文档。当然，也可以拥有某个订单的一个文档。文档以 JSON 格式来表示，而 JSON 是一个到处存在的互联网数据交互格式。在一个 index / type 里面，可以存储任意多的文档。注意，尽管一个文档物理上存在于一个索引之中，但文档必须被索引 / 赋予一个索引的 type。

（7）分片和复制。

一个索引可以存储超出单个结点硬件限制的大量数据。比如，一个具有 10 亿文档的索引占据 1TB 的磁盘空间，而任一节点都没有这样大的磁盘空间；或者单个节点处理搜索请求，响应太慢。为了解决这个问题，ElasticSearch 提供了将索引划分成多份的能力，这些份就叫作分片。当你创建一个索引的时候，可以指定希望的分片的数量。每个分片本身也是一个功能完善并且独立的“索引”，这个“索引”可以被放置到集群中的任何节点上。

分片之所以重要，主要有两方面的原因：①允许你水平分割 / 扩展你的内容容量。②允许你在分片（潜在地，位于多个节点上）之上进行分布式的、并行的操作，进而提高性能 / 吞吐量。至于一个分片怎样分布，它的文档怎样聚合回搜索请求，是完全由 ElasticSearch 管理的，对于用户来说，这些都是透明的。在一个网络 / 云的环境里，失败随时可能发生，在某个分片 / 节点不知怎么的就处于离线状态，或者由于任何原因消失了，这种情况下，有一个故障转移机制是非常有用并且是强烈推荐的。

ElasticSearch 允许创建分片的一份或多份拷贝，这些拷贝叫作复制分片，或者直接叫复制。复制之所以重要，有两个主要原因：①在分片 / 节点失败的情况下，提供了高可用性。基于这个原因，应注意复制分片从不与原（主要）分片置于同一节点上是非常重要的。②扩展你的搜索量 / 吞吐量，因为搜索可以在所有的复制上并行运行。总之，每个索引可以被分成多个分片。一个索引也可以被复制 0 次（即没有复制）或多次。一旦复制，每个索引就有了主分片（作为复制源的原来的分片）和复制分片（主分片的拷贝）之别。分片和复制的数量可以在索引创建时指定。在索引创建之后，可以在任何时候动态地改变复制的数量，但是事后不能改变分片的数量。默认情况下，ElasticSearch 中的每个索引被分片成 5 个主分片和 1 个复制，这意味着，如果集群中至少有 2 个节点，则索引将会有 5 个主分片和另外 5 个复制分片（1 个完全拷贝），这样的话每个索引总共就有 10 个分片。ElasticSearch 单节点安装环境要求：Ubuntul 6.04 servers 64、JDK l.8.0。在安装 ElasticSearch 之前，可以通过以下命令来检查 Java 版本（如果有需要，安装或者升级）：Java-version 一旦 Jaya 安装完成，就可以下载并安装 ElasticSearch。其二进制文件可以从 www.ElasticSearch.org / download 下载，也可以从这里下载以前发布的版本。对于每个版本，可以在 zip、tar、DEB、RPM 类型的包中选择下载。为简单起见，我们使用 tar 包。这里下载最新版本 ElasticSearch-2.3.5-tar.gz 并将其解压：tar-zxf Elasticsearch-2.3.5-tar.gz-c/opt/ES 将在选择的目录下创建很多文件和目录。然后，进入到 bin 目录下：cd Elasticearch-2.3.5/bin，至此已经准备好开启我们的节点和单节点集群：可以看到，一个名为“Tanya Anderssen”的节点启动并且将自己选作单节点集群的 master。我们在一个集群中开启了一个节点：注意，有 http 标记的那一行，提供了有关 HTTP 地址和端口（9200）的信息，通过这个地址和端口我们就可以访问我们的节点。默认情况下，Elasticsearch 使用 9200 来提供对其 REST-APl 的访问。如果有必要，这个端口是可以配置的。插件 Elasticsearch-head 安装在学习 Elasticsearch 的过程中，必定需要通过一些工具查看 es 的运行状态以及数据。如果都是通过 rest 请求，未免太过麻烦，而且也不够人性化。此时，head 可以完美地帮助你快速学习和使用 es。Elasticsearch-head 是一个 Elasticsearch 的集群管理工具，是完全由 html5 编写的独立网页程序，可以通过插件把它集成到 es。安装插件 Elasticsearch-head 非常简单，从 http：//mobz.github.io/Elasticsearch-head/ 下载 head 插件的 zip 包，然后解压到 HOMEELASTICSEARCH/plugins/head 文件夹中即可。

这样，Elasticsearch-head 插件即安装完毕。启动 Elasticsearch 服务，通过浏览器访问 localhost：9200/_plugin/head 就可以看到。在这个页面中，可以看到基本的分片信息，如主分片、副本分片等，以及有多少分片可以使用。上方 Elasticsearch 是集群的名称，颜色表示集群的健康状态：绿色表示主分片和副本分片都可用；黄色表示只有主分片可用，没有副本分片；红色表示主分片中的部分索引不可用，但是不影响某些索引的访问。这个页面的出现，说明 head 插件已经安装成功。

2.Elasticsearch 的基本操作

（1）查看集群健康

以基本的健康检查作为开始，可以利用它来查看集群的状态。在此过程中，可以使用 curl，当然也可以使用任何可以创建 HTTP / REST 调用的工具。假设在启动 Elasticsearch 的节点上打开另外一个 shell 窗口，要检查集群健康，将使用 _catAPl。需要事先记住的是，节点 HTTP 的端口是 9200。可以看到，集群的名字是“Elasticsearch”，正常运行，并且状态是绿色。询问集群状态的时候，可能得到绿色、黄色或红色。绿色代表一切正常（集群功能齐全）；黄色意味着所有的数据都是可用的，但是某些复制没有被分配（集群功能齐全）；红色则代表因为某些原因，某些数据不可用。注意，即使集群状态是红色的，集群仍然是部分可用的（它仍然会利用可用的分片来响应搜索请求），但是可能需要尽快修复它，因为有丢失的数据。从上面的响应中可以看到，一共有一个节点，由于里面没有数据，我们有 0 个分片。注意，由于使用默认的集群名字，并且由于 Elasticsearch 默认使用网络多播发现其他节点，如果在网络中启动了多个节点，就已经把它们加入一个集群中了。在这种情形下，可能在上面的响应中会看到多个节点。

（2）查看集群中的节点

列表 curl‘localhost：9200/_cat/nodes？ v’中可以看到叫作“YellowClaw”的节点，这个节点是集群中的唯一节点。

（3）列出所有的索引

现在创建一个叫作“customer”的索引，然后再列出所有的索引。第一个命令使用 PUT 创建了一个叫作“CustOmer”的索引。我们简单地将 pretty 附加到调用的尾部，使其以美观的形式打印出 JSON 响应。

从上面的响应中可以看到，一个新的客户文档在 customer 索引和 extemal 类型中被成功创建。文档也有一个内部 id，这个 id 是我们在索引的时候指定的。有一个关键点需要注意，Elasticsearch 在希望将文档索引到某个索引的时候，并不强制要求这个索引被显式地创建。如果 customer 索引不存在，则 Elasticsearch 将自动地创建这个索引。

7.2 基于 Hadoop 的分布式算法分析和模型实现

7.2.1 前提和设计目标

7.2.1.1 流式数据

访问运行在 HDFS 上的应用和普通的应用不同，需要流式访问它们的数据集。HDFS 的设计中更多地考虑到了数据批处理，而不是用户交互处理。比之数据访问的低延迟问题，更关键的在于数据访问的高吞吐量。

7.2.1.2 大规模数据集

运行在 HDFS 上的应用具有很大的数据集。HDFS 上的一个典型文件大小一般都在 G 字节至 T 字节。因此，HDFS 被调节以支持大文件存储。它应该能提供整体上高的数据传输带宽，能在一个集群里扩展到数百个节点。一个单一的 HDFS 实例应该能支撑数以千万计的文件。

7.2.1.3 简单的一致性模型

HDFS 应用需要一个“一次写入多次读取”的文件访问模型。一个文件经过创建、写入和关闭之后就不需要改变。这一假设简化了数据的一致性问题，并且使高吞吐量的数据访问成为可能。Map/Reduce 应用或者网络爬虫应用都非常适合这个模型。目前还有计划在将来扩充这个模型，使之支持文件的附加写操作。

7.2.1.4 硬件错误

硬件错误是常态而不是异常。HDFS 可能由成百上千的服务器所构成，每个服务器上存储着文件系统的部分数据。我们面对的现实是构成系统的组件数目是巨大的，而且任一组件都有可能失效，这意味着总是有一部分 HDFS 的组件是不工作的。因此，错误检测和快速、自动地恢复是 HDFS 最核心的架构目标。

7.2.2 HDFS 重要名词解释

HDFS 采用 master/slave 架构。一个 HDFS 集群由一个 Namenode 和一定数目的 Datanodes 组成。Namenode 是一个中心服务器，负责管理文件系统的名字空间（namespace）以及客户端对文件的访问。集群中的 Datanode 一般是一个节点一个，负责管理它所在节点上的存储。HDFS 暴露了文件系统的名字空间，用户能够以文件的形式在上面存储数据。从内部看，一个文件其实被分成一个或多个数据块，这些块存储在一组 Datanode 上。Namenode 执行文件系统的名字空间操作，比如打开、关闭、重命名文件或目录。它也负责确定数据块到具体 Datanode 节点的映射。Datanode 负责处理文件系统客户端的读写请求，在 Namenode 的统一调度下进行数据块的创建、删除和复制。

集群中单一 Namenode 的结构大大简化了系统的架构。Namenode 是所有 HDFS 元数据的仲裁者和管理者，这样，用户数据永远不会流过 Namenode。

7.2.2.1 Namenode

HDFS 的守护程序。记录文件是如何分割成数据块的，以及这些数据块被存储到哪些节点上。对内存和 I/O 进行集中管理。namenode 是单个节点，发生故障将使集群崩溃。

7.2.2.2 Secondary Namenode

监控 HDFS 状态的辅助后台程序。Secondary Namenode 与 Namenode 通信，定期保存 HDFS 元数据快照。当 Namenode 发生故障时，Secondary Namenode 可以作为备用 Namenode 使用。

7.2.2.3 Datanode

将 HDFS 数据以文件的形式存储在本地的文件系统中，它并不知道有关 HDFS 文件的信息。它把每个 HDFS 数据块存储在本地文件系统的一个单独文件中。Datanode 并不在同一个目录创建所有的文件，实际上，它用试探的方法来确定每个目录的最佳文件数目，并且在适当的时候创建子目录。

7.2.2.4 Job Tracker

（1）用于处理作业的后台程序。（2）决定有哪些文件参与处理，然后切割 task 并分配节点。（3）监控 task，重启失败的 task。（4）每个集群只有唯一一个 Job Tracker，位于 Master。（5）Task Tracker 位于 slave 节点上，与 Datanode 结合。管理各自节点上的 task（由 Job Tracker 分配）。每个节点只有一个 Task Tracker，但一个 Task Tracker 可以启动多个 JVM，与 Job Tracker 交互。

7.2.3HDFS 数据存储

7.2.3.1HDFS 数据存储特点

HDFS 被设计成能够在一个大集群中跨机器可靠地存储超大文件。它将每个文件存储成一系列的数据块，除了最后一个，所有的数据块都是同样大小，且数据块的大小是可以配置的。文件的所有数据块都会有副本。每个副本系数都是可配置的。应用程序可以指定某个文件的副本数目。HDFS 中的文件都是一次性写入的，并且严格要求在任何时候只能有一个写入者。

7.2.3.2 心跳机制

Namenode 全权管理数据块的复制，它周期性地从集群中的每个 Datanode 接收心跳信号和块状态报告（Blockreport）。接收到心跳信号意味着该 Datanode 节点工作正常。块状态报告包含了一个该 Datanode 上所有数据块的列表。

7.2.3.3 副本存放和选择

副本的存放是 HDFS 可靠性和性能的关键。HDFS 采用一种称为机架感知（rack-aware）的策略来改进数据的可靠性、可用性和网络带宽的利用率。副本选择为了降低整体的带宽消耗和读取延时，HDFS 会尽量让读取程序读取离它最近的副本。如果在读取程序的同一个机架上有一个副本，那么就读取该副本。如果一个 HDFS 集群跨越多个数据中心，那么客户端也将首先读本地数据中心的副本。

7.2.3.4 安全模式 Namenode

启动后会进入一个称为安全模式的特殊状态。处于安全模式的 Namenode 是不会进行数据块的复制的。Namenode 从所有的 Datanode 接收心跳信号和块状态报告。四 HDFS 数据健壮性 HDFS 的主要目标就是，即使在出错的情况下，也要保证数据存储的可靠性。常见的三种出错情况是 Namenode 出错、Datanode 出错和网络割裂（network partitions）。

1. 磁盘数据错误

心跳检测和重新复制每个 Datanode 节点周期性地向 Namenode 发送心跳信号。网络割裂可能导致一部分 Datanode 跟 Namenode 失去联系。Namenode 通过心跳信号的缺失来检测这一情况，并将这些近期不再发送心跳信号的 Datanode 标记为宕机，不会再将新的 IO 请求发给它们。任何存储在宕机 Datanode 上的数据将不再有效。Datanode 的宕机可能会引起一些数据块的副本系数低于指定值，Namenode 不断地检测这些需要复制的数据块，一旦发现就启动复制操作。在下列情况下，可能需要重新复制：某个 Datanode 节点失效，某个副本遭到损坏，Datanode 上的硬盘错误，或者文件的副本系数增大。

2. 集群均衡

HDFS 的架构支持数据均衡策略。如果某个 Datanode 节点上的空闲空间低于特定的临界点，按照均衡策略系统，就会自动地将数据从这个 Datanode 移动到其他空闲的 Datanode。当对某个文件的请求突然增加，那么也可能启动一个计划创建该文件新的副本，并且同时重新平衡集群中的其他数据。这些均衡策略目前还没有实现。

3. 数据完整性

从某个 Datanode 获取的数据块有可能是损坏的，损坏可能是由 Datanode 的存储设备错误、网络错误或者软件 bug 造成的。HDFS 客户端软件实现了对 HDFS 文件内容的校验和（checksum）检查。当客户端创建一个新的 HDFS 文件，会计算这个文件每个数据块的校验和，并将校验和作为一个单独的隐藏文件保存在同一个 HDFS 名字空间下。当客户端获取文件内容后，它会检验从 Datanode 获取的数据跟相应的校验和文件中的校验和是否匹配。如果不匹配，客户端可以选择从其他 Datanode 获取该数据块的副本。

4. 元数据磁盘错误

FSImage 和 EdIitLog 是 HDFS 的核心数据结构。如果这些文件损坏了，整个 HDFS 实例都将失效。因而，Namenode 可以配置成支持维护多个 FSImage 和 EditLog 的副本。任何对 FSImage 或者 EditLog 的修改，都将同步到它们的副本上。这种多副本的同步操作可能会降低 Namenode 每秒处理的名字空间事务数量。然而这个代价是可以接受的，因为即使 HDFS 的应用是数据密集的，它们也非元数据密集的。当 Namenode 重启的时候，它会选取最近的完整的 FSImage 和 EditLog 来使用。Namenode 是 HDFS 集群中的单点故障（single point offailure）所在。如果 Namenode 机器故障，是需要手工干预的。目前，自动重启或在另一台机器上做 Namenode 故障转移的功能还没实现。

7.3 基于 Hadoop 的一种网络结构化分布式算法

7.3.1 网络结构化分布式算法定义

由节点存储的网络可以通过分析在一个有界区域内节点的关系，（比如密度）来对其进行聚类分析。由边存储的网络可以通过节点之间的直接结构（比如邻接矩阵）划分簇。网络中节点之间的这种直接关系非常重要。但是，节点之间的直接连通性只能作为网络结构的一个部分，网络结构还有其他体现。在实际情况中，网络中节点之间的共同邻居也起一定的作用，节点的共同邻居也是网络结构的一种表现。

网络聚类算法是对结构化网络进行聚类分析和处理的算法，该算法利用共同邻居判断数据对象是否属于同一聚类。共同邻居的思想就像现实中的社会团体，如果两个人拥有的共同朋友很多时，两个人之间的关系就越亲密，成为一个团体的可能性就会增大；就像化学周期表里的两个元素，化学物质中与其发生反应的相同物质越多，两个元素的结构和性质就越相似。当然，无论是在社会还是化学物质中，每个人或每种元素都会扮演不同的角色，有的人是团队里或元素里的中心，人际关系或结构特性特别好，称为核心点；有的人是很少与人交往或很少物质与它反应，但它的邻居节点很多且他们之间交往频繁，称为 I-IUB；有的人邻居节点很少且交往也很少，或是有的物质与很少物质反应，称为 OUTLIER。

7.3.2 网络结构化算法优点

算法能对以边存储的结构化网络进行分析处理。随着参数的调整，算法能对网络进行层次化聚类，充分挖掘网络在各个参数值下的结构特点，且得到的聚类结果不但稳定而且准确。

算法能有效地识别网络中各个节点的角色，尤其是能够连接不同簇的桥接点和与世无争的离群点，桥接点和离群点有助于研究各个簇之间的联系，以及为一些突发事件进行提前防御准备。

算法对数据集进行聚类分析处理的速度很快，随着数据量的增长，算法的执行时间与数据的规模成线性比例增长。网络数据结构化聚类算法也能对网络进行比较合理的划分。

7.3.3 SDCA 算法

SDCA 算法是对结构化网络进行处理的，通常网络结构以边的形式进行存储，所以很容易获得节点的结构，比如说邻居结构。SDCA 算法就是利用节点之间共享邻居进行聚类分析的。该算法用节点之间共有邻居的数目来计算节点之间的相似度，这样能快速有效地进行聚类分析。

虽然 SDCA 算法是基于共同邻居节点的拓扑和相似度关系进行分析的，但是算法并不首先统计大数据中所有节点拥有的邻居数目。因为这样使得每个节点都要存储大量邻居信息，空间开销非常大，所以不采用预先统计所有节点的邻居节点再进行聚类的方式，而是采用在各个站点上对局部网络数据进行分析再合并到一起得到整个网络的全局聚类结果。

SDCA 算法的关键部分是局部结果合并。分布式算法的一个共同特点是具有分布性，传统聚类算法大多不具有分布性，所以将传统网络结构化聚类算法进行分布式化是本章研究的重点。SDCA 算法将局部网络中聚类获得的局部结果进行合并，合并的重点是用局部网络结果代替全局结果，从而得到整个网络聚类的结果。

为了充分利用分布式计算模型的优势及快速进行聚类分析，算法在并行部分对局部数据进行聚类分析，而不是将数据传递到串行的 Reduce 任务进行社团发现。为减少从 Map 任务到 Reduce 任务的传输流量，算法设计有限的 Map Reduce 轮数，这样也能减少混洗和排序时间，缩短执行分布式聚类算法运行的总时间。SDCA 算法在局部网络结果合并阶段，设计简单的合并方法，将同一节点属于的类进行合并，而不是将拥有同一节点的两个聚类合并，这样的合并能使算法处理大数据成为可能。因为当数据量很大的时候，每个聚类拥有的数据节点数很多，对两个聚类进行比较时，需要消耗大量内存空间，物理机器可能无法有效处理，所以算法采用将同一节点所属的聚类进行合并，这样就能占有较小的内存空间，使得处理大数据快速且有效。在 Hadoop 平台下，大规模数据分块存储在分布式文件系统中。

SDCA 算法的基本过程是：首先对存储在各个站点的局部网络数据进行局部聚类

分析，形成局部的聚类结果；然后将这些中间结果汇总到一起进行分析和处理，形成网络节点的临时聚类结果和聚类的映射表；最后根据映射表中聚类的合并原则，更新临时聚类，输出节点的最终聚类结果。

为了使得算法有效且容易实现，SDCA算法利用MRC设计理论，设计有限轮数的Map Reduce来减少混洗和排序的时间，减少网络数据传输所占用的网络带宽。SDCA算法通过两轮Map Reduce进行设计，第一轮Map Reduce进行局部聚类和局部结果合并，第二轮Map Reduce进行最终节点状态的判断和结果输出。

7.4 一种基于密度的分布式算法

7.4.1 Clique-k-means聚类算法

7.4.1.1 Clique-k-means聚类算法的定义

Clique-k-means聚类算法将网格聚类的思想应用于分布式聚类，使算法可以有效地处理大数据。Clique算法是一种快速获得高维空间数据的最大连通区域的聚类算法，尤其适合于处理大规模数据网络。针对k-means算法要指定聚类个数和中心点随机选取的缺点，Clique-k-means聚类算法利用Clique算法基于网格的特点来快速自动识别聚类个数和初始聚类中心点。Clique算法基于网格的思想且算法过程比较复杂，格的大小对聚类结果有很大的影响。Clique-k-means聚类算法只是利用Clique算法粗略找到全局的聚类中心，不需要复杂的计算，这样使中心点选取快速且准确。

针对网络划分，噪声点的存在会使中心点计算偏离实际中心，Clique-k-means聚类算法利用网格的格密度来识别噪声点，网格密度的高低在很大程度上能反映节点是否为噪声点，这样为分布式聚类算法识别噪声点提供了有效途径。在划分簇之前进行，先进行噪声判断，去除噪声点，这样就能避免噪声点的影响，得到合理的中心点。

7.4.1.2 Clique-k-means聚类算法的基本过程

首先，通过设定网格的规格和密度阈值来限定高密度网格，利用一定搜索算法得到的高密度连通子区间的数目即为聚类数目，计算出每个子区间的几何中心即为初始的聚类中心，这样利用基于网格和密度的Clique分布式算法进行聚类数量的确定和初始聚类中心点的选取。然后，通过迭代方式，选取最终中心点在分布式平台的每个站点上进行簇划分，利用密度分布进行去噪处理，将非噪声数据采用欧氏距离的相似度标准划分到离它最近的中心点所代表的聚类中，计算出每个聚类的新中心点，进行新旧中心点标准测度函数计算，直到测度函数收敛为止，否则，将新中心点替换旧中心点，继续进行划分簇，更新中心点。最后，得到最终中心点之后进行聚类划分和结果输出。

7.4.2 GBSA 算法设计思想

GBSA 算法利用基于网格和密度的 Clique 聚类算法，网格的划分能提供所有的高维空间数据点的全局分布，即高维数据空间数据点的密度分布。利用数据点的密度分布可以得出数据之间联系的紧密程度，从而获得粗略的簇划分，得到粗略的稠密区域。根据这些稠密区域，可以找到全局的聚类中心点。虽然这些中心点不是很精确，但是它处在稠密域中且具有全局性，可以避免随机选取的局部最优的情况，减少更新中心点的迭代次数。该算法采用 Combiner 任务对局部数据的中间结果进行合并，这样做的好处是可以减少 Map 任务结果的输出量，减小数据传输占用的带宽。

GBSA 算法主要通过一轮 Map Reduce 过程来实现，其过程主要分为并行阶段和串行阶段两部分。并行阶段主要进行每个格中数据点数的统计；串行阶段是在并行过程的基础上对格中数据点数进行进一步统计，判断稠密格、噪声格，识别稠密区域，进行中心点的选取。并行阶段的基本过程：设计者先定义一些参数来设定划分格的大小，高维空间数据被分割成很多块，分别存储在 Hadoop 集群的不同站点，之后所有站点对整个数据集进行并行处理，在每个站点上对局部数据进行格划分，然后统计每个格中的数据点数，得到每个格中的局部点数。串行阶段基本过程：先定义一些参数来设定划分稠密格和噪声格，之后将并行部分输出的每个格中的数据点数进行合并，根据事先定义好的参数判断稠密格，用一定的搜索算法，搜索稠密格的子区间，搜索的子区间个数为聚类个数 k，子区间的中心作为聚类初始中心点，然后将初始中心点集合和噪声格集合输出。

并行阶段采用 Combiner 任务对 Map 任务输出的局部结果进一步合并，对每个格中的局部数据点之和进一步求和，将每个站点 Map 任务局部结果中同一个格中的数据点信息整合，这样减少并行阶段到串行阶段传输相同格的多个数据点和信息，减小数据传输消耗的网络资源。

7.5 实验设计与分析

7.5.1 网络结构化分布式聚类算法的实验数据

实验所使用的数据是模拟生成的具有聚类结构的网络数据。模拟结构化网络生成的算法主要根据无标度网络的幂指数度分布设计。生成的网络数据以边存储，节点之间的连边以一定概率生成。模拟结构化网络生成的算法输入是节点总数 n 和要生成的聚类数目 k。

结构化网络生成算法的主要过程是：根据节点总数 n 将节点分成 k 份，取其中一份的中心为度数最大的节点。然后按照所设定的最大度数 and，从这个中心点 c 向周围随机取边，这样保证生成的结构化网络度分布为幂指数分布。网络数据向外不断扩展，度数不断减少，直到度数为 0 为止，一个聚类结构形成，继续生成下一个聚类。根据以上结构化网络数据生成的算法，模拟生成 5000 个节点 3 个聚类的网络。

7.5.2 网络结构化分布式聚类算法的实验设计

分别在单机和 Hadoop 分布式平台上进行，分别测试单机聚类算法和网络结构化分布式聚类的性能。实验分为两部分：一部分是单机实验用来测试单机聚类算法的性能；另一部分是测试网络结构化分布式聚类的加速比和扩展性，设计了基于 Hadoop 分布式平台下的实验验证。

实验的目标是验证单机聚类算法处理大规模数据的局限性和网络结构化分布式聚类处理大数据网络的可行性、加速比和可扩展性。

获取模拟生成的小规模数据和大规模数据的特征参数，包括数据规模、边数等；根据数据集的参数，确定判断中心点的参数和判断 HUB、OUTLIER 的参数；分别对模拟生成的六个小规模数据集，进行单机聚类算法实验，记录整个聚类过程运行的时间，对实验结果进行分析。分别对模拟生成的六个大规模数据集，进行网络结构化分布式聚类算法实验，记录整个聚类过程运行的时间。对实验结果进行分析和比较，评估网络结构化分布式聚类算法的性能。

7.6 本章小结

本章对 Hadoop 分布式算法内容进行了详细的介绍，对其分布式算法下的两种算法对比分析了优缺点、发展现状等，采取实验记录其数据与聚类算法设计。

第 8 章　大数据分析中的聚类算法研究

聚类是将数据集中的数据对象分成多个簇或者类，使得在同一个簇中对象的相似度高，而在不同簇中对象的相似度低，因此，对空间数据对象的聚类可通过基于聚类目标函数的优化问题来解决。从这一思路出发，将计算智能技术应用于聚类分析，产生了很多基于计算智能技术的聚类分析模型。基于计算智能的聚类分析成功解决了数据的聚类问题，对处理目标的特性有良好的适应能力，弥补了传统聚类方法的不足，取得了良好的效果。

8.1 大数据分析中聚类分析算法的研究现状

8.1.1 聚类分析算法的研究现状

科研人员对聚类分析的研究已经进行几十年，也将聚类分析应用到很多领域。聚类与分类不同，分类是有导师监督的学习，靠人们主观性划分事物，而聚类是无导师监督的学习过程，不依靠事先准备的组、簇或带标记的训练样本集，来发现事物之间的抱团现象。由于聚类的思想和数据结构不同，聚类方法也分成了很多种。为了提高聚类分析的准确性、适应性、可行性，弥补某些常用聚类算法的不足，其他领域的一些先进技术被引入了聚类方法设计中。常用于聚类的其他领域算法有遗传算法、蚁群算法、粒子群算法、免疫算法等。

8.1.2 分布式聚类算法的研究现状

目前，分布式聚类算法主要分为同构分布式算法和异构分布式算法两类。同构分布式聚类的对象是多个相同属性、相同分布的数据，比较有代表性的方法有 DBDC 算法、RACHET 算法、KEDC 算法、DMC 算法等。异构分布式聚类的对象是不同属性、不同分布的数据，比较有代表性的方法是 CHC 算法。

Januzaj 等人提出了一种基于密度的同构分布式方法 DBDCAN。该算法实现了中心化聚类算法，在集群的每个节点中对局部数据进行 DBSCAN 聚类算法，然后将局部聚类结果合并到主节点，在主节点进行分析处理，生成全局聚类结果，最后将全局结果返回给每个节点，对节点上的局部聚类结果进行更新。Samatova 等人提出了一种同构分布式聚类算法。该算法实现了层次性聚类，在集群中的每个节点上将局部数据处理生成一个树形图，然后将这些树形图收集到中心节点，最后合并这些局部树形图，获得数据集的一个全局树形图。

研究人员也对 k-means 的分布式进行了一些研究，主要关注如何实行分布式计算及对初始聚类中心点的选取。江小平等人提出 k-means 的并行化算法。在 Map Reduce 分布式框架下，算法用 Map 函数来执行待处理数据中每个节点到中心点的距离的计算，用 Reduce 函数来执行新中心点的计算，以及判断是否要更新中心点。张科泽等人提出对分布式 k-means 改进的方法。该算法首先计算每个节点上的数据的分布密度，然后根据数据的分布情况计算密度的梯度最大化方式，得到节点的置信半径。该算法有效减少了 k-means 的迭代次数，减少了网络带宽，提高了聚类质量。李应安提出一种分布式 Canopy-k-mean 算法。该算法利用 Canopy 算法对高维数据处理的能力，产生多个 canopy 中心作为 k-means 的初始聚类中心，减少了聚类时间，提高了聚类的准确性。毛典辉提出了一种 Canopy-k-means 的改进算法。该算法引入“最大最小原则”，来优化 Canopy 的中心点选取与设置，减少旧中心点与新中心点的比较次数，提高算法的效率。但这些改进分布式 k-means 算法的预处理阶段比较复杂，时间和空间复杂度比较高。

8.2 大数据分析中聚类分析算法的研究内容

8.2.1 聚类分析的定义

聚类分析是一个把数据对象（或观测）划分成子集的过程，每个子集是一个簇（cluster），使得簇中的对象彼此相似，但与其他簇中的对象不相似。组内的相似性越大，组间差别越大，聚类就越好。聚类分析与其他将数据对象分组的技术相关。如聚类可以看作一种分类，它用类（簇）标号创建对象的标记。然而，只能从数据导出这些标号。

聚类分析已经广泛地应用于许多应用领域，包括商务智能、图像模式识别、Web 搜索、生物学和安全等。在商务智能应用中，聚类可以用来把大量客户分组，其中组内的客户具有非常类似的特征，这有利于开发加强客户关系管理的商务策略。此外，考虑具有大量项目的咨询公司，为了改善项目管理，可以基于相似性把项目划分成类别，使得项目审计和诊断（改善项目提交和结果）可以更有效地实施。在图像识别应用中，聚类可以在手写字符识别系统中用来发现簇或“子类”。假设有手写数字的数据集，其中每个数字标记为 1、2、3 等。注意，人们写相同的数字可能存在很大差别。如数字“2”，有些人写的时候可能在左下方带一个小圆圈，而另一些人则不会。因此，可以使用聚类确定“2”的子类，每个子类代表了手写数字“2”可能出现的变体。使用基于子类的多个模型可以提高整体识别的准确率。在 Web 搜索中也有许多聚类应用。如由于 Web 网页的数量巨大，关键词搜索常常会返回大量命中对象（即与搜索相关的网页）。可以用聚类将搜索结果分组，以简明、容易访问的方式提交这些结果。此外，目前已经开发出把文档聚类成主题的聚类技术，这些技术已经广泛地用在实际的信息检索中。作为一种数据挖掘功能，聚类分析也可以作为一种独立的工具，用来洞察数据的分布，观察每个簇的特征，将进一步分析集中在特定的簇集合上。另外，聚类分析可以作为其他算法（如特征化、属性子集选择和分类）的预处理步骤，之后这些算法将在检测到的簇和选择的属性或特征上进行操作。

8.2.2 对聚类的基本要求

许多聚类算法基于欧几里得或者曼哈顿距离度量来决定聚类。基于这样的距离度量的算法趋向于发现具有相近尺度和密度的球状簇。但是，一个簇可能是任意形状。重要的是开发能够发现任意形状的簇的算法，用于决定输入参数的领域知识最小化。许多聚类算法在聚类分析中要求用户输入一定的参数，如希望产生的簇的数目。数据结果对输入参数十分敏感，参数通常很难确定，特别是对于包含高维对象的数据集来说。这样不仅加重了用户的负担，还使得聚类的质量难以控制。处理“噪声”数据的能力。绝大多数现实中的数据库都包含了孤立点、缺失或错误的数据。一些聚类算法对于这样的数据敏感，可能导致低质量的聚类结果。对于输入记录的顺序不敏感。一些聚类算法对于输入数据的顺序是敏感的。如同一个数据集合，当以不同的顺序交给同一个算法时，可能生成差别很大的聚类结果。需要开发对数据输入顺序不敏感的算法、聚类高维数据的能力。数据集可能包含大量的维或属性。如在文档聚类时，每个关键词都可以看作一个维，并且常常有数以千计的关键词。许多聚类算法擅长处理低维数据，如只涉及两三个维的数据。发现高维空间中数据对象的簇是一个挑战，特别是在这样的数据可能非常稀疏，并且高度倾斜的情况下。基于约束的聚类。现实世界的应用可能需要在各种约束条件下进行聚类。假设你的工作是在一个城市中为给定数目的自动提款机选择安放位置。为了做出决定，你可以对住宅进行聚类，同时考虑城市的河流和公路网、每个簇（地区）的客户的类型和数量等情况。找到既满足特定的约束又具有良好聚类特性的数据分组是一项具有挑战性的任务。用户希望聚类结果是可解释的、可理解的和可用的。也就是说，聚类可能需要与特定的语义解释和应用相联系。重要的是研究应用目标如何影响聚类特征和聚类方法的选择。聚类分析方法在如今的机器学习领域存在着大量的聚类算法。

8.2.2.1 划分方法

构建数据的 k 个分组，其中每个分组表示一个簇，并且 k ≤ n。而且这 k 个分组满足下列条件：（1）每一个分组至少包含一个数据记录。（2）每一个数据记录属于且仅属于一个分组。大部分划分方法是基于距离的。对于给定的分组数 k，算法首先给出一个初始的分组方法，以后通过反复迭代的方法改变分组，使得每一次改进之后的分组方案都较前一次好，而所谓好的标准就是，同一分组中的记录越近越好，而不同分组中的记录越远越好。使用这个基本思想的算法有 k 均值算法、k 中心点算法、CLARANS 算法等。为了达到全局最优，基于划分的聚类可能需要穷举所有可能的划分，计算量极大。实际上，大多数应用都采用了流行的启发式方法，如 k 均值和 k 中心点算法，渐进地提高聚类质量，逼近局部最优解。这些启发式聚类方法很适合发现中小规模的数据库中的球状簇。为了发现具有复杂形状的簇和对超大型数据集进行聚类，需要进一步扩展基于划分的方法。

8.2.2.2 层次方法

层次方法创建给定数据对象集的层次分解。根据层次分解如何形成，层次方法可以分为凝聚的或分裂的方法。凝聚的方法也称自底向上的方法，开始将每个对象作为单独的一个组，然后逐次合并相近的对象或组，直到所有的对象合并为一个组（层次的最顶层），或者满足某个终止条件。分裂的方法也称为自顶向下的方法，开始将所有的对象置于一个簇中。在每次相继迭代中，一个簇被划分成更小的簇，直到最终每个对象在单独的一个簇中，或者满足某个终止条件。层次方法的代表算法有 BIRCH 算法、CURE 算法、Chameleon 算法等。层次聚类方法可以是基于距离的或基于密度或连通性的。层次方法的缺陷在于，一旦一个步骤（合并或分裂）完成，它就不能被撤销。这个严格规定是有用的，因为担心不同选择的组合数目，它将产生较小的计算开销。然而，这种技术不能更正错误的决定。目前已经提出了一些提高层次聚类质量的方法。

8.2.2.3 基于密度的方法

大部分划分方法基于对象之间的距离进行聚类。这样的方法只能发现球状簇，而在发现任意形状的簇时会遇到困难。已经开发了基于密度概念的聚类方法（density-based method），其主要思想是，只要一个区域中的点的密度（对象或数据点的数目）超过某个阈值，就把它加到与之相近的聚类中去。也就是说，对给定簇中的每个数据点，在给定半径的邻域中必须至少包含最少数目的点。这样的方法可以用来过滤噪声或离群点，发现任意形状的簇。代表算法有 DBSCAN 算法、OPTICS

算法、DENCLUE 算法等。基于密度的方法可以把一个对象集划分成多个互斥的簇或簇的分层结构。通常，基于密度的方法只考虑互斥的簇，而不考虑模糊簇。此外，可以把基于密度的方法从整个空间聚类扩展到子空间聚类。基于网格的方法（grid-based method）把对象空间量化为有限个单元（cell），形成一个网格结构，所有的处理都是以单个的单元为对象的。这种方法的主要优点是处理速度很快，通常这是与目标数据库中记录的个数无关的，它只与把数据空间分为多少个单元有关。代表算法有 STING 算法、CLIQUE 算法、WAVE-CLUSTER 算法。

8.2.3 聚类方法特征

聚类分析简单、直观。聚类分析主要应用于探索性的研究，其分析的结果可以提供多个可能的解，选择最终的解需要研究者的主观判断和后续的分析；不管实际数据中是否真正存在不同的类别，利用聚类分析都能得到分成若干类别的解；聚类分析的解完全依赖于研究者所选择的聚类变量，增加或删除一些变量对最终的解都可能产生实质性的影响。研究者在使用聚类分析时应特别注意可能影响结果的各个因素。

当分类变量的测量尺度不一致时，需要事先做标准化处理。当然，聚类分析不能做的事情是：自动发现和告诉你应该分成多少个类——属于非监督类分析方法，期望能很清楚地找到大致相等的类或细分市场是不现实的；样本聚类，变量之间的关系需要研究者决定，不会自动给出一个最佳聚类结果；根据聚类变量得到的描述两个个体间（或变量间）的对应程度或联系紧密程度的度量。

可以用两种方式来测量：采用描述个体对（变量对）之间的接近程度的指标，如“距离”，“距离”越小的个体（变量）越具有相似性；采用表示相似程度的指标，如“相关系数”，“相关系数”越大的个体（变量）越具有相似性。

计算聚类——距离指标 D（distance）的方法非常多：按照数据的不同性质，可选用不同的距离指标。欧氏距离（Euclidean distance）、欧氏距离的平方（Squared Euclidean distance）、曼哈顿距离（Block）、切比雪夫距离（Chebychev distance）、卡方距离（Chi-Square measure）等；聚类变量的测量尺度不同，需要事先对变量标准化。聚类变量中如果有些变量非常相关，意味着这个变量的权重会更大；欧式距离的平方是最常用的距离测量方法；聚类算法要比距离测量方法对聚类结果影响更大；标准化方法影响聚类模式：变量标准化倾向产生基于数量的聚类，样本标准化倾向产生基于模式的聚类。

8.3 聚类分析相关算法

8.3.1 基于密度的 DBSCAN 算法

8.3.1.1 传统的 DBSCAN 算法

DBSCAN 是聚类分析中一种简单的、基于密度的聚类算法。DBSCAN 算法利用类的高密度连通性，快速发现任意形状的类。其基本思想是，对于一个类中的每个对象，在其给定半径的领域中包含的对象不能少于某一给定的最小数目。DBSCAN 使用阈值和分钟 Pts 来控制簇的生成，先从数据库对象集 D 中找到任意一对象 P，并查找 D 中关于 Eps 和分钟 Pts 的从 P 密度可达的所有对象（其中 Eps 为半径，分钟 Pts 为最小对象数）。如果 P 是核心对象，也就是说，半径为 Eps 的 P 的领域中包含的对象不少于分钟 Pts，则根据算法，可以找到一个关于参数 Eps 和分钟 Pts 的类。如果 P 是一个边界点，则半径为 Eps 的 P 领域包含的对象数小于分钟 Pts，即没有对象从 P 密度可达，P 被暂时标注为噪声点。然后，DBSCAN 反复地寻找从这些核心对象直接密度可达的对象并将其加入该簇，直到没有新的点可以被添加，该过程才结束。

1. DBSCAN 算法

任意两个足够靠近（相互之间的距离在 E 之内）的核心点放在同一个簇中，任何与核心点足够靠近的边界点也放到与核心点相同的簇中，噪声点被丢弃。

（1）将所有点标记为核心点、边界点或噪声点；

（2）删除噪声点；

（3）为距离在 E 之内的所有核心点之间赋予一条边；

（4）每组连通的核心点形成一个簇；

（5）将每个边界点指派到一个与之关联的核心点的簇中。

DBSCAN 的基本时间复杂度是 O（m 找出 E 邻域中的点所需要的时间），其中 m 是点的个数。然而，在低维空间，有一些数据结构，如 kd 树，可以有效地检索特定点给定距离内的所有点，时间复杂度可以降低到 O（mlogm）。即便对于高维数据，DBSCAN 的空间复杂度也是 O（m），因为对每个点，它只需要维持少量数据，即簇标号和每个点是核心点、边界点还是噪声点的标识。

2. DBSCAN 算法的参数选择

DBSCAN 算法的关键是参数 E 和分钟 Pts 的确定，主要基于观察点到它的 k 个最邻近点的距离（k- 距离）的特性。对于属于某个簇的点，如果 k 不大于簇的大小，则 k- 距离将很小。须注意，尽管 k- 距离因簇密度和点的随机分布不同会有一些变化，但只要簇密度的差异不极端，在平均情况下，k- 距离的变化不会太大。然而，对于不在簇中的点（如噪声点），k- 距离将相对较大，因此，如果对于某个 k 值，计算所有点的 k- 距离，并递增排序，然后绘制排序后的值，则会看到 k- 距离的急剧变化。

对应于合适的 Eps 值如果选取该距离为 Eps 参数，取 k 值为分钟 Pts 参数，则 k- 距离小于 E 的点将被标记为核心点，而其他点将被标记为噪声或者边界点。

3. DBSCAN 算法存在的问题

因为 DBSCAN 使用簇的基于密度的定义，因此它是相对抗噪声的，并且能够处理任意形状和大小的簇。这样，DBSCAN 可以发现使用 k 均值不能发现的许多簇。然而，当簇的密度变化太大时，DBSCAN 就会有麻烦。对于高维数据，它也有问题，因为对于这样的数据，密度定义更困难。最后，当邻近计算需要计算所有的点对邻近度时，DBSCAN 可能开销很大。

8.3.1.2 目前改进的 DBSCAN 算法

针对传统 DBSCAN 算法的一些缺点与不足，许多学者已经研究了很多种改进的 DBSCAN 算法：快速聚类的算法、基于相对密度的聚类算法、基于相对密度的快速聚类算法和基于密度标记的聚类 DTBC 算法等，使得聚类的效果比传统的 DBSCAN 算法要更好。

1. 快速聚类的算法

快速 DBSCAN 算法是对 DBSCAN 的一个改进，选择核心对象领域中的部分代表对象，而不是选择所有对象作为种子对象用于类的扩展。这样大大减少了查询次数，加快了聚类速度。选择代表对象其实就是选择一些能够近似地表征所在领域的形状的对象。在文献中设定对于二维空间数据，选择 4 个代表对象，不仅丢失对象少，且聚类速度提高明显。对于三维空间数据，选择 6 个代表对象，依次类推，在 n 维空间中，选择 2n 个代表对象。也就是说，在每一维空间上，选择两个对象作为代表对象用于类的扩展。

其选择代表种子对象的基本思想是：首先选出一个与核心对象最远的对象作为第一个代表对象；随后则选出离所有已被选出的代表对象最远的对象作为下一个代表对象，直到选出所需的全部代表对象为止。

2. 基于相对密度的聚类算法

基于相对密度的聚类算法首先在数据集 D 中找到任意一个核心对象 p，求出 p 的核心集合，得到初始类 C，然后由初始类 C 开始进行类的扩展直至没有任何对象可以归入该类；重新在 D 中寻找任意一个未归类的核心对象 q，重复上述过程，直至没有任何对象可以归入任何类算法结束。初始类 C 的扩展过程分两步进行：

（1）对 p 的核心集合进行扩展，得到类 C 的扩展核心集合；

（2）根据关于扩展核心集合中核心对象的密度可达这一条件，对类 C 进行扩展。

基于相对密度的聚类算法在一定程度上解决了参数值过于敏感以及聚类密度不

均匀时产生错误结果的问题。但聚类耗时过大的问题还是没有处理，因此文中在相对密度算法中引入快速聚类算法 FDBSCAN 的思想。

3. 基于相对密度的快速聚类算法

基于相对密度的快速聚类算法 FRDBC 是在基于相对密度的聚类算法基础上，进行类扩展时不选核心领域中的所有点作为种子对象，而是采用快速聚类算法中的部分代表对象作为种子点的方法，这样不仅解决了 DBSCAN 算法全局参数的问题，在一定程度上还加快了聚类速度。具体算法如下：

基于相对密度的快速聚类算法 FRDBC 伪码描述：

```
FRDBC（Setofpoint，intk，real）
BEGIN
REPEAT
point=GetCorePoint（Setofpoint，k，）；
IFpoint（ ）NULLTHEN
Coreset=GetCoreSet（Setofpoint，point，k，）；
ClusterId=GetClusterId（ ）；
C=GetInitCluster（Setofpoint，point，CoreSet，
k，clusterID）；
ExpandCluster（Setofpoint，C，CoreSet，k，）；
ENDIF
UNTILEND
```

8.3.1.3 基于密度标记的聚类 DTBC 算法

DTBC 算法就是依照上面的研究思路进行聚类。DTBC 首先根据所有数据点与其 k 邻近的距离来动态确定针对数据点的子聚类半径 Eps，针对每个数据点为半径构建子聚类，得到 n 个子聚类，每个子聚类都包含一定的数据点。其次，将 n 个子聚类中包含的数据点数（分钟 Pts）划分到多个段中，使得在同一段内的分钟 Pts 接近，不同段间的分钟 Pts 差别大。再次，根据划分结果使用 L-Method 方法来确定密度标记个数并为每个段加上密度标记，密度标记标用来标识划分到该段中的子聚类的密度信息。密度标记值越大，则被该密度标记所标识的子聚类的密度越大。最后，按照密度标记由大到小的顺序对数据集进行聚类。DTBC 算法分为三个阶段：子聚类生成与密度分析阶段、子聚类密度标记确定阶段和聚类生成阶段。

1. 第一个阶段：子聚类生成与密度分析阶段

此阶段对每个数据集中的数据点构建子聚类，并对得到的所有（n 个）子聚类的

密度信息进行分析。

对于具有相同半径 Eps 的 n 个子聚类来说，子聚类中包含的分钟 Pts 反映了子聚类的密度高低。分钟 Pts 越高，该子聚类的密度越高；反之，则密度越低。如果两个子聚类包含的分钟 Pts 大致相同，则它们的密度应该基本相同。进一步，所有的分钟 Pts 被划分到多个段（区间）中，使得在同一段内的分钟 Pts 接近，不同段间的分钟 Pts 差别大。也就是说，包含的分钟 Pts 大致相同的子聚类应该划分到同一个段内，即密度大致相同的子聚类划分到同一个段中。这些段在后期处理中被唯一的标记（即密度标记）所标识，每个段对应一个密度标记，段内的子聚类就具有相同的密度标记。密度标记用来标识划分到该段中的子聚类的密度信息，这样就可以得到整个数据集的密度信息，接下来就可以根据数据集的密度信息对数据集进行聚类。

2. 第二个阶段：子聚类密度标记确定阶段

此阶段首先确定密度标记数量，然后执行具体的标记操作。在子聚类生成与密度分析阶段，将子聚类包含的分钟 Pts 划分到多个段中，这个过程最终产生多个二元组 [（S），D（S）]，其中，S 表示段数，D（S）表示段数为 S 时的总体方差，一个 S 值对应一种划分方案，因此需要确定一种最合理的划分方案，即确定段数 S 的取值。为此，DTBC 首先生成针对分钟 Pts 划分方案的评价图，利用评价图来评价划分方案的合理性，然后使用 L-Method 方法确定最合理的划分方案，即寻找评价图中曲线的拐点，并以此来确定密度标记的数量。

3. 第三个阶段：聚类生成阶段

此阶段根据密度标记对数据集进行聚类。经过确定子聚类密度标记阶段，所有的子聚类都具有了密度标记，即子聚类中的数据点具有密度标记。此阶段首先建立 c 个队列与 c 个不同的密度标记相对应，并将密度标记相同的数据点插入到同一个队列中。然后，按照密度标记值由高到低的顺序对所有数据点进行聚类，也就是说，数据集中的数据点是按照密度由高到低的顺序进行聚类。由本文对聚类的定义可知，某个类中的数据点必定属于一个具有最高或次高密度标记的子聚类。注意，这里最高或次高密度标记是指该类中的数据点所具有的，而并不是数据集中的所有密度标记。最终，将未加类标记的数据点视为噪点。

8.3.2 基于 K-means 的聚类算法

8.3.2.1 k-means 算法

k-means 算法，也被称为 k- 平均或 k- 均值，是一种得到最广泛使用的聚类算法。它是将各个聚类子集内的所有数据样本的均值作为该聚类的代表点。它的主要思想是通过迭代过程把数据集划分为不同的类别，使得评价聚类性能的准则函数达到最优，从而使生成的每个聚类内紧凑，类间独立。这一算法不适合处理离散型属性，但是对于连续型具有较好的聚类效果。

1. k-means 算法描述

k-means 算法为中心向量，初始化 k 个种子；分组：将样本分配给距离其最近的中心向量；由这些样本构造不相交（non-overlapping）的聚类；确定中心：用各个聚类的中心向量作为新的中心；重复分组和确定中心的步骤，直至算法收敛。

2. k-means 算法流程

输入：簇的数目 k 和包含 n 个对象的数据库。

输出：k 个簇，使平方误差准则最小。

算法步骤：（1）为每个聚类确定一个初始聚类中心，这样就有 k 个初始聚类中心。（2）将样本集中的样本按照最小距离原则分配到最邻近聚类。（3）使用每个聚类中的样本均值作为新的聚类中心。重复步骤（2）（3）直到聚类中心不再变化。

3. k-means 算法优缺点分析

（1）k-means 算法优点。

k-means 算法作为使用最为广泛的聚类算法，其优点自然是显而易见的，它在解决聚类问题上，通常可以快速、有效地得到一个不错的结果。同时，对处理大数据集，它是相对可伸缩和高效率的，因为它的复杂度是 0（nkt）。其中，n 是所有对象的数目，k 是簇的数目，t 是迭代的次数，通常 k<<n 且 t<<n。而且，当结果簇是密集的，而簇与簇之间区别明显时，它的效果较好。

（2）k-means 算法缺点。

k-means 算法只是一种快速对数据进行简单聚类的算法，所以该算法在聚类方面也存在着很多的不足之处。其主要的缺点有以下三点。

第一，在 k-means 算法中 k 是事先给定的，这个 k 值的选定是非常难以估计的。很多时候，事先并不知道给定的数据集应该分成多少个类别才最合适。这也是 k-means 算法的一个不足。有的算法是通过类的自动合并和分裂，得到较为合理的类型数目 k，如 ISODATA 算法。关于 k-means 算法中聚类数目 k 值的确定，有一种思想是根据方差分析理论，应用混合 F 统计量来确定最佳分类数，并应用模糊划分熵来验证最佳分类数的正确性。另外一种思想使用了一种结合全协方差矩阵的 RPCL 算法，并逐步删除那些只包含少量训练数据的类。还有一种思想使用的是一种称为次胜者受罚的竞争学习规则，来自动决定类的适当数目。它的思想是，对每个输入而言，不仅竞争获胜单元的权值被修正以适应输入值，而且对次胜单元采用惩罚的方法使之远离输入值。

第二，在 k-means 算法中，首先需要根据初始聚类中心来确定一个初始划分，然后对初始划分进行优化。这个初始聚类中心的选择对聚类结果有较大的影响，一旦初始值选择得不好，可能无法得到有效的聚类结果，这也成为 k-means 算法的一个主要问题。对于该问题的解决，许多算法采用遗传算法（GA）进行初始化，以内部聚类准则作为评价指标。

第三，从 k-means 算法框架可以看出，该算法需要不断地进行样本分类调整，不断地计算调整后的新的聚类中心，因此当数据量非常大时，算法的时间开销是非常大的。所以，需要对算法的时间复杂度进行分析、改进，提高算法应用范围。一种解决方案是从该算法的时间复杂度进行分析考虑，通过一定的相似性准则来去掉聚类中心的侯选集。另外一种解决方案是 k-means 算法是对样本数据进行聚类，无论是初始点的选择还是一次迭代完成时对数据的调整，都是建立在随机选取的样本数据的基础之上，这样可以提高算法的收敛速度。

4. ISODATA 算法

ISODATA 算法是在 k- 均值算法的基础上，增加聚类结果的“合并”和“分裂”两个操作，并设定算法运行控制参数的一种聚类算法。其具体思想是通过设定初始参数而引入人机对话环节，并使用归并与分裂的机制，当某两类聚类中心距离小于某一阈值时，将它们合并为一类；当某类标准差大于某一阈值或其样本数目超过某一阈值时，将其分为两类；在某类样本数目少于某阈值时，须将其取消。如此，根据初始聚类中心和设定的类别数目等参数迭代，最终得到一个比较理想的分类结果。

ISODATA 算法与 k- 均值算法比较看来，主要有以下几点不同：

（1）k- 均值算法通常适合于分类数目已知的聚类，而 ISODATA 算法则更加灵活；

（2）从算法角度看，ISODATA 算法与 k- 均值算法相似，聚类中心都是通过样本均值的迭代运算来决定的；

（3）ISODATA 算法加入了一些试探步骤，并且可以结合成人机交互的结构，使其能利用中间结果所取得的经验更好地进行分类。主要是在迭代过程中可将一类一分为二，亦可能二类合二为一，即“自组织”，这种算法具有启发式的特点。

相比 k-means 算法，ISODATA 算法主要在以下两个方面进行了改进。

（1）考虑了类别的合并与分裂，因而有了自我调整类别数的能力。合并主要发生在某一类内样本个数太少的情况，或两类聚类中心之间距离太小的情况。为此，设有最小类内样本数限制，以及类间中心距离参数。若出现两类聚类中心距离太小的情况，可考虑将此两类合并。

分裂则主要发生在某一类别的某分量出现类内方差过大的现象，因而宜分裂成两个类别，以维持合理的类内方差。给出一个对类内分量方差的限制参数，用以决定是否需要将某一类分裂成两类。

（2）由于算法有自我调整的能力，因而需要设置若干个控制用参数，如聚类数期望值 K、每次迭代允许合并的最大聚类对数 L 及允许迭代次数 I 等。

总的来说，ISODATA 算法的基本步骤和思路可以概括为以下几个步骤：

（1）选择某些初始值。可选不同的参数指标，也可在迭代过程中人为修改，以将 N 个模式样本按指标分配到各个聚类中心。

（2）计算各类中诸样本的距离指标函数。

（3）~（5）按给定的要求，将前一次获得的聚类集进行分裂和合并处理［（4）为分裂处理，（5）为合并处理］，从而获得新的聚类中心。

（6）重新进行迭代运算，计算各项指标，判断聚类结果是否符合要求。经过多次迭代后，若结果收敛，则运算结束。

8.3.2.2 k-means 算法的改进算法

1. k-mode 算法

k-modes 算法：实现对离散数据的快速聚类，保留了 k-means 算法效率的同时，将 k-means 的应用范围扩大到离散数据。

k-modes 算法是按照 k-means 算法的核心内容进行修改，针对分类属性的度量和更新质心的问题而改进。

具体如下：

（1）度量记录之间的相关性 D 的计算公式是比较两记录之间，属性相同为 0，不同为 1，并所有相加。因此，D 越大，即它的不相关程度越强（与欧式距离代表的意义是一样的）。

（2）更新 modes，使用一个簇的每个属性出现频率最高的那个属性值作为代表簇的属性值。

2. k-prototype 算法

k-prototype 算法可以对离散与数值属性两种混合的数据进行聚类，在 k-prototype 中定义了一个对数值与离散属性都计算的相异性度量标准。

k-prototype 算法是结合 k-means 与 k-modes 算法，针对混合属性的，解决两个核心问题如下：

（1）度量具有混合属性的方法是，数值属性采用 k-means 方法得到 P1，分类属性采用 k-modes 方法 P2，那么 D=P1+a*P2，a 是权重。如果觉得分类属性重要，则增加 a，否则减少 a，a=0 时即只有数值属性；

（2）更新一个簇的中心的方法，是结合 k-means 与 k-modes 的更新方法。

3. k- 中心点算法

k-means 算法对于孤立点是敏感的。为了解决这个问题，不采用簇中的平均值作为参照点，可以选用簇中位置最中心的对象，即中心点作为参照点。这样划分方法仍然是基于最小化所有对象与其参照点之间的相异度之和的原则来执行的。

8.3.3 基于 BIRCH 算法的聚类算法

8.3.3.1 BIRCH 算法概念

BIRCH 全称是利用层次方法的平衡迭代规约和聚类。首先，BIRCH 是一种聚类算法，它最大的特点是能利用有限的内存资源完成对大数据集的高质量的聚类，同时通过单遍扫描数据集能最小化 I/O 代价。

首先解释一下什么是聚类，从统计学的观点来看，聚类就是给定一个包含 N 个数据点的数据集和一个距离度量函数 F（如计算簇内每两个数据点之间的平均距离的函数），要求将这个数据集划分为 K 个簇（或者不给出数量 K，由算法自动发现最佳的簇数量），最后的结果是找到一种对于数据集的最佳划分，使得距离度量函数 F 的值最小。从机器学习的角度来看，聚类是一种非监督的学习算法，通过将数据集聚成 n 个簇，使得簇内点之间的距离最小化，簇之间的距离最大化。

8.3.3.2 BIRCH 算法特点

（1）BIRCH 试图利用可用的资源来生成最好的聚类结果，给定有限的主存，一个重要的考虑是最小化 I/O 时间。

（2）BIRCH 采用了一种多阶段聚类技术：数据集的单边扫描产生了一个基本的聚类，一遍或多遍的额外扫描可以进一步改进聚类质量。

（3）BIRCH 是一种增量的聚类方法，因为它对每一个数据点的聚类的决策都是基于当前已经处理过的数据点，而不是基于全局的数据点。

（4）如果簇不是球形的，BIRCH 不能很好地工作，因为它用了半径或直径的概念来控制聚类的边界。

8.3.3.3 BIRCH 算法的聚类分析

1. 聚类特征（CF）

CF 是 BIRCH 增量聚类算法的核心，CF 树中的节点都是由 CF 组成。一个 CF 是一个三元组，这个三元组就代表了簇的所有信息。给定 N 个 d 维的数据点 {x1，x2，…，xn}，CF 定义如下：

CF=（N，LS，SS）

其中，N 是子类中节点的数目，LS 是 N 个节点的线性和，SS 是 N 个节点的平方和。

CF 有个特性，即可以求和，具体说明如下：CF1=（n1，LS1，SS1），CF2=（n2，LS2，SS2），则 CF1+CF2=（n1+n2，LS1+LS2，SS1+SS2）。

例如：

假设簇 C1 中有三个数据点：（2，3），（4，5），（5，6），则 CF1={3，（2+4+5，3+5+6），（2^2+4^2+5^2，3^2+5^2+6^2）}={3，（11，14），（45，70）}，同样地，簇 C2 的 CF2={4，（40，42），（100，101）}，那么，由簇 C1 和簇 C2 合并而来的簇 C3 的聚类特征。CF3 计算如下：

CF3={3+4，（11+40，14+42），（45+100，70+101）}={7，（51，56），（145，171）}

另外，再介绍两个概念：簇的质心和簇的半径。假如一个簇中包含 n 个数据点：{Xi}，i=1，2，3，…，n，则质心 C 和半径 R 计算公式如下：

C=（X1+X2+…+Xn）/n，（这里 X1+X2+…+Xn 是向量加）

R=（|X1−C|^2+|X2−C|^2+…+|Xn−C|^2）/n

其中，簇半径表示簇中所有点到簇质心的平均距离。CF 中存储的是簇中所有数据点的特性的统计和，所以当我们把一个数据点加入某个簇的时候，那么这个数据点的详细特征，如属性值，就丢失了。由于这个特征，BIRCH 聚类可以在很大程度上对数据集进行压缩。

2. 聚类特征树（CFtree）

CFtree 的结构类似于一个 B 一树，它有三个参数：内部节点平衡因子 B，叶节点平衡因子 L，簇半径阈值 T。树中每个节点最多包含 B 个孩子节点，记为（CFi，CHILDi），1<=i<=B，CF_i 是这个节点中的第 i 个聚类特征，$CHILD_i$ 指向节点的第 i 个孩子节点，对应于这个节点的第 i 个聚类特征。一个 CF 树是一个数据集的压缩表示，叶子节点的每一个输入都代表一个簇 C，簇 C 中包含若干个数据点，并且原始数据集中越密集的区域。簇 C 中包含的数据点越多，越稀疏的区域；簇 C 中包含的数据点越少，簇 C 的半径小于等于 T。随着数据点的加入，CF 树被动态地构建，插入过

程有点类似于 B 一树。加入算法表示如下：

（1）从根节点开始，自上而下选择最近的节点；

（2）到达叶子节点后，检查最近的元组 CF_i 能否吸收此数据点。

是，更新 CF 值；

否，是否可以添加一个新的元组；

是，添加一个新的元组；

否则，分裂最远的一对元组，作为种子，按最近距离重新分配其他元组。

（3）更新每个非叶节点的 CF 信息，如果分裂节点，在父节点中插入新的元组，检查分裂，直到 root 计算节点之间的距离函数有多种选择。常见的有欧几里得距离函数和曼哈顿距离函数。

构建 CF 树的过程中，一个重要的参数是簇半径阈值 T，因为它决定了 CFtree 的规模，从而让 CFtree 适应当前内存的大小。如果 T 太小，那么簇的数量将会非常大，从而导致树节点数量也会增大，这样可能会导致所有数据点还没有扫描完之前内存就不够用了。

8.3.3.4 算法流程

（1）扫描所有数据，建立初始化的 CF 树，把稠密数据分成簇，稀疏数据作为孤立点对待。

（2）这个阶段是可选的，阶段三的全局或半全局聚类算法有着输入范围的要求，以达到速度与质量的要求，所以此阶段在阶段一的基础上，建立一个更小的 CF 树。

（3）补救由于输入顺序和页面大小带来的分裂，使用全局 / 半全局算法对全部叶节点进行聚类。

（4）这个阶段也是可选的，把阶段三的中心点作为种子，将数据点重新分配到最近的种子上，保证重复数据分到同一个簇中，同时添加簇标签。

8.3.3.5 算法实现

1. 需求分析

随着硬件产能的提升，传感器、存储器的大量应用，积累了大量的可用于数据分析的数据。人们提出了各种各样的聚类问题，针对这些聚类问题，又相应地提出了各种各样的聚类算法。一方面，这些算法都只能解决某一类问题，针对一个具体的聚类问题，人们面临大量的可选择的聚类算法，这往往令人无所适从，由此带来很大的工作量。另一方面，开发一个新的聚类算法往往需要和已有的典型聚类算法进行比较。开发一个可扩展其他算法，带有针对典型数据集的演示功能的聚类算法演示平台可以很好地解决这两个问题，势必给聚类问题的解决、聚类算法的研发带来很大的帮助。

结合上述目的，在演示平台中，至少要包含三个部分：第一部分要提供用户多个可选数据集；第二部分要提供用户多种可选聚类算法；第三部分要针对用户选择的算法在用户选择的数据集上运行，并用相关指标给出算法运行的效果。其中算法、数据集要可扩展。

2. 概要设计

要基于 R 语言实现这样一个交互式演示平台，通过求助网友发现至少有四种方法。利用 shiny 包制作基于网页的互动应用；利用 RGtk 包制作基于 Gtk 框架的界面应用；利用 C++ 引用 RInside 和 Qt 制作界面；利用 rClt 包调用 .NET/Mono 实例化窗体制作界面。调研四种方法后，发现 shiny 最容易上手，决定基于 shiny 包实现该演示平台。

最终确定用 shiny 的选择框控件提供用户选择的算法类型和数据集类型，输入框控件实现用户的算法参数输入，利用文本显示用户选择的算法在数据集上应用后的指标显示，利用图形（仅适用于二维数据集）、文字分别显示数据集的自然分布以及利用聚类算法后的结果分布。

3. 详细设计

（1）Shiny 包简介。

Shiny 是 Rstudio 公司开发的一个用于 R 语言的开源软件包（也有专业收费版本）。Rstudio 公司的愿景是希望通过 Shiny 提供一个为 R 语言服务的网页应用程序框架，这个框架可以使得用户方便通过使用 Shiny 交互式的展示数据分析成果。它最终可以生成一个网页，能实现 HTML 语言的大部分功能和其他 HTML 语言无法实现的功能。

一个用 Shiny 开发的软件（也可以说是一个网页）一般由三部分组成，server.R、ui.R 以及程序用到的图片、源文件等。server.R、ui.R 是 Shiny 软件的框架；ui.R 负责生成网页的交互式界面，包括布局、文字、控件等；Server.R 负责后台的运算绘图等工作。用户触发的影响，都会经过 ui.R 命名的 input 类数据传递给 server.R，继而影响 server.R 中相应代码的执行。Server.R 中代码执行的结果经过 ouput 类数据传递给用户界面，影响界面显示。Shiny 软件可用的控件和 VC6.0 提供的控件类似，有下拉菜单、单选框、多选框、按钮等。软件用到的图片必须放在命名为 www 的文件夹中，以供 Shiny 调用。使用的源文件可直接放置在 server.R 和 ui.R 同一个文件夹下或者通过相对路径可访问的文件夹下，代码中可经过相对路径访问。一个编写完成的 Shiny 程序，可以通过 shinyapp.io 账号，基于 Rstudio 提供的服务器或者自己的服务器，发布到互联网上，供用户通过网址进行访问。通过 Rstudio 上传自己的软件，可以使用

shinyapp.io 账号在 Rstuido 提供的后台管理自己所有的 shiny 网站。

（2）数据集的选择与实现。

用于聚类的数据集有很多种类型，有些是实际的、有些是人工生成的，不同的数据集对应着不同的数据类型，有数值属性的、有分类属性的，有的是高维的、有的是低维的。本文尝试选择了一些有代表性的数据，之所以并没有选用混合属性的数据或者其他非数值属性的数据，一方面是因为处理混合属性的数据，需要重新定义数据点之间相似度，且相似度的定义方法又各有技巧；另一方面本章选用的聚类方法，是否能够用于处理混合属性或者非数值属性，从算法本身就可以大体判断。

当选择完以上数据集之后，从互联网上下载这些数据集，使得最后一列为类别属性。分别将其存储为：Spiral.txt/Jain.txt/Flame.txt/Aggregation.txt/Dim032.txt/Dim128.txt（由于 R 自带 Iris，这里就不需要存储了），放入和 server.R 及 ui.R 同一个目录下的 clusterdatas 文件夹中，然后通过用户选择 server.R 执行代码读入这些数据集以供使用。

（3）聚类结果评价及实现。

对聚类效果进行评价的研究称为聚类有效性分析（Clusetr Validity）。聚类有效性分析本身也是很复杂的，最好是根据不同的问题和不同的聚类算法做具体的分析。通常，在聚类有效性分析研究中评价聚类算法得到的聚类结果 C 的方法主要有三类。

外部标准（Externa Criteria）：用事先判定的聚类结构来评价 C。

内部标准（Internal Criteria）：用参与聚类的样本（n 个数据对象）来评价 C，比如采用 C 中各个簇的误差平方和，即 kmean、本文 pso 聚类的目标函数。

相对标准（Relative Criteria）：用同一算法的不同结果（不同参数得到）来评价 C，通过与其他聚类算法的比较来判断 C 的好坏。

一般来说，聚类结果是用外部准则来评价的。因为往往人们判定结果的好坏是和自己预想结果去对比的。为了引出常见的几种外部准则，引入一个预期的结果簇结构。

考虑 X 中任意两个互异的对象，按照和在 C 结构（由聚类算法得到的）和 P 结构中是否属于同一个簇，有以下四种关系：

SS（TP）：和在 C 结构和 P 结构属于同一个簇；

SD（FP）：和在 C 结构中属于同一个簇，而在 P 结构中属于不同的簇；

DS（FN）：在 C 结构中属于不同的簇，而在 P 结构中属于相同的簇；

DD（TN）：和在 C 结构和 P 结构属于不同的簇。

若记 a、b、c、d 分别表示 SS、SD、DS、DD 的关系数目，则根据 a、b、c、d 的值，

可以定义出不同的评价指标。

上述 R、J 统计量越大，表面 C 和 P 的吻合程度越高，C 的聚类效果越好。在信息检索中常见的指标还有 purity 和 F-measure 值，因为 F-measure 值使用更加广泛，区分能力也更强，信息检索中将 TP 定义为将相似的文档划分到同一个簇中，TN 定义为将不相似的文档划分到不同的簇中。聚类可能产生两类错误，FP 错误将不相似的文档划分到同一个簇中，FN 错误将相似的文档划分到不同的簇中。F-measure 值定义如下。

其中，P 表示准确率，P 的通俗解释是检索出的相关文档数和检索出的文档总数的比率衡量查准率。R 表示召回率，R 的通俗解释是检索出的相关文档数和文档库中所有相关文档数的比率，衡量的是查全率。相对 Rand Statistic 给两类错误同样的权值，这里通过 β 给两类错误不同的权值，通常取 β>1 从而给召回率更多的权值。因为在实际应用中，FN 这种错误往往比 FP 错误更加严重。

8.3.4 基于概率模型的聚类算法

8.3.4.1 定义分析

定义 1［对象的（ε，p）邻居］：一个不确定性对象 O_i 的（ε，p）邻居用 N_i（ε，p）表示，定义为满足以下条件的对象：（ε，p）={ ∈ D|P（dis（O_j，O_i）≤ ε）≥ p，∈，O_i ∈ O_i}。其中，和 O_i 表示所对应的不确定性对象当前的实际位置，几何上分别表示落在不确定性对象 O_j 和 O_i 不确定区域内的点；ε 是距离阈值；p 是概率阈值；P（dis（O_j，O_i）≤ ε）≥ p 表示与 O_i 之间的距离小于 ε 的概率大于 p。

定义 2（概率核心对象）：对于不确定性对象 O_i，若 |N_i（ε，p）| ≥ MinPts，则对象 O_i 是关于 ε，MinPts，p 的概率核心对象。

定义 3（直接概率密度可达）：若对象 O_i 为概率核心对象，且对象∈ N_i（ε，p），则称对象是从对象 Oi 出发关于 ε，MinPts，p 直接概率密度可达的。

定义 4（概率密度可达）：对于对象 O_i 和对象，若存在一个对象队列 O_1，…，O_m，其中 O_1=O_i 且 O_m=O_j，1 ≤ k ≤ m，O_k+1 是从 O_k 出发直接概率密度可达的，则称是从 O_i 出发关于 ε，MinPts，p 概率密度可达的。

定义 5（概率密度连接）：对于对象 O_i 和对象，若存在一个对象 O_k，O_i 和都是从 O_k 出发概率密度可达的，则称 O_i 关于 ε，MinPts，p 概率密度连接。

引入概率阈值 p 的目的是利用小概率事件发生的可能性很小，通常可以被忽略这一特性建立概率阀值索引。p 的取值是计算精度和效率之间的折中。

8.3.4.2 基于密度的不确定性数据概率聚类算法

输入：D={O_1,O_2,…,O_n}，ε，MinPts，p

输出：簇集 C={C_1,C_2,···,C_m}

（1）对 D 中的对象建立 R 树索引，在 D 中任意选定一个对象作为起始对象。

（2）设 D 是当前对象，通过 R 树索引裁剪掉与的距离不可能小于 ε 的对象，即从 R 树索引的根节点出发，若分枝节点所代表的 MBR 与的最小距离大于 ε，则以该分枝节点为根的子树所包含的所有对象均可以裁剪，通过 R 树索引可以排除大部分与 D 的距离大于 ε 的对象。

（3）对于剩下的可能成为对象的（ε，p）邻居的每个对象，计算其与 Oi 的最小距离 dmin（i，j）和最大距离 dmax（i，j），并将结果分别保存到全局矩阵 Mmin 和 Mmax 中。

（4）对于可能成为对象的（ε，p）邻居的每个对象，根据其 dmin（i，j）和 dmax（i，j）建立概率阈值索引 PTI。

（5）在概率阈值索引 PTI 上，以 p 为概率阈值、Q=[0，ε] 为查询范围，将满足查询条件的对象的标识加入到候选邻居集 CN（ε，p）中。

（6）若 |CN（ε，p）| ≥ MinPts，则对象是关于 ε，MinPts，p 的概率核心对象，将其加入到核心对象集 CORE；否则在 D/CORE 中任选一个对象作为当前对象 Oi 并返回（2）。

（7）CN（ε，p）中所包含的对象是关于 ε，MinPts，p 的直接概率密度可达对象，将这些对象标识为与同一个簇，从 CN（ε，p）中任选一个对象作为当前对象并将 CN（ε p）中的对象和标识为“已聚类”。

（8）对于本身不具备成为概率核心对象的条件而又无法从任何其他对象概率密度可达的对象，将其标识为“离群点”，当 D 中的所有或规定比例的对象都做了标识，算法终止。

PDBSCAN 聚类算法有以下特点：对概率核心对象和概率密度可达的计算并不像有的文献那样生硬地将两个不确定性对象（区域）之间的距离用单个值（如距离的期望值）来代替，而是利用两个不确定性对象之间的距离的最小值和最大值作为限定范围，并考虑不确定性在该范围上的概率分布；该算法在判断概率核心对象和概率密度可达时考虑不确定性对象概率分布，允许用户在计算精度和效率之间进行权衡，设置概率阈值 p，而不是简单地将概率是否大于 0.5 作为核心对象和密度可达的判断标准；通过 R 树和概率阈值索引 PTI 这两种索引方法提高计算效率。

在 PDBSCAN 聚类算法中，利用 R 树索引虽然能够将大量与当前对象之间的距离不可能小于 ε 的对象排除，大大减少了需要考虑的对象数量，但是实际上 R 树索引只利用了不确定区域本身，没用到数据在不确定区域上分布的概率密度信息，这将导致大量与之间的距离接近 ε 的对象不能及时排除。当对象分布密度较高时，这一现象尤为明显。概率阈值索引 PTI 基于 R 树的思想，利用各个对象的不确定性概率分布信息对包含对象的 MBR 的边界进行收缩，从而进一步降低需要访问该 MBR 所在节点的机会。

PDBSCAN 聚类算法的步骤：首先根据可能成为对象的（ε，p）邻居的每个对象的不确定区域，以及对象位置在不确定区域上的概率分布函数，很容易分别得出它们与当前对象之间距离的范围 [dmin（i，j），dmax（i，j）] 及其概率分布函数。对于这些对象，根据其 [dmin（i，j），dmax（i，j）] 建立一维 R 树索引，设当前考虑的 R 树节点所表示的 MBR（用 M 表示）中包含 3 个对象的 [dmin（i，j），dmax（i，j）]，分别表示为 A、B 和 C，设 M 中第 k 个对象不确定区间的概率密度函数为 fk（y），则可定义 M 的 x2bound 为一对直线，分别是 left2x2bound（表示为 M.lb（x））和 right2x2bound（表示为 M.rb（x））。对于包含在当前 MBR 中的任一区间 [L，R]，若

L ≤ M.lb（x），则

∫ M.lb（x）

Lfk（y）dy ≤ x；若 Ri ≥ M.rb（x），则

∫ RM.rb（x）

fk（y）dy ≤ x。left2x2bound 和 right2x2bound 之间的区间为 x2bound 区间。由定义可知，在 MBR 内的每个区间都保证最多有 x 的概率在 left2x2bound 的左边或在 right2x2bound 的右边。未压缩前的 MBR 的边界可以看作是 o2bound，因为它们保证 MBR 中的节点以概率 1 包含在该 MBR 内。x ∈ [0，1]，其值越大，x2bound 区间就越小。

我们要求在 R 树的一个 MBR 节点中，x2bound 是唯一的且左右 x2bound 尽可能收缩到 MBR 的中心。在 R 树中保存 x2bound 信息的目的是为了压缩 MBR，以尽量避免访问不满足要求的 MBR 中的对象。假设要处理一个概率阈值为 0.3 的查询 Q，如果没有 x2bound，由于 Q 与 MBR 相交，因此当前 MBR 不能被裁剪，需要依次检查 MBR 中包含的对象并计算其满足 Q 的概率（积分运算），计算的代价非常高。然而计算出结果后却发现实际上 MBR 中各对象 A、B 和 C 都不满足 Q，如果通过 x2bound 该 MBR 就能够及早被裁剪掉，避免了对其所包含的节点的检查和计算。这是由于 Q 不在 0.32bound 区间内且与 0.32bound 不相交，根据 x2bound 的定义，当前 MBR 中包含的所有对象满足 Q 的概率必然小于 0.3。因此，对于概率阈值为 x 的 PTRQ，只需要检查查询区间是否与 MBR 中的 x2bound 相交，就可以判断该 MBR 中是否有满足这一概率阈值查询的对象，从而可以确定是否需要对该 MBR 进行深入访问。

MBR 的 x2bound 构造过程如下：对于包含在 MBR 中的每个对象，根据 x2bound

的定义单独计算其不确定区间的 x2bound，MBR 中包含的所有对象的 x2bound 区间就是整个 MBR 的 x2bound 区间。在建立 PTI 索引时，x 可以取一些常用的典型概率值，并分别计算所对应的 MBR 相应于这些 x 值的 x2bound 区间与 MBR 信息保存在 R 树中相同的节点中。x 的取值数量越多，对 MBR 的压缩就越精细，裁剪效果就更好。但是，相应地会增加 R 树节点保存 x2bound 信息的存储代价。利用 PTI 索引进行搜索的过程与 R 树搜索类似：根据用户指定的查询概率阈值 p 以及 PTI 中已有的 x 的取值选取相应的 x，让所选的 x 刚好不大于 p；从 PTI 索引的根节点开始判断所对应的 MBR 的 x2bound 是否与查询区间相交，如果不相交，则以该节点为根的子树都可以被裁剪，否则进一步搜索当前节点中所包含的子节点，直到叶子节点为止，最后返回满足查询条件的对象。

8.3.4.3 性能分析

由于不确定性数据聚类是一个新兴的研究领域，有影响的成果不多，比较具有代表性的有 UK2means 聚类方法和 FDBSCAN 聚类算法。UK2means 所基于的 K2means 聚类方法具有不宜于发现非凸形状簇、对噪声和离群点敏感等缺点，与 DBSCAN 聚类算法无可比性，因此在对比试验中不予考虑。为了分析本文提出的 PDBSCAN 聚类算法的性能，进行了一系列的仿真试验，并将试验结果与 FDBSCAN 聚类算法进行比较。比较的性能指标是聚类的准确度和效率。仿真试验采用的数据集来自美国地理信息基准数据集 SEQUOIA2000。提出的启发式算法确定，而参数 p（概率阈值）设为 0.8。仿真试验在 PentiumIV2.4GHz、512MB 的 PC 机上用 VisualC++ 实现。

首先考察 PDBSCAN 聚类算法的准确度。设最近一次采样到当前时刻空间对象的最大移动距离为 d，d 值的大小反映了移动对象位置的不确定程度。设空间对象的不确定区间用最近一次采样得到的空间对象的位置为中心、以 d 为半径的圆表示，设对象位置在不确定区间中符合正态分布。试验中对于包含移动对象个数 N=5000 的数据集，针对不同的 d 值，分别采用 PDBSCAN 聚类算法和 FDBSCAN 聚类算法对不确定性对象进行聚类，采用 DBSCAN 聚类算法对当前时刻对象的“确定”位置进行聚类，设结果分别表示为 P、F 和 D。由于无法及时知道当前时刻移动对象的准确位置，D 实际上是无法获得的，在试验中只是起基准的作用。P 和 F 中与 D 相似程度越高，说明对不确定性数据聚类的准确度越高。比较两个聚类结果相似程度的指标采用的是广为使用的 Adjusted Rand Index（ARI）。ARI 的值越大，说明两个聚类结果越相似。随着 d 值增加，两种算法聚类的结果与理想的对精确数据聚类的结果之间的误差都有所增加，说明数据不确定程度增大导致聚类的准确性下降；对于相同的 d 值，PDBSCAN 聚类算法得到的结果比 FDBSCAN 聚类算法得到的结果更接近理想的实际结果（ARI 值更大），说明 PDBSCAN 聚类算法的有效性更佳。原因在于 FDBSCAN 聚类算法是通过对数据不确定区域的抽样（离散化）进行计算的，样本数量对计算精度影响很大。

8.4 算法性能评价指标

8.4.1 算法性能评价研究现状

目前已经有很多关于聚类分析的著作。在早期的文献中，Anderberg M. R、Spath H.、Jain A.、L. Kaufman 等人分别对聚类的方法与应用做了较为详尽的阐述。早在 20 世纪 60 年代就已经有很多具体成熟的聚类算法被不断提出，其中比较有名的包括 Hall 等人在 1965 年提出的 ISODATA 算法以及 Mac Queen 在 1967 年提出的 k- 平均算法等。特别是后者，已经成为聚类分析中最为经典的算法之一。许多研究者都对该算法进行了较为详尽的研究，并做出了一些改进，逐渐形成了一类较为完善的聚类策略，即划分方法。

其中较为著名的改进方法包括 L. Kaufman 等人于 1990 年提出的 k- 中心点算法，该算法对 k- 平均算法中的有关"中心"的概念做了一定的修改，不再使用每个簇中对象的平均值表示该簇，而是用每个簇使用接近聚类中心的一个对象来表示，从而可以一定程度上减少噪声带来的影响。一般来说，k- 平均算法以及 k- 中心点算法在中小规模的数据库中发现球状簇很适用，但是对于大数据集以及复杂形状的聚类效果不太好。为此，Raymond T. Ng 等人在 1994 年提出一种适用于大型数据集的划分聚类算法 CLARANS，其作为一种 k- 平均类型的算法可以发现最"自然"的结果簇数目，而且能够探测孤立点。

层次聚类方法是另一类较为成熟的聚类策略，其主要思想是对给定数据对象集合进行层次分解。其中较为著名的算法包括 1990 年 Zhang T. 等人提出的 BIRCH 算法和 1998 年 Guha S. 等人提出的 CURE 算法。前者引入了聚类特征和 CF 树用于概括聚类描述，这些结构辅助聚类方法在大型数据中取得高的速度和可伸缩性，对增量或者动态聚类非常有效。后者主要基于代表点思想，解决了许多聚类偏好球形和相似大小的簇的问题，在处理孤立点上也更加健壮。

划分方法与层次方法一般都是以距离作为度量数据是否相似的主要依据，除此之外，也有一些算法采取了不同的相似性度量方式，其中密度聚类是较为成熟的一类方法。例如，Ester M. 等人在 1990 年提出的 DBSCAN 算法，该算法将具有足够高密度的区域划分为簇，并可以在带有"噪声"的空间数据库中发现任意形状的聚类。由于 DBSCAN 算法对输入参数值十分敏感，设置的细微不同可能导致差别很大的聚类结果。高维数据集合经常分布不均，全局密度参数往往不能刻画其内在的聚类结构。为了解决这一难题，M. Ankerst 于 1999 年提出聚类排序方法 OPTICS，它方便了基于密度的聚类，而不用担心参数的选择。

其他较为成熟的聚类方法还有基于网格和基于模型的方法。其主要的代表算法有 :W. Wang 与 R. Agrawal 分别于 1997、1998 年提出的基于网格的 STING 算法与 CLIQUE 算法，J. H. Fridman 与 T. Knorr 分别于 1977、1995 年提出的基于模型的 COBWEB 算法与 SOM 算法等。

8.4.2 算法性能评价内容

聚类评价包括聚类过程评价和聚类结果评价两个方面。前者主要考察聚类操作的属性，如“可伸缩性”“处理不同类型属性的能力”等，而后者只需要考虑给定的聚类结果是否合理、有效，并不需要考虑是由何种聚类过程（或者说聚类算法）得到的结果。

一般常见的聚类结果评价（聚类评价指标）大致可分为外部度量、内部度量、相对度量三大类。目前较为常用的聚类评价指标包括 J. C. Dunn 于 1974 年提出的 Dunn's Index，Bezdek J. C. 于 1974 年提出的 Partition Coefficient，Davies 等人于 1979 年提出的 Davies-Bouldin's Index，Xie X. L. 等人于 1991 年提出的 Separation Index 以及 Chou C. H. 等人于 2004 年提出的 CS Index 等。近几年来，有关聚类评价的研究论文也十分丰富。Yunjie Zhang 等人在文献中提出了一种利用变化度量和分离度量来评价模糊聚类的方法 ;Mohamed Bouguessa 等人提出了客观聚类评价方法；Asli Celikyilmaz 等人提出利用紧密度和分离度来评价模糊聚类的方法；Jeen-Shing Wang 等人提出了针对支持向量聚类的评价方法；Alissar Nasser 等人提出的适用于核空间聚类算法的基于 Davies-Bouldin's Index 的评价指标 KDB 等。

这些评价指标又各自按照自己对相似性的定义来对聚类结果进行评价。这样不同相似性定义的差异对聚类结果的影响更加凸显。作为一个聚类算法而言，该算法得到的结果只需负责该算法自身的相似性定义，而无须符合某种评价指标的相似性。换言之，作为聚类评价，需要验证的是聚类结果是否遵从了聚类算法中使用的“相似”概念。

8.5 大数据处理平台下聚类算法的实验结果与分析

8.5.1 M+K-means 聚类算法的实验

M+K-means 聚类算法是基于最大值原则在 K 参数的选取上进行优化的 K-means 聚类算法。该算法思想为 : 首先任意选取一个点 A 作为种子中心点。然后遍历一次数据，计算出集合 C 中剩余点到种子点的距离值，将得到的点和距离 d 存入数组中。选取距离最大的点作为第二个种子中心点 B，并计算其与 B 距离 DistB，若 DistB 大于 d，则设为种子点 C，否则为普通点。

依次选取距离 A 为 distm 的点，若这点与 list（m+1）的所有点的距离都不小于 distm，则这点设为新种子中心点，否则为普通点。这样可以选择出 A 点各个方向上的最大值点，防止漏选。这样便可得出初始的种子中心点和 K 的值。接下来再进行传统的聚类即可，这样可以省掉每次遍历数据浪费的时间。

其基本步骤描述如下：聚类中心 A 的选择：从数据集合 D 中任意选取一个点作为种子中心 A。计算剩余点到 A 点的距离，在集合 D 中选取离 A 最大的点标记为第二个中心点。设为此处最大距离，设点为 d 点。并行选取数组中 d 的所有点，计算与 d 所有点的距离，若满足距离不小于 d，则标记为种子中心点。若点不满足设置的条件则设为普通点。重复步骤 c 和 d，直到无法满足条件就结束，得出符合条件的中心点。邻近类中心合并，将得到的 K 值和聚类中心点赋予经典的 K-means 算法，接下来就是传统算法的计算过程。此时改进的算法在寻找中心点和确定 K 值是只需要遍历一次集合中的数据，可以大大节省数据挖掘的时间。

8.5.2 M+K-means 算法的并行实现

M+K-means 算法的第一个步骤是初始 K 值的选择，由两个 Map 和一个 Reduce 来实现。这里设计两个 Map 过程和一个 Reduce 过程，可以缩短 Shuffle 阶段的时间和 Reduce 阶段节点间的数据拉取过程所需的时间。

其中第一个 Map 过程主要负责找出随机中心点，遍历数据，计算出剩余点和中心点间的距离。接下来第二个 Map 过程负责计算 d 的点与所有点的距离，执行循环，直到得出 M 个种子中心，传输给 Reduceo。Reduce 部分得到的结果是来自不同的独立 Map 的结果，所以有可能种子中心点是相邻的，所以 Reduce 过程负责将邻近的聚类中心合并。

第二个阶段是由一个 Map Reduce 过程来完成。将第一个阶段产生的初始聚类中心 K 值赋予传统 K-means 算法，重复计算每个簇的质心直到收敛，聚类过程就完成了。Map 过程主要利用欧氏距离对原数据集合中的所有对象进行划分。Reduce 过程负责计算并更新各个簇中新的聚类中心，并予以输出，方便其作为下一次迭代的输入，直到聚类中心不再发生变化算法结束。由于初始聚类中心的选择是通过优化算法得到的，不再是人为设置的，这样第二阶段的 Map Reduce 过程就能较快地结束迭代，能够较快地收敛。

对于改进后的算法来说，一方面减少了遍历数据的次数，大大提高了执行速度；

另一方面由于聚类中心是由算法执行得到的，而且无须事先人为设定聚类数目，减少了主观因素对聚类结果的影响。

8.5.3 实验结果及分析

为了检验算法的可行性和有效性，分别计算优化后的算法和传统最大最小值原则 K-means 算法的并行时间开销，测试了 M+K-means 算法的扩展率和加速比，并做五次实验取结果的平均值制图。

在时间消耗的测试上，选择四种类别的数据，分别测试处理一维、二维和四维数据的时间。在数据是一维时，两个算法运行时间相当，是因为一维数据处理比较简单，两种算法对一维数据迭代次数差不多。但运行二维和四维数据时，数据运算量增大，原始的最大最小原则在寻找初始中心点时需要遍历所有数据，并且迭代次数也有所增加。而设计的 M+K-means 算法在寻找初始中心点时，只需要遍历一次所有数据和简单的迭代。所以，设计的算法在处理 n 维数据的运行时间上优于最大最小值 K-means 算法。

加速比测试选取了 3 组大小不同的数据，分为 1G、2G 和 4G 的数据。设计的算法的加速比基本上呈线性的，而且处理的数据量越大，加速比越好。这是因为，第一，数据量大时，节点的运行效率增加，更易发挥每个节点的计算能力；第二，算法在 reduce 阶段之前加入 combine，使得节点之间拉取数据的效率提高，而且数据量越大，这种效率提高得越多。因此，Map Reduce 框架更适合于大量数据的处理，而设扩展率的测试选取了 3 组数据，1G、2G、4G 为一组，2G、4G、8G 为一组，4G、8G、16G 为一组，并且每组数据从小到大分别运行在 1 个节点、3 个节点和 5 个节点上。随着节点的增加，运行效率也减小了，这是因为多节点运行时，节点之间的数据传送也会耗费资源。5 个节点时，运行 16G 的数据明显比运行 8G 数据运行效率高。这是因为数据量增加，节点更易充分发挥它的计算能力，所以节点利用率高了。

8.6 本章小结

本章对聚类算法划分进行研究，对其基于密度的算法、基于 k-means 的算法进行阐述，并提出了相应的改进算法步骤。对大数据平台的聚类算法实施了具体的实验研究，以便更好地进行相关分析。

第 9 章　大数据分析算法的并行化研究

传统单机的聚类算法无论从效率上还是从计算复杂度上都已无法满足海量信息的处理需要，云计算技术的发展为聚类分析提供了新的研究方向。在 Hadoop 平台上，采用 HDFS（分布式文件系统）存储数据，采用 Map Reduce 编程模式来实现对海量数据的并行化处理。根据传统聚类算法本身的特点，并且结合 Map Reduce 的编程模式，使得开发人员不须过多了解并行化的具体通信实现，就可以实现聚类算法的快速并行化，高效而且容易实现。

9.1 大数据分析中并行化研究现状

并行计算机从 20 世纪 70 年代的开始，到 20 世纪 80 年代蓬勃发展和百家争鸣，再到 20 世纪 90 年代体系结构框架趋于统一，近年来快速发展，并行机技术也日趋成熟。首先，市场的需求一直是推动并行计算机发展的主要动力，大量实际应用部门，如天气预报、核武器、石油勘探、地震数据处理、飞行器数值模拟以及其他大型事务处理等，都需要每秒执行数十万亿次乃至数百万亿次浮点运算的计算机，基于这些应用问题本身的限制，并行计算是满足它们的唯一可行途径。

使用多计算机进行并行程序设计，它们之间的通信是通过发送消息来完成的，所以消息传递需要并行程序设计。并行程序设计使用多计算机或多个内部处理器的计算机来求解问题，它比使用单台计算机的计算速度要快得多。并行程序设计也为求解更大规模的问题提供了机会，前面所述问题需要更多的计算步骤或更大存储容量需求，并行程序设计以并行算法为核心，能满足这些要求，是因为多计算机和多处理机系统通常比单计算机有更大的总存储容量。

9.2 大数据分析中并行化算法的研究内容

9.2.1 并行算法的应用——并行矩阵乘积

9.2.1.1 行列划分

```
For i=0 to p-1
j=（i+myid）modp
Cj=A*B
src=（myid+1）modp
dest=（myid-1+p）modp
if（i!=p-1）
send（B，dest）
recv（B，src）
endif
endfor
```

9.2.1.2 行列划分程序示例

例：按行列划分并行计算矩阵乘积，其中行行划分：A 按行划分，B 按行划分；列列划分：A 按列划分，B 按列划分。列行划分：A 按列划分，B 按行划分。列行划分以 3×3 分块为例：9 个进程，进行 3 轮计算，A、B 的起始存放位置：

A00A01A02

A10A11A12

A20A21A22

B00B01B02

B10B11B12

B20B21B22

第一轮：计算

A00A00A00

A11A11A11

A22A22A22

B00B01B02

B10B11B12

B20B21B22

第二轮：计算

B10B11B12

B20B21B22

B00B01B02

A01A01A01

A12A12A12

A20A20A20

第三轮：计算

B20B21B22

B00B01B02

B10B11B12

A02A02A02

A10A10A10

A21A21A21

9.2.2 并行算法的基本原理

并行算法就是用多台处理机联合求解问题的方法和步骤，其执行过程是指将给定的问题首先分解成若干个尽量相互独立的子问题，然后使用多台计算机同时求解它，从而最终求得原问题的解。并行算法是并行计算中一个非常重要的问题。并行算法的研究应该确立一个“理论—设计—实现—应用”的系统方法，形成一个完善的“架构—算法—编程”方法论，这样才能保证并行算法不断发展并变得更加实用。

简单来说，算法就是求解问题的方法和步骤，并行算法就是在并行机上用很多个处理器联合求解问题的方法和步骤。

并行计算（Parallel Computing）是指同时使用多种计算资源解决计算问题的过程。并行计算的主要目的是快速解决大型且复杂的计算问题。此外，还包括用非本地资源，节约成本，使用多个“廉价”计算资源取代大型计算机，同时克服单个计算机上存在的存储器限制。传统地，串行计算是指在单个计算机（具有单个中央处理单元）上执行软件写操作。CPU 逐个使用一系列指令解决问题，但其中只有一种指令可提供随时并及时的使用。并行计算是在串行计算的基础上演变而来，它努力模仿自然世界中的事务状态：一个序列中众多同时发生的、复杂且相关的事件。

并行计算的特点：将工作分离成离散部分，有助于同时解决；随时并及时地执行多个程序指令；多计算资源下解决问题的耗时要少于单个计算资源下的耗时。

并行计算是相对于串行计算来说的，它分为时间上的并行和空间上的并行。时间上的并行就是指流水线技术，而空间上的并行则是指用多个处理器并发地执行计算。

并行计算机的分类：并行计算科学中主要研究的是空间上的并行问题。空间上的并行导致了两类并行机的产生，按照 Flynn 的说法，分为单指令流多数据流（SIMD）和多指令流多数据流（MIMD）。我们常用的串行机也叫作单指令流单数据流（SISD）。

并行计算机的存储结构：共享内存、分布式内存、混合型分布式共享内存。

关注的问题：通信同步数据依赖负载平衡 I/O。

并行计算的性能分析：加速比（speedup）并行效率。

实际上，在自然界中并行是客观存在的普遍现象，关键问题在于能不能很好地利用。由于人们的思维能力以及思考问题的方法对并行不太习惯，且并行算法理论不成熟，所以总是出现了需求再来研究算法，不具有导向性，同时实现并行算法的并行程序性能较差，往往满足不了人们的需求。并行算法的研究历史可简单归纳为：20 世纪 70 到 80 年代，并行算法研究处于高潮；到 20 世纪 90 年代跌入低谷；目前，又处于研究的热点阶段。现在，人们已经可以自己搭建 PC-cluster，利用学习到的理论知识来解决实际问题，不再是纸上谈兵，这也为我们提供了新的机遇和挑战。

9.2.3 并行程序设计

9.2.3.1 相关并行程序设计

开发并行程序设计语言一般有三种方法：一是库函数法，除了串行语言所包含的库函数外，一组新的支持并行性和交互操作的库函数（如 MPI 消息传递库和多线程库）引入并行程序设计中；二是新语言结构法，采用某些新的语言结构来帮助并行程序设计以支持并行性和交互操作（如 Fortran 90 中的聚集数组操作）；三是编译制导法，程序设计语言保持不变，但是将称为编译制导的格式注释引入并行程序中。当我们在实际的并行机上设计并行程序时，绝大部分均是采用扩展 Fortran 和 C 语言的办法，目前有的就是以上三种扩展办法。

针对这三种不同方法开发的并行程序设计语言，一般相应地采用下述几种编译器实现方法来完成并行程序设计语言的编译处理：设计新语言的编译器；利用通用编译器，加入预编译，使用通用编译器，链接并行函数（类）库；针对传统顺序程序，设计并行化编译系统。机群系统由于结点计算机一般都带有常用语言编译器，如 C 语言、Fortran 语言等，因此其并行程序设计语言的实现往往采用上述的后三种编译途径实现。

9.2.3.2 新语言编译器

新的并行程序设计语言是针对并行程序设计特点而开发的语言，比较著名的有 Occam 与 Ada 语言。它们都提出了一套崭新的语言文法，不仅包括并行任务、通信同步等的文法描述，还包括串行成分的文法描述，如类型、过程、函数等。对于新设计的语言，人们要设计相应的新语言编译器。

9.2.3.3 预编译处理

扩展传统语言实现并行程序设计是并行系统开发人员常用的方法。通常采用的编译实现方法是在传统语言的编译器上设计预编译器。通过预编译，将扩展语言的并行成分用传统语言加以实现，再通过传统语言编译器编译生成可执行代码。在机群系统上利用结点计算机原有的编译器，采用预编译技术实现并行程序设计语言，既提供较强的并行性描述能力，又比较实用，有利于推广。作为扩展语言的基础，语言常常是 Fortran、C、C++，如 Concurrent C 语言与 Thread C 语言。Concurrent C 是 AT&T 贝尔试验室的 Gehani 和 Roome 提出来的。

9.2.3.4 并行函数与类库

不改变传统语言，不改动编译器，而为程序员提供并行程序开发所需的函数库或类库，在编译生成可执行代码时，再将其链接进来，这是并行程序设计中出现的一种新动向，比较著名的有 PVM 系统。清华大学在 PVM 的基础上实现了一个 C++ 语言的并行程序开发类库 mpc++，它提供并行进程、通信邮件等类函数，以提高用户程序开发效率，减少错误。

9.2.4 基于计算模型的分析

9.2.4.1 P-DOT 模型

P-DOT 模型在设计时将 BPS 模型作为基础，模型的基本组成是一系列 Iteration。该模型主要由三个层次组成：

首先，D-layer，也就是数据层。整个系统的结构呈现出分布式，各个数据节点上存储数据集。

其次，O-layer，也就是计算层。假设 q 为计算的一个阶段，那么该阶段内的所有节点会同时进行独立计算，所有节点只需要处理自己对应的数据。这些数据中包括最初输入的数据，也包括计算中生成的中间数据，这样实现了并发计算，得到的中间结果直接存储在模型中。

最后，T-layer，也就是通信层。在 q 这一阶段内，通信操作子会自动传递模型中的消息，传递过程遵循点对点的原则，因为 q 阶段中的所有节点在经过计算以后都会产生一个中间结果，在通信操作子的作用下，这些中间结果会被一一传递到 q+1 阶段内。也就是说，一个阶段的输出数据会直接被作为下一个阶段的输入数据，如果不存在下一个阶段或者是两个相邻阶段之间不存在通信，则这些数据会被作为最终结果输出并存储。

在并行计算模型下，应用大数据和应用高性能之间并不矛盾，因此并行计算模型具有普适性的特征，前者为后者提供模式支持；反过来，后者也为前者提供运算能力上的支持。另外，在并行计算模型下，系统的扩展性和容错性明显提升，在不改变任务效率的前提下，数据规模以及机器数量之间的关系就能够描述出系统的扩展性，而即使系统中的一些组件出现故障，系统整体运行也不会受到影响，体现出较好的容错性。

P-DOT 模型虽然是在 DOT 模型的基础上发展起来的，但是其绝对不会是后者的简单扩展或者延伸，而是具备更加强大的功能：一是 P-DOT 模型可以涵盖 DOT 以及 BSP 模型的处理范式，应用范围比较广；二是将该模型作为依据能够构造出时间成本函数，如果在某个环境负载下大数据运算任务已经确定，我们就可以根据该函数计算出整个运算过程所需要的机器数量（这里将最短运行时间作为计算标准）；三是该并行计算模型是可以扩展的，模型也自带容错功能，具有一定的普适性。

9.2.4.2 D-layer 的优化

要想实现容错性，要对系统中的数据进行备份，因为操作人员出现失误或者是系统自身存在问题，数据有可能大面积丢失，这时备份数据就会发挥作用。一般情况下，系统中比较重要的数据会至少制作三个备份，这些备份数据会被存储在不同场所，一旦系统数据层出现问题，就会利用这些数据进行回存。对于数据复本可以这样布局：一是每个数据块中的每个复本只能存储在对应节点上；二是如果集群中机架数量比较多，每个机架中可以存储一个数据块中的一个复本或者是两个复本。从以上布局策略中我们可以看出，数据复本的存储与原始数据一样，都是存储在数据节点上，呈现出分散性存储的特征，这种存储方式是实现大数据容错性的基础。

9.2.4.3 O-layer 的优化

随着信息技术的发展以及工业规模的扩大，人们对大数据任务性能提出了更高的要求，为了实现提高性能的目标，一般计算机程序会对系统的横向扩展提供支持。随着计算机多核技术的普及，系统的并行处理能力明显增强，计算密度明显提高，对多核硬件资源的利用效率明显提升。传统并行计算模型主要依靠进程间的通信，而优化后的模型则主要依靠线程间的通信，由于后者明显小于前者，因此在利用多核技术进行并行计算时，能够在不增大通信开销的基础上明显提升计算性能。

9.2.4.4 T-layer 的优化

为了提升计算模型的通信性能，需要对大数据进行深度学习，具体原因如下。

首先，无论使用哪种算法，都需要不断更新模型，从分布式平台的角度来说，每一次迭代都代表一次全局通信，而一部分模型的迭代次数又非常多，同时模型中包含大量位移参数以及权重，如模型 AlexNet 的基础是卷积神经网络，其迭代次数可以达到 45 万，耗费系统大量通信开销。

其次，如果分布式平台上本身就有很多机器，那么迭代过程就需要将机器的运行或者计算作为基础，也就是说要想完成一次迭代，平台上所有的机器都要逐一进行计算，计算完成以后还需要对参数进行同步。这种迭代模式容易受到短板效应的制约，算法通信开销并不取决于计算速度最快的机器，而是取决于最慢的机器。为了避免短板效应，在对并行计算模型进行优化时，可以采用同步策略，对于计算速度较慢的机器进行加速，提升迭代类任务的通信性能。

9.2.5 并行程序设计的不足及原因

设计一种新语言虽然有比较强的并行性描述能力，但是兼容性不好，不易推广，因此现在采用该方法的系统较少。对现有的顺序语言加以扩展，提供并行性描述机制，该方法具有兼容性好、编程简便等特点，现在常常被采用。不改变现有顺序语言，而由用户提供的函数库、类库或并行化编译系统等方法实现并行程序设计。该方法简单灵活，易于推广。

目前并行程序设计的状况是：并行软件的发展落后于并行硬件；和串行系统的应用软件相比，现今的并行系统应用软件甚少且不成熟；并行软件的缺乏是发展并行计算的主要障碍；而且这种状态仍在继续。

其原因是：并行程序设计不但包含了串行程序设计，而且还包含了更多的富有挑战性的问题；串行程序设计仅有一个普遍被接受的冯·诺依曼模型，而并行计算模型虽有许多，但没有一个被共同认可；并行程序设计对环境工具的要求远比串行程序设计先进得多；串行程序设计比较适合于自然习惯，且人们在过去积累了大量的编程知识和宝贵的软件财富。至今并行算法范例不能被很好地理解和广泛地接受；并行程序设计是建立在不同的计算模型上的，而它们没有能像冯·诺依曼模型那样被普遍接受和认可。

随着计算机技术的发展，大数据编程模型已经取得了不错的研究成果，其主要被应用在数据分析以及数据处理上，但是对于并行计算模型的研究却不够深入，从目前的情况来看需要解决以下问题：

首先，成熟的计算模型中需要包括以下两个要素：一是机器参数，包括 CPU 以及节点规模等；二是成本函数，其代表的是机器参数的函数，具体包括时间成本函数和空间成本函数。对这两个要素进行深入研究，能够对并行计算模型的发展提供理论支持。

其次，目前使用的大数据编程模型为了提高计算能力，会为系统资源提供横向扩展支持，同时程序中自带容错机制，一旦出现节点失效问题能够及时应对，虽然在一定程度上提高了应对能力，但是编程的扩展性以及容错性都是针对某个案例而言，并没有统一的度量标准，因此面向大数据处理的并行计算模型，需要对扩展性以及容错性这两个性能进行准确定义，用统一标准来评判其能力。

最后，大数据的应用效率会受到很多因素的影响，包括并行性级别、通新问题以及存储问题等，目前所指的性能优化大多数都是针对某个系统框架或者某个模型而言的，没有一个完整、统一的理论，而面向大数据处理的并行计算模型就要解决这一问题，统一优化理论、制定出可以面向所有模型的优化方法。

9.2.6 发展趋势及应用前景

首先，从计算机存储的角度来说，在大数据背景下将面临更加严峻的存储问题。我国计算机产业格局并不是处理与存储一体化，处理厂商与存储厂商处于相互分离的状态，导致这两项技术的发展出现不平衡现象，计算机系统的存储性能已经不能满足实际需要。从 1985 年到现在，计算机处理器性能以每年 60% 的速度提高，而存储性能的提升速度仅为每年 9%。50% 左右的差距导致处理性能与存储性能之间越来越不协调，因此未来在研究并行计算机模型时，会将存储性能作为重点研究对象。

其次，计算机体系结构中，多核逐渐成为主流。要想进一步提升系统的运算能力，仅仅依靠提升晶体管的集成度是不够的，因为系统运算能力还会受到材料物理性能等因素的影响，因此，系统中应用多核技术已经成为一种必然趋势。所谓多核技术，就是将多个计算内核集成在一个处理器中，每一个内核都能完成一个计算指令，这样一个处理器就能够完成并行计算指令。多核 CPU 的计算密度更高，并行处理能力更强，在相同计算条件下所消耗的功率更低，可以满足实际需要。

再次，异构众核集成技术在并行计算模型中的应用越来越广泛。一般情况下，模型中都采用 CPC 与 MIC 组合构架模式，相对复杂的逻辑计算部分由 CPU 负责，而一些密集运算则由 CPU 或者是 MIC 来负责。这些密集运算的典型特征就是分支较少且并行度高，这种异构方式为超级计算机的发展奠定了基础。

最后，服务器逐渐向着大规模集群化且廉价化的方向发展，越来越多的互联网企业和网络运营商选择将大规模服务廉价集群作为系统硬件设施。这种集群式服务器的典型特征就是会自动将故障状态视为常态，因为即使集群中的一部分组间发生故障，也不会对系统整体造成太大影响。同时，该集群会为异构硬件扩容提供支持，或是在系统中加入存储资源，或是直接加入新的机器，系统根据实际情况对这些资源或者机器进行自动调取，这一过程不会对系统运行产生任何影响。

9.3 大数据分析中相关并行化算法

9.3.1 基于 Map Reduce 的数据挖掘并行化算法

9.3.1.1 Map Reduce 模型

谷歌在 2003~2006 年连续发表了 3 篇很有影响力的文章，分别阐述了 GFS、Map Reduce 和 BigTable 的核心思想。其中，Map Reduce 是谷歌公司的核心计算模型。Map Reduce 将复杂的、运行于大规模集群上的并行计算过程高度地抽象到两个函数：Map 和 Reduce，这两个函数及其核心思想都源自函数式编程语言。在 Map Reduce 中，一个存储在分布式文件系统中的大规模数据集会被切分成许多独立的小数据块，这些小数据块可以被多个 Map 任务并行处理。Map Reduce 框架会为每个 Map 任务输入一个数据子集，Map 任务生成的结果会继续作为 Reduce 任务的输入，最终由 Reduce 任务输出最后结果，并写入分布式文件系统。特别需要注意的是，适合用 Map Reduce 来处理的数据集需要满足一个前提条件：待处理的数据集可以分解成许多小的数据集，而且每一个小数据集都可以完全并行地进行处理。Map Reduce 设计的一个理念就是“计算向数据靠拢”，而不是“数据向计算靠拢”，因为移动数据需要大量的网络传输开销，尤其是在大规模数据环境下，这种开销尤为惊人，所以，移动计算要比移动数据更加经济。

本着这个理念，在一个集群中，只要有可能，Map Reduce 框架就会将 Map 程序就近地在 HDFS 数据所在的节点运行，即将计算节点和存储节点放在一起运行，从而减少了节点间的数据移动开销。Hadoop 框架是用 Java 实现的，但是 Map Reduce 应用程序则不一定要用 Java 来写。Map 函数和 Reduce 函数 Map Reduce 模型的核心是 Map 函数和 Reduce 函数，二者都是由应用程序开发者负责具体实现的。Map Reduce 编程之所以比较容易，是因为程序员只要关注如何实现 Map 函数和 Reduce 函数，而不需要处理并行编程中的其他各种复杂问题，如分布式存储、工作调度、负载均衡、容错处理、网络通信等，这些问题都会由 Map Reduce 框架负责处理。Map 函数和 Reduce 函数都是以 <key，value> 作为输入，按一定的映射规则转换成另一个或一批 <key，value> 进行输出。Map 函数的输入来自分布式文件系统的文件块，这些文件块的格式是任意的，可以是文档，也可以是二进制格式的。文件块是一系列元素的集合，这些元素也是任意类型的，同一个元素不能跨文件块存储。Map 函数将输入的元素转换成 <key，value> 形式的键值对，键和值的类型也是任意的，其中键不同于一般的标志属性，即键没有唯一性，不能作为输出的身份标识，即使是同一输入元素，也可通过一个 Map 任务生成具有相同键的多个 <key，value>。Reduce 函数的任务就是将输入的一系列具有相同键的键值对以某种方式组合起来，输出处理后的键值对，输出结果会合并成一个文件。用户可以指定 Reduce 任务的个数（如刀个），并通知实现系统，然后主控进程通常会选择一个 Hash 函数，Map 任务输出的每个键都会经过 Hash 函数计算，并根据哈希结果将该键值对输入相应的 Reduce 任务来处理。Map Reduce的工作流程大规模数据集的处理包括分布式存储和分布式计算两个核心环节。谷歌公司用分布式文件系统 GFS 实现分布式数据存储，用 Map Reduce 实现分布式计算；而 Hadoop 则使用分布式文件系统 HDFS 实现分布式数据存储，用 Hadoop Map Reduce 实现分布式计算。Map Reduce 的输入和输出都需要借助于分布式文件系统进行存储，这些文件被分布存储到集群中的多个节点上。Map Reduce 的核心思想可以用“分而治之”来描述，即把一个大的数据集拆分成多个小数据块在多台机器上并行处理，也就是说，一个大的 Map Reduce 作业，首先会被拆分成许多个 Map 任务在多台机器上并行执行，每个 Map 任务通常运行在数据存储的节点上，这样，计算和数据就可以放在一起运行，不需要额外的数据传输开销。当 Map 任务结束后，会生成以 <key，Value> 形式表示的许多中间结果。然后，这些中间结果会被分发到多个 Reduce 任务在多台机器上并行执行，具有相同 key 的 <key，value> 会被发送到同一个 Reduce 任务那里，Reduce 任务会对中间结果进行汇总计算得到最后结果，并输出到分布式文件系统中。

需要指出的是，不同的 Map 任务之间不会进行通信，不同的 Reduce 任务之间也不会发生任何信息交换；用户不能显式地从一台机器向另一台机器发送消息，所有的数据交换都是通过 Map Reduce 框架自身去实现的。在 Map Reduce 的整个执行过程中，Map 任务的输入文件、Reduce 任务的处理结果都是保存在分布式文件系统中的，而 Map 任务处理得到的中间结果则保存在本地存储中（如磁盘）。另外，只有当 Map 处理全部结束后，Reduce 过程才能开始；只有 Map 需要考虑数据局部性，实现“计算向数据靠拢”，而 Reduce 则无须考虑数据局部性。Map Reduce 的各个执行阶段下面是一个 Map Reduce 算法的执行过程。

（1）Map Reduce 框架使用 Input Format 模块做 Map 前的预处理，比如验证输入的格式是否符合输入定义；然后，将输入文件切分为逻辑上的多个 InputSplit，InputSplit 是 Map Reduce 对文件进行处理和运算的输入单位，只是一个逻辑概念，每个 InputSplit 并没有对文件进行实际切割，只是记录了要处理的数据的位置和长度。

（2）因为 InputSplit 是逻辑切分而非物理切分，所以还需要通过 RecordReader（RR）根据 InputSplit 中的信息来处理 InputSplit 中的具体记录，加载数据并转换为适合 Map 任务读取的键值对，输入给 Map 任务。

（3）Map任务会根据用户自定义的映射规则，输出一系列的<key，value>作为中间结果。

（4）为了让Reduce可以并行处理Map的结果，需要对Map的输出进行一定的分区（Portition）、排序（Sort）、合并（Combme）、归并（Merge）等操作，得到<key，value-list>形式的中间结果，再交给对应的Reduce进行处理，这个过程称为Shuffle。从无序的<key，value>到有序的<key，value-list>，这个过程用Shuffle（洗牌）来称呼是非常形象的。

（5）Reduce以一系列<key，value-list>qb间结果作为输入，执行用户定义的逻辑，输出结果给Output Format模块。

（6）Output Format模块会验证输出目录是否已经存在以及输出结果类型是否符合配置文件中的配置类型，如果都满足，就输出Reduce的结果到分布式文件系统。

9.3.1.2 Shuffle过程

Shuffle过程是Map Reduce整个工作流程的核心环节，理解Shuffle过程的基本原理，对于理解Map Reduce流程至关重要。所谓Shuffle，是指对Map输出结果进行分区、排序、合并等处理并交给Reduce的过程。因此，Shuffle过程分为Map端的操作和Reduce端的操作。

1. Map端的Shuffle过程

（1）在Map端的Shuffle过程Map的输出结果首先被写入缓存，当缓存满时，就启动溢写操作，把缓存中的数据写入磁盘文件，并清空缓存。当启动溢写操作时，首先需要把缓存中的数据进行分区，然后对每个分区的数据进行排序（Sort）和合并（Combine），之后再写入磁盘文件。每次溢写操作会生成一个新的磁盘文件，随着Map任务的执行，磁盘中就会生成多个溢写文件。在Map任务全部结束之前，这些溢写文件会被归并（Merge）成一个大的磁盘文件，然后通知相应的Reduce任务来领取属于自己处理的数据。

（2）在Reduce端的Shuffle过程Reduce任务从Map端的不同Map机器领回属于自己处理的那部分数据，然后对数据进行归并（Merge）后交给Reduce处理。

Map端的Shuffle过程包括四个步骤：

（1）输入数据和执行Map任务的输入数据一般保存在分布式文件系统（如GFS或HDFS）的文件块中，这些文件块的格式是任意的，可以是文档，也可以是二进制格式的。Map任务接受<key，value>作为输入后，按一定的映射规则转换成一批<key，value>进行输出。

（2）写入缓存每个Map任务都会被分配一个缓存，Map的输出结果不是立即写入磁盘，而是首先写入缓存。在缓存中积累一定数量的 Map 输出结果以后，再一次性批量写入磁盘，这样可以大大减少对磁盘 I/O 的影响。因为，磁盘包含机械部件，它是通过磁头移动和盘片的转动来寻址定位数据的，每次寻址的开销很大，如果每个 Map 输出结果都直接写入磁盘，会引入很多次寻址开销，而一次性批量写入，就只需要一次寻址、连续写入，大大降低了开销。需要注意的是，在写入缓存之前，key 与 value 值都会被序列化成字节数组。

（3）溢写（分区、排序和合并）提供给 Map Reduce 的缓存的容量是有限的，默认大小是 100MB。随着 Map 任务的执行，缓存中 Map 结果的数量会不断增加，很快就会占满整个缓存。这时，就必须启动溢写（Spill）操作，把缓存中的内容一次性写入磁盘，并清空缓存。溢写的过程通常是由另外一个单独的后台线程来完成的，不会影响 Map 结果往缓存写入，但是为了保证 Map 结果能够不停地持续写入缓存，不受溢写过程的影响，就必须让缓存中一直有可用的空间，不能等到全部占满才启动溢写过程，所以一般会设置一个溢写比例，如 0.8。也就是说，当 100MB 大小的缓存被填满 80MB 数据时，就启动溢写过程，把已经写入的 80MB 数据写入磁盘，剩余 20MB 空间供 Map 结果继续写入。但是，在溢写到磁盘之前，缓存中的数据首先会被分区（Partition）。缓存中的数据是 <key，value> 形式的键值对，这些键值对最终需要交给不同的 Reduce 任务进行并行处理。Map Reduce 通过 Partitioner 接口对这些键值对进行分区，默认采用的分区方式是采用 Hash 函数对 key 进行哈希后，再用 Reduce 任务的数量进行取模，可以表示成 hash（key）modR，其中 R 表示 Reduce 任务的数量。这样，就可以把 Map 输出结果均匀地分配给这 R 个 Reduce 任务去并行处理。当然，Map Reduce 也允许用户通过重载 Panitoner 接口来自定义分区方式。对于每个分区内的所有键值对，后台线程会根据 key 对它们进行内存排序（Sort），排序是 Map Reduce 的默认操作。排序结束后，还包含一个可选的合并（Combine）操作。如果用户事先没有定义 Combiner 函数，就不用进行合并操作。如果用户事先定义了 Combiner 函数，则这个时候会执行合并操作，从而减少需要溢写到磁盘的数据量。所谓“合并”，是指将那些具有相同 key 的 <key，value> 的 value 加起来。比如，有两个键值对 < “xmu” 1> 和 < “xmu” l>，经过合并操作以后，就可以得到一个键值对 < “xmu” 2>，减少了键值对的数量。这里需要注意，Map 端的这种合并操作，其实和 Reduce 的功能相似，但是由于这个操作发生在 Map 端，所以只能成为“合并”，从而有别于 Reduce。不过，并非所有场合都可以使用 Combiner，因为 Combiner 的输出是 Reduce 任务的输入，Combiner 绝不能改变 Reduce 任务最终的计算结果。一般而言，累加、最大值等场景可以使用合并操作。经过分区、排序以及可能发生的合并操作之后，这些缓存中的键值对就可以被写入磁盘，并清空缓存。每次溢写操作都会在磁盘中生成一个新的溢写文件，写入溢写文件中的所有键值对都是经过分区和排序的。

（4）文件归并每次溢写操作都会在磁盘中生成一个新的溢写文件，随着 Map Reduce 任务的进行，磁盘中的溢写文件数量会越来越多。当然，如果 Map 输出结果很少，磁盘上只会存在一个溢写文件，但是通常都会存在多个溢写文件。最终，在 Map 任务全部结束之前，系统会对所有溢写文件中的数据进行归并（Merge），生成一个大的溢写文件，这个大的溢写文件中的所有键值对也是经过分区和排序的。所谓“归并”，是指具有相同 key 的键值对会被归并成一个新的键值对。具体而言，对于若干个具有相同 key 的键值会被归并成一个新的键值对。另外，进行文件归并时，如果磁盘中已经生成的溢写文件的数量超过参数 min.num.spills.for.conbine 的值时（默认值 3，用户可以修改这个值），那么，就可以再次运行 Combmer，对数据进行合并操作，从而减少写入磁盘的数据量。但是，如果磁盘中只有一两个溢写文件时，执行合并操作就会“得不偿失”，因为执行合并操作本身也需要代价，因此不会运行 Combmer。经过上述 4 个步骤以后，Map 端的 Shuffle 过程全部完成，最终生成的一个大文件会被存放在本地磁盘上。这个大文件中的数据是被分区的，不同的分区会被发送到不同的 Reduce 任务进行并行处理。JobTracker 会一直监测 Map 任务的执行，当监测到一个 Map 任务完成后，就会立即通知相关的 Reduce 任务来“领取”数据，然后开始 Reduce 端的 Shuffle 过程。

2. Reduce 端的 Shuffle 过程

相对于 Map 端而言，Reduce 端的 Shuffle 过程非常简单，只需要从 Map 端读取 Map 结果，然后执行归并操作，最后输送给 Reduce 任务进行处理。具体而言，Reduce 端的 Shuffle 过程包括三个步骤。

（1）“领取”数据 Map 端的 Shuffle 过程结束后，所有 Map 输出结果都保存在 Map 机器的本地磁盘上。Reduce 任务需要把这些数据“领取”（Fetch）回来存放到自己所在机器的本地磁盘上。因此，在每个 Reduce 任务真正开始之前，它大部分时间都在从 Map 端把属于自己处理的那些分区的数据“领取”过来。每个 Reduce 任务会不断地通过 RPC 向 JobTraeker 询问 Map 任务是否已经完成；JobTracker 监测到一个 Map 任务完成后，就会通知相关的 Reduce 任务来“领取”数据；一旦一个 Reduce 任务收到 JobTracker 的通知，它就会到该 Map 任务所在机器上把属于自己处理的分区数据领取到本地磁盘中。一般系统中会存在多个 Map 机器，因此 Reduce 任务会使用多个线程同时从多个 Map 机器领回数据。

（2）归并数据从 Map 端领回的数据会首先被存放在 Reduce 任务所在机器的缓存中，如果缓存被占满，就会像 Map 端一样被溢写到磁盘中。由于在 Shuffle 阶段 Reduce 任务还没有真正开始执行，因此，这时可以把内存的大部分空间分配给 Shuffle 过程作为缓存。需要注意的是，系统中一般存在多个 Map 机器，Reduce 任务会从多个 Map 机器领回属于自己处理的那些分区的数据，因此缓存中的数据是来自不同的 Map 机器的，一般会存在很多可以合并（Combine）的键值对。当溢写过程启动时，具有相同 key 的键值对会被归并（Merge），如果用户定义了 Combiner，则归并后的数据还可以执行合并操作，减少写入磁盘的数据量。每个溢写过程结束后，都会在磁盘中生成一个溢写文件，因此磁盘上会存在多个溢写文件。最终，当所有的 Map 端数据都已经被领回时，和 Map 端类似，多个溢写文件会被归并成一个大文件，归并的时候还会对键值对进行排序，从而使得最终大文件中的键值对都是有序的。当然，在数据很少的情形下，缓存可以存储所有数据，就不需要把数据溢写到磁盘，而是直接在内存中执行归并操作，然后直接输出给 Reduce 任务。需要说明的是，把磁盘上的多个溢写文件归并成一个大文件可能需要执行多轮归并操作。每轮归并操作可以归并的文件数量是由参数 io.sort.factor 的值来控制的（默认值是 10，可以修改）。假设磁盘中生成了 50 个溢写文件，每轮可以归并 10 个溢写文件，则需要经过 5 轮归并，得到 5 个归并后的大文件。

（3）把数据输入给 Reduce 任务磁盘中经过多轮归并后得到的若干个大文件，不会继续归并成一个新的大文件，而是直接输入给 Reduce 任务，这样可以减少磁盘读写开销。由此，整个 Shuffle 过程顺利结束。接下来，Reduce 任务会执行 Reduce 函数中定义的各种映射，输出最终结果，并保存到分布式文件系统中。

9.3.1.3 Map Reduce 的应用

1. WordCount 的程序

WordCount 的程序任务在编程语言的学习过程中，都会以“HelloWorld”程序作为入门范例，WordCount 就是类似“HelloWorld”的 Map Reduce 入门程序。

（1）WordCount 的设计思路。

首先，需要检查 WordCount 程序任务是否可以采用 Map Reduce 来实现。适合用 Map Reduce 来处理的数据集需要满足一个前提条件：待处理的数据集可以分解成许多小的数据集，而且每一个小数据集都可以完全并行地进行处理。在 WordCount 程序任务中，不同单词之间的频数不存在相关性，彼此独立，可以把不同的单词分发给不同的机器进行并行处理，因此可以采用 Map Reduce 来实现词频统计任务。其次，确定 Map Reduce 程序的设计思路。思路很简单，把文件内容解析成许多个单词，然后把所有相同的单词聚集到一起，计算出每个单词出现的次数进行输出。最后，确定 Map Reduce 程序的执行过程。把一个大文件切分成许多个分片，每个分片输入给不同机器上的 Map 任务，并行执行完成“从文件中解析出所有单词”的任务。Map 的输入采用 Hadoop 默认的 <key，value> 输入方式，即文件的行号作为 key，文件的一行作为 value；Map 的输出以单词作为 key，1 作为 value，即 < 单词，1> 表示单词出现了 1 次。Map 阶段完成后，会输出一系列 < 单词，1> 这种形式的中间结果，然后 Shuffle 阶段会对这些中间结果进行排序、分区，得到 <key，value-list> 的形式（比如 <hadoop，<1，1，1，1，1>>），分发给不同的 Reduce 任务。Reduce 任务接收到所有分配给自己的中间结果（一系列键值对）以后，就开始执行汇总计算工作，计算得到每个单词的频数，并把结果输出到分布式文件系统。

（2）WordCount 的具体执行过程。

对于 WordCount 程序任务，整个 Map Reduce 过程实际的执行顺序如下。

执行 WordCount 的用户程序（采用 Map Reduce 编写）会被系统分发部署到集群中的多台机器上，其中一个机器作为 Master，负责协调调度作业的执行，其余机器作为 Worker，可以执行 Map 或 Reduce 任务。

系统分配一部分 Worker 执行 Map 任务，一部分 Worker 执行 Reduce 任务；Map Reduce 将输入文件切分成 M 个分片，Master 将 M 个分片分给处于空闲状态的Ⅳ个 Worker 来处理。

执行 Map 任务的 Worker 读取输入数据，执行 Map 操作，生成一系列 <key，value> 形式的中间结果，并将中间结果保存在内存的缓冲区中。

缓冲区中的中间结果会被定期刷写到本地磁盘上，并被划分为 R 个分区，这 R 个分区会被分发给 R 个执行 Reduce 任务的 Worker 进行处理；Master 会记录这 R 个分区在磁盘上的存储位置，并通知 R 个执行 Reduce 任务的 Worker 来“领取”属于自己处理的那些分区的数据。

执行 Reduce 任务的 Worker 收到 Master 的通知后，就到相应的 Map 机器上“领回”属于自己处理的分区。需要注意的是，正如之前在 Shuffle 过程阐述的那样，可能会有多个 Map 机器通知某个 Reduce 机器来领取数据，因此一个执行 Reduce 任务的 Worker，可能会从多个 Map 机器上领取数据。当位于所有 Map 机器上的、属于自己处理的数据都已经领取回来以后，这个执行 Reduce 任务的 Worker 会对领取到的键值对进行排序（如果内存中放不下需要用到外部排序），使得具有相同 key 的键值对聚集在一起，然后就可以开始执行具体的 Reduce 操作了。

执行 Reduce 任务的 Worker 遍历中间数据，对每一个唯一 key 执行 Reduce 函数，结果写入输出文件中；执行完毕后，唤醒用户程序，返回结果。

2. Map Reduce 在关系代数运算中的应用

针对数据的很多运算，都可以很容易采用数据库查询语言来表达，即使这些查询本身并不在数据库管理系统中执行。关系数据库中的关系（Relation）可以看成由一系列属性组成的表，关系中的行称为元组（Tuple），属性的集合称为关系的模式。下面介绍基于 Map Reduce 模型的关系上的标准运算，包括选择、投影、并、交、差以及自然连接。

（1）关系的选择运算。

对于关系的选择运算，只需要 Map 过程就能实现，对于关系 R 中的每个元组 t，检测是否是满足条件的所需元组，如果满足条件，则输出键值对 <t，t>，也就是说，键和值都是 t。这时的 Reduce 函数就只是一个恒等式，对输入不做任何变换就直接输出。

（2）关系的并、交、差运算。

对两个关系求并集时，Map 任务将两个关系的元组转换成键值对 <t，t>，Reduce 任务则是一个剔除冗余数据的过程（合并到一个文件中）。对两个关系求交集时，使用与并集相同的 Map 过程。在 Reduce 过程中，如果键 t 有两个相同值与它关联，则输出一个元组 <t，t>；如果与键关联的只有一个值，则输出空值（NULL）。对两个关系求差时，Map 过程产生的键值对不仅要记录元组的信息，还要记录该元组来自哪个关系（R 或 S），Reduce 过程中按键值相同的 t 合并后，与键 t 相关联的值如果只有 R（说明该元组只属于 R，不属于 S），就输出元组，其他情况均输出空值。

（3）关系的自然连接运算。

在 Map Reduce 环境下执行两个关系的连接操作的方法如下：假设关系 R（A，B）和 S（B，C）都存储在一个文件中，为了连接这些关系，必须把来自每个关系的各个元组都和一个键关联，这个键就是属性 B 的值。可以使用 Map 过程把来自 R 的每个元组 <a，b> 转换成一个键值对 <b，<R，a>>，其中的键就是 b，值就是 <R，a>。注意，这里把关系 R 包含到值中，这样做使得我们可以在 Reduce 阶段，只把那些来自 R 的元组和来自 S 的元组进行匹配。类似地，可以使用 Map 过程把来自 S 的每个元组 <b，c> 转换成一个键值对 <6，<S，c>>，键是 b，值是 <S，c>。Reduce 进程的任务就是，把来自关系 R 和 S 的具有共同属性 B 值的元组进行合并。这样，所有具有特定 B 值的元组必须被发送到同一个 Reduce 进程。假设使用 k 个 Reduce 进程，这里选择一个 Hash 函数 h，它可以把属性 B 的值映射到 K 个 Hash 桶，每个哈希值对应一个 Reduce 进程，每个 Map 进程把键是 b 的键值对都发送到与 Hash 值 h（b）

对应的 Reduce 进程，Reduce 进程把连接后的元组 <a，b，c> 写到一个单独的输出文件中。

（4）Map Reduce 编程实践。

首先，我们在本地创建两个文件，即文件 A 和 B。

文件 A 的内容如下：I am from China 假设 HDFS 中已经创建好了一个 input 文件夹，现在把文件 A 和 B 上传到 HDFS 中的 input 文件夹下（注意，上传之前，请清空 input 文件夹中原有的文件）。现在的目标是统计 input 文件夹下所有文件中每个单词的出现次数，也就是说，程序应该输出如下形式的结果。

I2islChina3

myl

lovel

aml

fromlmotherlandl

接下来，我们编写 Map Reduce 程序来实现这个功能，主要包括以下几个步骤：编写 Map 处理逻辑、编写 Reduce 处理逻辑、编写 main 方法、编译打包代码以及运行程序。

编写 Map 处理逻辑。为了把文档处理成我们希望的效果，首先需要对文档进行切分。通过前面的章节我们可以知道，数据处理的第一个阶段是 Map 阶段，在这个阶段中文本数据被读入并进行基本的分析，然后以特定的键值对的形式进行输出，这个输出将作为中间结果，继续提供给 Reduce 阶段作为输入数据。在本例中，我们通过继承类 Mapper 来实现 Map 处理逻辑。首先，为类 Mapper 设定好输入类型以及输出类型。这里，Map 的输入是 <key，value> 形式，其中，key 是文本文件中一行的行号，value 是该行号对应的文件中的一行内容。实际上，在代码逻辑中，key 值并不需要用到。对于输出的类型，我们希望在 Map 部分完成文本分割工作，因此输出应该为 < 单词，出现次数 > 的形式。于是，最终确定的输入类型为 <Object，Text>，输出类型为 <Text，IntWritable>。其中，除了 Object 以外，都是 Hadoop 提供的内置类型。为实现具体的分析操作，我们需要重写 Mapper 中的 map 函数。

以下为 Mapper 类的具体代码。

```
PublicstaticclassTokenizerMapperextendsMapper<Object，Text，Text，
IntWritable>{privatestaticfinalIntWritableOne=newIntWritable（1）；
PrivateTextword=newText（）；
PublicTokenizerMapper（）{}publicvoidmap（Objectkey|TextvaluerMapper<ObjectOf
```

```
Text, Text.IntWritable>.Context)
    ThrowsIOException,
    NterruptedException (StringTokenizerItr=newStringTokenizer (value.toString ( ) );
    while (itr.hasMoreTokens ( ) )
    {this.word.set (Itr.nextToken ( ) );
    context.write (this.word, one) ; }}}
```

在上述代码中，实现 Map 逻辑的类名称为 TokenizerMapper。在 TokenizerMapper 类中，首先将需要输出的两个变量 one 和 word 进行初始化。对于变量 one，可以将其直接初始化为 1，表示某个单词在文档中出现过。在 Map 函数中，前两个参数是函数的输入，value 为 text 类型，是指每次读入文本的一行，而 Object 类型的 key 则是指该行数据在文本中的行号。在我们这个简单的示例中，key 其实并没有被明显地用到。然后，通过 StringTokenizer 这个类以及其自带的方法，将 value 变量（即文本中的一行）进行拆分，拆分后的单词存储在 word 中，one 作为单词计数。实际上，在函数的整个执行过程中，one 的值一直为 1。Context 是 Map 函数的一种输出方式，通过写该变量，可以直接将中间结果存储在其中。

按照这样的处理逻辑，第二个文件在 Map 后输出的中间结果如下。

< “I” , l>< “am” 。l><” from” , l>< “China” .l>

编写 Reduce 处理逻辑。在 Map 部分得到中间结果后，接下来首先进入 Shuffle 阶段。在这个阶段中，Hadoop 自动将 Map 的输出结果进行分区、排序、合并，然后分发给对应的 Reduce 任务去处理。下面给出 Shuffle 过程后的结果，这也是 Reduce 任务的输入数据。

< “I” , <1, 1>>< “is” , l>, < “from” , l>< “China” , <1, l, 1>>

Reduce 阶段需要对上述数据进行处理，并得到我们最终期望的结果。其实，在这里已经可以很清楚地看到 Reduce 需要做的事情，就是对输入结果中的数字序列进行求和。

下面给出 Reduce 处理逻辑的具体代码。

```
    PublicstaticclassIntSumReducerextendsReducer<Text, IntWritable, Text,
    IntWritable>{privateIntWritableresult=newIntWritable ( ) ;
    PublicIntSumReducer ( )
    {}publicvoidreduce (Textkey, Iterable<IntWritable>values, Reducer<Text, IntWritable,
Text, IntWritable>.Context) throwsIOException, InterruptedException{intsum=0;
IntWritableval; for (Iteratoris=values.Iterator ( ) ;
```

$.hasNext（）；sum+=val.get（））{val=（IntWritable）i$.next（）；）this.result.set（sum）；context.write（key，this.result）；}}

类似于 Map 的实现，这里仍然需要继承 Hadoop 提供的类并实现其接口（重写其方法），这里编写的类的名字为 IntSumReducer，它继承自类 Reducer。至于 Reduce 过程的输入输出类型，从上面代码中可以发现，它们与 Map 过程的输出类型本质上是相同的。在代码的开始部分，我们设置变量 resuit 用来记录每个单词的出现次数。为了具体实现 Reduce 部分的处理逻辑，我们仍然需要重写 Reducer 类所提供的 Reduce 函数。在 Reduce 函数中我们可以看到，其输入类型较 Map 过程的输出类型发生了一点小小的变化，即 IntWritable 变量经过 Shuffle 阶段处理后，变为了 Iterable 容器。在 Reduce 函数中，我们会遍历这个容器，并对其中的数字进行累加，最终就可以得到每次单词总的出现次数。

编写 main 方法。设置 Hadoop 程序运行时的环境变量，以下是具体代码。

Publicstaticvoidmain（String[]args）throwsException{Configurationconf=newConfiguration（）；String[]

TherArgs=（newGenericOptionsParser（conf，args））.getRemainingArgs（）；

1f（otherArgs.1ength<2）{System.err.println（“Usage：WordCount<in>[<in>…]<out>”）；

System.exit（2）；）JobJob=Job.getInstance（conf，“WordCount”）；

//设置环境参数 Job.setJarByClass（WordCount.class）；

//设置整个程序的类名 Jb.setMapperClass（WordCount.TokenizerMapper.class）；

//添加 Mapper 类 Job.setReducerclass（WordCount.IntSumReducer.class）；

//添加 Reducer 类 Job.setOutputKeyClass（Text.class）；

//设置输出类型 Job.setOutputValueClass（IntWritable.class）；

//设置输出类型 for（inti=0ji<otherArgs.1ength-l；++i）{FileInputFormat.addlnputPath（job，newPath（otherArgs[i]））；

//设置输入文件 FileOutputFormat-setOutputPath（job，newPath（otherArgs[otherArgs.1ength1]））；

//设置输出文件 System.exit（Job.waitForCompletion（true）？0:1）；在代码的开始部分，我们通过类 Configuration 获得程序运行时的参数情况，并将它们存储在 String[]otherArgs 中。随后，我们通过类 Job 设置环境参数。

首先，设置整个程序的类名为 WordCount.class。随后，添加已经写好的 TokenizerMapper 类 IntSumReducer 类。接下来，还需要设置整个 Hadoop 程序的输出类型，即 Reduce 输出结果 <key，value> 中 key 和 value 各自的类型。最后，根据之前已经获得的程序运行时的参数，设置输入 / 输出文件路径。

编译打包代码以及运行程序。

```
ImportJava.i0.IOException;
importJava.util.iterator;
importJava.util.StringTokenizer;
importorg.apache.hadoop.conf.Configuration;
importorg.apache.hadoop.fs.Path;
importorg.apache.hadoop.io.IntWritable： importorg.apache.hadoop.io.Text;
importorg.apache.hadoop.Map Reduce.Job； importorg.apache.hadoop.Map Reduce.Mapper； importorg.apache.hadoop.Map Reduce.Reducer：
importorg.apache.hadoop.Map Reduce.lib.input.FileInputF.rmat;
importorg.aPache.hadoop.Map Reduce.lib.output.FileOutputFormat;
importog.apache.hadoop.util.GenericOptionsParser;
publicclassWordCount{publicWordCount（）{
}publicstaticvoidmain（String[]args）throwsException{Configurationconf=newConfiguration（）；
String[]otherArgs=（newGenericoptionsParser（conf，args））.getRemainingArgs（）；
if（otherArgs.1ength<2）{System.err.println（“Usage：WordCount<in>[<in>…]<out>”）；
System.exit（2）；）Jobjob=Job.getInstance（conf，“WordCount”）；
Job.setJarByClass（WordCount.class）；
job.setMapperclass（WordCount.TokenizerMapper.class）；
Job.setCombinerClass（WordCount.IntSumReducer.class）；
b.setReducerClass（WordCount.IntSumReducer.class）；job.setOutputKeyclass（Text.class）；
Job.setoutputValueclass（IntWritable.class）；
for（inti=0；i<otherArgs.1ength-1；++i）{FileInputFormat.addInputPath（job，newPath（otherArgs[i]））；）
FileOutputF.rma.setOutputPath（job，newPath（otherArgs[otherArgs.length-1]））；
System.exit（jLob.waitForcompletion（true）0:1）；
}PublicstaticclassTokenizerMapperextendsMapper<Object，Text，Text，IntWritable>
```

```
privatestaticfinalIntWritableone=newIntWritable（1）；privateTextword=newText（）；'
    PublicTokenizerMapper（）
    Publicvoidmap（Objectkey，Textvalue，Mapper<Object，Text，Text，IntWritable>.
Contextcontext）throwsIOException，
    kenizer（value.toString（））；while（Itr.hasMoreTokens（））
    {this.word.set（Itr.nextToken（））；context.write（this.word，one）；}}}
    PublicstaticclassIntSumReducerextendsReducer<Text，IntWritable，Text，IntW
ritable>{privateIntWritableresult=newIntWritable（）；publicIntSumReducer（）{）
publicvoidreduce（Textkey，Iterable<IntWritable>values，Reducer<Text，IntWritable，
Text，IntWritable>.Contextcontext）throwsIOException，InterruptedException{intsum=（）；
    IntWritableval；
    for（Iteratori$=values.IteratoVal=（IntWritable）i$.next（）；_}this.result.set（sum）；
    context.write（key，this.result）；}}}
```

9.3.2 基于DBIK-means的并行化算法

9.3.2.1 DBIK-means聚类算法的并行化

DBIK-means聚类算法的基本思想对含有n个节点的d维混合属性数据集合X={x1，…，xi，…，xn}，其中xi ∈ Rd。DBIK-means聚类算法的基本思想如下：首先，从集合X中任意选取一小部分数据集Y，YX，且Y中数据个数远小于n；对于任意一点yiY，计算yi的Eps邻域，参数Eps大小为Y中所有点距离的均值。其次，对于任意一点yiY，如果yi的Eps邻域内包含的数据点的个数不小于给定阈值分钟Pts，即yi的密度不小于分钟Pts，则将yi及其Eps半径范围内的点组合成一个基本簇；同时计算簇中离yi最远的点与yi的距离Di。再次，对于任意两个簇i和j，如果它们的中心点yi和yj之间的距离不大于2*max（Di，Dj），则将两个簇合并，同时计算新簇的中心点yk以及离中心点最远的点与yk的距离Dk；重复本步，直到不再有簇被合并为止。然后，对于集合Y中没有划分到任意簇的点ym，把ym划分到与其相异度最小的簇中，同时更新簇的中心点。最后，对于集合X中余下的任意点x，x ∈ X−Y，计算x与所有簇中心点距离的均值Dave以及离x最近的簇与x的距离D分钟。如果D分钟不大于Dave，则将x划分到与其距离最近的簇中，否则以x为中心点生成一个新簇，更新簇中数据点个数有变化的簇的中心点。重复本步，直到所有的数据都被处理完。

DBIK-means聚类算法分为两个阶段：第一阶段从整个数据集中随机选取一小部分数据，以基于密度的方式，将这部分数据集划分成若干个簇；第二阶段以第一阶

段的聚类结果为依据，将余下的数据按照相异度最小的原则划分到相应的簇中。因此，对 DBIK-means 聚类算法的并行化也要分为两个部分进行。

1. 第一阶段的并行化

从整个数据集中随机选取一小部分数据，对这一小部分数据集进行 Map 和 Reduce 两个阶段的处理，Map 阶段包含自定义的 map 函数和 combine 函数，Reduce 阶段包含自定义的 reduce 函数。

Map 阶段：Map Reduce 框架将数据块中的记录看作是一组 <key，value> 的键值对的集合，其中 key 表示数据记录的行号，value 表示记录。对 <key，value> 集合执行自定义的 map 函数：计算每条记录的密度，以密度不小于给定阈值的记录为中心点，将中心点以及在中心点密度范围内的记录组合成簇，生成一组 <key1，value1> 键值对的集合作为中间结果，其中 key1 表示簇的编号，value1 为第 key1 个簇对应的相关属性，包括中心点、簇中点的个数 Num、簇中所有点的和 Sum 以及簇中与中心点最远的点与中心点的相异度 Di，其中 i 的取值范围为 1 到 k，k 表示簇的个数。在 combine 函数中，如果两个簇 i 和 j 中心点之间的距离不大于 2*max（i.Di，j.Dj），则合并两个簇。

Reduce 阶段：执行自定义的 reduce 函数，reduce 函数的功能是将同一个 Datanode 节点的多个 Map 生成的中间结果进行合并，即如果两个簇 i 和 j 中心点之间的距离不大于 2*max（i.Di，j.Dj），则合并两个簇。

最后，将簇的中心点集合以 JSON（Java Script Object Notation）的形式持久化到分布式数据库。JSON 是键值对的集合，JSON 的格式如下：1111“C”：“Center”：v，“Sum”：v，“Num”：v，，“C”：“Center”：v，“Sum”：v，“Num”：vkkkk，其中 C1 表示第 1 个簇，Center1 表示第 1 个簇的中心点，Sum1 表示第 1 个簇中所有点的总和，Num1 表示第 1 个簇中所有点的个数，v 表示对应的值。

2. 第二阶段的并行化

以第一阶段的聚类结果为依据，将余下的数据按照相异度最小的原则划分到相应的簇中，整个过程分为 Map 和 Reduce 两个阶段，Map 阶段包括 map 和 combine 函数。

Map 阶段：和第一阶段一样，Map Reduce 框架将数据块中的记录看作是一组 <key，value> 的集合，其中 key 表示数据记录的行号，value 表示记录。对 <key，value> 集合执行自定义的 map 函数：从分布式数据库中取出第一阶段生成的簇的中心点集合，计算各个中心点之间距离的均值 dave。对任意一条记录，如果它与每个中心点的相异度都大于 dave，则以该条记录为中心点生成一个新的簇，同时更新 dave。combine 函数用于将同一个 Datanode 节点的多个 Map 得到的中心点集合进行合并。最后生成一组新的 <key，value> 集合，其中 key 表示簇的标号，value 表示属于第 key 个簇的相关属性。

Reduce 阶段：执行用户自定义的 reduce 函数，其功能是对多个 Datanode 节点上通过 combine 函数生成的中间结果进行合并生成全局中心点，然后，将簇的中心点集合以 JSON 的形式持久化到分布式数据库，作为接下来的增量聚类挖掘的依据。

9.3.2.2 DBIK-means 聚类算法的应用

聚类算法在 Hadoop 平台上的实现过程比较复杂，需要实现 map 和 reduce 函数。与上面一小节相对应，DBIK-means 聚类算法在 Hadoop 上的具体实现分为两个阶段。

第一阶段对整个数据集中的一小部分执行基于密度的聚类，得到初始簇的中心点，下面对这一阶段的 map、combine 和 reduce 函数分别进行介绍。

（1）map 函数的输入。

map 函数的输入包括一组 <key，value> 键值对的集合和密度阈值分钟 Pts，其中 <key，value> 是 Map Reduce 框架默认的格式，key 表示当前数据集合相对于输入数据文件起始点的偏移量，value 为对应的数据；函数的输出是一组 <key1，value1> 键值对的集合，其中 key1 表示簇的编号，value1 表示属于第 key1 个簇的相关属性，包括簇的中心点、簇中点的个数 Num、簇中所有点的和 Sum 以及簇中与中心点最远的点与中心点的相异度 Di，i 的取值范围为 1 到 k，k 表示簇的个数。函数的伪代码如下：

map（（<key，value>）{

<key’，value’> 用于存放簇的集合；变量 len 表示一组 <key，value> 键值对集合的大小；变量 index 初始值为 1；辅助变量分钟 Dis 为可能的最大值，变量 h 表示下标；用于存放中心点的键值对的集合 <key1，value1>；计算 Eps 的大小；

fori=1tolendo{

从 <key，value> 中取出 key 为 i 对应的 value，并转化为对象，记为 point；

if<key1，value1> 键值对集合为空 {

把 point 作为中心点加入 <key1，value1> 中，其中 key1 的值为 index，

计算 value1 的值；同时将 point 加入簇的集合 <key’，value’> 中；index++；

}

else

{

forj=1toindexdo{

dis=point 与 <key1，value1> 中第 j 个中心点的相异度；

ifdis<=minDis{

minDis=dis；h=j；

}

}

if minDis<=Eps

将 point 加入 <key'，value'> 中，key' 的值为 h，point 表示 value' 的值；同时更新 <key1，value1> 中 key1 的值为 h 对应的 value1 值；

else

将 point 加入 <key1，value1> 中，key1 的值为 index，计算 value1 的值；index++；

}

}

用整型变量 len1 表示 <key'，value'> 键值对集合中包含元素的个数；

fori=1tolen1do{

从 <key'，value'> 中取出第 i 个键值对 <k，v>；从 <key1，value1> 键值对集合中取出 key 值为 k 的键值对的 value，并转化为对象，记为 Ci；

ifCi.Num< 分钟 Pts{ 从 <key1，value1> 中删除 key 值为 k 的键值对，<key'，value'> 中删除 <k，v>；}

else

计算 Ci 中其他各点与中心点相异度最大的值 Di；

}

}

（2）combine 函数的输入。

key1 和 value1 的含义同 map 函数中的 <key1，value1> 键值对中的 key1 和 value1 一样。combine 的伪代码如下：combine（<key1，value1>）{do{ 变量 len 表示 <key1，value1> 键值对集合中键值对的个数；辅助变量 flag=false；fori=1tolendo{ 从 <key1，value1> 中取出 key 为 i 对应的 value，并转化为对象，记为 c1；forj=i+1tolendo{ 从 <key1，value1> 中取出 key 为 j 对应的 value，并转化为对象，记为 c2；d= 中心点 c1 与 c2 的相异度；ifd>=2*max（p1.Di，p2.Dj）{ 合并 c1 和 c2；flag=true；}} ifflag==truebreak；flag=false；}}while（flag）；把没有划分到任意簇的划分到相应的簇中，同时更新 <key1，value1>；return<key1，value1>；}

（3）reduce 函数的功能。

将同一个 Datanode 中的多个 map 函数生成的 <key，value> 键值对集合进行合并，同时以 JSON 的格式持久化到分布式数据库中。其具体实现如下：reduce（<key，value>）{ 将同一个 Datanode 中的多个 map 函数生成的 <key，value> 进行合并；len 表示 <key，value> 键值对集合中元素的个数；辅助变量 flag=false；do{fori=1tolendo{ 从 <key，value> 中取出 key 为 i 对应的 value，并转化为对象，记为 c1；forj=i+1tolendo{ 从 <key，value> 中取出 key 为 j 对应的 value，并转化为对象，记为 c2；d= 中心点 c1 与 c2 的相异度；ifd>=2*max（p1.Di，p2.Dj）{ 合并 c1 和 c2；flag=true；break；}}ifflag==truebreak；flag=false；}}while（flag）； 将 <key，value> 键值对的集合转化为 JSON 形式持久化到分布式数据库；}

2. 第二阶段

第二阶段是以第一阶段的聚类结果为依据，对余下的数据集进行增量聚类。整个过程分为 Map 和 Reduce 两个阶段，Map 阶段包括 map 和 combine 函数，Reduce 阶段包含 reduce 函数。

9.3.3 基于机器学习的并行化算法

9.3.3.1 机器学习技术

机器学习技术在现代社会的各个方面表现出了强大的功能，从 Web 搜索到社会网络内容过滤，再到电子商务网站上的商品推荐都有涉足，并且它越来越多地出现在消费品中，比如相机和智能手机。机器学习系统被用来识别图片中的目标，将语音转换成文本，匹配新闻元素，根据用户兴趣提供职位或产品，选择相关的搜索结果。逐渐地，这些应用使用一种叫深度学习的技术。传统的机器学习技术在处理未加工过的数据时，体现出来的能力是有限的。几十年来，想要构建一个模式识别系统或者机器学习系统，需要一个精致的引擎和相当专业的知识来设计一个特征提取器，把原始数据（如图像的像素值）转换成一个适当的内部特征表示或特征向量。子学习系统通常是一个分类器，对输入的样本进行检测或分类。特征表示学习是一套给机器灌入原始数据，然后能自动发现需要进行检测和分类的表达的方法。深度学习就是一种特征学习方法，把原始数据通过一些简单的但是非线性的模型转变成为更高层次的、更加抽象的表达。通过足够多的转换的组合，非常复杂的函数也可以被学习。对于分类任务，高层次的表达能够强化输入数据的区分能力方面，同时削弱不相关因素。比如，一幅图像的原始格式是一个像素数组，那么在第一层上的学习特征表达通常指的是在图像的特定位置和方向上有没有边的存在。第二层通常会根据那些边的某些排放而来检测图案，这时候会忽略掉一些边上的小的干扰。第三层或许会把那些图案进行组合，从而使其对应于熟悉目标的某部分。随后的一些层会将这些部分再组合，从而构成待检测目标。深度学习的核心方面是，上述各层的特征都不是利用人工工程来设计的，而是使用一种通用的学习过程从数据中学到的。深度学习正在取得重大进展，解决了人工智能界的尽最大努力很多年仍没有进展的问题。它已经被证明，它能够擅长发现高维数据中的复杂结构，因此它能够被应用于科学、商业和政府等领域。除了在图像识别、语音识别等领域打破了纪录，它还在另外的领域击败了其他机器学习技术，包括预测潜在的药物分子的活性、分析粒子加速器数据、重建大脑回路、预测在非编码 DNA 突变对基因表达和疾病的影响。也许更令人惊讶的是，深度学习在自然语言理解的各项任务中产生了非常可喜的成果，特别是主题分类、情感分析、自动问答和语言翻译。我们认为，在不久的将来，深度学习将会取得更多的成功，因为它需要很少的手工工程，它可以很容易受益于可用计算能力和数据量的增加。目前正在为深度神经网络开发的新的学习算法和架构只会加速这一进程。

9.3.3.2 监督学习机器

监督学习机器学习中，不论是否是深层，最常见的形式是监督学习。如我们要建立一个系统，它能够对一个包含了一座房子、一辆汽车、一个人或一个宠物的图像进行分类。我们先收集大量的房子、汽车、人与宠物的图像的数据集，并对每个对象标上它的类别。在训练期间，机器会获取一幅图片，然后产生一个输出，这个输出以向量形式的分数来表示，每个类别都有一个这样的向量。我们希望所需的类别在所有的类别中具有最高的得分，但是这在训练之前是不太可能发生的。通过计算一个目标函数，可以获得输出分数和期望模式分数之间的误差（或距离）。然后机器会修改其内部可调参数，以减少这种误差。这些可调节的参数，通常被称为权值，它们是一些实数，可以被看作是一些“旋钮”，定义了机器的输入输出功能。在典型的深学习系统中，有可能有数以百万计的样本和权值和带有标签的样本，用来训练机器。为了正确地调整权值向量，该学习算法计算每个权值的梯度向量，表示如果权值增加了一个很小的量，那么误差会增加或减少的量。权值向量然后在梯度矢量的相反方向上进行调整。我们的目标函数，所有训练样本的平均，可以被看作是一种在权值的高维空间上的多变地形。负的梯度矢量表示在该地形中下降方向最快，使其更接近于最小值，也就是平均输出误差最低的地方。

在实际应用中，大部分从业者都使用一种称作随机梯度下降的算法（SGD）。它包含了提供一些输入向量样本，计算输出和误差，计算这些样本的平均梯度，然后相应地调整权值。通过提供小的样本集合来重复这个过程用以训练网络，直到目标函数停止增长。它被称为随机的，是因为小的样本集对于全体样本的平均梯度来说会有噪声估计。这个简单过程通常会找到一组不错的权值，同其他精心设计的优化技术相比，它的速度让人惊奇。训练结束之后，系统会通过不同的数据样本——测试集来显示系统的性能。这用于测试机器的泛化能力——对于未训练过的新样本的识别能力。

1. 多层神经网络

可以对输入空间进行整合，使得数据（红色和蓝色线表示的样本）线性可分。注意输入空间中的规则网格（左侧）是如何被隐藏层转换的（转换后的在右侧）。这个例子中只用了两个输入节点、两个隐藏节点和一个输出节点，但是用于目标识别或自然语言处理的网络通常包含数十个或者数百个这样的节点。

2. 链式法则

x 的微小变化量 Δx 首先会通过乘以 ∂y/∂x 转变成 y 的变化量 Δy。类似地，Δy 会给 z 带来改变 Δz。通过链式法则可以将一个方程转化到另外的一个——Δx 通过乘以 ∂y/∂x 和 ∂z/∂y 得到 Δz 的过程。当 x、y、z 是向量的时候，可以同样处理（使用雅克比矩阵）。

3. 前向传播

具有两个隐层一个输出层的神经网络中计算前向传播的公式。每个都有一个模块构成，用于反向传播梯度。在每一层上，我们首先计算每个节点的总输入 z，z 是前一层输出的加权和。然后利用一个非线性函数 f（.）来计算节点的输出。为了简单起见，我们忽略掉了阈值项。神经网络中常用的非线性函数包括了最近几年常用的校正线性单元（RELU）f（z）=max（0，z），和更多传统 sigmoid 函数，比如双曲线正切函数 f（z）=（exp（z）−exp（−z））/（exp（z）+exp（−z））和 logistic 函数 f（z）=1/（1+exp（−z））。

4. 反向传播

在隐层，我们计算每个输出单元产生的误差，这是由上一层产生的误差的加权和。然后我们将输出层的误差通过乘以梯度 f（z）转换到输入层。在输出层上，每个节点的误差会用成本函数的微分来计算。如果节点 1 的成本函数是 0.5*（y1−t1）^2，那么节点的误差就是 y1−t1，其中 t1 是期望值。一旦知道了 ∂E/∂zk 的值，节点 j 的内星权向量 wjk 就可以通过 yj∂E/∂zk 来进行调整。一个线性分类器或者其他操作在原始像素上的浅层分类器不能够区分后两者，但能够将前者归为同一类。这就是为什么浅分类要求有良好的特征提取器用于解决选择性不变性困境——提取器会挑选出图像中能够区分目标的那些重要因素，但是这些因素对于分辨动物的位置就无能为力了。为了加强分类能力，可以使用泛化的非线性特性，如核方法，但这些泛化特征，比如通过高斯核得到的，并不能够使得学习器从学习样本中产生较好的泛化效果。传统的方法是手工设计良好的特征提取器，这需要大量的工程技术和专业领域知识。但是如果通过使用通用学习过程而得到良好的特征，那么这些都是可以避免的。这就是深度学习的关键优势。

9.3.3.3 深度学习的体系结构

所有（或大部分）模块的目标是学习，还有许多计算非线性输入输出的映射。栈中的每个模块将其输入进行转换，以增加表达的可选择性和不变性。比如说，具有一个 5~20 层的非线性多层系统能够实现非常复杂的功能，比如输入数据对细节非常敏感——能够区分白狼和萨莫耶德犬，同时又具有强大的抗干扰能力；比如可以忽略掉不同的背景、姿势、光照和周围的物体等。

1. 反向传播

在最早期的模式识别任务中，研究者的目标一直是使用可以训练的多层网络来替代经过人工选择的特征，虽然使用多层神经网络很简单，但是得出来的解很糟糕。直到 20 世纪 80 年代，使用简单的随机梯度下降来训练多层神经网络，这种糟糕的情况才有所改变。只要网络的输入和内部权值之间的函数相对平滑，使用梯度下降就奏效。梯度下降方法是在 20 世纪 70 年代到 80 年代期间由不同的研究团队独立发明的。用来求解目标函数关于多层神经网络权值梯度的反向传播算法（BP）只是一个用来求导的链式法则的具体应用而已。反向传播算法的核心思想是，目标函数对于某层输入的导数（或者梯度）可以通过向后传播对该层输出（或者下一层输入）的导数求得。反向传播算法可以被重复地用于传播梯度通过多层神经网络的每一层：从该多层神经网络的最顶层的输出（也就是改网络产生预测的那一层）一直到该多层神经网络的最底层（也就是被接受外部输入的那一层），一旦这些关于（目标函数对）每层输入的导数求解完，我们就可以求解每一层上面的（目标函数对）权值的梯度了。很多深度学习的应用都是使用前馈式神经网络，该神经网络学习一个从固定大小输入（比如输入一张图）到固定大小输出（如到不同类别的概率）的映射。从第一层到下一层，计算前一层神经元输入数据的权值的和，然后把这个和传给一个非线性激活函数。

2. 卷积神经网络

过去的几十年中，神经网络使用一些更加平滑的非线性函数，比如 tanh 一些网络层来检测特征而不使用带标签的数据，这些网络层可以用来重构或者对特征检测器的活动进行建模。通过预训练过程，深度网络的权值可以被初始化为有意思的值。

然后一个输出层被添加到该网络的顶部，并且使用标准的反向传播算法进行微调。这个工作对手写体数字的识别以及行人预测任务产生了显著的效果，尤其是带标签的数据非常少的时候。使用这种与训练方法做出来的第一个比较大的应用是关于语音识别的，并且是在 GPU 上做的，这样做是因为写代码很方便，并且在训练的时候可以得到 10 倍或者 20 倍的加速。2009 年，这种方法被用来映射短时间的系数窗口，该系统窗口是提取自声波并被转换成一组概率数字。它在一组使用很少词汇的标准的语音识别基准测试程序上达到了惊人的效果，然后又迅速被发展到另外一个更大的数据集上，同时也取得了惊人的效果。从 2009 年到 2012 年底，较大的语音团队开发了这种深度网络的多个版本，并且已经被用到了安卓手机上。对于小的数据集来说，无监督的预训练可以防止过拟合，同时可以带来更好的泛化性能。当有标签的样本很小的时候，一旦深度学习技术重新恢复，这种预训练，只有在数据集合较少的时候才需要。然后，还有一种深度前馈式神经网络，这种网络更易于训练，并且比那种全连接的神经网络的泛化性能更好。

卷积神经网络被设计用来处理到多维数组数据的，比如一个有 3 个包含了像素值 2-D 图像组合成的一个具有 3 个颜色通道的彩色图像。很多数据形态都是这种多维数组的：1D 用来表示信号和序列包括语言，2D 用来表示图像或者声音，3D 用来表示视频或者有声音的图像。卷积神经网络使用 4 个关键的想法来利用自然信号的属性：局部连接、权值共享、池化以及多网络层的使用。

一个典型的卷积神经网络结构是由一系列的过程组成的。最初的几个阶段由卷积层和池化层组成，卷积层的单元被组织在特征图中。在特征图中，每一个单元通过一组叫作滤波器的权值被连接到上一层的特征图的一个局部块，然后这个局部加权和被传给一个非线性函数，比如 RE-LU。在一个特征图中的全部单元享用相同的过滤器，不同层的特征图使用不同的过滤器。使用这种结构处于两方面的原因。首先，在数组数据中，比如图像数据，一个值的附近的值经常是高度相关的，可以形成比较容易被探测到的有区分性的局部特征。其次，不同位置局部统计特征不太相关的。也就是说，在一个地方出现的某个特征，也可能出现在别的地方，所以不同位置的单元可以共享权值以及可以探测相同的样本。在数学上，这种由一个特征图执行的过滤操作是一个离线的卷积，卷积神经网络也是这么得名的。

卷积层的作用是探测上一层特征的局部连接，然而池化层的作用是在语义上把相似的特征合并起来，这是因为形成一个主题的特征的相对位置不太一样。一般地，池化单元计算特征图中的一个局部块的最大值，相邻的池化单元通过移动一行或者一列来从小块上读取数据，因为这样做就减少了表达的维度以及对数据的平移不变性。两三个这种卷积、非线性变换以及池化被穿起来，后面再加上一个更多卷积和全连接层。在卷积神经网络上进行反向传播算法和在一般的深度网络上是一样的，可以让所有的在过滤器中的权值得到训练。深度神经网络利用的很多自然信号是层级组成的属性，在这种属性中高级的特征是通过对低级特征的组合来实现的。在图像中，局部边缘的组合形成基本图案，这些图案形成物体的局部，然后再形成物体。这种层级结构也存在于语音数据以及文本数据中，如电话中的声音、因素、音节、文档中的单词和句子。卷积神经网络中的卷积和池化层灵感直接来源于视觉神经科学中的简单细胞和复杂细胞。这种细胞的是以 LNG–V1–V2–V4–IT 这种层级结构形成视觉回路的。当给一个卷积神经网络和给猴子一幅相同的图片的时候，卷积神经网络展示了猴子下颞叶皮质中随机 160 个神经元的变化。

卷积神经网络有神经认知的根源，它们的架构有点相似，但是在神经认知中是没有类似反向传播算法这种端到端的监督学习算法的。一个比较原始的 1D 卷积神经网络被称为时延神经网络，可以被用来识别语音以及简单的单词。20 世纪 90 年代以来，基于卷积神经网络出现了大量的应用。最开始是用时延神经网络来做语音识别以及文档阅读。这个文档阅读系统使用一个被训练好的卷积神经网络和一个概率模型，这个概率模型实现了语言方面的一些约束。20 世纪 90 年代末，这个系统被美国用在支票阅读上。后来，微软开发了基于卷积神经网络的字符识别系统以及手写体识别系统。20 世纪 90 年代早期，卷积神经网络也被用在自然图形中的物体识别上，比如脸、手以及人脸识别。

21 世纪开始，卷积神经网络就被成功地大量用于检测、分割、物体识别以及图像的各个领域。这些应用都使用了大量的有标签的数据，比如交通信号识别，生物信息分割，面部探测，文本、行人以及自然图形中的人的身体部分的探测。近年来，卷积神经网络的一个重大成功应用是人脸识别。值得一提的是，图像可以在像素级别进行打标签，这样就可以应用在比如自动电话接听机器人、自动驾驶汽车等技术中。像 Mobileye 以及 NVIDIA 公司正在把基于卷积神经网络的方法用于汽车中的视觉系统。其他应用涉及自然语言的理解以及语音识别。尽管卷积神经网络应用很成功，但是它被计算机视觉以及机器学习团队开始重视是在 2012 年的 ImageNet 竞赛中。在该竞赛中，深度卷积神经网络被用在上百万张网络图片数据集，这个数据集包含了 1000 个不同的类。该结果非常好，几乎比当时最好的方法降低了一半的错误率。这个成功来自有效地利用了 GPU、RELU、一个新的被称为 dropout 的正则技术，以及通过分解现有样本产生更多训练样本的技术。这个成功给计算机视觉带来一个革命。如今，卷积神经网络用于几乎全部的识别和探测任务中。最近一个更好的成果是，利用卷积神经网络结合回馈神经网络可以产生图像标题。如今的卷积神经网络架构有 10~20 层采用 RELU 激活函数、上百万个权值以及几十亿个连接。然而，训练如此大的网络两年前就只需要几周，现在硬件、软件以及算法并行的进步，又把训练时间压缩到了几小时。

3. 递归神经网络

递归神经网络首次引入反向传播算法时，最令人兴奋的便是使用递归神经网络（下文简称 RNNs）训练。对于涉及序列输入的任务，比如语音和语言，利用 RNNs 能获得更好的效果。RNNs 一次处理一个输入序列元素，同时维护网络中隐式单元中隐式的包含过去时刻序列元素的历史信息的"状态向量"。如果是深度多层网络不同神经元的输出，我们就会考虑这种在不同离散时间步长的隐式单元的输出，这将会使我们更加清楚怎么利用反向传播来训练 RNNs。

RNNs 是非常强大的动态系统，但是训练它们被证实是存在问题的，因为反向传播的梯度在每个时间间隔内是增长或下降的，所以经过一段时间后将导致结果的激增或者降为零。由于先进的架构和训练方式，RNNs 被发现可以很好地预测文本中下一个字符或者句子中下一个单词，并且可以应用于更加复杂的任务。如在某时刻阅读英语句子中的单词后，将会训练一个英语的"编码器"网络，使得隐式单元的最终状态向量能够很好地表征句子所要表达的意思或思想。这种"思想向量"可以作为联合训练一个法语"编码器"网络的初始化隐式状态（或者额外的输入），其输出为法语翻译首单词的概率分布。如果从分布中选择一个特殊的首单词作为编码网络的输入，将会输出翻译的句子中第二个单词的概率分布，并直到停止选择为止。总体而言，这一过程是根据英语句子的概率分布而产生的法语词汇序列。这种简单的机器翻译方法的表现甚至可以和最先进的（state-of-the-art）的方法相媲美，同时也引起了人们对于理解句子是否需要像使用推理规则操作内部符号表示质疑。这与日常推理中同时涉及根据合理结论类推的观点是匹配的。类比于将法语句子的意思翻译成英语句子，同样可以学习将图片内容"翻译"为英语句子。这种编码器可以在最后的隐层将像素转换为活动向量的深度卷积网络。解码器与 RNNs 用于机器翻译和神经网络语言模型类似。近来，已经掀起了一股深度学习的巨大兴趣热潮。RNNs 一旦展开，可以将之视为一个所有层共享同样权值的深度前馈神经网络。虽然它们的目的是学习长期的依赖性，但理论的和经验的证据表明很难学习并长期保存信息。为了解决这个问题，一个增大网络存储的想法随之产生。采用了特殊隐式单元的 LSTM 被首先提出，其自然行为便是长期的保存输入。一种称作记忆细胞的特殊单元类似累加器和门控神经元：它在下一个时间步长将拥有一个权值并连接到自身，拷贝自身状态的真实值和累积的外部信号，但这种自连接是由另一个单元学习并决定何时清除记忆内容的乘法门控制的。LSTM 网络随后被证明比传统的 RNNs 更加有效，尤其当每一个时间步长内有若干层时，整个语音识别系统能够完全一致地将声学转录为字符序列。目前 LSTM 网络或者相关的门控单元同样用于编码和解码网络，并且在机器翻译中表现良好。过去几年中，几位学者提出了不同的提案用于增强 RNNs 的记忆模块。提案中包括神经图灵机，其中通过加入 RNNs 可读可写的“类似磁带”的存储来增强网络，而记忆网络中的常规网络通过联想记忆来增强。记忆网络在标准的问答基准测试中表现良好，记忆是用来记住稍后要求回答问题的事例。除了简单的记忆化，神经图灵机和记忆网络正在被用于那些通常需要推理和符号操作的任务，还可以教神经图灵机“算法”。除此以外，他们可以从未排序的输入符号序列（其中每个符号都有与其在列表中对应的表明优先级的真实值）中，学习输出一个排序的符号序列。并且，可以训练记忆网络用来追踪一个设定与文字冒险游戏和故事的世界的状态，回答一些需要复杂推理的问题。

4. CNN 网络构造的案例分析

AlexNet 是 Krizhevsky 和 Hinton 发表在 NIPS 2012 会议上的一篇名为 *Image NetClassification With Deep Convolutional Neural Networks* 的经典论文中提出的一个卷积神经网络模型。用 AlexNet 网络模型将 ImageNetILSVRC-2012 大赛中的 150 万张图像分成 1000 类，并最终以 top-5 测试误差率 15.3% 取得了当年大赛第一名的成绩，刷新了此前的图像分类纪录，从而一举奠定了深度学习在计算机视觉领域中的地位。AlexNet 网络模型的整体结构由卷积层、池化层、全连接层这些基本操作构成。与常见的卷积与池化操作成对出现不同，AlexNet 网络模型并不是每个卷积层的后面都会接一个池化层。为了避免由于网络模型的复杂度过高而产生的过拟合问题，它还在网络中加入了 Dropout 操作，而且由于单 GPU 显存容量的限制，整个网络是在两个 GPU 上并行。

整个 AlexNet 网络模型是一个 8 层的网络模型，其中前 5 层的卷积层和后 3 层是全连接层，最后一个全连接层的输出对应到一个具有 1000 个输出单元的 SoftMax 层用于分类。Ale × Net 网络模型中的第 2、4、5 个卷积层只与驻留在相同 GPU 中的上一层的特征图相连接，在模型构造时约束第 3 个卷积层则与第 2 个卷积层中的所有特征图相连接。

整个 AlexNet 网络模型输入的是大小为 224 × 224 的 3 通道图像，在经过第 1 个卷积层的 96 个大小是 11 × 11 × 3 和移动步幅是 4 个像素的卷积核卷积后，得到 96 个大小是 55 × 55 的特征图。然后用重叠最大池化的方法对第 1 个卷积层的 96 个特征图进行池化，得到大小是 27×27 的特征图，将这些特征图作为第 2 个卷积层的输入，然后用 256 个移动步幅是 1，大小是 $5 \times 5 \times 48$ 的卷积核进行宽卷积，得到 256 个大小是 27×27 的特征图。然后再用重叠最大池化的方法对第 2 层的 256 个特征图进行池化，得到 256 个大小是 13×13 的特征图，将这些特征图作为第 3 个卷积层的输入，用 384 个移动步幅是 1，大小是 $3 \times 3 \times 256$ 的卷积核进行宽卷积，得到 384 个大小是 13×13 的特征图。将这 384 个特征作为第 4 个卷积层的输入，用 384 个 $3 \times 3 \times 192$ 卷积核进行宽卷积，得到 384 个大小是 13×13 的特征图，再将第 4 个卷积层的输出作为第 5 个卷积层的输入，用 256 个大小是 $3 \times 3 \times 192$ 的卷积核进行宽卷积，得到 256 个大小是 13×13 的特征图，然后再对这 256 个特征图做一次重叠最大池化操作，得到 256 个大小是 6×6 的特征图。最后将经过池化得到的特征图作为全连接层的输入。

5. 应用技巧

（1）多类不平衡问题。

为了避免学习结果更加趋向某一类样本，各个类别的训练样本尽量保持平衡。不平衡类训练集可以采用划分、抽样等方式将其变换为平衡类训练集。

（2）样本标签设置问题。

对于神经网络来说，其激活函数都会限定神经元输出值范围为（0，1），所以一般在有监督学习的情况下，对样本的标签设定值也要限定范围为（0，1），模型工作时使用 SoftMax 概率值来识别输出的类别。

（3）学习率对梯度下降法的影响问题。

神经网络学习率的设定一定要合适，不可太大，也不可太小。如果学习率过大，则每次迭代就有可能出现大幅度的振荡现象，也可能会在极值点两侧出现发散，误差函数值容易引起振荡；如果学习率太小，误差函数下降得很慢，导致收敛速度过慢。所以，对于网络的学习率一般都会选择（0，1）范围内的一个合适值，比如 0.0001、0.001、0.01 和 0.1 等，具体需要根据具体实验中的情况来选择一个合适的值。

（4）大规模训练样本的随机打乱问题。

大数据集的深度学习时一般采用分批的方式进行，在没有打乱训练样本的时候，模型学习的过程中，后面的样本学习逐渐覆盖前面样本学习到的网络权值，使得它的学习结果更趋向于最后学习的类别。虽然通过大量训练迭代轮数可以相对缓和，但是也不如随机打乱样本后训练更稳定。

（5）网络层次结构和迭代次数的设计问题。

多少层网络算深度学习？多少次迭代才算合理？当前多数分类、回归等学习方法为浅层结构算法。其局限性在于有限样本和计算单元情况下对复杂函数的表示能力有限，针对复杂分类问题，其泛化能力受到一定制约。深度学习必须依照实际情况控制网络结构和训练迭代次数，多方面控制模型参数，尤其是在大规模数据的任务处理中更要如此。

（6）训练过程中目标函数梯度问题。

通常采用的随机梯度下降（SGD）策略是由于所有训练样本的梯度下降法收敛速度慢，通过随机选择训练集的一个子集，计算该子集的网络输出与真实输出的平均误差梯度并调整相应的权值，可以看作对每个单独的训练子集定义不同的误差函数。标准梯度下降策略是计算所有训练样本总误差的梯度来更新权值，而随机梯度下降的权值是通过考查训练集的某个子集来更新的网络权值；标准梯度下降中权值更新的每一步对所有样本计算误差，比随机梯度需要更多的计算量；标准误差曲面有多个局部极小值，随机梯度下降可能避免陷入这些局部极小值和提高泛化能力。

（7）Dropout 技巧的使用问题。

在网络训练的时候，Dropout 以一定的概率随机地抑制一些神经元的输出，使得网络中的神经元在每次训练的时候，并不总是依赖于上一层固定的几个神经元的输出，从而使整个网络模型的泛化能力大为增强。

6. 深度学习案例

（1）Google。

2012 年，人工智能和机器学习顶级学者 Andrew 及分布式系统顶级专家 Jeffey Dean 开始打造 Google Brain 项目，用包含 16000 个 CPU 核的并行计算平台训练超过10亿个神经元的深度神经网络，在语音识别和图像识别等领域取得了突破性的进展。Google 把从 YouTube 随机挑选的 1 000 万张 200×200 像素缩略图输入该系统，让计算机寻找图像中重复出现的特征，从而对含有这种特征的物体进行识别。这种新的面部识别方式本身已经是一种技术创新，更不用提有史以来机器首次对于猫脸或人体这种“高级概念”有了认知。下面简单介绍该应用系统的工作原理。

在开始分析数据之前，工作人员不会教授系统或者向系统输入任何诸如脸、肢体、猫的长相是什么样子这类信息。一旦系统发现了重复出现的图像信息，计算机就创建出“图像地图”，该地图稍后会帮助系统自动检测与前述图像信息类似的物体。Google 把它命名为“神经系统”，旨在向神经生物学中的一个经典理论致敬。这个理论指出，人类大脑颞叶皮层的某些神经元是专门用来识别面部、手等这类对象的。以往传统的面部识别技术，一般都是由研究者先在计算机中通过定义识别对象的形状边缘等信息来“教会”计算机该对象的外观应该如何，然后计算机对包含同类信息的图片做出标识，从而达到“识别”的结果。Jeffery Dean 博士（“神经系统”参与者）表示，在 Google 的这个新系统里，工作人员从不向计算机描述“猫长什么样”这类信息，计算机基本上靠自己产生出“猫”这一概念。截至目前，这个系统还不完美，但它取得的成功有目共睹。Google 已经将该项目从 Google X 中独立出来，现在由总公司的搜索及商业服务小组继续引领完成。Google 的目标是宏伟的，它希望能开创一种全新的算法，并将其应用于图像识别、语言识别，以及机器语言翻译等更广阔的领域。

（2）百度。

在深度学习方面，百度已经在学术理论、工程实现、产品应用等多个领域取得了显著的进展，已经成为业界推动“大数据驱动的人工智能”的领导者之一。在图像技术应用中，传统从图像到语义的转换是极具挑战性的课题，业界称其为语义鸿沟。百度深度学习算法构造出一个多层非线性层叠式神经元网络，能够很好地模拟视觉信号从视网膜开始逐层处理传递，直至大脑深处的整个过程。这样的学习模式能够以更高的精度和更快的速度跨越语义鸿沟，让机器快速地对图像中可能蕴含的成千上万种语义概念进行有效识别，进而确定图片的主题。在人脸识别方面，最困难的是识别照片中的人是谁或者通过照片寻找相似的人。百度在深度学习的基础上，借鉴认知学中的一些概念与方法，探索出了独特的相似度量学习方法来寻找图像的相似性和关联，能够做到举一反三。在深度神经网络训练方面，伴随着计算广告、文本、图像、语音等训练数据的快速增长，传统的基于单 GPU 的训练平台已经无法满足需求。为此，百度搭建了 Paddle 多机并行 GPU 训练平台。数据分布到不同的机器，通过 Parameter Server 协调各机器进行训练，多机训练使得大数据的模型训练成为可能。在算法方面，单机多卡并行训练算法研发，难点在于通过并行提高计算速度一般会降低收敛速度。百度则研发了新算法，在不影响收敛速度的条件下计算速度图像提升至 2.4 倍，语音提升至 1.4 倍，这使得新算法在单机上的收敛速度达到图像提升至 12 倍、语音提升至 7 倍的效果。相比于 Google 的 DistBelief 系统用 200 台机器加速约 7.3 倍而言，百度的算法优势更加明显。

（3）腾讯。

面对机遇和挑战，腾讯打造了深度学习平台——Mariana。该平台包括 3 个框架：深度神经网络的 GPU 数据并行框架，深度卷积神经网络的 GPU 数据并行和模型并行框架，以及 DNN、CPU 集群框架。基于上述 3 个框架，Mariana 具有多种特性：支持并行加速，针对多种应用场景，解决深度学习训练极慢的问题；通过模型并行，支持大模型；提供默认算法的并行实现以减少新算法开发量，简化实验过程；面向语音识别、图像识别、广告推荐等众多应用领域。腾讯深度学习平台 Mariana 重点研究多 GPU 卡的并行化技术，完成 DNN 的数据并行框架，以及 CNN 的模型并行和数据并行框架。数据并行指将训练数据划分为多份，每份数据有一个模型实例进行训练，再将多个模型实例产生的梯度合并后更新模型。模型并行指将模型划分为多个分片，每个分片在一台服务器上，全部分片协同对一份训练数据进行训练。DNN 的数据并行框架已经成功应用在微信语音识别中。微信中语音识别功能的入口是语音输入法、语音开放平台以及长按语音消息转文本等。对微信语音识别任务，通过 Mariana，识别准确率获得了极大提升，目前识别能力已经达到业界一流水平。同时可以满足语音业务海量的样本需求，通过缩短模型更新周期，使微信语音业务可以及时满足各种新业务需求。Mariana 的 CNN 模型并行和数据并行框架针对 ImageNet 图像分类问题，在单机 4GPU 卡配置下，获得了相对于单卡 2.52 倍的加速，并支持更大模型，在 ImageNet2012 数据集中获得了 87% 的 Top5 准确率。此外，Mariana 也在广告推荐及个性化推荐等领域积极探索和实验。

9.3.3.4 机器学习算法

1. 决策树

（1）分类树（熵）。

ID3：ID3 算法是一种贪心算法，用来构造决策树。ID3 算法以信息熵的下降速度为选取测试属性的标准，即对当前结点，计算各个特征对这个节点划分后的信息增益，选取还尚未被用来划分的而且具有信息增益最大的属性作为划分特征。从根节点一直进行这个过程，直到生成的决策树能完美分类训练样例。信息增益的计算方法：比如计算一个特征 A 对数据集 D 的特征，A 的取值有 A1、A2、A3，对应数据集 D1、D2、D3，计算 D1、D2、D3 的信息熵。

C4.5：C4.5 是在 ID3 的基础上改进的一种算法。改用信息增益比来选择属性（A 对 D 的信息增益 /D 的信息熵），过拟合，剪枝：先剪枝和后剪枝。限制深度，限制最小划分节点，限制最小叶子节点包含记录的数目。损失函数 = 不纯度 + λ 节点个数。

（2）分类回归树 CART。

最小二乘回归树：递归的将输出空间划分为两个区域，并确定一个区域上的输出值。

划分方式：选择当前区域上最佳切分变量和最佳切分点，分成两个区域，分别确定两个区域输出值（一般取均值），重复此过程构建一个决策树。除了根结点，每个结点对应一个输出，也对应一个权值，预测时，从根节点到叶结点以此判断测试记录属于哪个分枝，把它经过的每个节点的权重乘以该点输出加起来求和。

CART 保证生成二叉树（对特征 A，CART 以 A=a 和 A ≠ a 分成两类，而 ID3 中特征的每个取值算一类，从而分成多类），CART 剪枝是后剪枝，通过把子树叶子结点的个数加上预测误差作为子树的损失函数。

（3）随机森林。

以随机的方式建立一个森林，森林由很多决策树组成，每一个决策树之间都是没有关联的。建立过程：首先要进行行采样和列采样，行采样采用随机有放回方式抽取，列采样是从全部特征中抽取一部分。然后使用完全分裂的方式建立一个决策树，这里不进行剪枝，因为随机特性使 RF 不容易过拟合。RF 得到的每一个树都是很弱的，但是组合起来就很厉害了。

优点：简洁高效；可处理高维数据，无须特征选择；训练完成后，可以给出哪些特征重要；很容易并行实现。

2. 朴素贝叶斯

在朴素贝叶斯中，贝叶斯指的是基于贝叶斯定理，朴素指的是条件独立性假设（较强的假设，但是大大降低参数数目，否则估计参数几乎不可能）。

该模型通过训练集来学习一个联合概率分布 f（x，y），具体地说：训练集→条件概率分布 P（X|Y）和类别 Y 的分布 P（Y=Ck）→相乘联合概率分布 P（X，Y）。

举个例子：给定一个测试例子 x，求它的类别，朴素贝叶斯求 x 属于每一类的概率，然后取概率最大的那一类。

$$P(Y=C_1|X=x)=\frac{p(X=x|Y=C_1)*P(Y=C_1)}{\sum_i P(X=x|Y=C_i)*P(Y=C_i)}$$

3. K- 近邻算法

（1）基本思想。

K- 近邻通过查找最近的 K 个点来确定当前样例的输出。有普通 K 近邻和加权 K 近邻可选。K- 近邻模型有以下要素：K 值选取时，K 值小易过拟合，对临近点非常敏感，K 值大，可减小估计误差，但是方差变大。分类决策规则是多数表决（训练决策树时候，叶节点不纯也用多数表决）。

（2）Kd 树构造算法。

K- 近邻要考虑如何快速的搜索 K 个点，每次遍历数据集的方法效率很低，构建 Kd 树可以大幅度提高速度。假定给出 N 个数据、m 个特征，首先，先用第一个特征 m 为根节点划分特征，计算 N 个 m 的中位数，构建左右两个子节点，左节点对应小于 m 的子区域，右结点对应大于 m 的子区域。按照同样的方法，递归的对每个子节点构造，特征可以按序循环使用，直到两个子区域没有点。

（3）Kd 树搜索算法。

总的过程是从顶向下再从底向上，对于一个输入 x，从根节点递归向下访问 Kd 树，如果当前特征小于切分点，则移动到左子节点，否则移动到右子节点，直到到达叶子节点。以此叶节点为当前最近结点，递归向上回退。

4. 支持向量机

支持向量机是一种二分类模型定义在特征空间上的线性分类器，间隔最大化的策略使它和感知机不同，如果应用核技巧，SVM 实际上可以处理非线性分类（二维上线性不可分的映射到三维有可能是线性可分）。线性可分 SVM 硬间隔最大化、线性 SVM 软间隔最大化、非线性 SVM 箭头核技巧及软间隔最大化。

对于线性可分的数据，感知机对于不同的初始参数，得到的结果也不完全相同，因为分隔超平面不唯一。SVM 要求间隔最大化，因此解是唯一的。

函数间隔：ri=yi（wxi+b），它的正负可以表示分类正确性，绝对值大小可以表示确信度，但是 w 和 b 整体扩大几倍，分隔超平面不变，但函数间隔变了，所以我们可以限制 |w|=1，函数间隔除以 |w| 得到几何间隔。

5. Boosting 方法

Boosting 来源于两位科学家对强可学习和弱可学习的研究，这两种学习被证明是等价的。也就是说，弱可学习算法可以被提升为强可学习算法。Boosting 是一种提升任意给定学习算法分类准确度的方法，大多提升方法都是改变训练数据的概率分布，针对不同分布来调用学习算法，学习一系列弱分类器。

（1）AdaBoost。

关于如何改变概率分布，AdaBoost 的做法是，提高被前一轮弱分类器分类错误的样本，从而在后续训练中受到更大关注。关于如何组合弱分类器，AdaBoost 的做法是，加权多数表决，权值跟误差率 e 相关，e 越小权值越大。该算法中，模型是加法模型，损失函数是指数损失，算法是前向分布算法的一个实现。

算法过程：初始训练数据分布为均匀分布。使用当前权值进行训练，得到一个基本分类器 Gm。计算 Gm 的分类误差率。计算 Gm 的系数（加权表决时用），更新数据分布（提升错误分类的样本的权值，再归一化）。迭代多次直到终止条件。由基本分类器的线性组合构造得到最终分类器。

（2）提升树（boosting tree）。

采用加法模型与前向分布算法，以决策树为基函数的提升方法称为提升树。它是一种使用树模型的 AdaBoost 方法。

回归问题提升树 GBDT：二叉回归树，平方损失，每一步都是拟合当前模型的残差，求最优切变量和切分点，用该点将数据集一分为二，各部分以均值作为当前预测值，求每条数据的残差，下一步拟合该残差。在回归树训练算法梯度提升算法中，关键是利用损失函数的负梯度在当前模型的值作为残差的估计（和 BP 算法中的残差差不多）。

分类问题提升树：二叉分类树，指数损失，简单地将 AdaBoost 算法中基本分类器设置为二叉分类树即可。

6. 牛顿法和拟牛顿法

牛顿法同 GD 一样，是一种求解无约束最优化问题的一种常用方法，收敛快（求二次梯度），但计算复杂（求目标函数的海赛矩阵的逆矩阵）。拟牛顿法是一种改进，它通过正定矩阵近似海赛矩阵简化了计算过程。

推导梯度下降用的是一阶导数，仅考虑梯度。牛顿法则用二阶导数（相当于用二次曲面逼近当前曲面），考虑了梯度的梯度。梯度下降在远离极小值的地方下降很快，但是在接近极小值的地方下降很慢。牛顿法在远离极小点的地方甚至可能不会收敛。

7. 生成模型和判别模型

有监督机器学习方法可以分为生成方法和判别方法。直接学习 P（y|x）的模型是判别模型，学习 P（x，y）的模型是生成模型。生成：朴素贝叶斯和隐马尔科夫模型。判别：KNN、决策树、逻辑斯蒂回归、SVM、提升方法等。

判别模型，节省计算资源。直接面对预测，学习决策函数，实际中准确率更高。可以对数据进行一定程度的抽象，比如 PCA 降维，因此可以简化学习问题。

生成模型，可以根据联合分布生成采样数据，收敛速度更快，当样本数据增大时可更快地收敛到真实模型，可以处理含隐变量的模型。

8. Bias（偏差）和 Variance（方差）

采用交叉验证的时候，K 值较大，用于验证的数据较小，所以偏差小，方差大；反之，则偏差小，方差大。偏差（Bias）指的是模型在样本数据上输出和真实值的误差，即模型精确度。方差（Variance）是模型每一次输出和模型期望之间的误差，即模型稳定性。

实际系统中，偏差和方差往往不可兼得。如果要降低模型的 Bias，就会一定程度上提升 Variance。其本质的原因是，我们试图用有限的训练样本去估计无限的真实数据。当我们更加相信数据的真实性，而忽略对模型的先验知识时，就会尽量保证模型在训练样本上的准确度，这样可以减少模型的 Bias。但是，这样学习到的模型缺乏一定的范化能力，容易造成过拟合，降低模型在真实数据上的表现。相反，如果更加相信我们对模型的先验知识（也就是限制模型的复杂度），就可以降低模型的 Variance，提高其稳定性，但也会使 Bias 变大。Bias 和 Variance 的平衡是机器学习基本主题之一，由此产生了交叉验证。

9. L1 和 L2 正则化

防止模型复杂化的典型方法是正则化。正则化是结构风险最小化策略的实现，是在经验风险最小化的基础上加上一个正则化项。正则化项是模型复杂度的单调递增函数，常见的是正则化项取模型参数向量的范数。

L0 范数，就是向量中非零元的数目，用 L0 范数表示我们希望向量 w 出现很多 0。

L1 范数，向量中各个权值的绝对值之和，与 L0 相似，L1 范数也希望向量中出现更多 0。

L2 范数，也称岭回归，它是向量各分量平方和再求平方根，L2 范数希望各参数都取较小的值，使各元素都取值接近 0。

L0 和 L1 特点比较：L1 范数和 L0 范数都可以实现稀疏，L0 求解是一个 NP 难问题，L1 范数更容易求解，而且 L0 范数是 L1 的一个最优凸近似，因此 L1 被广泛应用。模型采用 L1 范数很容易理解，非零元对应的特征是重要特征，这些特征与 label 信息相关性很大。

L1 和 L2 特点比较：L2 趋向于取小参数有两种不同角度的解释：其一，参数太大会影响模型的稳定性，一个很小的扰动就可能产生一个很大的函数值变化，抗干扰能力差；其二，每一项系数小，表明模型上每个点处的导数也小，模型曲线变化率小也就是模型更简单。

9.3.3.5 机器学习算法并行化研究

1. 关联规则的并行化

关联规则发现是数据挖掘的一个方面。关联规则挖掘问题的形式化描述：设 $I=\{i_1, i_2, \cdots, i_m\}$ 是所有项的集合。任务相关的数据 D 是数据库事务的集合，其中每个事务 T 是项的集合，有 T_1，有 n 个项的 T 可以表示为 $T=\{t_1, t_2, \cdots, t_n\}$，ti ∈ I，T 相当于交易中的商品列表。每一个事务有一个标识符，称作 TID。项的集合称为项集。包含 K 个项的项集称为 K- 项集。如：若 A 是一个项集，事务 T 包含 A 当且仅当 AT；若 A 中含有的项数目为 K，则称为 K- 数据项集，简称 K- 项集。

事务集 D 中的规则 XY 是由支持度和确信度约束的，支持度表示规则的频度，确信度表示规则的强度。

规则 XY 在交易数据库 D 中的支持度是指交易集中包含 X 和 Y 的交易数与所有交易数之比，记为 support（XY），即：

Support（XY）=|{T：X ∪ YT，T ∈ D}| / |{D}|

规则 XY 在交易集中的置信度（confidence）是指包含 X 和 Y 的交易数与包含 X 的交易数之比，记为 confidence（XY），即：

Confidence（XY）=|{T：X ∪ YT，TD}| / |{T：XT，TD}|

项集 A 在交易数据库 D 中的支持度（support）为 XY 在交易数据库 D 中的支持度，且有 X ∩ Y=，X ∪ Y=A，记为 support（A），即：

Support（A）=|{T：AT，T ∈ D}| / |{D}|

Apriori 算法是由 Agrawal 在 1994 年提出的一种最有影响的挖掘关联规则挖掘算法，是一种宽度优先搜索算法。它使用一种称作逐层搜索的迭代方法产生频繁项集，利用“频繁项集的所有非空子集都必须也是频繁的”这条性质对候选项集删减。该算法首先扫描一遍数据库，计算各个 1– 项集的支持度，从而得到频繁 1– 项集 L1；然后采用迭代的方式，逐步找出频繁 2-- 项集，3– 项集，…，直至不再产生新的频繁项集为止。在计算频繁 k– 项集 Lk（k=1，2，3……）时，先通过 Lk–1 自连接产生候选集 Ck，利用一定的剪枝策略缩减 Ck；再通过扫描数据库来计算候选集的出现频率，消除非频繁项，从而得到 Lk。Apriori 算法能够有效地产生所有关联规则。

2. 基于分布式存储的并行化

全局事务数据库为 D，总的事务条数为 d。设 P1，P2，…，Pn 为 n 台基于无共享体系结构的计算机节点（简称节点），即它们之间除了通过网络传递信息外，其他资源（如硬盘、内存等）全部都是独立的，Di（i=1，2，…，n）是 D 经过分割存储于节点 Pi 上的分事务数据库，其中的事务有 di 条，则 D=d。

并行挖掘频繁项集问题就是如何通过 n 台节点同时工作，节点 Pi（i=1，2，…，n）只处理自己的私有数据 Di（i=1，2，…，n），各台节点间仅仅通过网络传递有限的信息，最终在整个事务数据库 D 中挖掘出频繁项集。

（1）CD 算法、DD 算法和 CaD 算法。

Agrawal 等给出了关联规则挖掘的三种并行算法，它们对候选集频度计算采用了不同策略：一是计数分布 CD 算法；二是数据分布 DD 算法；三是候选集分布 CaD 算法。在 CD 算法中，每个节点都要在本地数据库中对所有候选项集计数，然后交换计数信息，得到全局计数。在 DD 算法中，每个节点分别计算互不相交的候选项集，各个节点之间须将各自处理的分区的数据传送给其他所有节点。CaD 算法在每一轮的计算中，通过把数据和候选集都划分到每一个节点，使每一个节点都能独立地进行计算。这三种算法各有利弊，CD 算法交换的数据量较少，但内存的利用率不高；DD 算法的内存利用率较好，但处理器之间需要交换大量的数据；CaD 算法实现了异步计算，但需要对数据库进行重新分配。

（2）IDD 算法和 HD 算法。

IDD 算法是改进的 DD 算法。IDD 算法根据集合的首项来分割候选集，因此每个处理器只需处理事务中那些以相应项为起始的子集，从而减少了 DD 算法中的冗余计算。另外，IDD 算法还采用了环结构来降低通信负载。但是，对哈希树的静态划分导致了负载不平衡，这在处理器数量较多时是很严重的问题。HD 算法将 CD 和 IDD 相结合，通过动态地将处理器分组，再根据分组将候选集划分，以达到负载平衡。这样就很好地解决了 IDD 算法的问题。

（3）DMA 算法。

顾名思义，DMA 算法是针对分布式数据环境设计的，与 CD 算法一样，要在各节点中保存全体候选项集。DMA 算法充分利用了分布式数据环境的数据分布特点（数据局部性），大大消减了候选集数量，但它要求各计算机间同步次数较多。

3. 共享存储系统的并行化

现有的并行关联规则挖掘算法所采用的硬件环境多是机群系统或类机群系统，这样的分布式存储的体系结构，针对共享内存系统的并行系统的关联规则算法寥寥无几。在共享内存系统中设计的算法通常比采用分布式存储系统设计的算法通信开销更小，有更高的并行效率。下面将对在典型共享内存的并行机 SMP（共享内存对称多处理器）系统上实现的关联规则挖掘算法进行研究，期望可以获得性能更好、并行度更高的算法。

在共享存储体系结构中，由于使用共享数据库，因此不需要数据库分割。这里所要考虑的是数据的同步和互斥。

（1）CCPD 算法。

Zaki 等提出的 CCPD 算法，就是在共享内存的系统上实现的。它的实现思想是，在 Shared Memory 中产生整个候选散列树，各个处理器使用同样的方法产生互不相交的候选频繁项集。当某个处理器希望将计算出的频繁项集插入散列树时，总是从根结点出发，按照函数选择子结点，直到当前结点是叶子结 Hash 点。此时分配“插入锁”，再将候选项集插入。这种机制保证了每个处理器仅可以同时在不同叶子结点插入候选项集。由于杂凑本身的特点，杂凑树具有很差的数据放置，而且共享杂凑树可能会造成支持计数时产生错误的结果。针对上述问题，他们提出了一些优化策略，如杂凑树平衡、优化内存布置等。

（2）MLFPT 算法。

MLFPT 算法是基于 FP-growth 的并行挖掘算法，它是在共享内存的有 64 个处理器的 SGI 系统上实现的。它只需对数据库进行两次扫描，避免了生成大量候选集的问题，而且通过在挖掘过程的不同阶段采用不同的划分策略实现最佳的负载平衡。在频繁模式树生成阶段，数据库被划分为大小均等的分块，每个节点生成一个局部频繁模式树。在挖掘阶段，所有节点共享这些局部频繁模式树，并生成相应的频繁项集的条件库，很大程度上减少了资源竞争的现象。

9.4 算法性能评价指标

9.4.1 speedup

评测 speedup 的方法是，保持数据不变，增加计算机的数目。计算机数目为 m 时的 speedup 计算方法如下：speedup（m）= 在一台机器上面使用的时间 / 在 m 台机器上面使用的时间。

该评测指标，如果能够随着 m 保持一个线性的增长，则表示多台机器能够很好地缩短所需时间。然而，线性的 speedup 是非常难以达到的，因为当机器增加时，存在一个通信损耗的问题。同时，还存在各个计算机节点本身的问题，比如算法所花费的总时间通常是由最慢的机器决定的，如果各计算机需要的时间不一样的话，就存在 the skew of the slaves 的问题。

9.4.2scaleup

评测 scaleup 的方法是，在扩大数据的同时，增加计算机的数目。Scaleup 计算方法如下：scaleup（DB,m）= 使用一台电脑在 DB 上运行算法使用的时间 / 使用 m 台电脑在 m*DB 上运行算法使用的时间。

如果 scaleup 值随着 m 的改变，一直在 1.0 附近，或者更低，则表示该算法对数据集的大小有很好的适应性。

9.4.3sizeup

保持计算机的数目不变，扩大数据。用来测试算法本身的一个时间复杂度。Sizeup（DB,m）= 在 m*DB 数据上面所花费的时间 / 在 DB 上面所花费的时间。

并行算法还有一个部分的评价可以单独拿出来进行分析，这就是 I/O 和通信时间。可以采用保持数据集的大小不变，增加计算机的数目，查看 I/O 操作和通信的花费与计算机数目之间的关系。

9.5 基于 Map Reduce 的大数据处理并行算法的优化

9.5.1 BSP 并行大数据

BSP 模型最早是由 L. G. Valient 作为一个并行计算领域中软件和硬件之间的“过

渡模型”提出的。它是一个“通用”的并行计算模型，其设计目标是为现有的和未来可能出现的各种并行计算机提供一个独立于体系结构，能进行可移植、可扩展的并行软件开发的基础。

一台 BSP 并行计算机由以下三个部分组成：具有局部内存的处理单元、一个连接所有处理单元的全局数据通信网络；支持对所有处理单元进行全局路障同步的机制。

9.5.1.1 BSP 并行大数据的特征

1. 基于分布式内存存储

目前，一些并行模型假设并行计算机具有全局的共享内存，具有统一的寻址空间，在一定程度上方便并行算法的设计和并行程序的开发。但是，全局内存的引入也带来了一些问题。具有全局共享内存的并行计算机能够较好地适应中小规模的并行度，但当并行度进一步增大时，对全局内存的访问就成为并行系统的瓶颈。并行机不仅要保证全局内存的存取速度，而且要协调同一时刻对相同内存单元的存取，这是非常困难的。因此，为了适应更大规模的并行性，使并行系统具有良好的可扩展性，采用分布式的内存是比较合理的。

2. 全局的数据通信网络

BSP 的各个处理单元通过它和其他处理单元进行通信或远程内存的存取，这和大多数基于分布内存或消息传递的并行模型是相同的。但是，通常并行计算机的通信是各处理单元之间进行点对点通信的，而 BSP 并行计算机的通信网络是一个全局的概念，它的作用不是进行点对点的通信，而是进行一个全局性的动作；H 关系的消息传递（H 关系和 BSP 的通信将在后面进行具体阐述）。BSP 通信网络是全局的，BSP 模型中没有通信网络局部性的概念。总而言之，BSP 模型的通信和通常并行模型中的通信有着微妙的，但却是十分重要的区别，所以一些人认为 BSP 模型是不切实际的，是针对某一些并行体系结构的专用模型。路障同步是 BSP 模型中争论最多的地方之一。但最近的大量研究表明，路障同步在本质上并不是代价昂贵的操作，它可以在绝大多数已知的并行体系结构上用软件有效地进行实现。

9.5.1.2 BSP 计算机的运行过程

BSP 计算机的运行过程有它的特点。如果把 BSP 计算机的组成看作它的静态结构的话，它的运行过程就是动态结构。BSP 计算机的运行引入了“超步”的概念，它的运行是以超步为基础的，超步是 BSP 计算机进行并行计算的基本单位。一个 BSP 计算由若干超步组成，而每个超步的运行过程又分为三个步骤：首先，各处理机进行局部计算。各处理机利用本地内存中的信息完成局部的计算工作，在这一阶段，处理机可以异步地发出远程内存存取和消息传递等通信操作，但这些操作并不会马上执行。其次，通信网络完成上一步所发出的通信操作。最后，所有处理机进行全局的路障同步，本次超步的通信操作在路障同步后变为有效。

BSP 计算机的通信不是传统的、基于点对点的通信，而是一个全局性的操作。在一次通信过程中，BSP 计算机完成的是一个 H 关系的消息传递。一个 H 关系表示成为下面的一个函数 h：P×P→N。

其中，P 是处理单元的集合，N 是自然数集合，h（a，b）表示进程 a 向 b 传递的消息长度。H 的值是函数 h 的最大值。也即是说，H 是这一个过程中各个处理机发送和接收消息量的最大值。一个 H 关系说明了 BSP 计算机中各处理机进行通信的情况，而 H 的值是对这一通信的一个概括。

全局的路障同步是 BSP 模型的鲜明特点。在传统的并行计算机中，点对点的、阻塞式的通信实际上完成了两个操作：通信和同步。在 BSP 计算机中，所有的通信操作都是非阻塞的，在进行本地计算时发出：通信操作在通信阶段完成，在路障同步以后变为凌 BSP 模型实际上是将通信和同步分离开，分别进行处理。这样不仅使并行程序结构更为清晰，而且由于 BSP 模型中的通信操作都是非阻塞的，就消除了通信造成的死锁。另外，全局的路障同步操作大大减少了并行程序的状态数目，使得并行程序的编写更为容易，也使并行程序的正确性验证和调试器的设计成为可能。

9.5.1.3 用参数刻画 BSP 并行计算机

1. BSP 并行计算机的含义

P：BSP 计算机中处理单元的数目。处理机数目是并行计算机的一个重要参数，它说明了并行计算相对于串行计算所能得到的最大加速比。它是并行计算机并行程度的量度。

S：BSP 计算机中处理单元的处理速度。和串行计算机一样，这是处理单元进行局部计算能力的量度。

G：BSP 计算机的通信能力。参数 G 表示 BSP 并行计算机的通信能力。这个参数是对整个通信网络的一个概括，它和前面提到的“H 关系”有着密切的联系。参数 G 实际上是通信网络完成 H 关系通信能力的一个量度。它定义为：如果一个 BSP 计算机的参数 G 的值为 g 的话，则一个值为 h 的 H 关系的通信可以在 9 小时内完成。在传统的点对点通信中，一个通信操作所花费的代价很难估计。因为在这些并行计算模型中，各个通信操作相互之间发生影响，再加上通信的不平衡所带来的热点（hotspot）问题，使得我们对通信操作代价的估计往往是不准确的和过于悲观的。而在 BSP 并行计算机中，由于通信成为一种全局操作，我们就可以利用路径调度等技术来减少甚至避免各处 TT 机之间通信的相互影响和热点问题，从而估计出通信所花费的代价。研究表明，参数 G 是对 BSP 并行计算机通信能力的一个相当准确的量度。

L：BSP 计算机进行全局路障同步的能力。路障同步是 BSP 并行计算机的基本操作，参数 L 定义为如果 L 的值是 1 的话，那么一次全局路障同步操作可以在 1 小时内完成。

这样，一台 BSP 并行计算机就由四个参数 P、S、G、L 进行了刻画。用几个简单的参数就能概括 BSP 计算机，这不仅便于在 BSP 模型下进行并行算法分析和设计，而且可以对 BSP 并行程序的性能做出预测。在用 BSP 模型进行算法的设计与分析时，为了避免涉及每个处理单元的具体计算能力，可以去掉参数 S 而把参数 G 和 L 用 S 来进行规格化。这时，G= 单停片数据点运算的数目 / 单位时间传送的字节数 28L= 单位时间浮点运算的数目 / 单位时间进行的路程。

这样，BSP 计算机仅由 P、G、L 三个参数进行描述，模型更加简化。

2. BSP 并行模型的优点

BSP 模型具有良好的性质，它满足我们一开始对并行计算模型所提出的三点要求。除此之外，BSP 并行模型还有以下优点。

BSP 计算机的运行方式以超步为单位，类似于串行计算机，这样可以方便程序员进行并行程序的编写。从某种角度看，BSP 并行模型可以看成是严格同步的并行计算模型（各处理机处理每一条指令都要保持同步，如按 SIMD 方式运行的并行计算机）和不进行同步的计算机群（各个处理机独立进行运算，彼此不发生联系）之间的一个折中。

BSP 并行模型和目标机器无关。BSP 并行模型从一开始就是作为和体系结构无关的“通用”并行计算模型提出的，并行程序从一个平台换到另一平台不需要进行改动。BSP 并行程序具有很强的可移植性。

BSP 程序在给定目标机器上的性能是可预测的。BSP 程序的运行时间可以由 BSP 模型的几个参数来进行计算。对程序性能的预测可以帮助我们开发出具有良好可扩展性的并行算法和并行程序。

9.5.2 HPM 并行计算模型

HPM 模型也可记为 HPM（hp，hm，hB），它描述具有层次并行、层次存储特点的同构并行机系统。它从层次并行性、层次存储与绑定函数、存储访问性能三个侧面来定义一个并行系统：用并行性函数 HP 来描述系统的并行性；用存储函数 HM 描述系统的层次存储特性；用绑定函数 HB 来描述并行性与层次存储结构的关系。

CoSMPs 系统可描述为 HPM（2，3，hB），HP ={p1，p2}，p2 为单个 SMP 节

点所含处理器个数，p1 为机群系统中包含 SMP 节点的个数，总并行度 p=p1*p2。

在 CoSMPs 系统下，一个计算问题的数据将在多节点的存储空间进行分割。若采用混合编程模式，在每一个节点上，其计算将由多个 CPU 采用 SMP 制导语句执行；若采用 MPI 模式，每个 CPU 运行一个单独的进程。

因此，对数据进行分割应综合考虑以下因素：并行计算量应尽量与相应的最优串行算法计算量相容；计算、通信量之比较好；计算、通信的可重叠性较好；方便使用单 CPU 上的高效算法库；用混合编程模式时，易于单节点内 SMP 计算的高效实现。

9.5.3 流水并行 Smith-Waterman 算法

Qiao 等人在流水并行的基础上，提出了分块的流水并行算法，将得分矩阵分块，每次处理一个子块。计算完一个子块后，将其他处理器所需要的数据传出；而当所需数据还没有收到时，阻塞自己直到获得该数据。在行流水的情况下，一个子块计算完毕后，只需将最下面一行数据传出，按反对角线流水时，将最下面的行和最右边的列传出，显著地降低了通信次数和通信量，具有很好的并行效果。

假设得分矩阵分为大小为 a×b 的矩阵，并行机中共有 p 个处理器。按行流水的分块算法每个节点负责一行分块的计算，节点 Pi 负责第 i 行分块的计算，计算完当前分块后，将最后一行值传递给 P_i+1，然后等待 P_i−1 将最后的一行值，接收以后继续计算。节点 P_i 计算完第 i 行分块后，继续计算第 i+p 行分块，直至所有行都有节点负责。负责第一行分块的节点只给下一行发数据，不接收数据；负责最后一行分块的节点只接收数据，不发送。每进行一次通信，通信量为 O（b），可以进行的计算量为 O（a*b），计算通信比为 O（a），总的通信次数为［（m−a）*n］/（a*b），总的通信量为 mn/a（设一个元素占用的空间为 1）。按照 HPM 模型，单位所必需的通信量能支持的计算次数 r1*=O（a），因此，a 的值越大，性能越好，同时总的通信次数要少，因此 b 的值应该越大越好。但是，a 和 b 的值太大的话，会导致不能充分利用计算资源，从而影响整体性能。从任务划分来讲，任务数应该高于处理机数目一个量级，这也决定了 b 的值不能太大。

在 a、p 不变的情况下，当 b 取值较大时，计算通信比为 α=O（a），因此当 b 开始减小时，α 基本不变，性能随着 b 减小而增大；当 b 减小到一定程度时，使通信量等于发送包大小时，α 开始变大，开始抵消 b 减小的收益，性能在继续上升一段后会开始下降。

在 b、p 不变的情况下，a 的值越大，α 越大，加速效果越好。

在 a、b 不变的情况下，由

amnbppmamnbppsp−+

+=

-++=

α α 111

1

可知，当 p<m/α 时越大，p 越大，加速效果越好，当 p=m/α 时加速效果最好，如果 p 继续增大，由于每个处理器处理一行分块，增加的处理器无法利用。

b 不变，并且拥有足够的处理器时，令

p=m/α， α α

ma

mnbmap

mamnbppsp-++=-++

=

1

1 随着 a 增大，m

a、α 增大，但是 α ma

m- 减小。当 a 的取值使得

p= α +1 获得的加速比最大。

按照 HPM 模型，算法的计空比 r1 为 O（1），访存效率较差。存储访问复杂性 M1 为（2na+6）mn，如果采用分块的方法，存储访问复杂性 M1 为 4mnnb。这里 na、nb 分别为 cache 的行长和分块的大小，对应的空存比 β 分别为 2/（nα+3）和 1/nb，在合适的体系结构和分块大小的情况下，分块算法具有一定的优势。

考虑编程模式对计算性能的影响，在混合编程的情况下，一个节点的多个 CPU 并行处理该节点分配到的数据。设在没有共享内存的情况下，单位数据从内存取到处理机所用的时间为 T1，在共享内存的情况下，单位数据从内存到处理机所用的时间为 Tk，有 Tk ≈ T1。按照 HPM 模型，混合模式的性能优于 MPI 模式。因此，我们将分块行流水的并行 Smith-Waterman 算法修改为层次分块的行流水算法：各个节点之间采用分块的行流水算法，节点内的多个 CPU 也按照分块行流水算法处理该节点的数据。

9.6 大数据分析并行化算法应用案例分析

9.6.1 扰动安全的大数据

2014 年，IDC 在“未来全球安全行业的展望报告”中指出，预计到 2020 年信息安全市场规模将达到 500 亿美元。与此同时，安全威胁的不断变化、IT 交付模式的多样性、复杂性以及数据量的剧增，针对信息安全的传统以控制为中心的方法将站不住脚。预计到 2020 年，60% 的企业信息化安全预算将会分配到以大数据分析为基础的快速检测和响应的产品上。

瀚思（HanSight）联合创始人董昕认为，借助大数据技术网络安全，即将开启“上帝之眼”模式。“你不能保护你所不知道的”已经成为安全圈的一句名言，即使部署再多的安全防御设备仍然会产生“不为人知”的信息，在各种不同设备产生的海量日志中，发现安全事件的蛛丝马迹非常困难。而大数据技术能将不同设备产生的海量日志进行集中存储，通过数据格式的统一规整、自动归并、关联分析、机器学习等方法，自动发现威胁和异常行为，让安全分析更简单。同时，通过丰富的可视化技术，将威胁及异常行为可视化呈现出来，让安全看得见。

爱加密 CEO 高磊提出，基于大数据技术能够从海量数据中分析已经发生的安全问题、病毒样本、攻击策略等，对于安全问题的分析能够以宏观角度和微观思路双管齐下找到问题根本的存在。所以，在安全领域使用大数据技术，可以使原本单一攻防分析转为基于大数据的预防和安全策略。大数据的意义在于提供了一种新的安全思路和解决办法，而不仅仅是一种工具，单纯的海量数据是没有意义的。如果大数据领域运用得当，可以十分便捷地和安全领域进行结合，通过对数据分析所得出的结论反映出安全领域所存在漏洞问题的方向，从而针对该类漏洞问题制定出相对应的解决方法。

卡巴斯基技术开发（北京）有限公司大中华区技术总监陈羽兴强调，大数据对于安全公司是件杀敌利器，对于黑客来说也是一块巨大的“奶酪”，而这块“奶酪”有时候不仅仅是存放在一个地方，如果仍然使用传统的防范手段——端点、网络、加密等是不足以抵挡黑客的，所以作为安全公司，不仅要着力去完善自家的解决方案，同时在整个产业链各个环节的企业都要开放，形成产业协同。

其实云计算的大热，已经让用户和云服务提供商愈加意识到云安全的重要性，云安全则更需要大数据。作为客户数据托管方的云服务提供商，客户最关注的是服务提供商能否保证他们的数据安全：既不丢失也不被非法访问，且遵从法规要求。即使是在企业的私有云中，各个部门之间的信息安全也必须考虑，特别是财务数据、客户信息等。由于数据的集中，云所需要处理的数据可能是 PB 级甚至更大，如此大的数据量是传统安全分析手段根本处理不了的，只能依靠大数据分布式计算技术对海量数据进行安全分析。

近两年，安全企业就如何运用大数据于网络安全中费尽了脑筋，而安全威胁情报可以说是大数据技术在网络安全防御环节里比较成熟的应用。

什么是安全威胁情报？形象地说，人们经常可以从CERT、安全服务厂商、防病毒厂商、政府机构和安全组织那里看到安全预警通告、漏洞通告、威胁通告等，这些都属于典型的安全威胁情报。而随着新型威胁的不断增长，也出现了新的安全威胁情报，如僵尸网络地址情报（Zeus/SpyEye Tracker）、0day漏洞信息、恶意URL地址情报等。

中国股市刚刚兴起时，人们要去证券大厅了解行情，门口摆摊卖茶叶蛋的老太太虽然不懂股票，但是她懂一个道理：茶叶蛋生意清淡的时候买入、茶叶蛋生意火爆的时候卖出。其实茶叶蛋本身的销量数据不会直接导致股票的涨跌，但是这两者之间存在“相关性”，大数据环境下的安全威胁情报也是如此。

目前，无论国内还是国外对安全威胁情报系统的建设都普遍参考STIX标准框架，它有几个关键点：时效性、完整的攻击链条（包括：攻击行动、攻击入口、攻击目标、Incident事件、TTP——攻击战术、技术和过程、攻击特征指标、攻击表象、行动方针等）以及威胁情报共享。而传统漏洞和病毒库只是在安全厂家捕获到样本后将对应的特征码更新到漏洞或病毒数据库里，并没有将整个攻击过程完整描述下来，且缺少相互共享合作。

大数据时代下，首先，通过大数据的计算能力、算法和机器学习优势可以快速、自动地在海量数据中发现安全问题，提升安全情报的时效性。其次，大数据分析的数据来自网络、终端、认证系统等各个维度，便于分析整个安全攻击链条形成安全威胁情报。最后，随着一些新兴的大数据厂商兴起，用户至上、信息共享等互联网思维逐步形成，使安全威胁情报共享得以实现。

瀚思采用“图分析”结合强大情报系统（域名Whois、被动DNS、黑名单）所实现的极速感知可疑域名方法，就是通过将每天各个渠道收集到的几十万域名及其相关信息导入图数据库，根据节点关系快速绘制连接边，形象直观地展现节点之间内在联系，将有问题的域名暴露在安全分析人员的眼前，使得以域名为基础的恶意行为无处躲藏，并以最快的速度查出恶意网站。

卡巴斯基则在10年前就建立了自己的安全网络KSN，通过多年的数据搜集与研究，再加上其所设立的全球威胁分析团队（Greatteam），已经能够对未来威胁走向进行相对比较准确的预判。

而绿盟科技的研究团队在吸收“杀伤链（Kill Chain）”和“攻击树（Attack Tree）”等相关理论，形成独特推理决策引擎后，借助大数据安全分析系统的分布式数据库，实现了对网络入侵态势的感知。

其实大数据从诞生开始就用于统计与记录安全情报。它能够帮助情报分析人员发现藏匿于数据的威胁，通过大数据分析处理获取威胁情报、预测攻击事件。与传统情报获取方法不同的是，真正意义的大数据安全情报是能够基于更多的数据（不是仅仅一些工具）分析半年以上的重点风险，预测未来的风险趋势。

9.6.2 玩转大数据安全分析

大数据安全分析主要的问题在于将业务目标与技术实现混淆以及业务目标不明确两个方面。而大数据安全分析的三大瓶颈分别是：大数据仅仅是一种技术手段，而不是一个业务目标，安全分析才是实际要解决的核心问题；大数据安全分析能够在安全防御里起到很重要的作用，但并不能解决全部的安全问题；大数据安全分析需要极为详细的业务梳理、安全分析、数据分析等一系列工作，而不是简单的数据堆叠。要想解决这些问题，需要明确业务目标，明确目标的分解落实，还要在项目启动前进行安全咨询，并基于安全咨询结果编制目标及项目阶段，分阶段实现项目目标，同时进行专业分析人员的培养工作。

提出要想实现对数据的有效安全分析，首先要有统一的数据管理平台，要能够支持多种数据类型。大数据分析平台需要足够掌握不同安全类型的语义信息，以便进行整合和关联分析，还要有诸如 Hadoop、Spark 等专业的安全分析工具，以及富有经验的专业安全分析人员。

高磊强调："如果无法对数据进行分析筛选，获取有价值的信息，就不是真正的大数据安全分析。"如爱加密采集的 APP 超过 1000 万个，其会对所有的 APP 进行拆包分析，对病毒样本进行记录保存，并对应用的类型、大小、签名、包名等多方面参数进行记录存储，对样本进行详细分析，录入特征值，并对数据进行统计分析，生成报表。

瀚思在大数据安全分析上的经验是："首先在底层架构上采用了主流大数据分布式架构，即 Hadoop+Spark+ElasticSearch，它能准实时处理几百 TB 以上的数据；其次在安全应用上则采用一些自动化分析的手段，瀚思做了比较多的机器学习、算法工作，通过模型给用户、业务来建模，并建立正常访问基线，这个环节称为异常检查（anomaly detection），并基于此实现 Web 访问安全、反欺诈、内部核心资源等传统安全很难解决的问题；再次在算法层面上，瀚思主要使用基于用户行为序列和基于时间序列的建模。"机器学习是自动化和提升日志数据洞察力的关键。不同的机器学习技术要应对不同类型的日志数据和分析挑战。瀚思能够提前确定机器学习要查找的关联性和其他模式，采用非监督式学习的方式，并辅助专家准备供参考的"练习数据"集，以便机器学习算法能够识别具有重大联系的模式，帮助企业提早发现风险，防患于未然。最后，将分析安全问题及异常行为通过可视化的手段呈现出来，让安全问题看得见、看得懂。

9.6.3 在安全世界里的大数据

网络安全防御主要分为三个环节：预防、保护和查找攻击，大数据能够为这三个环节提供强大的数据支撑。面对 0-day 漏洞、APT 攻击等未知威胁，利用大数据分析手段可以进行快速检测和响应。组织在建立安全防御体系过程中，也可以利用大数据影响人和管理流程，通过大数据的反馈更有针对性地提高用户的安全意识，对安全管理的模式进行更新。借助大数据还可以实现用户异常行为检测、敏感数据泄露检测、DNS 异常分析、反欺诈等。

未来，大数据还可能会成为网络安全智能化的推动者。设想一下：某平台系统在分析知道攻击者的攻击目标或者攻击方式时，能够通过大数据分析，智能关闭有关服务或者端口，防止信息泄露，又或者在受到攻击之后，系统从经验中知道问题所在，及时采取切断连接等手段，实现网络安全智能化。

引导人的行为和事物的发展向更安全的目标走近，这是大数据能给人们带来的更大意义所在。

“大数据时代下，安全将经历数据统计阶段、数据分析阶段、网络安全智能化阶段。”高磊表示，数据统计阶段只能通过经验和案例分析所需记录数据类型，尽可能获取到所需信息。数据分析阶段则要注重完善数据库的效率和针对性。而网络安全智能化阶段将基本上不依赖人力即可控制系统自主进行智能保护、自主查找可能的攻击源，此时需要做好测试工作，搭建虚拟数据库，防止智能系统落后。

一个完整的大数据安全生态应该包括安全情报、企业级大数据安全分析系统、安全服务三部分，只有三者相互配合，才能组成完整的安全闭环。“当然，专业的安全研究团队和服务团队也是少不了的。”瀚思除了传统精通于攻防、漏洞、合规等方面的专家外，还拥有多名精通安全与数据分析的跨界专家。如瀚思联合创始人兼首席科学家万晓川先生就是核心安全分析、算法、Sandbox 领域以及异常检测和用户行为分析的世界级专家，他拥有多项美国专利，并一直在倡导将机器学习应用于信息安全。这也是数据驱动安全闭环中必不可少的一点。

Gartner 早在 2010 年的一份报告中指出：“未来的信息安全将是情境感知的和自适应的。”如今，大数据正在很好地诠释“情景感知”与“自适应”。

人们常说安全性与便利性是矛盾的，但陈羽兴认为，随着大数据时代的来临，人们会越来越发现，这两者并非不可调和，有时甚至可以相辅相成。

大数据时代下，安全正在变得更为广义。但同时需要注意，大数据的本质是数据，所以广大用户要更为注重自身数据的安全，防止自己的有效数据被恶意利用。

9.6.4 在商业上的大数据

9.6.4.1 体育赛事预测

世界杯期间，谷歌、百度、微软和高盛等公司都推出了比赛结果预测平台。百度预测结果最为亮眼，预测全程 64 场比赛，准确率为 67%，进入淘汰赛后准确率为 94%。现在互联网公司取代章鱼保罗试水赛事预测也意味着未来的体育赛事会被大数据预测所掌控。“在百度对世界杯的预测中，我们一共考虑了团队实力、主场优势、最近表现、世界杯整体表现和博彩公司的赔率等五个因素，这些数据的来源基本都是互联网，随后我们再利用一个由搜索专家设计的机器学习模型来对这些数据进行汇总和分析，进而做出预测结果。”

9.6.4.2 股票市场预测

去年英国华威商学院和美国波士顿大学物理系的研究发现，用户通过谷歌搜索的金融关键词或许可以预测金融市场的走向，相应的投资战略收益高达 326%。此前则有专家尝试通过 Twitter 博文情绪来预测股市波动。

理论上来，讲股市预测更加适合美国。中国股票市场无法做到双向盈利，只有股票涨才能盈利，这会吸引一些游资利用信息不对称等情况人为改变股票市场规律，因此中国股市没有相对稳定的规律，很难被预测，且一些对结果产生决定性影响的变量数据根本无法被监控。和传统量化投资类似，大数据投资也是依靠模型，但模型里的数据变量呈几何级地增加了，在原有的金融结构化数据基础上，增加了社交言论、地理信息、卫星监测等非结构化数据，并且将这些非结构化数据进行量化，从而让模型可以吸收。

由于大数据模型对成本要求极高，业内人士认为，大数据将成为共享平台化的服务，数据和技术相当于食材和锅，基金经理和分析师可以通过平台制定自己的策略。

9.6.4.3 用户行为预测

基于用户搜索行为、浏览行为、评论历史和个人资料等数据，互联网业务可以洞察消费者的整体需求，进而进行针对性的产品生产、改进和营销。《纸牌屋》选择演员和剧情、百度基于用户喜好进行精准广告营销、阿里根据天猫用户特征包下生产线订制产品、亚马逊预测用户点击行为提前发货，均是受益于互联网用户行为预测。

购买前的行为信息，可以深度地反映出潜在客户的购买心理和购买意向。如客户 A 连续浏览了 5 款电视机，其中 4 款来自国内品牌 S，1 款来自国外品牌 T;4 款为 LED 技术，1 款为 LCD 技术 ;5 款的价格分别为 4599 元、5199 元、5499 元、5999 元、7999 元。这些行为从某种程度上反映了客户 A 对品牌认可度及倾向性，如偏向国产品牌、中等价位的LED电视。而客户B连续浏览了6款电视机，其中2款是国外品牌T，2款是另一国外品牌V，2款是国产品牌S;4款为LED技术，2款为LCD技术;6款的价格分别为5999元、7999元、8300元、9200元、9999元、11050元。类似地，这些行为某种程度上反映了客户B对品牌的认可度及倾向性，如偏向进口品牌、高价位的LED电视等。

9.6.4.4 人体健康预测

中医可以通过望、闻、问、切手段发现一些人体内隐藏的慢性病，甚至看体质便可知晓一个人将来可能会出现什么症状。人体体征变化有一定规律，而慢性病发生前人体会有一些持续性异常。理论上来说，如果大数据掌握了这样的异常情况，便可以进行慢性病预测。

9.6.4.5 疾病疫情预测

基于人们的搜索情况、购物行为预测大面积疫情暴发的可能性，最经典的“流感预测”便属于此类。如果来自某个区域的“流感”“板蓝根”搜索需求越来越多，自然可以推测该处有流感趋势。

2009年，Google通过分析5000万条美国人最频繁检索的词汇，将之和美国疾病中心在2003年到2008年间季节性流感传播时期的数据进行比较，并建立了一个特定的数学模型，最终Google成功预测了2009冬季流感的传播，甚至可以具体到特定的地区和州。

9.7 本章小结

并行是处理大数据的主流方法，本章对相关并行算法进行了阐述，并引出大数据环境下机器学习的主要分析，总结了当前用于处理大数据的机器学习算法的研究现状,并列举了具体案例进行分析。

第10章 大数据计算平台

随着大数据时代的来临，信息量呈爆炸式增长。在这个信息过载的互联网环境下，用户获取感兴趣信息的难度逐渐增大，如何让用户在海量数据信息中高效地获取自己感兴趣的信息成为当前大数据行业的研究热点。推荐系统为这个问题提供了解决方案，它是一种主动式消息推送系统，消息生产者通过在海量信息基础上预测用户的偏好，将消息主动推送给可能对信息感兴趣的用户。由于需要海量信息来为用户做兴趣预测，推荐系统要处理的数据量是巨大的。为了快速满足用户对消息的需求，推荐系统必须有大数据处理能力。第一代大数据处理框架 Hadoop 在过去几年一直被国内外推荐系统作为解决方案，但是随着推荐算法的进步，Hadoop 的 Map Reduce 计算模型已经难以满足性能要求。Spark 是最近几年流行的新一代大数据处理框架，非常适合推荐算法，用 Spark 实现推荐系统的离线推荐与实时推荐将大大提高推荐系统性能。本文以大数据推荐提供解决方案为目的，从推荐系统需要的计算服务和存储服务两个层次进行了研究。计算层次上，使用 Spark 设计实现离线推荐算法与实时推荐算法，且进行针对计算效率的优化；存储层次上，在大数据存储系统 HDFS 上集成纠删码，并提供 MongoDB 数据存储等。

10.1 数据并行计算框架 Spark 的研究内容

10.1.1 Spark 的定义

Spark 最初由美国加州大学伯克利分校（UC Berkeley）的 AMP（Algorithms Machines and People）实验室于 2009 年开发，是基于内存计算的大数据并行计算框架，可用于构建大型的、低延迟的数据分析应用程序。Spark 在诞生之初属于研究性项目，其诸多核心理念均源自学术研究论文。2013 年，Spark 加入 Apache 孵化器项目后，开始获得迅猛发展，如今已成为 Apache 软件基金会最重要的三大分布式计算系统开源项目之一（即 Hadoop、Spark、Stom）。

Spark 作为大数据计算平台的后起之秀，并在 2014 年打破了 Hadoop 保持的基准排序（Sort Benchmark）纪录，使用206个节点在23分钟的时间里完成了100TB数据的排序，而Hadoop则是使用2000个节点在72分钟的时间里才完成同样数据的排序。也就是说，Spark仅使用了1/10的计算资源，获得了比Hadoop快3倍的速度。新纪录的诞生，使得Spark获得多方追捧，也表明了Spark可以作为一个更加快速、高效的大数据计算平台。

10.1.2 Spark的特点

10.1.2.1 行速度快

Spark使用先进的DAG（Directed Acyclic Graph，有向无环图）执行引擎，以支持循环数据流与内存计算，基于内存的执行速度可比Hadoop Map Reduce快上百倍，基于磁盘的执行速度也能快10倍。

10.1.2.2 容易使用

Spark支持使用Scala、Java、Python和R语言进行编程，简洁的APl设计有助于用户轻松构建并行程序，并且可以通过Spark Shell进行交互式编程。

10.1.2.3 通用性

Spark提供了完整而强大的技术栈，包括sQL查询、流式计算、机器学习和图算法组件，这些组件可以无缝整合在同一个应用中，足以应对复杂的计算。

10.1.2.4 运行模式多样

Spark可运行于独立的集群模式中，或者运行于Hadoop中，还可运行于Amazon EC2等云环境中，并且可以访问HDFS、Cassandra、HBase、Hive等多种数据源。

SDark源码托管在GIithub中，截至2016年3月，共有超过800名来自200多家不同公司的开发人员贡献了15000次代码提交，可见spark的受欢迎程度。

从2013年至2016年，Spark索趋势逐渐增加，Hadoop则相对变化不大。此外，每年举办的全球Spark顶尖技术人员峰会Spark Summit，吸引了使用Spark的一线技术公司及专家会聚一堂，共同探讨目前Spark在企业的落地情况及未来Spark的发展方向和挑战。Spark Summit的参会人数从2014年的不到500人暴涨到2015年的2000多人，足以反映Spark社区的旺盛人气。

Spark如今已吸引了国内外各大公司的注意，如腾讯、淘宝、百度、亚马逊等公司均不同程度地使用了Spark来构建大数据分析应用，并应用到实际的生产环境中。相信在将来，Spark会在更多的应用场景中发挥重要作用。

10.1.3 Scala简介

Scala是一门现代的多范式编程语言，平滑地集成了面向对象和函数式语言的特性，旨在以简练、优雅的方式来表达常用编程模式。Scala语言的名称来自“可扩展的语言”，从写个小脚本到建立个大系统的编程任务均可胜任。Scala运行于JVM（Java虚拟机）上，并兼容现有的Java程序。

总体而言，Scala具有以下突出的优点：

（1）Scala具备强大的并发性，支持函数式编程，可以更好地支持分布式系统。

（2）Scala语法简洁，能提供优雅的APl。

（3）Scala兼容Java，运行速度快，且能融合到Hadoop生态圈中。

实际上，AMP实验室的大部分核心产品都是使用Scala开发的。Scala近年来也吸引了不少开发者的眼球，如知名社交网站Twitter已将代码从Ruby转到了Scala。

Scala是Spark的主要编程语言，但Spark还支持Java、Python、R作为编程语言。因此，若仅仅是编写Spark程序，并非一定要用Scala。Scala的优势是提供了REPL（Read-Eval-Print Loop，交互式解释器），因此在Spark Shell中可进行交互式编程（即表达式计算完成就会输出结果，而不必等到整个程序运行完毕，因此可即时查看中间结果，并对程序进行修改），这样可以在很大程度提升开发效率。

10.1.4 Spark与Hadoop的对比

Hadoop虽然已成为大数据技术的事实标准，但其本身还存在诸多缺陷，最主要的缺陷是其Map Reduce计算模型延迟过高，无法胜任实时、快速计算的需求，因而只适用于离线批处理的应用场景。

Hadoop存在以下缺点：

（1）表达能力有限。计算都必须转化成Map和Reduce两个操作，但这并不适合所有的情况，难以描述复杂的数据处理过程。

（2）磁盘IO开销大。每次执行时都需要从磁盘读取数据，并且在计算完成后需要将中间结果写入磁盘中，IO开销较大。

（3）延迟高。一次计算可能需要分解成一系列按顺序执行的Map Reduce任务，任务之间的衔接由于涉及IO开销，会产生较高延迟。而且，在前一个任务执行完成之前，其他任务无法开始，因此难以胜任复杂、多阶段的计算任务。

Spark在借鉴Hadoop Map Reduce优点的同时，很好地解决了Map Reduce所面临的问题。

相比于Map Reduce，Spark主要具有如下优点：

（1）Spark的计算模式也属于Map Reduce，但不局限于Map和Reduce操作，还提供了多种数据集操作类型，编程模型比Map Reduce更灵活。

（2）Spark提供了内存计算，中间结果直接放到内存中，带来了更高的迭代运算效率。

Spark 最大的特点就是将计算数据、中间结果都存储在内存中，大大减少了 IO 开销，因而 Spark 更适合于迭代运算比较多的数据挖掘与机器学习运算。

使用 Hadoop 进行迭代计算非常耗资源，因为每次迭代都需要从磁盘中写入、读取中间数据，IO 开销大。而 Spark 将数据载入内存后，之后的迭代计算都可以直接使用内存中的中间结果作运算，避免了从磁盘中频繁读取数据。

在实际进行开发时，使用 Hadoop 需要编写不少相对底层的代码，不够高效。相对而言，Spark 提供了多种高层次、简洁的 APl。通常情况下，对于实现相同功能的应用程序，Hadoop 的代码量要比 Spark 多 2~5 倍。更重要的是，Spark 提供了实时交互式编程反馈，可以方便地验证、调整算法。

尽管 Spark 相对于 Hadoop 而言具有较大优势，但 Spark 并不能完全替代 Hadoop，主要用于替代 Hadoop 中的 Map Reduce 计算模型。实际上，Spark 已经很好地融入了 Hadoop 生态圈，并成为其中重要一员的，它可以借助 YARN 实现资源调度管理，借助 HDFS 实现分布式存储。

10.1.5 Spark 生态系统

10.1.5.1 大数据处理的类型

复杂的批量数据处理：时间跨度通常在数十分钟到数小时之间。

基于历史数据的交互式查询：时间跨度通常在数十秒到数分钟之间。

基于实时数据流的数据处理：时间跨度通常在数百毫秒到数秒之间。

目前，已有很多相对成熟的开源软件用于处理以上三种情景。比如，可以利用 Hadoop Map Reduce 来进行批量数据处理，可以用 Impala 来进行交互式查询（Impala 与 Hive 相似，但底层引擎不同，提供了实时交互式 SQL 查询），对于流式数据处理可以采用开源流计算框架 Storm。一些企业可能只会涉及其中部分应用场景，只需部署相应软件即可满足业务需求，但是对于互联网公司而言，通常会同时存在以上三种场景，就需要同时部署三种不同的软件，这样做难免会带来一些问题。

（1）不同场景之间输入输出数据无法做到无缝共享，通常需要进行数据格式的转换。

（2）不同的软件需要不同的开发和维护团队，带来了较高的使用成本。

（3）比较难以对同一个集群中的各个系统进行统一的资源协调和分配。

Spark 的设计遵循“一个软件栈满足不同应用场景”的理念，逐渐形成了一套完整的生态系统，既能够提供内存计算框架，也可以支持 SQL 即席查询、实时流式计算、机器学习和图计算等。Spark 可以部署在资源管理器 YARN 之上，提供一站式的大数据解决方案。因此，Spark 所提供的生态系统足以应对上述三种场景，即同时支持批处理、交互式查询和流数据处理。

现在，Spark 生态系统已经成为伯克利数据分析软件栈 BDAS（Berkeley Data Analytics Stack）的重要组成部分：Spark 专注于数据的处理分析，而数据的存储还是要借助于 Hadoop 分布式文件系统 HDFS、Amazons3 等来实现的。因此，Spark 生态系统可以很好地实现与 Hadoop 生态系统的兼容，使得现有 Hadoop 应用程序可以非常容易地迁移到 Spark 系统中。

10.1.5.2 具体功能

（1）Spark Core。

Spark Core 包含 Spark 的基本功能，如内存计算、任务调度、部署模式、故障恢复、存储管理等，主要面向批数据处理。Spark 建立在统一的抽象 RDD 之上，使其可以以基本一致的方式应对不同的大数据处理场景。

（2）Spark SQL。

Spark SQL 允许开发人员直接处理 RDD，同时也可查询 Hive、HBase 等外部数据源。Spark SQL 的一个重要特点是其能够统一处理关系表和 RDD，使得开发人员不需要自己编写 Spark 应用程序，开发人员可以轻松地使用 SQL 命令进行查询，并进行更复杂的数据分析。

（3）MLlib（机器学习）。

MLlib 提供了常用机器学习算法的实现，包括聚类、分类、回归、协同过滤等，降低了机器学习的门槛。开发人员只要具备一定的理论知识，就能进行机器学习的工作。

（4）GraphX（图计算）。

GraphX 是 Spark 中用于图计算的 APl，可认为是 Pregel 在 Spark 上的重写及优化，GraphX 性能良好，拥有丰富的功能和运算符，能在海量数据上自如地运行复杂的图算法。

需要说明的是，无论是 Spark SQL、MLlib 还是 GraphX，都可以使用 Spark Core 的 APl 处理问题，它们的方法几乎是通用的，处理的数据也可以共享，不同应用之间的数据可以无缝集成。

10.1.6 Spark 运行架构基本概念

10.1.6.1 基本概念

RDD：是弹性分布式数据集的英文缩写，是分布式内存的一个抽象概念，提供了一种高度受限的共享内存模型。

DAG：是有向无环图的英文缩写，反映 RDD 之间的依赖关系。

应用：用户编写的 Spark 应用程序。

任务：运行在 Executor 上的工作单元。

作业：一个作业包含多个 RDD 及作用于相应 RDD 上的各种操作。

10.1.6.2 架构设计

架构设计包括集群资源管理器（Cluster Manager）、运行作业任务的工作节点（Worker Node）、每个应用的任务控制节点（Driver）和每个工作节点上负责具体任务的执行进程（Executor）。其中，集群资源管理器可以是 Spark 自带的资源管理器，也可以是 YARN 或 Mesos 等资源管理框架。

与 Hadoop Map Reduce 计算框架相比，Spark 所采用的 Executor 有两个优点：一是利用多线程来执行具体的任务（Hadoop Map Reduce 采用的是进程模型），减少任务的启动开销；二是 Executor 中有一个 Block Manager 存储模块，会将内存和磁盘共同作为存储设备。当需要多轮迭代计算时，可以将中间结果存储到这个存储模块里，下次需要时就可以直接读该存储模块里的数据，而不需要读写到 HDFS 等文件系统里，因而有效减少了 IO 开销；或者在交互式查询场景下，预先将表缓存到该存储系统上，从而可以提高读写 IO 性能。

总体而言，在 Spark 中，一个应用（Application）由一个任务控制节点（Driver）和若干个作业（Job）构成，一个作业由多个阶段（Stage）构成，一个阶段由多个任务（Task）组成。当执行一个应用时，任务控制节点会向集群管理器（Cluster Manager）申请资源，启动 Executor，并向 Executor 发送应用程序代码和文件，然后在 Executor 上执行任务。运行结束后，执行结果会返回给任务控制节点，或者写到 HDFS 或者其他数据库中。

10.1.6.3 Spark 运行基本流程

当一个 Spark 应用被提交时，首先需要为这个应用构建起基本的运行环境，即由任务控制节点（Driver）创建一个 Spark Context，由 Spark Context 负责和资源管理器（Cluster Manager）的通信以及进行资源的申请、任务的分配和监控等。Spark Context 会向资源管理器注册并申请运行 Executor 的资源。

资源管理器为 Executor 分配资源，并启动 Executor 进程，Executor 运行情况将随着“心跳”发送到资源管理器上。

SparkContext 根据 RDD 的依赖关系构建 DAG 图，DAG 图提交给 DAG 调度器（DAG Scheduler）进行解析，将 DAG 图分解成多个“阶段”（每个阶段都是一个任务集），并且计算出各个阶段之间的依赖关系，然后把一个个“任务集”提交给底层的任务调度器（Task Scheduler）进行处理；Executor 向 Spark Context 申请任务，任务调度器将任务分发给 Executor 运行，同时 Spark Context 将应用程序代码发放给 Executor。

任务在 Executor 上运行，把执行结果反馈给任务调度器，然后反馈给 DAG 调度器，运行完毕后写入数据并释放所有资源。

10.1.6.4 Spark 运行架构的特点

每个应用都有自己专属的 Executor 进程，并且该进程在应用运行期间一直驻留。Executor 进程以多线程的方式运行任务，减少了多进程任务频繁的启动开销，使得任务执行变得非常高效和可靠。

Spark 运行过程与资源管理器无关，只要能够获取 Executor 进程并保持通信即可。

Executor 上有一个 810ckManager 存储模块，类似于键值存储系统（把内存和磁盘共同作为存储设备）。在处理迭代计算任务时，不需要把中间结果写入到 HDFS 等文件系统，而是直接放在这个存储系统上，后续有需要时就可以直接读取；在交互式查询场景下，也可以把表提前缓存到这个存储系统上，提高读写 IO 性能。

任务采用了数据本地性和推测执行等优化机制。数据本地性是尽量将计算移到数据所在的节点上进行，即"计算向数据靠拢"，因为移动计算比移动数据所占的网络资源要少得多。而且，Spark 采用了延时调度机制，可以在更大的程度上实现执行过程优化。比如，拥有数据的节点当前正被其他任务占用，那么在这种情况下是否需要将数据移动到其他空闲节点上呢？答案是不一定。如果经过预测发现当前节点结束当前任务的时间要比移动数据的时间还要少，那么调度就会等待，直到当前节点可用。

10.1.7 RDD 的设计与运行原理

10.1.7.1 RDD 设计背景

在实际应用中，存在许多迭代式算法（比如机器学习、图算法等）和交互式数据挖掘工具。这些应用场景的共同之处是，不同计算阶段之间会重用中间结果，即一个阶段的输出结果会作为下一个阶段的输入。但是，目前的 Map Reduce 框架都是把中间结果写入 HDFS 中，带来了大量的数据复制、磁盘 IO 和序列化开销。虽然类似 Pregel 等图计算框架也是将结果保存在内存当中，但是这些框架只能支持一些特定的计算模式，并没有提供一种通用的数据抽象。RDD 就是为了满足这种需求而出现的，它提供了一个抽象的数据架构，我们不必担心底层数据的分布式特性，只需将具体的应用逻辑表达为一系列转换处理，不同 RDD 之间的转换操作形成依赖关系，可以实现管道化，从而避免了中间结果的存储，大大降低了数据复制、磁盘 IO 和序列化开销。

10.1.7.2 RDD 概念

一个 RDD 就是一个分布式对象集合，本质上是一个只读的分区记录集合。每个 RDD 司以分成多个分区，每个分区就是一个数据集片段，并且一个 RDD 的不同分区可以被保存到集群中不同的节点上，从而可以在集群中的不同节点上进行并行计算。RDD 提供了一种高度受限的共享内存模型，即 RDD 是只读的记录分区的集合，不能直接修改，只能基于稳定的物理存储中的数据集来创建 RDD，或者通过在其他 RDD 上执行确定的转换操作（如 map、join 和 groupBy）而创建得到新的 RDD。RDD 提供了一组丰富的操作以支持常见的数据运算，分为“行动”（Action）和“转换”（Transformation）两种类型，前者用于执行计算并指定输出的形式，后者指定 RDD 之间的相互依赖关系。两类操作的主要区别是，转换操作（如 map、filter、groupBy、join 等）接受 RDD 并返回 RDD，而行动操作（如 count、collect 等）接受 RDD 但是返回非 RDD（即输出一个值或结果）：RDD 提供的转换接口都非常简单，都是类似 map、filter、groupBy、join 等粗粒度的数据转换操作，而不足以针对某个数据项的细粒度修改。

因此，RDD 比较适合对于数据集中元素执行相同操作的批处理式应用，而不适合用于需要异步、细粒度状态的应用，比如 Web 应用系统、增量式的网页爬虫等。正因为这样，这种粗粒度转换接口设计，会使人直觉上认为 RDD 的功能很受限、不够强大。但是，实际上 RDD 已经被实践证明可以很好地应用于许多并行计算应用中，可以具备很多现有计算框架（如 Map Reduce、SQL、Pregel 等）的表达能力，并且可以应用于这些框架处理不了的交互式数据挖掘应用。

10.1.7.3 RDD 典型的执行过程

（1）RDD 读入外部数据源（或者内存中的集合）进行创建。

（2）RDD 经过一系列的“转换”操作，每一次都会产生不同的 RDD，供给下一个“转换”使用。

（3）最后一个 RDD 经“行动”操作进行处理，并输出到外部数据源或者变成 Scala 集合或标量。

真正的计算发生在 RDD 的“行动”操作，对于“行动”之前的所有“转换”操作，Spark 只是记录下“转换”操作应用的一些基础数据集以及 RDD 生成的轨迹，即相互之间的依赖关系，而不会触发真正的计算。

输入中逻辑上生成 A 和 C 两个 RDD，经过一系列“转换”操作，逻辑上生成了 F（也是一个 RDD），之所以说是逻辑上，是因为这时候计算并没有发生，Spark 只是记录了 RDD 之间的生成和依赖关系。当 F 要进行输出时，也就是当 F 进行“行动”操作的时候，Spark 才会根据 RDD 的依赖关系生成 DAG，并从起点开始真正计算。

上述这一系列处理称为一个“血缘关系（Lineage）”，即 DAG 拓扑排序的结果。采用惰性调用，通过血缘关系连接起来的一系列 RDD 操作就可以实现管道化（Pipeline），避免了多次转换操作之间数据同步的等待，而且不必担心有过多的中间数据，因为这些具有血缘关系的操作都管道化了，一个操作得到的结果不需要保存为中间数据，而是直接管道式地流入到下一个操作进行处理。同时，这种通过血缘关系把一系列操作进行管道化连接的设计方式，也使得管道中每次操作的计算变得相对简单，保证了每个操作在处理逻辑上的单一性；相反，在 Map Reduce 的设计中，为了尽可能地减少 Map Reduce 过程，在单个 Map Reduce 中会写入过多复杂的逻辑。

10.1.7.4 RDD 特性

总体而言，Spark 采用 RDD 以后能够实现高效计算的主要原因如下。

（1）高效的容错性。现有的分布式共享内存、键值存储、内存数据库等，为了实现容错，必须在集群节点之间进行数据复制或者记录日志，也就是在节点之间会发生大量的数据传输，这对于数据密集型应用而言会带来很大的开销。在 RDD 的设计中，数据只读，不可修改，如果需要修改数据，必须从父 RDD 转换到子 RDD，由此在不同 RDD 之间建立了血缘关系。所以，RDD 是一种天生具有容错机制的特殊集合，不需要通过数据冗余的方式（比如检查点）实现容错，而只需通过 RDD 父子依赖（血缘）关系重新计算得到丢失的分区来实现容错，无须回滚整个系统，这样就避免了数据复制的高开销，而且重算过程可以在不同节点之间并行进行，实现了高效的容错。此外，RDD 提供的转换操作都是一些粗粒度的操作（比如 map、filter 和 join），RDD 依赖关系只需要记录这种粗粒度的转换操作，而不需要记录具体的数据和各种细粒度操作的日志（比如对哪个数据项进行了修改），这就大大降低了数据密集型应用中的容错开销。

（2）中间结果持久化到内存。数据在内存中的多个 RDD 操作之间进行传递，不需要“落地”到磁盘上，避免了不必要的读写磁盘开销。

（3）存放的数据可以是 Java 对象，避免了不必要的对象序列化和反序列化开销。

10.1.7.5 RDD 之间的依赖关系

RDD 中不同的操作会使得不同 RDD 中的分区产生不同的依赖。EDD 中的依赖关系分为窄依赖（Narrow Dependency）与宽依赖（Wide Dependency）。

窄依赖表现为一个父 RDD 的分区对应于一个子 RDD 的分区，或多个父 RDD 的分区对应于一个子 RDD 的分区。RDD1 是 RDD2 的父 RDD，RDD2 是子 RDD，

RDD1 的分区 1 对应于 RDD2 的一个分区；再比如，RDD6 和 RDD7 都是 RDD8 的父 RDD。RDD6 中的分区和 RDD7 中的分区，两者都对应于 RDD8 中的一个分区。

总体而言，如果父 RDD 的一个分区只被一个子 RDD 的一个分区所使用就是窄依赖，否则就是宽依赖。窄依赖典型的操作包括 map、filter、union 等，宽依赖典型的操作包括 groupByKey、sortByKey 等。

对输入进行协同划分，属于窄依赖。所谓协同划分（Co-partitioned），是指多个父 RDD 的某一分区的所有“键（Key）”落在子 RDD 的同一个分区内，不会产生同一个父 RDD 的某一分区落在子 RDD 的两个分区的情况。

对于窄依赖的 RDD，可以以流水线的方式计算所有父分区，不会造成网络之间的数据混合。对于宽依赖的 RDD，则通常伴随着 Shume 操作，即首先需要计算好所有父分区数据，然后在节点之间进行 Shuffle。

Spark 的这种依赖关系设计，使其具有天生的容错性，大大加快了 Spark 的执行速度。因为，RDD 数据集通过“血缘关系”记住了它是如何从其他 RDD 中演变过来的，血缘关系记录的是粗颗粒度的转换操作行为，当这个 RDD 的部分分区数据丢失时，它可以通过血缘关系获取足够的信息来重新运算和恢复丢失的数据分区，由此带来了性能的提升。相对而言，在两种依赖关系中，窄依赖的失败恢复更为高效，它只需要根据父 RDD 分区重新计算丢失的分区即可（不需要重新计算所有分区），而且可以并行地在不同节点上进行重新计算。而对于宽依赖而言，单个节点失效通常意味着重新计算过程会涉及多个父 RDD 分区，开销较大。此外，Spark 还提供了数据检查点和记录日志，用于持久化中间 RDD，从而使得在进行失败恢复时不需要追溯到最开始的阶段。在进行故障恢复时，Spark 会对数据检查点开销和重新计算 RDD 分区的开销进行比较，从而自动选择最优的恢复策略。

10.1.7.6 阶段的划分

Spark 通过分析各个 RDD 的依赖关系生成了 DAG，再通过分析各个 RDD 中的分区之间的依赖关系来决定如何划分阶段。具体划分方法是：在 DAG 中进行反向解析，遇到宽依赖就断开，遇到窄依赖就把当前的 RDD 加入当前的阶段中，将窄依赖尽量划分在同一个阶段中。根据 RDD 分区的依赖关系划分阶段，假设从 HDFS 中读入数据生成 3 个不同的 RDD（即 A、C 和 E），通过一系列转换操作后再将计算结果保存回 HDFS。对 DAG 进行解析时，在依赖图中进行反向解析，由于从 RDDA 到 RDDB 的转换以及从 RDDB 和 RDDF 到 RDDG 的转换都属于宽依赖，因此在宽依赖处断开后可以得到 3 个阶段，即阶段 1、阶段 2 和阶段 3。

在阶段 2 中，从 map 到 union 都是窄依赖，这两步操作可以形成一个流水线操作。

比如，分区7通过map操作生成的分区9，可以不用等待分区8到分区9这个转换操作的计算结束，而是继续进行union操作，转换得到分区13，这样流水线执行大大提高了计算的效率。

由上述论述可知，把一个DAG图划分成多个阶段以后，每个阶段都代表了一组关联的、相互之间没有shume依赖关系的任务组成的任务集合。每个任务集合会被提交给任务调度器（Task Scheduler）进行处理，由任务调度器将任务分发给Executor运行。

10.1.7.7 RDD运行过程

（1）创建RDD对象。

（2）Spark Context负责计算RDD之间的依赖关系，构建DAG。

（3）DAG Scheduler负责把DAG图分解成多个阶段，每个阶段中包含了多个任务，每个任务会被任务调度器分发给各个工作节点（Worker Node）上的Executor去执行。

10.1.8 Spark三种部署方式

10.1.8.1 standalone模式

与Map Reduce1.0框架类似，Spark框架本身也自带了完整的资源调度管理服务，可以独立部署到一个集群中，而不需要依赖其他系统来为其提供资源管理调度服务。在架构的设计上，Spark与Map Reduce1.0完全一致，都是由一个Master和若干个Slave构成，并且以槽（Slot）作为资源分配单位。不同的是，Spark中的槽不再像Map Reduce1.0那样分为Map槽和Reduce槽，而是只设计了统一的一种槽提供给各种任务来使用。

10.1.8.2 Spark OR Mesos模式

Mesos是一种资源调度管理框架，可以为运行在它上面的Spark提供服务。由于Mesos和Spark存在一定的血缘关系，因此Spark框架在进行设计开发时就充分考虑到了对Mesos的充分支持c。相对而言，Spark运行在Mesos上要比运行在YARN上更加灵活、自然。目前，Spark官方推荐采用这种模式，所以许多公司在实际应用中也采用这种模式。

10.1.8.3 从“Hadoop+Storm”架构转向Spark架构

为了能同时进行批处理与流处理，企业应用中通常会采用“Hadoop+Storm”架构（也称为Lambda架构）。在这种部署架构中，HadooD和Stom框架部署在资源管理框架YARN（或Mesos）之上，接受统一的资源管理和调度，并共享底层的数据存储（HDFS、HBase、Cassandra等）。Hadoop负责对批量历史数据的实时查询和离线分析，而 storm 则负责对流数据的实时处理。

但是，上面这种架构部署较为烦琐。由于 Spark 同时支持批处理与流处理，因此对于一些类型的企业应用而言，从“Hadoop+Storm”架构转向 Spark 架构就成为一种很自然的选择。

采用 Spark 架构具有如下优点。

（1）实现一键式安装和配置、线程级别的任务监控和告警。

（2）降低硬件集群、软件维护、任务监控和应用开发的难度。

（3）便于做成统一的硬件、计算平台资源池。

10.1.8.4Hadoop 和 Spark 的统一部署

一方面，Hadoop 生态系统中的一些组件所实现的功能，目前还无法由 Spark 取代，比如，Storm 可以实现毫秒级响应的流计算，但是 Spark 则无法做到毫秒级响应；另一方面，企业中已经有许多现有的应用，都是基于现有的 Hadoop 组件开发的，完全转移到 Spark 上需要一定的成本。因此，在许多企业实际应用中，Hadoop 和 Spark 的统一部署是一种比较现实合理的选择。

由于 Hadoop Map Reduce、HBase、Storm 和 Spark 等都可以运行在资源管理框架 YARN 之上，因此可以在 YARN 之上进行统一部署。这些不同的计算框架统一运行在 YARN 中。

10.1.9 Spark 编程实践

10.1.9.1 启动 SparkShell

Spark 包含多种运行模式，可使用单机模式，也可以使用伪分布式、完全分布式模式。为简单起见，这里使用单机模式运行 Spark。需要强调的是，如果需要使用 HDFS 中的文件，则在使用 Spark 前需要启动 Hadoop。

Spark Shell 提供了简单的方式来学习 Spark APl，且能以实时、交互的方式来分析数据。Spark Shell 支持 Scala 和 Python，这里选择使用 Scala 进行编程实践，了解 Scala 有助于更好地掌握 Spark。

执行如下命令启动 Spark Shell：$. / bin / spark-shell 启动 Spark Shell 成功后，在输出信息的末尾可以看到“scala>”的命令提示符。

10.1.9.2 SparkRDD 基本操作

Spark 的主要操作对象是 RDD，RDD 可以通过多种方式灵活创建，可以通过导人外部数据源建立（如位于本地或 HDFS 中的数据文件），或者从其他 RDD 转化而来。

在 Spark 程序中必须创建一个 Spark context 对象，该对象是 Spark 程序的入口，负责创建 RDD、启动任务等。在启动 Spark Shell 后，Spark Context 对象会被自动创建，可以通过变量SC进行访问。作为示例，这里选择以Spark安装目录中的“README.md”文件作为数据源新建一个RDD，代码如下（后续出现的Spark代码中，“scala>”表示一行代码的开始，与代码位于同一行的注释内容表示该代码的说明，代码下面的注释内容表示交互式输出结果）：

scala>valtex File：Sc.textFile（” fiie：///usr/local/spark/README.md”）// 通 过 file：前缀指定读取本地文件

10.1.9.3Spark RDD支持两种类型的操作

（1）行动（Action）：在数据集上进行运算，返回计算值。

（2）转换（Transformation）：基于现有的数据集创建一个新的数据集。

如在下面的实例中，使用count（）这个Action API就可以统计出一个文本文件的行数，命令如下（输出结果“Long=95”表示该文件共有95行内容）：

scala>textFile.count（）//Long=95

又如，在下面的实例中，使用filter（）这个Transformation API就可以筛选出只包含“Spark”的行，命令如下（第一条命令会返回一个新的RDD，因此不影响之前RDD的内容；输出结果“Long=17”表示该文件中共有17行内容包含“Spark”）：

scala>val

linesWithSpark=textFile.filter（1ine=>line.contains（“Spark”））

scala>linesWithSpark.count（）//Long=17

在上面计算过程中，中间输出结果采用lines With Spark变量进行保存，然后再使用count0计算出行数。假设这里只需要得到包含“Spark”的行数，而不需要了解每行的具体内容，那么使用lines With Spark变量存储筛选后的文本数据就是多余的，因为这部分数据在计算得到行数后就不再使用了。实际上，借助于强大的链式操作（即在同一条代码中同时使用多个API），Spark可连续进行运算，一个操作的输出直接作为另一个操作的输入，不需要采用临时变量存储中间结果，这样不仅可以使Spark代码更加简洁，还优化了计算过程。

如上述两条代码可合并为如下一行代码：

scala>VallinescountWithSpark=textFile.filter（1ine=>line.COntains（“spark”））.count（）//Long=17

从上面代码可以看出，Spark基于整个操作链，仅储存、计算所需的数据，提升了运行效率。

Spark属于Map Reduce计算模型，因此也可以实现Map Reduce的计算流程，如实现单词统计，可以首先使用flatM印（）将每一行的文本内容通过空格划分为单词；

然后使用 map（）将单词映射为（K，V）的键值对，其中 K 为单词，V 为 1；最后使用 reduceByKey（）将相同单词的计数相加，最终得到该单词总的出现次数。

具体实现命令如下：

scala>valWordCounts=textFile.flatMap（1ine=>line.split（“”））.map（word=>（word，1））.reduceByKey（（a，b）=>a+b）

scala>WordCounts.collect（）// 输出单词统计结果 //Array[（String，Int）]=Array（（package，1），（For，2），（Programs，1），（processing.，1），（Because，1），（The，1）…）

在上面的代码中，flatMap0、map 和 reduceByKey（）都属于“转换”操作，由于 Spark 采用了惰性机制，这些转换操作只是记录了 RDD 之间的依赖关系，并不会真正计算出结果。最后，运行 collect（），它属于“行动”类型的操作，这时才会执行真正的计算，Spark 会把计算打散成多个任务分发到不同的机器上并行执行。

10.1.10 Spark 应用程序

Spark 应用程序支持采用 Scala、Python、Java、R 等语言进行开发。在 Spark Shell 中进行交互式编程时，可以采用 Scala 和 Python 语言，主要是方便对代码进行调试，但需要以逐行代码的方式运行。一般等到代码都调试好之后，可选择将代码打包成独立的 Spark 应用程序，然后提交到 Spark 中运行。如果不是在 Spark Shell 中进行交互式编程，比如使用 Java 或 Scala 语言进行 Spark 应用程序开发，也需要编译打包后再提交给 Spark 运行。采用 Scala 编写的程序，需要使用 sbt 进行编译打包；采用 Java 编写的程序，建议使用 Maven 进行编译打包；采用 Python 编写的程序，可以直接通过 spark-submit 提交给 Spark 运行。

下面分别介绍如何使用 sbt 编译打包 Scala 程序以及如何使用 Maven 编译打包 Java 程序。

用 sbt 编译打包 Scala 程序：

sbt（Simple Build T001）是对 Scala 或 Java 语言进行编译的一个工具，类似于 Maven 或 Ant，需要 JDKl.6 或更高版本的支持，并且可以在 Windows 和 Linux 两种环境下安装使用。

sbt 需要下载安装，可以访问“http：//www.scala-sbt.org”下载安装文件 sbt-launch.jar，保存到下载目录。

假设下载目录为“～/下载”，安装目录为“/usr/local/sbt”，则执行如下命令将下载后的文件拷贝至安装目录中：

sudomkdir/usr/10cai/sbt

#创建安装目录

cp ~ / 下载 / sbt-launch.Jar / usr / local / sbt#把下载目录下的安装文件复制到安装目录下

#此处的hadoop为系统当前用户名

接着在安装目录中使用下面命令创建一个shell文件，用于启动sbt：VimlUSrllocallsbt / sbt。该脚本文件中的代码如下：

#! / bin / bash

SBT_OPTS=SBT_OPTS="-Xms512M-Xmxi536M-XsslM-XX：+CMSCiassUnloadingEnabled-XX：MaxPermSize=256M"

Java$SBT-OPTS-jar、dirname$0、/ sbt-launch.Jar

保存后，还需要为该Shell脚本文件增加可执行权限：

chmodu+x / usrllocallsbtlsbt

现在，就可以使用"/ usr / local / sbt / sbtpackage"的命令来打包Scala编写的Spark程序了。

下面以一个简单的程序为例，介绍如何打包并运行Spark程序。该程序的功能是统计文本文件中包含的字母a和字母b各有多少行。首先执行如下命令创建程序根目录，并创建程序所需的文件夹结构：

mkdir ~ / sparkapp

#创建程序根目录

mkdir-P ~ / sparkapp / src / main / scala

#创建程序所需的文件夹结构

接着使用下面命令创建一个SimpleApp.scala文件：vim ~ / sparkapp / src / main / scala / SimpleApp.scala

该文件是程序的代码内容，具体代码如下：

importorg.apache.spark.SparkContext

importorg.apache.spark.SparkContext.

importorg.apache.spark.SparkConf

objectSimpleApp{

defmain（args：Array[String]）{

vaiiogFile="file：///usr / local / spark / README.md" // 用于统计的文本文件 ValCOnf=newSparkConf（）.setAppName（"SimpleApplication"）

valSC=newSparkContext（conf）

vallogData=SC.textFile（1ogFile，2）.cache（）

vainumAs=logData.filter（1ine=>line.contains（a··））.count（）

valnumbs=logData.filter（1ine=>line.contains（“b”））.count（）

println（“LinesWitha：%s，LinesWithb：%s”.format（numAs，numBs））））

然后使用下面命令创建一个 simple.sbt 文件：

vim ~ /sparkapp / simple.sbt 该文件用于声明该应用程序的信息以及与 Spark 的依赖关系，具体内容如下：

name：= “SimpleProject”

version：= “1.0”

scalaVemsion：= “2.10.5”

libraryDependencies+=“org.apache.spark“%%”spark-core“%”1.6.0”需要说明的是，上面的 scalaVersion 表示 Scala 语言版本号。

最后，执行如下命令使用 sbt 进行打包：

cd ~ / sparkapp / usr / local / sbt / sbtpackage

有了最终生成的 jar 包后，再通过 spark.submit 就可以提交到 Spark 中运行了，命令如下：

/ usr / 10cal / spark / bin / spark-submit-class “SimpleApp” ~ / sparkapp / target / scala-2.10 / Simple-project-2.10-1.0.Jar

该应用程序的执行结果如下。

LineSWitha：58，LineSWithb：262. 用 Maven 编译打包 Java 程序 Maven 是对 Java 语言进行编译的一个工具，需要下载安装，可以访问 https：//maven.apache.org 下载。假设本地的下载目录为“~ / 下载”，本地的安装目录为“/ usr / local / maven”，下载得到的安装文件为 apache-maven.3 ~ 9.bin.zip，需要执行如下命令，将下载后的文件拷贝至安装目录中：

Sudounzip ~ / 下载 / apache-maven-3.3.9-bin.zip-d / usr / local

cd / usrllocal

sudomvapache-maven-3.3.9 / . / maven

sudochown-Rhadoop. / maven

在终端执行如下命令创建一个文件夹 sparkapp2 作为应用程序根目录：

cd ~ # 进入用户主文件夹

mkdir-p. / sparkapp2/src / main / java

在“/ sparkapp2 / src / main / java”目录下使用下面命令建立一个名为

SimpleApp.java 的文件：

```
vim. / sparkapp2 / src / main / jaVa / simpleApp.Java
```

在 SimpleApp.java 这个文件中添加如下代码：

```
/ ***SimpleApp.Java.*** /
importorg.apache.spark.api.Java.*;
importorg.apache.spark.api.Java.function-Function;
publicclassSimpleApp{
publicstaticvoidmain（String[]args）{
StringlogFile= “file: /// usr / local / spark / README.md” ; //
Shouldbesomefileonyoursystem
JavaSparkContextSC=newJavaSparkContext（ “local” ， “SimpleApp” ， nfile: //
/ usr / local / spark / ” ， newString[]{ “target / simple-project-1.0.jar” ））;
JavaRDD<String>logData=SC.textFile（1og File）-cache（）;
LongnumAs=logData.filter（new Function<String, Boolean>（）{
PublicBooleancall（StringS）{returnS.contains（ “a” ）; }））.count（）;
LongnumBs=iogData.filter（newFunction<String, Boolean>（）
{publicBooleancall（StringS）{returnS.contains（ “b” ）; }））.count（）;
System.out.println（Lines With a: “+numAs+” , lines With b: “+numBs” ）; }
```

该程序依赖 SparkJavaAPl，因此我们需要通过 Maven 进行编译打包。

再使用下面命令在“./sparkapp2”目录中新建文件 porn.xml：

```
vim. / sparkapp2 / pom.xml
```

在 pom.xIIll 文件中添加如下代码，声明该独立应用程序的信息以及与 Spark 的依赖关系。

```
<project>
<groupId>edu.berkeley< / groupId>
<artifactId>simple-project< / artifactId>
<modelversion>4.0.0< / modelVersion>
<name>Simp!eProject< / name>
<packaging>jar< / packaging>
<version>1.0< / version>
<repositories>
<repository>
```

```
<id>Akkarepository< / id>
<url>http: // rep0.akka.i0 / releases< / url>
< / repository>
< / repositories>
<dependencies>
<dependency><!——Sparkdependency——>
<groupId>or9.apache.spark< / groupId>
<artifactId>spark-core2.11< / artifactId>
<version>2.0.0-preview< / version>
< / dependency>
< / dependencies>
< / project>
```

为了保证 Maven 能够正常运行，先执行如下命令检查整个应用程序的文件结构：cd ~ / sparkapp2find。接着，可以通过如下代码将整个应用程序打包成 jar（注意：电脑需要保持连接网络的状态，而且由于是首次运行，同样需要下载依赖包，因此这个过程会消耗几分钟的时间）：/ usr / local / maven / bin / mvnpackage。最后，需要将生成的 jar 包通过 spark-submIT 提交到 Spark 中运行，命令如下：

/ usr / local / spark / bin / spark-submIT——class "SimpleApp" ~ / sparkapp2 / target / simple-project-1 · 0.Jar2> & 1Igrep "Lines Witha"

最后得到的结果如下：

LinesWitha：58，LinesWithb：26

10.2 数据并行运行时平台 Hyracks 分析

10.2.1 Hyracks 的分析

Hyracks 是一个以强灵活性、高可扩展性为基础的新型分区并行软件平台，用于大型无共享集群上的密集型数据计算。Hyracks 允许用户将一个计算表示成一个数据运算器（operators）和连接器（connectors）的有向无环图（DAG）。运算器处理输入数据分区并产生输出数据分区，而连接器对源节点运算器的输出数据分区重新分配，产生目标运算器可用的数据分区。Hyracks 有两类模型：一种是最终用户模型，为使用 Hyracks 运行数据流作业的用户设计；另一种是扩展模型，为了那些想为 Hyracks 构件库添加新的运算器或者连接器的用户设计。Hyracks 和 Hadoop 一样都是开源的分布式系统，从 Hyracks 和 Hadoop 的对比试验来看，Hyracks 在处理多次划分和排序、大量移动数据等任务上略胜一筹，从初步结果来看，Hyracks将成为下一代流行的数据密集型计算平台。

10.2.2 基于Hyracks的大数据分析实例

下面以WordCount为例介绍基于Hyracks的数据分析案例。首先我们要准备一些数据文件，在hyracks-example / hyracks.integration.tests / data文件夹中有一些可以运行WordCount的数据，当然也可以使用自己的数据。该案例的源代码如下：

```
WordCountMain.javapackageorg
.apache.hyracks.examples.text.client;
ImportJava.i0.File; importJava.util.EnumSet;
importorg.apache.hyracks.api.client.HyracksConnection; importorg.apache.hyracks.api.
client.IHyracksClientConnection;
importorg.apache.hyracks.api.constraints.PartionConstraintHelper;
importorg.apache.hyracks.api.dataflow.IConnectorDescriptor;
importorg.apache.hyracks.api.dataflow.IOperatorDescriptor;
importorg.apache.hyracks.api.dataflow.value.IBinaryComparatorFactory;
importorg.apache.hyracks.api.dataflow.value.IBinaryHashFunctionFactory;
importorg.apache.hyracks.api.dataflow.value.IBinaryHashFunctionFamily;
importorg.apache.hyracks.api.dataflow.value.ISerializerDeserializer;
importorg.apache.hyracks.api.dataflow.value.RecordDescriptor;
importorg.apache.hyracks.api.i0.FileReference;
importorg.apache.hyracks.api.Job.JobFlag;
importorg.apache.hyracks.api.Job.JobId;
importorg.apache.hyracks.api.Job.Jobspecification;
importorg.apache.hyracks.data.std.accessors.PointableBinaryComparatorFactory;
importorg.apache.hyracks.data.std.accessors.pointableBinaryHaghFunctionFactory;
importorg.apache.hyracks.data.std.accessors.UTF8StringBinaryHashFunctionFamily;
importorg.apache.hyracks.data.std.primitive.UTF8StringPointable;
importorg.apache.hyracks.dataflow.corydon.data.marshalling.IntegerSerializerDeserializer;
importorg.apache.hyracks.dataflow.common.data.marshalling.UTF8StringSerializerDeser
ializer;
importorg.apache.hyracks.dataflow.common.data.normalizers.UTF8StringNormalizedKey
ComputerFactory;
```

importorg.apache.hyracks.dataflow.common.data.partition.FieldHashPartitionComputerFactor;

importorg.apache.hyracks.dataflow.std.connectors.MToNPartitioningConnectorDescriptor; importorg.apache.hyracks.dataflow.std.connectors.OneToOneConnectorDescriptor;

importorg.apache.hyracks.dataflow.std.file.ConstantFileSplitProvider; importorg.apache.hyracks.dataflow.std.file.FileScanOperatorDescriptor;

importorg.apache.hyracks.dataflow.std.file.FileSplit;

importorg.apache.hyracks.dataflow.std.file.FrameFileWriterOperatorDescriptor; importorg.apache.hyracks.dataflow.std.file.IFileSplitProvider;

importorg.apache.hyracks.dataflow.std.file.PlainFileWriterOperatorDescriptor; importorg.apache.hyracks.dataflow.std.group.HashSpillableTableFactory;

importorg.apache.hyracks.dataflow.std.group.IFieldAggregateDescriptorFactory;

importorg.apache.hyracks.dataflow.std.group.aggregators.CountFieldAggregatorFactory;

importorg.apache.hyracks.dataflow.std.group.aggregators.IntSumFieldAggregatorFactory;

importorg.apache.hyracks.dataflow.std.group.aggregators.MultiFieldsAggregatorFactory;

mportorg.apache.hyracks.dataflow.std.group.external.ExternalGroupoperat.rDescriptor;

importorg.apache.hyracks.dataflow.std.group.preclustered.PreclusteredGroupOperatorDescriptor;

importorg.apache.hyracks.dataflow.std.sort.ExternalSortOperatorDescriptor;

importorg.apache.hyracks.dataflow.std.sort.InMemorySortOperatorDescriptor;

importorg.apache.hyracks.examples.text.WordTupleparserFactory;

importorg.kohsuke.args4j.CmdLineParser;

importorg.kohsuke.args4J.Option;

publicclassWord CountMain (privatestaticclassOptions (@Option (name= ¨ –host” . usage=” HyracksClusterControllerHostname” , required=true) publicStringhost; @Option (name: ¨

–port “, usage=” HyracksClusterControllerPort (default: 10g8) ”) publicintport=1098;

@ODtion (name= “–infile–splits” , usage=” Commaseparatedlistoffile–5DlitsfRtheinput.Afile–splitis<node–name>: <path>” , required=true) publicStringinFileSplits;

@0Dti。n (name=11–。utfile–splits” , usage=” Commaseparatedlistoffile–splits fortheoutput”，required=true）publicStringouFileSplitg;

@ODtion（name=“-aIgo”，usage=”UseHashbasedgrouping”，required=true）

publicStringalgo；@option（name=“-format”，usage=“Specifyoutputformat：binary / text（default：text）”，required=false）publicStringformat=“text";

@ODtion（name=“-hashtable-size”，usage=“Hashtablesize（default：8191）”，required=false）publicinthtSize=8191；@ODtion（name=“_frame-limit”，usage=。“Memorylimit inframes（default：4）”，required=false）publicintmemFrameLimit=10;

）

String[]parts=newString[splits.1ength]；for（inti=0；i<splits.1ength；++i）（parts[i]=splits.

GetNodeName（）j）partitionCongtraintHelper.addAbsoluteLocationConstraint（spec，op，parts）；））

WordCountit.Javapackageorg.apache.hyracks.examples.text.test；importJava.i0.File；importorg.junit.Test;

importorg.apache.hyracks.examples.text.client.WordCountMain;

publicclassWord Countit（@Testpublic

voidrunWord Count（）throwsException{Word CountMain.main（newString[]f“-host”，“localhost”，“-infile-splits”，getInfile Splits（），“-outfile-splits”，getoutfile splits（），“-al90”，“-hash”））；

）private

StringgetInfile splits（）{return“NCl：”+newFile（“data / filel.txt”）.get Absolute Path（）+“，NC2：”

+newFile（“data / file2.txt”）.get Absolute Path（）；）privateStringgetoutfile splits（）（return“NCl：”+newFile（“target / wcl.txt”）.get Absolute Path（）+“，NC2：”+newFile（“target / wc2.txt”）.get Absolute Path（）；））

10.3Storm 流计算系统特征

10.3.1 Storm 的诞生

随着互联网的高速发展，各类数据应用层出不穷，而数据除了规模的爆炸性增长之外，新的形态也不断涌现。流式数据便是这些新型大数据中的一类典型。与传统数据的静态、批处理和持久化不同，流式数据是连续、无边界且瞬间性的。这在高并发及实时处理的场景中尤为常见。从“双十一”阿里巴巴实时交易数据的统计，到亚马逊推荐系统的在线学习，许多应用场景呈现出多源并发、数据汇聚、在线处理的特征，而用户对于实时数据处理的需求也越来越强。实时计算平台 Storm 便由此诞生。

Storm 是 Twitter 公司 2011 年 9 月开源的流式数据处理工具。它是一个分布式系统，具有强大的计算及容错能力，为用户提供了各类便捷的编程模式支持。用户只需通过简单的配置，便可实现庞杂的集群管理功能。而依赖于 Storm 为流式数据计算提供的服务及编程接口，也极大地降低了用户学习和开发的成本。Storm 在分布式的组件级容错能力之外，还提供了数据不丢失的保障机制，这使得它成为当前大数据处理中一款具有里程碑意义的产品。

根据 Storm 官网的不完全统计，Storm 已经在各大互联网公司得到广泛应用。其中，阿里巴巴更是在 Storm 基础之上，使用 Java 对其进行了重新实现，并开源出一个名为 JStorm 的新产品，用于该公司海量交易数据的实时处理与统计。为开发方便，本文后续的报文系统原型实现使用的也正是 Storm。

10.3.2 Storm 关键技术

10.3.2.1 系统架构

1. 调度系统

从设计角度来看，Storm 本质是一个调度系统。在系统中，主要包含逻辑独立的四类角色，分别是主控 Nimbus 节点、工作 Supervisor 节点、协调 ZooKeeper 节点及控制台 Storm-UI 节点。其中，只有工作节点实际负责流式数据的计算。

为了解架构中各角色功能，下面分别对各类节点进行介绍。

（1）主控 Nimbus 节点。

在一个分布式系统中，为了实现工作 / 资源间的合理调度，往往需要一个主控节点的角色，在 Storm 中即 Nimbus 后台服务。作为 Storm 系统的中心，Nimbus 负责接收用户提交的作业，并将计算任务平均分配给工作节点。此外，Nimbus 还通过协调节点监控整个集群运行状态，并为控制台节点提供状态获取的访问接口。Nimbus 是单点部署的，但为了高可用性，一般会使用多个节点进行互备。

（2）工作 Supervisor 节点。

运行 Storm Supervisor 后台服务的节点即是上述的工作节点。作为实际处理任务的代理角色，Supervisor 监听 Nimbus 分配的任务，并负责启动、暂停或撤销任务的进程与线程。Supervisor 是分布式部署的，多个 Supervisor 也可以共存于一台机器中。

（3）协调 ZooKeeper 节点。

Storm 的协调机制主要依赖于 ZooKeeper。ZooKeeper 作为一个通用的分布式状态协调系统，以 Fast Paxos 算法为基础，为分布式应用提供一致性服务。Storm 通过 ZooKeeper 来协调 Nimbus 和 Supervisor，这包括分布式状态维护及配置管理等工作。正因为 ZooKeeper 的分布式特性，使得 Storm 具有高可用性。Nimbus 和 Supervisor 的无状态服务都是可以快速失败的，即当 Nimbus 和 Supervisor 挂起时，只需要重新启动，并连接到 ZooKeeper 便可继续之前的任务。

（4）控制台 Storm-UI 节点。

为方便查看、管理节点及任务，Storm 还提供了一个 Web 服务器 Storm-UI 供用户使用。用户可以通过浏览器访问 Nimbus 的页面，提交、暂停或撤销作业，也可以只读的形式获取系统配置及各个任务的运行时状态。

2. 通信模型

在分布式系统中，可靠通信是维护系统高可用性的必要手段。

Storm 中使用的通信模型大致分为节点间通信和任务间通信两类。与 Hadoop 一样，Storm 节点间通信主要通过 Facebook 开发的 Thrift RPC 框架来实现，使其能有效支持多语言的运行环境。因为篇幅所限，本文只做抛砖引玉，读者有兴趣可以对比学习 Thrift 与 Google Protocol Buffer。

任务间通信在 Storm0.9 之前的版本都是使用的 ZeroMQ。ZeroMQ 作为一个传输层，是一个类似于框架的 SocketLibrary，它使得 Socket 编程更加简单。但是，ZeroMQ 因存在不易部署及黑盒运行等缺点，基于 C 语言的实现让其无法通过 JVM 来管理内存使用。

从 0.9 版本开始，Storm 增加了新的消息传输机制，使得通信的数据传输机制变得可配置化，而 ZeroMQ 逐渐被 Netty 所替代。Netty 是基于 NIO 的 Java 开源框架，它提供了异步、事件驱动的网络应用支持。在压力测试中，Netty 性能比 ZeroMQ 好两倍左右。因此，之后的 Storm 版本及其他二次开发的系统，如 Storm 都是采用 Netty 作为任务间通信模型。

3. 拓扑与数据流

Topology、Spout 及 Bolt 通过 Nimbus 节点，需要计算的作业被提交到集群运行。又因为在运行时作业被分为前后衔接的多个处理阶段，从而呈现出有向无环图（DAG）的结构，因此一个作业即为一个 Topology。

Topology 的图结构由多个组件按照一定的处理顺序构成。在 Storm 中，包含了两类数据流连接的计算逻辑结构：Spout 组件和 Bolt 组件。在 Topology 定义中，Spout 对于某个数据流来说只有一个，且必须在数据流的源头。但数据流可以同时有多个，且 Bolt 组件的数量是无限制的。

Spout 组件与 Bolt 组件从组件的名字便可知，Spout 是作业的数据阀门。Spout 从外部数据源，如文件、MQ、RDBMS 及 HDFS 等中不间断地读取数据，经过一定的加工后，将一定结构的 Tuple（元组）发射（emit）给作业中的其他 Bolt 组件。Bolt 是实现业务处理逻辑的编程单元。在 Bolt 中，编程人员可以实现任何的业务操作，之后再以 Tuple 的方式流式发射（emit）给其他后置组件。

在作业构建时，每个 Spout/Bolt 组件都将作为一个 Component 逻辑处理单元存在，用户可以确定这些 Component 的并行度，并设置相应的 task（任务）数量。此外，用户还可以指定有多少个 worker 进程来并发执行这些 task。

当作业开始启动时，Storm 将按照 task 与 worker 的数量比值，为每个 worker 进程分配计算量。Worker 进程根据分配的任务量，再启动一个或者多个（数量等于 worker 负责的各组件并行度之和）executor 独立线程来执行 Component。因此，每个 worker 进程执行的是作业的某个子集，而每个运行中的作业就是由集群中的多个 worker 进程共同组成。

包含了 Blue 一个 Spout 和 Green、Yellow 两个 Bolt（组件的并行度分别为 2、2、6，而 Green Bolt 的 task 数为 4，因此总的 task 数量为 12。作业启用两个 worker，因此每个 worker 将负责 12/2=6 个 task，但因为每个 worker 负责的组件并行度为 5，所以只启动 5 个 executor 来执行 6 个 task）。

这里须特别注意 executor 线程、Component 与 task 三者之间的联系与区别。executor 是由 worker 进程启动的单独线程，每次只运行一个 Component 的一个 task，它是一个实际存在的计算资源。而 Component 只是一个逻辑定义，每个 task 都可以看作是 Component 的一个实例。作业启动之后，Component 的 task 数量是固定不变的，但 executor 线程数却可以动态调整。默认情况下，task 数量与 executor 是相等的，即一个 executor 线程只负责一个 task 实例。但当 task 数量大于 executor 数量时，executor 线程则可能同时负责多个 task，运行效果则是某个 Component 被一个 executor 顺序执行多次。

10.3.2.2 数据流

1. Grouping 策略

在 Storm 中，Tuple 在组件之间流式传递和处理，用户可以通过 Grouping 策略告诉作业如何在两个组件之间交互数据。以 DAG 的角度来说，则是要确定每个处理单元的前置与后置节点。Storm 中的 Grouping 策略主要包括以下几种。

（1）Shuffle Grouping。

随机平均分组，前置组件随机派发流中的Tuple，保证后置组件每个task接收到的Tuple数量大致相同。

（2）Local orshuffle Grouping。

本地或随机分组。如果后置组件有一个或者多个task与其前置组件的task在同一个worker进程中，Tuple将会被随机发送给这些同进程中的task。否则，与Shuffle Grouping效果一样。

（3）Fields Grouping。

按字段分组数据流，保证相同字段值的Tuple被分到同一个task中。这在模拟数据库Join操作时非常有用。该策略能够保证多个前置组件的数据分组策略一样，即来自不同数据流的、具有相同Join字段值的Tuple将会被同一个task处理。

（4）All Grouping。

广播发送策略，所有的后置组件task都将收到数据流中的Tuple。

（5）Global Grouping。

全局分组策略，数据流中的所有Tuple都被分配给id值最低的那个task。

（6）Direct Grouping。

指向型分组策略，前置组件将指定接收Tuple的后置组件task。

（7）None Grouping。

分组效果与Shuffle Grouping一样，但Storm会尝试把使用该策略的组件task与后置组件task放入同一线程中去执行。

2.Ack机制

Storm通过Ack机制来保证Tuple的可靠处理。在使用Ack机制的场景中，前置组件须记录下发射的Tuple，不论后置组件处理Tuple是否成功，都必须告知前置组件。在这个过程中，对于Spout发射出的任何一个Tuple都会被后续一系列Bolt处理，从而衍生出新的Tuple继续处理。这些衍生关系便形成一个Tuple树的结构。后续处理的Bolt可以通过应答正确、错误或者超时来将各自处理结果加入Tuple树结构。

而为了实现Ack机制，Storm中有一类叫acker的特殊线程，专门负责跟踪作业DAG中的每个Tuple。Acker为Spout发射出的每条Tuple保存一个Tuple id到一对值的隐射关系。这对值中的第一个是task id，通过该id，acker就知道当Tuple被成功处理时需要通知那个task。第二个值便是Tuple树中所有Tuple的id异或生成的一个64位数字-Ackval。Ackval表示的是整个Tuple树的状态，当某个Tuple被创建和应答时，其TupleID都会与Ackval做异或操作得到新的值。当acker发现某个树的Ackval为0时，则说明这个树已经被完全处理了。这样，Ack机制便将Tuple丢失的概率降到最低，同时也使得 Storm 的错误处理更加完备。

在实际开发中，除了 Tuple 丢失问题，开发者还需要特别注意 Tuple 重复的问题，这在使用 MQ 消费者作为 Spout 时尤为明显。在一些重复敏感的问题，如统计交易金额中，作业本身需要具备重复识别和处理的能力，对于已经处理过的 Tuple 可以直接丢弃。否则，可能引发一些重复报单问题。

3. Storm 中的高层机制

除了多级别的可靠性保障，Storm 还支持数据处理的事务机制，这对于并发敏感的应用来说非常有用。除此之外，Storm 还内置了分布式远程过程调用服务支持，让跨平台的 SOA 架构实现更加便捷。

（1）事务处理。

自 0.7.0 版本以来，Storm 便引入了事务型 Topology。事务型 Topology 可以保证每个 Tuple 仅被处理一次，可以实现准确、可拓展且高容错的统计计算。为平衡事务处理中的强顺序与性能，Storm 将流式数据划分为多个批次计算，每个批次包含若干条 Tuple。每个批次的处理都要经历 processing 和 commit 两个阶段。在 processing 阶段，批次之间和 Tuple 之间都是相互独立的，因此可以并发处理以提升性能。而在 commit 阶段，因为涉及公共资源的访问与修改，因此必须保证批次之间的强顺序性。为保证批次计算的原子性，事务型 Topology 的某批次在上述任一阶段出现错误，则整个批次都会被重新处理。

当使用事务型 Topology 来实现作业时，Storm 将在后台提供以下支持。

管理状态。Storm 将所有作业状态都保存在 ZooKeeper 节点，包括事务 id 及元数据等信息。

协调事务。Storm 管理和决定各批次所处的阶段。

出错重做。对于处理失败的批次，Storm 直接重新处理，开发人员无须做任何操作。

批处理。APIStorm 提供 Coordinator 及 Emitter 两个接口以便开发人员自定义协调策略，同时 Storm 管理所有的协调工作，并自动清理各个事务所产生的中间数据。

（2）Trident API。

在 Storm 中，数据流被集群的多个 Supervisor 节点并行处理，因此会被划分为多个分区（parition）。为实现数据流的分区级操作，Storm 提供了一套 Trident API 来支持开发。具体而言，Trident 分区级操作有以下几类：

Parition-local operation 即对每个分区进行局部操作，包括过滤、局部聚集、隐射及其他自定义处理。

Repartition operation 可用于改变 Tuple 在各 task 上的划分，同时也能改变分区的数量，因此该类操作需要网络传输。

Aggregation operation 对数据流进行聚合操作。

Operationon grouped stream 对数据流按照指定字段进行分组操作。

Mergeand Join 对数据流进行合并或连接，与 RDBMS 中的操作类似。

Trident API 虽然能够快速实现强大的数据处理功能，但对于事务特性要求不高的应用来说，还是推荐使用基本的 Spout/Bolt 组件进行实现。Storm 在构建 Trident 作业时，会先将其转换为一个基于 Spout/Bolt 组件的普通作业，再提交到各节点去运行。为了保证数据处理的事务特性，Storm 将引入一系列的协调与容错处理。这对于追求数据处理效率，而对准确性要求不高的需求来说，可能并不适用。

（3）DRPC。

除了某些特定数据源作为 Spout 的读取对象之外，Storm 还提供了 DRPC 机制来接收对外访问接口请求。在基于原始 Spout/Bolt 的开发中，用户要实现一个访问接口，需要在作业的 Spout 中建立一个 TCP/HTTP 连接来监听请求，同时在最后一个 Bolt 中将数据发送到指定位置作为响应。Storm DRPC 则自动负责这些烦琐的细节，极大地简化了访问接口的开发难度。用户只需进行简单的配置，并调用 DRPCAPI 进行服务器端和客户端的业务处理即可。

10.3.3 基于 Storm 的报文系统

10.3.3.1 报文系统需求分析

报文系统是深圳分公司一个重要的通信平台，是参与人申报登记结算业务的关键通道之一。以 D-COM 网关作为统一入口，报文系统实现了 5×24 的实时服务，同时支持各业务服务时间订制化。在优化二期项目上线之后，报文系统除了覆盖深市所有非交易业务申报外，还将支持 RTGS、指定业务及开放式基金等创新业务，同时实现与 FDEP 之间的通信。届时，报文系统更将成为深圳分公司与参与人业务交互的核心平台。

在报文系统的架构设计中，报文系统可以兼容各种报文类型。目前主要以 XML 报文为主。在各项业务之间，申报报文是相互独立的。而在某项业务中，申报报文需要保持一定的申报顺序。这些特性对报文系统优化升级提出了更高的要求，同时也为报文系统的分布式架构及 Storm 的应用提供了可行性。

10.3.3.2 原型系统设计

报文系统的委托处理主要包括读取、解析、校验、确认及转发等几个阶段。为了实现业务间隔离且业务内有序，报文系统需要统一的入口进行顺序编号，之后交由不同的节点对不同业务进行计算处理。

Storm 为报文系统的实现提供了便利和支持。在设计报文系统委托处理的 Topology 时，可以考虑统一的 Spout 进行数据读取，这样，对于不同的业务及分区可利用消费者单例模式来保证报文的有序。在读取到报文之后，依据报文的标识信息，如 MQ 中的 topic/tag 将报文分流到不同的 Storm 节点上去。在解析阶段，不同的业务报文可用不同的报文模板及校验规则，同时对于各业务的处理结果还可以做一些统计分析工作。当一个报文被校验完成之后，如果校验通过，则在数据 ETL 处理后转发给业务系统。否则，将使用单独的错误处理组件来进行无效报文的记录与分析。

值得一提的是，通过组件实现的业务隔离，还可以便捷地将数据查询作为一项单独的委托报文来处理。通过动态调整 Component 并发数量及 task 数量，查询使用的资源将是可控的。这样查询对于业务申报的影响可降到最低，同时还能充分利用系统资源支持尽可能多的数据服务。这点对于查控一体的系统来说尤为重要。

在设计 Topology 时需要注意，应尽量保证各组件的低耦合、高内聚特性。Storm 调度算法可实现各 task 之间的并发运行，但如果某一组件设计不合理，使其成为性能瓶颈，则可能造成其他组件的 task 处于饿死状态，进而对于作业的整体性能造成很大影响。

10.3.3.3 原型系统实现

在设计完 Topology 之后，便可通过 Storm 提供的 API 来实现原型系统。本文使用阿里巴巴基于 Java 技术重写的 JStorm 作为集群平台，同时安装 JStorm-UI 以便管理、查看集群资源和状态。

有了 Storm 集群之后，便可将作业提交到 Nimbus 节点，分发给各个 Supervisor 节点准备运行。在这个过程中，Storm 分配各 Supervisor 节点负责的 task，并将各前置 task 与其后置 task 进行网络连接。在所有 worker 及 executor 都就绪之后，便启动 Topology 开始计算任务。

10.3.4 流计算系统的特点

传统的数据处理流程，是先收集数据存放到数据库中，当有数据服务需要的时候，通过对数据库中的数据做一系列的查询和计算作为响应。从宏观上来看，这是一个被动的服务方式，且是非实时的。

而流计算可以很好地对大规模流动数据在不断变化的运动过程中实时地进行分析，捕捉到可能有用的信息，并把结果反馈给下一个计算节点。数据是流式的，计算与服务也是流式不间断的，整个过程是连续的，其响应也是实时的，可以达到秒级以内。

10.3.4.1 流式数据

数据流计算来自一个信念：数据的价值随着时间的流逝而降低，所以事件出现后必须尽快地对它们进行处理，最好数据出现时便立刻对其进行处理，发生一个事件进行一次处理，而不是缓存起来成为一批后处理。在数据流模型中，需要处理的输入数据（全部或部分）并不存储在可随机访问的磁盘或内存中，它们以一个或多个“连续数据流”的形式到达。数据流不同于传统的存储关系模型，主要有以下几个方面的特点。

（1）流中的数据元素在线到达，需要实时处理。

（2）系统无法控制将要处理的新到达的数据元素的顺序，无论这些数据元素是在一个数据流中还是跨多个数据流，即重放的数据流可能和上次数据流的元素顺序不一致。

（3）数据流也许是无穷无尽的。

（4）一旦数据流中的某个元素经过处理，要么被丢弃，要么被归档存储。因此，除非该数据被直接存储在内存中，否则将不容易被检索。

（5）数据流系统涉及的操作分为有状态和无状态两种，无状态的算子包括union、filter等，有状态的算子包括bsort、join、aggregate等。有状态的算子如果执行失败后，其保持的状态会丢失，重放数据流产生的状态和输出不一定和失效前保持一致，而无状态的算子失败后，重放数据流能够构建与之前一致的输出。

（6）数据流计算可以看成是一个个算子（节点）和一条条数据流（边）组成的数据流图。

10.3.4.2 实时计算

实时计算最核心的需求即响应时间为秒级以内。在很多实时应用场景中，比如实时交易系统、实时诈骗分析、实时广告推送、实时监控、社交网络实时分析等，数据量大，实时性要求高，而且数据源是实时不间断的。新到的数据必须马上处理完，不然后续的数据就会堆积起来，永远也处理不完。反应时间经常要求在秒级以下，甚至是毫秒级，这就需要一个高度可扩展的流式计算解决方案。

实时计算就是针对实时连续的数据类型而准备的。在流数据不断变化的运动过程中实时地进行分析，捕捉到可能对用户有用的信息，并把结果发送出去。整个过程中，数据分析处理系统是主动的，用户却处于被动接收的状态。

10.3.4.3 适用场景广泛

Storm可以用来处理消息和更新数据库（消息流处理），对一个数据进行持续的查询并返回客户端（持续计算），对一个耗资源的查询做实时并行化的处理（分布式方法调用），Storm 的这些基础原语可以满足大量的场景。

10.3.4.4 伸缩性高

Storm 的可伸缩性可以让 Storm 每秒处理的消息量达到很高。为了扩展一个实时计算任务，所需要做的就是增加机器并且提高这个计算任务的并行度设置。

保证无数据丢失：实时系统必须保证所有的数据被成功地处理。那些会丢失数据的系统的适用场景非常窄，而 Storm 保证每一条消息都会被处理，这一点和 S4 相比有巨大的反差。

10.3.4.5 容错性好

如果在消息处理过程中出了一些异常，Storm 就会重新安排这个出问题的处理逻辑。Storm 保证一个处理逻辑永远运行，除非显式杀掉这个处理逻辑。

10.3.4.6 语言无关性

健壮性和可伸缩性不应该局限于一个平台。Storm 的 Topology 和消息处理组件可以用任何语言来定义，这一点使得任何人都可以使用 Storm。

10.3.5 流计算处理基本流程

流计算系统的基本处理流程可分为数据采集、数据计算、数据存储及服务。与其他数据处理系统不同的是，这几个阶段里，数据的采集、计算都是实时的。

实时数据采集：互联网企业的海量数据采集工具，有 Facebook 开源的 Scribe、Linkedln 开源的 Kafka、Cloudera 开源的 Flume、淘宝开源的 Time Tunnel、Hadoop 的 Chukwa 等，均可以满足每秒数百 MB 的日志数据采集和传输需求。

数据实时计算：传统的数据操作，首先将数据采集并存储在 DBMS 中，然后通过查询和 DBMS 进行交互。整个过程 DBMS 系统是被动的。而流计算的模式是，接收数据采集系统源源不断发来的实时数据后，流计算系统在流数据不断变化的运动过程中实时地进行计算分析，实时提供数据服务。

数据存储及服务：理想情况下，流计算会将对用户有价值的结果实时推送给用户，这取决于应用场景。一般而言，流计算的第三个阶段是实时查询服务，经由流计算框架得出的结果可供用户进行实时查询、展示或存储。

10.3.6Storm 关键术语

10.3.6.1 Storm——流

流是 Storm 最核心的一个体现。一个流是一个没有边界的 Tuple 序列，而这些 Tuple 会被以一种分布式的方式并行地创建和处理。对消息流的定义主要是对消息流的 Tuple 的定义，我们会给 Tuple 的每个字段起一个名字，并且不同 Tuple 的对应字段的类型必须一样。也就是说，两个 Tuple 的第一个字段的类型必须一样，第二个字段的类型必须一样，但是第一个字段和第二个字段可以有不同的类型。

10.3.6.2 Tuple——消息单元、元组

消息单元、元组是消息传递的基本单元。本来应该是一个 key-value 的 Map，但是由于各个组件间传递的 Tuple 的字段名称已经事先定义好，所以 Tuple 中只要按序填入各个 value 就行了，所以就是一个 valuelist。

10.3.6.3 Spout——源数据流

源数据流可以称为消息源，Spout 是 Storm 一个 Topology 的数据生产者。一般来说，消息源会从一个外部源读取数据，并且向 Topology 里面发出消息 Tuple。消息源 Spout 可以是可靠的，也可以是不可靠的。一个可靠的消息源可以重新发射一个 Tuple，如果这个 Tuple 没有被 Storm 成功地处理，但是一个不可靠的消息源 Spout 一旦发出，一个 Tuple 就把它彻底忘了，也就不可能再发了。消息源可以发射多条消息流 Stream。Spout 是主动的，其接口中的 nextTuple（ ）函数会不断接收 Storm 框架的调用。

10.3.6.4 Bolt——消息处理者

所有的消息处理逻辑都被封装在 Bolt 里面。Bolt 可以做很多事情：过滤、聚合、查询数据库等。Bolt 可以简单地做消息流传递。复杂的消息流处理往往需要很多步骤，从而也就需要经过很多 Bolt。比如算出一堆图片里被转发最多的图片至少需要两步：第一步算出每个图片的转发数量，第二步找出转发最多的前 10 个图片。Bolt 可以发射多条消息流。

Bolt 是被动的，主要提供的方法是 execute，它以一个 Tuple 作为输入，Bolt 使用 Output Collector 来发射 Tuple，Bolt 必须为它处理每一个 Tuple 调用 Output Collector，以通知 Storm 这个 Tuple 被处理完成了，从而通知这个 Tuple 的发射者 Spout。一般的流程是，Bolt 处理一个输入 Tuple，发射 0 个或者多个 Tuple，然后调用 ack 通知 Storm 自己已经处理过这个 Tuple 了。Storm 提供了一个 IBasicBolt，它会自动调用 ack。

10.3.6.5 Stream Grouping——消息分发策略

Stream Grouping 用来定义一个 Stream 应该如何分配给 Bolt 上的多个 Task。Storm 有六种类型的 Stream Grouping。

Shuffle Grouping：随机分组，随机派发 Stream 里面的 Tuple，保证每个 Bolt 接收到的 Tuple 数目相同。

Fields Grouping：按字段分组，比如按 userid 来分组，具有同样 userid 的 Tuple 会被分到相同的 Bolt，而不同的 userid 则会被分配到不同的 Bolt。

All Grouping：广播发送，对于每一个 Tuple，所有的 Bolt 都会收到。

Global Grouping：全局分组，这个 Tuple 被分配到 Storm 中的一个 Bolt 的其中一个 Task。再具体一点就是分配给 ID 值最低的那个 Task。

Non Grouping：不分组，Stream 不关心到底谁会收到它的 Tuple。目前这种分组和 Shuffie Grouping 是一样的效果，有一点不同的是 Storm 会把这个 Bolt 放到这个 Bolt 的订阅者的线程里执行。

Direct Grouping：直接分组，这是一种比较特别的分组方法，用这种分组意味着消息的发送者指定由消息接收者的哪个 Task 处理这个消息。

10.3.7 Storm 架构设计

Strom 主要由 Nimbus、ZooKeeper 和 Supervisor 三大组件组成。Nimbus 和 Supervisor 都是快速失败（fail-fast）、无状态的，这样它们就变得十分健壮，两者的协调由 ZooKeeper 来完成。ZooKeeper 用于管理集群中的不同组件。任务状态和心跳信息等都保存在 ZooKeeper 上，提交的代码资源都在本地机器的硬盘上。

与 Hadoop 一样，Storm 也是 Master-Slave 架构，集群由一个主节点和多个工作节点组成。主节点运行 NimbuS 守护进程，每个工作节点都运行了一个 Supervisor 守护进程，用于监听工作，开始并终止工作进程。

Nimbus：发布分发代码，分配任务，监控状态。

Supervisor：监听宿主节点，接受 Nimbus 分配的任务，根据需要启动 / 关闭工作进程 Worker。

ZooKeeper：Stonll 重点依赖的外部资源。Nimbus、Supervisor 和 Worker 都把心跳保存在 ZooKeeper 上。Nimbus 也是根据 ZooKeeper 上的心跳和任务运行状况进行调度和任务分配的。

Worker：运行具体处理组件逻辑的进程。

ask：Worker 中每一个 Spout / Bolt 的线程称为一个 Task。在 Storm0.8 之后，Task 不再与物理线程对应，同一个 Spout / Bolt 的 Task 可能会共享一个物理线程，该线程称为 Executor。

Topology 的运行流程大致如下。

定义 Topology，由客户端提交 Topology 到 Nimbus，代码会存放到 Nimbus 节点的 inbox 目录下，之后会把当前 Storm 运行的配置生成一个 stormconf.ser 文件放到 Nimbus 节点的 stormdist 目录中，在此目录中同时还有序列化之后的 Topology 代码文件。

设定 Topology 所关联的 Spout 和 Bolt 时，可以同时设置当前 Spour 和 Bolt 的 Executor 数目和 Task 数目。默认情况下，一个 Topology 的 Task 的总和与 Executor 的

总和是一致的。之后，系统根据 Worker 的数目，尽量平均地分配这些 Task 的执行。Worker 在哪个 Supervisor 节点上运行是由 Storm 本身决定的。

任务分好后，Nimbus 将任务的信息提交到 ZooKeeper 集群中，同时在 ZooKeeper 集群中会有 worerbeats 节点，这里存储了当前 Topology 的所有 Worker 进程的心跳信息。

Supervisor 获取所分配的任务，启动任务；Supervisor 节点会不断地询问 ZooKeeper 集群，在 ZooKeeper 的 assignments 节点中保存所有 Topology 的任务分配信息、代码存储目录、任务之间的关联关系等，Supervisor 通过轮询此节点的内容来领取自己的任务，启动 Worker 进程运行。

Worker 节点中的 Task 执行具体的任务逻辑，并且实时给 ZooKeeper 发送心跳状态信息。

说明：一个 Topology 运行之后，就会不断地通过 Spout 来发送 Stream 流，通过 Bolt 来不断地处理接收到的 Storm 流，Storm 流是无界的。最后一步会不间断地执行，除非手动结束 Topology。

10.3.8 Storm 编程实例

Word Count 的实例代码来源于 Storm 官方 github，编程语言环境为 Java。

10.3.8.1 创建一个简单的 Topology

Topology 定义了整个计算逻辑，代码如下所示：

TopologyBuilderbuilder=newTopologyBuilder（）；

builder.setSpout（“spout”，newRandomSentenceSpout0，5）；

builder.setBolt（“split”，newSplitsentence0，8）.shuffieGrouping（“spout”）；

builder，setBolt（“count”，newWordCount（），12）.fieldsGrouping（“split”，NewFields（“word”））；

总体来说，首先创建一个 Topology Builder 实例，然后设置一个 Spout 和两个 Bolt。Spout 是数据源，Bolt 是处理单元。

每一行代码具体介绍如下：

builder.setSpout（“spout”，newRandomSentenceSpout（），5）；

作用：数据源设置。参数列表：Spout，名字标识，数据来源。

RandomSentenceSpout（），

数据源处理方法，并发线程数。

builder.setBolt（“split”，newSplitsentence（），8）.shuffieGrouping（“spout”）；

作用：设置处理函数——单词分割，同时定义分发策略。参数列表：splIT，Bolt 的名字标识，单词的分割。

Splitsentence（），

单词分割函数。

ShuffleGrouping，分发策略为随机，其数据来源为上一行的 Spout。

builder，setBolt（“count”，newWordCount（），12）.fieldsGrouping（“split”，NewFields（“word”））；

作用：设置处理函数——计数，同时定义分发方式为按字段分组，只有具有相同 field 值的 Tuple 才会发给同一个 Task 进行统计，保证了统计的准确性。

参数列表：count，定义 Bolt 的名字标识为单词计数。

WordCount（），具体的计数函数。

FieldsGrouping，分发策略为按字段分组，数据来源为上一行定义的 split，定义了一个新的字数。

10.3.8.2 写具体的函数实现

PublicstaticclassSplitsentenceextendsShellBoltimplementsIRichBolt{

PublicSplitsemence（）{

super（“python”，“splitsentence.Py”）；}

@Override

PublicvoiddeclareOutputFields（OutputFieldsDeclarerdeclarer）{

declarer.declare（newFields（“word”））；）

@Override

PublicMap<String，Object>getComponentConfiguration（）{

returnnull；}}

super（“python”，“splitsentence.Py”）；

调用外置的 Python 代码来实现，脚本是单词分割的具体实现。

Splitsentence.py- 真正的分割函数：

ImportstormclassSplitsentenceBolt（storm.BasicBolt）：

Defprocess（self，tup）：

words=tup.values[0].split（“”）

forwordinwords：

storm.emit（word）

SplitsentenceBolt（）.run（）

分割后的单词通过 emIT 的方法将 Tuple 发射出去，以便订阅了该 Tuple 的 Bolt 进行接收。

Word Count- 词频统计函数的实现：

```
PublicstaffcclassWordCountextendsBaseBasicBolt{
Map<String, Integer>counts=newHashMap<String, Integer>();
@Override
Publicvoidexecute(Tuptetuple, BasicOutputCollectorcollector){
Stringword=tuple.getString(0);
Integercount=counts.get(word);
if(count: =null)
count=();
count++:
counts.put(word, count);
collector.emit(newValues(word, count)); )
@Override
PublicvoiddeclareOutputFields(OutputFieldsDeclarerdeclarer){
declarer.declare(newFields("word", "count")); }}
```

WordCount 需要重写 BaseBasicBolt 类中的 execute 方法，execute 是 Bolt 的执行逻辑，后面 declareoutputFields 方法定义了最终的输出字段：（“word”，“count”）。

10.3.8.3 定义配置及任务提交

```
Configconf-newConfig();
conf.setDebug(true);
if(args!null&&args.length>0){
conf.setNumWorkers(3);
StormSubmitter.submitTopology(args[O], conf, builder, createTopology()); }
else{
conf.setMaxTaskParallelism(3);
LocalClustercluster=newLocalCluster0;
cluster.submitTopology("word-count", conf, builder.createTopology());
Thread.sleep(10000);
cluster.shutdown();
```

这里定义了 Stom 的基本配置，如 Debug 模式、设置 Worker 的数目，以及提交拓扑任务等。

10.3.9 Storm 应用实例

在淘宝，Storm 被广泛用来进行实时动态处理，出现在实时统计、实时风控、实时推荐等场景中。一般来说，淘宝从类 Kafka 的 metaQ 或者基于 HBase 的 Time Tunnel 中读取实时日志消息，经过一系列处理，最终将处理结果写入一个分布式存储，提供给应用程序访问。每天的实时消息量从几百万到几十亿不等，数据总量达到 TB 级。对于我们来说，Storm 往往会配合分布式存储服务一起使用。在一个正在进行的个性化搜索实时分析项目中，就使用了 TimeTunnel+HBase4-Storm+UPS 的架构，每天处理几十亿的用户日志信息，从用户行为发生到完成分析延迟在秒级。

在腾讯，腾讯应急安全中心基于 Storm 开发了一套 CGl 采集与清理系统——Storm-CGl。CGl 好比 Web 漏洞扫描器的眼睛，只有 CGl 更全更准，Web 漏洞扫描器才能更好地“看到”漏洞，为业务的 web 安全保驾护航。Storm-CGl 系统采集 CGl 的来源主要有三种，分别是 IDS 光纤旁路出来的 HTTP 请求日志文件、门神旁路的 HTTP 请求日志文件、w 曲 2.0 爬虫抓取的 URL。Storm-CGl 中的 Spout 组 Valid_RewrITe-Spout 从这些数据源中抓取 CGl，并进行合法性过滤和 RewrITe 过滤、HTTP 探测过滤，最终得到高质量的实际存在的 Storm-CGl。系统还能从 CGl 库中读取库存 CGl 数据，进行迭代过滤，保证库存 CGl 数据的准确有效。

目前，Storm-CGl 是由分布在不同 IDC 机房的 13 台机器组成的小分布式集群，每天可处理 2TB 左右的日志文件，每天平均过滤 4 亿个 CGl 数据，从中采集到 5 万左右准确的 CGI（部分 CGI 在 CGl 库中已经存在）。

Storm-CGl 能从大量的数据中实时地采集出海量的 CGl 数据，并通过合法性过滤、RewrITe 过滤、HTTP 探测过滤，最终得到准确的 CGl 数据，供 Web 漏洞扫描器做安全漏洞扫描。它好比 Web 漏洞扫描器的眼睛，能让 Web 漏洞扫描器透过海量的 URL 数据，看到真实准确的 CGl，从而发现 Web 安全漏洞。

10.3.10 流计算框架——YahooS4

S4 是一个受 Map Reduce 模式启发的分布式流处理引擎，从架构上来说，与 Storm 很大的一个不同点是 S4 的去中心化设计，其源于 Map Reduce 和 Actor 模式的结合。因为其对等的结构，S4 的设计非常简单。

S4 将事件流抽象为以（key，value）形式的元素组成的序列，这里 key 和 value 分别是键和属性。在这种抽象的基础上 S4 设计了能够消费和发出这些 fkey、value 元素的组件，也就是 Process Element PE。Process Element 在 S4 中是最小的数据处理单元，每个 PE 实例只消费属性 key、属性 value 都匹配的事件，并最终输出结果或者输出新的元素。而 Storm 提供 Tuple 类，用户不可以自定义事件类，但是可以命名 field 和注册序列化器。

在多语言支持方面，S4 当前只支持 Java，而 Storm 支持多语言。

10.4 本章小结

本章对大数据计算平台进行具体阐述，从 Spark 并行框架内容与 Hyracks 平台运行入手分析，并列举具体实例。最后对 Storm 流计算系统特征进行了概括与分析，全面了解大数据计算平台。

参考文献

[1] 苏贤东 . 大数据时代的应用研究 [J]. 中国管理信息化，2018(8).
[2] 李学龙，龚海刚 . 大数据系统综述 [J]. 中国科学 : 信息科学，2015(1).
[3] 王伟玲 . 大数据产业的战略价值研究与思考 [J]. 技术经济与管理研究，2015(1).
[4] 房俊民，田倩飞，徐婧，唐川，张娟 . 全球大数据产业发展现状、前景及对我国的启示[J]. 中国科技信息，2015(10).
[5] 李建中，王宏志 . 大数据可用性的研究进展 [J]. 软件学报，2016，27(7).
[6] 陈立枢 . 中国大数据产业发展态势及政策体系构建 [J]. 改革与战略，2015(6).
[7] 宋之杰，杜亚莉 . 大数据产业发展及我国应对措施 [J]. 燕山大学学报，2014(2)
[8] 宗威，吴锋 . 大数据时代下数据质量的挑战 [J]. 西安交通大学学报，2013(5).
[9] 邬贺铨 . 大数据时代的机遇与挑战 [J]. 求是，2013(4).
[10] 王元卓，靳小龙，程学旗 . 网络大数据 : 现状与展望 [J]. 计算机学报，2013(6).
[11] 贺威，刘伟榕 . 大数据时代的科研革新 [J]. 未来与发展，2014(2).
[12] 郜书锴，白洪谭 . 理解大数据时代的数字鸿沟 [J]. 新闻研究导刊，2014(1).
[13] 罗燕新 . 基于 HBase 的列存储压缩算法的研究与实现 [M]. 广州：华南理工大学出版社，2011.
[14] 李航 . 统计学习方法 [M]. 北京：清华大学出版社 .2012.
[15] 何晓群，刘文卿 . 应用回归分析 [M]. 北京：中国人民大学出版社，2015.
[16] 何宝宏，魏凯 . 大数据产业回顾与发展 [J]. 电信技术，2014(1).
[17] 何亮，周琼琼 . 大数据时代我国科技资源领域发展探析 [J]. 科技进步与对策，2014(2).
[18] 孙红军，李红 . 基于大数据时代的战略管理研究——以文化产业为例 [J]. 绿色科技，2014(1).
[19] 王斌译 . 大数据: 互联网大规模数据挖掘与分布式处理 [M]. 北京: 人民邮电出版社，2013.
[20] 顾基发 . 大数据要注意的一些问题 [J]. 科技促进发展，2014(1).
[21] 杨冬青，吴愈青，包小源 . 数据库系统实现 [M]. 北京：机械工业出版社，2010.
[22] 张润楚，程轶 . 多元统计分析导论 [M]. 北京：人民邮电出版社，2010.
[23] 黄宜华 . 深入理解大数据——大数据处理与编程实践 [M]. 北京：机械工业出版社，

2014.
[24] 孙广中，黄宇，李世胜 . 随机算法 [M] . 北京：高等教育出版社，2008.
[25] 李国杰，程学旗 . 大数据研究 : 未来科技及经济社会发展的重大战略领域——大数据的研究现状与科学思考 [J] . 中国科学院院刊，2012(6).
[26] 张华强 . 关系型数据库与 NO-SQL 数据库 [J] . 电脑知识与技术，2011(20).
[27] 唐仙强，路占伟，王良谜，杨绍荣 . 大数据成就创新设计大变革 [J] . 现代工业经济和信息化，2016(1).
[28] 王鹏 . 云计算的关键技术与应用实例 [M] . 北京：人民邮电出版社，2010.
[29] 盛杨燕 . 大数据时代：生活、工作与思维的大变革 [M] . 杭州：浙江人民出版社，2013.
[30] 吴喜之 . 复杂数据统计方法 [M] . 北京：中国人民大学出版社，2012.